安徽省高等学校规划教材

化 工 原 理

（第二版）

崔 鹏 魏凤玉 主编

合肥工业大学出版社

安徽省高等学校重点课程建设成果

内 容 提 要

全书共分十一章，包括：绪论，流体流动，流体输送设备，沉降与过滤，传热，蒸发，吸收，蒸馏，萃取，干燥，其他单元操作过程。每章后面附有本章符号说明和适量的习题。

本书既是高等院校化工类及相关专业，如化工、制药、食品、环境、材料、轻工、生物工程等专业的技术基础课程教材，也可供从事有关科研、设计和生产的科技人员参考。

图书在版编目(CIP)数据

化工原理/崔鹏主编．—合肥：合肥工业大学出版社，2003.7(2016.12 重印)
ISBN 978-7-81093-001-7

Ⅰ.化…　Ⅱ.崔…　Ⅲ.化工原理—高等学校—教材　Ⅳ.TQ02

中国版本图书馆 CIP 数据核字(2003)第 065423 号

化 工 原 理(第二版)

主编　崔　鹏　魏凤玉　　　　责任编辑　陆向军

出　版	合肥工业大学出版社	版　次	2003 年 9 月第 1 版
地　址	合肥市屯溪路 193 号		2007 年 8 月第 2 版
邮　编	230009	印　次	2016 年 12 月第 5 次印刷
电　话	总　编　室：0551—62903038	开　本	787 毫米×1092 毫米　1/16
	市场营销部：0551—62903198	印　张	27.25　　字　数　650 千字
网　址	www.hfutpress.com.cn	印　刷	合肥现代印务有限公司
E-mail	hfutpress@163.com	发　行	全国新华书店

ISBN 978-7-81093-001-7　　　　定价：38.00 元

再版前言

《化工原理》(第二版)是在《化工原理》(第一版)教学实践的基础上修订而成,是安徽省省级规划教材,安徽省省级精品课程建设成果。

本教材第一版自2003年出版以来,已在合肥工业大学的化工、制药、环境等专业及相关专业的本科教学中使用,并被国内多所兄弟院校采用,受到了广大同行和读者的支持与鼓励。

《化工原理》(第一版)以化工原理课程课堂讲授72学时的教学需要为准,以动量传递、热量传递和质量传递为理论基础,介绍了流体流动、流体输送设备、沉降与过滤、传热、蒸发、吸收、蒸馏、萃取、干燥等单元操作过程。教学实践表明,原教材在课程知识体系、教学内容、教材难易程度和章节安排等方面均能满足教学需要,但在教材内容完善和编排印刷方面仍存在有待改进之处。本次再版,编写组全体人员认真分析总结了第一版的教学效果,汇集了学生的使用意见,除对错误之处进行更正外,对各章节内容也进行了重新梳理并补充了部分内容,使得第二版更适合于现代科技发展和本科教学需要。

参加本教材修订工作的人员有崔鹏(绪论、第4章),杨则恒(第1章),刘雪霆、吕建平(第2章),刘雪霆、何兵(第3章),魏凤玉(第5、7、8章),彭书传(第6、9章),路绪旺(第10章)。崔鹏担任主审并负责统稿。本教材的修订再版,得到了合肥工业大学相关部门的大力支持,化工学院化工技术中心的各位老师也提供了相关的帮助,在此一并表示衷心的感谢。

虽然经过了细心的推敲和琢磨,本书仍难免存在疏漏,恳请读者不吝指正。

编　者

2007年8月

前 言

化学工程与技术在20世纪对人类的经济、社会和生活产生了重大的影响，在21世纪的今天，化学工业和化工高等教育正面临着深刻的变化和巨大的挑战。化工原理是世界各国高等院校化工类及相关专业的一门重要的技术基础课程，具有基础理论与工程实践并重的特点，是培养工科大学生工程观念，奠定工程基础的重要教学环节。

本书是合肥工业大学化工原理教研室在多年教学实践基础上，结合安徽省“化工原理”重点课程建设成果而编写的。本书在系统介绍各单元操作的基本原理和过程特点的基础上，强调理论与实际相结合，突出工程观念和工程问题方法论的培养。在内容安排上，注重对学生的基本技能的训练和对学生的综合能力、创新能力的培养。本书通过每章的习题，进一步加深学生对基本概念的理解，拓宽知识面，有利于学生综合能力的提高。同时，教材配套了计算机多媒体辅助教学课件，从疑难点讲授、例题分析、设备结构和动画操作等多方面辅助课程教学。

参加教材编写工作的有崔鹏（绪论，第4章、第10章）、魏凤玉（第5章、第7章、第8章）、彭书传（第6章、第9章）、刘雪霆（第2章、第3章）和杨则恒（第1章）。崔鹏负责统稿。

本书承蒙范文元教授主审，他以渊博的学识和丰富的教学经验为教材编写提出了许多宝贵意见，对此，编者致以最诚挚的谢意。

合肥工业大学将本书列为重点教材建设并给予资助，化工学院化工原理教研组各位老师对编写工作给予了极大的支持和帮助，对此，编者一并致以诚挚的谢意。

由于编者学识水平和教学经验有限，书中疏漏、不妥甚至错误之处在所难免，恳请广大读者批评指正。

编　者

2003年8月

目　　录

0 绪 论

化学工业是将自然界中各种物质通过化学和物理方法处理，制造成具有规定质量的物质的工业。在化工、制药、食品及生物加工等工业领域，一个产品的生产，往往需要经过从原料到成品的若干个加工过程，其中除含有发生化学反应的过程外，还有大量物理加工过程的存在，这些过程统称为化工过程。

化学工程学科是继冶金、机械、土建、电气等四个工程学科之后，在20世纪初期诞生的一个新的工程技术学科。主要研究化工生产过程中化学过程和物理过程的基本规律，并应用这些规律解决化工生产过程中的各种问题。化学工程学科发展至今，已形成完整的学科体系，其中化工原理(Principles of Chemical Engineering)是形成最早、基础性最强、应用面最广的学科分支。

0.1 化工原理课程的性质与任务

化工原理是在高等数学、物理学、化学、物理化学等课程的基础上，研究化工单元操作基本原理的课程，是化工及其相关专业的一门重要的技术基础课程，是从自然科学领域的基础课程向工程科学的专业课程过渡的入门课程。化工原理课程的主要内容是介绍化工单元操作的基本原理、典型设备的结构与性能、设计计算、设备选型和实验研究方法等。

过去，化工原理课程曾被称为“单元操作”、“化工过程及设备”、“化学工程”等。与大学低年级的基础课程相比，化工原理课程的一个显著特点就是强调工程观念的培养，即针对过程工业生产实际和工程师的任务，以过程开发、装置设计和操作管理中必须解决的问题为研究对象。因此，课程的教学目的并不只是使学生认识一些自然现象，而是以实验研究方法为主，研究真实、复杂的生产问题，学习如何从复杂事物中寻找主要因素，确定关键环节，以科学合理的方式建立物理和数学模型，解决工程实际问题。同时，由于化工过程中真实的、复杂的生产问题，即特定的物料，在特定的设备内，进行特定的过程，使得问题的复杂性不完全在于过程本身，而首先在于过程工业复杂设备的几何形状和多变的物性。所以，研究工程问题的方法论和解决生产实际问题的能力，在化工原理课程的学习中十分重要。

0.2 单 元 操 作

在化学工程成为一门学科以前，世界上已经建立了各种化工厂，有的已具有相当大的规模，生产不同的化工产品。那时，每一种产品的生产方法均被视为一种专门的生产技术，各种产品的生产技术，被看做很少有相同之处，人们只是从一种产品到另一种产品，逐个地去认识产品生产过程的规律。反映工业生产技术的科学，被视为每一种产品的工艺学，如硫酸工艺学、酿酒工艺学、制糖工艺学等等。经过长期的生产实践和科学研究，人们发现，尽管不同产品的原料、工艺路线千差万别，但所发生的各种物理变化过程及原理的共同之处是很明显的，所用设备也可以大同小异。如聚氯乙烯和纯碱生产中最后工序都要脱水、干燥；酿酒和乙烯生产中都要将液体混合物分开；制糖和制盐生产中都要将水溶液中的水分蒸发掉等。这些操作工序是过程工业中共有的，而且有些工序也广泛地应用于食品、制药、纺织、钢铁等其他工业领域。正是这些共有的操作工序，引起了人们的研究兴趣。在20世纪20年代“单元操作”(unit operations)概念在化学工程学科中建立起来了。

单元操作具有以下特点：(1) 它们都是物理操作过程，即只改变物料的状态或物理性质，并不改变其化学性质；(2) 它们都是化工过程中共有的操作过程，但不同的化工过程所包含的单元操作数目、名称和顺序各异；(3) 某单元操作应用于不同的化工过程，其基本原理并无不同，进行该操作的设备往往也是通用的。

常用的单元操作有几十种，主要包括：流体流动、流体输送、机械分离、蒸发、传热、蒸馏、吸收、萃取、干燥、吸附、膜分离、搅拌、流态化、结晶等。

单元操作按其基本原理和主要物理特征可以归纳为以下三类过程：

(1) 流体流动过程(fluid flow process)。以流体力学为主要理论基础的单元操作，如流体输送、沉降、过滤、离心分离、搅拌等；

(2) 传热过程(heat transfer process)。以热量传递为主要理论基础的单元操作，如换热、蒸发等；

(3) 传质过程(mass transfer process)。以质量传递为主要理论基础的单元操作，如蒸馏、吸收、吸附、萃取、膜分离等。

由于流体流动时其内部发生了动量传递，故这类操作也可以按照动量传递(momentum transfer process)理论来研究。于是，各种单元操作的基础又可以归纳为动量、热量和质量三种传递理论，这三种传递具有彼此相互类似的规律可以进行共同研究。

0.3 基本概念和方法

0.3.1 平衡关系与过程速率

平衡关系(equilibrium relation)与过程速率(rate of transfer process)是研究、分析单元操作过程的两个基本关系。

过程的平衡关系说明过程进行的方向和所能达到的极限。自然过程的变化总是向体系具有的能量趋向最稳定的方向变化，变化的极限就是过程的平衡状态。在过程工业的许多单元操作中，如传热、吸收、蒸馏等，平衡关系都具有重要的意义。过程进行的方向和所能达到的极限都可以由平衡关系推知，化工过程的平衡关系是化工热力学研究的内容。

过程的速率是指过程进行的快慢。如果一个体系不是处在平衡状态，则必然会发生趋向平衡的过程。一般来说，过程所处的状态和平衡态之间的差距称为过程的推动力(driving force)，如传热推动力是温度差、流体流动推动力是压力差等。与推动力相对应的称为过程的阻力(resistance)，阻力是各种因素对过程速率影响的总的体现，一般与操作条件和物性有关。过程速率通常表示为：

$$\text{过程速率} = \frac{\text{过程推动力}}{\text{过程阻力}}$$

即过程速率总是和过程推动力成正比，与过程阻力成反比。过程速率指明了过程进行的快慢程度，其大小取决于过程的机理，属于动力学在工程问题中的应用。大多数单元操作过程的进行与动量、热量和质量传递密切相关。

0.3.2 三种衡算

质量衡算（material balance）、能量衡算（energy balance）和动量衡算（momentum balance）是化工原理课程中分析问题的基本方法。质量衡算的基本依据是质量守恒定律，能量衡算的基本依据是能量守恒定律和热力学第一定律，动量衡算的基本依据是动量守恒定律，即牛顿第二运动定律。衡算的一般步骤是：首先确定衡算的范围，即衡算的系统，根据系统的大小，可分为微分衡算和总衡算两种。微分衡算是取微元体为衡算范围，总衡算的衡算范围不是微元体，而是单个装置或装置的大部分，也可以是一段流程、一个车间或一个工厂；其次确定衡算对象和衡算基准；最后按衡算的通式进行计算。衡算通式一般为：

$$输入的量 = 输出的量 + 累积的量$$

当过程为定态时，在衡算范围内累积的量等于零，即：

$$输入的量 = 输出的量$$

上述三种衡算中，质量衡算和能量衡算最为常用。因此，本节只对总质量衡算和能量衡算加以讨论。

(1) 质量衡算

质量衡算一般又称物料衡算，它反映生产过程中各种物料如原料、产物、副产物等之间的量的关系，是分析生产过程、操作情况与进行过程与设备设计的基础。

对于划定的衡算系统，根据质量守恒定律，一定时间 t 内输入系统的物料质量等于从系统中输出的物料质量和系统内累积的物料质量之和。即：

$$\sum F = \sum D + A \tag{0-1}$$

式中 $\sum F$——t 时间内输入系统物料质量的总和；

$\sum D$——t 时间内输出系统物料质量的总和；

A——t 时间内系统中累积的物料质量的总和。

前述的时间 t 是衡算的基准。对连续操作过程来说，通常取单位时间的物料量，如单位时间为 1 h、1 min 时的物料质量等；对间歇操作过程来说，可取每处理一批物料为衡算基准。同时此衡算式既可以以总物料为衡算对象，也可以在无化学反应的体系中以某种物质作为衡算对象。

对于稳态操作过程，系统中各处的操作参数均不随时间而变化，系统中无物料的积累，即 $A=0$，故(1) 式可以写为：

$$\sum F = \sum D \tag{0-2}$$

即输入的物料质量等于输出的物料质量。

例 0-1 在生产硝酸钾的过程中，质量百分数为 20 % 的 KNO_3 水溶液以 1000 kg/h 的流量送入蒸发器，在 422 K 下蒸发出部分水而得到 50 % 的浓 KNO_3 溶液，然后送入冷却结晶器，在 311 K 下结晶，得到含水 4 % 的 KNO_3 结晶和含 KNO_3 37.5 % 的饱和溶液。前者作为产品取出，后者循环回到蒸发器。过程为稳态操作，试

计算 KNO_3 结晶产品量、水蒸发量和循环的饱和溶液量。

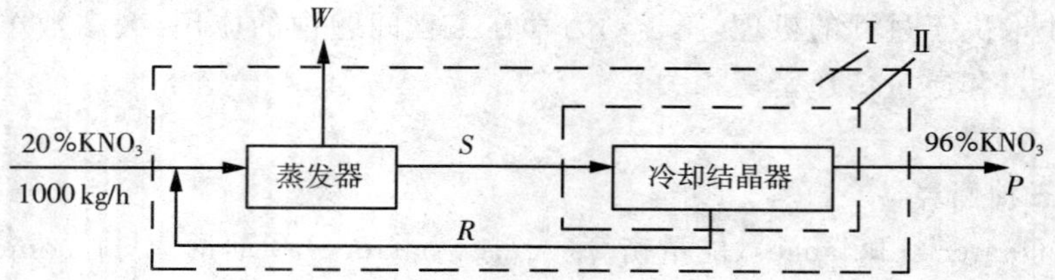

例 0-1 附图

解 首先根据题意作出过程的物料流程图。

① 求 KNO_3 结晶产品量 P

取包括蒸发器和冷却器的整个过程为衡算系统(虚线框Ⅰ),取1小时为衡算基准,以 KNO_3 为衡算对象,因系统稳态操作,输入系统的 KNO_3 量应等于输出系统的硝酸钾量。即

$$1000 \times 0.2 = 0.96\,P$$

所以

$$P = \frac{1000 \times 0.2}{0.96} = 208.3\ \text{kg/h}$$

② 求水蒸发量 W

仍取系统Ⅰ,衡算基准为1 h,以总物料为衡算对象,则

$$1000 = W + P$$

所以

$$W = 791.7\ \text{kg/h}$$

③ 求循环的饱和溶液量 R

假设进入冷却结晶器的质量分率为50 %的 KNO_3 溶液量为 S kg/h。取冷却结晶器为系统(系统Ⅱ),衡算基准为1 h,以总物料为衡算对象,作总物料的衡算,可得

$$S = 208.3 + R$$

以 KNO_3 为衡算对象,作 KNO_3 的衡算,可得

$$S \times 0.5 = 208.3 \times 0.96 + R \times 0.375$$

联立求解上述两式,可得

$$R = 766.6\ \text{kg/h}$$

(2) 能量衡算

根据能量守恒定律,能量衡算的一般表示式为

$$\sum H_F + Q = \sum H_D + Q_A \tag{0-3}$$

式中 $\sum H_F$—— 单位时间内输入系统物料的焓值总和,即物料带入热量的总和;

$\sum H_D$—— 单位时间内从系统输出物料的焓值总和,即物料带出热量的总和;

Q—— 单位时间内从环境传入系统的热量;

Q_A—— 单位时间内系统总累积的热量。

能量衡算也和物料衡算一样,要表示清楚衡算范围和衡算基准。此外,由于焓值的大小与温度基准和物态有关,故要指明热量衡算基准温度。物料的焓值通常以273k物质的液态为基准,如果以273k为温度基准,可不再注明。有时为了计算方便,以进料温度或环境温度作为基准温度,

或采用数据资料的基准温度(如反应热的基准温度 25 ℃ 等),此时一定要注明基准温度。

对于稳态过程,系统内无热量累积,Q_A 等于零,则

$$\sum H_F + Q = \sum H_D \tag{0-4}$$

例 0-2 在换热器内将平均比热为 3.56 kJ/(kg·℃)的某种溶液自 25 ℃ 加热至 80 ℃,溶液量为 3600 kg/h,加热介质为 120 ℃ 的饱和水蒸气,蒸汽冷凝成相同温度下的水排出。已知此换热器的热损失占水蒸气所提供热量的 6.5 %,试求水蒸气用量为多少 kg/h?

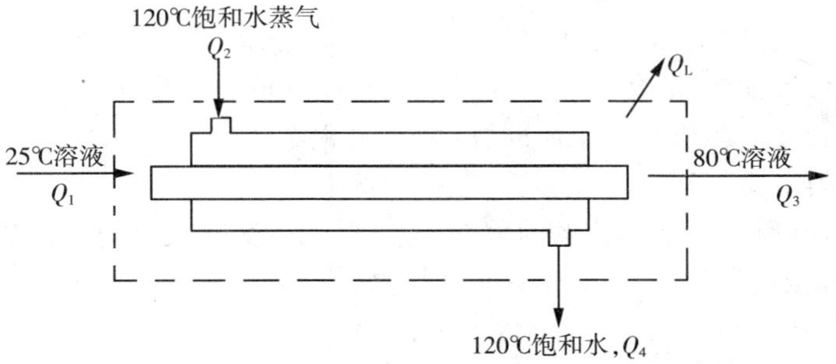

例 0-2 附图

解 首先根据题意作出过程的物料流程图见附图,在图上表示出衡算范围和流体参数。

确定时间基准:1 h,温度基准:0 ℃。

从附录中可以查得 120 ℃ 饱和水蒸气的焓为 2708.9 kJ/kg,120 ℃ 饱和水的焓为 503.67 kJ/kg。则在附图中虚线范围内列焓衡算:

$$Q_1 + Q_2 = Q_3 + Q_4 + Q_L$$

式中 Q_1—— 溶液带入系统的焓,kJ/h;

Q_2—— 饱和蒸汽带入系统的焓,kJ/h;

Q_3—— 溶液带出系统的焓,kJ/h;

Q_4—— 冷凝水带出系统的焓,kJ/h;

Q_L—— 系统向周围环境损失的焓,kJ/h。

令 D 为饱和蒸汽的消耗量,kg/h。各项的计算如下:

$Q_1 = 3600 \times 3.56(25-0) = 320400$ kJ/h

$Q_2 = 2708.9\,D$ kJ/h

$Q_3 = 3600 \times 3.56(80-0) = 1025280$ kJ/h

$Q_4 = 503.67\,D$ kJ/h

$Q_L = (2708.9 - 503.67)\,D \times 0.065 = 143.34\,D$ kJ/h

所以
$$320400 + 2708.9\,D = 1025280 + 503.67\,D + 143.34\,D$$

解得
$$D = 342 \text{ kg/h}$$

0.3.3 研究方法

在单元操作的研究发展过程中,形成了两种基本的研究方法:实验研究方法和数学模型方法。

(1) 实验研究方法

早期的工业设备放大,主要采用逐级经验放大法,即通过小型设备进行试验,优选出操作条件和设备类型,确定所能达到的技术经济指标,再设计和制造规模稍大一点的设备,进行所

谓模型实验，根据模型试验的结果，再进行中间试验，由中间试验的结果放大到工业规模的生产装置，这种研究方法称为实验研究方法。在放大的过程中，如果放大倍数太大而无把握时，应进行多次不同规模的中间试验。由此可见，逐级经验放大法不是一种满意的放大方法。而且，该方法的主要依据是不同规模的宏观实验结果而没有深入到事物的内部，没有把握住事物的规律性，所以是经验性的，难以做到高准确性和高倍数放大。

（2）数学模型方法

现代工业设备放大，主要采用数学模型法，其实质是通过数学模型来放大和设计工业过程和设备。用数学模型方法研究化工过程时，首先要分析过程的机理，在充分认识过程机理的基础上对过程机理进行合理简化，建立基本能反映过程机理的数学模型。该方法的关键在于所建立的数学模型是否能够描述过程的本质问题，而对过程本质的认识又来源于实践，因此，实验仍然是数学模型法的主要依据。

一般来说，数学模型是指某种关系的数学表达。所谓的某种关系可以是以下情况：

① 是某系统工况特性的关系，该系统可以是多个单元过程组成，也可以是其中的一个单元过程；

② 是某种现象的主要影响因素之间的关系，如物理化学中的气体状态方程、各反应模式的动力学方程、估算物性的关联式等；

③ 是某种普通的计算关系，如设备投资费用同设备尺寸之间的关系等；

④ 其他，如描述过程单元之间或设备之间是否有物流相通的流程结构关系。

由于数学模型有理论的指导，而且计算技术特别是计算机技术的迅猛发展，使得复杂数学模型的计算成为可能，所以数学模型研究方法已成为单元操作研究的主要方法。

数学模型大体可分为四类，即：理论模型、经验模型、半经验半理论模型和人工智能模型。

本教材主要介绍应用经验模型和半经验半理论模型。

0.4 单位与单位制

（1）基本单位和导出单位

任何物理量的大小都是由数字和单位两部分组成的，而物理量的单位可分为基本单位和导出单位两类。在描述单元操作的众多物理量中，独立物理量叫基本量，其单位叫基本单位，如时间、长度、质量等。不独立物理量叫导出量，其单位叫导出单位，如速度、加速度、密度等。

（2）单位制度

基本单位加上导出单位称为单位制度。国际制（SI制）的基本单位有7个，在化工原理教学中常用的有5个：长度单位米（m）、质量单位千克（kg）、时间单位秒（s）、温度单位开尔文（K）、物质量单位摩尔（mol）。本课程教学一律采用国际单位制（SI）。

由于历史和地区的原因，有些化工文献、手册、资料上出现了其他单位制度，即非SI单位制，非SI单位制主要有物理单位制、重力单位制（工程单位制）。物理单位制与国际单位制都以质量为基本单位，属于绝对单位制系统。物理单位制的基本单位是长度单位厘米（cm）、质量单位克（g）、时间单位秒（s）。工程单位制的基本单位是长度单位米（m）、力或重量单位千克（力）（kgf）、时间单位秒（s），这种单位制的特点是以力而不以质量作为基本单位，属于重力单位制体系。

(3) 单位换算

单位换算虽然简单，但必须认真对待，如何根据几个基本关系和定义自行得出换算系数，是学好化工原理课程的重要基础之一。如重量与重力在SI制与工程单位制的换算等。

在SI制中1 kg质量的物体，若用工程单位制表示，该物体的重力为1 kgf，即同一物体用SI制表示的质量与用工程单位制表示的重力在数值上相等。所以在有关手册中查得工程单位制的重力，SI制的质量可直接取其数值。但必须特别注意，在不同单位制中，尽管两者数值相等，但概念不同。质量是物体所含物质的多少，而重力是物体受地球引力的大小，一般认为地球附近的引力大小近似不变。

化工计算中常用的单位及换算因数见本教材附录。

习 题

1. 湿物料原含水的质量分数为16 %，在干燥器中干燥200分钟后，含水0.6 %，试求每吨物料干燥出的水量为多少kg?

2. 1000 kg的电解液中含NaOH质量分数为10 %，NaCl的质量分数为10 %，H_2O的质量分数为80 %，采用真空蒸发器浓缩，食盐结晶分离后的浓缩液中含NaOH为50 %、NaCl为2 %、H_2O为48 %。若在操作全过程中，溶液中的NaOH量保持不变。试求：

(1) 水分蒸发量；

(2) 分离的食盐量；

(3) 食盐分离后的浓缩液量。

1　流体流动

气体和液体统称为流体。在化工、制药、食品等工业生产中所处理的物料、半成品以及产品大多数是流体。根据生产要求，往往需要将这些流体物料由一个设备输送到另一个设备；从上一道工序转移到下一道工序，逐步完成物理变化或化学变化。流体流动是化工过程中最普遍的单元操作之一，除了流体输送外，化工中的传热和传质过程及化学反应大都是在流体流动下进行的，流体流动状态及规律对这些单元操作有着很大影响。研究这些单元操作的原理，就必须掌握流体流动的基本原理，因此，流体流动的基本原理是《化工原理》这一课程的重要基础。

从工程实际出发研究流体流动，主要是研究流体的宏观运动规律。一般是把流体视为由无数微团（或称质点）组成的，彼此无间隙的，完全充满所占空间的连续介质。

1.1　静止流体的基本方程

流体静力学主要研究静止流体内部静压力的分布规律，即研究流体在外力作用下处于静止或相对静止的规律。流体静力学的基本原理在工业生产中有着广泛的应用，本节主要讨论流体静力学的基本原理及其应用。

1.1.1　流体的密度与比容

(1) 密度

单位体积流体的质量，称为流体的密度，其表达式为

$$\rho = \frac{m}{V} \tag{1-1}$$

式中　ρ—— 流体的密度，kg/m^3；

m—— 流体的质量，kg；

V—— 流体的体积，m^3。

流体的密度一般可在物理化学手册或有关资料中查到，本书附录中也列有某些常见液体和气体的密度数值。

液体的密度随压力的变化甚小（极高压力下除外），可忽略其影响，常称液体为不可压缩的流体，而液体的密度随温度稍有改变。气体的密度随压力和温度的变化较大，是可压缩性流体。当压力不太高，温度不太低时，气体的密度可近似地按理想气体状态方程式计算。

由

$$pV = nRT = \frac{m}{M}RT \tag{1-2}$$

得

$$\rho = \frac{m}{V} = \frac{pM}{RT} \tag{1-3}$$

式中　p—— 气体的压力，kPa；

M—— 气体的摩尔质量，kg/kmol；

T—— 气体的热力学温度，K；

R—— 摩尔气体常数，8.314 kJ/(kmol·K)；

n—— 气体的量，kmol。

理想气体在标准状态（$T_0=273.15$ K，$p_0=101.325$ kPa）下的摩尔体积 $V_0=22.4$ m^3/kmol，密度为：

$$\rho_0=\frac{M}{22.4} \tag{1-4}$$

可按下式计算在温度 T 和压力 p 下该气体的密度

$$\rho=\rho_0\frac{T_0}{T}\frac{p}{p_0} \tag{1-5}$$

实际生产中遇到的流体常常是由若干组分所构成的混合物。当气体混合物接近理想气体时，其密度仍可用式(1-3)计算。但式中的气体摩尔质量M，应以混合气体的平均摩尔质量M_m代替。

当气体混合物各组分的密度为已知，气体混合物的组成通常以体积分率 ψ 表示，则混合气体的密度可用以下方法计算：以 1 m^3 混合物为基准，其中各组分的质量以 kg 计，分别为 $\psi_1\rho_1$，$\psi_2\rho_2$，…，$\psi_n\rho_n$，这些数值之和即为 1 m^3 气体混合物的质量，故混合气体的密度为：

$$\rho_m=\psi_1\rho_1+\psi_2\rho_2+\cdots+\psi_n\rho_n \tag{1-6}$$

理想气体混合物中各组分的体积分率又与其摩尔分率 y 相等。故式(1-6)中的 ψ 也可用 y 代替，即

$$\rho_m=y_1\rho_1+y_2\rho_2+\cdots+y_n\rho_n \tag{1-6a}$$

液体混合时，体积往往有所改变。假设混合液为理想溶液，则其体积等于各组分单独存在时的体积之和。当混合液中各组分的密度为已知，液体混合物的组成通常以质量分率 w 表示，要计算其密度，可取 1 kg 混合物为基准。其中的各组分单独存在时的体积以 m^3 计，分别为 w_1/ρ_1，w_2/ρ_2，…，w_n/ρ_n，假定混合后总体积不变，则这些数值之和就是1kg 混合物的体积，亦即其密度的倒数 $1/\rho_m$，于是 ρ_m 可用下式近似计算。

$$\frac{1}{\rho_m}=\frac{w_1}{\rho_1}+\frac{w_2}{\rho_2}+\cdots+\frac{w_n}{\rho_n} \tag{1-7}$$

(2) 比容

单位质量流体的体积，称为流体的比容，用符号 v 表示，单位为 m^3/kg，则

$$v=\frac{V}{m}=\frac{1}{\rho} \tag{1-8}$$

即流体的比容是密度的倒数。

此外，有些手册还给出物质的比重 d(相对密度)，即液体密度与 4 ℃ 水的密度之比值，4 ℃水的密度为 1 000 kg/m^3。

例 1-1 已知氮氢混合气体中的 N_2 与 H_2 的体积比为 1∶3，试求氮氢混合气体在压力 100 kPa(绝对压力)和温度 25 ℃ 时的密度。

解 $p=100$ kPa，$T=273+25=298$ K

各组分的摩尔质量 N_2 28.02kg/kmol， H_2 2.016 kg/kmol

各组分的摩尔分数 N_2 0.25， H_2 0.75

混合气的平均摩尔质量 $M_m=28.02\times0.25+2.016\times0.75=8.52$ kg/kmol

用式(1-3)计算氮氢混合气体的密度

$$\rho = \frac{pM_m}{RT} = \frac{100 \times 8.52}{8.314 \times 298} = 0.344\ \mathrm{kg/m^3}$$

1.1.2 流体的压力

流体的压力是指流体垂直作用于单位面积上的力。

在法定单位制(SI 制)中,压力的单位是 N/m^2,称为帕斯卡,以 Pa 表示。压力的工程单位为千克(力)/ 米^2,表示为 kgf/m^2。此外还有许多习用的单位。常见的压力单位及它们之间的换算关系如下:

$$\begin{aligned} 1\ \mathrm{atm} &= 101300\ \mathrm{Pa} = 101.3\ \mathrm{kPa} = 0.1013\ \mathrm{MPa} \\ &= 10330\ \mathrm{kgf/m^2} \\ &= 1.033\ \mathrm{kgf/cm^2} \\ &= 10.33\ \mathrm{mH_2O} \\ &= 760\ \mathrm{mmHg} \end{aligned}$$

压力可以有不同的计量标准。如以绝对真空为基准测得的压力,称为绝对压力,是流体的真实压力。如以外界大气压为基准测得的压力,则称为表压。工程上用压力表测得的流体压力,就是流体的表压。它是流体的绝对压力与外界大气压力的差值,即

$$表压 = 绝对压力 - 大气压力$$

表压为正值时,通常称为正压;为负值时,则称为负压。通常把其负值改为正值,称为真空度。真空度与绝对压力的关系为

$$真空度 = 大气压力 - 绝对压力$$

测量负压的压力表,又称为真空表。

绝对压力、表压和真空度的关系,如图 1-1 所示。

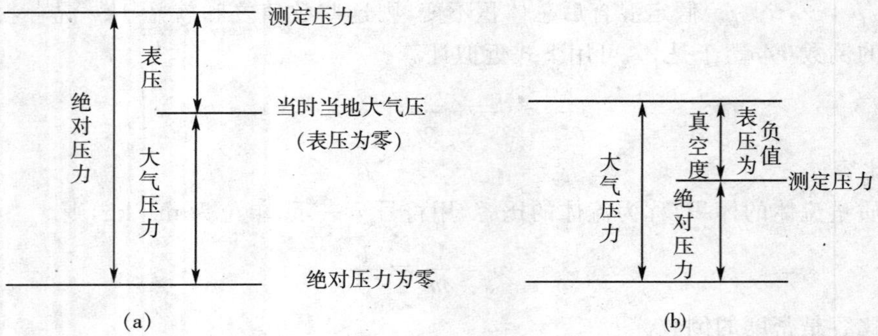

图 1-1 绝对压力、表压和真空度的关系

(a) 测定压力 > 大气压力;(b) 测定压力 < 大气压力

例 1-2 测定某台离心泵压头时,泵进、出口压力表读数分别为 70 kPa(真空度)及 300 kPa(表压)。若当地大气压力为 101.3 kPa,试求它们的绝对压力各为多少(以 SI 单位表示)?

解 泵进口绝对压力

$$p_1 = 101.3 - 70 = 31.3\ \mathrm{kPa}$$

泵出口绝对压力

$$p_2 = 300 + 101.3 = 401.3\ \mathrm{kPa}$$

1.1.3 流体静力学基本方程

描述静止流体内部的压力沿着高度变化的数学表达式称为流体静力学基本方程。对于不可压缩流体，其静力学基本方程可通过下述方法推导得出。

如图1-2所示，从静止流体中划出一垂直液柱，其横截面积为A，若以容器底面为基准面，则液柱上、下面至基准面的垂直距离分别为z_1、z_2，液体静压力分别为p_1、p_2，在基准面以上高度为z处的压力为p，流体的密度为ρ。分析z水平面上厚度为dz的薄层流体所受的力。作用于此薄层上的力有三个：

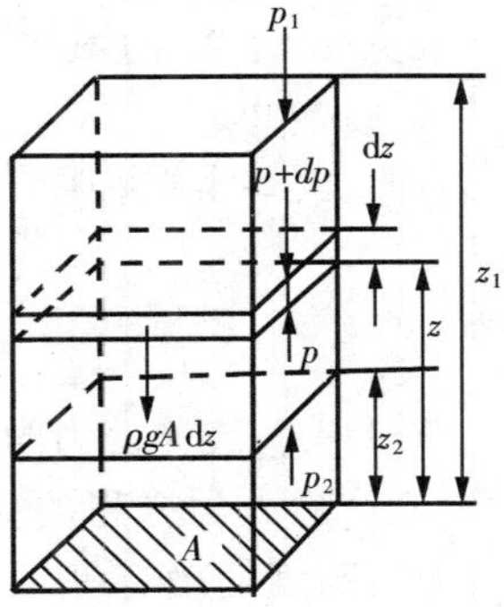

图1-2 流体静力平衡

(1) 向上作用于薄层下底的总压力pA；

(2) 向下作用于薄层上底的总压力$(p+dp)A$；

(3) 液柱薄层的重力$\rho gA\,dz$。

以向上作用的力为正，向下作用的力为负。在静止液体中三力之和为零，故：

$$pA-(p+dp)A-\rho gA\,dz=0 \tag{1-9}$$

简化得：

$$dp+\rho g\,dz=0$$

设ρ为常数，积分上式得：

$$p/\rho+gz=\text{常数} \tag{1-10}$$

若积分上、下限分别取高度等于z_1和z_2的两个平面，则得：

$$(p_2-p_1)/\rho g=z_1-z_2 \tag{1-11}$$

或

$$p_2=p_1+\rho g(z_1-z_2) \tag{1-11a}$$

式(1-11)及(1-11a)均为流体静力学基本方程。由上式可知：

(1) 若取液柱上底面为液体表面，设液面上方压力为p_0，液柱高度为h，则流体静力学基本方程可表示为：

$$p_2=p_0+\rho gh$$

当液面上方的压力一定时，在静止液体内任一点压力的大小，与液体本身的密度和该点距液面的深度有关。因此，在静止的、连续的同一液体内，处于同一水平面上的各点，因其深度相同，其压力亦相等。此压力相等的水平面，称为等压面。

(2) 当液面的上方压力p_0有变化时，必将引起液体内部各点压力发生同样大小的变化。这种规律称为巴斯噶原理。

(3) 式(1-11a)可改写为

$$(p_2-p_1)/\rho g=(z_1-z_2)=h \tag{1-11b}$$

由此可知，压力或压力差的大小可用液柱高度来表示。

推导上述方程时曾假设流体为不可压缩流体，即ρ为常数。液体的密度可视为常数，而气体密度则随压力而改变，但考虑到气体密度随容器高低变化甚微，一般也可视为常数，故静力学基本方程亦适用于气体。值得注意的是，积分范围内的流体只有一种而且是连续的，运用此方程时要注意这一条件。

例1-3 贮油罐中盛有密度为960 kg/m^{3}的重油，油面最高时离罐底10.4 m，油面上方与大气相通。罐侧壁下部有一直径600 mm的人孔，用盖压紧。圆孔的中心在罐底以上800 mm。试求作用在人孔盖上的总压力。

解　先求作用于孔盖内侧的压力。作用于孔盖的平均压力等于作用于盖中心点的压力(可用积分结果证明)。以罐底为基准水平面,压力以表压计,则

$z_1 = 10.4\ \text{m} \qquad z_2 = 0.8\ \text{m} \qquad p_1 = 0$

$p_2 = p_1 + \rho g(z_1 - z_2) = 0 + 960 \times 9.81 \times (10.4 - 0.8) = 90400\ \text{Pa}$

此为作用于孔盖内侧的表压,作用于孔盖外侧的表压为零,故孔盖所受的平均压力为 90400 Pa。

作用于孔盖上的总压力:

$$P = pA = 90400 \times \frac{\pi}{4} \times 0.6^2 = 25600\ \text{N}$$

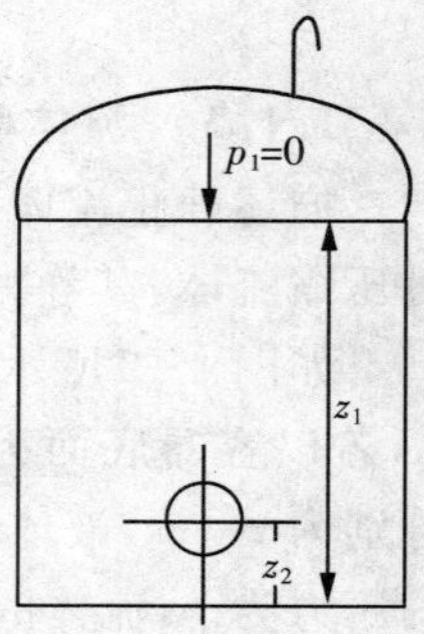

例 1-3　附图

1.1.4　流体静力学基本方程的应用

流体静力学方程的应用十分广泛,如流体在管道或设备内压力或压差的测量,液位的测量,液封高度的确定等。

(1) 压力测量

① U 形管液柱压差计

图 1-3 为 U 形管压差计,它是一根装有指示液的 U 形玻璃管。将 U 形管的两端与管道中的两截面相连通,若作用于 U 形管两端的压力 p_1 和 p_2 不等(图中 $p_1 > p_2$),则指示液就在 U 形管两端出现高差 R。利用 R 的数值,根据静力学基本方程可确定流体两点之间的压力差。

需要说明的是,用作指示液的液体必须与被测流体不互溶,不起化学作用,且其密度要大于被测流体的密度。指示液随被测液体的不同而不同。常用的指示液有汞、四氯化碳、水和液体石蜡等。

在图 1-3 中,U 形管下部的液体是密度为 ρ_0 的指示液,上部为被测流体,其密度为 ρ,图中 a、b 两点的压力是相等的,因为这两点都在同一种静止液体(指示液)的同一水平面上。通过此关系,便可确定($p_1 - p_2$)的表示式。

根据流体静力学基本方程,从 U 形管右侧来计算,可得

$$p_a = p_1 + (m + R)\rho g$$

同理,从 U 形管的左侧计算,可得

$$p_b = p_2 + m\rho g + R\rho_0 g$$

因为

$$p_a = p_b$$

所以

$$p_1 + (m + R)\rho g = p_2 + m\rho g + R\rho_0 g$$

$$\Delta p = p_1 - p_2 = R(\rho_0 - \rho)g \tag{1-12}$$

测量气体时,由于气体的密度 ρ 比指示液的密度 ρ_0 小得多,故 $\rho_0 - \rho \approx \rho_0$,式(1-12)可简化为

$$\Delta p = p_1 - p_2 = R\rho_0 g \tag{1-12a}$$

图 1-4 所示是倒 U 形管压差计。该压差计是利用被测量液体本身作为指示液的,上方一般为空气。压力差 $p_1 - p_2$ 可根据液柱高度差 R 按(1-12a)式进行计算,其中 ρ_0 为被测流体的密度。

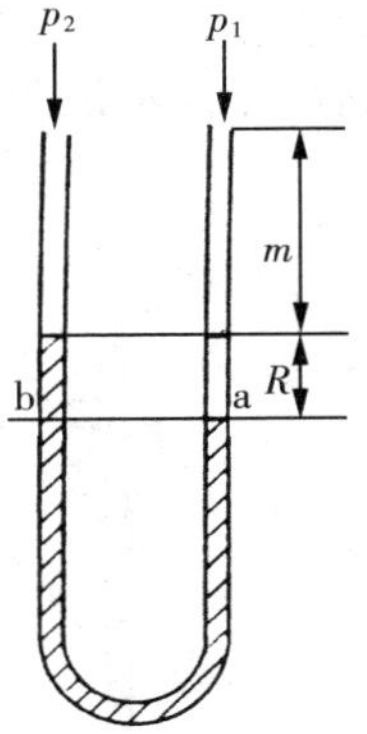

图 1-3　U 形管液柱压差计

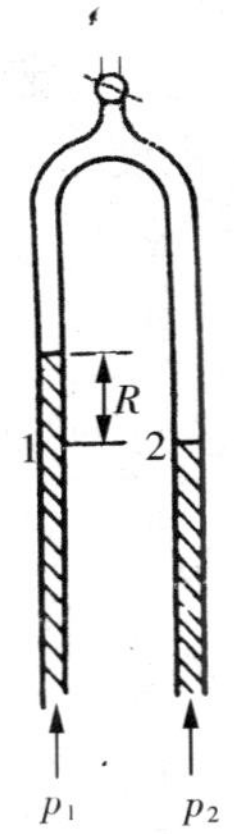

图 1-4　倒 U 形管压差计

例 1-4　如附图所示，常温水在管道中流过。为测定 a、b 两点的压力差，安装一 U 形压差计，指示液为汞。已知压差计读数 $R = 100$ mmHg，试计算 a、b 两点的压力差为若干？已知水与汞的密度分别为 1000 kg/m^3 及 13600 kg/m^3。

解　取管道截面 a、b 处压力分别为 p_a 与 p_b。根据流体静力学基本方程知，连续、静止的同一液体内同一水平面上各点压力相等的原理，则

$$p_1 = p_1', p_2 = p_2' \qquad (a)$$

因

$$p_1' = p_a - x\rho_{H_2O}g$$

$$p_1 = R\rho_{Hg}g + p_2 = R\rho_{Hg}g + p_2'$$
$$= R\rho_{Hg}g + p_b - (R+x)\rho_{H_2O}g$$

根据式(a)，$p_1 = p_1'$，则

$$p_a - p_b = x\rho_{H_2O}g + R\rho_{Hg}g - (R+x)\rho_{H_2O}g$$
$$= R(\rho_{Hg} - \rho_{H_2O})g$$
$$= 0.1 \times (13600 - 1000) \times 9.81 = 12.4 \text{ kPa}$$

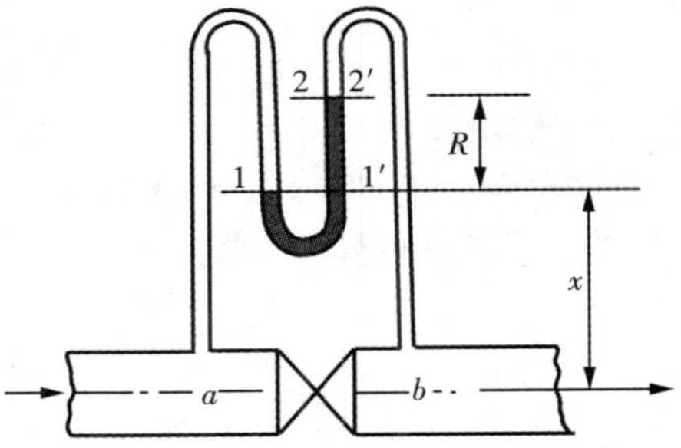

例 1-4　附图

② 斜管压差计

当被测量的流体压力或压差不大时，读数 R 必然很小，为得到精确的读数，可采用如图 1-5 所示的斜管压差计。此时 R' 与 R 的关系为

$$R' = \frac{R}{\sin\alpha} \qquad (1-13)$$

式中 α 为倾斜角，其值愈小，则 R' 值放大为 R 的倍数愈大。

③ 微差压差计（双液体 U 形管压差计）

若被测流体的压差很小，采用斜管压差计无法读取（读数误差很大）时，则可采用双液体 U 形管压差计，其构造如图 1-6 所示。在 U 管中放置两种密度不同、互不相溶的指示液，管的上端有扩张室，扩张室有足够大的截面积，当读数 R 变化时，两扩张室中液面不致有明显的变化。

由静力学基本方程可推出：

$$\Delta p = p_1 - p_2 = R(\rho_a - \rho_b)g \qquad (1-14)$$

式中　ρ_a、ρ_b——分别表示重、轻两种指示液的密度，kg/m^3。

从上式可看出，对于一定的压差，$(\rho_a-\rho_b)$ 愈小则读数 R 愈大，所以所使用的两种指示液应符合以下条件：① 密度很接近，即 $\Delta\rho$ 很小；② 两指示剂之间不互溶，不发生化学反应；③ 指示剂 b 不与被测流体互溶。

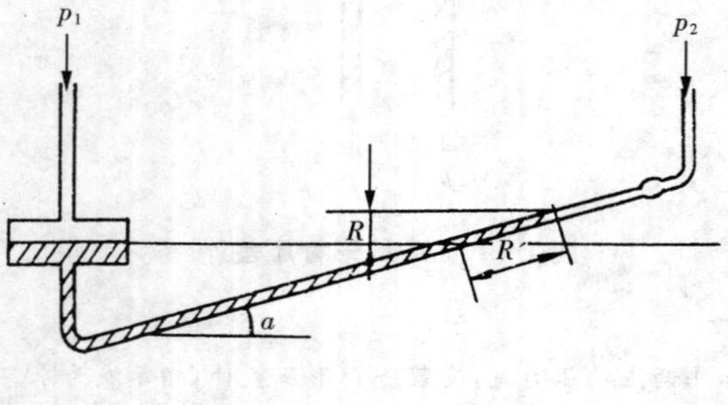

图 1-5　斜管压差计

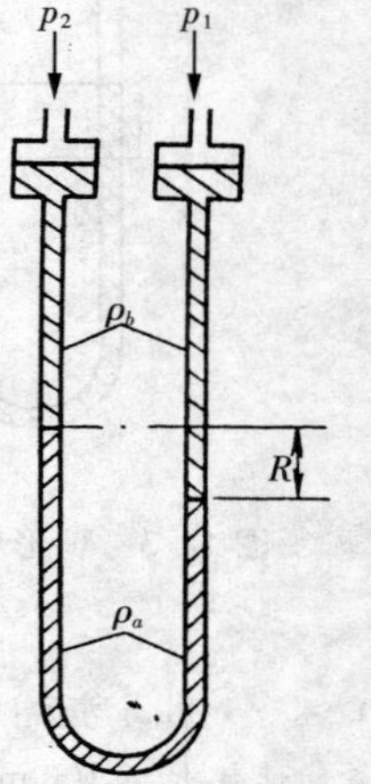

图 1-6　微差压差计

例 1-5　原采用普通 U 管压差计测量气体管路上两点的压力差，指示液用水，读数 R 为 12 mm。为了放大读数，改用双液体 U 形管压差计，指示液 A 是含酒精 40 % 的水溶液，密度为 920 kg/m^3；指示液 B 为煤油，密度为 850 kg/m^3。问压差读数可以放大到多少？

解　因所测压差未变，故有

$$\Delta p = p_1 - p_2 = R\rho_{H_2O}g = R'(\rho_a-\rho_b)g$$

所以

$$R' = \frac{R\rho_{H_2O}}{\rho_a-\rho_b} = \frac{12\times1000}{920-850} = 171\ \text{mm}$$

计算表明，新读数可提高为原来的 171/12 = 14.3 倍。

(2) 液面测定

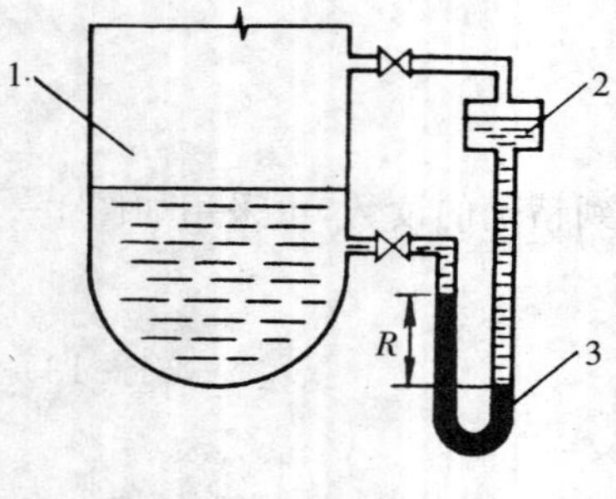

图 1-7　液面测量装置

工业生产中需要经常了解容器里液体的贮存量，或控制设备里液体的液面，因此要对液面进行测定。

有些液面测定方法是以流体静力学基本方程为基本原理的。

图 1-7 为用液柱压差计测量液面的示意图。将一装有指示液的 U 形管压差计 3 的两端分别与容器底部和平衡室(扩大室)2 相连，平衡室上方用气相平衡管与容器连接。平衡室中装的液体与容器里的液体相同。所装液体量能使平衡室里液面高度维持在容器液面容许到达的最高位置。压差计的读数 R 大小反映容器里的液面高度，液面越高，读数越小。当液面达到最高容许高度时，压差计的读数为零。若把 U 形管压差计换上一个能够变换和传递压差读数的传感器，这种测量装置便可以与自动控制系统连接起来。

(3) 确定液封高度

在化工生产中为了控制设备内气体压力不超过规定的数值以实现安全生产，常常装有如

图 1－8 所示的安全液封(或称为水封)装置。其作用是当设备内压力超过规定值时,气体就从液封管排出,以确保设备操作的安全。

此外,液封还可用来防止气体外流,而且它的密封效果极佳。例如煤气柜通常用水来封住,以防止煤气泄漏,如图 1－9 所示。

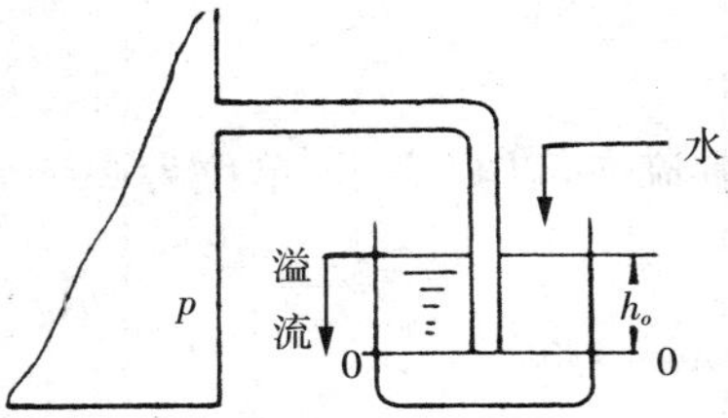

图 1－8 安全液封

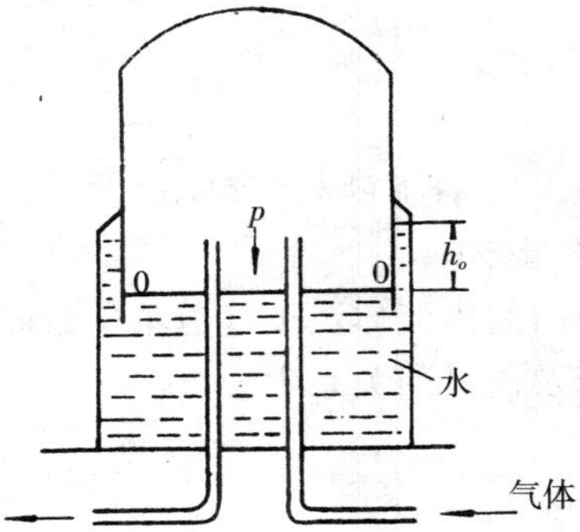

图 1－9 煤气柜水封

液封高度可根据静力学基本方程进行计算。设器内压力为 p(表压),水的密度为 ρ,则所需的液封高度 h_0 应为:

$$h_0 = \frac{p}{\rho g} \tag{1-15}$$

为了保证安全,安全液封在实际安装时管子插入液面下的深度应比计算值略小些,而对于产生气体密封作用的液封来说,其值应比计算值略大些。

1.2 流体流动的基本方程

在化工过程中,流体大多是在密闭的管道内流动,流体在管内的流动规律可采用其流动基本方程来描述,基本方程包括连续性方程和柏努利方程,本节主要围绕这两个方程进行讨论。

1.2.1 流量与流速

(1) 流量

流体在单位时间内流经管道任一截面的量称为流量,流量常分为体积流量和质量流量两种。

① 体积流量

单位时间内流体流经管道任一截面的体积,称为体积流量,以 q_v 表示,单位为 m^3/s。

② 质量流量

单位时间内流体流经管道任一截面的质量,称为质量流量,以 q_m 表示,其单位为 kg/s。

体积流量与质量流量之间的关系为:

$$q_m = \rho q_v \tag{1-16}$$

(2) 流速

流体在单位时间内流经管道单位截面的量称为流速。

① 平均流速

平均流速是指单位时间内流体质点在流动方向上所流经的距离。在工程上，一般是以体积流量除以管道截面积所得的商来表示流体在管道中的速度。以 u 表示，单位为 m/s。

流量与流速关系为

$$u = \frac{q_v}{A} \tag{1-17}$$

$$q_m = \rho q_v = \rho A u \tag{1-18}$$

式中 A—— 管道的截面积，m^2。

② 质量流速

单位时间内流体流经管道单位截面的质量称为质量流速，以 G 表示，单位为 $kg/(m^2 \cdot s)$。它与流速及流量的关系为

$$G = \frac{q_m}{A} = \frac{\rho A u}{A} = \rho u \tag{1-19}$$

由于气体的体积与温度、压力有关，所以，当温度、压力发生变化时，气体的体积流量及相应的流速也将随之改变，但其质量流量不变。此时，采用质量流速比较方便。

流量一般为生产任务所决定，而合理的流速则应根据经济权衡决定，一般液体流速为 0.5 ～ 3 m/s，气体流速为 10 ～ 30 m/s。常见流体在管道内的常用流速范围可参阅本章表 1－3。

例 1－6 以内径 105 mm 的钢管输送压力为 202.6 kPa、温度为 120 ℃ 的空气。已知空气在标准状态下的体积流量为 $630\ m^3/h$，试求此空气在管内的流速和质量流速。

解 在本例计算中，空气在标准状态下的流量应换算为操作状态下的流量。由于空气压力不高，可应用理想气体状态方程计算空气流量如下

$$\begin{aligned} q_v &= q_{v0}\left(\frac{T}{T_0}\right)\left(\frac{p_0}{p}\right) \\ &= 630 \times \left(\frac{273.15+120}{273.15}\right) \times \frac{101.325}{202.6} \\ &= 453\ m^3/h \end{aligned}$$

平均流速

$$u = \frac{q_v}{\frac{\pi}{4}d^2} = \frac{453/3600}{0.785 \times \left(\frac{105}{1000}\right)^2} = 14.5\ m/s$$

取空气的平均摩尔质量为 $M_m = 28.9$ kg/kmol

则实际操作状态下空气的密度为

$$\rho = \left(\frac{28.9}{22.4}\right) \times \left(\frac{273.15}{273.15+120}\right) \times \left(\frac{202.6}{101.325}\right) = 1.8 kg/m^3$$

依式(1－19)，得质量流速

$$G = \rho u = 1.8 \times 14.5 = 26.1\ kg/(m^2 \cdot s)$$

1.2.2 稳定流动与不稳定流动

流体在管道中流动时，任一点上的流量、流速、压力等物理参数都不随时间而变化，只随空间位置而变化，这种流动称为稳定流动。

若流动的流体中，任一点上的物理参数，有部分或全部不仅随空间位置而变化，而且随时间而改变，这种流动称为不稳定流动。

如图 1－10(a) 所示，若在排水过程中不断有水补充到桶内，使液面高度维持不变，则排水管中直径不等的各截面上水的平均速度虽然不同，但每一截面上的平均速度却是恒定的，并不随时间而变，这种流动属于稳定流动。

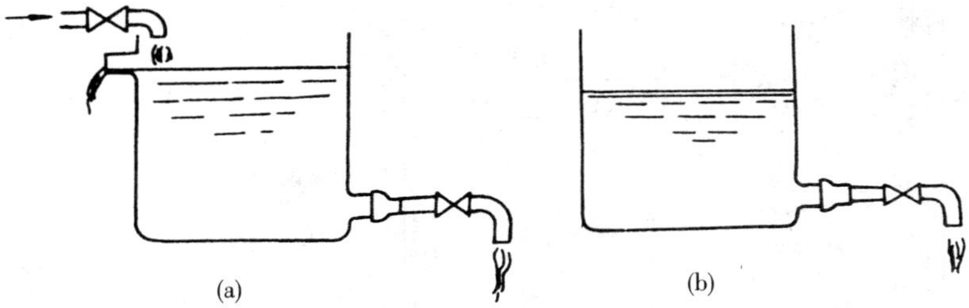

图 1－10 稳定流动与不稳定流动

(a) 稳定流动(液面高度不变)；(b) 不稳定流动(液面高度随时改变)

如图 1－10(b) 所示，若排水过程中并不向桶内补充水，则液面不断下降，各截面上的流速都随时间而变(减小)，这种流动属于不稳定流动。

在工业实际生产中，连续生产过程中的流体流动，均可视为稳定流动，在开工或停工阶段，则可能属于不稳定流动。故除特别说明外，本书中所讨论的均为稳定流动。

1.2.3 物料衡算 —— 连续性方程

对图 1－11 中的稳定流动体系，流体从截面 1－1 流入，从截面 2－2 流出。若在管道两截面之间无流体损失，根据质量衡算式知，从截面 1－1 进入的流体质量流量 q_{m1} 应等于从截面 2－2 流出的流体质量流量 q_{m2}，即

$$q_{m1} = q_{m2} \tag{1-20}$$

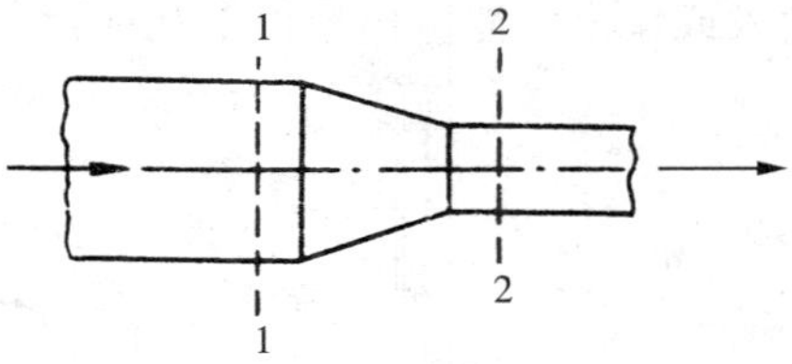

图 1－11 连续性方程式的推导

由式(1－18) 有

$$\rho_1 A_1 u_1 = \rho_2 A_2 u_2 \tag{1-21}$$

此关系可适用于管道的任一截面，即

$$\rho A u = 常数 \tag{1-22}$$

上式称为连续性方程。对不可压缩流体，$\rho =$ 常数，则上式可简化为

$$Au = 常数 \tag{1-23}$$

由此可知，在连续稳定的不可压缩流体的流动中，单位时间内通过管路各截面的体积流量也相等，即流体流速与管道的截面积成反比。截面积愈大之处流速愈小，反之亦然。

对于圆形管道，由式(1－23) 可得

$$\frac{\pi}{4}d_1^2 u_1 = \frac{\pi}{4}d_2^2 u_2$$

或

$$u_1/u_2 = (d_2/d_1)^2 \tag{1-24}$$

式中 d_1 及 d_2 分别为管道上截面 1 和截面 2 处的管内径。上式说明不可压缩流体在管道中的流速与管道内径的平方成反比。

例 1－7 如附图所示的流体输送管道，管内径为：

$d_1 = 25$ mm；$d_2 = 100$ mm；$d_3 = 50$ mm。

(1) 当流量为 4 L/s 时，各管段的平均流速为若干？

(2) 当流量增至 8 L/s 或减至 2 L/s 时，平均流速如何变化？

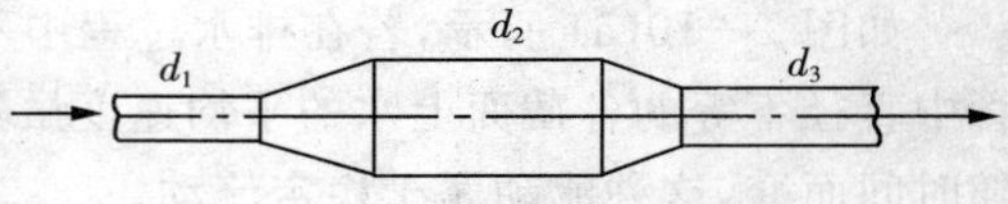

例 1-7　附图

解　(1) 根据式(1-17)，则

$$u_1 = \frac{q_v}{A_1} = \frac{4\times10^{-3}}{\frac{\pi}{4}\times(25\times10^{-3})^2} = 8.15\ \text{m/s}$$

由式(1-24)，则

$$u_2 = u_1\left(\frac{d_1}{d_2}\right)^2 = 8.15\times\left(\frac{25}{100}\right)^2 = 0.51\ \text{m/s}$$

$$u_3 = u_1\left(\frac{d_1}{d_3}\right)^2 = 8.15\times\left(\frac{25}{50}\right)^2 = 2.04\ \text{m/s}$$

(2) 各截面流速比例保持不变，流量增至 8 L/s 时，流量增为原来的 2 倍，则各段流速亦增加至 2 倍，即

$$u_1 = 16.3\ \text{m/s},\ u_2 = 1.02\ \text{m/s},\ u_3 = 4.08\ \text{m/s}$$

流量减小至 2 L/s 时，即流量减小 1/2，各段流速亦为原值的 1/2，即

$$u_1 = 4.08\ \text{m/s},\ u_2 = 0.26\ \text{m/s},\ u_3 = 1.02\ \text{m/s}$$

1.2.4　流体总能量衡算

对流体的流动过程，除掌握体系的物料衡算外，还要了解流体流动体系中的能量形式与各种能量形式间的转换关系。如图 1-12 所示，在稳定流动条件下，单位时间内有质量为 m(kg) 的流体通过截面 1-1 进入划定体积(研究系统)，亦必有质量为 m 的流体从截面 2-2 送出。流体本身具有一定的能量，它便携带能量输入划定体积或从划定体积输出。流体进出划定体积时输入或输出的能量包括以下几项：

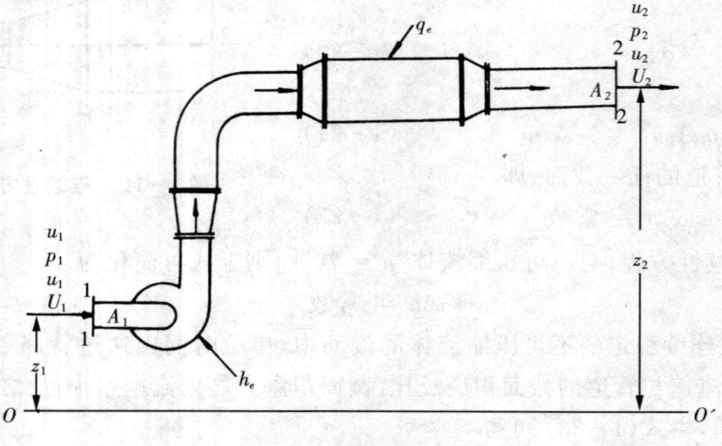

图 1-12　稳定的流体流动系统

(1) 内能　内能是物质内部的能量总和，由原子与分子的运动及彼此的相互作用而产生。从宏观的角度看，它与流体的温度有关，而压力的影响一般可忽略。单位质量流体的内能以 U 表示，单位为 J/kg，故

$$\text{质量为 } m \text{ 的流体的内能} = mU$$

$$[mU]^* = kg \cdot J/kg = J$$

(2) 位能　位能是流体因处于重力场内具有的能量。流体所处的高度不同，具有的位能不同。位能的大小与规定的基准水平面有关。如图 1-12 上的 0-0′ 为基准水平面，若流体与基准水平面的垂直距离为 z（在此水平面以上 z 值为正，以下为负），则位能等于将流体提升距离 z 所需功，故

$$质量为 m 的流体的位能 = mgz$$

$$[mgz] = kg \cdot (m/s^2) \cdot m = N \cdot m = J$$

(3) 动能　流体因运动而具有的能量，其大小等于将流体从静止加速到流速 u 所需功。

$$质量为 m 的流体的动能 = mu^2/2$$

$$[mu^2/2] = kg \cdot (m/s)^2 = kg \cdot (m/s^2) \cdot m = J$$

(4) 压力能　将流体压进划定体积时需要对抗压力作功。所做的功便成为流体的压力能输入划定体积。

参看图 1-13，流体通过某截面时所受到上游的总压力为：

$$P = pA$$

若质量为 m 的流体体积为 V，则通过该截面所走的距离为：

$$l = V/A$$

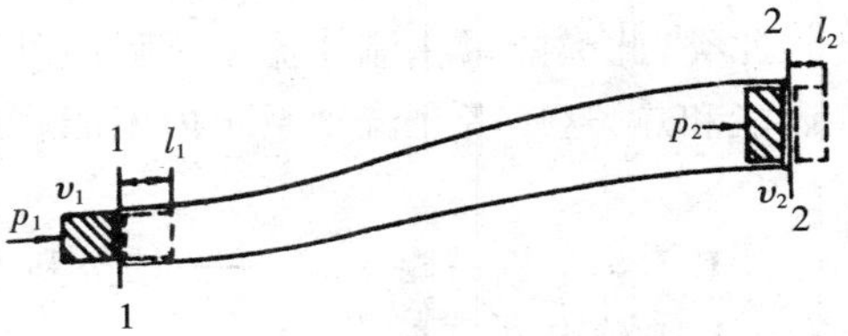

图 1-13　压力能或流动功示意图

将质量为 m 的流体压过该截面的功便为：

$$Pl = (pA)(V/A) = pV$$

这种功是在流体流动时才出现的，因此称流动功。流体进入划定体积后，这种功便成为流体的压力能而输入划定体积；同样，流体流出划定体积时，流体的压力能从划定体积输出。故得：

$$质量为 m 的流体的压力能 = pV$$

$$[pV] = (N/m^2) \cdot m^3 = N \cdot m = J$$

因此，质量为 m 的流体所具有的总能量 mE 为上述四项之和：

$$mE = mU + mgz + mu^2/2 + pV$$

此为伴随流体进、出划定体积而输入或输出的能量。除此之外，能量也可以通过其他外界条件与划定体积进行交换，其主要形式有：

(1) 热　若管路上连接有加热器或冷却器，流体通过时便吸热或放热。若每单位质量流体通过划定体积的过程中所交换的热为 q_e，则

$$质量为 m 的流体所交换的热 = mq_e$$

$$[mq_e] = kg \cdot J/kg = J$$

当流体吸入热量时，q_e 为正值，放出热量时，q_e 为负值。

(2) 功　若管路上安装了泵或鼓风机等流体输送机械向流体作功，便有外界能量输入到划定体积内。反之，流体也可以通过水力机械等向外界作功而输出能量。若每单位质量流体通过划定体积的过程中所接受的外功为 h_e，则

---

* 本书于物理量符号之外加一方括号，表示此物理量的单位（或因次），故[mU]代表“mU 的单位（或因次）”。

$$质量为 m 的流体所接受的功 = mh_e$$

$$[mh_e] = kg \cdot J/kg = J$$

流体接受外功时，h_e 为正值，向外界作功时，h_e 为负值。

若将伴随流体通过截面 1 输入划定体积的能量用下标 1 标明，经过截面 2 从划定体积输出的能量用下标 2 标明，则对图 1-12 所示流动系统作总能量衡算，衡算式为：

$$mU_1 + mgz_1 + mu_1^2/2 + p_1V_1 + mq_e + mh_e$$

$$= mU_2 + mgz_2 + mu_2^2/2 + p_2V_2 \tag{1-25}$$

将上式中的每一项除以 m，V/m = v 代表流体的比容，则以单位质量流体为基准的稳定流动过程的总能量衡算式（式中各项的单位均为 J/kg）为：

$$U_1 + gz_1 + u_1^2/2 + p_1v_1 + q_e + h_e = U_2 + gz_2 + u_2^2/2 + p_2v_2 \tag{1-26}$$

$$\Delta U + g\Delta z + \Delta(u^2)/2 + \Delta(pv) = q_e + h_e \tag{1-26a}$$

式(1-26)中所包括的能量可分为两类，一类是机械能，即位能、动能、压力能，功也可以归入此类，此类能量在流体流动过程中可以相互转变，亦可转变为热或流体的内能。另一类包括内能和热，这二者在流动系统内不能直接转变为用于输送流体的机械能。

1.2.5 机械能衡算 —— 柏努利方程

(1) 柏努利方程

流体在管内流动时要作功以克服流动的阻力，故其机械能有所消耗。消耗了的机械能转化为热，此热不能自动地变回机械能，只是将流体的温度略微升高，即略微增加流体的内能。若按等温流动考虑，则此微热也可以视为散失到流动系统以外去。既然机械能衡算中不计入内能与热，则因克服流动阻力而消耗掉的机械能便应作为散失到划定体积以外的能量而列入输出项中，即在衡算式的输出项目中增加 h_f—— 每单位质量流体通过划定体积的过程中所损失的能量，其单位与 h_e 相同，为 J/kg。

设流体是不可压缩的，式(1-26)中的 $v_1 = v_2 = v = 1/\rho$；流动系统中无热交换器，式中 $q_e = 0$；流体温度不变，则 $U_1 = U_2$。

式(1-26)、(1-26a) 于是成为：

$$gz_1 + \frac{u_1^2}{2} + \frac{p_1}{\rho} + h_e = gz_2 + \frac{u_2^2}{2} + \frac{p_2}{\rho} + h_f \tag{1-27}$$

即

$$g\Delta z + \frac{\Delta(u^2)}{2} + \frac{\Delta p}{\rho} = h_e - h_f \tag{1-27a}$$

若流体为理想流体，其流动过程中不产生流动阻力，流体流动的能量损失 $h_f = 0$，在没有外界动力加入的条件下（即 $h_e = 0$），式(1-27) 可简化得理想流体的机械能衡算式：

$$gz_1 + \frac{u_1^2}{2} + \frac{p_1}{\rho} = gz_2 + \frac{u_2^2}{2} + \frac{p_2}{\rho} \tag{1-28}$$

一般将式(1-28) 称为柏努利方程。式(1-27)、(1-27a) 为实际流体的机械能衡算式，习惯上也称为柏努利方程或扩展了的柏努利方程。

可压缩流体因 ρ 不为常数，其机械能衡算式将稍后讨论。

(2) 柏努利方程的讨论

上面从流体流动体系的总能量衡算出发，推导出柏努利方程，现对这一方程式进行如下讨论：

① 柏努利方程(1-28)只适用于不可压缩的理想流体作稳定流动而无外功输入的情况。柏努利方程表明，单位质量流体在任一截面上所具有的位能、动能和静压能之和是一个常数。这一总和称为总机械能，用 E 表示，单位 J/kg。在任一截面上 1 kg 理想流体的总机械能相同，而各种形式的机械能不一定相等，可以相互转换。

② 在扩展的柏努利方程(1-27)中，可以看出，对于非理想流体，由于存在流动过程中的能量损失，如果无外功加入时，系统的总机械能沿流动方向将逐渐减小。换句话说，对于实际流体，在管路内流动时，上游截面处的总机械能应大于下游截面处的总机械能。

③ 对式(1-27)中各个量的物理意义应当十分清楚。值得提出的是，位能、动能、静压能三项是处于某个截面上的流体本身所具有的能量，外部功 h_e 和能量损失 h_f 则是流体流动过程中所获得或消耗的能量，h_e 是输送设备对单位质量流体所作的有效功。单位时间输送设备对流体所作的有效功，称作功率，用 P_e 表示：

$$P_e = q_m h_e = q_V \rho h_e \tag{1-29}$$

④ 柏努利方程是基于流体流动系统的机械能衡算关系式导出的，若衡算采用不同基准，则可得到柏努利方程的几种不同形式。

式(1-27)是以单位质量流体为衡算基准得到的关系式，式中各项的单位为 J/kg。

若以单位体积流体为衡算基准，则得

$$\rho g z_1 + \frac{\rho u_1^2}{2} + p_1 + \rho h_e = \rho g z_2 + \frac{\rho u_2^2}{2} + p_2 + \rho h_f \tag{1-30}$$

式中各项的单位为 Pa。

以单位重量流体为衡算基准，则得

$$z_1 + \frac{u_1^2}{2g} + \frac{p_1}{\rho g} + H_e = z_2 + \frac{u_2^2}{2g} + \frac{p_2}{\rho g} + H_f \tag{1-31}$$

式中，$H_e = h_e/g$，$H_f = h_f/g$，各项单位为 m。z，$\frac{u^2}{2g}$，$\frac{p}{\rho g}$ 分别称为位压头，动压头，静压头。三者之和称为总压头，习惯上用符号 H 表示。

实践证明，不同情况采用不同形式的柏努利方程进行计算往往比较方便。

⑤ 当体系无外功，且处于静止状态时，因 $u = 0$，无流动则无阻力，$h_f = 0$，柏努利方程变为：

$$z_1 + \frac{p_1}{\rho g} = z_2 + \frac{p_2}{\rho g}$$

此式即是流体静力学基本方程。由此可见，流体的静止状态不过是流动状态的一个特例，柏努利方程也包含了流体静止状态的规律。

⑥ 对于可压缩流体的流动，当所取系统两截面之间的压力变化小于原来压力的20 %(即 $\left|\frac{p_1 - p_2}{p_1}\right| < 20\ \%$)时，仍可使用式(1-27)进行计算。式中的流体密度应以两截面之间流体的平均密度 ρ_m 代替，这种处理方法带来的误差在工程计算中是可以允许的。可压缩流体流动的计算将在 1.5.3 中加以讨论。

1.2.6　机械能衡算式的应用

机械能衡算式(柏努利方程)是流体流动的基本方程式，它的应用范围很广。就工业生产过程来说，该方程式除用来分析和解决流体输送有关的问题外，还用于流体流动过程中流量的测定以及调节阀流通能力的计算等。下面举例说明机械能衡算式的应用。

例 1-8 水槽中的水经虹吸管流出，如附图所示，设流动阻力可以不计，求管内水的流速及截面 A（管内）、B、C 三处的静压力。管径不变，大气压为 101.3 kPa，温度为 20℃。

解 (1) 求管内水的流速

因无外功加入，流动阻力可以忽略不计，于是由式(1-31)得：

$$z_1+\frac{u_1^2}{2g}+\frac{p_1}{\rho g}=z_2+\frac{u_2^2}{2g}+\frac{p_2}{\rho g}$$

取槽内液面为截面1，管出口为截面2，又以截面2为计算位能的基准水平面，则

$u_1=0$（液面下降的速度可视为零）

$p_1=p_2=1.013\times10^5$ Pa

$z_1=0.7$ m

$z_2=0$

将已知数据代入上式得：

$$0.7=\frac{u_2^2}{2g}$$

$$u_2=\sqrt{0.7\times2g}=3.71\ \text{m/s}$$

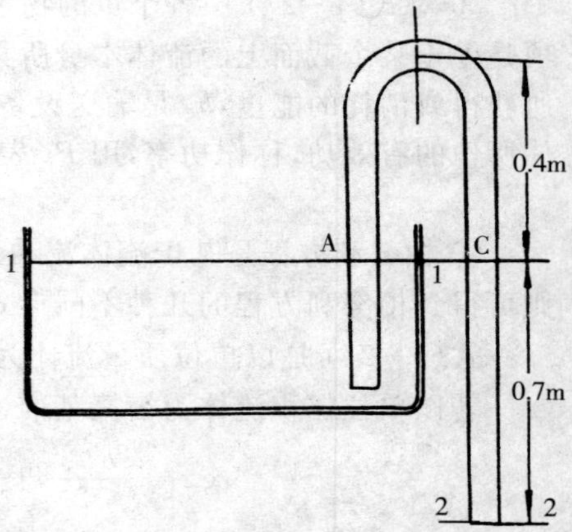

例 1-8 附图

由于管径不变，故水在管内各截面上流速均为 3.71 m/s，速度头均为 0.7 m。

(2) 求各截面上的压力

系统内无泵，阻力又可不计，故任一截面上的总压头相等。按截面 1 算出其值为

$$H=z_1+\frac{u_1^2}{2g}+\frac{p_1}{\rho g}=0.7+0+\frac{101.3\times10^3}{1000\times9.81}=11.03\ \text{m}$$

利用此总压头数值可以分别求得各截面上的静压头与压力。

截面 A：
$$\frac{p_A}{\rho g}=H-z_A-\frac{u_A^2}{2g}$$
$$=11.03-0.7-0.7=9.63\ \text{mH}_2\text{O}$$
$$p_A=9.63\ \text{mH}_2\text{O}=9.44\times10^4\ \text{Pa}$$

截面 B：
$$\frac{p_B}{\rho g}=H-z_B-\frac{u_B^2}{2g}$$
$$=11.03-1.1-0.7=9.23\ \text{mH}_2\text{O}$$
$$p_B=9.23\ \text{mH}_2\text{O}=9.05\times10^4\ \text{Pa}$$

截面 C：
$$\frac{p_c}{\rho g}=H-z_c-\frac{u_c^2}{2g}=11.03-0.7-0.7$$
$$=9.63\ \text{mH}_2\text{O}$$
$$p_C=9.63\ \text{mH}_2\text{O}=9.44\times10^4\ \text{Pa}$$

可见，以上三个截面的绝压均小于大气压力（即为负压）。思考本题中 B 点最高可以高出槽中水面多少米。

例 1-9 水平通风管道某处的直径自 300 mm 渐缩到 200 mm，为了粗略估计其中空气的流量，在锥形接头两端各引出一个测压口与 U 管压差计相连，用水作指示液测得读数为 $R=50$ mm。设空气流过锥形接头的阻力可以忽略，求空气的体积流量。空气的密度为 1.2 kg/m³。

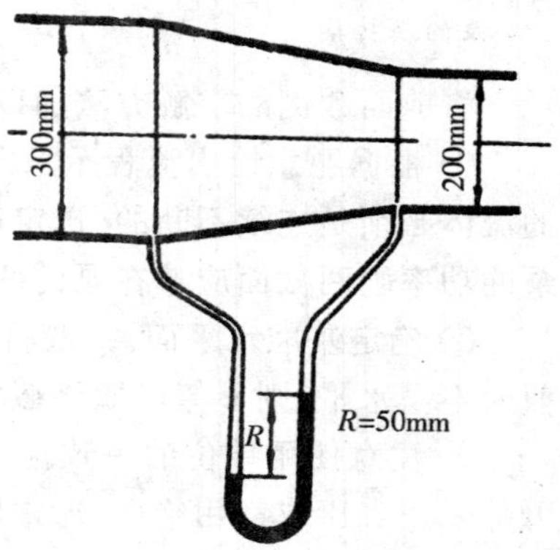

例 1-9 附图

解 按题意作出解题示意图。

通风管内空气温度不变，压力变化也很小，从而可用不可压缩流体的机械能衡算公式计算，采用式(1-27)。因管道水平，$z_1 = z_2$；无外功加入，$h_e = 0$；阻力可忽略，$h_f = 0$，故该式可简化为：

$$\frac{u_1^2}{2} + \frac{p_1}{\rho} = \frac{u_2^2}{2} + \frac{p_2}{\rho}$$

p_1 与 p_2 之差可据 U 管压差计读数利用式(1-12a) 计算得：

$$p_1 - p_2 = \rho_A gR = (1000)(9.81)(0.05) = 490.5 \text{ Pa}$$

于是得：

$$\frac{u_2^2 - u_1^2}{2} = \frac{p_1 - p_2}{\rho} = \frac{490.5}{1.2} = 408.8$$

$$u_2^2 - u_1^2 = 817.6 \qquad \text{(a)}$$

u_2 与 u_1 的另一关系为连续性方程：

$$u_2 = u_1\left(\frac{A_1}{A_2}\right) = u_1\left(\frac{d_1}{d_2}\right)^2 = u_1\left(\frac{0.3}{0.2}\right)^2 \qquad \text{(b)}$$

$$u_2 = 2.25u_1$$

将式(b) 代入式(a) 解得：

$$u_1 = 14.2 \text{ m/s}$$

体积流量：

$$q_v = \frac{\pi}{4}(0.3)^2(14.2) = 1.0 \text{ m}^3/\text{s}$$

例 1-10 如图，用泵将水从水池输送到高处的密闭容器，输水量为 15 m^3/h。输水管的内径为 53 mm，其出口位于水池液面以上 20 m，伸入压力为 600 kPa(表压) 的容器内。水在管路内机械能损耗为 60 J/kg。试计算输送所需的有效功率。设泵的效率为 0.6，求泵的输入功率。

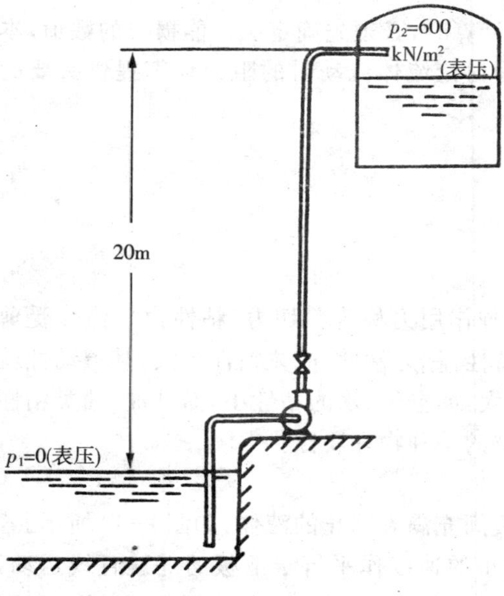

例 1-10 附图

解 取池内水面为截面 1，并作为基准面；输水管出口为截面 2，则式(1-27) 中：

$$z_1 = 0, \quad z_2 = 20 \text{ m}$$

$$p_1 = 0(\text{表压}), \quad p_2 = 600 \times 10^3 \text{ Pa(表压)}$$

$$u_1 = 0, \quad u_2 = \frac{15/3600}{(\pi/4)(0.053)^2} = 1.89 \text{ m/s}$$

$$h_f = 60 \text{ J/kg}$$

由式(1-27)：

$$gz_1 + \frac{u_1^2}{2} + \frac{p_1}{\rho} + h_e = gz_2 + \frac{u_2^2}{2} + \frac{p_2}{\rho} + h_f$$

代入各已知值：

$$0 + 0 + 0 + h_e$$

$$= (20)(9.81) + 1.89^2/2 + 6.00 \times 10^5/1000 + 60$$

$$h_e = 196.2 + 1.79 + 600 + 60 = 858 \text{ J/kg}$$

此结果表明每 kg 水要取得 858 J 的机械能才能从水池升到容器，换言之，泵要对每 kg 水作 858 J 的有效功，从泵轴加入的功(轴功) 比有效功要大，因为泵内亦有各种能量损耗，即泵的输入功(轴功) 并非全部都是有效的。

泵对每 kg 水所作有效功乘以水的质量流量(kg/s)，便为单位时间的有效功，即有效功率或输出功率。

质量流量 $q_m = (15/3600)(1000) = 4.17 \text{ kg/s}$

有效功率 $P_e = q_m h_e = 4.17 \times 858 = 3578 \text{ J/s} = 3.58 \text{ kW}$

泵的轴功率等于有效功率除以效率，故

泵的轴功率 $P = 3.58/0.6 = 5.97\,\text{kW}$

将前面数例的求解方法加以综合，可以总结出柏努利方程在应用中必须注意的问题：

① 根据题意绘出流程示意图，选择上、下游截面1、2以确定机械能衡算范围。两截面之间的流体必须是连续不断的。选定截面时，应注意使所求的物理量能在截面之一反映出来(若求泵的功率则两截面应选在泵的两侧)，截面上的其他各量应为已知或易于求得的。

② 确定基准水平面。一般将基准水平面选择在已选出的一个截面上，以方便运算。若所选截面不呈水平，则 z 值可取该截面中心点至基准水平面的垂直距离。

③ 注意使用单位的一致性，最好将有关数值按统一的SI单位先行列出。两截面上的压力可都采用表压或都用绝压，通常以用表压较为方便。

④ 衡算范围内的阻力损失和外加功不能遗漏。

以上的几个例题，都未涉及机械能损耗(或压头损失)的计算，对此不是忽略就是给定一个值，以使机械能衡算得以进行。其原因是至今只限于对流动作宏观分析，未考虑到划定体积内的变化细情。要分析引起机械能损耗的内在因素，建立计算流动阻力的关系式，必须先对流体流动时其内部质点的运动状况加以考察。

1.3 管内流体流动现象

在使用柏努利方程进行流体流动过程有关参数计算时，必须先确定机械能损失的数值。本节将讨论能量损失产生的原因及管内速度分布等，为讨论流体流动时的阻力计算提供必要的基础。

1.3.1 粘度

(1) 牛顿粘性定律

① 粘性

流体流动时，流体层间会产生相互的作用力，这种作用力称为剪切力(粘性力)，流体受剪切力作用时，流体本身具有抵抗剪切力形变的物理特性，称为粘性。流体粘性越大，其流动性就越小。实际流体都有粘性，但各种流体的粘性差别很大，如空气、水的粘性小，而甘油、油类粘性大。同时，须特别注意，粘性是流体在流动中表现出来的一种物理属性。

② 牛顿粘性定律

设有上下两块平行放置而相距很近的平板，两板间充满着静止的液体，如图1-14所示。若将下板固定，对上板施加一恒定的外力，使上板以较小的速度作平行于下板的等速直线运动，则板间的液体也随之移动。紧靠上层平板的液体，因附着在板面上，具有与平板相同的速度；而紧靠下层板面的液体，也因附着于板面而静止不动；在两层平板之间液体中形成上大下小的流速分布。此两平板间的液体可看成为许多平行于平板的流体层，层与层之间存在着速度差，即各液层之间存在着相对运动。由于液体分子间的引力以及分子的无规则热运动的结果，速度较快的液层对其相邻的速度较慢的液层，有着拖动其向运动方向前进的力。此时速度较慢的液层，对其上速度较快的液层也作用着一个大小相等、方向相反的力，从而阻碍较快的液层的运动。这种运动着的流体内部相邻两流体层间由于分子运动而产生的相互作用力，称为流体的内摩擦力或粘滞力。流体运动时内摩擦力的大小，体现了流体粘性的大小。

由图1-14可见，若y处流体层的速度为$\dot{u}$，在其垂直距离为dy处的邻近流体层的速度为$\dot{u}+\mathrm{d}\dot{u}$，则$\frac{\mathrm{d}\dot{u}}{\mathrm{d}y}$表示速度沿法线方向上的变化率，称为速度梯度。实验证明，两流体层之间单位面积上的内摩擦力（或称为剪应力）τ与垂直于流动方向的速度梯度成正比。即

$$\tau=\mu\frac{\mathrm{d}\dot{u}}{\mathrm{d}y} \tag{1-32}$$

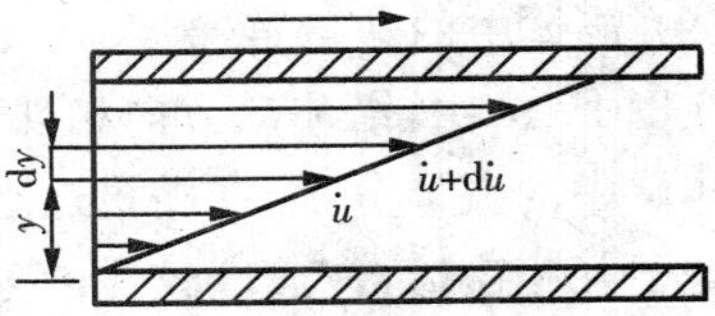

图1-14 平板间流体速度变化图

式中μ为比例系数，称为粘性系数，或动力粘度，简称粘度。此式所表示的关系称为牛顿粘性定律。

③ 粘度

粘度是用来度量流体粘性大小的物理量。由式(1-32)可见，当$\frac{\mathrm{d}\dot{u}}{\mathrm{d}y}=1$时，$\mu=\tau$，所以粘度的物理意义为：当$\frac{\mathrm{d}\dot{u}}{\mathrm{d}y}=1$时，单位面积上所产生的内摩擦力大小。显然，流体的粘度越大，在流动时产生的内摩擦力也就越大。

在SI制中粘度的单位为：

$$[\mu]=\left[\frac{\tau}{\frac{\mathrm{d}\dot{u}}{\mathrm{d}y}}\right]=\frac{\mathrm{N/m^2}}{\frac{\mathrm{m/s}}{\mathrm{m}}}=\frac{\mathrm{N\cdot s}}{\mathrm{m^2}}=\mathrm{Pa\cdot s}$$

在物理单位制中，粘度的单位为泊：

$$[\mu]=\left[\frac{\tau}{\frac{\mathrm{d}\dot{u}}{\mathrm{d}y}}\right]=\frac{\mathrm{dyn/cm^2}}{\frac{\mathrm{cm/s}}{\mathrm{cm}}}=\frac{\mathrm{dyn\cdot s}}{\mathrm{cm^2}}=\mathrm{P}(\text{泊})$$

在实际应用中通常用泊的百分之一作为粘度的单位，称为厘泊，并以符号cP表示之。不少手册中所载的粘度值以厘泊表示。例如水在20 ℃时的粘度为1 cP。

厘泊与法定单位Pa·s之间的换算关系如下：

$$1\ \mathrm{cP}=0.01\frac{\mathrm{dyn\cdot s}}{\mathrm{cm^2}}=10^{-2}\times\frac{10^{-5}\mathrm{N\cdot s}}{10^{-4}\mathrm{m^2}}=10^{-3}\ \mathrm{Pa\cdot s}$$

此外，流体粘性的大小还可以采用流体粘度μ与密度ρ之比来表示，称为运动粘度，用符号ν表示

$$\nu=\frac{\mu}{\rho} \tag{1-33}$$

运动粘度的法定计量单位为$\mathrm{m^2/s}$。在物理单位制中的单位为$\mathrm{cm^2/s}$，称为沲，用St表示。沲的百分之一称为厘沲，用符号cSt表示，它们的换算关系如下：

$$1\ \mathrm{St}=100\ \mathrm{cSt}=10^{-4}\ \mathrm{m^2/s}$$

粘度和运动粘度是流体的物性常数，其数值因流体不同而异。一般来说，温度对流体粘度的影响较大，当温度升高时，液体的粘度减小，而气体的粘度增大。压力对液体粘度的影响很小，可忽略不计，而气体的粘度，除非在极高或极低的压力下，可以认为与压力无关。

各种液体和气体的粘度数据，均由实验测定。一些液体和气体的粘度可根据温度从有关手册或本书附录中查得。应该注意的是，混合物的粘度一般通过实验测定，当缺乏数据时，可采用

专门的经验公式估算。

(2) 流体中的动量传递

在图1-14中，沿流动方向相邻两流体层由于速度的不同，它们的动量也就不同。速度较快的流体层中的流体分子，在随机运动的过程中有一些进入速度较慢的流体层中，与速度较慢的流体分子互相碰撞，使速度较慢的分子速度加快，动量增大。同时，速度较慢的流体层中亦有同量分子进入速度较快的流体层。流体层之间的分子交换使动量从速度大的流体层向速度小的流体层传递。由此可见，分子动量传递是由于流体层之间速度不等，动量从速度大处向速度小处传递，这与在物体内部因温度不同，有热量从温度高处向温度低处传递是相似的。

牛顿粘性定律表达式就是表示这种分子动量传递的。式(1-32)可改写成下列形式

$$\tau = \frac{\mu}{\rho}\frac{\mathrm{d}(\rho \dot{u})}{\mathrm{d}y}$$

由于 $\nu = \frac{\mu}{\rho}$，则

$$\tau = \nu \frac{\mathrm{d}(\rho \dot{u})}{\mathrm{d}y} \tag{1-34}$$

式中 $\rho \dot{u} = \frac{m\dot{u}}{V}$ 为单位体积流体的动量，$\frac{\mathrm{d}(\rho \dot{u})}{\mathrm{d}y}$ 为动量梯度。而剪应力的单位可表示为

$$[\tau] = \frac{\mathrm{N}}{\mathrm{m}^2} = \frac{\mathrm{kg \cdot m/s^2}}{\mathrm{m}^2} = \frac{\mathrm{kg \cdot m/s}}{\mathrm{m}^2 \cdot \mathrm{s}}$$

因此，剪应力可看做单位时间单位面积传递的动量，称为动量传递速率，动量传递速率与动量梯度成正比。

1.3.2 流体流动类型

(1) 雷诺实验

英国科学家雷诺(Reynolds)于1883年在实验中进行了流体流动类型的观察。在图1-15所示的雷诺实验装置中，有一入口为喇叭状的玻璃管浸没在透明的水槽内，管出口有调节水流量用的阀门，水槽上方的小瓶内充有有色液体。实验时，有色液体从瓶中流出，经喇叭口中心处的针状细管流入管内。从有色液体的流动情况可以观察到管内水流中质点的运动情况。

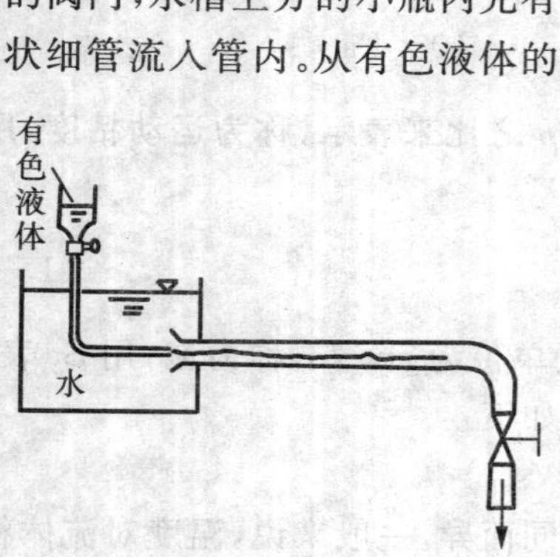

图1-15 雷诺实验装置

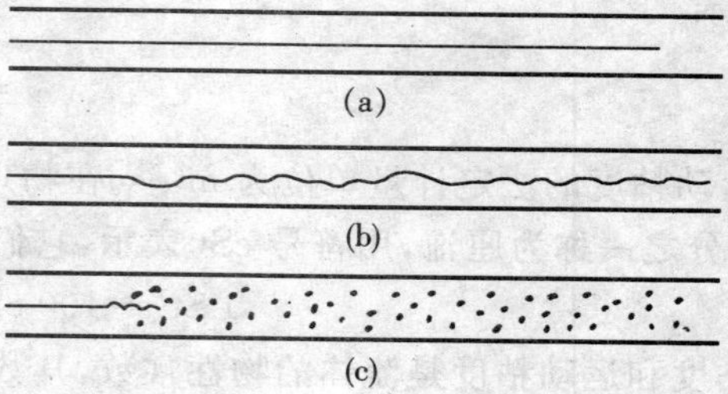

图1-16 流体流动类型示意图

实验观察结果如图1-16所示，当流体的流速小时，管中心的有色液体在管内沿轴线方向成一条轮廓清晰的细直线，平稳地流过整根玻璃管，与旁侧的水不相混合，如图1-16(a)，表明

流体质点在管内都是沿着与管轴平行的方向作直线运动。当开大阀门使水流速逐渐增大到一定数值时，呈直线流动的有色细流便开始出现波动而成波浪形细线，并且不规则地波动，如图1－16(b)。流速继续增大，细线的波动加剧，然后被冲断而向四周散开，最后可使整个玻璃管中的水呈现均匀的颜色，如图1－16(c)。显然，此时流体的流动状况已发生了显著的变化。

上述实验表明：流体在管道中的流动状态可分为两种类型。

① 若流体质点始终沿着与管轴平行的方向作直线运动，如图1－16(a)所示，质点之间互不混合、互不干扰。充满整个管的流体就如一层一层的同心圆筒在平行地流动，这种流动状态称为层流或滞流。

② 若流体质点作杂乱无章、无规则的运动，如图1－16(c)所示，则表明流体质点除沿着管道向前流动外，各质点的运动速度在大小和方向上都随时发生变化，于是质点间彼此碰撞并互相混合，这种流动状态称为湍流或紊流。

(2) 雷诺数

雷诺采用不同的流体和不同的管径进行多次实验，获得的实验结果表明：影响流体流动类型的因素，除了流体的流速 u 外，还有管径 d，流体密度 ρ 和流体的粘度 μ。其中 u、d、ρ 越大，μ 越小，就越容易实现流体从层流向湍流的转化。雷诺将这四个因素组成一个复合数群 $\frac{du\rho}{\mu}$，用来判断流体流动类型。这一数群称为雷诺准数或雷诺数，用 Re 表示。雷诺准数的定义和因次为：

$$Re=\frac{du\rho}{\mu}$$

$$[Re]=\left[\frac{du\rho}{\mu}\right]=\frac{\mathrm{m(m/s)(kg/m^3)}}{\mathrm{N\cdot s/m^2}}=\mathrm{m^0kg^0s^0}$$

可见 Re 是一个无因次的数群，不管采用哪一种统一的单位制，Re 准数的数值都是一样的。

根据实验，流体在圆形直管内流动时：

当 $Re\leqslant 2000$ 时流动形态为稳定的层流；

当 $Re\geqslant 4000$ 时流动形态为稳定的湍流；

当 $2000<Re<4000$ 时，称为过渡区，它不是一种流型，而是流体处于不稳定的过渡状态。流体流动可能是层流，也可能是湍流，与外界条件的干扰情况有关。例如，流体进入管子之前，若有截面突然改变、有障碍物存在、锐角入口、外来的轻微震动等，都会促成湍流的发生。

Re 准数的大小不仅作为层流与湍流的判断依据，而且在很多地方都有广泛应用，使用时要注意单位统一。另外，还要注意 d 有时是直径，有时是其他定性尺寸。

例 1－11　有一内径为 25 mm 的水管，如管中流速为 1.0 m/s，水温为 20 ℃。求：

(1) 管道中水的流动类型；

(2) 管道内水保持层流状态的最大流速。

解　(1) 20 ℃ 时水的粘度为 10^{-3} Pa·s，密度为 998.2 kg/m³，管中雷诺数为

$$Re=\frac{du\rho}{\mu}=\frac{0.025\times 1\times 998.2}{\frac{1}{1000}}=2.5\times 10^4>4000$$

故管中为湍流。

(2) 因层流最大雷诺数为 2000，即

$$Re=\frac{du_{\max}\rho}{\mu}=2000$$

故水保持层流的最大流速

$$u_{max} = \frac{2000 \times 0.001}{0.025 \times 998.2} = 0.08 \text{ m/s}$$

1.3.3 流体在圆管内的速度分布

流体在圆管内的速度分布是指流体流动时，管截面上质点的轴向速度沿半径变化的规律。

如图 1-17 所示，设流体在半径为 R 的水平直管内流动，于管轴处取一半径为 r，长度为 l 的流体柱，作用于流体两端面的压力分别为 p_1 和 p_2。

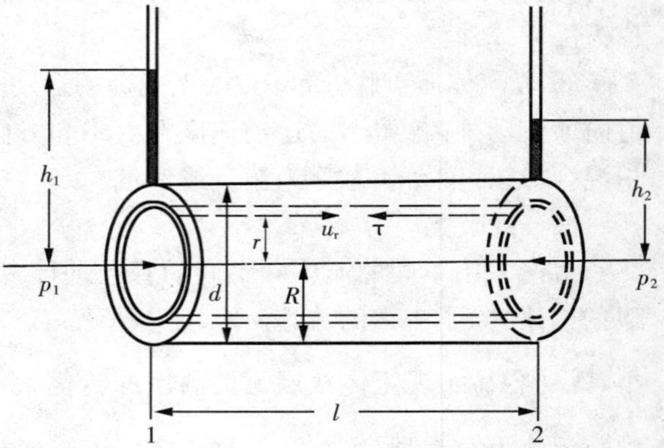

图 1-17 流体在圆管内速度分布曲线的推导

这一流体柱有三个面：1-1 处的圆形截面；2-2 处的圆形截面；圆柱体的侧面。这三个面分别受力如下：

1-1 截面受到总压力 $p_1\pi r^2$，方向与流动方向相同；

2-2 截面受到总压力 $p_2\pi r^2$，方向与流动方向相反；

侧面受到的力是剪切力，如单位面积的力为 τ(剪应力)，则总和为 $\tau(2\pi rl)$，方向与流动方向相反。

末项可以视为流体柱流动所遇到的阻力，而前面两项的合力 $(p_1 - p_2)\pi r^2$ 则是流动的推动力。

当流体作稳态流动时，推动力与阻力相等，所以

$$(p_1 - p_2)\pi r^2 = 2\pi rl\tau \tag{1-35}$$

或

$$\tau = \frac{r}{2l}(p_1 - p_2) \tag{1-35a}$$

本式表明，圆管内流体剪应力分布与半径成直线关系。在圆心处应力为零，靠近管壁处的应力最大。以上结论无论对层流还是对湍流都是适用的。

为了求得管内流速的分布，需要进一步考查 τ 与流速的关系，由于层流与湍流是本质完全不同的两种流动类型，故两者速度分布规律不同。

(1) 流体在圆管中层流时的速度分布

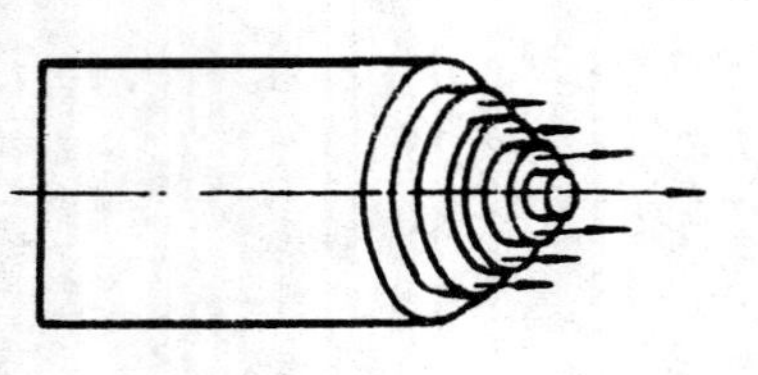
图 1-18 流体在圆管内分层流动示意图

流体作层流流动时，如果流体通过管道的流量不随时间变化，管内各点的速度也将不随时间变化，流体质点是沿着与管轴平行的方向成层流流动。在管内任一截面上从中心到管壁，就好像一层层同轴的极薄的圆筒层在作着相对流动。简言之，流体质点只有轴向运动而无径向运动，如图 1-18 所示。

在层流流动下，剪应力的大小由牛顿粘性定律描述，速度梯度 du/dy 应当是流速沿半径方向的变化率，写作 du_r/dr，但流速愈靠管壁愈慢，故 du_r/dr 本身为负，冠以负号来表示绝对值，则牛顿粘性定律又可表示为

$$\tau = -\mu \frac{du_r}{dr} \tag{1-32a}$$

将式(1-32a)代入式(1-35a),并整理之,可得

$$du_r = \frac{-(p_1 - p_2)}{2\mu l} r dr \tag{a}$$

因$(p_1 - p_2)$,μ、l 均不随 r 而变,上式积分得

$$u_r = C - \frac{(p_1 - p_2)}{4\mu l} r^2 \tag{b}$$

式中　C——积分常数。

在管壁处流速为零,以边界条件 $r = R$,$u_r = 0$ 代入,得

$$0 = C - \frac{(p_1 - p_2)}{4\mu l} R^2$$

即

$$C = \frac{(p_1 - p_2)}{4\mu l} R^2$$

代入式(b),得

$$u_r = \frac{(p_1 - p_2)}{4\mu l}(R^2 - r^2) \tag{1-36}$$

式(1-36)表示层流时各点速度 u_r 随半径 r 的变化关系。可见流体速度沿圆管截面按抛物线的规律分布,在空间的速度分布图形则为一旋转抛物面,如图1-19所示。

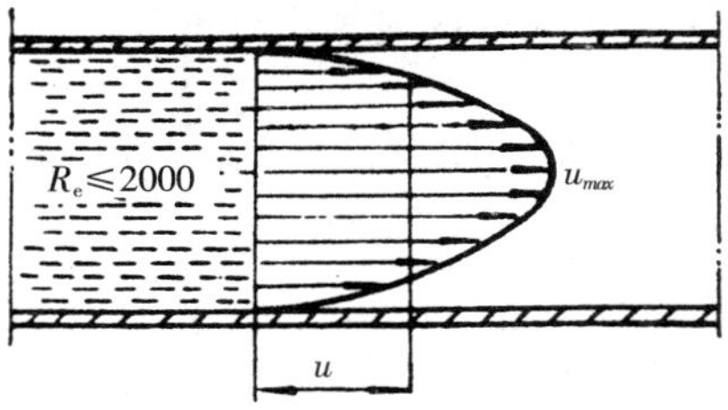

图1-19　层流时流体在圆管中的速度分布

在管中心($r = 0$)的速度为流体在管道截面上的最大速度,由上式得

$$u_{\max} = \frac{(p_1 - p_2)}{4\mu l} R^2 \tag{1-37}$$

将式(1-37)代入(1-36),并经整理可得

$$u_r = u_{\max}\left[1 - \left(\frac{r}{R}\right)^2\right] \tag{1-36a}$$

下面求总流量和平均流速。

在管道截面上任取一半径为 r,宽度为 dr 的微元环形,则通过此环形流体的体积流量 dq_v 为

$$dq_v = (2\pi r dr) u_r$$

将式(1-36)代入并积分,得体积流量为

$$q_v = \frac{(p_1 - p_2)}{8\mu l}\pi R^4$$

平均流速为

$$u = \frac{q_v}{A} = \frac{(p_1 - p_2)\pi R^4}{8\mu l \pi R^2} = \frac{(p_1 - p_2)}{8\mu l}R^2 \tag{1-38}$$

比较式(1-38)和(1-37),可见平均流速为最大速度的一半,即

$$u = \frac{1}{2}u_{\max} \tag{1-39}$$

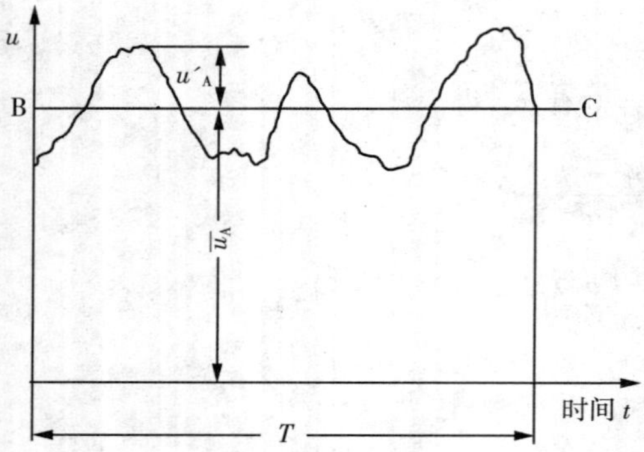

图 1-20 点 A 处流体质点的速度脉动曲线示意图

(2) 流体在圆管中湍流时的速度分布

湍流时,由于流体质点不断地相互混杂,使通过管内各点的流体质点速度具有一定的随机性,即各个质点的运动速度或通过任一空间点的质点速度,不论在大小或方向上都随时变化。瞬时速度的变化虽不规则,但始终围绕某一平均值(图1-20中BC线所示)而上下波动,这种现象称为速度的脉动。即使通过管道的流体流量不随时间变化,各点的流速都以较高的频率发生各个方向的脉动,流体质点除了沿管轴向前运动外,同时还有径向脉动。脉动是湍流的主要特征,湍流流体内其他许多物理量,如压力、传热时的温度、传质时的浓度,也同样存在脉动现象。

湍流流动时,空间任一给定点 A 上的瞬时速度随时间不断变化。图 1-20 所示为稳态的时均流动图形。

选取一定的时间间隔 T,计算瞬时速度的平均值,这种对时间的平均,简称时均速度,以 $\overline{u}_A$ 表示,即

$$\overline{u}_A = \frac{1}{T}\int_0^T u_A \mathrm{d}t \tag{1-40}$$

式(1-40)中的时间间隔如足够长,则时均速度与所取时间间隔的大小无关。

于是瞬时速度 u_A 就是时均速度 $\overline{u}_A$ 及脉动速度 u'_A 的向量和,即

$$u_A = \overline{u}_A + u'_A$$

稳态湍流流动时,时均速度的大小和方向不随时间而变化,它只有轴向流动。脉动速度的大小和方向反映了对时均速度的偏离,即使在稳态流动时,它仍是瞬息变化着的。

湍流时,式(1-35a)仍成立,但剪应力与速度梯度关系不能用牛顿粘性定律来表示。因此速度的分布不能用上述层流的方法来分析。剪应力仍可写成类似于牛顿粘性定律的形式,即

$$\tau = (\mu + \mu_e)\frac{\mathrm{d}u}{\mathrm{d}y} \tag{1-41}$$

式中 μ_e—— 涡流粘度,Pa·s。

涡流粘度的单位与流体粘度的单位一致,但后者是流体的物理性质,与流动无关,而前者与流动条件有关,是一个随 Re 准数及离开壁面的距离而变的一个参数。因此圆管内湍流时的

速度分布式，不能像层流那样，用严格的理论推导方法导出，而只能靠实验测定。湍流时截面上的速度分布曲线已不再是严格的抛物线，而是如图 1-21 所示的曲线。实验证明，Re 愈大脉动愈剧烈，曲线顶部区域就愈广阔而平坦。其结果可表示为如下的经验关系式

$$\frac{u_r}{u_{\max}} = \left(1 - \frac{r}{R}\right)^n \qquad (1-42)$$

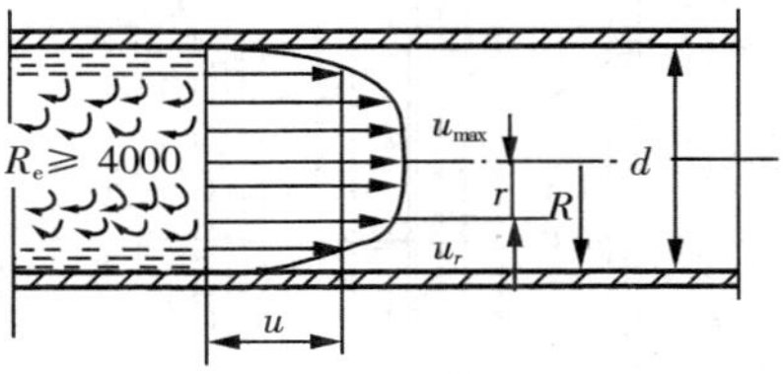

图 1-21　湍流时流体在圆管中的速度分布

式中　u_r—— 距离管中心半径为 r 处的速度，m/s；

$u_{\max}$—— 管中心处的最大速度，m/s；

R—— 管道内半径，m；

n—— 指数，其值随雷诺数而定：

$4 \times 10^4 < Re < 1.1 \times 10^5$ 时，　　$n = 1/6$

$1.1 \times 10^5 < Re < 3.2 \times 10^6$ 时，　　$n = 1/7$

$Re > 3.2 \times 10^6$ 时，　　$n = 1/10$

若 $n = 1/7$，式(1-42) 称之为 1/7 次方定律。与层流推导相似，通过半径为 r、宽度为 dr 的微元环形的体积流量 dq_v 为

$$dq_v = (2\pi r dr)u_r = (2\pi r dr)u_{\max}\left(1 - \frac{r}{R}\right)^{1/7} = (2\pi r dr)u_{\max}\left(\frac{R-r}{R}\right)^{1/7}$$

若令 $y = R - r$，则上式可写成为

$$dq_v = -2\pi u_{\max}(R-y)\left(\frac{y}{R}\right)^{1/7} dy$$

通过圆管截面的体积流量为

$$\begin{aligned} q_v &= -2\pi u_{\max}R^2\int_{y=R}^{y=0}\left(1 - \frac{y}{R}\right)\left(\frac{y}{R}\right)^{1/7} d\left(\frac{y}{R}\right) \\ &= -2\pi u_{\max}R^2\left[\frac{7}{8}\left(\frac{y}{R}\right)^{8/7} - \frac{7}{15}\left(\frac{y}{R}\right)^{15/7}\right]_R^0 \\ &= 2\pi u_{\max}R^2\left(\frac{7}{8} - \frac{7}{15}\right) \\ &= 0.82\pi R^2 u_{\max} \end{aligned}$$

于是平均流速为

$$u = \frac{q_v}{\pi R^2} = 0.82u_{\max} \qquad (1-43)$$

由式(1-42) 可知，湍流时 u 与 $u_{\max}$ 的比值随式(1-42) 中指数 n，即随 Re 而变，通常可按式(1-43) 考虑，即取 $u/u_{\max} = 0.82$。若需要更精确的值，可查图 1-22。

在图 1-22 中，纵坐标表示流体的平均流速与最大速度的比值，横坐标表示雷诺数，其中 Re 与 $Re_{\max}$ 分别是按平均流速 u 和管中心最大速度 $u_{\max}$ 计算的雷诺数。如果已知 $u_{\max}$，则可由计算得到的 $Re_{\max}$，查出图 1-22 中的 $u/u_{\max}$ 之值，即可求得管道中平均流速 u。

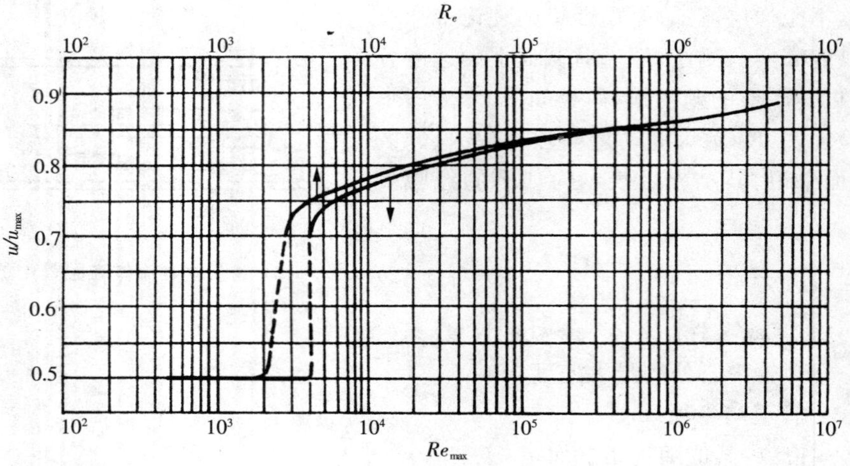

图 1-22　u/u_{max} 与 Re,Re_{max} 的关系

由图1-21湍流时的速度分布曲线可见,在靠近管壁的区域,流体的速度急剧下降,直至管壁上流体的速度等于零。在这个区域内流体的速度梯度最大,速度分布曲线的形状与层流时的很相似。虽然对于整个管道截面而言,流体流动类型属于湍流,但是,由于受到管壁上速度等于零的流体层阻滞的作用,使得管壁附近流体的流动受到约束,不能如同管中心附近的流体质点一样剧烈脉动。若将有色溶液注入紧靠管壁附近的流体层中,则可发现有成直线流动的有色细流。由此证明,即使在湍流时,靠近管壁区域的流体仍作层流流动,这一作层流流动的流体薄层,称为层流内层或层流底层,在湍流主体与层流内层之间的过渡区域,称为过渡层。湍流中,管道中流体层的分布如图 1-23 所示。

若流体在光滑管内作湍流流动,且 $Re < 10^5$ 时,层流内层厚度可用下式估算

$$\frac{\delta_b}{d} = \frac{m}{Re^{\frac{7}{8}}} \qquad (1-44)$$

式中　δ_b—— 层流内层厚度,mm;

d—— 管道内径,mm。

图 1-23　湍流时圆管中流体层的分布情况

OA — 层流内层;AB — 过渡层;BC — 湍流主体

式中系数 m 在不同文献中有所不同,这是由于在公式推导中,所假设流速 u 与管中心最大速度 u_{max} 的比值不同而引起的。

当 $u/u_{max} = 0.82$ 时,系数 m 为 61.5。

由式(1-44)可见,Re 值愈大,层流内层厚度愈薄。如在内径 d 为 100 mm 的导管中,$Re = 1 \times 10^4$ 时,$\delta_b = 1.95$ mm;$Re = 1 \times 10^5$ 时,$\delta_b = 0.26$ mm。层流内层厚度虽然极薄,但对传热和传质过程都有重大影响,这方面的问题,将在以后有关章节中讨论。

1.3.4　边界层的概念

流体由于具有粘性,当其流过不同形状物体表面,或流经截面大小发生变化的通道时,紧靠固体壁处的流动会表现出特殊性。

(1) 边界层的形成

为了解边界层的基本概念,我们以流速均匀的流体在平板上方流过为例来说明边界层的

形成过程。设在液流中顺着流动方向放一块固定的平板，如果是理想流体，垂直于流动方向上的流体速度分布均匀。但实际流体由于具有粘性，紧贴壁面的流体必然附着于平板表面上，其速度为零，近壁面的流体相继受阻而减速。一方面，随着流体沿板面向前流动，速度受到影响的区域逐渐扩大；另一方面，随着与板面法向距离的增大，板面对流体的减速作用逐渐减弱。测量表明，减速作用并不遍及整个流动区域，而在离板面一定距离（$y=\delta$）之外，流体的速度就基本上接近了未受板面影响时的流速 u_∞。在离平板前缘距离 x 处，沿 y 方向流体的速度分布情况如图1-24所示。这种减速作用发生在紧邻板面的很薄的流体层中，这一薄层称之为边界层。边界层虽然很薄，但沿板面法向的速度梯度 $\mathrm{d}u/\mathrm{d}y$ 却很大，即使流体的粘度较小，流体内也将产生不可忽略的剪应力。在边界层之外，通常称为外流，由于不存在速度梯度或速度梯度很小，即使流体粘度很大，流体的剪应力也很小，可以忽略。因此在边界层外的流动可视为理想流体的流动，只有边界层内为粘性流体的流动。

边界层的概念是由德国科学家普兰特在20世纪初提出的，他假设粘性影响仅限于固体壁面附近，即边界层中，而阻力问题仅与此薄层的特性有关。

边界层厚度规定为：流体流速达到$0.99u_\infty$处与壁面的法向距离 δ，就是边界层的厚度（图1-24中虚线所示）。这种人为的规定，对解决工程实际问题所引起的误差可以忽略。

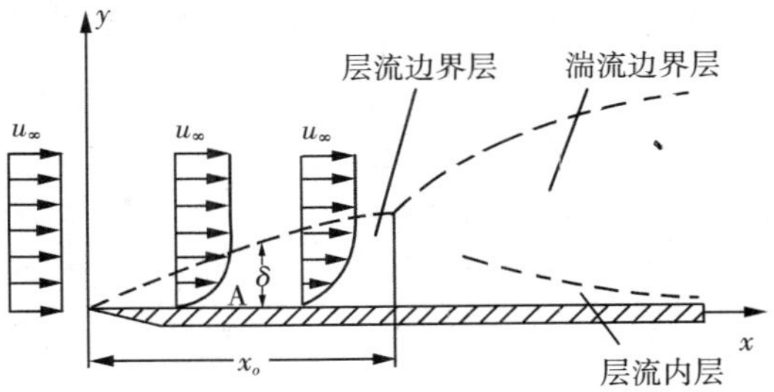

图1-24　平板上的流动边界层示意图

（2）边界层的发展

流体在平板前缘的上游，流速均匀为 u_∞，一经与平板表面接触，就粘附在表面上，速度为零。由此可知，在平板前缘 $x=0$ 处，边界层厚度 $\delta=0$。离开前缘，边界层开始发展，随着流体向前运动，摩擦力对边界层外的流体持续作用，使得更多层流体逐层减速，从而促使边界层的厚度随着距离 x 的增长而不断变厚。说明边界层在离开平板前缘后的一定距离内，还处在不断发展过程之中。

在边界层的起始段，如图1-24所示的A部分，流动类型为稳定的层流，称为层流边界层。在经过一段距离 x_0 之后，流动类型会由层流过渡为湍流，并进一步形成充分发展的湍流区，称为湍流边界层，其厚度迅速地增加。虽是在湍流边界层内，但近壁处仍有一薄层，其流动类型仍维持层流，即前述的层流内层或层流底层。层流内层与湍流层之间还存在过渡层或缓冲层，它的流动类型不稳定。

层流边界层和湍流边界层的性质差别很大。对于平板上的边界层，从层流向湍流过渡发生在下式所相当的 x 处。

$$Re_x=\frac{u_\infty x}{\nu}=5\times10^5\sim2\times10^6$$

式中　x—— 离开平板前缘的距离，m；

ν—— 运动粘度，m^2/s。

层流边界层厚度大约正比于 $x^{0.5}$

$$\frac{\delta}{x}=\frac{4.64}{Re_x^{\ 0.5}}\qquad(1-45)$$

湍流边界层厚度大约正比于 $x^{0.8}$，用下式表示

$$\frac{\delta}{x}=\frac{0.376}{Re_x^{0.2}} \tag{1-46}$$

不论是层流边界层，还是湍流边界层，δ/x 通常都很小，表明受粘性影响的流体层厚度相对于流体流动距离来说总是很薄的。

流体在圆形直管内的流动，也与在平板上流动一样，存在边界层的形成与发展过程，如图 1-25 所示。与平板不同的是：边界层的厚度即为管半径，仅在流体流入管口附近一段距离（进口段）内，才有边界层的内外之分。流经进口段之后，边界层随即扩展至管中心。因管内流体的流量不变，所以以最大流速在管中心汇合时，若边界层内流动是层流，则以后的管内流动为层流；若在汇合之前边界层内的流动已经发展成为湍流，则以后的管内流动为湍流。这时，管内各截面速度分布曲线形状保持不变，称为完全发展了的流动。

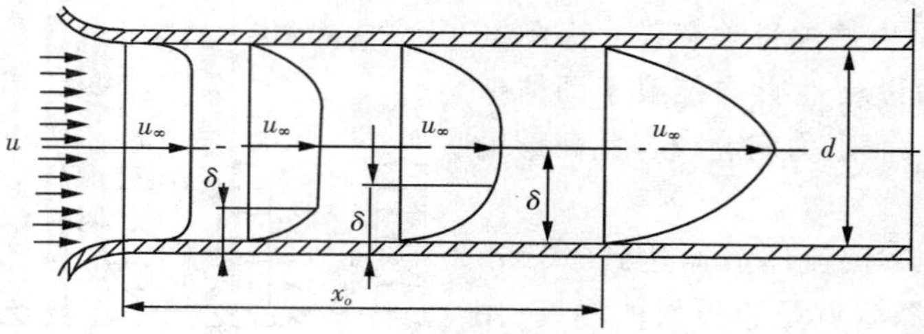

图 1-25　圆管入口处层流边界层的发展

这种流动不论是层流还是湍流，其边界层厚度都是管半径。但在进口段速度分布沿管长而变，因此在测定圆管内截面上流体的速度分布曲线时，测量地点必须选在进口段 x_0 以后的平直部分上，即测量点到进口或转弯处的距离应大于 x_0。

边界层概念的引入，对于研究流体沿固体壁面流动带来很大方便，因为许多流体问题都可以简化为边界层的问题。这对于处理许多工程问题具有重要意义，例如，当流体流经曲面时，借助边界层理论，可以分析出涡流阻力产生的机理。

(3) 边界层的分离

如果在流速均匀的流体中放置的不是平板，而是球体、圆柱体等其他形状的固体时，流体流经管径突然改变的管道时，流体边界层将出现另一个显著的特征，即边界层的分离。

对边界层来说，相邻外流中的压差将会影响边界层的流动。若外流加速，压力沿流动方向降低，则存在着顺压梯度；反之，则存在着逆压梯度。

若流体流经具有较大曲率的曲面时，由于外流中的逆压梯度，而产生边界层分离的现象。例如，流体流经图 1-26 所示的曲面，在曲面上的最高点 M 以前，曲面上升，流道截面渐减，外流流速渐增，压力渐减（顺压梯度），边界层中流体处于加速减压状态，边界层的发展较慢。在这段中，与边界层内的粘性力相抗衡的不仅有外流中的动能，而且有顺压梯度的推动，所以流体能较快地沿着物体表面向下游流动。至最高点 M 处，边界层外流体速度最大，压力降至最低。M 点以后，曲面下降，流道截面渐增，外流流速渐减，压力沿流动方向增大，出现了逆压梯度，边界层内流体便处在减速加压之下。此段中，逆压梯度和粘性剪应力都对边界层内流体流动起阻碍作用。当逆压梯度足够大时，近物体表面的流体质点在逆压梯度作用下会停止前进，甚至向上游返回；而外流流体则因其流速比边界层内流体的大，因此动能较大，能够克服逆压梯度

而继续向前流动。这样，在外流和物体表面之间形成了近物体表面处流体不再向下游流动的回流现象。

随着回流迅速向外扩展，边界层越来越远离物体表面，与固体壁面脱离，而后必然倒流回来，产生大量旋涡，成为涡流区，这就是边界层分离现象，又称边界层脱体。由于边界层分离，使得流体质点产生强烈的碰撞、混合而消耗能量。这部分能量消耗是由于固体表面边界层分离所引起的，故称为形体阻力。

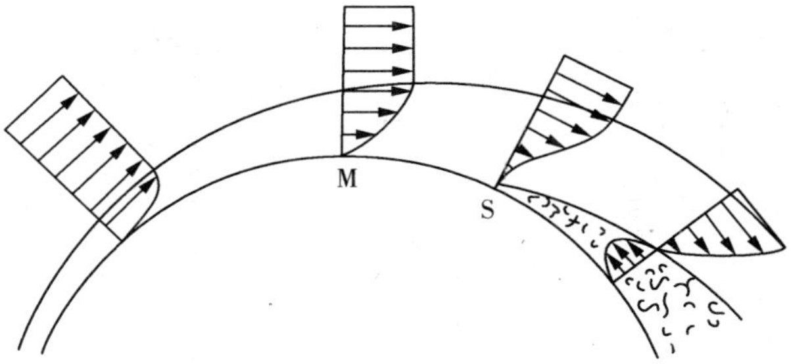

图 1-26　曲面上的边界层

由上可见，逆压梯度及壁面附近的粘性摩擦是引起边界层分离的两个必要因素。是否产生边界层分离取决于压力梯度与剪应力梯度相比是否足够大。若其比值为 10 ～ 12，则将会发生分离，产生形体阻力。

1.4　流体流动的阻力损失

在了解了管内流体流动现象的基础上，本节将讨论机械能衡算式中阻力损失产生的原因与计算方法。

流体在管内流动时，由于流体层之间的分子动量传递而产生的内摩擦阻力，或由于流体之间的湍流动量传递而引起的摩擦阻力，使一部分机械能转化为热能，把这部分机械能称为能量损失。管路一般由直管段和管件、阀门等组成。因此，流体在管路中的流动阻力，可分为直管阻力和局部阻力两类。直管阻力是流体流经一定直径的直管时，所产生的阻力。局部阻力是流体流经管件、阀门、流体输送机械及进出口时，由于受到局部障碍所产生的阻力。所以，流体流经管路的总阻力损失，应为直管阻力与局部阻力所引起阻力损失之总和。

1.4.1　流体在直管中的流动阻力损失

（1）阻力损失的直观表现

实际流体在流动过程中因克服内摩擦而消耗机械能，流体通过水平等径直管时会产生压力降。如图 1-27 所示，在一水平等径直管的上下游各设一测压口，与 U 管压差计相连接，可以测出 $p_1 > p_2$。在两测压口所在的两截面间列机械能衡算式，因 $z_1 = z_2$，$u_1 = u_2$，$h_e = 0$，由式（1-27）可得：

$$\frac{p_1}{\rho} = \frac{p_2}{\rho} + h_f$$

故

$$(p_1 - p_2)/\rho = h_f$$

令

$$\Delta p_f = p_1 - p_2 = \rho h_f = \rho g H_f$$

式中，静压差$(p_1 - p_2)$代表流体流过这段水平管因克服摩擦阻力而引起的压力降，称为压力损失，以符号 Δp_f 表示。它是阻力损失的直观表现。

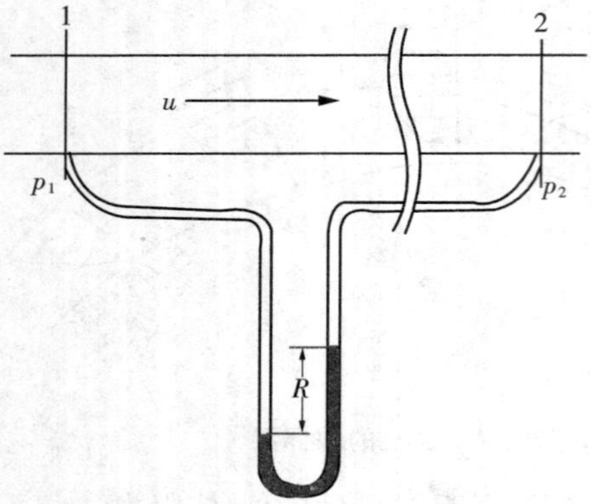

图 1-27 流体流过水平直管时的压力降

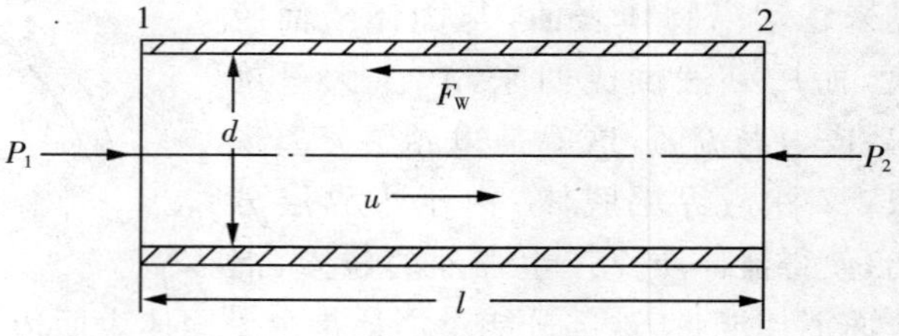

图 1-28 管内流体流动时压力与剪力的平衡

若管路不为水平或直径不等，则上下游之间的压力变化除因压力损失外，还有因位能或动能变化所引起的部分。例如液体自上而下流动时，由于下游位能减小，其静压能将相应增大。显然对于这些情况，上、下游两截面的静压差并不等于压力损失。

(2) 范宁公式与摩擦因数

要建立直管摩擦损失的算式，首先必须讨论压力损失与管壁处剪应力 τ_w 的关系。

在一直径为 d，长度为 l 的水平直管中，流体以速度 u 流过此管，见图 1-28。对于整个管内的流体柱，有总压力 P_1 垂直作用于上游截面 1，总压力 P_2 垂直作用于下游截面 2，剪力 F_W 作用于流体柱四周的表面。在稳定流动条件下，三力达于平衡，故

$$P_1 - P_2 - F_W = 0 \tag{1-47}$$

现

$$P_1 - P_2 = (p_1 - p_2)(\pi d^2/4) = \Delta p_f(\pi d^2/4) \tag{1-48}$$

而

$$F_W = \tau_W(\pi dl) \tag{1-49}$$

将式(1-48)、(1-49) 代入式(1-47) 得：

$$\Delta p_f = \left(\frac{4l}{d}\right)\tau_W \tag{1-50}$$

上式表示压力损失 Δp_f 与剪应力 τ_W 的关系。考虑到 Δp_f 与流速 u 的大小密切有关，习惯上又将此一损失表示成流体动能 $\rho u^2/2$ 的倍数，于是上式可以改写成：

$$\Delta p_f = 8\left(\frac{\tau_W}{\rho u^2}\right)\left(\frac{l}{d}\right)\frac{\rho u^2}{2} \tag{1-51}$$

令

$$\lambda = 8\,\frac{\tau_W}{\rho u^2} \tag{1-52}$$

代入式(1-51) 可得：

$$\Delta p_f = \lambda\,\frac{l}{d}\,\frac{\rho u^2}{2} \tag{1-53}$$

$$h_f = \frac{\Delta p_f}{\rho} = \lambda\,\frac{l}{d}\,\frac{u^2}{2} \tag{1-53a}$$

$$H_f = \frac{\Delta p_f}{\rho g} = \lambda\,\frac{l}{d}\,\frac{u^2}{2g} \tag{1-53b}$$

式(1-53)、(1-53a)、(1-53b) 都称为范宁(Fanning) 公式，是计算管内摩擦损失的通用

算式，适用于不可压缩流体的稳定流动。式中的 λ 与管壁作用于流体四周表面的剪应力成正比，称为摩擦因数，从式(1-52)可以推算出，λ 是无因次的。

式(1-53)对层流和湍流都适用，只是两种流型在摩擦损失的性质上有所不同，其 λ 的求法也不同，后面将分别进行讨论。

1.4.2　圆形直管内层流流动的阻力损失

对层流流动的流体，由压力降 $p_1 - p_2 = \Delta p = \Delta p_f$ 与最大速度 u_{max} 的关系式(1-37)可知

$$u_{max} = \frac{\Delta p_f R^2}{4\mu l}$$

将 $R = d/2$ 及层流时 $u_{max} = 2u$ 代入上式，可得

$$u = \frac{d^2 \Delta p_f}{32\mu l}$$

即
$$\Delta p_f = \frac{32\mu l u}{d^2} \tag{1-54}$$

式(1-54)称为哈根(Hagen)-泊谡叶(Poiseuill e)公式，是计算层流时摩擦损失的公式。由此式可知层流时的压力损失与速度的一次方成正比。将此式与范宁公式(1-53)对比，可得层流时的摩擦因数：

$$\lambda = \frac{64\mu}{du\rho} = \frac{64}{Re} \tag{1-55}$$

此式经实验证明与实际完全符合，λ 称为摩擦系数或摩擦因数。此外，在国外教科书中常用到范宁(Fanning)摩擦系数 f，λ 与 f 的关系为 $\lambda = 4f$，引用时应注意。

1.4.3　圆形直管内湍流流动的阻力损失

(1) 因次分析

流体在圆形直管中湍流流动时，由于湍流的复杂性，目前还不能完全用理论分析的方法建立其阻力损失表达式，可采用因次分析法进行分析与推导。

因次分析法是化学工程实验研究中经常使用的方法之一。其基础是因次的一致性，即每一个物理方程式的两边不仅数值相等，而且因次也必须相等。

因次分析法的基本定理是 π 定理：设影响该现象的物理量数为 n 个，这些物理量的基本因次数为 m 个，则该物理现象可用 $N = (n - m)$ 个独立的因次为一的数群之间的关系式表示。此类因次为一的数群，称为准数。

对于流体在圆形直管内作湍流流动，根据摩擦阻力的性质及有关实验研究得知，流体压力损失 Δp_f 与管径 d、管长 l、流速 u、密度 ρ、粘度 μ 及管壁粗糙度 ε 等因素有关。以函数形式表示为：

$$\Delta p_f = f(d, l, u, \rho, \mu, \varepsilon) \tag{1-56}$$

这 7 个物理量的因次分别为

$$\begin{aligned} &[p] = MT^{-2}L^{-1} && [\varepsilon] = L \\ &[d] = L && [\rho] = ML^{-3} \\ &[l] = L && [\mu] = MT^{-1}L^{-1} \end{aligned} \tag{1-57}$$

$[u] = LT^{-1}$

其中共有 M、T、L 三个基本因次。根据 π 定理,因次为一的数群有 $N = 4$ 个。将式(1-56)写成下列幂函数形式

$$\Delta p_f = Kd^a l^b u^c \rho^d \mu^e \varepsilon^f \tag{1-58}$$

式中的常数 K 和指数 a、b、c… 等待决定。将式(1-57)代入上式得

$$MT^{-2}L^{-1} = L^a L^b (LT^{-1})^c (ML^{-3})^d (MT^{-1}L^{-1})^e L^f$$

故
$$MT^{-2}L^{-1} = M^{d+e} L^{a+b+c-3d-e+f} T^{-c-e}$$

根据因次的一致性原则,得

对于 M $d + e = 1$

对于 L $a + b + c - 3d - e + f = -1$

对于 T $-c - e = -2$

上面三个方程式无法解出 6 个未知数,可设 b、e、f 为已知,求解 a、c、d 得

$$a = -b - e - f$$

$$c = 2 - e$$

$$d = 1 - e$$

将结果代入式(1-58)得

$$\Delta p_f = Kd^{-b-e-f} l^b u^{2-e} \rho^{1-e} \mu^e \varepsilon^f$$

把指数相同的物理量合并,求得下列四个因次为一的数群之间的关系式

$$\frac{\Delta p_f}{\rho u^2} = K\left(\frac{l}{d}\right)^b \left(\frac{du\rho}{\mu}\right)^{-e} \left(\frac{\varepsilon}{d}\right)^f \tag{1-59}$$

式中 $\frac{du\rho}{\mu}$ 称为雷诺准数 Re;$\Delta p_f/\rho u^2$ 称为欧拉(Euler)准数,用 Eu 表示。

根据实验得知,Δp_f 与 l 成正比,所以 $b = 1$。则上式可写成

$$\frac{\Delta p_f}{\rho} = 2K\phi\left(Re, \frac{\varepsilon}{d}\right)\left(\frac{l}{d}\right)\left(\frac{u^2}{2}\right)$$

或
$$h_f = \frac{\Delta p_f}{\rho} = \psi\left(Re, \frac{\varepsilon}{d}\right)\left(\frac{l}{d}\right)\left(\frac{u^2}{2}\right)$$

上式与式(1-53a)比较可知,对于湍流有

$$\lambda = \psi\left(Re, \frac{\varepsilon}{d}\right) \tag{1-60}$$

由此可知,用上述因次分析法,将式(1-56)所表示的 7 个物理量之间的函数关系变成三个因次为一的数群之间的函数关系式(1-59)。λ 与 Re 及 ε/d 的函数关系,需由实验确定。在摩擦系数已知的情况下,可采用式(1-53a)计算流体做湍流流动时的阻力损失。

由前面分析可知对于复杂的涉及很多个变量的工程问题,可以运用因次分析方法和其他手段变换为若干个无因次数群(其数目远少于原来自变量的数目)的关系,既可显著地减少实验工作量,而所得结果又具有广泛的应用性。

但是,因次分析方法不能代替原始的变量数目的分析。如果一开始就没有列入重要的物理量,或列入了无关的物理量,将得不出正确结论。此外,因次分析方法也不能代替实验,如本例的 $\lambda - Re$ 关系的具体形式只能由实验来确定。

因次分析的另一个重要意义是给出了若干个数群,而这些数群不仅仅是若干个独立的物

理量按无因次方式的组合便于整理实验数据，而且还往往具有其物理意义。

式(1-59)中的$\frac{l}{d}$及$\frac{\varepsilon}{d}$是与直管尺寸有关的比值，反映其几何特性。

雷诺准数$Re=\frac{du\rho}{\mu}$表示惯性力与粘性力(剪切力)之比，并反映流体的湍动程度。

惯性力F'可表示为

$$F'=ma\equiv\rho l^3\frac{l}{t^2}\equiv\rho l^2u^2$$

式中l为表示几何特征的长度，l^2表示面积，l^3表示体积；"≡"表示因次相等，其余符号同前。

剪切力F可表示为

$$F=A\mu\frac{\mathrm{d}u}{\mathrm{d}y}\equiv l^2\mu\frac{u}{l}\equiv\mu lu$$

惯性力与剪切力之比为

$$\frac{F'}{F}=\frac{\rho l^2u^2}{\mu lu}=\frac{\rho lu}{\mu}$$

它就是无因次数群Re。流体在圆形直管内流动，特征长度取为管直径d，因此Re写作$\frac{du\rho}{\mu}$。

欧拉准数$Eu=\frac{\Delta p_f}{\rho u^2}$则表征压力与惯性力之比。$\Delta p_f$即流体流动中单位表面积上的摩擦阻力损失，如果用$l^2$表示全部摩擦表面积，则摩擦力为$\Delta p_f l^2$，它与惯性力相比为

$$\frac{\Delta p_f l^2}{\rho l^2u^2}=\frac{\Delta p_f}{\rho u^2}=Eu$$

(2) 湍流时的摩擦系数

按照(1-60)式函数关系将湍流的实验数据关联，得到不同形式的λ关系式，以下择要列出比较常见的几种。这些经验式的形式虽有差别，但在各自的适用范围内，计算结果都与实际很接近。

① 光滑管

(Ⅰ) 柏拉修斯(Blasius)式：

$$\lambda=\frac{0.316}{Re^{0.25}} \tag{1-61}$$

其适用范围为$Re=5\times10^3\sim10^5$。

(Ⅱ) 顾毓珍等公式：

$$\lambda=0.0056+\frac{0.500}{Re^{0.32}} \tag{1-62}$$

其适用范围为$Re=3\times10^3\sim3\times10^6$。

(Ⅲ) 尼库拉则(Nikuradse)与卡门(Karman)公式：

$$\frac{1}{\sqrt{\lambda}}=2\log Re\sqrt{\lambda}-0.8 \tag{1-63}$$

此式可用于更广的湍流范围，但式两边都含待求的λ，计算较为不便。

② 粗糙管

(Ⅰ) 顾毓珍等公式：

$$\lambda = 0.01227 + \frac{0.7543}{Re^{0.38}} \tag{1-64}$$

适用范围为 $Re = 3 \times 10^3 \sim 3 \times 10^6$。此式所指的粗糙管为内径 50 ~ 200 mm 的新钢铁管。

（Ⅱ）柯尔布鲁克（Colebrook）公式：

$$\frac{1}{\sqrt{\lambda}} = 1.14 - 0.8685\ln\left(\frac{\varepsilon}{d} + \frac{9.34}{Re\sqrt{\lambda}}\right) \tag{1-65}$$

此式适用于湍流区直至完全湍流区。

除以上公式外，近年来还有一些新的研究成果（经验公式）报导，可由相关资料查得。

(3) 摩擦因数图

为了计算方便，可将摩擦因数 λ 对 Re 及 ε/d 的关系曲线标绘在双对数坐标上，如图 1-29 所示。此图称为莫狄（Moody）摩擦因数图，由莫狄对新商品管道的实测得出。图中左上角的直线即为代表层流时的 λ 与 Re 的关系。图上依雷诺准数 Re 范围可分为以下四个区域。

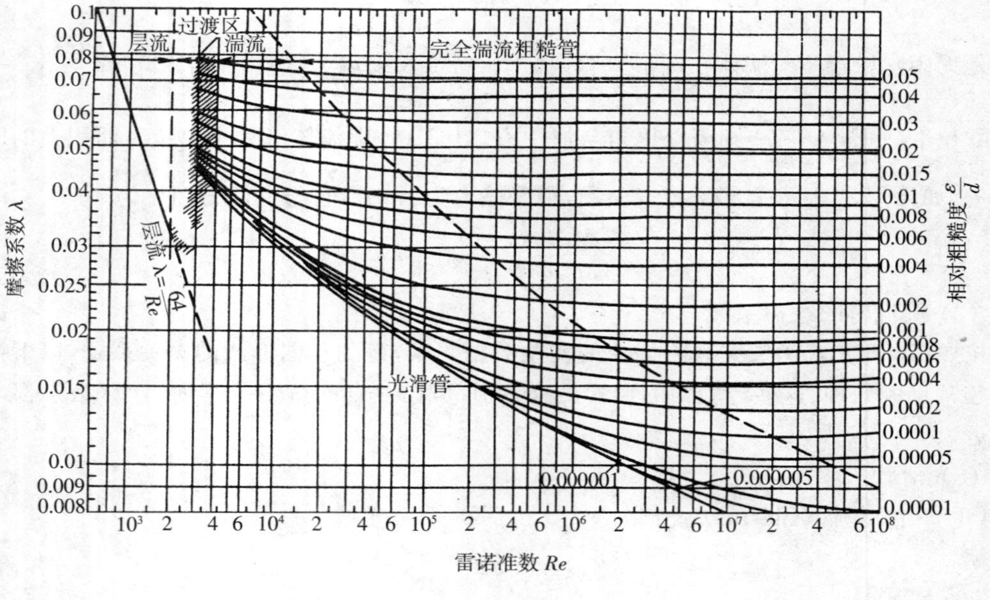

图 1-29　摩擦因数 λ 与雷诺数及相对粗糙度的关系

① 层流区（$Re \leqslant 2000$），$\lambda = 64/Re$，λ 与 Re 为直线关系，而与 ε/d 无关。h_f 与 u 的一次方成正比。

② 过渡区（$2000 < Re < 4000$），流动类型不稳定，为安全计，按湍流计算 λ。

③ 湍流区（$Re \geqslant 4000$ 及虚线以下的区域），λ 与 Re 和 ε/d 均有关。在这个区域内对于不同的 ε/d 标绘出一系列曲线，其中最下面的一条曲线为流体通过光滑管的摩擦系数 λ 与 Re 的关系曲线。

④ 完全湍流区（在图中虚线以上的区域），对于一定的 ε/d 值，λ 与 Re 的关系趋近于水平线，可看做 λ 与 Re 无关，而为定值。Re 一定时，λ 值随 ε/d 增大而增大。ε/d 愈大，达到完全湍流区的 Re 值愈低。在一定的管路中，l/d 与 ε/d 均为定值，因而在此区域内 λ 也为定值，由式（1-

53b）可知 H_f 与 u^2 成正比，所以此区域又称为阻力平方区。

（4）粗糙度的影响

由前分析可知，流体在管内做湍流流动时，管壁粗糙度对阻力损失有影响。管壁粗糙面凸出部分的平均高度，称为绝对粗糙度，以 ε 表示。绝对粗糙度 ε 与管内径 d 之比值 ε/d，称为相对粗糙度。莫狄摩擦因数图中用 ε/d 作参变数，表 1－1 列出某些工业管道的绝对粗糙度。注意：由于腐蚀、结垢等原因，管壁粗糙度会发生很大变化，而表中所列数值都是对新管而言，若管壁受到严重腐蚀，其粗糙度可增大 10 倍之多。

表 1－1　某些新管材壁面的粗糙度

	管材类别	粗糙度 ε/mm		管材类别	粗糙度 ε/mm
金属管	无缝黄铜管、铜管及铅管	0.01～0.05	非金属管	干净玻璃管	0.0015～0.01
	钢管、锻铁管	0.046		橡皮软管	0.01～0.03
	新的无缝钢管、镀锌铁管	0.1～0.2		木管道	0.25～1.25
	新的铸铁管	0.3		陶土排水管	0.45～6.0
	具有轻度腐蚀的无缝钢管	0.2～0.3		很整平的水泥管	0.33
	具有显著腐蚀的无缝钢管	0.5 以上		石棉水泥管	0.03～0.8
	旧的铸铁管	0.85 以上			
	铆　　钢	0.9～9			

当流体作层流流动时，流体层平行于管道轴线，流体的流动速度比较缓慢，对管壁凸出部分没有什么碰撞作用，所以，在层流时的流体阻力或摩擦因数与管壁粗糙度无关。即不论管壁粗糙程度如何，λ 只与 Re 有关，与光滑管内的层流情况一致。

当流体作湍流流动时，如果层流底层的厚度 δ_L 大于壁面的绝对粗糙度 ε 时，如图 1－30(a)，管壁粗糙度对流体阻力或摩擦因数的影响与层流时相近，这种情况的管子，称为水力光滑管。随着 Re 数的增加，湍流主体区域扩大，使层流底层的厚度 δ_L 减薄。当管壁的绝对粗糙度 ε 大于层流底层厚度 δ_L 时如图 1－30(b)，管壁粗糙面部分地暴露在层流底层之外的湍流区域。流体质点冲过凸起处时发生碰撞，并加剧质点间的碰撞，其阻力损失与流体的动能成正比，即与流速 u 的平方成正比。显然，ε/d 愈大，则管壁粗糙面伸入层流底层以外的部分将愈多，λ 便愈大。到一定程度，质点碰撞产生的惯性阻力损失（与 u^2 正比）占压倒地位，而内摩擦产生的粘性阻力损失（与 u 正比）相对可以忽略，此时就进入了阻力平方区。

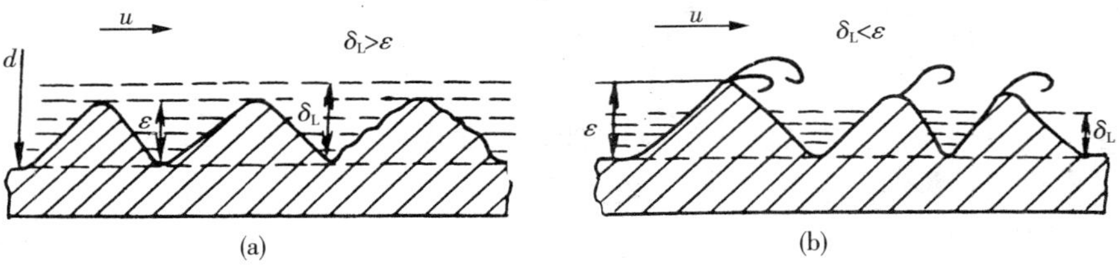

图 1－30　流体流过管壁面的情况

例 1－12　分别计算下列情况下，流体流过长 100 m 的直管的压力损失、每 kg 流体的机械能损失与压头损失。

（1）20 ℃ 的硫酸（比重为 1.83，粘度为 23 cP）在直径 50 mm 的钢管内流动，流速 0.4 m/s；

(2) 20 ℃ 的水在直径 68 mm 的有缝钢管内流动，流速 2.0 m/s。

解 (1) 20 ℃ 的硫酸的物性参数及已知条件为

$$\rho = 1.83 \times 1000 = 1830\ \mathrm{kg/m^3}$$
$$\mu = 23 \times 0.001 = 0.023\ \mathrm{N \cdot s/m^2}(\text{或 } \mathrm{Pa \cdot s})$$
$$d = 0.05\ \mathrm{m}$$
$$l = 100\ \mathrm{m}$$
$$u = 0.4\ \mathrm{m/s}$$

则
$$Re = \frac{du\rho}{\mu} = \frac{(0.05)(0.4)(1830)}{0.023} = 1590 < 2000$$

流型为层流，从图 1-29 代表层流的线上可读出：

$$\lambda = 0.04$$

采用式(1-55)计算：

$$\lambda = \frac{64}{Re} = \frac{64}{1590} = 0.0402$$

压力损失
$$\Delta p_f = \lambda \frac{l}{d}\frac{\rho u^2}{2} = (0.04)\left(\frac{100}{0.05}\right)\frac{(1830)(0.4)^2}{2} = 11700\ \mathrm{Pa}$$

每 kg 流体的机械能损失
$$h_f = \frac{\Delta p_f}{\rho} = \frac{11700}{1830} = 6.4\ \mathrm{J/kg}$$

压头损失
$$H_f = \frac{\Delta p_f}{\rho g} = \frac{6.4}{9.81} = 0.652\ \mathrm{m}$$

(2) 20 ℃ 时水的物性参数及已知条件为

$$\rho = 1000\ \mathrm{kg/m^3}$$
$$\mu = 1\ \mathrm{cP} = 0.001\ \mathrm{N \cdot s/m^2}$$
$$d = 0.068\ \mathrm{m}$$
$$l = 100\ \mathrm{m}$$
$$u = 2.0\ \mathrm{m/s}$$

则
$$Re = du\rho/\mu = (0.068)(2.0)(1000)/0.001 = 136000 > 4000$$

流型为湍流，求 λ 还要知道 ε/d。查表 1-1，取钢管的粗糙度 $\varepsilon = 0.2$ mm

$$\varepsilon/d = 0.2/68 = 0.00294$$

从图 1-29 上读出，$Re = 136000$ 及 $\varepsilon/d = 0.00294$ 时，$\lambda = 0.027$

$$\Delta p_f = \lambda \frac{l}{d}\frac{\rho u^2}{2} = (0.027)\left(\frac{100}{0.068}\right)\frac{(1000)(2.0)^2}{2} = 79400\mathrm{Pa}$$

$$h_f = \frac{\Delta p_f}{\rho} = \frac{79400}{1000} = 79.4\ \mathrm{J/kg}$$

$$H_f = \frac{\Delta p_f}{\rho g} = \frac{79.4}{9.81} = 8.1\ \mathrm{m}$$

例 1-13 10 ℃ 的水流过一根水平钢管，管长 300 m，要求达到的流量为 500 L/min，有 6 m 的压头可供克服流动的摩擦损失，试求管径。

解 10 ℃ 水的物理性质，

$$\rho = 1000\ \mathrm{kg/m^3}$$
$$\mu = 1.31\ \mathrm{cP} = 0.00131\ \mathrm{Ns/m^2}$$

压头损失 $H_f = 6\ \mathrm{m}$

体积流量

$$q_v = 500/(1000 \times 60) = 8.333 \times 10^{-3}\ \mathrm{m^3/s}$$

以 d 表示管径，则流速

$$u = \frac{8.333 \times 10^{-3}}{\pi d^2/4} = \frac{0.01061}{d^2} \tag{a}$$

代入范宁公式

$$H_f = \lambda \frac{l}{d} \frac{u^2}{2g} = \lambda \left(\frac{300}{d}\right)\left(\frac{0.01061}{d^2}\right)^2 \frac{1}{(2)(9.81)}$$

$$d^5 = 2.869 \times 10^{-4} \lambda \tag{b}$$

若知λ便可算出d，因λ与雷诺数及相对粗糙度有关，这二者又和d有关，故式(b)要与式(a)结合，以试差法求解。在试差中以先设λ为佳，因它比u或d的变化小，范围也窄。

湍流时λ值多在0.02～0.03，设$\lambda = 0.02$，代入式(b)中算出

$$d = 0.0895 \text{ m}$$

检验所设之λ

钢管取$\varepsilon = 0.2$ mm，　$\varepsilon/d = 0.2/89.5 = 0.0022$

算Re应用式(a)：$Re = \frac{du\rho}{\mu} = \frac{d\rho}{\mu}\left(\frac{0.01061}{d^2}\right) = \left(\frac{1000 \times 0.01061}{0.00131}\right)\left(\frac{1}{d}\right)$

$$= \frac{8100}{0.0895} = 90500$$

由ε/d及Re可查出$\lambda = 0.026$。此λ值比原设值要大，将此λ值迭代到式(b)中重算d，得$d = 0.0943$ m。

用此d值按前面的方法重算λ，可知与第二次假设之值很接近，表明第二次求出的d值已基本正确，而钢管的尺寸有一定规格，实际采用的内径一般不应小于算出的d值。查附录表知宜选用公称直径为100 mm的无缝钢管，其实际外径为108 mm，现压力不大，选壁厚为4 mm。此规格表示成ϕ108 mm×4 mm。

1.4.4　非圆形直管内的流动阻力损失

工业生产中经常会遇到非圆形的管道，如有些气体输送管是矩形的，有的流体在内外两管之间的环隙内流过。对于这些非圆形管内的流体流动，必须找到一个与直径d相当的量，才能按前述的圆管公式计算Re和Δp_f。为此引进了当量直径的概念，用来表示某一非圆形管相当于直径为多少的圆管。

对于内径为d，长度为l的圆管，当液体充满全管流过时，截面积为$\pi d^2/4$，而被液体润湿的周边尺寸为πd。它们存在下列关系：

$$d = 4 \times \text{液体流过的截面积} / \text{液体湿润的周边}$$

对于截面不为圆形的任何管道，可以类比而得当量直径的定义：

$$\text{当量直径 } d_e = 4 \times \text{液体流过的截面积} / \text{液体润湿的周边} \tag{1-66}$$

对矩形截面管道，若其长与宽分别为a与b，则

$$d_e = \frac{4ab}{2(a+b)} = \frac{2ab}{a+b}$$

对环形截面管道，若外管内径为d_1，内管外径为d_2，则

$$d_e = \frac{4\pi({d_1}^2 - {d_2}^2)/4}{\pi(d_1 + d_2)} = d_1 - d_2$$

研究结果表明，当量直径用于计算湍流时阻力损失比较可靠，对层流时阻力损失计算的可靠性较差，当不得不采用时，应对式(1-55)作一些修正，例如截面为正方形的管采用当量直径计算λ时，式(1-55)中的系数64应改为57，环形截面则将系数改为96。

例1-14　有一换热管由44根外径为30 mm的平行光滑管组成，换热器外壳的内径为303 mm。有300 m^3/h空气在管外平行流过，其平均温度为30 ℃($\rho = 1.165$ kg/m^3，$\mu = 186 \times 10^{-4}$ cP)，换热器长4 m。试估算

空气通过时的压力降。

解

$$\rho = 1.165\ \mathrm{kg/m^3}$$
$$\mu = 186 \times 10^{-4}/1000 = 1.86 \times 10^{-5}\ \mathrm{N \cdot s/m^2}$$
$$l = 4\ \mathrm{m}$$
$$q_v = 3000/3600 = 0.833\ \mathrm{m^3/s}$$

流道截面积 $= \dfrac{\pi}{4}(0.303^2 - 44 \times 0.03^2) = 0.0410\ \mathrm{m^2}$

润湿周边 $= 44 \times 0.03\pi + 0.303\pi = 5.10\ \mathrm{m}$

当量直径 $d_e = \dfrac{4 \times 0.0410}{5.10} = 0.0322\ \mathrm{m}$

流速 $u = \dfrac{q_v}{A} = \dfrac{0.833}{0.0410} = 20.3\ \mathrm{m/s}$

$$Re = \frac{d_e u \rho}{\mu} = \frac{0.0322 \times 20.3 \times 1.165}{1.86 \times 10^{-5}} = 40900$$

从图 1-29 光滑管的曲线上读出此 Re 值之下，$\lambda = 0.022$。由式(1-53) 得

$$\Delta p_{\mathrm{f}} = 0.022 \times \left(\frac{4}{0.0322}\right)\left(\frac{1.165 \times 20.3^2}{2}\right) = 656\ \mathrm{Pa}$$

1.4.5 局部阻力损失

在流体输送的系统中，除等径直管外，还有各种阀门和弯头、三通等管件。流体在流过这些阀门和管件时，流速大小与流动方向都发生变化，产生涡流，湍动程度增大，使阻力损失显著增加。这种由于阀门和管件等对流体流动产生的阻力损失，统称为局部阻力损失。

局部阻力损失的计算主要有以下两种方法：

(1) 阻力系数法

可参照范宁公式将局部阻力损失表示为动能的倍数，即

$$\Delta p_{\mathrm{f}} = \zeta \frac{\rho u^2}{2} \tag{1-67}$$

$$h_{\mathrm{f}} = \zeta \frac{u^2}{2} \tag{1-67a}$$

$$H_{\mathrm{f}} = \zeta \frac{u^2}{2g} \tag{1-67b}$$

上式是将 h_{f} 看做与动能 $u^2/2$ 成正比关系，管中流体流速 u 增大时，管件或阀门的局部阻力损失也随着增大。ζ 称为局部阻力系数，其值由实验测定。常用阀门和管件的 ζ 值列于表 1-2 中。

对图 1-31 所示的流体在管截面突然扩大和突然缩小处的流动情况，ζ 值可分别用下列公式计算。

突然扩大时
$$\zeta = \left(1 - \frac{A_1}{A_2}\right)^2 \tag{1-68}$$

突然缩小时
$$\zeta = 0.5\left(1 - \frac{A_2}{A_1}\right) \tag{1-69}$$

在计算突然扩大或突然缩小的局部阻力损失时，式(1-67)、(1-67a)、(1-67b) 中的流速 u 均为小管中的流速。由式(1-68) 与(1-69) 可知，当 $A_1 = A_2$ 时，$\zeta = 0$，即对等径直管无局部阻力损失。

图 1-31 局部阻力

(a) 突然扩大;(b) 突然缩小

当流体从管道流入截面较大的容器或从管道排放到大气中,即管道出口处,有 $A_1/A_2 \approx 0$,由式(1-68) 可知 $\zeta = 1$。流体自容器进入管的入口,是自很大的截面突然缩小到很小的截面,相当于 $A_2/A_1 \approx 0$。此时,由式(1-69) 可知 $\zeta = 0.5$。

(2) 当量长度法

此法是将流体流过管件和阀门等所产生的局部阻力损失,折合成流体流过长度为 l_e 的直管的阻力损失。l_e 称为管件、阀门的当量长度,其数值由实验测定。局部阻力损失可用下式计算。

$$\Delta p_f = \lambda \frac{l_e}{d} \frac{\rho u^2}{2} \tag{1-70}$$

$$h_f = \lambda \frac{l_e}{d} \frac{u^2}{2} \tag{1-70a}$$

$$H_f = \lambda \frac{l_e}{d} \frac{u^2}{2g} \tag{1-70b}$$

l_e 的实验结果常用 l_e/d 值表示,某些管件和阀门的 l_e/d 值见表 1-2。

表 1-2 管件和阀门的局部阻力系数与当量长度值(用于湍流)

名 称	阻力系数 ζ	当量长度与管径之比 l_e/d	名 称	阻力系数 ζ	当量长度与管径之比 l_e/d
弯头,45°	0.35	17	闸阀		
弯头,90°	0.75	35	全开	0.17	9
三通	1	50	半开	4.5	225
回弯头	1.5	75	截止阀		
管接头	0.04	2	全开	6.0	300
活接头	0.04	2	半开	9.5	475
止逆阀			角阀,全开	2	100
球式	70	3500	水表,盘式	7	350
摇板式	2	100			

1.4.6 流体在管内流动的总阻力损失计算

对于含有管件和阀门的管路系统来说,其总阻力损失应为直管的阻力损失与局部阻力损失之和,计算式可用以下形式表示:

$$\sum h_f = \left(\lambda \frac{l}{d} + \sum \zeta\right) \frac{u^2}{2} = \lambda \left(\frac{l + \sum l_e}{d}\right) \frac{u^2}{2} \tag{1-71}$$

或

$$\sum H_f = \left(\lambda \frac{l}{d} + \sum \zeta\right) \frac{u^2}{2g} = \lambda \left(\frac{l + \sum l_e}{d}\right) \frac{u^2}{2g} \tag{1-71a}$$

1.5 管路计算

工业生产中的管路可分为简单管路和复杂管路(包括管网)两类。管路计算所使用的基本关系有连续性方程、柏努利方程及各种阻力损失算式。

管路设计中,管径一般根据生产任务要求流量的大小而决定。对于给定的流量,选定的流速越大,则管径越细,因而节省了管材用量即管路设备费。但另一方面,根据阻力计算方程可知:流速增大,流体阻力也随之增大,因而动力消耗费即操作费提高。因此,设计管路时,需要同时考虑这两个互相矛盾的经济因素,以选择适宜的流速或确定经济合理的管径,使操作费与设备费之和最小,如图1-32所示。通常,根据工业生产上积累的经验,选择流速时要考虑流体的性质。粘度及密度较大的流体(如油类等),流速应低些;含有固体悬浮物的液体,为了防止固体颗粒沉积堵塞管路,流速不宜太低;密度很小的气体,流速可以大些;容易获得压力的气体(如饱和水蒸气)流速可以更高些;对于真空管路所选择的流速必须保证压力降低于允许值。某些流体常用的流速范围如下(表1-3)。

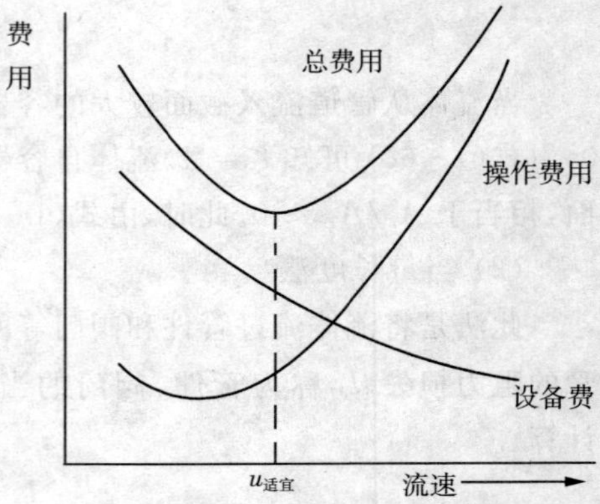

图1-32 管径优化

表1-3 某些流体在管道中的常用流速范围

流体的种类及状况	常用流速范围,m/s
自来水(3×10^5 Pa左右)	1~1.5
水及低粘度液体(10^5~10^6 Pa)	1.5~3.0
粘度较大的液体	0.5~1.0
工业供水(8×10^5 Pa以下)	1.5~3.0
锅炉供水(8×10^5 Pa以下)	>3.0
饱和蒸汽(3×10^5 Pa以下)	20~40
过热蒸汽	30~50
蛇管、螺旋管内的冷却水	<1.0
低压空气	8~15
高压空气	15~25
一般空气(常压)	10~20
易燃、易爆的低压气体(如乙炔等)	<8
真空操作下气体	<10
饱和水蒸气(8×10^5 Pa以下)	40~60
鼓风机吸入管	10~15
鼓风机排出管	15~20
离心泵吸入管(水一类液体)	1.5~2.0
离心泵排出管(水一类液体)	2.5~3.0
往复泵吸入管(水一类液体)	0.75~1.0
往复泵排出管(水一类液体)	1.0~2.0
液体自流(冷凝水等)	0.5

1.5.1　简单管路

简单管路没有分支或汇合，其特点是：

(1) 通过各管段的质量流量不变，对不可压缩流体则体积流量也不变(指稳定流动)。

(2) 整个管路的阻力损失为各段损失之和。

常见的实际问题是：

(1) 已知管径、管长(包括所有管件的当量长度)和流量，求输送所需总压头或输送机械的功率。

(2) 已知输送系统可提供的总压头，求已定管路的输送量或输送一定流量的管径。

例 1-15　如图 1-15 所示，用泵将 20 ℃ 的苯从地面以下的贮罐送到高位槽，流量为 300 [L/min]。输送管出口比贮罐液面高 10 m。泵吸入管用 ϕ89mm×4 mm 无缝钢管，直管长度为 15 m，并有一底阀(可大致按摇板式止逆阀求其当量长度)，一个 90° 弯头；泵排出管用 ϕ57 mm×3.5 mm 无缝钢管，直管长 50 m，并有一个闸阀、一个标准阀、3 个 90° 弯头和两个三通。阀门都按全开考虑。试求泵的轴功率，设泵的效率 η 为 70 %。

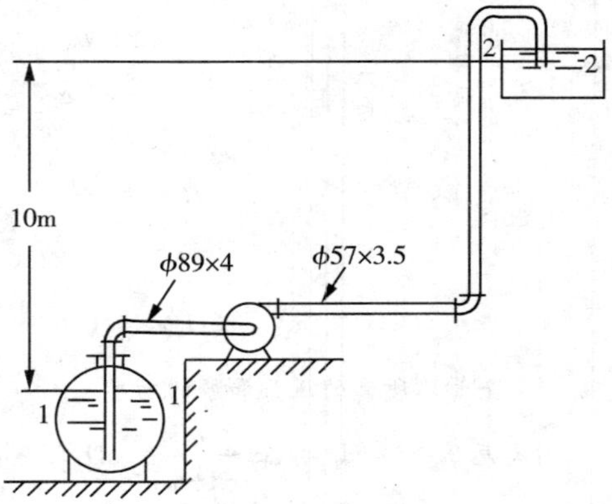

例 1-15　附图

解　如图1-15，在贮罐液面与高位槽液面之间列机械能衡算式。进出口截面都为大气压，$\Delta p = 0$，取贮罐液面为基准面，$\Delta z = z_2 - z_1 = 10$ m，流速 $u_1 = 0$，u_2 则与排出管内的流速相等，故 $\Delta u^2 = u_2^2$。将式(1-31) 中的 H_f 改写为 $\sum H_f$，以表示管路的总压头损失，此式可简化为：

$$\Delta z + u_2{}^2/2g = H_e - \sum H_f$$

算出管路的流速和总压头损失 $\sum H_f$，便可得所需的有效压头 H_e。泵进、出口的管径不同，故管路要分两段计算。

(1) ϕ 89mm × 4 mm 吸入管路的损失：

$$d_1 = 89 - 2 \times 4 = 81 \text{ mm} = 0.081 \text{ m}$$

$$l_1 = 15 \text{ m}, \quad \varepsilon = 0.2 \text{ mm}$$

管件、阀门的当量长度(查表 1-2)：

摇板式止逆阀　　$0.081 \times 100 = 8.1$

90 ℃ 弯头　　$0.081 \times 35 = 2.8$

$$\sum l_e = 10.9 \text{ m}$$

流速
$$u_1 = \frac{300/(1000 \times 60)}{\pi(0.081)^2/4} = 0.97 \text{ m/s}$$

速度头
$$\frac{u_1{}^2}{2g} = \frac{(0.97)^2}{2 \times 9.81} = 0.048 \text{ m}$$

20 ℃ 苯的物性：$\rho = 879 \text{ kg/m}^3$，$\mu = 0.74 \text{ cP} = 0.00074 \text{ N} \cdot \text{s/m}^2$

$$Re_1 = \frac{d_1 u_1 \rho}{\mu} = \frac{0.081 \times 0.97 \times 879}{0.00074} = 93000$$

又
$$\varepsilon/d = 0.2/81 = 0.0025$$

查图 1-29：$\lambda_1 = 0.027$

$$(H_f)_1 = \left[(\zeta_f)_i + \lambda_1\left(\frac{l+\sum l_e}{d}\right)_1\right]\left(\frac{u_1^2}{2g}\right)$$
$$= \left[0.5 + 0.027 \times \left(\frac{15+10.9}{0.081}\right)\right] \times 0.048$$
$$= 0.44\ \text{m}$$

(2) ϕ57 mm × 3.5 mm 排出管的损失：

$$d_2 = 57 - 2 \times 3.5 = 50\ \text{mm} = 0.05\ \text{m}$$
$$l_2 = 50\ \text{m},\quad \varepsilon = 0.2\ \text{mm}$$

管件、阀门的当量长度：

闸阀(全开)	$0.05 \times 9 = 0.45$	90° 弯头 3 个	$0.05 \times 35 \times 3 = 5.25$
标准阀(全开)	$0.05 \times 300 = 15.0$	三通 2 个	$0.05 \times 50 \times 2 = 5.0$

$$\sum l_e = 25.70\ \text{m} \qquad u_2 = 0.97(81/50)^2 = 2.55\ \text{m/s}$$
$$\frac{u_2{}^2}{2g} = \frac{(2.55)^2}{2 \times 9.81} = 0.33\ \text{m}$$
$$Re_2 = \frac{d_2 u_2 \rho}{\mu} = \frac{0.05 \times 2.55 \times 879}{0.00074} = 151000$$
$$\varepsilon/d_2 = 0.2/50 = 0.004 \qquad \lambda = 0.029$$
$$(H_f)_2 = 0.029 \times \left(\frac{50+25.7}{0.05}\right) \times 0.33 = 14.5\ \text{m}$$

(3) 全管路所需的压头和泵的功率：

所需总压头 $H_e = \Delta z + \dfrac{u_2{}^2}{2g} + (H_f)_1 + (H_f)_2 = 10 + 0.33 + 0.44 + 14.5 = 25.3\ \text{m}$

质量流量 $q_m = \dfrac{300 \times 879}{1000 \times 60} = 4.395\ \text{kg/s}$

有效功率 $P_e = q_m h_e = q_m H_e g = 4.395 \times 25.3 \times 9.81 = 1090\ \text{J/s} = 1.09\ \text{kW}$

泵轴功率 $P = P_e/\eta = 1.09/0.7 = 1.56\ \text{kW}$

例 1-16 在风机出口后的输气管壁上开一测压孔，用 U 型管测得该处静压力为 186 mm H_2O。测压孔以后的管路包括 80 m 直管及 4 个 90° 弯头。管出口与设备相通，设备内的表压为 120 mm H_2O。输气管为铁管，内径 500 mm。所输送的空气温度为 25 ℃，试估计其体积流量。

解 本题为已知风机压头求气体流速，在流速未知时无法先算出雷诺数以求摩擦因数及阻力损失，故要用试差法。

空气的平均压力 $= (186 + 120)/2 = 154$ mm H_2O(表压)

1 atm 及 0 ℃ 时空气的密度为 1.293 kg/m³，故 154 mm H_2O(表压) 及 25 ℃ 时空气的密度为：

$$\rho = 1.293 \times \left(1 + \frac{154}{10330}\right)\left(\frac{273}{273+25}\right) = 1.202\ \text{kg/m}^3$$

25 ℃ 时空气的粘度：$\mu = 0.0184\ \text{cP} = 1.84 \times 10^{-5}\ \text{Pa} \cdot \text{s}$

在测压口处(截面 1)与管出口处(截面 2)列机械能衡算式：

$$z_1 + \frac{p_1}{\rho g} + \frac{u_1{}^2}{2g} + H_e = z_2 + \frac{p_2}{\rho g} + \frac{u_2{}^2}{2g} + \sum H_f$$

式中，$z_1 \approx z_2$(输气管道中，一般情况下 $\triangle z$ 可忽略)

$$H_e = 0,\ u_2 = 0$$
$$p_1 = 186\ \text{mm H}_2\text{O} = 1825\ \text{Pa}$$
$$p_2 = 120\ \text{mm H}_2\text{O} = 1177\ \text{Pa}$$

管路：

$d = 0.5\text{ m}$， $l = 80\text{ m}$

$l_e = 4 \times 35 \times 0.5 = 70\text{ m}$（$90^o$ 弯头 $l_e/d = 35$）

$$H_f = \lambda\left(\frac{l+l_e}{d}\right)\frac{u_1^2}{2g} = \lambda\left(\frac{80+70}{0.5}\right)\frac{u_1{}^2}{2g} = 300\lambda\frac{u_1{}^2}{2g}$$

$$(H_f)_o = \zeta_o u_1^2/2g = u_1^2/2g \quad (\because \zeta_o = 1)$$

$$\sum H_f = H_f + (H_f)_o = (300\lambda + 1)\, u_1^2/2g$$

将已知值代入机械能衡算式：

$$\frac{1825}{1.202g} + \frac{u_1{}^2}{2g} + 0 = \frac{1177}{1.202g} + 0 + (300\lambda + 1)\frac{u_1{}^2}{2g}$$

化简得： $\lambda u_1{}^2 = 3.59$

设 $\lambda = 0.02$，代入上式，解出 $u_1 = 13.4\text{ m/s}$

复核：
$$Re = \frac{du_1\rho}{\mu} = \frac{0.5 \times 13.4 \times 1.202}{1.84 \times 10^{-5}} = 438000$$

$$\varepsilon/d = 0.5/500 = 0.001$$

从图 1－29 中查得：$\lambda = 0.0205$

与所设的 λ 值相差甚微，可认为所求得的 $u_1 = 13.4\text{ m/s}$ 已够准确，据此计算体积流量：

$$q_v = (\pi/4)(0.5)^2(13.4) = 2.63\text{ m}^3/\text{s}$$

1.5.2 复杂管路

典型的复杂管路有分支管路、汇合管路和并联管路，分别如图 1－33(a)、(b)、(c) 所示。

这类管路的特点是：

(1) 总管流量等于各支管流量之和。

(2) 对任一支管而言，分支前及汇合后的总压头皆相等，据此可建立支管间的机械能衡算式，从而定出各支管的流量分配。

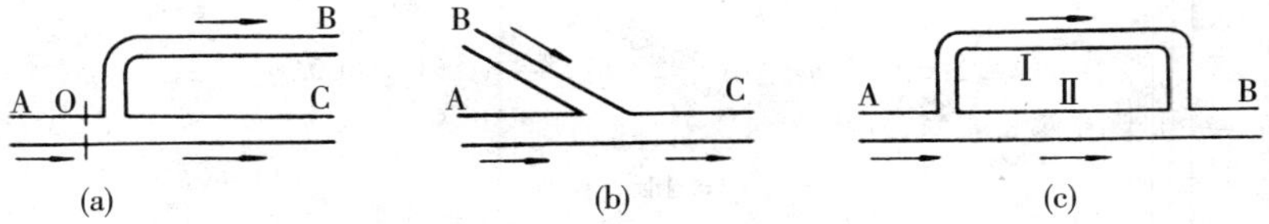

图 1－33 分支管路(a)、汇合管路(b) 和并联管路(c)

例如，对于图 1－33(a) 的分支管路，可列出：

$$(q_v)_O = (q_v)_B + (q_v)_C \tag{1-72}$$

$$H_O = H_B + \left(\sum H_f\right)_{OB} = H_C + \left(\sum H_f\right)_{OC} \tag{1-73}$$

式中，$(q_v)_O$、$(q_v)_B$、$(q_v)_C$ 代表截面 O、B、C 处的流量，H_O、H_B、H_C 代表相应位置上的总压头，$(\sum H_f)_{OB}$、$(\sum H_f)_{OC}$ 分别代表截面 O 至出口 B 或 C 的总压头损失。

对于图 1－33(c) 的并联管路，式(1－73) 可简化为：

$$\left(\sum H_f\right)_{A\,I\,B} = \left(\sum H_f\right)_{A\,II\,B} \tag{1-74}$$

应当指出，流体在分流或汇合的过程中，除因流速大小与方向的突变导致附加的机械能损失外，还会因流股之间的动量交换而引起机械能的转移，通常都把这种转移所引起的机械能变化归并在管件的局部阻力中，所以当流体流过三通时，若因机械能转移而使总压头增大，则其阻力系数就会出现负值。

复杂管路的常见问题是：

(1) 已知管路布置和输送任务，求输送所需的总压头或功率；

(2) 已知管路布置和提供的压头，求流量的分配，或已知流量分配求管径的大小。

例 1-20　设图 1-33(a) 中的总管与两支管的内径与总长度（包括分支处的当量长度）如下：

管路	d(mm)	$l+l_e$(m)
总管 AO	100	10
支管 OB	100	20
支管 OC	50	30

各管均为光滑管，管内输送 20 ℃ 的空气，B、C 两段都通到大气。总管内的体积流量为 600 m^3/h，求各支管内的流量。

解　20 ℃ 空气的物性：

$$\rho = 1.205\ kg/m^3 \qquad \mu = 0.018\ cP = 1.8\times 10^{-5}\ N\cdot S/m^2$$

设支管 OB 内的流速为 u_1，OC 内的流速 u_2，则由式(1-72)

$$\frac{600}{3600} = \frac{\pi}{4}(0.1)^2 u_1 + \frac{\pi}{4}(0.05)^2 u_2$$

化简得

$$u_1 = 21.2 - 0.25u_2 \tag{a}$$

因 B、C 两出口处的 p 相等，$\triangle z = 0$，故式(1-73) 简化为：

$$u_1{}^2/2g + (\sum H_f)_1 = u_2{}^2/2g + (\sum H_f)_2$$

即

$$\frac{u_1{}^2}{2g} + \lambda_1\frac{(l+l_e)_1}{d_1}\frac{u_1{}^2}{2g} = \frac{u_2{}^2}{2g} + \lambda_2\frac{(l+l_e)_2}{d_2}\frac{u_2{}^2}{2g}$$

$$u_1{}^2(1+\lambda_1\times 20/0.1) = u_2{}^2(1+\lambda_2\times 30/0.05)$$

$$u_1{}^2(1+200\lambda_1) = u_2{}^2(1+600\lambda_2) \tag{b}$$

式(a) 代入(b)：

$$(21.2-0.25u_2)^2(1+200\lambda_1) = u_2{}^2(1+600\lambda_2) \tag{c}$$

设 $\lambda_1 = \lambda_2 = 0.02$，从上式可解出：

$$u_2 = 11.4\ m/s$$

将此 u_2 值代入式(a) 又可得出：　$u_1 = 18.4\ m/s$

校核所设的 λ_1 与 λ_2 正确性：

$$\frac{d_1u_1\rho}{\mu} = \frac{0.1\times 18.4\times 1.205}{1.8\times 10^{-5}} = 123000$$

从图 1-29 上光滑管的线上查得 $\lambda_1 = 0.017$

$$\frac{d_2u_2\rho}{\mu} = \frac{0.05\times 11.4\times 1.205}{1.8\times 10^{-5}} = 38200$$

从同一曲线上读出 $\lambda_2 = 0.022$

此二 λ 值与所设相差较大，故将新算出的两 λ 值重新代入式(c)，并与式(a) 联立而解出：

$$u_2 = 10.4\ m/s$$

$$u_1 = 18.6\ m/s$$

第二次试算所求得的两个 u 值与第一次试算的差别并不大，故没有进行第三次试算的必要，可按第二次求得的流速计算两管内的流量：

支管 OB　$\frac{\pi}{4}\times(0.1)^2\times 18.6\times 3600 = 526\ m^3/h$

支管 OC　$\frac{\pi}{4} \times (0.05)^2 \times 10.4 \times 3600 = 74\ m^3/h$

例 1-18　贮罐内有 40 ℃ 的粗汽油(比重 0.71)，液面维持恒定，用泵抽出，流经三通后分成两路。一路送到分馏塔顶部，最大流量为 10800 kg/h，另一路送到吸收解吸塔中部，最大流量为 6400 kg/h。有关部位的高度及压力见附图。

已估计出：管路的压头损失自 ① 至 ③ 为 2 m，自 ③ 至 ④ 为 6 m，自 ③ 至 ⑤ 为 5 m。这都是假定各段管路上的阀全开，且流量达到规定的最大值时所算出的值。粗汽油在管内流动时的动压头很小，可以忽略。求泵所需功率，设泵效率为 60 %。

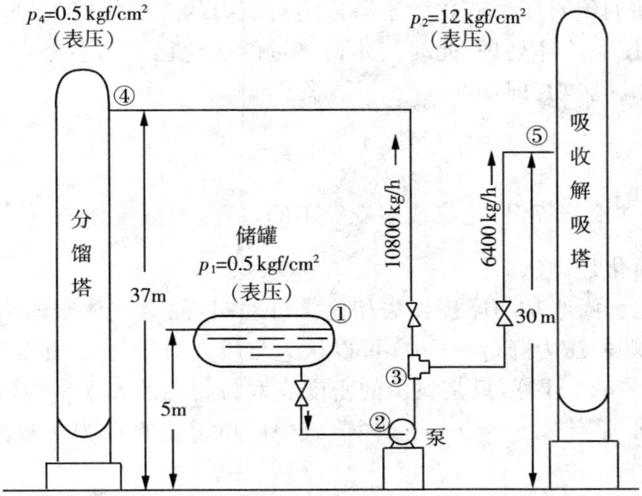

例 1-18　附图

解　泵的功率要保证三通 ③ 处的总压头能够同时按所要求的流量将粗汽油分送到两个塔内，然而，粗汽油自 ③ 送到 ④ 与自 ③ 送到 ⑤ 所需的压头不见得相等。如果从 ③ 送到 ④ 所需的压头比从 ③ 送到 ⑤ 所需的小，可将三通处的压头维持在后者所需的数值上，这样粗汽油从 ③ 到 ⑤ 的流量便正好符合要求，但从 ③ 到 ④ 的流量便比要求的大。操作时可将 ③ 到 ④ 之间的调节阀关小，提高这一段管路的压头损失。关小到某一程度，其流量也就降到所要求的值，所以，应该按压头要求较大的一支管路确定三通处的压头值。为了进行比较，向两支管输送汽油所需的压头都应算出。计算中略去动压头。

粗汽油密度　$\rho = 710\ kg/m^3$

截面 ④ 的总压头　$H_4 = z_4 + \frac{p_4}{\rho g} = 37 + \frac{50 \times 10^3}{710 \times 9.81} = 37 + 7.2 = 44.2\ m$

截面 ⑤ 的总压头　$H_5 = z_5 + \frac{p_5}{\rho g} = 30 + \frac{1.2 \times 10^6}{710 \times 9.81} = 30 + 172.3 = 202.3\ m$

要保证将粗汽油自 ③ 送到 ④ 达到规定的流量，三通处的总压头应为

$$H_3 = H_4 + (\sum H_f)_{3\to4} = 44.2 + 6 = 50.2\ m$$

要保证将粗汽油自 ③ 送到 ⑤ 达到所规定的流量，三通处的总压头应为

$$H_3 = H_5 + (\sum H_f)_{3\to5} = 202.3 + 5 = 207.3\ m$$

比较后得知，必须保证 $H_3 = 207.3$ m。自容器内液面 ① 至三通 ③ 列机械能衡算式，即可求出所需的外加压头 H_e 或单位机械能 h_e。

$$z_1 + \frac{u_1^2}{2g} + \frac{p_1}{\rho g} + H_e = H_3 + (\sum H_f)_{1\to3}$$

$$5 + 0 + 7.2 + H_e = 207.3 + 2$$

解出　$H_e = 207.3 + 2 - 5 - 7.2 = 197.1\ \text{m}$。　而 $h_e = H_e g = 197.1 \times 9.81 = 1934\ \text{J/kg}$

通过泵的质量流量　$q_m = (10800 + 6400)/3600 = 4.78\ \text{kg/s}$

泵的输出功率　$P_e = h_e q_m = 1934 \times 4.78 = 9240\ \text{J/s} = 9.24\ \text{kW}$

泵的输入功率　$P = 9.24/0.6 = 15.4\ \text{kW}$

1.5.3　可压缩流体的管路计算

在气体输送系统中，若管路较长，则因阻力损失而产生的压力降占初始压力的比例较大，当流动系统两截面间的绝对压力变化大于原来绝对压力的 20 %，即 $|(p_1 - p_2)/p_1| > 20\ \%$ 时，则该气体要按可压缩流体处理。此时气体密度 ρ 的变化已不容忽略，机械能衡算式中要考虑气体的动能变化和膨胀功。即

$$gz_1 + u_1{}^2/2 + \int_{p_2}^{p_1} \mathrm{d}p/\rho = gz_2 + u_2{}^2/2 \tag{1-75}$$

式中 $\int_{p_2}^{p_1} \mathrm{d}p/\rho$ 一项通常根据等温、绝热或多变等不同过程，根据流体的 $p-V-T$ 关系来积分。

下面介绍一种简化计算法。

气体的动能变化和膨胀功与摩擦损失相比常可忽略，同时气体输送中高度变化的影响亦可忽略。于是管路两端的压力降（$p_1 - p_2$）可以认为与压力损失 $\triangle p_f$ 相等，而且，对等径简单管路，$\triangle p_f$ 仍可按式(1-53) 计算，只是式中的密度应取为两端的算术平均值 ρ_m，平均流速 u_m 则从连续性方程 $G = u_1\rho_1 = u_2\rho_2 = u_m\rho_m$ 计算。式中的质量流速 G 为一常数，下标 1、2 代表上、下游截面。于是得：

$$p_1 - p_2 = \lambda \frac{l}{d} \frac{\rho_m u_m{}^2}{2} \tag{1-76}$$

通常 p_1、p_2 之一为已知，需求另一压力。此时为避免试差计算，可将上式改写成

$$p_1 - p_2 = \lambda \frac{l}{d} \frac{G^2}{2\rho_m} \tag{1-77}$$

应用理想气体定律，有

$$\rho_1 = \frac{Mp_1}{RT_1},\rho_2 = \frac{Mp_2}{RT_2}$$

输送中的温度变化通常很小，可取 $T_1 = T_2 = T$，于是

$$\rho_m = (\rho_1 + \rho_2)/2 = M(p_1 + p_2)/2RT \tag{1-78}$$

代入式(1-77) 中，最后可化成

$$p_1^2 - p_2^2 = \lambda(RT/M)(l/d)G^2 \tag{1-79}$$

例 1-19　天然气（可视为甲烷）用内径 500 mm 的钢管输送到 22 km 远处，输送量 50000 Nm^3/h，管入口处加压到 0.52 MPa，求出口压力。管壁粗糙度取 0.1 mm，温度为25 ℃。

解　甲烷的分子量 $M = 16$，在输送管内的质量流速为

$$G = \frac{5000 \times 16}{3600 \times 22.4 \times \pi(0.5)^2/4} = 50.5\ \text{kg/(m}^2 \cdot \text{s)}$$

25 ℃ 下甲烷的粘度 $\mu = 0.0116c\text{P} = 1.16 \times 10^{-5}\ \text{N}\cdot\text{s/m}^2$

$$Re = \frac{du_m\rho_m}{\mu} = \frac{dG}{\mu} = \frac{0.5 \times 50.5}{1.16 \times 10^{-5}} = 2.18 \times 10^6$$

$$\varepsilon/d = 0.1/500 = 0.0002$$

由图 1-29 读出　　　$\lambda = 0.014$

代入式(1-79)：

$$p_2^2 = p_1^2 - \lambda(RT/M)(l/d)G^2$$
$$= (52\times10^4)^2 - (0.014)(8314)(298)(22000)(50.5)^2/(16\times0.5)$$
$$= 2.72\times10^{10}$$
$$p_2 = 1.65\times10^5\ \mathrm{N/m^2}$$

1.6　流速和流量测定

化工生产过程中要经常对各种操作参数进行测量，并加以调节、控制，流体的流量是其中的重要参数之一。

测量流量的仪器种类很多，下面仅介绍根据流体力学原理而制作的两类。

1.6.1　变压头的流量计

(1) 测速管

测速管又称皮托管(Pitot tube)，如图 1-34 所示。它由两根同心圆管组成，在管道中与流动方向平行安置。内管前端敞开，朝着迎面而来的被测流体。外管前端封闭，但管侧壁在距前端一定距离处开有几个小孔，流体在小孔旁流过。内、外管另一端都露在管道外边，各与压差计的一个接口相连。

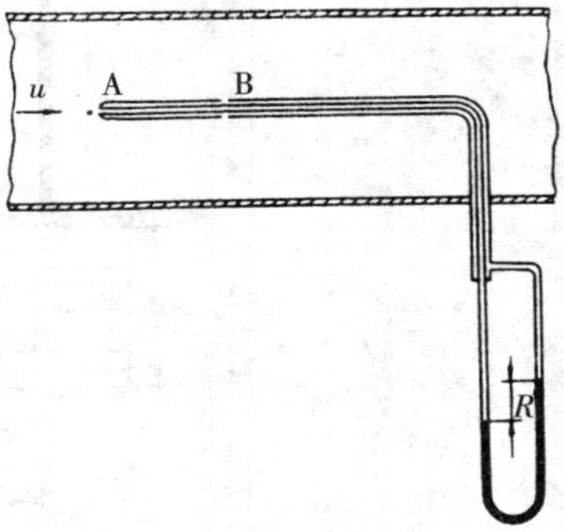

图 1-34　测速管

流体以流速 u 趋近测速管的前端，因内管中原已充满被测流体，故流体到达管口 A 处即被遏止住，速度 u 降至零，于是速度头(动压头) 在 A 处转变为静压头，所以作用于 A 点处的除了原压力 p 以外，还有与管内流体该点速度 u_r 相应的动能 $\rho u_r^2/2$，即

$$p_A = p + \rho u_r^2/2 \tag{a}$$

式中　p_A——A 点的压力，Pa；

ρ——流体的密度，$\mathrm{kg/m^3}$；

u_r——A 点速度，m/s。

上式中 p_A 即为从内管传递到U形管压差计一侧的压力。当流体沿外管侧壁上的小孔流过时，其速度没有改变，故通过侧壁小孔从外管传递到U形管另一侧的压力与B点处流体的静压力相等，即

$$p_B = p \tag{b}$$

若 U 形管中指示液的密度为 ρ'，读数为 R，则

$$p_A - p_B = Rg(\rho' - \rho) \tag{c}$$

将(a)、(b) 式代入(c) 式，各项除以 ρg，整理可得

$$u_r = \sqrt{\frac{2Rg(\rho' - \rho)}{\rho}} \tag{1-80}$$

应当注意，式(1-80) 中的 u_r 不是管道截面上的平均流速，而是其点速度，即利用测速管

能测定管道截面上的速度分布。对于圆管内流动，由测得的速度分布按截面积积分可得流体的体积流量，据此可计算平均流速。若将皮托管口置于管道中心处，测出最大流速 u_{max}，可利用圆管中流体流动的速度分布图 1-22，查得 u/u_{max} 值后，可以求得平均流速。

为了保证测速管安装在速度分布的稳定段，测量点上、下游的直管长度最好大于 50 倍的管径，至少也应大于 8 ～ 12 倍的管径。为了尽量减少仪表本身对流动干扰，皮托管的外径应不大于管道内径 d 的 1/50。

按标准设计，精密加工，并在管道内正确安装的皮托管，据其所得读数用式(1-80)算出的流速，与实际数值的误差一般可在 1 % 以内。

皮托管的优点是阻力小，适于测量大直径气体管道内的流速，缺点是不能直接测出平均速度，且压差读数小，常要放大才读得准确。

(2) 孔板流量计

在管内垂直于流动方向插入一片中央开有圆孔的板，如图 1-35 所示，即构成孔板流量计。板上的孔口经精致加工，其侧边与管轴成 45° 角，称为锐孔。

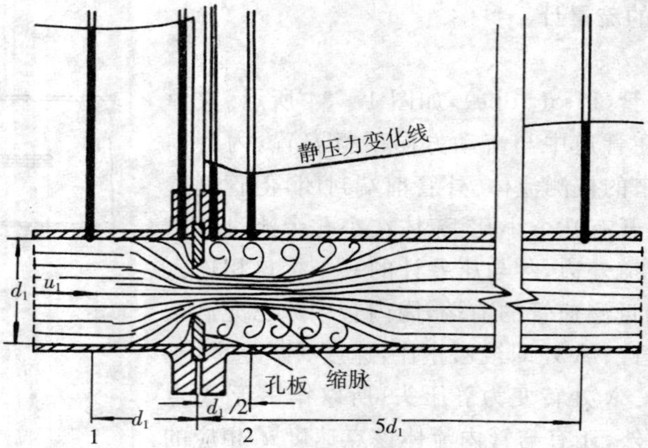

图 1-35　孔板流量计及孔板前后的压力变化

流体流到孔口时，流股截面收缩，通过孔口后，流股还继续收缩，至一定距离(约等于管径的 1/3 至 2/3 倍) 达到最小，然后才转而逐渐扩大到充满整个管截面。流股截面最小处，即速度最大处，亦称为缩脉。孔板前后动能的变化必引起静压能的变化。图 1-35 中示出孔板前后各处截面上静压变化的情况，显然，流量愈大，静压的变化幅度亦愈大。因此，测出孔板上、下游两个固定位置之间的压力变化大小，便可计量出流量的大小。流体在孔板前后的压力变化，除了由于流速改变所引起的部分外，还有一部分是由于孔板的阻力所造成。因此，流体经孔板其静压力突然下降以后，再过一定距离，即流速已恢复到孔板以前之值(约在孔板以后 5 倍管径处)：其压力也不能复原，而产生了所谓永久压力降。

取压口一个在孔板之前，一个在孔板之后，具体位置随设计所根据的规范而定。下列两种取压方法比较常用：① 角接法，取压口在安置孔板的前后两片法兰上，其位置尽量靠近孔板；② 径接法，上游取压口在距孔板 1 倍管直径处，下游取压口在距孔板 1/2 倍管直径处。上述两种取压法所得的压差读数差别不大，尤其是在 d_0/d_1 较小(例如小于 1/2) 时，可视为基本上相等。

管内流速与孔板前后压力变化的关系，可用机械能衡算导出。对图1－35的1、2两截面列衡算式，暂略去损耗项，可得：

$$\frac{p_1}{\rho}+\frac{u_1^2}{2}=\frac{p_2}{\rho}+\frac{u_2^2}{2} \tag{1-81}$$

截面1在孔板上游未受孔板影响之处，流股的截面积A_1，与管截面积相等，流速u_1即为管内流速。截面2相当于缩脉处，流股截面积为A_2，流速为u_2。

令流体流经孔口（面积为A_0）时的流速为u_0，根据不可压缩流体的连续性方程得：

$$A_1u_1=A_2u_2=A_0u_0 \tag{1-82}$$

将式(1－82)代入(1－81)，整理后得：

$$\frac{p_1-p_2}{\rho}=\frac{u_2^2}{2}\left[1-\left(\frac{A_2}{A_1}\right)^2\right]$$

$$u_2=\sqrt{\frac{1}{1-(A_2/A_1)^2}}\sqrt{\frac{2(p_1-p_2)}{\rho}} \tag{1-83}$$

式(1－83)是流速与压差之间的理论公式。由于缩脉处A_2、u_2未知，实用中以孔口处的A_0、u_0代替，同时考虑到两测压口并不一定在截面1与2处，且流体流经孔口有压力损失，故式(1－83)要加一校正系数，称为排出系数C_D，于是得：

$$u_0=C_D\sqrt{\frac{1}{1-(A_0/A_1)^2}}\sqrt{\frac{2(p_1-p_2)}{\rho}} \tag{1-84}$$

式中C_D取决于截面比A_0/A_1，管内雷诺数Re_1，取压位置，孔口的形状及加工精度等，将它与$\sqrt{\frac{1}{1-(A_0/A_1)^2}}$合并：

$$C_0=C_D/\sqrt{1-(A_0/A_1)^2}$$

并将压力差(p_1-p_2)用压头差H_0表示：

$$(p_1-p_2)/\rho=gH_0$$

得　$u_0=C_0\sqrt{2gH_0}$　m/s　(1－85)

体积流量：

$q_v=C_0A_0\sqrt{2gH_0}$　m^3/s　(1－86)

质量流量：

$q_m=q_v\rho=C_0A_0\sqrt{2(p_1-p_2)\rho}$　kg/s　(1－87)

式中C_0称为孔板的流量系数，简称孔流系数，需由实验确定。对于按标准规格及精度制作的孔板，角接法取压（称标准孔板），C_0为A_0/A_1及Re_1所决定，如图1－36所示。图中示出Re_1超过某界限值之后，C_0不再随Re_1而变，成为常数，于是流量与$\sqrt{H_0}$或差压计读数的平方根成正比。显然，在孔板的设计和使用中，希望Re_1大于界限值。

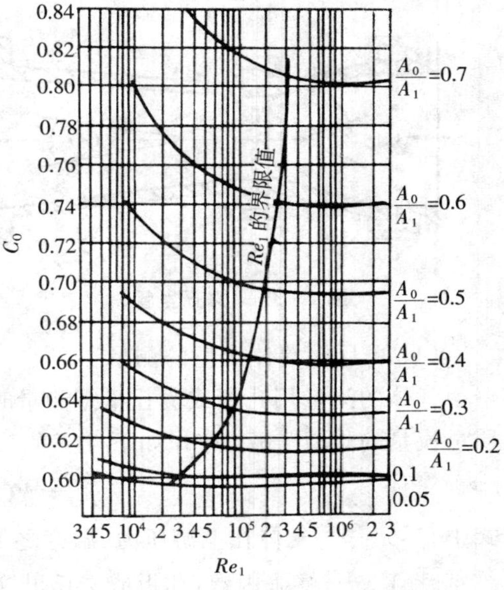

图1－36　孔流系数C_0与Re_1及A_0/A_1的关系

注意孔板应在保持清洁并不受腐蚀情况下

使用，此时误差仅为 1 % ～ 2 %。其安装位置的上下游要各有一段等径直管作为稳定段，其长度上游至少应为 $10d_1$，下游 $5d_1$。

孔板构造简单，制造与安装都方便，其主要缺点是阻力损失大，即在下游速度复原后，静压仍比 p_1 小很多，这种压力损失也称为永久压力降，以 $\triangle p_{f,0}$ 表示，可用下列经验式估计：

$$\triangle p_{f,0} = [1-(d_0/d_1)^2](p_1-p_2) \qquad (1-88)$$

由式可见，当 d_0/d_1 愈小及 (p_1-p_2) 愈大时，$\triangle p_{f,0}$ 也愈大。

设计中决定孔口的直径时，既要考虑到孔板在规定流量之下的压力降便于准确读数(不能太小)，又要考虑它所造成的永久压力降是否为管路上游的压力所允许，若上游压力不足，则规定的流量便无法达到。应当注意，管路上装了孔板之后，由于阻力增大，流体的最大通过能力往往下降颇多。

(3) 文丘里流量计

孔板压力损失大，为克服此缺点，可令流体的流速通过渐缩渐扩的锥管而改变，此种短管称为文丘里(Venturi) 管，如图 1 - 37 所示。以文丘里管代替孔板就得到文丘里流量计。流体在文丘里管内的流动过程与孔板类似。文丘里管的上游取压口在直管与渐缩段的交界处稍前；下游取压口在渐缩段稍后，即直径最小的喉部在上述两处沿管周开几个小孔，再用圆环包围，使几个小孔传出的压力均衡起来之后引到压差计上。此种结构称为测压环。

文丘里管的渐缩渐扩结构使流体流速改变时不生成旋涡(避免了边界层分离)，故阻力小，永久压力降仅占压差读数 (p_1-p_2) 的 10 % 左右。流速的计算亦可采用式(1 - 84)，其 C_0 中排出系数 C_D 可取为 0.98(直径 50 ～ 200 mm 的管) 或0.99(直径 200 mm 以上的管)。

由于阻力损失小，相同压差读数下文丘里管的流量比孔板大，它对测量含有固体颗粒的液体也较孔板合用。文丘里管的缺点是加工较难、精度要求高，因而造价高，安装时需占去一定管长位置。

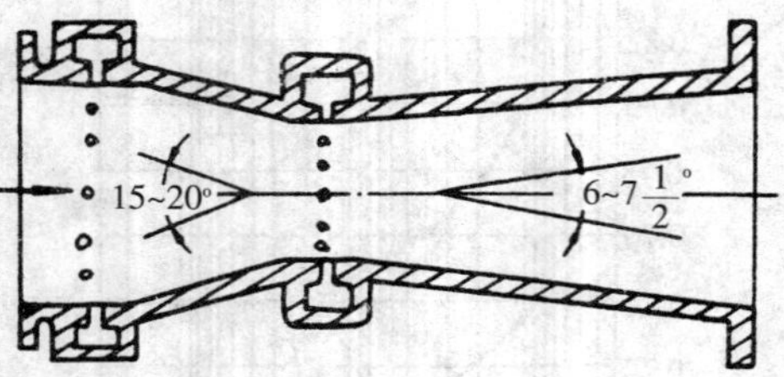

图 1 - 37 文丘里管

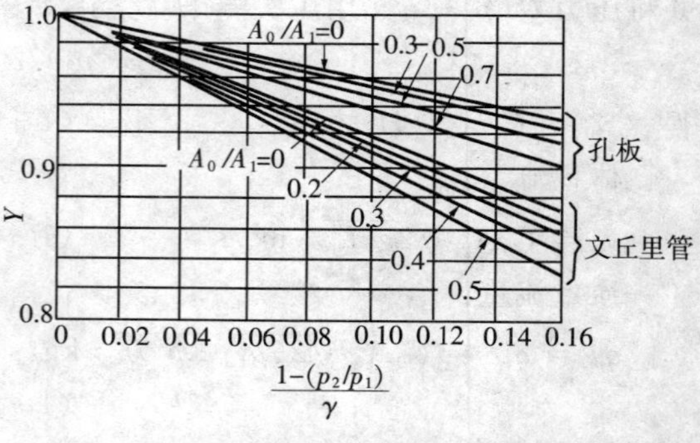

图 1 - 38 孔板与文丘里管的膨胀系数 Y

(4) 可压缩流体流量的测量

气体的流量用孔板或文丘里管测量时，若密度变化较大，应按可压缩流体考虑。于是，计算质量流量的式(1 - 87) 应作如下校正；

$$q_m = YC_0A_0\sqrt{2(p_1-p_2)\rho_1} \qquad (1-89)$$

式中 ρ_1—— 气体在上游压力、温度之下的密度，kg/m^3；

Y—— 膨胀因数，孔板或文丘里管的 Y 值可根据 p_2/p_1，A_0/A_1 与 γ(定压比热与定容比热之比) 查图(1 - 38) 求得。

由图 1－38 可见，当 p_2/p_1 接近于 1 时，即孔板或文丘里管读数（p_1 与 p_2 之差）与 p_1 相比甚小时，Y 值趋近于 1。

1.6.2　变截面的流量计（转子流量计）

孔板或文丘里流量计的收缩口面积是固定的，流量的大小由流体通过收缩口的压力降来指示。另一类流量计中，流体通过时的压力降是固定的，而收缩口的面积却随流量变化，此种流量计的典型代表为转子流量计。转子流量计系由一根垂直安装在流体管路上的锥形玻璃管，其截面积自下而上稍微扩大，并在管内装有一个金属（或其他材料）制的浮子而构成。浮子平时沉在管下端，有流体自下而上流动时，它即被推起而悬浮在管内的流体中，随流量大小不同，浮子将悬浮在不同位置上（图 1－39）。浮子顶部边沿一般刻有斜槽，操作时可发生旋转，故又称转子。浮子之所以能停在锥形管内某一位置上，是因为作用在浮子上的各力达到了平衡。悬浮于流体中的浮子受到重力与浮力的作用，重力与浮力之差为净重力，其值恒定，作用方向向下。流体以一定的体积流量自下而上通过浮子与管壁之间的环隙时，由于流速增大及克服该处的局部阻力，而在浮子上下两侧产生一定的压力差，下侧压力较大，将浮子推向上，故总压力的作用方向向上。若浮子整个截面上所受的总压力与作用于浮子的净重力大小相等，浮子便停在某位置上。若流量增大，则流体通过环隙前后的速度变化及压力差增大，平衡受到破坏，浮子升高。由于管截面积往上渐增，故环隙面积变大，浮子达到一个新位置后，流体通过时所造成的压力差恢复原值，与浮子所受净重力重新达到平衡。于是根据浮子位置的高低，可以测出流量的大小。

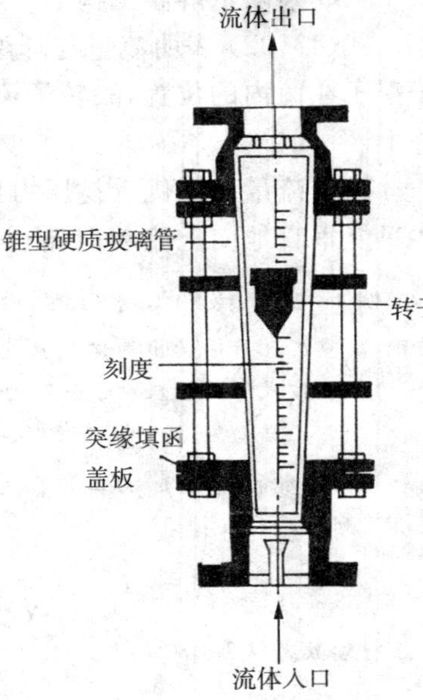

图 1－39　转子流量计

转子流量计可以视为收缩口面积变化的孔板，浮子下方与上方的压力差，相当于孔板前后的压力差，故前面按孔板导出的公式，稍加改变，即可用于转子流量计。

向下作用于浮子的净重力 $=(\rho_f-\rho)V_f g$

向上作用于浮子的总压力 $=(p_1-p_2)A_f$

式中　V_f、A_f—— 浮子的体积与截面积（截面最大处）；

ρ_f、ρ—— 浮子与流体的密度；

p_1、p_2—— 浮子下方与上方的流体静压力。

由上述两力的平衡得到

$$p_1-p_2=(\rho_f-\rho)V_f g/A_f \tag{1-90}$$

将上式代入孔板公式，并改用 C_R 表示转子流量计的排出系数，将面积比写成 A_2/A_1，则得通过环隙的流体流速为：

$$u_2=C_R\sqrt{\frac{1}{1-(A_2/A_1)^2}}\sqrt{\frac{2g(\rho_f-\rho)V_f}{\rho A_f}} \tag{1-91}$$

环隙面积 A_2 比管截面积 A_1 小得多，$\sqrt{1-(A_2/A_1)^2}$ 可取为 1，式（1－91）简化成：

$$u_2 = C_R \sqrt{\frac{2g(\rho_f - \rho)V_f}{\rho A_f}} \tag{1-91a}$$

体积流量为：

$$q_v = u_2 A_2 = C_R A_2 \sqrt{\frac{2g(\rho_f - \rho)V_f}{\rho A_f}} \tag{1-92}$$

排出系数 C_R 的值主要取决于浮子的构形，也与流体通过环隙流动的雷诺数有关。对于如图 1-39 中所示的浮子构形，当此雷诺数达到 10000 以后，C_R 值便恒定地等于 0.98。

式(1-92)表明流量与环隙截面积 A_2 有关，在圆锥形筒与浮子的尺寸固定时，此 A_2 决定于浮子在筒内的位置，故转子流量计一般都以转子的位置来指示流量，而将刻度标于玻璃管壁上。

转子流量计的优点是压力损失小，可测的流量范围宽，流量计前后无须保留稳定段，但流体只能垂直地向上流动；其缺点是耐压不高，一般只宜用于 0.5 MPa 以内。

例 1-20 按 20 ℃ 水(比重 1.00)标定的转子流量计，用于测量 20 ℃ 的苯(比重 0.879)，转子材料为不锈钢(比重7.90)，问读出的体积流量应如何校正？

解 按式(1-92)，对于一定的转子，V_f 与 A_f 一定，读数相同时，A_2 值固定，故知：

$$q_v = K\sqrt{(\rho_f - \rho)/\rho}$$

令 ρ 为水的密度，ρ' 为苯的密度，若测量苯时在转子上读出的体积流量为 q_v，而实际的体积流量为 q_v^*，则应有下列关系存在：

$$\frac{q_v^*}{q_v} = \sqrt{\frac{(\rho_f - \rho')\rho}{(\rho_f - \rho)\rho'}} = \sqrt{\frac{(7.90 - 0.879)(1.00)}{(7.90 - 1.00)(0.879)}} = 1.076$$

故应将读数乘以 1.076。

1.7 非牛顿型流体的流动

1.7.1 非牛顿型流体的特性

服从牛顿粘性定律规律的流体称为牛顿流体，即流动的流体内部的剪应力与该处的速度梯度成正比(式 1-32)。而化工、医药、轻工等工业中遇到的高分子熔体和溶液、表面活性剂溶液、石油、食品以及含微细颗粒较多的悬浮体、分散体、乳浊液等流体，它们在层流流动时并不服从牛顿粘性定律，这些流体统称非牛顿流体。非牛顿流体的流动行为对管道输送、化工设备的设计和操作条件的选择以及产品的质量控制等有着密切关系。

(1) 稳定流动时的粘度

在稳定剪切流动时，非牛顿流体所受剪应力 τ 与产生的变形率或称剪切率(即速度梯度)$\mathrm{d}u/\mathrm{d}y$ 之间存在复杂的函数关系。图 1-40 表示几种常见的情况。

仿照牛顿流体那样，可以将非牛顿流体的粘度定义为剪应力 τ 与速度梯度 $\mathrm{d}u/\mathrm{d}y$ 的比值，即

$$\mu = \frac{\tau}{\mathrm{d}u/\mathrm{d}y} = f\left(\frac{\mathrm{d}u}{\mathrm{d}y}\right) \tag{1-93}$$

非牛顿流体的粘度 μ 不再为一常数而与 $\mathrm{d}u/\mathrm{d}y$ 有关。图 1-41 是黄原胶的水溶液粘度随速度梯度的变化关系。在速度梯度很低的范围内，粘度为一常数，其值相对较大；而后随速度梯度

增大，粘度下降，此称为剪切稀化现象，或称为假塑性。当速度梯度很大时，粘度又趋于一常数，其值较低。由该图可知，在不同的速度梯度范围内粘度的差异可达百倍以上。因此，非牛顿流体的粘度一般不能从手册中找见。

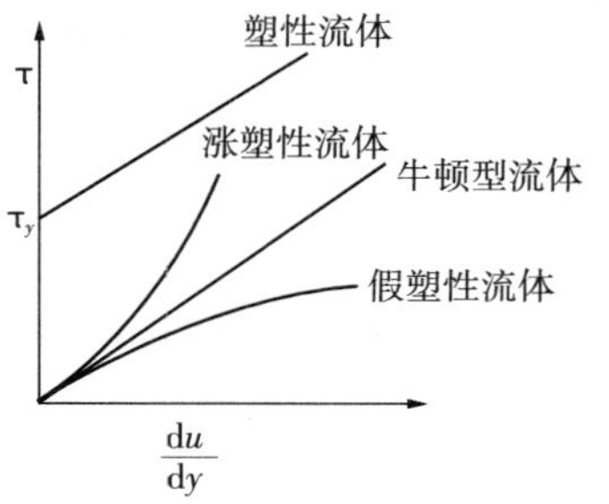

图 1-40　几种常见非牛顿流体

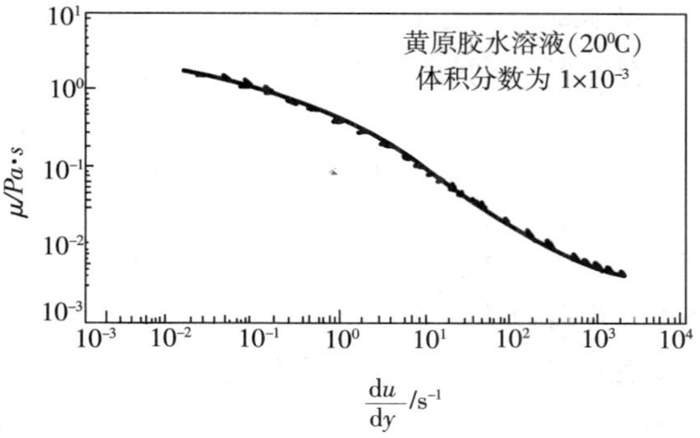

图 1-41　黄原胶水溶液在 20 ℃ 时的粘度

多数非牛顿流体表现为剪切稀化的假塑性行为，但少数浓悬浮体（如淀粉水浆）在某一速度梯度范围内表现出剪切增稠的涨塑性，即粘度随剪切率增大而升高。

含固体量较多的悬浮体常表现出塑性的力学特征，即只有当施加的剪应力大于某一临界值之后才开始流动，此临界值称为屈服应力。流动发生后，通常具有剪切稀化性质，也可能在某一速度梯度范围内有剪切增稠现象。

（2）依时性

不少非牛顿流体受力产生的 du/dy 还与剪应力 τ 的作用时间有关。随 τ 作用时间的延续，du/dy 增大，粘度变小。当一定的剪应力 τ 所作用的时间足够长后，粘度达到定态的平衡值。这一行为称为触变性。圆珠笔油、涂料等都人为制成具有触变性，以达到涂写方便，静时不流的目的。反之，粘度随剪切力作用时间延长而增大的行为则称为震凝性。

（3）粘弹性

许多流体不但有粘性，而且常表现出明显的弹性。蛋白等天然及合成高分子液体都是具有粘弹性。图1-42表述了流体的三种弹性行为。微弱的弹性往往不为人所注意，但它仍是构成某些特殊流动现象（如减阻）的重要原因。

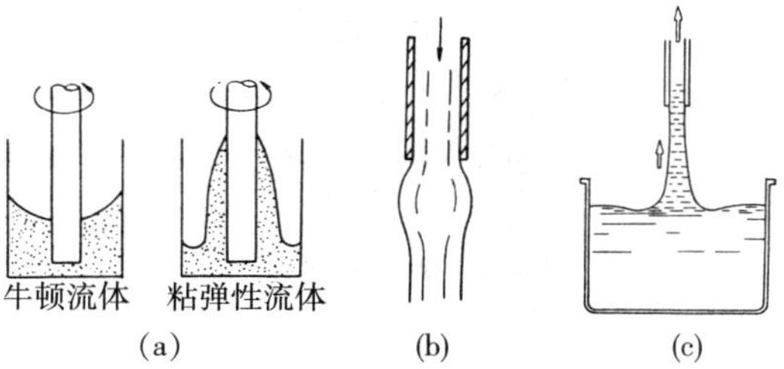

图 1-42　流体弹性的表现

（a）爬杆效应；（b）挤出胀大；（c）无管虹吸

一种流体在不同条件下可表现出上述一种或多种不同的流动行为。这里强调的是流体可能表现的性质，而不是将流体归属于哪一种类型。图1-40及图1-41表示剪应力或粘度与速度梯度(剪切率)的关系曲线通常称流变曲线,它可以用专门的仪器(流变仪)测得。

1.7.2 非牛顿流体在管内流动时的阻力损失

工程上常在有关的速度梯度(剪切率)范围内,使用较简单的数学方程以近似表达流体中剪应力与速度梯度(剪切率)之间的关系。对剪切稀化的假塑性流体,常用如下的乘方规律表示:

$$\tau = K\left(\frac{\mathrm{d}u}{\mathrm{d}y}\right)^n \tag{1-94}$$

式中 K 为稠度系数,单位是 $\mathrm{Pa \cdot s^n}$;n 为流性指数,无因次。对假塑性流体 $n<1$,牛顿流体 $n=1$。上式同样可以表示涨塑性行为,此时 $n>1$。服从式(1-94)的流体简称为乘方规律流体。

对于具有屈服应力的塑性行为,在最简单情况下可用下式表示:

$$\tau = \tau_y + K\left(\frac{\mathrm{d}u}{\mathrm{d}y}\right) \tag{1-95}$$

式中 τ_y 为屈服应力;系数 K 有时称为宾汉(Bingham)粘度,$\mathrm{Pa \cdot s}$。服从式(1-95)的流体称为宾汉流体。

(1) 乘方规律流体在管内层流流动时的阻力损失

此处仅讨论符合于乘方规律的非牛顿型流体。

对于牛顿型流体,层流时的摩擦损失可用哈根-泊谡叶公式表示:

$$\Delta p_{\mathrm{f}} = 32\mu lu/d^2$$

式中的 μ 为粘度,u 为速度,l 与 d 为管的长度与直径。此式又可改写为:

$$\frac{\Delta p_{\mathrm{f}}}{4l/d} = \mu\left(\frac{8u}{d}\right) \tag{1-96}$$

将式(1-96)与(1-50)相比较,可知 $\Delta p_{\mathrm{f}}/(4l/d)$ 即为作用于管壁上的剪应力 τ_{W},而 $8u/d$ 则称为流动特性。牛顿型流体的 μ 值固定,根据式(1-96)可知,在直角坐标上标绘管壁上的剪应力与流动特性的关系,可得一直线,其斜率等于 μ。

对于非牛顿型流体,上述二者的关系将为一曲线而符合于下式:

$$\frac{\Delta p_{\mathrm{f}}}{4l/d} = K'\left(\frac{8u}{d}\right)^{n'} \tag{1-97}$$

上式中 K' 称为管内流动的稠度系数,其SI单位为 $\mathrm{Pa \cdot s^n}$,n' 为一无因次指数。流体一定,则 K' 与 n' 随流动特性之值而变。n' 为乘方规律的指数。

令 μ_a 代表性质符合上述关系式的非牛顿型流体的表观粘度,则可类比式(1-96)写出:

$$\frac{\Delta p_{\mathrm{f}}}{4l/d} = \mu_a\left(\frac{8u}{d}\right) \tag{1-98}$$

将式(1-97)除以式(1-98),可整理出:

$$\mu_a = K'\left(\frac{8u}{d}\right)^{n'-1} \tag{1-99}$$

对于符合乘方规律的非牛顿型流体,K' 与 n' 之值可在一定范围的流动特性($8u/d$)数值之内维持不变。这种情况下,式(1-99)中的 n' 便与式(1-94)中的 n 相等,而 K' 与 K 的关系则为:

$$K' = K\left(\frac{3n+1}{4n}\right) \tag{1-100}$$

利用式(1－99)，可将符合乘方规律的非牛顿型流体在管内流动时的雷诺数表示成：

$$Re = \frac{du\rho}{\mu_a} = \frac{du\rho}{K'(8u/d)^{n'-1}}$$

即

$$Re = \frac{d^{n'}u^{2-n'}\rho}{8^{n'-1}K'} \tag{1-101}$$

已知 Re 则可用下式求出层流下的摩擦因数：

$$\lambda = 64/Re$$

再用范宁公式求出其压力损失：

$$\Delta p_f = \lambda \frac{l}{d}\frac{\rho u^2}{2}$$

亦可按式(1－99)算出表观粘度然后代入式(1－98)中以求 $\triangle p_f$。

(2) 乘方规律流体在管内湍流流动时的阻力损失

对牛顿型流体，层流终结于 $Re = 2000$ 附近。对于服从乘方规律的非牛顿型流体，层流终结时的 Re 值，随指数 n 值之减小而增大，如图 1－43 所示(图中各湍流曲线与层流线的交点，在 n 值较小时，其 Re 值亦较大)。根据 n 值与 Re 值可在图 1－43 上定出摩擦因数 λ，代入范宁公式即可求出 $\triangle p_f$。使用图 1－43 时应注意图上所标绘的是范宁因数 f 与 Re 的关系，因 $\lambda = 4f$，故读出的纵坐标值乘以 4 之后才得 λ。又此图只适用于光滑管，可用于不同相对粗糙度的曲线图尚未提出。

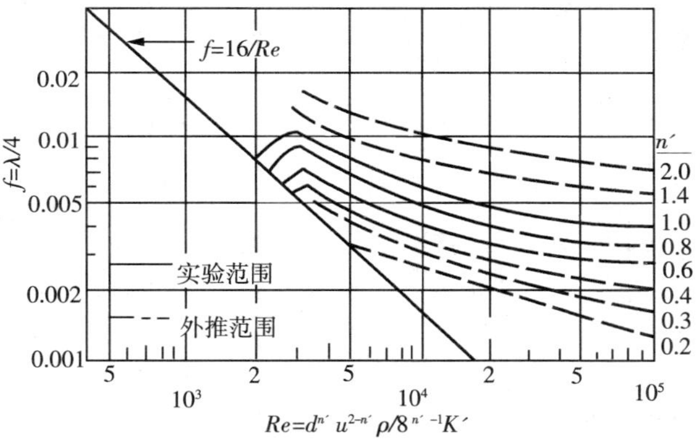

图 1－43　光滑管内乘方规律非牛顿流体的范宁因数与雷诺数的关系

计算乘方规律流体流动时的摩擦因数 λ 也可采用下式

$$\lambda = a/Re^b \tag{1-102}$$

此式实即图 1-43 上各湍流曲线的近似表达式，其形式与用于牛顿型流体的柏拉修斯公式完全一样。式中的常数 a 与 b 随 n 值而定，如表 1－4 所列。

表 1－4　式(1－102)中的常数值

n	0.2	0.3	0.4	0.6	0.8	1.0	1.4	2.0
a	0.258	0.274	0.285	0.296	0.304	0.312	0.322	0.330
b	0.349	0.325	0.307	0.281	0.263	0.250	0.231	0.213

研究发现，在水或有机液中加入微量高分子物而成为稀溶液时，可以明显降低它在湍流

流动时的阻力，此称为减阻现象。这一现象已被广泛地应用于原油输送、农林灌溉、航海、消防等各个领域。图 1-44 是典型的一例。质量分数为 5×10^{-6} 的聚氧化乙烯水溶液在 $Re=10^5$ 时的减阻效果达 40 %。

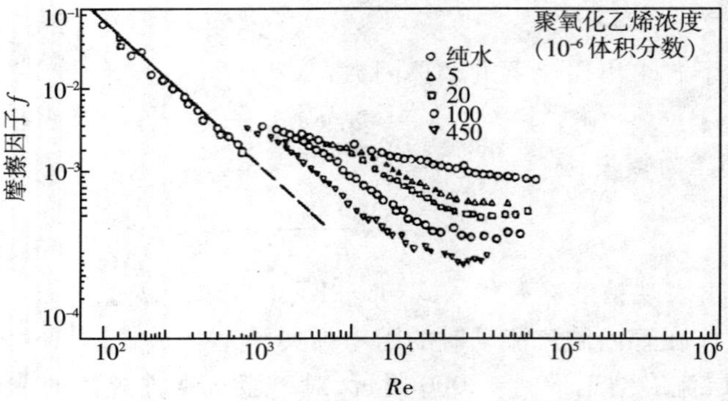

图 1-44 聚氧化乙烯水溶液的范宁摩擦因子

减阻效果常与管径、高分子物的种类、浓度等因素有关，且当 Re 超过某一临界值后才有明显效果。当溶液流经泵、阀门时遭受高剪切后，由于高分子链的断裂，减阻效果下降。

本章符号说明

符号	意义	计量单位
A	面积	m^2
a	质量分率	
a	加速度	m/s^2
C_D	排出系数	
C_0	孔流系数	
C_R	转子流量计的排出系数	
C_V	定容比热	J/(kg·K)
C_p	定压比热	J/(kg·K)
d	直径	m
d	比重，相对密度	
d_e	当量直径	m
E	单位质量流体的总机械能	J/kg
F	力	N
f	范宁因数	
G	质量流速	$kg/(m^2\cdot s)$
g	重力加速度	m/s^2
H	高度，压头	m
H_e	外界加予流体的压头	m
H_f	压头损失	m
h	高度	m
h_e	单位质量流体接受的外功	J/kg
h_f	单位质量流体的机械能损失	J/kg
K,K'	稠度系数	$Pa\cdot s^n$

l	长度	m
l_e	当量长度	m
M	分子量	kg/kmol
m	质量	kg
n	物质量	kmol
n, n'	流性指数	
P	总压力	N
P	功率,轴功率	W = N · m/s
P_e	有效功率	W = N · m/s
p	压力(压强)	Pa = N/m^2
Δp_f	压力损失	Pa = N/m^2
q_e	单位质量流体所吸的热	J/kg
q_m	质量流量	kg/s
q_v	体积流量	m^3/s
R	气体常数	J/(kmol · K)
R	压差计读数	m
R	半径	m
r	半径	m
T	温度	K
t	温度	℃
U	单位质量流体的内能	J/kg
u	速度,瞬时速度	m/s
$\dot{u}$	点速度	m/s
u_{max}	管中心速度	m/s
u'	脉动速度	m/s
$\bar{u}$	时均速度	m/s
V	体积	m^3
v	比容	m^3/kg
w	溶液的质量分率	
x	x 方向上的距离或流动方向上的距离	m
x	液相摩尔分率	
Y	膨胀系数	
y	y 方向上的距离或垂直于流动方向上的距离	m
y	气相摩尔分率	
z	高度或 z 方向上的距离	m
γ	定压比热与定容比热之比	
δ	剪切速率	1/s
δ	边界层厚度	m
δ_L	层流底层厚度	m
ε	管壁粗糙度	m
λ	摩擦因数	
μ	粘度	N · s/m^2

μ_a	表观粘度	N·s/m^2
μ_e	涡流粘度	N·s/m^2
ν	运动粘度	m^2/s
ζ	阻力系数	
ρ	密度	kg/m^3
ρ_m	平均密度	kg/m^3
τ	应力	N/m^2
ψ	体积分率	

习 题

1. 某设备上真空表的读数为 23.5×10^3 Pa，试计算设备内的绝对压力与表压. 已知该地区大气压力为 98.7×10^3 Pa。

2. 某水泵进口管处真空表读数为 650 mmHg，出口管处压力表读数为 3.5 atm（表压），试问水泵前后水的压力差为多少 atm？多少米水柱？

3. 敞口容器底部有一层深 0.72 m 的水（$\rho=1000$ kg/m^3），其上为深 2.56 m 的油（$\rho=916$ kg/m^3）。求器底的压力，以 Pa、atm 及 mH_2O 三种单位表示。这个压力是绝压还是表压？

4. 欲知地下油品贮罐的存油量，采用图示装置在地面上进行测量。测量时通入氮气，用调节阀控制氮气的流量，使之缓慢地在观察瓶中鼓泡通过。若已测得 $R=130$ mmHg，通气管距罐底距离 $h_1=20$ cm，试问直径 3 m 的圆形贮油罐内存油量为多少吨（油的密度为 800 kg/m^3）？

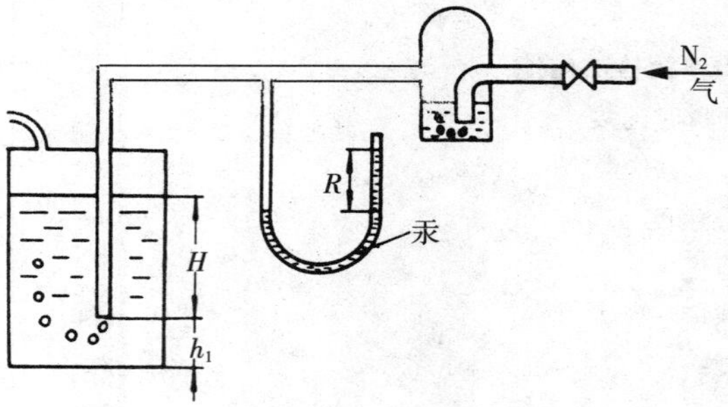

习题 4 附图

5. 用一复式 U 管压差计测定水流管道 A、B 两点的压差，压差计的指示液为汞，两段汞柱之间放的是水，今若测得 $h_1=1.2$ m，$h_2=1.3$ m，$R_1=0.9$ m，$R_2=0.95$ m，问管道中 A、B 两点间的压差 Δp 为多少（先推导关系式，再进行数字运算）？

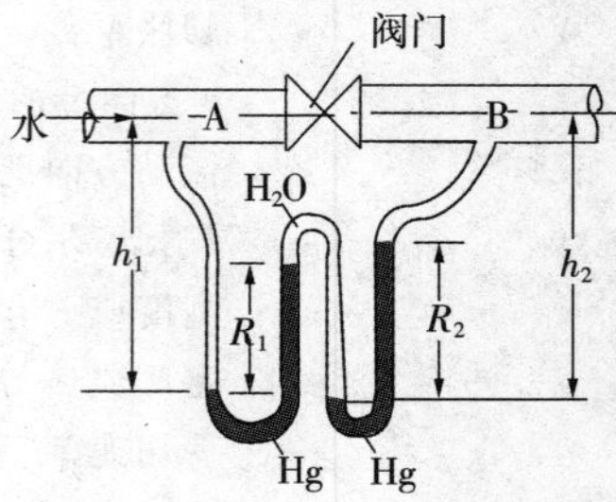

习题 5 附图

6. 某水管的两端设置一水银 U 形管压差计以测量管内的压差，指示液的读数最大值为 2.5 cm，因读数值太小影响测量的精确度，拟使最大读数放大 20 倍，试问应选择密度为多少的液体为指示液？

7. 列管换热器的管束由 121 根 $\phi25$ mm×2.5 mm 的钢管组成，空气以 9 m/s 的速度在列管内流动。空气在管内的平均温度为 40 ℃，压力为 150×10^3 Pa（表压），当地大气压为 98.7×10^3 Pa。试求：

(1) 空气的质量流量；

(2) 操作条件下空气的体积流量；

(3) 将(2)的计算结果换算为标准状况下空气的体积流量。

8. 硫酸流经大小管尺寸分别为 $\phi57$ mm×3.5 mm 和 $\phi76$ mm×4 mm 的管路。硫酸的密度为 1830 kg/m^3，体积流量为 200 升 / 分，试分别求硫酸在两种规格管中的(1) 质量流量；(2) 平均流速；(3) 质量流速。

9. 水以 60 m^3/h 的流量在倾斜管中流过，此管的内径由 200 mm 缩小到 100 mm，见本题附图。A、B点的垂直距离为 0.5 m。在此两点间连接一 U 形压差计，指示液为四氯化碳，其密度为 1630 kg/m^3。若忽略阻力损失，试求：

(1) U 形管两侧的指示液液面哪侧高，相差多少 mm？

(2) 若将上述倾斜管改为水平放置，压差计的读数有何变化？

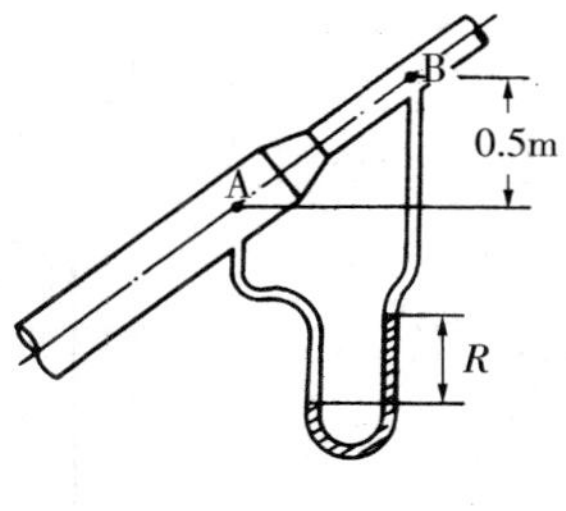

习题 9　附图

10. 用一高位水箱向一常压容器供水，如图所示，管子为 ϕ48 mm × 3.5 mm 钢管，系统阻力与管内水的流速关系为 $H_f = 6.2\,u^2/2$，求水的流量，若流量需要增加 20 %，可采取什么措施？

11. 一水平管由内径分别为 33 mm 及 47 mm 毫米的两段直管接成，水在小管内以 2.5 m/s 的速度流向大管，在接头两侧相距 1 m 的 A、B 两截面处各接一测压管，已知 A－B 两截面间的压头损失为 70 mmH_2O，问两测压管中的水位哪个高，相差多少？并作分析。

12. 如本题附图所示，密度为 850 kg/m^3 的料液从高位槽送入塔中，高位槽内的液面维持恒定。塔内表压为 9.807 × 10^3 Pa，进料量为 5 m^3/h。连接管为 ϕ38 mm × 2.5 mm 的钢管，料液在连接管内流动时的能量损失为 30 J/kg。问高位槽内的液面应比塔的进料口高出若干 m。

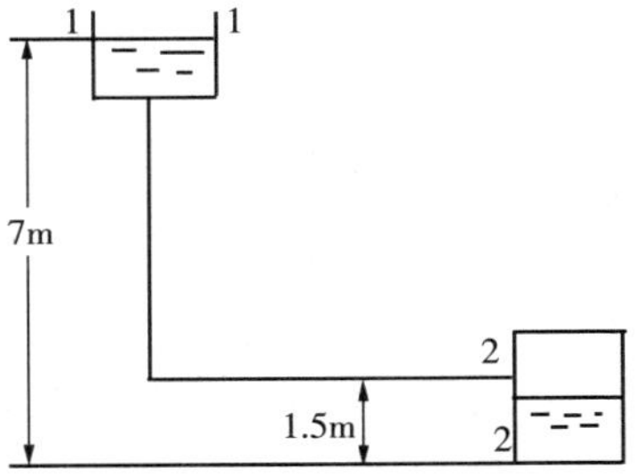

习题 10　附图

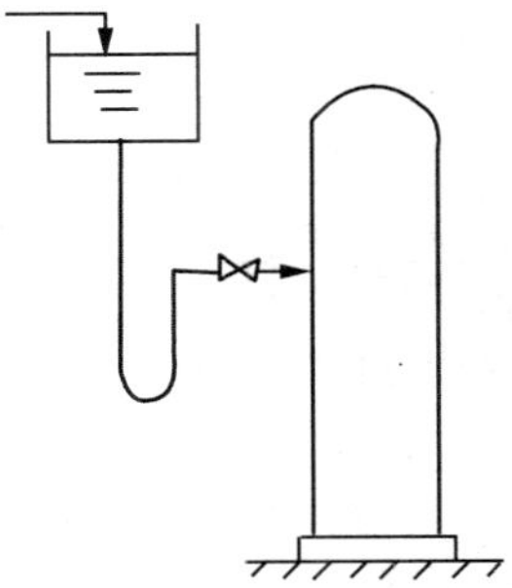

习题 12　附图

13. 某列管式换热器中共有 250 根换热管。流经管内的总水量为 144(t/h)，平均水温 10 ℃，为了保证换热器的冷却效果，需使管内水流处于湍流状态，问对管径有何要求？

14. 一定量的液体在圆形管内作层流流动，若管长及液体物性不变，而管径减至原有的 1/2，问因流动阻力而产生的能量损失为原来的若干倍？

15. 已知搅拌器在各种不同液体转动时所需的功率与液体的粘度 μ，密度 ρ，搅拌器直径 d，转数 n 有关。试用因次分析法求出功率与这些影响因素之间的准数关系。

16. 已知钢管的价格与其直径的 1.37 次方成正比，现拟将一定体积流量的流体输送某一段距离，试对采用两根小直径管道输送和一根大直径管道输送两种方案，作如下比较：

(1) 所需的设备费(两种方案管内流速相同)；

(2) 若流体在大管中为层流，则改用上述两根小管后其克服管路阻力所消耗的功率将为大管的几倍？若管内均为湍流，则情况又将如何(λ 按柏拉修斯公式计算)？

17. 在内径为 100 mm 的钢管内输送一种溶液，流速为 1.9 m/s。溶液的密度为 1100 kg/m^3，粘度为 2.1 cP。求每 100 m 钢管的压力损失，又求压头损失。若管由于腐蚀，其绝对粗糙度增至原来的 10 倍，求压力损失增大的百分率。

18. 用泵将贮槽中温度为 20 ℃、密度为 1200 kg/m^3、粘度与水相同的料液送往反应器中。每小时进料量为 1.2 × 10^3 kg，贮槽表面为大气压，反应器内保持 0.1 大气压(表压)。管路为 ϕ89 mm × 4 mm 的不锈钢管，总长为45 m。其上装有孔板流量计(阻力系数8.25)一个，全开闸阀两个和90°标准弯头三个。贮槽液面与反应器入口之间垂直距离为15 m。求泵轴功率，泵的总效率取为0.65。贮槽很大，液面稳定。

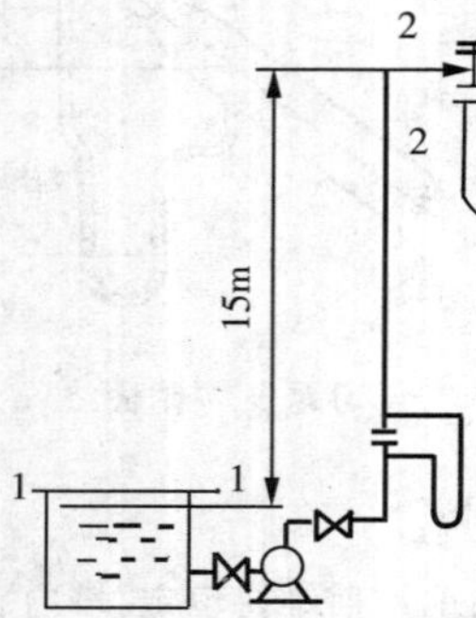

习题 18 附图

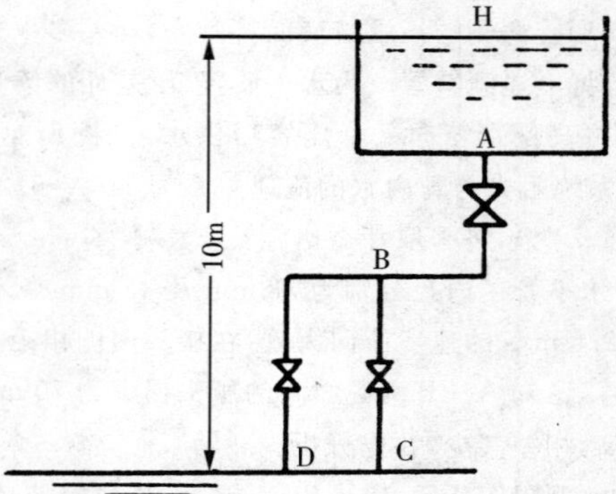

习题 20 附图

19. 有一并联管路，已知总水管中水的流量为 9000 m^3/h，其并联管的管长及管径分别为：$l_1 = 1400$ m，$d_1 = 0.5$ m；$l_2 = 800$ m，$d_2 = 0.7$ m。求各支管内水的流量为若干(设管子绝对粗糙度 $\varepsilon = 0.045$ mm，水温 20 ℃)？

20. 水槽中水经管道可以从C、D两支管同时放出，水槽液面维持恒定，AB段管长为6 m(忽略AB间所有的局部阻力)，管内径为41 mm。BC段管长6 m，当阀门全开时该段局部阻力总和的当量长度为9 m，BD段管长9 m，当阀门全开时该段局部阻力总和的当量长度为15 m，BC和BD段管路内径均为25 mm。试求：

(1) 当D管阀门关闭而C管阀门全开时的流量；

(2) 当C、D两管阀门全开时各自的流量和总流量。设管内摩擦系数可取0.03不变，其余数据见图。

21. 如图，20 ℃软水由高位槽分别流入反应器B和吸收塔C中，器B内压力为0.5 atm(表压)，塔C中真空度为0.1 atm，总管为 ϕ57 mm×3.5 mm，管长($20+Z_A$) m，通向器B的管路为 ϕ25 mm×2.5 mm，长15 m。通向塔C的管路为 ϕ25 mm×2.5 mm，长20 m(以上管长包括各种局部阻力的当量长度在内)。管道皆为无缝钢管，粗糙度可取为0.15 mm。如果要求向反应器供应0.315 kg/s的水，向吸收塔供应0.470 kg/s水，问高位槽液面至少高于地面多少？

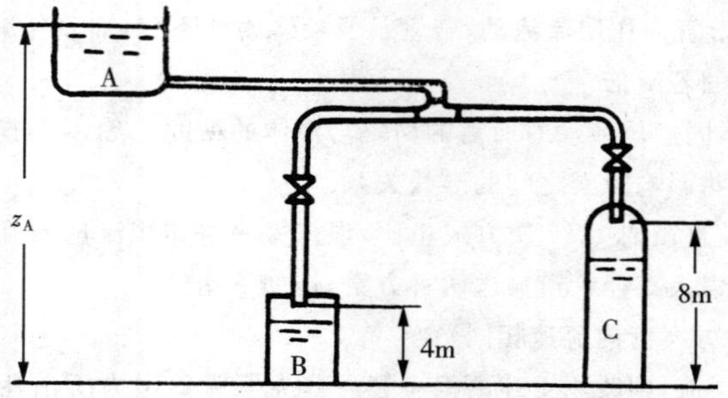

习题 21 附图

22. 如图，在一连续稳定流动系统中，管径为 ϕ57 mm×3.5 mm钢管，粗糙度 $\varepsilon = 0.3$ mm，试求：

(1) 20 ℃清水，流量为15 m^3/h时，高位槽中液面高度 H 及球心阀前、后两压力表的读数 p_A、p_B 为若干？已知90°弯头 $\zeta = 0.75$，全开球心阀 $\zeta = 6$，$l_1 = 30$ m，$l_2 = 10$ m；

(2) 若高位槽中液面高度不变，而将阀门关小至 $\zeta = 20$ 时，p_A、p_B 为若干？

(3) 根据计算结果可得出哪些结论？

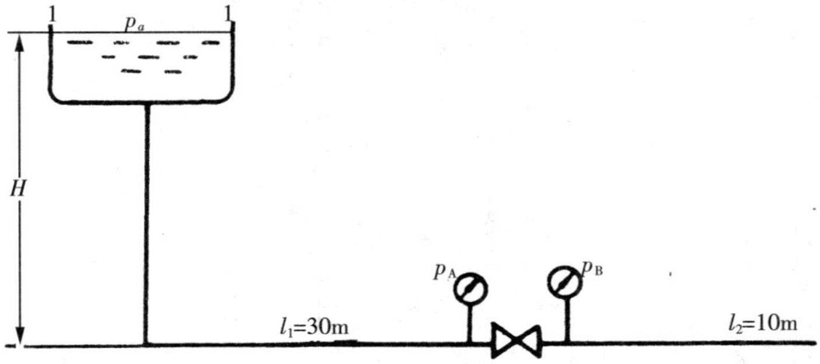

习题 22　附图

23. 如本题附图所示贮槽内水位维持不变。槽的底部与内径为 100 mm 的钢质放水管相连，管路上有个闸阀，距管路入口端 15 m 处安有以水银为指示液的 U 管压差计，其一臂与管道相连，另一臂通大气。压差计连接管内充满了水，测压点与管路出口端之间的直管长度为 20 m。

(1) 当闸阀关闭时，测得 $R = 600$ mm、$h = 1500$ mm；当闸阀部分开启时，测得 $R = 400$ mm、$h = 1400$ mm。摩擦系数 λ 可取为 0.025，管路入口处的局部阻力系数取为 0.5。问每小时从管中流出若干 m^3 的水；

(2) 当闸阀全开时，U 管压差计测压处的静压力为若干 Pa(表压)。闸阀全开时 $l_e/d \approx 15$，摩擦系数仍可取 0.025。

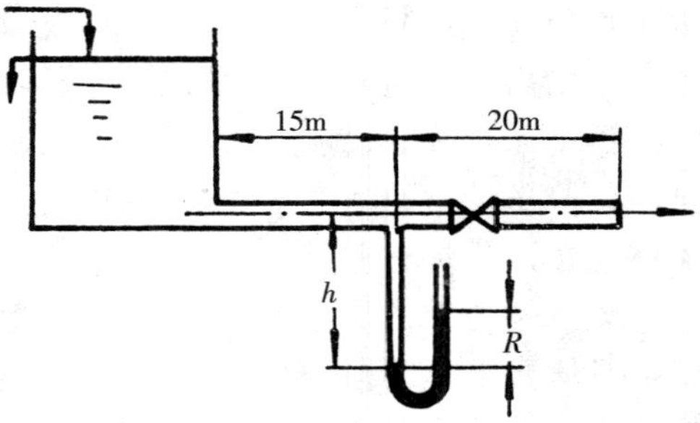

习题 23　附图

24. 在一直径为 12.5 cm 的管道上装一标准的孔板流量计，孔径为 25 mm，U 形管压差计读数为 220 mmHg。若管内液体的密度为 1050 kg/m^3，试计算液体的流量。

25. 有一测空气的转子流量计，其流量刻度范围内 400 ～ 4000 L/h，转子是用铝制成的($\rho_f = 2670$ kg/m^3)，今用它测定常压 20 ℃ 的二氧化碳，试问所测得的最大流量为若干 L/h？

26. 某转子流量计，转子为不锈钢($\rho_{钢} = 7920$ kg/m^3)，水的流量刻度范围为 250 ～ 2500 L/h，如将转子改为硬铅($\rho_{铅} = 10670$ kg/m^3)，保持形状和大小不变，用来测定 $\rho_{液} = 800$ kg/m^3 的流体，问转子流量计的最大流量约为多少？

2　流体输送设备

2.1　概　　述

在化工、制药、食品、环保等许多生产过程中，原料、中间产品、成品普遍以流动的流体形式存在。根据生产的具体情况需要将流体从低位输送到高位，或是从低压输送到高压，或是从近处输送到远处，上述所有过程都需要外界对流体做功以提供所需的机械能和克服阻力损失，这种对流体做功以完成输送任务的机械和设备统称为流体输送设备。输送液体的机械称为泵，根据工作原理的不同，泵又可分为离心泵、往复泵、旋转泵、旋涡泵等。输送气体的机械根据其产生压力的高低分为通风机、鼓风机、压缩机、真空泵等。

据不完全统计，流体输送设备如泵、压缩机等，其能量的消耗约占生产能耗的 1/3，由此可见流体输送设备使用的量之大、应用的面之广。因此仅从节能方面考虑，研究开发与选择使用流体输送设备具有重要的经济意义。

流体输送设备是化工、制药及其他生产部门通用的机械设备，尽管不同部门流体输送设备根据具体要求其结构、输送流体的种类、名称可能有所不同，但其基本原理是相同的。本章将根据化工生产的特点并兼顾到制药及相关行业的具体情况讨论流体输送设备的基本原理、结构及性能，以达到能根据流体的性质、工作特点和输送要求正确进行选型和使用的目的。

2.2　离　心　泵

离心泵是一种最常用的液体输送设备，它具有结构简单、流量易于调节、适用不同种类的流体及安装使用方便的特点。制药用水系统要求使用的离心泵不仅具有通常的流体性能，而且应满足卫生级的要求，即具有对微生物的控制能力。

2.2.1　离心泵的工作原理

离心泵的装置简图如图 2－1 所示。具有若干个（通常为 4～12 个）后弯叶片的叶轮固定于泵轴上，并随泵轴由电机驱动作高速旋转。泵壳中央的吸入口与吸入管路相连接，吸入管路装有底阀。启动前，先将泵内灌满液体。启动后，泵轴带动泵高速旋转，液体由叶轮中心被抛向叶轮外周，压力增高，液体从泵的切线出口排出。排出管路上装有阀门，用于泵的流量调节。

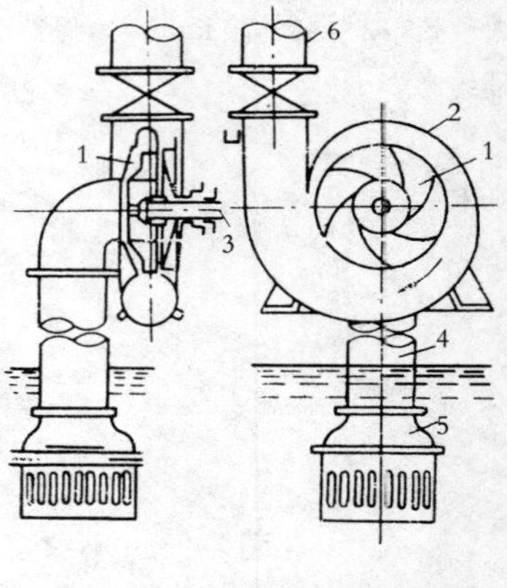

图 2－1　离心泵装置简图

1－叶轮；2－泵壳；3－泵轴；4－吸入管；5－底阀；6－压出管

当液体自叶轮中心甩向外周的同时，叶轮中心形成低压区，在贮槽液面压力（常为大气压）与叶轮中心（负压）的压差作用下，液体便经吸入管路进入泵内，并以很快的速度进入蜗壳。由于蜗壳内流道逐渐增大而减速，使液体部分动能转化成了静压能，然后从泵排出口进入排出管。只要叶轮不停地转动，离心泵便不断地吸入和排出液体。由此可见离心泵是依靠高速旋转的叶轮所产生的离心力给液体提供机械能的，故称为离心泵。

如果离心泵启动时泵壳内和吸入管内未灌满液体，由于空气的密度低，叶轮旋转后产生的离心力小，使液面和叶轮进口之间的压差小，不足以把液体压入到叶轮进口处，所以即使泵启动后，液体也输送不上来，这种因泵壳内存在气体而导致吸不上液的现象称为气缚现象。为了排气，泵启动前需要充满液体，在泵的吸入管路中安装单向底阀以防止液体漏掉。

2.2.2　离心泵的结构

离心泵最基本的部件是叶轮和泵壳。

(1) 叶轮

叶轮是离心泵的核心部件，它的主要作用是将转动的泵轴的机械能传递给液体，使液体获得所需的静压能和动能。

如图 2-2 所示，离心泵的叶轮分为三种类型：闭式叶轮(c)、开式叶轮(a) 和半开式叶轮(b)。闭式叶轮两侧有前后盖板，当液体中有固体等杂物时，易堵塞，所以只适用于较为清洁的液体。开式叶轮没有前后盖板，半开式叶轮只有后盖板，这两种叶轮具有流通截面大，不易堵塞的特点，可以输送含有固体颗粒、杂质或是粘度较大的液体。但液体在叶轮表面流过时易形成倒流而产生较大的能量损失，效率较闭式叶轮低。

闭式和半开式叶轮在运转时，离开叶轮周边的部分高压液体，会漏入叶轮后侧，因叶轮前侧吸入口压力低，产生指向叶轮吸入口侧的轴向推力，使叶轮向吸入口移动，引起叶轮与泵壳接触处摩擦，严重时引起泵的震动。为避免此种现象，可在叶轮后盖板上开几个平衡孔，使高压液体返回入口处，以减小两侧的压差，但同时也降低了泵的效率。根据叶轮上叶片的几何形状，可将叶片分为后弯、径向和前弯叶片三种，由于后弯叶片有利于液体的动能转化为静压能，故被广泛采用。

(a)　(b)　(c)

图 2-2　叶轮的类型

(a) 开式；(b) 半开式；(c) 闭式

(2) 泵壳

泵壳是泵体的外壳，外形为蜗牛状，所以又称为蜗壳。其截面沿着流体的流向逐渐增大，使液体的流速逐渐减小，一方面使大部分动能转化成了静压能，同时流速小可减少摩擦阻力损失，另一方面逐渐增大的弯曲流通截面可使液体逐渐改变方向，减小冲击损失。总之，泵壳是机械能的转化部件，其作用是将动能转化成静压能并提高机械能的转化效率。

为减小高速液体进入泵壳的冲击损失，有的泵壳上安装有固定的导轮，如图 2-3 所示。导轮是一个带叶片的环，叶片的弯曲方向与叶轮上叶片的弯曲方向相反，与液体从叶轮甩出的方向相适应。引导蜗壳内的液体平缓地改变方向，以减小摩擦损失，并使动能转化成静压能。

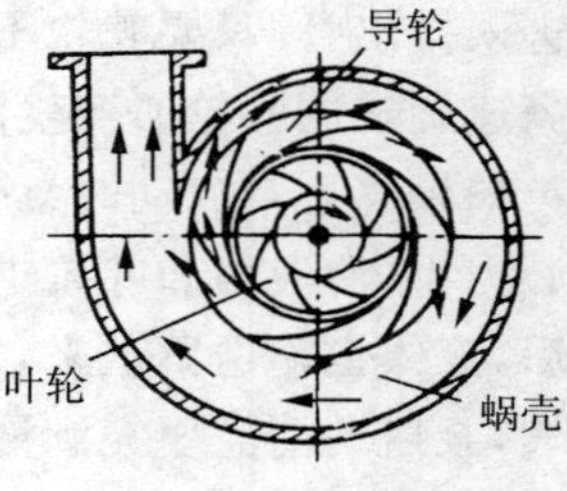

图 2-3 有导轮的泵壳

为避免液体漏出泵外或是空气进入泵内，离心泵设有轴封装置。常见的轴封装置有两种：填料函密封和机械密封。前者用于对密封要求不高的场合，后者用于输送酸、碱、油品等对密封要求较严格的场合。

制药系统用的卫生级泵除需较高的运行效率外，还要求泵具有长效轴封，较低的噪音和高标准的卫生结构。卫生级泵必须通过循环清洁液进行完全清洁，并可以做到在线清洁。卫生级泵如图2-4所示。其结构设计成易拆卸的形式，叶轮是开式的，为提供较好的卫生状态，泵的叶轮不用螺钉而是通过螺纹轴固定到转轴上，这样叶轮前部没有缝隙，容易清洁。卫生级泵常见密封类型是机械密封，密封性能好并可保持良好的清洁状态。传统的闭式叶轮由铸铁制成，有表面或内部空隙，导致细菌存留。卫生级泵的泵壳要求要有较高的表面光洁度，为此，泵壳采用锻钢是最佳的工艺设计方案。

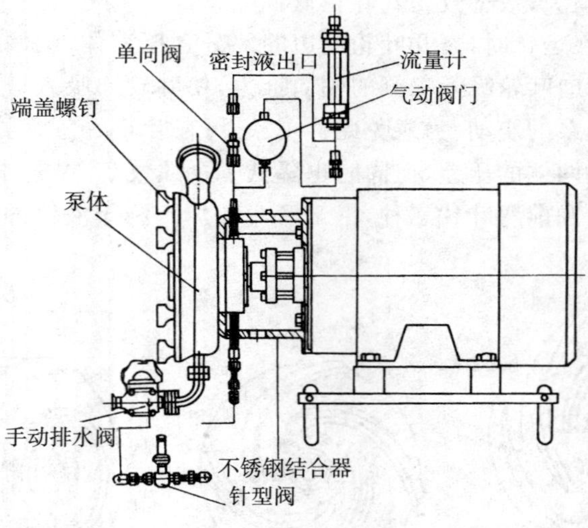

图 2-4 卫生级泵示意图

2.2.3 离心泵的主要性能参数和性能曲线

(1) 离心泵的主要性能参数

为了正确选择和使用离心泵，需要了解离心泵的性能。主要性能参数有：流量 q_v，扬程 H，功率 N，效率 η，转速 n 和汽蚀余量 $NPSH$。这些性能参数都是指泵在最高效率点下的性能。

① 流量 q_v

泵的流量是指单位时间内泵输送液体的体积，单位是：m^3/s。

② 扬程 H

扬程(又称压头)为单位重量的液体从离心泵所获得的有效功,单位是m(或是J/N)。扬程H可由图2-5的装置测定,在泵的进口管路1截面处安装真空表,出口截面2处安装压力表,两截面之间的高度差为$z_2 - z_1 = h_0$,在两截面之间进行机械能衡算,得:

$$H = h_0 + \frac{p_2 - p_1}{\rho g} + \frac{u_2^2 - u_1^2}{2g} + \sum H_{f,1-2} \quad (2-1)$$

由于两截面间的管路很短,其间的阻力损失$\sum H_{f,1-2}$可忽略,于是式2-1可简化为:

$$H = h_0 + \frac{p_2 - p_1}{\rho g} + \frac{u_2^2 - u_1^2}{2g} \quad (2-1a)$$

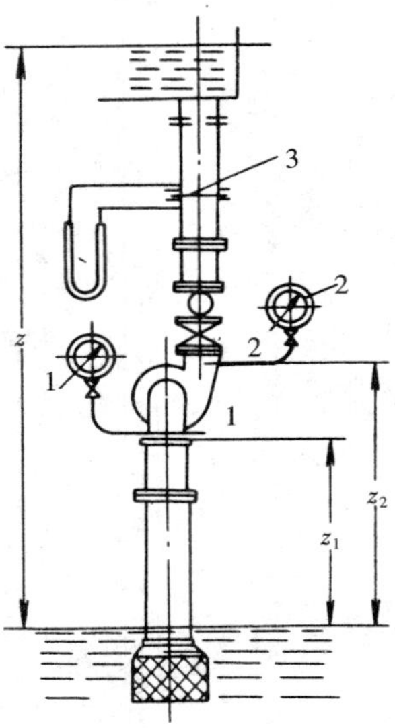

图2-5 压头的测定

1-真空表;2-压力表;3-流量计

③ 功率P

功率是单位时间内所做的功,单位是:W(J/s),kW。泵的功率分为轴功率和有效功率。轴功率是由电机输入泵轴的功率,有效功率指液体单位时间从叶轮获得的能量。泵的有效功率由下式计算:

$$P_e = Hq_v \rho g \quad (2-2)$$

式中 P_e—— 泵提供的有效功率,W;

H—— 泵的扬程,m;

q_v—— 泵的流量,m^3/s;

ρ—— 液体的密度,kg/m^3;

g—— 重力加速度。

④ 效率η

由于泵工作时存在各种能量损失,致使液体从离心泵轴得到的功率P_e只是轴功率P的一部分。泵的效率反映了泵对外加能量的利用程度,表达式为:

$$\eta = P_e / P = Hq_v \rho g / P \quad (2-3)$$

泵的轴功率 $$P = Hq_v \rho g / \eta \quad (2-4)$$

泵内能量损失有以下几种:第一,泵轴和轴承、密封装置之间,叶轮和输送的液体之间都存在摩擦损失,这些损失称为机械损失。第二,液体具有较大的粘度,液体在叶片之间流动时受叶片形状的限制而产生涡流,使液体的内部及与液体接触的叶轮、泵壳等处存在粘性摩擦力和形体阻力,这部分损失称为水力损失。第三,叶轮出口处的高压液体会有小部分泄漏到叶轮进口处,或通过平衡孔泄漏等,使部分液体获得的能量损失掉了,称为容积损失。一般小型水泵的效率在50%~70%之间,大型水泵达90%以上。为节约能源,提高泵的效率,可采取以下措施减小前述几种能量损失:由于填料密封磨损大,泄漏严重,而机械密封比填料密封性能好,泄漏少,使用寿命长,机械密封的机械损失功率只有填料密封的10%~15%。如果有可能的话,尽量使用机械密封,或是将填料密封改造为机械密封。尽管机械密封成本较高,但从节省能源考虑,长期使用,增效还是明显的。使泵在工作流量范围内,流体接触部件保持光洁圆滑,均可减小水力损失。叶轮与泵壳之间的缝隙越大,能量损失也越大,对开式叶轮尤其明显,减小间隙,经常注意维修并更换易损部件,有益于降低容积损失。

(2) 离心泵的性能曲线

离心泵的性能参数H,q_v,P,η之间的关系曲线,称为离心泵的性能曲线。这些曲线是在出厂之前，由生产厂家在一定的条件下测定的。通常的测定条件是：额定转速，大气压 101.32 kPa，液体 20 ℃ 清水。图 2-6 为在 1450 $r \cdot min^{-1}$ 转速下，用 20 ℃ 清水测定的 IS 200－150－400 型离心水泵的特性曲线图。它由以下几个曲线组成：

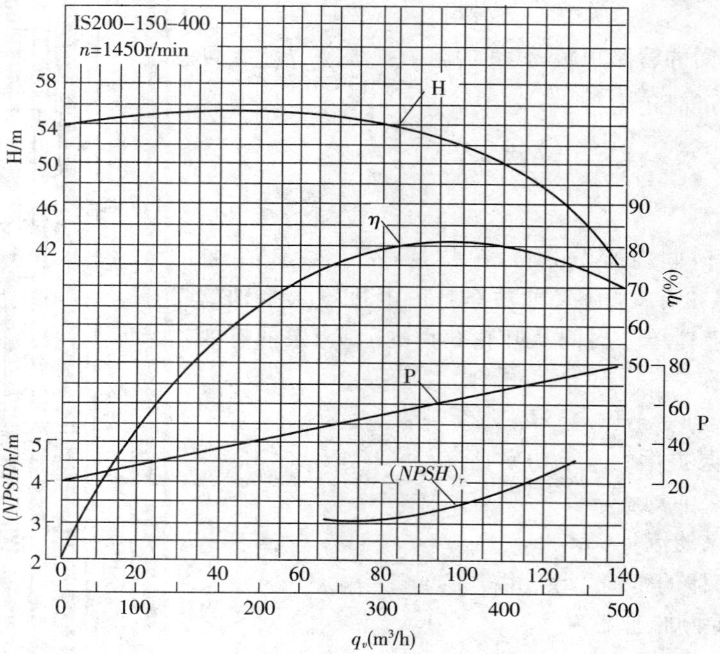

图 2-6 IS 200－150－400 **型离心水泵的特性曲线**

①$H-q_v$ 线　表示压头与流量的关系曲线，离心泵的压头随流量的增大而减小。

②$P-q_v$ 线　表示轴功率与流量的变化关系。离心泵的轴功率在流量为零时最小，随流量的增大而增大。故在启动离心泵前，应关闭泵的出口阀门，以减小启动电流，保护电机。停泵时先关闭出口阀以防止高压液体倒流损坏叶轮。

③$\eta-q_v$ 线　表示效率与流量的变化关系。当流量为零时，离心泵的效率为零，随着流量的增大，泵的效率出现最大值，后又随流量的增大而减小。最高效率点对应的 H、P、q_v、η 等参数称为最佳工况参数，该点称为泵的设计工况点或额定点。为提高效率，泵应在高效区工作（最高效率的 92％ 范围内）。泵的铭牌上标出的性能参数即最高效率点对应的性能参数。

④$(NPSH)_r-q_v$ 线　表示离心泵必需的汽蚀余量 $(NPSH)_r$ 与流量的关系，有关汽蚀余量的概念将在 2.2.5 节讨论。它表示泵抗汽蚀能力的大小，必需的汽蚀余量越小，说明泵抗汽蚀能力越强。

离心泵性能曲线的影响因素有：

① 液体的性质

离心泵的流量等于叶轮周边截面积与液体在周边上的径向速度之积，这些因素与液体的密度无关，因此离心泵的流量与输送介质的密度无关。由式（2-1）可知，离心泵的扬程 $H \propto \frac{p_2 - p_1}{\rho g}$，流体在泵内静压能（$p_2 - p_1$）的提高与其受到的离心力成正比。而物质的离心力与其密度成正比，即($p_2 - p_1$)与密度成正比，所以离心泵的扬程与密度无关。既然流量和扬程均与介质的密度无关，则离心泵的效率也与密度无关，但泵的轴功率与密度成正比。当被输送介质的粘度大于清水的粘度时，泵内液体的能量损失增大，导致泵的流量、扬程减小，效率下降，但轴功率增加。粘度对性能曲线的影响较复杂，有专门的算图对性能曲线进行修正。

② 离心泵的转速对性能曲线的影响

同一型号的泵，若输送的液体不变，在效率不变的条件下，q_v、H、P 随转速的关系为：

$$\frac{q_{v1}}{q_{v2}} = \frac{n_1}{n_2} \qquad \frac{H_1}{H_2} = \left(\frac{n_1}{n_2}\right)^2 \qquad \frac{P_1}{P_2} = \left(\frac{n_1}{n_2}\right)^3 \tag{2-5}$$

上述规律称为比例定律。式中 q_{v1}、H_1、P_1 及 q_{v2}、H_2、P_2 分别为转速 n_1 和 n_2 时对应的特性参数。注意离心泵只有在转速变化在 ±20 % 以内时，效率才基本不变。

③ 离心泵的叶轮直径对性能曲线的影响

对于同一型号的离心泵，若对叶轮的外径进行切割，当外径 D 的减少量小于 5 % 时，泵的效率不变。此时泵的性能参数 q_v、H、P 随 D 的变化可由下面的切割定律表达：

$$\frac{q_{v1}}{q_{v2}} = \frac{D_1}{D_2} \qquad \frac{H_1}{H_2} = \left(\frac{D_1}{D_2}\right)^2 \qquad \frac{P_1}{P_2} = \left(\frac{D_1}{D_2}\right)^3 \tag{2-6}$$

式中 q_{v1}、H_1、P_1 及 q_{v2}、H_2、P_2 分别为 D_1、D_2 时对应的特性参数。

2.2.4 离心泵的工作点及流量调节

离心泵安装在特定的管路中并且在一定的转速下工作时，其流量与压头不仅与离心泵本身的特性有关，而且与管路的工作特性有关。

(1) 管路特性曲线

管路特性曲线表示液体流过某段特定管路所需压头与流量的关系。对图 2-7 所示的输送系统，在截面 1-1 和 2-2 之间列柏努利方程，则液体所需的压头(即要求泵提供的压头)为：

$$H = \Delta z + \frac{\Delta p}{\rho g} + \frac{\Delta u^2}{2g} + \sum H_f \tag{2-7}$$

$$\begin{aligned}\sum H_f &= \lambda\left[\frac{l+\sum l_e}{d}\right]\left(\frac{u^2}{2g}\right) \\ &= \lambda\left[\frac{l+\sum l_e}{d}\right]\left(\frac{4q_v}{\pi d^2}\right)^2\left(\frac{1}{2g}\right) \\ &= \left[\lambda\,\frac{8(l+\sum l_e)}{g\pi^2 d^5}\right]q_v^{\,2}\end{aligned} \tag{2-8}$$

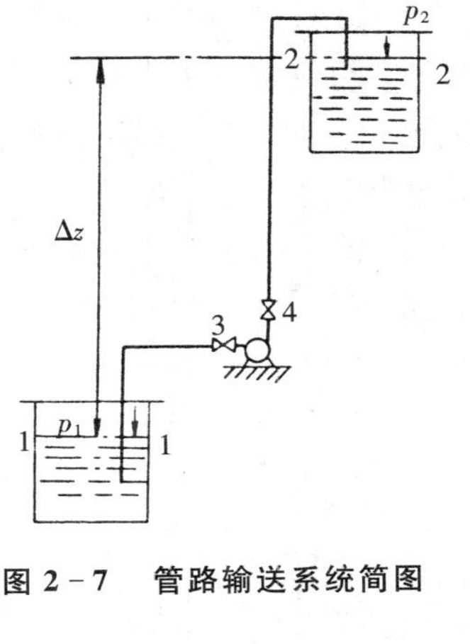

图 2-7 管路输送系统简图

对于特定的管路系统，只有 q_v 和 λ 是可变的量，其他参数都是常数。而摩擦系数 λ 是雷诺数 $Re = \dfrac{du\rho}{\mu}$ 的函数，也就是 q_v 的函数。

在一般情况下(如图 2-7 的输送系统)，动能差$\dfrac{\Delta u^2}{2g}$可忽略，设 $H_0 = \Delta z + \Delta p/\rho g$，$K =$

$\lambda \dfrac{8(l+\sum l_e)}{g\pi^2 d^5}$ 代入式（2-8）得：

$$H = H_0 + Kq_v^2 \tag{2-9}$$

上述 H 与 q_v 的关系式称为管路特性方程，如在图上表示的曲线称为管路特性曲线，如图 2-8 中曲线 a 为半个抛物线。H_0 为纵坐标上的截距，K 反映了抛物线的开口大小，K 大，开口越小，同样流量下对应的管路阻力越大，反之，阻力越小。若关小出口阀门，特性曲线从曲线 a 移到 a'，曲线变得陡峭，a' 对应的管路称为高阻管路，相比之下，曲线 a 较为平缓，对应的管路称为低阻管路。

（2）离心泵的工作点

由前述已知，离心泵安装到管路里后，液体的流量及获得的压头是由离心泵和管路共同决定的，图 2-8 中管路特性曲线和离心泵特性曲线的交点称为离心泵的工作点。当管路特性曲线从曲线 a 移到 a' 时，工作点由 1 移至 1′，流量从 q_v 减小到 q_v'。

（3）离心泵的流量调节

生产过程中经常需要调节流量，改变工作点的位置即可以调节流量。常见的流量调节方法有以下几种。

① 改变管路特性曲线

管路特性曲线在纵坐标上的截距由生产条件决定一般不可变，可变的是开口大小即 K 值。改变 K 值的常见方法是改变离心泵的出口阀门开度，即节流调节法。实际上，图 2-8 中管路特性曲线从曲线 a 移到 a' 即为节流调节法。该方法简单、方便，在生产中经常采用，缺点是产生额外的局部阻力损失，不经济。当流量偏离最佳工况点较远时，由于效率明显下降，泵提供的轴功率会有较大的增加。特别是大型泵在小流量调节时总的机械效率很低，此种缺点更明显。

② 改变离心泵的特性曲线

另一种调节流量的方法是改变离心泵的特性曲线，如改变离心泵的转速等。如图 2-9 所示，当管路特性曲线不变时，将叶轮转速由 n' 增大到 n 使工作点由 C 右移到 A，流量由 q_{VC} 增大到 q_{VA}，相应的压头也从 H_C 增加到 H_A。此方法从经济方面看较合理，由于管路上不增加阀件，不会产生额外的局部阻力损失。现代使用变频器等设备可以实现转速稳定的无级调节，即可以方便连续地改变流量，克服了以往转速难以连续调节的缺点。可以预见，随着能源短缺的持续存在和无级调速设备价格的下降，改变离心泵的转速以调节流量的方法将逐步取代节流调节法。

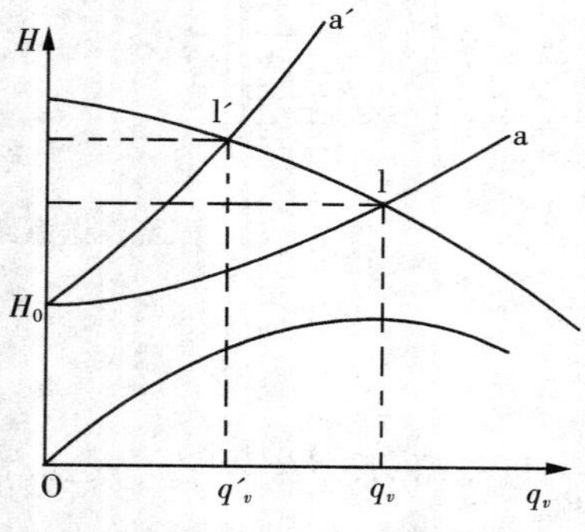

图 2-8 管路特性曲线及离心泵的工作点

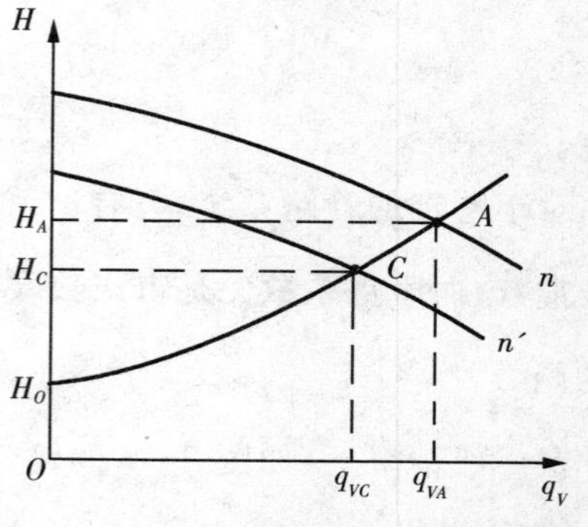

图 2-9 改变离心泵特性曲线的调节

例 2-1　有一台离心水泵，额定转速 $n = 2900$ 转/分，泵的特性曲线为：$H = 20 - 0.01\,q_v^2$(m)，管路特性曲线为：$H = 15 + 0.02\,q_v^2$，两式中 q_v 的单位是 m^3/h，泵的效率取 $\eta = 65\%$，现因生产需要将流量减小到原来的 75%，求：

(1) 若采用节流调节法，节流损失的压头 ΔH；

(2) 若采用变速调节时，泵的转速 n_1；

(3) 节流调节与变速调节相比，多消耗多少轴功率 ΔN；

(4) 若按泵一年运行 330 天计算，需多支出多少费用(每度电费取 0.5 元)。

可参考图 2-8 和图 2-9

解　(1) 原工作点对应的流量 q_v 为：

$$20 - 0.01\,q_v^2 = 15 + 0.02\,q_v^2$$

$$q_v = 12.9\ m^3/h$$

节流后的流量 q_{v1} 及所需的压头 H_1：

$$q_{v1} = q_v \times 75\% = 9.7\ m^3/h$$

$$H_1 = 20 - 0.01(q_v \times 75\%)^2 = 19.1\ m$$

若按原来管路的要求，节流后流量 q_{v1} 下对应的压头：

$$H = 15 + 0.02(q_v \times 75\%)^2 = 16.9\ m$$

节流损失的压头：

$$\Delta H = H_1 - H = 2.2\ m$$

(2) 由比例定律：　$q_{v1}/q_v = (n_1/n)$　　$n_1 = n\,q_{v1}/q_v = 2900 \times \dfrac{9.7}{12.9} = 2181$ 转/分

(3) $\Delta N = \Delta H q_{v1} \rho g/\eta = \dfrac{2.2 \times 9.7 \times 1000 \times 9.8}{0.65 \times 3600} = 89.4\ W$

(4) 与变速调节相比，节流调节一年中多支出费用：

$$0.0894 \times 330 \times 24 \times 0.5 = 354.0\ 元$$

(4) 离心泵的串联和并联

当需要较大幅度地增加流量和压头时，可将多台泵进行组合，离心泵的组合方式原则上有两种：串联和并联。下面以两台相同的泵为例，说明离心泵组合后的特性。

① 并联后泵的合成特性曲线

将两台一样的泵并联放在同一个管路里(图 2-10)，则两泵的流量和压头必相同。在同样的压头下，并联两台泵的流量为单台泵的两倍，如此，在压头不变时，将单台泵的流量加倍便得到并联的特性曲线。并联后管路里的总流量 $q_{v并}$、总压头 $H_{并}$ 由并联后泵的合成特性曲线 B 和管路特性曲线 C 的交点 a 确定。但是，由于管路阻力的存在，并联后通过管路的总流量 $q_{v并}$ 小于原来单台泵流量 q_v 的两倍。而且，管路阻力越大，并联后流量的增量越小，所以并联操作较适合于低阻管路。

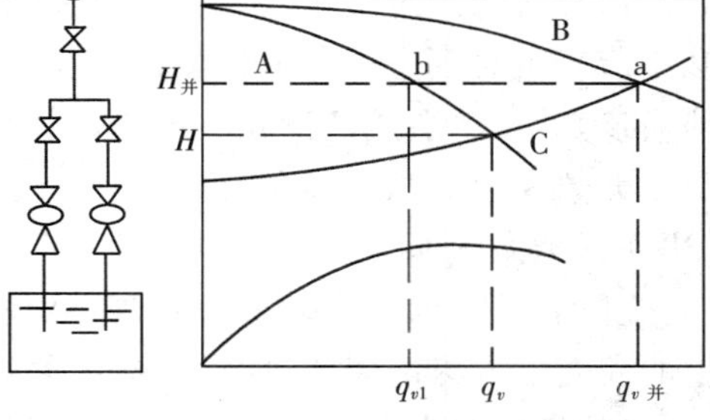

图 2-10　离心泵的并联

② 串联后泵的合成特性曲线

若将两台一样的泵串联放在同一个管路里(见图 2-11)，两泵的流量和压头也是相同的。在同样的流量下，串联两台泵的压头 $H_串$ 为单台泵 H_1 的两倍，在流量不变时，将单台泵的压头加倍就得到串联两台泵的特性曲线 B。串联后管路里的总流量、总压头由串联泵的特性曲线 B

和管路特性曲线C的交点a确定，与并联相似，串联后两台泵提供的总压头 $H_{串}$ 小于原来单台泵提供压头 H 的两倍。另外，管路阻力越大，串联后压头的增量越大，因此，串联操作较适合于高阻管路。实际上，无论并联或串联，都可以提高液体的流量和压头，应考虑管路阻力的高低来选择并联还是串联。

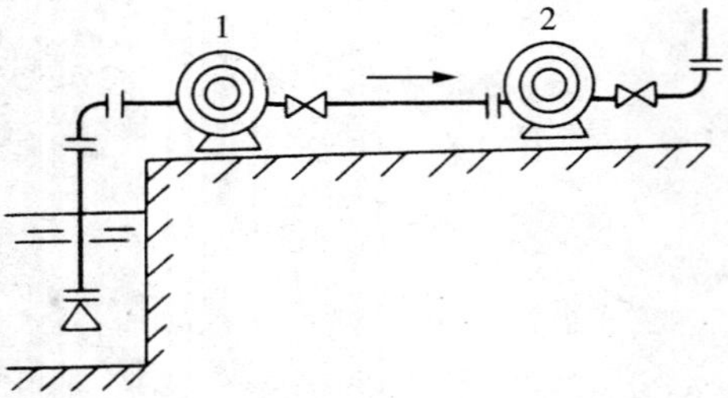

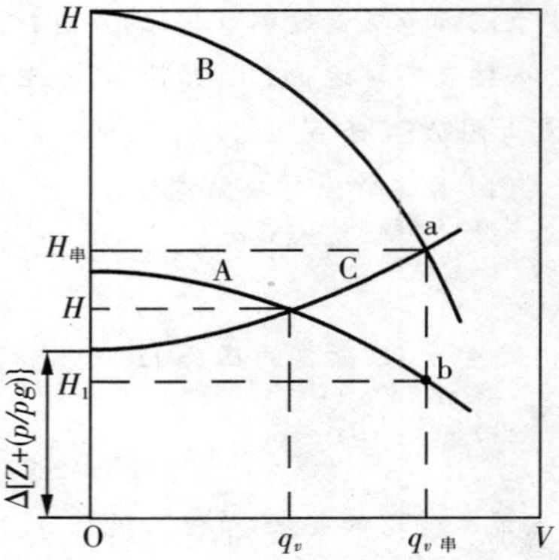

图 2-11 离心泵的串联

2.2.5 离心泵的汽蚀现象和安装高度

(1) 离心泵的汽蚀现象

由离心泵的工作原理知，离心泵工作时，液体压力从泵进口开始，压力一直在下降，到叶片入口附近的K点达到最低(如图2-12所示)。以后由于叶轮对液体作功，压力又很快上升，在泵的排出口压力达到最大。如果K点的压力 p_k 小于或等于操作温度下液体的饱和蒸汽压 p_v 时，液体就会汽化，溶解在液体里的氧气等气体也被释放出来，形成大量的气泡，气泡随液体沿叶轮表面向外流动的过程中被迅速增大的压力压缩，体积减小产生瞬时真空，周围的高压液体便以极高的速度冲向该真空区。造成液体相互撞击，同时叶轮表面也会受到无数高速高压液体的撞击，产生极大的局部压力(达几百个大气压)，并伴有很高频率(几千赫兹)的振动。金属表面会因冲击疲劳而剥离。液体里释放出来的活泼气体(如氧气等)借助被压缩时产生的高温形成热电偶并进行电解，由此对金属产生电化学腐蚀作用。这种由于受到高压、高频、高温的机械冲击和电化学腐蚀作用而使叶轮和流道表面产生剥落和侵蚀的现象称为汽蚀现象。

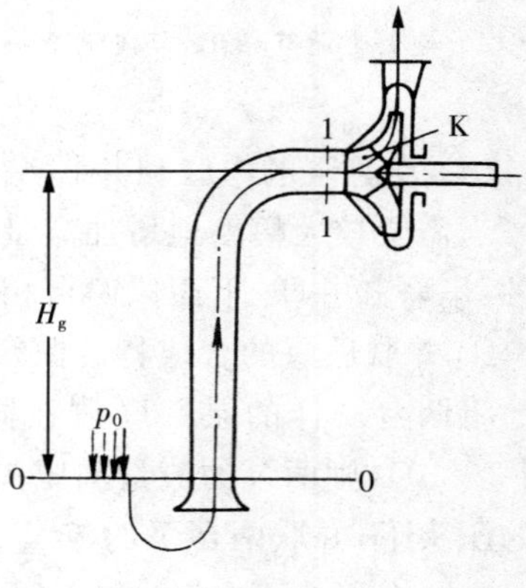

图 2-12 离心泵的安装高度

汽蚀的发生会产生以下几方面的有害影响：

① 过流部件会因汽蚀而破坏。汽蚀刚开始时，金属表面出现麻点继而形成蜂窝状等裂痕，严重时造成叶轮穿孔以致断裂而产生严重的安全事故。

② 汽蚀使泵的性能下降。汽蚀破坏了叶轮对液体的做功过程，使泵的性能下降。汽蚀初始时，泵的特性曲线变化尚不明显，若特性曲线明显下降时，表明汽蚀已相当严重，泵因流量、压

头和效率的急剧下降而不能正常工作。

③ 汽蚀使泵壳产生振动和噪音。汽蚀发生时，泵壳内发出噪音，严重时使机组产生共振而不得不停机。

为了确定离心泵的安装高度，在国产离心泵标准中，采取抗汽蚀性能指标来限定泵吸入口附近的最低压力。为防止汽蚀现象发生，液体在泵入口 1－1 截面具有的压头$\frac{p_1}{\rho g}+\frac{u_1^2}{2g}$必须高出饱和蒸汽压头$\frac{p_v}{\rho g}$某一数值，此数值称为汽蚀余量 $NPSH$，其表达式为

$$NPSH=\frac{p_1}{\rho g}+\frac{u_1^2}{2g}-\frac{p_v}{\rho g} \tag{2-10}$$

显然 $NPSH$ 愈大，泵愈不易发生汽蚀现象。

前已指出，泵发生汽蚀的临界条件是叶轮入口附近 K 点压力 p_k 刚好等于 p_v，此时泵入口处 1－1 截面的压力 p_1 必等于确定的最小值，在泵入口 1－1 截面到叶轮入口 K 截面列柏努利方程，得：

$$\frac{p_{1\min}}{\rho g}+\frac{u_1^2}{2g}=\frac{p_v}{\rho g}+\frac{u_k^2}{2g}+\sum H_{f,1-k} \tag{2-11}$$

则临界汽蚀余量$(NPSH)_c$为：

$$(NPSH)_c=\frac{p_{1\min}}{\rho g}+\frac{u_1^2}{2g}-\frac{p_v}{\rho g}$$

$$=\frac{u_k^2}{2g}+\sum H_{f,1-k} \tag{2-12}$$

$(NPSH)_c$ 由泵厂家测定，以泵的扬程较正常值下降 3 % 为准。为确保离心泵能正常工作，通常规定必需汽蚀余量 $(NPSH)_r=(NPSH)_c+0.3$ m，并列入泵的样本中。

(2) 离心泵的安装高度

如图 2－12，在吸液池液面 0－0 截面和进口管路上的 1－1 截面之间列柏努利方程，可求得离心泵的安装高度 H_g：

$$H_g=\frac{p_0}{\rho g}-\frac{p_1}{\rho g}-\frac{u_1^2}{2g}-\sum H_{f,0-1} \tag{2-13}$$

式中　H_g—— 离心泵的安装高度，m；

p_1—— 1－1 截面处的压力，Pa；

u_1—— 1－1 截面处的流速，m/s；

$\sum H_{f,0-1}$—— 从 0－0 截面至 1－1 截面处的阻力损失，m。

随着离心泵安装高度的增加，1－1 截面处的压力 p_1 会下降，达到最小值 $p_{1\min}$ 时发生汽蚀，此时对应的高度称为离心泵的最大安装高度 $H_{g\max}$，由临界汽蚀余量 $(NPSH)_c$ 可确定泵的最大安装高度 $H_{g\max}$ 为：

由 2－13 式，得：

$$H_{g\max}=\frac{p_0}{\rho g}-\frac{p_{1\min}}{\rho g}-\frac{u_1^2}{2g}-\sum H_{f,0-1}$$

$$H_{g\max}=\frac{p_0}{\rho g}-\left(\frac{p_{1\min}}{\rho g}+\frac{u_1^2}{2g}-\frac{p_v}{\rho g}\right)-\frac{p_v}{\rho g}-\sum H_{f,0-1}$$

$$H_{g\,max} = \frac{p_0}{\rho g} - \frac{p_v}{\rho g} - (NPSH)_c - \sum H_{f,0-1} \tag{2-14}$$

由必需汽蚀余量 $(NPSH)_r$ 求得离心泵的允许安装高度 $H_{g,允}$：

$$H_{g,允} = \frac{p_0}{\rho g} - \frac{p_v}{\rho g} - (NPSH)_r - \sum H_{f,0-1} \tag{2-15}$$

标准规定，实际汽蚀余量 $(NPSH)$ 比 $(NPSH)_r$ 还要大 0.5 m 以上，即泵的实际安装高度 H_g 比 $H_{g,允}$ 低 0.5 m。由式(2-12)不难看出，$(NPSH)_c$ 只与泵的结构有关，是泵的一个抗汽蚀的性能参数。

值得提及的是，离心泵的必需汽蚀余量 $(NPSH)_r$ 是以 20 ℃ 清水测定的。当输送其他液体可按下式加以校正：

$$(NPSH)_r' = \varphi (NPSH)_r \tag{2-16}$$

$(NPSH)_r'$ 为输送其他液体的必需汽蚀余量。校正系数 φ 值与输送温度下液体的密度和饱和蒸汽压有关，其值小于 1，按式(2-15)算出的 $H_{g,允}$ 稍大，故为简便计，也可不校正。

离心泵安装高度的确定是设计使用离心泵重要的一环，有几点应注意：

① 离心泵的必需汽蚀余量 $(NPSH)_r$ 与流量有关：流量大，$(NPSH)_r$ 增大，因此必须使用最大额定流量值进行计算。

② 离心泵安装时，应注意选用较大的吸入管路，减少吸入管路的弯头、阀门等管件，以减少吸入管路的阻力损失。

③ 当输送液体的温度较高或液体沸点较低时，可能出现 $H_{g,允}$ 负值的情况，此时应将离心泵安装在液面以下，使液体自灌入泵而不必吸上。

例 2-2 某生产用水系统中安装一台单级离心泵，泵的性能如下：

q_v(m³/h)	H(m)	$(NPSH)_r$(m)
120	87	3.8
200	80	4.2
240	72	5.0

泵的进口位于贮液罐液面下方 2 m 处，输送 80 ℃ 的热水，该泵的流量范围为：200～220 m³/h，吸入管路总阻力损失为 4.27 m，问该泵使用时是否会发生汽蚀现象？如果发生，如何改进装置避免发生汽蚀（当地大气压为 9.33 m H_2O）？

解 在最大流量下，离心泵的允许安装高度最小，若此时不发生汽蚀，较小的流量下也不会发生汽蚀。查表得 80 ℃ 时水的饱和蒸汽压为 47.38 kPa，$\rho = 971.8$ Kg/m³，安装高度为 −2 m。由线性插值得 $q_v = 220$ m³/h 的流量下，$(NPSH)_r = 4.6$ m，由(2-15)式，则：

$$H_{g,允} = \frac{p_0}{\rho g} - \frac{p_v}{\rho g} - (NPSH)_r - \sum H_{f,0-1}$$

$$= 9.33 - \frac{47380}{971.8 \times 9.8} - 4.6 - 4.27$$

$$= -4.51 \text{ m}$$

$H_g = -2m > H_{g,允}$，最大流量下发生汽蚀。

为避免汽蚀，安装高度至少应降低 2.51 m，为安全起见，再降低 0.5 m。即为避免汽蚀，泵的进口应位于贮液罐液面下方 5.01 m。

2.2.6 离心泵的种类、型号、选用及操作

(1) 离心泵的种类

化工、制药等生产部门输送液体的种类繁多,性质千差万别。输送液体的流量、压头范围很广,具体的输送要求也不尽相同。相应离心泵的种类很多,以下就常见的几种类型加以介绍。

① 清水泵

清水泵是应用最为广泛的一种离心泵。一般用于输送清水或性质与清水相近的液体。其中最普通的清水泵是单级单吸式的,即液体从叶轮的一侧吸入,其型号为“IS”。如果输送的流量较大,可采用双吸式清水泵,该泵特点是液体从叶轮的两侧吸入,流量较大,型号为“Sh”。当要求较大的压头时,可选用有多个叶轮的多级式清水泵,型号为“D”。

② 油泵

输送油类产品的泵称为油泵。因为油类产品一般易燃易爆,所以对泵的密封要求很高。当输送温度较高的油品时,其密封装置和轴承还必须有良好的冷却水夹套。油泵的型号为“Y”,双吸式的为“YS”。

③ 耐腐蚀泵

输送酸、碱、盐等有腐蚀性的液体时,必须用耐腐蚀泵。耐腐蚀泵中液体经过的流道都应用耐腐蚀材料制造。其型号为“F”。

④ 液下泵

液下泵的特点是叶轮由加长的泵轴伸入到液面下,泵轴与液体之间用轴套管隔开。液下泵适用于输送有腐蚀性的液体,液下泵一般安装在液体贮槽内,可节省空间并改善操作环境。液下泵型号为“FY”。

⑤ 屏蔽泵

屏蔽泵是一种无泄漏泵。其电机和叶轮作为整体密封在泵壳内,无需轴封装置,又称无密封泵,适于输送易燃、易爆、剧毒以及放射性的液体。其缺点是效率低。

(2) 离心泵的型号

我国在命名泵时习惯上用汉语拼音代替泵的名称。离心泵名称由一基本型号代表并附带有一系列的数字和字母表示该泵的性能特点。旧的型号如:B、BA 型等将不再继续使用,新型号的命名形式见下面的例子所示。

例 IS 65 — 40 — 315

表示吸入口直径为 65 mm,压出口直径为 40 mm,叶轮直径为 315 mm 的单级单吸式离心泵。

(3) 离心泵的选用

选用的离心泵首先要能满足工艺的要求,其次要运行安全可靠,经济性好,便于使用和维护。

泵的选用步骤如下:

① 确定所需的流量,压头

流量一般由生产任务决定,根据具体的管路布置条件和工艺规定的流量计算出所需的压头。

② 确定离心泵的类型及型号

根据输送液体的性质,选择合适类型的离心泵,根据所需的流量,压头选择满足要求

的几种型号。然后进行全面的比较，最后确定一种型号。

③ 校核

型号确定后，通过计算校核所选的泵是否满足使用要求。如：工作点是否在高效区，是否会发生汽蚀现象等。

例 2-3 将某含乙醇 15 % 的原料水溶液由敞口贮槽经泵送至精馏塔内，精馏塔的水溶液入口距敞口贮槽液面以上 18 m，压力表显示精馏塔内表压为 1.0 kgf/m^2，液体流经进口管路的阻力损失和出口管路阻力损失分别为 10.4 m、1 m（均包括局部阻力损失）。另外在排出管路上还安装有换热器，其产生的阻力损失为 3 m，进口和排出管路均为 ϕ114 mm × 4 mm 的钢管，液体流速为 1.5 m/s，密度为 960 kg/m^3，该原料液的性质与水很接近，试通过计算从附录中选择一种比较合适的离心泵。

解 由于输送的液体的性质与水很接近，所以IS型离心泵适用。选择离心泵前需计算出管路所需的流量 q_v 和压头 H。在敞口贮槽液面（1-1 截面）和精馏塔的入口（2-2 截面）之间进行机械能衡算，得：

$$H = \Delta z + \frac{\Delta p}{\rho g} + \frac{\Delta u^2}{2g} + \sum H_{f\,1\to 2}$$

式中

$$\Delta z = 18\ \text{m},\ \frac{\Delta p}{\rho g} = \frac{1.0 \times 9.81 \times 10^4}{960 \times 9.81} = 10.4\ \text{m} \qquad \frac{\Delta u^2}{2g} = \frac{1.5^2 - 0}{2 \times 9.81} = 0.11\ \text{m}$$

$$\sum H_{f\,1\to 2} = 10.4 + 1 + 3 = 14.4\ \text{m}$$

则

$$H = 18 + 10.4 + 0.11 + 14.4 = 42.9\ \text{m}$$

$$q_v = 0.785 d^2 u = 0.785 \times 0.106^2 \times 1.5 = 0.0132\ \text{m}^3/\text{s} = 47.6\ \text{m}^3/\text{h}$$

根据流量 q_v 和压头 H 的计算值，查附录，有以下几种 IS 型离心泵较适合，其特性参数如下：

型　号	转　速 n/(r/min)	流　量 q_v(m^3/h)	扬　程 H(m)	效率 η	轴功率 /kW	必需汽蚀余量 $(NPSH)_r$ m
IS 80－50－200	2900	50	50	0.69	9.87	2.5
IS 100－65－200	2900	60	54	0.65	13.6	3.0
IS 125－100－400	1450	60	52	0.53	16.1	2.5

可见，IS 80－50－200 型最合适，其提供的流量 q_v 和扬程 H 与液体流经管路所需的流量 q_v 和压头 H 最接近。其他两种虽然也能满足要求但流量 q_v 和扬程 H 均嫌偏大，如用关小出口管路阀门的办法会很不经济，产生较大的局部阻力损失。再者，在 47.6 m^3/h 的小流量下工作，偏离高效区，泵的效率会下降较多，出现"大马拉小车"的现象。最后就是 IS 80－50－200 型泵设计点处对应的效率最高。综上所述，选择 IS 80－50－200 型离心泵较为适宜。

(4) 离心泵的布置和操作

在制药生产中，为了控制微生物的污染，水泵总是安装在低于贮液罐液面以下的位置，水泵吸水方式为灌注式，这是由于输水系统的静止部分（如泵、贮罐）容易滋生细菌，灌注式便于必要时将系统内部水排放干净。此外，水系统的循环供水泵大多仅设置一台，而非传统的一开一备两台配置设计。在特别重要的水系统中，也可设计备用泵，采用方便拆装的结构形式以满足快速更换的要求。尽管出于卫生的考虑，制药生产对泵水系统微生物指标、在汽蚀下的运行能力等有特别的要求，但泵的操作方法与化工用泵仍大体相同。

① 启动前的准备工作

盘动泵轴，检查转动部件是否有摩擦和卡住现象。检查轴承润滑系统、密封系统和冷却系统是否完好，轴承的油路、水路是否畅通。关闭泵出口阀，灌水排气。对于输送高温液体的泵还必须暖泵，避免升温过快，泵体受到损坏。

② 启动程序

完成上述准备工作后，启动润滑系统和冷却系统，合闸启动泵。慢慢打开泵出口阀，调节流量至要求的负荷。

③ 运行中的注意事项

运行中注意检查轴承的温度是否过高，温度过高说明轴承内部有毛病。泵是否发出异常的声音或产生明显的振动，出现上述现象应及时停机检查。

2.3　其他类型泵

2.3.1　往复泵

(1) 往复泵的工作原理

如图2-13所示，往复泵由活塞、活塞杆、泵缸、吸入阀、排出阀等主要部件组成，往复泵由曲柄连杆机构带动。活塞杆在外力的作用下，推动活塞作往复运动。当活塞杆带动活塞向右运动时，泵缸的体积增大，压力降低，在内外压差作用下，吸入阀打开，排出阀关闭，液体进入泵缸内。当活塞向左运动，泵缸的体积缩小，液体因受活塞的推压，压力增大，吸入阀关闭，排出阀打开，排出液体。由此完成一个操作周期，然后进入下一个循环。活塞由左端点至右端点(或相反)的距离叫做冲程。由上可知，往复泵内的低压是靠工作室的扩张造成的，所以往复泵启动时无需先灌液，亦即往复泵有自吸能力。可见往复泵是借助活塞的往复运动给液体提供压力能来输送液体的。

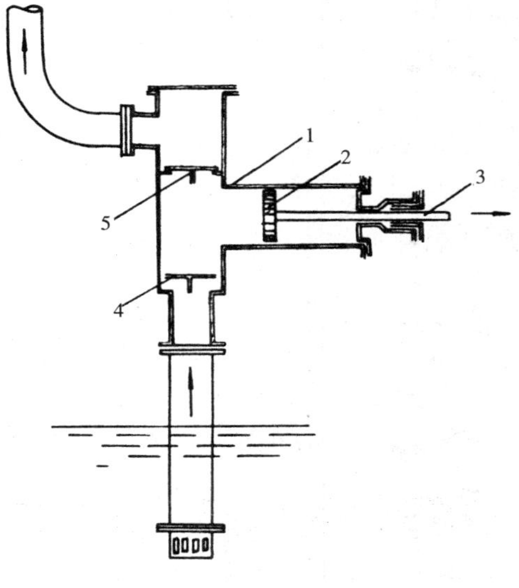

图2-13　往复泵装置简图

1-泵缸；2-活塞；3-活塞杆；4-吸入阀；5-排出阀

活塞往复一次只吸液一次和排液一次的泵称为单动泵，其液体的输送是不连续的。若活塞的两侧均装入吸入阀和排出阀，活塞无论向右还是向左运动，吸液和排液都同时进行，这类往复泵称为双动泵，如图2-14所示。双动泵的流量较单动泵均匀，但由于活塞运动的不匀速性，流量曲线仍有起伏。若采用三台单动泵连接在同一根曲轴的三个曲柄上，可进一步改善流量的均匀程度，此种三台泵联合操作，称为三联泵。往复泵的流量曲线如图2-15所示。

在吸入管路的终端和压出管路的始端装置空气室，利用气体的压缩和膨胀来贮存或放出小部分液体，对液体流动可以起到缓冲作用。

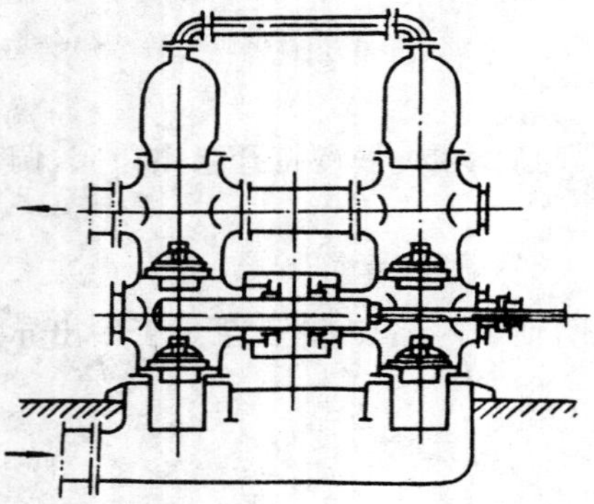

图 2－14 双动泵

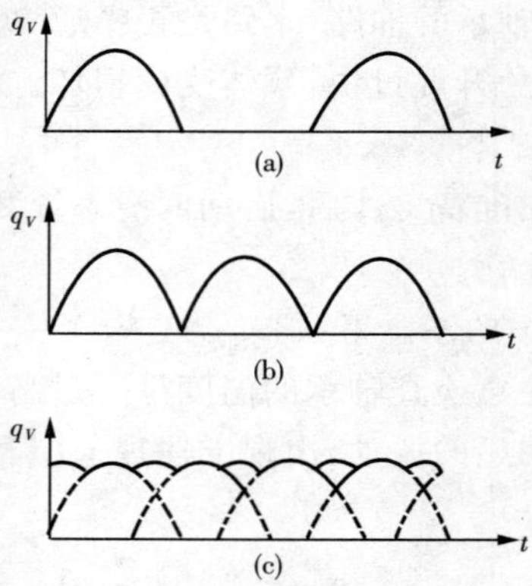

图 2－15 往复泵的流量曲线

(a) 单动泵；(b) 双动泵；(c) 三联泵

(2) 往复泵的特性参数和性能曲线

① 流量

往复泵的流量只取决于活塞扫过的体积，理论平均流量 q_{VT} 可按下式计算：

单动泵：$q_{vT} = ASn/60$ (2－17)

双动泵：$q_{vT} = (2A - a)Sn/60$ (2－18)

式中 q_{vT}—— 往复泵的理论流量，m^3/s；

A—— 活塞的截面积，$A = \frac{\pi D^2}{4}$，D 为活塞的直径，m；

S—— 活塞的冲程，m；

n—— 活塞的往复频率；1/min；

a—— 活塞杆截面积，m^2。

实际上，由于活塞与泵缸内壁之间泄漏，吸入阀与排出阀启闭滞后等原因，往复泵的实际流量低于理论流量，即 $q_v = q_{vT}\eta_V$，式中 η_V 为往复泵的容积效率，$\eta_V = 0.85 \sim 0.97$。

② 功率与效率

往复泵的功率计算与离心泵相同，即：

$$P = \frac{Hq_v\rho g}{\eta} \tag{2-19}$$

式中 η—— 往复泵的总效率，$\eta = 0.65 \sim 0.97$，其值由实验测定。

③ 压头和特性曲线

往复泵的压头与泵本身的几何尺寸和流量无关，只决定于管路情况。只要泵的机械强度和原动机提供的功率允许，输送系统要求多高压头，往复泵即可提供多高的压头。往复泵的流量与压头的关系曲线，即泵的特性曲线如图 2－16 所示。

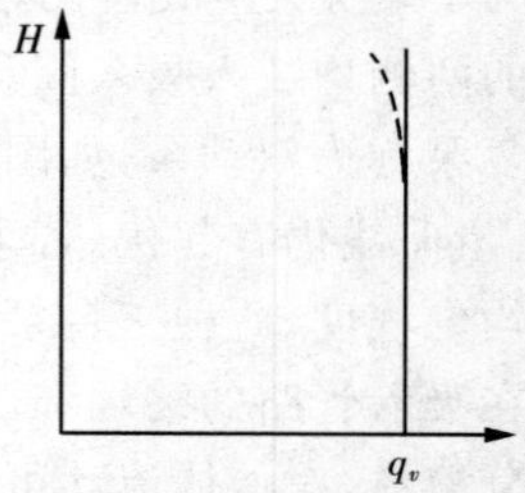

图 2－16 往复泵的特性曲线

(3) 往复泵的工作点与流量调节

与离心泵相似，往复泵的工作点也由管路特性曲线和泵的特性曲线的交点所决定。

由于往复泵的流量与管路情况无关，泵的压头仅随输送系统要求而定，这种性质称为正位移特性，具有这种特性的泵称为正位移泵。往复泵是正位移泵的一种，其他的还有比例泵、齿轮泵等。正位移泵的工作点只能沿着 q_v = 常数的垂直线移动。所以，往复泵不能通过出口阀来调节流量，简便的方法是增设旁路调节装置，如图 2-17 所示。由于上述特点，往复泵适用于输送压头高、流量小、粘性大、清洁的液体，它不适宜输送含固体杂质的悬浮液。

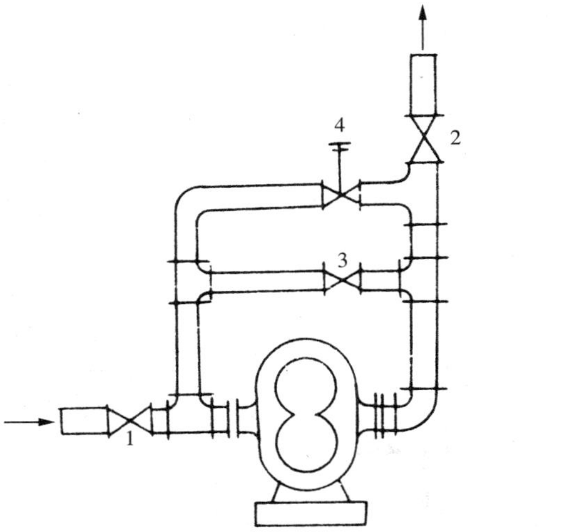

图 2-17　正位移泵的旁路调节流量示意图

1-吸入管路上的阀；2-排出管路上的阀；3-旁路阀；4-安全阀

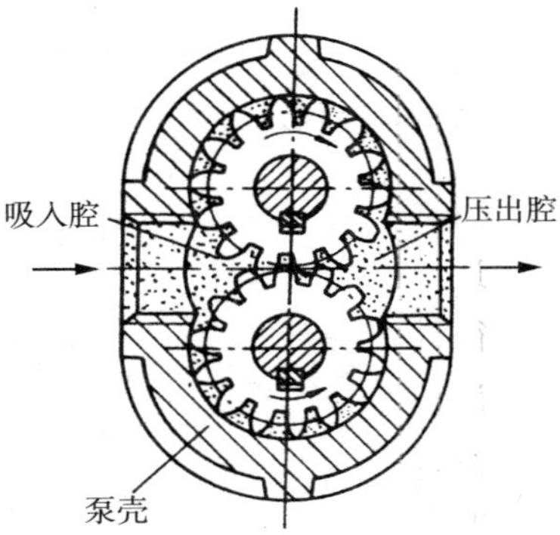

图 2-18　齿轮泵简图

2.3.2　齿轮泵

齿轮泵的结构如图2-18所示，泵壳内有一对相互啮合的齿轮。当齿轮旋转时，在液体吸入腔处，两个齿轮上相互啮合的轮齿彼此分开，形成真空而吸入液体，随后液体沿着壳壁被推送至压出腔。在压出腔内，离开的轮齿又相互啮合挤压液体而产生很高的压力，使之排出。齿轮泵结构简单，运转可靠，输送的流量小，但压头很高，适用于输送粘稠或膏状液体，不宜用于输送含粗颗粒的悬浮液。

2.3.3　旋涡泵

旋涡泵的结构如图 2-19 所示，主要由叶轮、泵壳及两者之间的流道组成。圆盘形叶轮边缘的两侧，铣有许多沿径向的凹槽，凸起的部分构成叶片。叶轮吸入口和排出口均设在泵壳的顶部，流道用隔舌将吸入口和排出口分开。

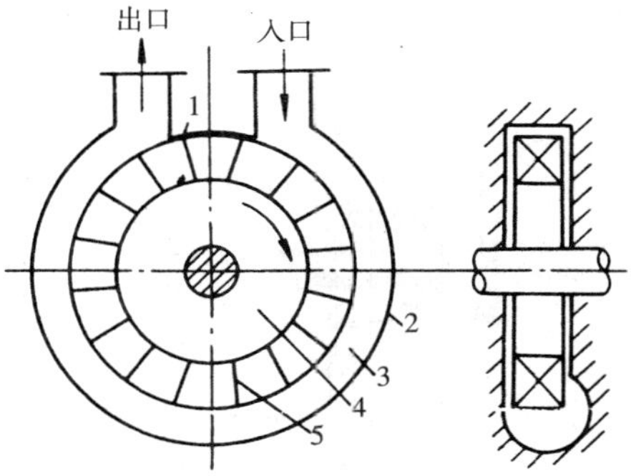

图 2-19　旋涡泵示意图

1-隔舌；2-泵壳；3-流道；4-叶轮；5-叶片

叶轮旋转时，泵内液体随叶轮旋转的同时，又在叶片和引流道之间作反复的迂回运动，被叶片多次拍击而获得较高能量。与离心泵不同，旋涡泵

的 $H-q_V$ 和 $P-q_V$ 曲线随着流量的增大下降较快。在启动前，要打开出口阀，用旁路调节流量。在叶轮直径和转速相同时，旋涡泵提供的压头约为离心泵的 2 ～ 4 倍。由于液体在叶片槽和流道间形成旋涡流，造成很大的能量损失，因此，旋涡泵的效率较低，一般在 20 % ～ 50 % 范围内。

旋涡泵结构简单，加工方便，适用于输送高压头、小流量、低粘度且不含固体颗粒的液体。

2.3.4 计量泵(比例泵)

图 2－20 是计量泵(比例泵)的一种形式，由电机带动偏心轮装置作往复运动，在往复频率不变的情况下，其输送液体的流量与冲程成正比，通过改变冲程的大小可精确地改变其输送的流量。其基本结构与往复泵相同，但有一套可准确而方便地调节活塞冲程的装置。

由于上述特点，计量泵(比例泵)常用在某些反应器操作中，要求加入的液体非常准确且便于调节，或有几种物料需按严格的流量配比加入的场合。多缸计量泵每个活塞的冲程可单独调节，不仅可达到每种液体流量的固定，而且能实现多种液体按比例输送或混合的目的。

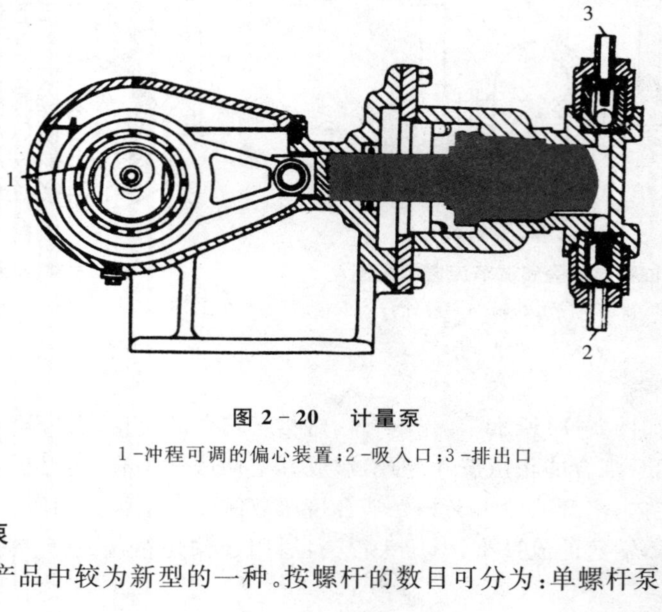

图 2－20 计量泵

1－冲程可调的偏心装置；2－吸入口；3－排出口

2.3.5 螺杆泵

螺杆泵是泵类产品中较为新型的一种。按螺杆的数目可分为：单螺杆泵、双螺杆泵、三螺杆泵等。

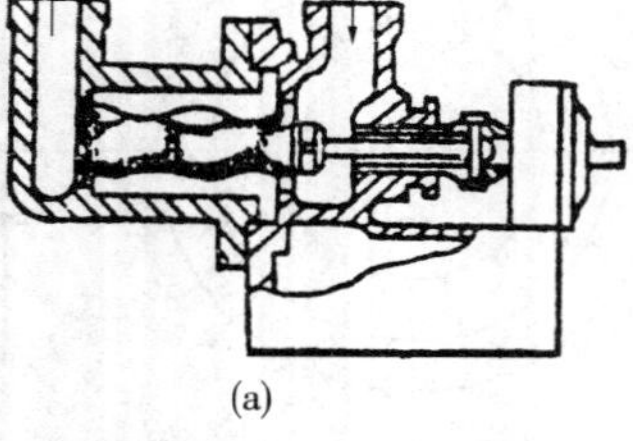

图 2－21 单螺杆泵

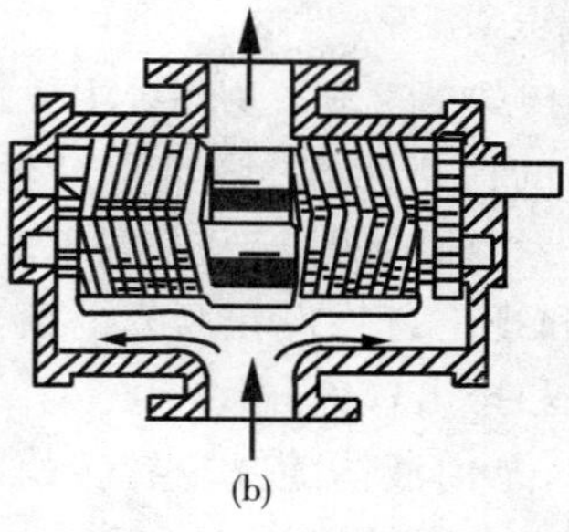

图 2－22 双螺杆泵

单螺杆泵的结构如图 2－21 所示，其工作原理是靠螺杆在具有内螺纹泵壳中偏心转动将液体沿轴向推进，最后由排出口排出。双螺杆泵如图 2－22 所示，是通过转向相反的两根单头螺纹的螺杆挤压来输送液体的。螺杆泵的效率较齿轮泵高，工作时损失小，压力高，流量均匀，转动平稳经久耐用，特别适用于输送高粘度和非牛顿型流体。

2.4 气体输送设备

在化工和制药等生产过程中，经常需要用压缩气体将液体从低位输送到高位，或是对设备抽气以获得一定的真空，或是对车间、设备进行通风换气操作，所有上述操作都需要气体输送设备。尽管气体输送设备和液体输送设备在结构和原理方面大体相同，但是和液体相比，气体的密度很小，可压缩性大，使得气体输送设备和液体输送设备仍有某些不同之处。

按气体进出口的压强差或压缩比的不同，气体输送设备分为以下几种类型：

(1) 通风机　出口表压不大于 15 kPa，压缩比为 1 ～ 1.15。

(2) 鼓风机　出口表压为 15 ～ 300 kPa，压缩比小于 4。

(3) 压缩机　出口表压大于 300 kPa，压缩比大于 4。

(4) 真空泵　用于将设备内的气体抽出，以获得所需要的真空。一般进口压力低于大气压，而出口略高于大气压。

2.4.1 离心式通风机

工业上常用的通风机有离心式和轴流式两大类型。轴流式通风机排气量大，但产生的风压很小，一般只用于通风换气，不用于输送，而离心式通风机的应用范围很广。

(1) 离心式通风机的结构和工作原理

离心式通风机的工作原理与离心泵相同，结构也与离心泵相似，如图 2-23 所示。为提供较大的流量和压头，离心式通风机的叶轮较大，叶片有前弯式的，也有后弯式的。前弯式的结构紧凑，能提供较大的压头，但效率低。后弯式的虽然体积较大，但效率较高。离心式通风机的气体流道有矩形和圆形两种。矩形流道用于中、低压风机，圆形流道用于高压风机。

对于通风机，气体获得的机械能常用单位体积气体作为基准称为风压，单位为 J/m^3，即压强的单位 Pa。

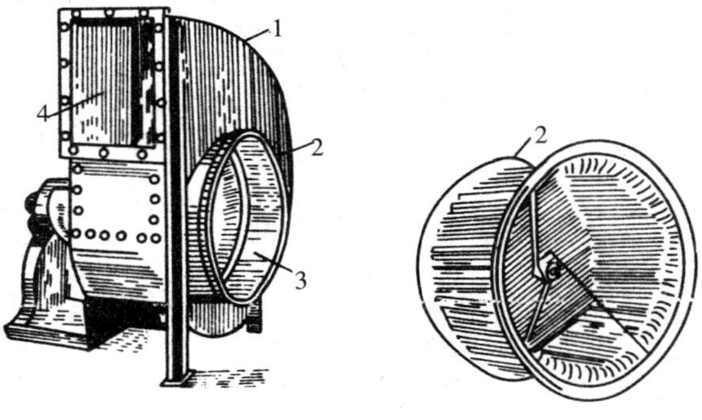

图 2－23　离心式通风机

1－机壳；2－叶轮；3－吸入口；4－排出口

(2) 离心式通风机的性能参数和特性曲线

① 性能参数

风压　单位体积气体经风机获得的总机械能称为风压，或全压 p_T。为求得全压 p_T，可在风机的进口 1-1 截面和出口 2-2 截面之间列柏努利方程，以单位体积的气体为基准，得：

$$p_T = \rho g H = (z_2 - z_1)\rho g + \frac{\rho(u_2^2 - u_1^2)}{2} + (p_2 - p_1) \tag{2-20}$$

式中，$(z_2 - z_1)\rho g$ 可忽略，当风机的进口为大气时，$u_1 = 0$，则：

$$p_T = \frac{\rho u_2^2}{2} + (p_2 - p_1) = p_k + p_s \tag{2-21}$$

式中，$\frac{\rho u_2^2}{2}$ 习惯上称为动风压 p_k，$(p_2 - p_1)$ 称为静风压 p_s，可见，全压 p_T 等于动风压 p_k 和静风压 p_s 之和。

流量　单位时间内流进风机的气体体积，又称风量，并以风机进口处的气体状态计，以 q_v 表示，单位：m^3/h，m^3/min，m^3/s。离心式通风机铭牌上的风量指标准条件(温度 20 ℃，压力 0.1 MPa)下的风量，以 q_{v0} 表示，对应的密度为 ρ_0，若实际操作条件下的密度为 ρ，流量为 q_v，则标准条件下的风量为：

$$q_{v0} = \frac{q_v \rho}{\rho_0} \tag{2-22}$$

轴功率和效率

离心式通风机的轴功率由下式计算：

$$P = \frac{p_T q_v}{1000\eta} \tag{2-23}$$

式中　P—— 轴功率，kw；

p_T—— 全压，Pa；

q_v—— 风量，m^3/s；

η—— 全压效率。

② 特性曲线

和离心泵相似，离心式通风机的特性曲线是在出厂前，在标准条件下(温度 20 ℃，压力 0.1 MPa)用空气测定的。离心式通风机的特性曲线如图 2-24 所示，它包括：$p_T - q_v$，$p_s - q_v$，$P - q_v$，$\eta - q_v$ 四条曲线，比离心泵多了一条静压 p_s 和流量 q_v 的关系曲线。在选择风机时，若实际操作条件下的气体密度与标准条件下空气的密度相差较大，应将实际全压 p_T 按下式换算成标准条件下的全压 p_{T0}

$$p_{T0} = p_T \frac{\rho_0}{\rho} \tag{2-24}$$

式中　p_{T0}—— 标准条件下的全压，Pa；

p_T —— 实际操作条件下的全压，Pa；

ρ_0 —— 标准条件下空气的密度，等于 1.2 kg/m^3；

ρ —— 实际操作条件下气体的密度，kg/m^3。

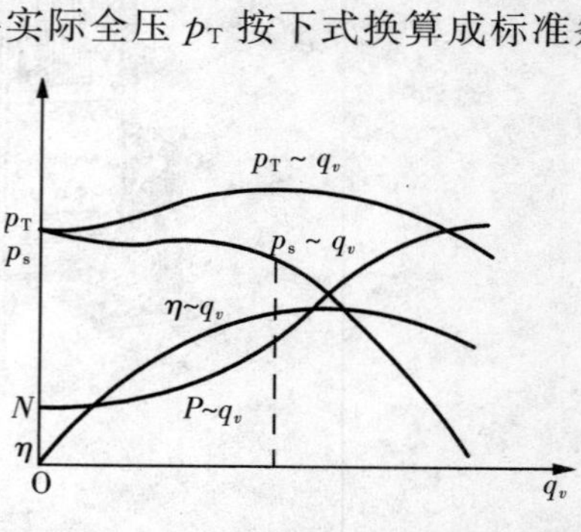

图 2-24　离心式通风机的特性曲线

(3) 离心式通风机的选择

离心式通风机的选用与离心泵相似，但由于气体的密度变化范围大，一般根据实际流量 q_V 与换算成标准条件下的全压 P_{TO}，对照风机的特性曲线或性能表选择合适的类型。

2.4.2 鼓风机

常见的鼓风机有旋转式和离心式两大类型。

(1) 旋转式鼓风机

罗茨鼓风机是生产中最常见的一种旋转式鼓风机，结构如图 2-25 所示，其工作原理与齿轮泵很相似。机壳内两个转子旋转方向相反，转子之间、转子与机壳之间的间隙很小，当转子旋转时，使气体从一侧吸入，在转子与机壳之间的空间被挤压而强行从另一侧排出。

罗茨鼓风机属于正位移泵，其风量一般与出口风压无关，而与转速成正比。但若出口风压过大，泄漏量加大，风量和效率会有所下降。罗茨鼓风机的风量范围是 2 ～ 500 m^3/min，出口压强不超过 80 kPa(表压)。流量用旁路调节，出口要安装安全阀和稳压罐，且出口阀不能完全关闭。要经常注意维护和保养工作，如发现机壳温度过高，或发出异常声音，要及时停机排除故障，以免发生事故。

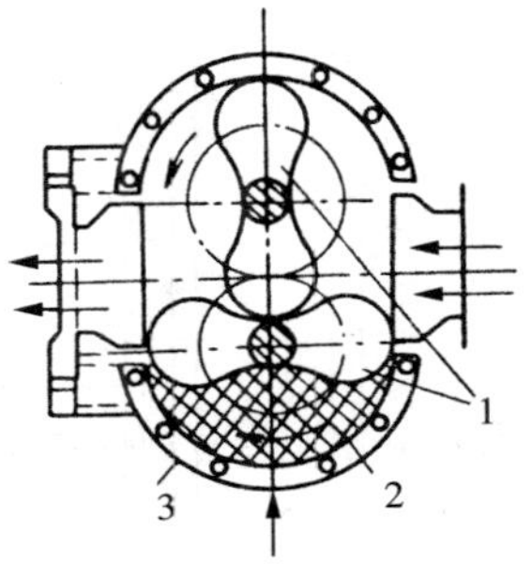

图 2-25 罗茨鼓风机

1-工作转子；2-所输送的气体体积；3-机壳

(2) 离心式鼓风机

离心式鼓风机的工作原理和离心式通风机相同。单级鼓风机的风压不超过 30 kPa，若需要更大的压头，须采用多级离心鼓风机。由于压缩比小，不需设中间冷却装置，各级叶轮直径大体相同。

2.4.3 压缩机

压缩机对气体压缩作功，以提供很大的静压头，用于压出液体、搅拌、气动仪表、合成反应等操作过程中，是制药、化工等生产中的常见设备。譬如，在对乙酰氨基酚(扑热息痛) 的生产过程中，将母液由母液贮槽压入结晶器中，将盐酸由压酸罐压入酸化罐中都需要压缩机提供压缩空气，以提升液体。常见的压缩机有：往复式压缩机、离心式压缩机等。

(1) 往复式压缩机

图 2-26 所示为一台 L 型往复式空气压缩机的结构示意图，两级压缩。其结构和工作原理与往复式泵相似，它包括工作腔(活塞、气缸、吸入活门、排出活门)、传动机构、辅助设备等几个部分。由于输送的是气体，可压缩，所以要求压缩机的吸入和排出活门必须更加轻巧精密。为移走压缩放出的热量，必须设置冷却装置。

图 2-27 所示，为单作用往复式压缩机的工作过程。基于结构上的考虑，在排气结束时，活塞和气缸盖之间必须留有一段空间，称为余隙容积。余隙内的气体压力较大，大于吸入口外的气压，所以当活塞从最左端向右移动时，开始阶段吸不进气体，只是个膨胀过程，当气缸内的压力低于吸入口处的气压时，才开启吸入活门，在随后的吸气过程中，气缸内的压力不变，维持进口处的压力。压缩行程开始后，吸入活门关闭，气体被压缩，压力增大，当气缸内的压力大于排出活门外的压力时，排出活门被打开，直至活塞运动到最左端，排出过程结束。可见，整个周期由膨胀、吸气、压缩、排气四个部分组成。四边形 ABCD的面积即为活塞在一个周期中对气体所

做的功。根据气体与外界的换热情况，压缩过程有三种：等温(CD″)、绝热(CD′)、多变(CD)。由图可见，等温压缩过程消耗的功最少，因此压缩过程要求冷却良好，使其尽量接近等温过程。等温或绝热，实际上都难实现，所以压缩过程是介于等温和绝热之间的多变过程。

压缩机在工作时，由于余隙的存在，使吸气量减小，且余隙内的气体反复循环所消耗的功也都浪费掉了。余隙越大，压缩比越高，这种不利的影响就越严重。所以，余隙容积和压缩比都不能太大，当压缩比大于 8 时，应采用多级压缩。采用多级压缩，每一级的压缩比可减小，余隙的影响减小，同时也可降低气体的出口温度并节省操作费用。

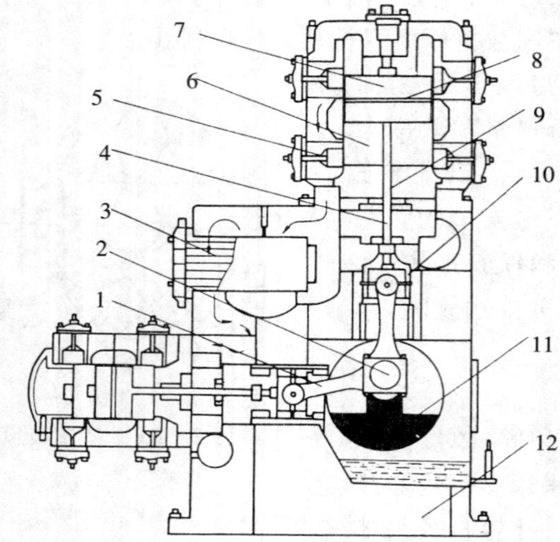

图 2-26 L 型空气压缩机

1-连杆；2-曲轴；3-中间冷却器；4-活塞杆；5-气阀；6-气缸

7-活塞；8-活塞环；9-填料；10-十字头；11-平衡重；12-机身

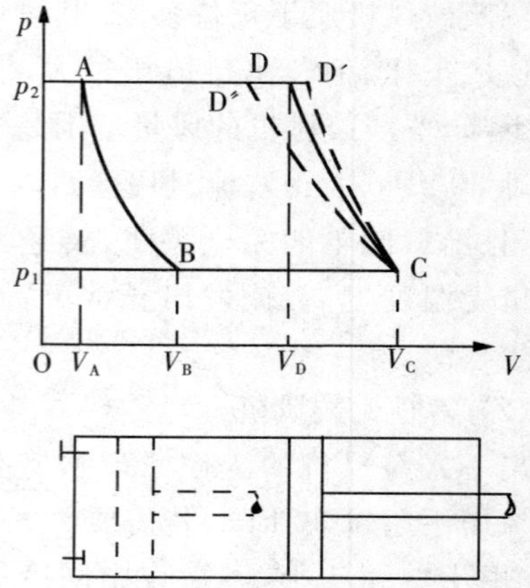

图 2-27 往复式压缩机的工作过程

图 2-28 为两级压缩机示意图，第一级中的气体被压缩，压力和体积的变化如多变线 ab 所示。压力从 p_1 提高到 p，然后进入中间冷却器 3 中，等压降温，再进入第二级压缩中，以图中 cd 线表示。由图可见，一级压缩改为两级压缩后，总的压缩过程较接近等温压缩，由此节省的功为 $bcdd'$ 所代表的阴影面积。

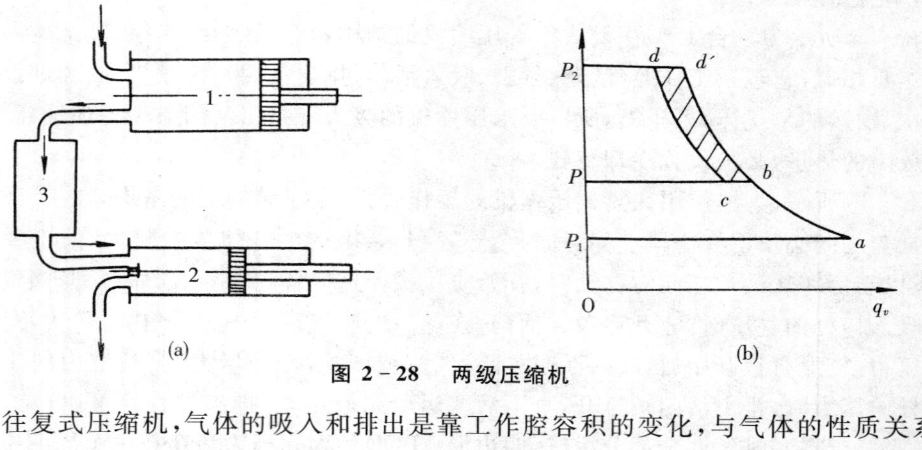

图 2-28 两级压缩机

对于往复式压缩机，气体的吸入和排出是靠工作腔容积的变化，与气体的性质关系不大，故该设备适应性强并能达到较高的压力。但其结构较复杂，易于损坏的零件多。由于吸气和排气是间歇的，易造成设备和管道的振动，常用于压力高、流量小的场合。

(2) 离心式压缩机

离心式压缩机的工作原理与离心式鼓风机相同，但出口压力大，一般在 200 kPa 以上。图 2－29 为 MCL 系列离心式压缩机典型结构的剖视图。该系列压缩机可输送空气及无腐蚀性的各种工业气体，可用于化肥、乙烯等化工装置及制药、长距离气体增压输送等装置中。图中表示气体由吸入室 1 进入，经过叶轮 3 作功而使压力增大，同时温度和速度也提高，经固定部件 4 减速使动能转化成静压能，然后进入下一级叶轮继续被压缩。由叶轮和固定部件构成一级，由于逐级压缩，温度升高，造成再压缩多消耗功，为减少功耗，气体经四级压缩为第一段，然后由排气蜗室 8 排出，经另设的中间冷却器冷却再重新引入第二段的第五级叶轮。最后，气体经两段八级压缩后从另一个排气蜗室 8 排出。

和往复式压缩机相比，离心式压缩机具有流量大、转速高、结构紧凑、运转可靠、维修费用低等许多优点。但单级压缩比不高，造价高，有的离心式压缩机一台的造价就达几百万甚至上千万元。

由于离心式压缩机的优点显著，现代大型的化肥、乙烯、制药、炼油等生产装置中大都采用了离心式压缩机。

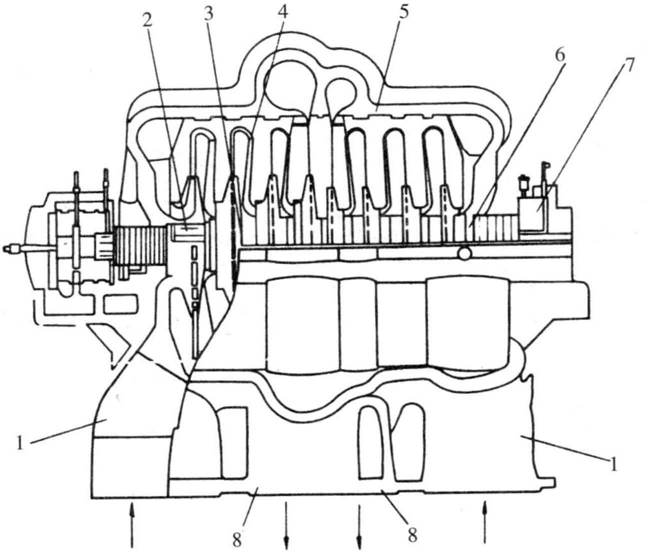

图 2－29　MCL **型系列离心式压缩机实物部分的剖视图**

1－吸入室；2－轴；3－叶轮；4－固定部件；5－机壳；6－轴端密封；7－轴承；8－排气蜗室

2.4.4　真空泵

通常，真空泵是在负压下吸气，在常压下排气的输送设备。常用以维持生产系统中所需的真空度，如用于减压蒸馏、真空干燥、真空过滤等操作中。以下就几种常见类型的真空泵简要加以介绍。

(1) 水环式真空泵

图 2－30 所示为水环式真空泵，其外壳为圆形，壳内的叶轮偏心安装，叶轮上有许多相互隔

开的叶片。首先泵内注入一定的液体，叶轮旋转后，借助离心力将液体甩向壳壁，形成水环，故称为水环式真空泵。旋转的水环具有密封作用，把水环与叶片间形成的小室密封。当密封室由小变大时，形成真空，将设备内的气体吸出，随后，密封室由大变小，压力增大，气体由压出口排出。水环式真空泵允许抽气中含有少量的液体，属于湿式真空泵。水环式真空泵最高可达 83 kPa 的真空，但由于受水的饱和蒸汽压的限制，产生的真空度有限。该泵结构简单、紧凑，在运转时，须不断冲水以维持泵内液封，同时也达到冷却泵体的作用。

(2) 旋片式真空泵

如图 2-31 所示，在旋片式真空泵的泵体内，偏心安装的转子上带有两个旋片。转子旋转时，由于弹簧的弹力和离心力的作用，两个旋片紧贴内壁滑动。当吸气室的体积增大时，被抽气体通过吸气口和吸气管进入到吸气室内，当转到垂直位置以后，气体被压缩，压力升高，当压力大于排气阀片上的压力时，气体通过排气管顶开排气阀片，再经过油层从排气口排出。

为减少余隙的影响，并起到密封和润滑作用，旋片式真空泵的主要部件浸没在真空泵油中。此泵属于干式真空泵，适用于含湿量较少或干燥的气体，不适于含尘及对真空泵油起反应的气体。若在抽气前，装设除湿和除尘等净气装置，该泵也可用于含湿或含尘气体的输送。由于真空泵油的饱和蒸汽压很低，旋片式真空泵的真空度很高，但抽气速率较低。

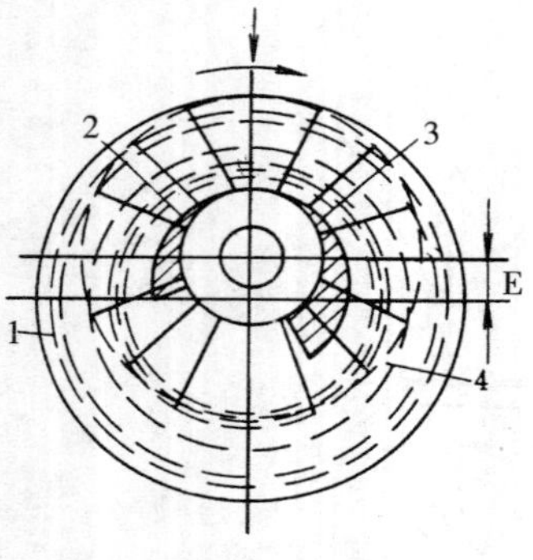

图 2-30 水环式真空泵

1-水环；2-排气口；3-吸入口；4-转子

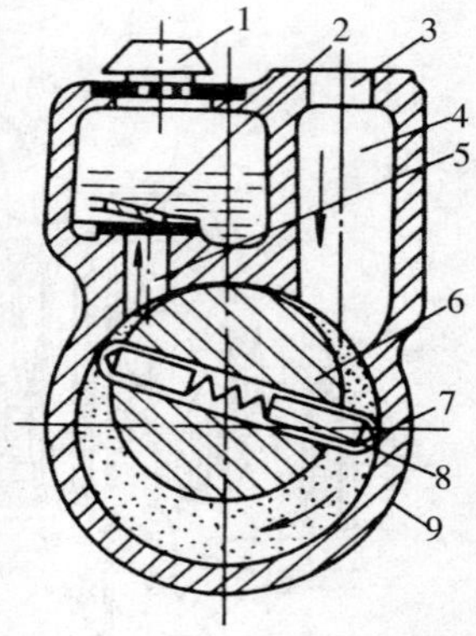

图 2-31 旋片式真空泵的工作原理

1-排气口；2-排气阀片；3-吸气口；4-吸气管；5-排气管；6-转子；7-旋片；8-弹簧；9-泵体

(3) 往复式真空泵

往复式真空泵与往复式压缩机在结构和工作原理方面基本相同。但是，往复式真空泵的进出口压差小，压缩比却很大，所以，要求真空泵的余隙体积要很小，进出口阀门要轻巧，启闭灵活。为减小余隙的不利影响，真空泵气缸两端之间连通有平衡气道，在排气终了时，让平衡气道连通缩短，使余隙中的部分高压气体从一侧流向另一侧，于是其压力降低。

往复式真空泵属于干式真空泵，它排放的气体中不允许含有湿气，若含有湿气应安装除湿气设备，然后才允许进入真空泵内。

本章符号说明

符号	意义	计量单位
A	活塞截面积	m^2
g	重力加速度	m/s^2
H	扬程	m
H_g	安装高度	m
$H_{g,允}$	允许安装高度	m
$(NPSH)_r$	必需汽蚀余量	m
$(NPSH)_c$	临界汽蚀余量	m
P	功率	W
P_e	有效功率	W
q_v	体积流量	m^3/s
μ	流体粘度	Pa·s
ρ	流体密度	kg/m^3
D	直径	m
n	旋转频率	s^{-1}
n	活塞往复频率	s^{-1}
p	压强	Pa
p_T	全压	Pa
p_k	动风压	Pa
p_s	静风压	Pa
Δp	压差	Pa
u	平均流速	m/s
η	效率	
$\sum H_f$	阻力损失	m

习 题

1. 某离心水泵的特性曲线数据如下：

q_v(L/min)	0	1200	2400	3600	4800	6000
H(m)	34.5	34	33	31.5	28	26

现用该泵将液体从低位贮槽输送到高位贮槽，两贮槽内液面间的位差为 5 m，低位贮槽为敞口容器，高位贮槽内液面处的表压为 0.06 MPa，两贮槽间管路总长 360 m(包括局部阻力的当量长度)，泵的进出口管内径均为 120 mm，设阻力系数 $\lambda = 0.023$，求泵的供水量 q_v 及有效功率 P_e。

2. 某离心泵的必需汽蚀余量 $(NPSH)_r = 3.5$ m，今在海拔 1000 m 的高原上使用。已知吸入管路的全部阻力损失为 3 m。若将此泵装在水源之上 3 m，试问此泵能否正常操作？已知该地的大气压为 90 kPa，夏季的水温为 20 ℃。

3. 泵从江中取水送入贮水池中，池中水面高出江面 20 m，管路全长 45 m(其中吸入管路长 2.5m，均包括局部阻力的当量长度)。水温为 20 ℃，管壁的相对粗糙度为 0.001，要求输水量为 20 ～ 25 m^3/h，

(1) 选择合适的管径；

(2) 试选择一台 IS 型离心泵；

(3) 确定离心泵的安装高度。

4. 现需输送温度为200 ℃，密度为0.75 m^3/s的烟气，要求输送量为12700 m^3/h，全压为1.18 kPa。工厂仓库中有一台风机，其铭牌上流量为12700 m^3/h，全压为1.57 kPa，试问该风机是否可用？

5. 请根据以下输送任务，选用合适类型的流体输送设备。

(1) 向空气压缩机的气缸中注润滑油；

(2) 将水从水池送到冷却塔顶(塔高30 m，水流量5000 m^3/h)；

(3) 将浓碱液输送到反应器内；

(4) 将奶粉浆液输送到喷雾干燥器的喷头中(喷头内压力120 atm，流量5 m^3/h)；

(5) 输送 N_2 气和 H_2 气到 NH_3 合成塔内(塔内表压25 MPa)；

(6) 输送番茄浓汁至装罐机。

6. 有一双动往复泵，其冲程为300 mm，活塞直径为180 mm，活塞杆直径为50 mm。若活塞每分钟往复55次，其理论流量为多少？又实验测得此泵在26.5 min内，能使一直径为3 m的圆形贮槽的水位上升2.6 m，试求泵的容积效率。

3 沉降与过滤

3.1 概　　述

在化工、制药、食品、环保等众多生产过程中，经常需要对非均相物系进行分离操作。非均相物系包括多种，如液固体系、气固体系、气液固体系等。上述各种体系由两种或两种以上的相组成，相与相之间有明显的界面，其中，处于分散状态的物质称为分散相，处于连续状态的物质，称为连续相。譬如固体悬浮液为液固体系，固体为分散相，液体为连续相。

非均相物系的分离目的有多种：(1) 回收分散相。如在原料药的生产上，不少产品是结晶体，结晶除液过程即是回收分散相(固体) 的过程。(2) 回收连续相。如医药工业中注射剂、眼药水、静脉注射及清洗用水的灭菌和异物的脱除。(3) 同时回收分散相和连续相。如将合成药、中草药及制剂辅料生产中经常使用的助滤剂(如活性炭) 与药液分离后，进行活化，重新使用，而药液进一步深加工。(4) 净化连续相。如在排放生产废水之前，其中有害的固体悬浮物的去除过程。

沉降分离法是使液体或气体中的固体颗粒在重力、离心力作用下产生沉降而实现分离的操作过程。过滤分离法是利用机械力使液体、气体连续相穿过过滤介质(如滤布) 而其中分散相颗粒被截留的操作过程。如含尘气体可使用袋滤器来过滤出气体中的固体颗粒；中药生产中，浸取液和药源固体的分离也可用沉降和过滤操作实现。

本章将简要介绍生产过程中沉降和过滤操作的基本原理和相关的典型操作设备。

在沉降操作过程中，流体与需沉降的颗粒做相对的运动，沉降的快慢及沉降的效率等与颗粒与流体的相对运动状态有关。因此这里首先介绍流体与颗粒的相对运动。

3.2 流体与颗粒的相对运动

当流体从静止的颗粒表面绕流而过，或颗粒在静止的流体中运动，或运动的颗粒与流动的流体同时做相对运动，三种情况下，颗粒都要受到流体的阻力作用，此种力称为曳力。而且，无论何种运动，只要流体与颗粒的相对运动速度相同，颗粒所受的曳力均相同。设流体的密度为 ρ，粘度为 μ，假设颗粒为球形，直径为 d_p，颗粒在运动方向上的投影面积及流体与颗粒的相对运动速度分别为 A、u，则颗粒所受的曳力可由下式计算：

$$F_d = \zeta A \frac{\rho u^2}{2} \qquad (3-1)$$

式中的无因次阻力系数 ζ 是流体相对于颗粒运动的雷诺数 $Re = d_p u\rho/\mu$ 的函数，即：

$$\zeta = \Phi(Re) = \Phi(d_p u\rho/\mu) \qquad (3-2)$$

上式中 ζ 与 Re 的具体关系由实验确定，如图 3-1 所示。图中 ζ 与 Re 的关系曲线由三个区域组成，相应的曲线方程分别如以下各式表示：

层流区：$10^{-4} < Re < 2, \zeta = 24/Re$ (3-3)

过渡区：$2 < Re < 500, \zeta = 18.5/Re^{0.6}$ (3-4)

湍流区：$500 < Re < 2 \times 10^{5}, \zeta = 0.44$ (3-5)

这三个区域又分别称为斯托克斯区(Stokes)、阿仑(Allen)区和牛顿(Newton)区。

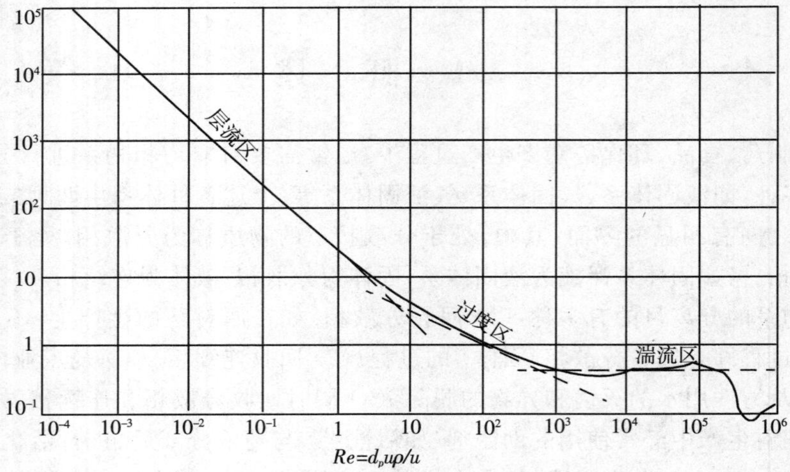

图 3-1　球型颗粒的 ζ 与 Re 的关系曲线

3.3　重力沉降

颗粒受到地球的重力作用而产生的沉降过程，称为重力沉降。

3.3.1　重力沉降速度

(1) 球形颗粒的自由沉降

当流体中需分离的颗粒浓度较小时，颗粒在沉降过程中相互之间没有干扰，这种沉降称为自由沉降。整个颗粒的沉降过程可由单个颗粒来分析。

重力场中，球形颗粒在静止的流体中，当其密度 ρ_p 大于流体的密度 ρ 时，颗粒将做沉降运动，在运动过程中受到三个力的作用：向下的重力 F_g、向上的浮力 F_b 和曳力 F_d，分别由下式计算：

$$F_g = \frac{\pi}{6} d_p{}^3 \rho_p g \tag{3-6}$$

$$F_b = \frac{\pi}{6} d_p{}^3 \rho g \tag{3-7}$$

$$F_d = \zeta \frac{\pi d_p{}^2}{4} \frac{\rho u^2}{2} \tag{3-8}$$

由牛顿第二定律，颗粒的沉降运动基本方程式为：

$$F_g - F_b - F_d = m \frac{du}{d\tau}$$

或

$$\frac{\pi}{6} d_p{}^3 \rho_p g - \frac{\pi}{6} d_p{}^3 \rho g - \zeta \frac{\pi d_p{}^2}{4} \frac{\rho u^2}{2} = m \frac{du}{d\tau} \tag{3-9}$$

式中 u 为颗粒与流体的相对运动速度，m 为颗粒的质量，τ 为时间。颗粒的沉降分为两个阶段：加速阶段和匀速阶段。静止的球形颗粒在加速阶段刚开始时，速度 u 为零，则受到的曳力 F_d 为零，随后速度 u 增大，曳力增加，$du/d\tau$ 减小。当 u 增大到某一定值 u_0 时，$du/d\tau=0$，颗粒加速阶段结束，然后进入匀速阶段。一般加速阶段时间很短，可以忽略，而只考虑匀速阶段，颗粒在匀速阶段相对于流体的速度 u_0 称为沉降速度。在重力场中，该速度称为重力沉降速度。

当 $du/d\tau=0$ 时，$u=u_0$，由式(3-9)得：

$$\frac{\pi}{6}d_p^{\ 3}\rho_p g-\frac{\pi}{6}d_p^{\ 3}\rho g-\zeta\frac{\pi d_p^{\ 2}}{4}\cdot\frac{\rho u_0^2}{2}=0$$

整理得重力沉降速度 u_0 的计算通式为：

$$u_0=\sqrt{\frac{4gd_p(\rho_p-\rho)}{3\rho\zeta}} \tag{3-10}$$

若将层流区、过渡区、湍流区阻力系数 ζ 的表达式：(3-3)、(3-4)、(3-5) 分别代入(3-10)式中，可得到各区域内的沉降速度公式，即：

层流区：$u_0=\dfrac{d_p^{\ 2}(\rho_p-\rho)g}{18\mu}$ (3-11)

过渡区：$u_0=0.27\sqrt{\dfrac{d_p(\rho_p-\rho)g}{\rho}Re_0^{0.6}}$ (3-12)

湍流区：$u_0=1.74\sqrt{\dfrac{d_p(\rho_p-\rho)g}{\rho}}$ (3-13)

式(3-11) 称为斯托克斯(stokes) 公式，式(3-12) 称为阿仑公式，式(3-13) 称为牛顿公式，其中式(3-12) 中 $Re_0=d_p u_0\rho/\mu$

(2) 重力沉降速度 u_0 的计算

计算重力沉降速度 u_0 时，须事先知道 Re 的范围，才能选用相应的上述三个区域内的公式计算。但 Re 数中含有须计算的未知量 u_0，为此，可采用试差法。由于许多沉降操作中，颗粒直径较小，颗粒沉降的 Re 数在层流区，所以可首先假定 Re 数小于 2，按斯托克斯公式计算 u_0，然后按计算出的 u_0 校核 Re 数是否小于 2。若小于 2，说明假设正确；若计算出的 Re 数大于 2，须重新假设 Re 数在过渡区或湍流区，再按过渡区或湍流区的公式计算 u_0，再校核 Re 数是否在假设的区域内，直到用所求的 u_0 计算的 Re 数在假设的区域内为止。

例 3-1 已知球形颗粒的直径 d_p 和密度 ρ_p 分别为 30 μm 和 2600 kg/m³，温度 $t=20$ ℃，求球形颗粒在水中和空气中的重力沉降速度 $u_{0水}$ 和 $u_{0空}$。

解 查 20 ℃ 时水的性质，$\rho_水=998\ kg/m^3$，$\mu_水=1\ mPa\cdot S$，20 ℃ 时空气的性质得 $\rho_空=1.2\ kg/m^3$，$\mu_空=0.0181\ mPa\cdot S$

假设沉降在斯托克斯区，则：

在水中
$$u_{0水}=\frac{d_p^{\ 2}(\rho_p-\rho_水)g}{18\mu_水}$$
$$=\frac{(30\times10^{-6})^2(2600-998)\times9.8}{18\times1\times10^{-3}}$$
$$=7.86\times10^{-4}\ (m/s)$$

校核 $Re=\dfrac{d_p u_{0水}\rho_水}{\mu_水}=\dfrac{30\times10^{-6}\times7.86\times10^{-4}\times998}{1\times10^{-3}}=0.024<2$，可见假设正确。

在空气中
$$u_{0空}=\frac{d_p^{\ 2}(\rho_p-\rho_空)g}{18\mu_空}$$

$$= \frac{(30\times10^{-6})^2(2600-1.2)\times9.8}{18\times0.0181\times10^{-3}} = 0.070\ \text{m/s}$$

校核 $Re = \frac{d_p u_{0空} \rho_{空}}{\mu_{空}} = \frac{30\times10^{-6}\times0.070\times1.2}{0.0181\times10^{-3}} = 0.14 < 2$，说明假设正确。

(3) 影响颗粒沉降速度的其他因素

① 颗粒的形状

上面讨论的是针对理想的球形颗粒的自由沉降过程而言的，而实际颗粒的形状是千差万别的。对于非球形颗粒，可先按球形颗粒计算，然后对求得的沉降速度 u_0 进行校正就行了。

② 壁效应

当颗粒接近器壁沉降时，由于壁面流体摩擦阻力的影响，其沉降速度要下降，这种影响称为壁效应。

③ 干扰沉降

当流体中颗粒的浓度较大时，颗粒间距离很近，在沉降时相互之间会产生干扰，此种沉降称为干扰沉降。颗粒的干扰沉降速度小于自由沉降速度，这是因为浓度较大的流体的表观密度和粘度都较自由沉降时的大，而且颗粒在沉降时会受到其他颗粒的碰撞阻碍作用。干扰沉降的速度可按自由沉降速度计算，然后根据颗粒的浓度对流体的密度和粘度进行校正。

④ 分子运动

当颗粒直径小于 0.5μm 时，沉降将受到分子热运动的影响。

3.3.2 重力沉降设备

(1) 降尘室

利用重力作用将含尘气体中的固体颗粒分离出的设备称为降尘室。降尘室一般作为预处理设备，用于分离较大的尘粒，对于粒径较小的尘粒可用离心沉降设备、袋滤器、电除尘等设备处理。

如图 3-2 所示为一较典型的降尘室，含尘气体由进口管进入降尘室后，因流通截面增大而减速，当颗粒由进口沉降到降尘室底部所需的时间小于或等于颗粒由进口到降尘室出口所需的停留时间时，颗粒可被分离出来。

设降尘室的长、宽、高分别为 L、B、H，如图 3-3 所示，颗粒在水平方向的速度与气体的流速相同为 u，垂直方向的速度为 u_0，则颗粒能被分离出来的条件为：

$$\frac{H}{u_0} \leqslant \frac{L}{u} \tag{3-14}$$

当降尘室的尺寸、气体的处理量 q_v 一定时，气体的流速 u 也一定。此条件下，颗粒能被沉降分离出，需有一最小沉降速度 $u_{0\min}$：

$$u_{0\min} = H/(L/u) \tag{3-15}$$

由 $u = q_v/HB$，得：

$$u_{0\min} = q_v/BL \tag{3-16}$$

与 $u_{0\min}$ 相对应的有一最小颗粒直径或称为临界粒径 d_{pc}，临界粒径 d_{pc} 较小时，颗粒沉降运动处于斯托克斯区。由上式及斯托克斯区 u_0 的计算式(3-11) 得：

$$d_{pc} = \sqrt{\frac{18\mu}{(\rho_p-\rho)g}\cdot\frac{q_v}{BL}} \tag{3-17}$$

由上式可见，临界粒径 d_{pc} 与气体的性质（密度 ρ、粘度 μ）、颗粒的密度 ρ_p、气体的处理量 q_v、降尘室的底面积 BL 有关，而与降尘室的高度 H 无关。所以在不降低除尘效果的前提下，为减小降尘室的体积，降尘室多为扁平形；同时，为增大含尘气体的处理量，降尘室可设计成多层。由 d_{pc} 的计算式，当降尘室的底面积 BL 不变时，降尘室分隔成 n 层，相当于每层的高度为原来的 $1/n$，若同时总处理量增大为原来的 n 倍，则临界粒径 d_{pc} 不变，因为 d_{pc} 计算式中的 q_v 为单层气体的处理量维持不变。反之，若总处理量不变，则临界粒径 d_{pc} 减小为原来的$\frac{1}{\sqrt{n}}$，换句话说较小的固体颗粒也能被重力沉降分离出，处理效率增大。但另一方面，降尘室层数较多时排灰较困难。

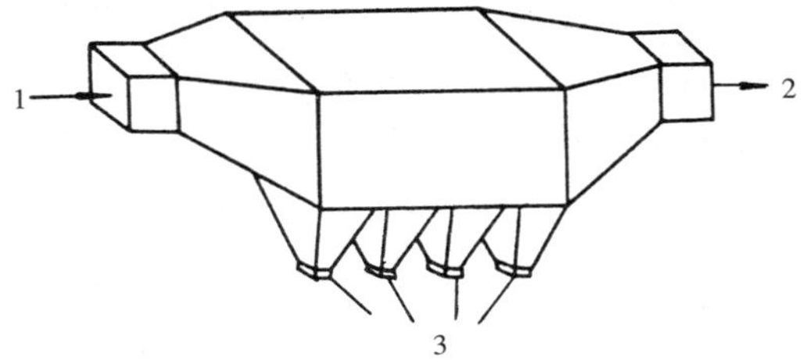

图 3-2　降尘室

1-气体入口；2-气体出口；3-集尘斗

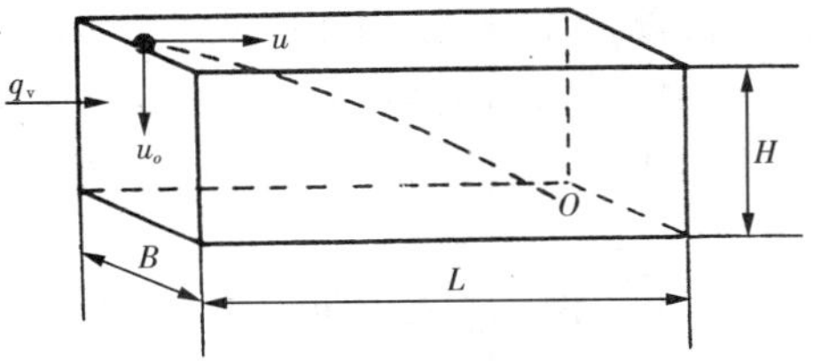

图 3-3　颗粒在降尘室中沉降过程

（2）沉降槽

重力沉降是工业生产中分离液固体系的一种常用的分离方法。常用的重力沉降设备称为沉降槽。按沉降的目的沉降槽又可称为澄清器（注重液流的澄清度）或增浓器（旨在获得较浓的底流）。

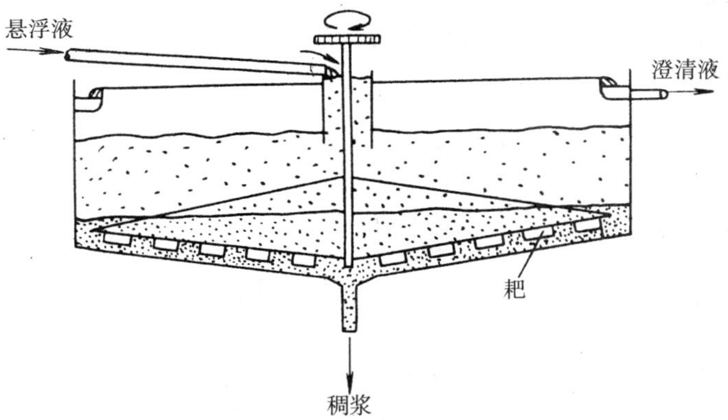

图 3-4　连续式沉降槽

图 3-4 为一处理大量悬浮液的连续式沉降槽，其主体为带锥形底的圆槽。悬浮液由中心处进料管送至液面以下，固体颗粒在上部自由沉降区沉降的同时向四周扩散，而液体向上流动。当液体向上流动的速度小于固体颗粒的沉降速度时，较大的固体颗粒被沉降下来，液体由槽边溢流出，而得到较澄清的液体。在下部增稠区，固体颗粒在沉降过程中浓度越来越大，同时缓慢转动的齿形耙对底部的稠浆挤压可达到增浓的作用，同时把稠浆推向中央排出管处排出。

由于重力沉降速度较慢，为此，常在悬浮液中加入絮凝剂，使小固体颗粒相互团聚成较大的颗粒，以加快沉降过程。例如，某制药厂生产抗生素排放的废水中，COD等含量较大，此种高浓度的有毒有机废水较难降解，用生化法由于投资高、占地大而限制了使用。研究发现，通过向连续式沉降槽内的制药废水中加入聚合氯化硫酸铝和聚合氯化硫酸铝铁混凝剂进行重力沉降，取得了较好的处理效果。由于此种混凝剂均由废液和废渣生产，成本低廉，效益明显。

3.4 离心沉降

前述重力沉降主要用于大尺寸颗粒的分离，对于较细小的颗粒沉降速度很慢，相应的需要较大的沉降设备。这是由于颗粒所受的重力是固定的，不能提高，而利用离心力比利用重力要快得多。颗粒的离心力由转速决定，转速越大，离心力也越大，颗粒的沉降速度可提高许多倍。利用离心力在分离出很细小颗粒的同时，也使沉降设备的体积减小很多。

3.4.1 离心沉降速度

如图 3-5 所示，颗粒在离心力场中沉降达平衡时，离心力等于颗粒所受的浮力和曳力之和。设圆内的流体以角速度 ω 旋转，流体的密度和粘度为 ρ、μ，流体中悬浮有密度、直径和质量分别为 ρ_p、d_p、m 的球形颗粒。颗粒距中心的半径为 r，假设颗粒与流体旋转的角速度相同。颗粒的切向速度 u_t，颗粒与流体在径向上的相对速度即径向速度为 u_r（或称离心沉降速度），则上述三个力达平衡时，有：

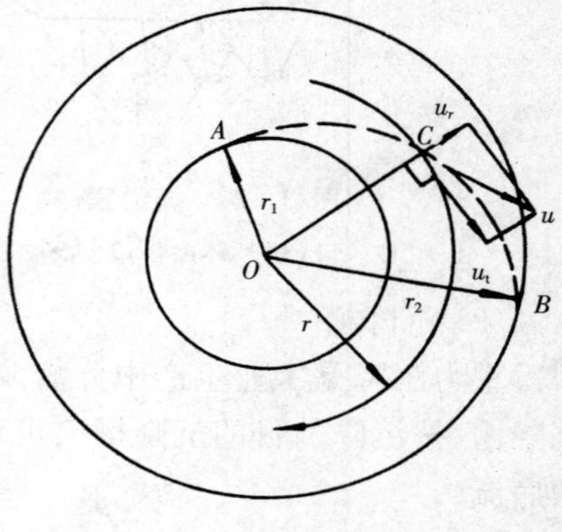

图 3-5 颗粒在旋转流体中的运动

离心力 = 浮力（向中心）+ 曳力（向中心）

由

$$离心力 = mr\omega^2 = \frac{\pi}{6} d_p{}^3 \rho_p r\omega^2 = \frac{\pi}{6} d_p{}^3 \rho_p \frac{u_t{}^2}{r} \tag{3-18}$$

$$浮力 = \frac{\pi}{6} d_p{}^3 \rho r\omega^2 = \frac{\pi}{6} d_p{}^3 \rho \frac{u_t{}^2}{r} \tag{3-19}$$

$$曳力 = \zeta \frac{\pi d_p^2}{4} \frac{\rho u_r^2}{2} \tag{3-20}$$

将三个力的表达式代入上述力平衡方程，解得离心沉降速度：

$$u_r = \sqrt{\frac{4d_p(\rho_p - \rho)}{3\zeta\rho} \frac{u_t^2}{r}} \tag{3-21}$$

可见，离心沉降速度的表达式与重力沉降速度的表达式(3-10)很相似，差别在重力沉降速度的表达式中加速度为 g，而对于离心沉降速度则为$\frac{u_t{}^2}{r}$。同一颗粒所受的离心力和重力之比为：

$$K_c = \frac{\left(\frac{u_t{}^2}{r}\right)}{g} \tag{3-22}$$

K_c 称为离心分离因数，用于比较离心力与重力的相对大小。当颗粒在切向的速度 u_t 很大，而距离中心 r 又很小时，离心分离因数 K 很大，说明离心沉降速度比重力沉降速度大许多倍。

由于离心沉降主要用于沉降较小的颗粒，小颗粒在沉降时常处于斯托克斯区，将阻力系数 $\zeta = 24/Re$（式中 $Re = d_p u_r \rho/\mu$）代入 u_r 的表达式(3-21)中得：

$$u_r = \frac{d_p{}^2(\rho_p - \rho)}{18\mu}\frac{u_t{}^2}{r} \tag{3-23}$$

3.4.2　离心沉降设备

(1) 旋风分离器

旋风分离器是利用离心力来净化含尘气体的离心沉降设备，其结构简单，制造方便，分离效率高，是生产中常见的气体净化设备。

① 结构与操作

如图 3-6 所示，旋风分离器由上部圆筒体、下部圆锥体、含尘气体进口、净化气出口、排灰口等组成。含尘气体从长方形进口以切线方向进入上部圆筒内，进口气速约 15 ～ 20m/s，然后沿器壁以螺旋形气流向下流动。到了圆锥体部分，由于旋转半径缩小而切向速度增大，到了圆锥的底部受阻而折向上运动，最后，从顶部净化气出口排出。气体中的颗粒由于离心作用向器壁沉降，然后沿器壁落下，从排灰口进入底部灰斗。

生产中常见的旋风分离器有两种类型，如图 3-7 所示。图中给出了其结构尺寸的例子。

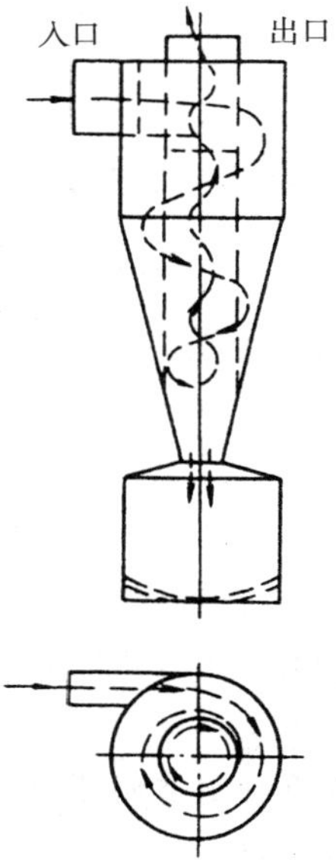

图 3-6　旋风分离器内的气流

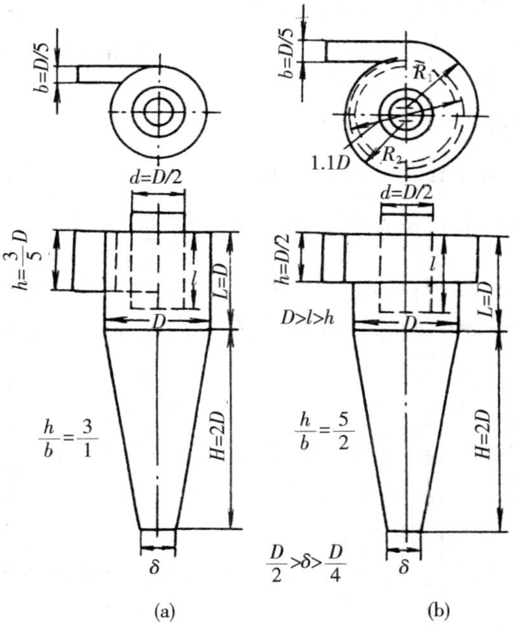

图 3-7　两种标准型旋风分离器的尺寸比例

② 临界粒径

正如降尘室一样，这里的临界粒径是指旋风分离器能够除去的最小颗粒的直径。它是旋风分离器的主要性能之一，可由如下假定推得：第一，颗粒在分离器内的任何位置的切向速度 u_t 均相同，且等于进口气速 u_i；第二，颗粒由进口向器壁的沉降过程穿过的最大厚度等于进气口

宽度 b;第三,颗粒的沉降处于斯托克斯区。

将离心沉降速度的计算式中的 u_t 用 u_i 代替,旋转半径 r 用平均半径 r_m 代替得:

$$u_r = \frac{{d_p}^2(\rho_p - \rho)}{18\mu}\frac{{u_i}^2}{r_m} \tag{3-24}$$

颗粒能够分离出来的条件是:颗粒从进口向器壁沉降所需的时间(沉降时间)不大于颗粒从进口随螺旋形气流到达底部再折向上进入净化气出口前所需的时间(停留时间),设气体在停留时间内的旋转圈数为 n,则:

$$停留时间 = \frac{2\pi r_m n}{u_i} \tag{3-25}$$

又

$$沉降时间 = \frac{b}{u_r} = \frac{18\mu r_m b}{{d_p}^2(\rho_p - \rho){u_i}^2} \tag{3-26}$$

当沉降时间刚好等于停留时间时所对应的粒径即为能分离出的最小颗粒的直径(临界粒径 d_{pc}),把沉降时间计算式内的 d_p 改为 d_{pc},并令两时间计算式相等,解得临界粒径 d_{pc} 的表达式:

$$d_{pc} = \sqrt{\frac{9\mu b}{\pi n u_i(\rho_p - \rho)}} \tag{3-27}$$

上式中,$n \approx 5$,相对于固体颗粒,气体的密度很小,所以 $\rho_p - \rho \approx \rho_p$。对于标准型旋风分离器,各个部分尺寸的相对大小是成一定比例的,如前所述的两种类型旋风分离器,以圆筒体的内径 D 为基准来表示其他部分的尺寸,小型旋风分离器进气口宽度 b 小。上式表明:处理同样的气量时,小型旋风分离器比大型旋风分离器进口气速 u_i 大,分离的临界粒径 d_{pc} 较小,分离效率较高。所以生产上常用几个小型的旋风分离器并联在一块,构成旋风分离器组以代替一个较大的分离器。

③ 压力损失

旋风分离器在工作时,压力损失有一个适宜的范围,过大的压力损失会增大能耗。气体通过旋风分离器的压力损失可表示成动压的一个倍数:$\Delta p = \zeta\rho\frac{u_i^2}{2}$。由于标准型旋风分离器各个部分的尺寸成比例,所以只要型号相同,ζ 就是一个定值,与分离器的大小无关。对于前述图 3-7 中的两种标准型旋风分离器,式中的阻力系数 ζ 可表示成:

$$\zeta = \frac{30bh\sqrt{D}}{d^2\sqrt{L+H}} \tag{3-28}$$

该式中分离器的各参数与图 3-7 相同,阻力系数 ζ 约等于 8。Δp 的计算式表明,分离器的型号一定时,气体的密度 ρ 和进口气速 u_i 越大,压力损失也越大。旋风分离器的压力损失一般在 0.3 ~ 2 kPa 范围内。

旋风分离器用于分离 5 μm 以上的颗粒效果较好。对于更小的颗粒可用袋滤器或湿式除尘装置做进一步处理。

(2) 旋液分离器

旋液分离器与旋风分离器的结构和工作原理相似,是利用离心力的作用对颗粒增稠或对不同大小或密度的颗粒进行分级。

图 3-8 所示,悬浮液由上部的进口以切向进入,形成向下的旋流,此过程中较大而重的颗粒被抛向器壁并随液流下降到锥形管的底部,成为较稠的悬浮液而排出,称为底流。剩余的细

小颗粒随液流以内旋流折向上进入中心管排出，称为溢流。

与气体相比，液体的密度 ρ、粘度 μ 很大，而进口速度 u_i 较小。分析前述旋风分离器 d_{pc} 的表达式可知，为维持较小的临界粒径 d_{pc}，旋液分离器的直径要小很多，外形呈细长形。另一方面，参考旋风分离器的 $\Delta p \propto \rho$，旋液分离器处理的是密度比气体大上千倍的液体，其压力损失也会大很多，约在 50 ～ 200 kPa 范围内。

与重力沉降相比，旋液分离器的分离效率高，处理量大，占地面积小，费用低廉。在分离和分级两种过程中得到了广泛应用。在制药生产的西药原料增浓和分级过程中常采用旋液分离器，如生产淀粉液等。目前，在中药生产上还很少采用。

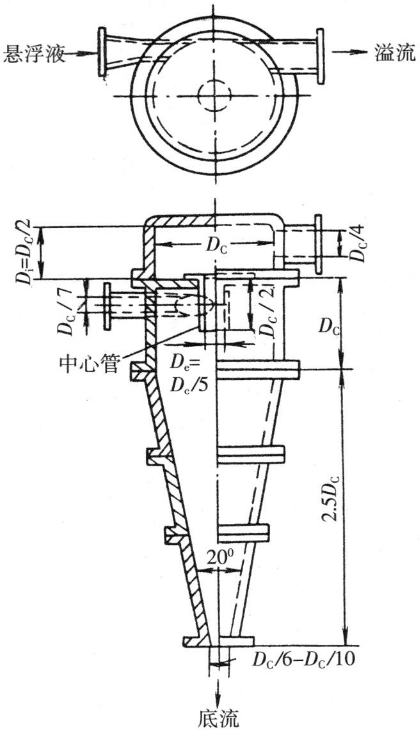

图 3-8 旋液分离器

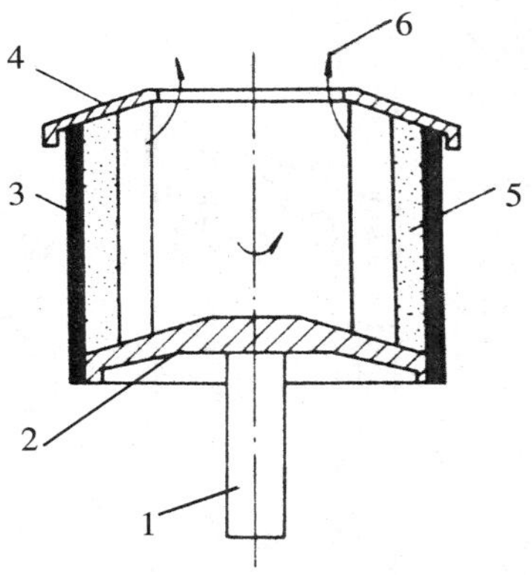

图 3-9 沉降离心机

1-转鼓回转轴；2-转鼓底；3-转鼓壁；4-拦液板；5-滤渣；6-滤液

(3) 沉降离心机

如图 3-9 所示，沉降离心机由存放物料的转鼓、带动转鼓旋转的转轴及为了保持物料在转鼓内处在对称的离心力场中而设置的其他基本结构组成。

转鼓高速旋转时，物料各相受到的离心力的大小不同，大颗粒受到的离心力最大，在转鼓的最外层，小颗粒聚集到转鼓的内层，澄清液则从机上溢流。

离心沉降主要用于分离含固量小、颗粒较细的悬浮液。如果用于分离乳浊液，所用的沉降离心机叫做分离机。

沉降离心机有多种，下面着重介绍制药、化工等行业中使用较多的两种沉降离心机。

① 管式分离机

图 3-10 所示，为两种类型的管式分离机，其结构特点是：挠性主轴、管状转鼓、转速高、转鼓直径小。以上特点决定了其离心分离因数较大，可以分离较难分离的液-液、液-液-固物系。

图示 GF 型，密度大的液相形成外环，小的液相形成内环，再从转鼓上端各自的出口排出，少量固相沉积在转鼓壁上，待停机后由人工卸出。GF 型主要用于乳浊液，特别是两相密度差甚小的液-液分离，或是含少量颗粒的液-液-固的分离。如各种药液、各种口服液、血浆、生物制品的分离等。对于 GQ 型，固体颗粒沉积到转鼓壁上，停机后由人工卸出，澄清的液相从上端的出口排出。GQ 型适于各种难分离的悬浮液的分离，尤其适用于粘度大、浓度小、粒径细、固液密度差小的悬浮液的分离。如各种药液、各种口服液、血液分离，各种蛋白、果胶的提取等。在中药口服液的生产中，澄清度是一个较难解决的问题，澄清度低不仅影响外观质量，不利于销售，同时也降低了疗效。有关研究表明，虽然传统的水提醇沉法简便易行，但对含多糖类有效成分的中药口服液而言，醇沉后多糖大量损失，不宜用简单的醇沉来解决澄清度问题。将水提醇沉和离心分离相结合，通过调节离心时的转速、时间和药液的温度，不仅改善了澄清度，也保留了多糖类有效成分。

管式分离机能够获得很纯的液相和密实的固相，结构简单，运转平稳。不足之处是固相的排出需停机才能卸出，生产能力低。该机的发展趋势是制造密闭加压的机器和选用高强度的转鼓材料以提高离心分离因数，增大生产能力。

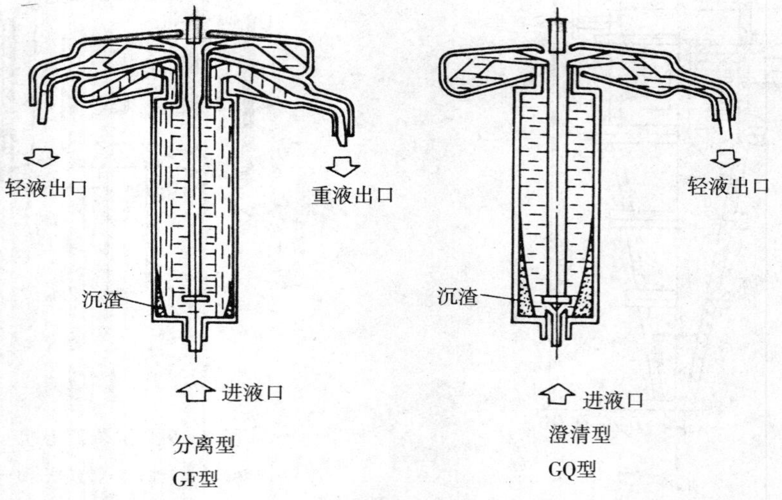

图 3-10　管式分离机工作原理图

② 碟式分离机

碟式分离机主要用于两种不同密度乳浊液或固相含量少的悬浮液的分离。

分离型碟式分离机

如图 3-11 所示 DRY 碟片分离机为一种分离型碟式分离机，料液由上部中心进料管加入到转鼓底部，经碟片下部的分流孔流向转鼓壁。在离心力作用下，固相在转鼓内壁形成沉渣，待停机后由人工卸出。重液沿锥形碟片内锥面趋向鼓壁，然后向上由重液出口排出；轻液沿外锥面向轴心流动，由轻液出口排出，从而完成重液和轻液的分离。此类型碟式分离机的主要特点是：分离能力强，产量大，结构简单，操作维修方便，价格低，可用于乳浊液或固相含量为 1% ～5% 的悬浮液的分离。

澄清型碟式分离机

图 3-12 所示 DHY 500 碟片分离机为一种澄清型碟式分离机，料液由上部中心进料管加

入到转鼓底部，经碟片下部的分流孔流向转鼓壁，在离心力场作用下，固相在转鼓内壁形成沉渣，在滑动转鼓的控制下，经排渣口排出机外。重液沿锥形碟片内趋向鼓内壁，上行后由重液泵排出机外，轻液沿碟片内壁上行后由轻液泵排出机外。该类型碟式分离机的主要特点有：分离能力强，可实现液-液-固三相分离，可实现自动控制，结构简单，操作维修方便，可广泛应用于医药、化工、饮料、乳品、生物等多种行业。

碟式分离机由于可自动连续操作，产量大，并可制成密闭、防爆结构因而应用较广。

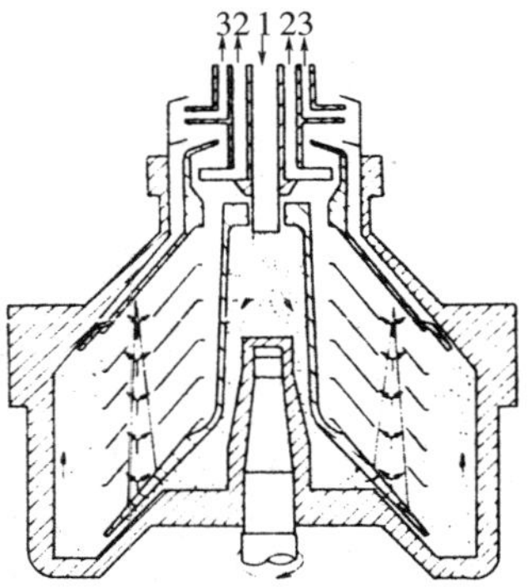

图 3-11　DRY **碟片分离机原理图**

1-进料口；2-轻液；3-重液

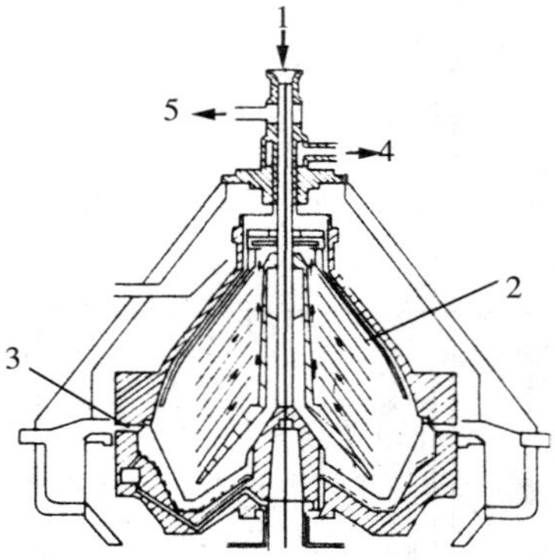

图 3-12　DHY500 **碟片分离机原理图**

1-进料口；2-碟片；3-固相排渣口；4-重液出口；5-轻液出口

3.5　过　滤

3.5.1　概　述

(1) 过滤

过滤是使固体悬浮液中的液体穿过布、网等多孔介质(过滤介质)，而固体颗粒被截留住的一个单元操作过程。被过滤的固体悬浮液称为滤浆，穿过多孔介质后的液体称为滤液，被截留的含湿固体称为滤渣或滤饼。

推动液体穿过过滤介质的力有：重力、压差或离心力。

制药生产中常见的过滤分离操作有：深层过滤(图 3-13)、滤饼过滤(图 3-14)、预敷和掺浆过滤、离心过滤、动态过滤、微滤与超滤等。

① 滤饼过滤

滤饼过滤开始时，由于过滤介质的多孔性，细小的颗粒可穿过过滤介质，形成的滤液较为混浊，而大的颗粒被截留在过滤介质表面形成滤饼。随着过滤的进行，滤饼越来越厚，滤液穿过滤饼的阻力增大，过滤速度下降，细小的颗粒也能被滤饼本身截留住，滤液变清，滤饼起主要过滤作用，而过滤介质的过滤作用降到次要位置，主要起支撑作用。滤饼过滤常用于处理含固量高于1％滤浆，可得到较多的固体物。改善滤饼结构，降低滤饼阻力，减薄滤饼厚度并使过滤能连续进行是滤饼过滤的发展方向。

根据推动力，滤饼过滤设备中有加压过滤机、真空过滤机、过滤离心机和带压榨的过滤机。

这些过滤设备在生产中都得到了广泛应用。

② 深层过滤

深层过滤时过滤在过滤介质内部进行，过滤介质表面没有滤饼形成。深层过滤有两种：粒状介质构成床层的深层床过滤和极小孔径构成的滤芯式过滤。深层过滤的推动力有重力和压力。滤芯式过滤的过滤介质由滤纸、滤网或滤膜构成并易于更换。过滤时，滤浆由泵送入过滤器，当过滤器积满颗粒时，压差升高，即需更换或再生。滤芯式过滤适宜处理含固量低于1％～0.1％的滤浆，以减小滤芯的过滤次数。

中药生产中，滤芯过滤器常用于精滤药液，以达到除菌和要求澄清度的目的。由金属烧结和微孔陶瓷烧结成的滤芯在耐温、防腐和满足卫生方面都是非常理想的精滤和除菌设备。

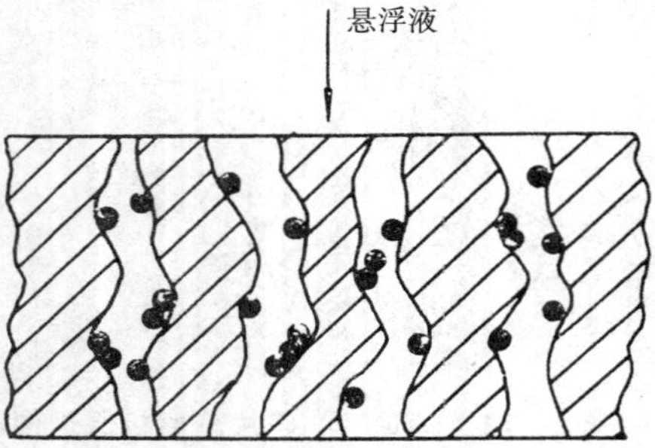

图 3-13 深层过滤

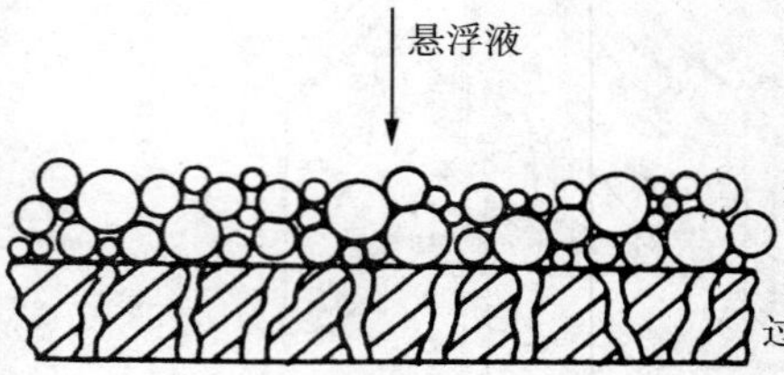

图 3-14 滤饼过滤

③ 预敷-掺浆过滤

对于可压缩或高粘度物料的过滤，若采用前述的过滤方式，过滤速度很慢，甚至难以进行。采用预敷-掺浆过滤可以大大改善这种情况。预敷过滤是指在滤布或滤网上涂敷一层助滤剂（如硅藻土、珍珠盐、活性炭等）形成疏松且不易变形的滤饼作为过滤介质，来过滤悬浮液，可以防止滤布或滤网孔道被细小的颗粒堵塞，减小过滤的阻力，增大过滤的速度，且一开始就可得到澄清的滤液。所谓掺浆过滤是指在料浆中加入助滤剂，以改善形成的滤饼的结构，减小过滤的阻力。生产上常将预敷和掺浆过程相结合即预敷-掺浆过程用于可压缩和高粘度物料的过滤，以减小过滤阻力，使过滤更易进行。对制药、食品、生物等领域中使用的助滤剂除具有上述特点外，还应满足卫生、安全的要求。

④ 离心过滤

离心过滤是利用离心力场的作用使悬浮液中的液体通过多孔材料层流出形成滤液，固体被留在材料层上形成滤渣而实现分离。离心过滤由过滤离心机来完成，其与离心沉降装置的主要区别是转鼓内必须设有网状结构的材料层。离心过滤主要用于含固量多，固体颗粒较大的悬浮液的分离。

⑤ 动态过滤

对于具有高粘度、可压缩或高分散性特点的难过滤物料也可采用动态过滤技术。其与滤饼过滤的比较如图 3-15 所示。主要特点有：浆料在过滤介质表面过滤时，平行于表面流动，形成的滤饼很薄，过滤的阻力极小，又由于是连续过程，其过滤速度是一般滤饼过滤速度的数倍以上。过滤的同时可以加洗涤液，洗涤效率高。目前几种已投入使用的动态过滤装置如图 3-16 所示。

⑥ 微滤与超滤

微滤和超滤属于膜分离技术，与传统的过滤过程相比，微滤与超滤在医药的除菌、分离、提纯、乳制品的浓缩、精制、饮料的澄清等过程中已显示出明显的优势，是目前发展极快且应用最广的精滤技术之一。

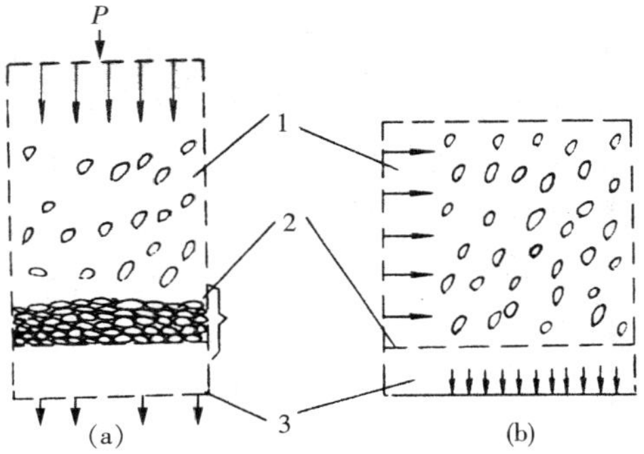

图 3-15 两种过滤机理的比较

(a) 滤饼过滤；(b) 动态过滤

1-滤浆；2-滤饼；3-滤液

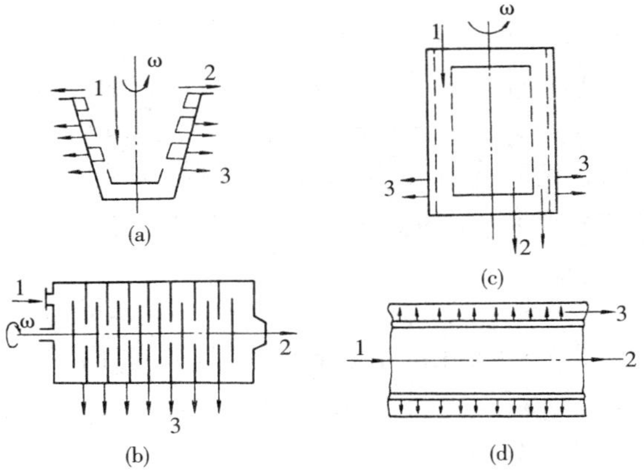

图 3-16 几种动态过滤装置示意

1-滤浆；2-滤饼；3-滤液

(2) 过滤介质

过滤介质为多孔性物质起到使液体通过而固体颗粒被截留住的作用。直径比较大的颗粒被直接截留，直径比其小的可在孔道上架桥而不能通过。另外，根据悬浮液的性质和操作条件的不同，过滤介质要有相应的耐热性、耐腐蚀性及足够的机械强度。根据形状，过滤介质可分为：织物介质（滤布、滤网）、堆积的粒状介质、管或板状介质（滤芯、滤膜）。过滤介质的制备材料有：天然材料（绵、麻、毛）、合成纤维（尼龙、聚氯乙烯等）、金属丝（铜、不锈钢）、陶瓷等。

3.5.2 过滤速率基本方程式

过滤速率是指单位时间内过滤出的滤液体积，单位为 m^3/s。单位过滤面积的过滤速率称为过滤速度，单位为 m/s。若过滤机的过滤面积以 A 表示，过滤出 V 体积滤液所需的过滤时间是 τ，则在 τ 时刻的过滤速率为：$dV/d\tau$，过滤速度为 $dV/Ad\tau$。

过滤速率基本方程式是描述过滤所得滤液体积与时间的关系式。由其可计算过滤一定体积的滤液所需的时间或一定时间内获得的滤液量。

过滤速度可表示成推动力除以阻力的形式：过滤速度 = 过滤推动力 / 过滤阻力，此处过滤推动力设为总压差 Δp，其中包括滤液穿过过滤介质产生的压差 $\Delta p_{介质}$ 和穿过滤饼产生的压差 $\Delta p_{滤饼}$，过滤阻力以 R 表示，其单位是：$N \cdot s/m^3$，阻力包括过滤介质阻力 $R_{介质}$ 和滤饼的阻力 $R_{滤饼}$，即：

$$dV/Ad\tau = \Delta p/(R_{介质} + R_{滤饼}) = (\Delta p_{介质} + \Delta p_{滤饼})/(R_{介质} + R_{滤饼}) \quad (3-29)$$

由于滤液穿过过滤介质和滤饼可看成串联操作过程，所以过滤速度也可以表示成：

$$dV/Ad\tau = \Delta p_{滤饼}/R_{滤饼} = \Delta p_{介质}/R_{介质} \quad (3-30)$$

过滤若在一定的压力下进行，随着滤液量的增多，滤饼的厚度也在增大，过滤阻力增大，过滤速率降低。反之，若在一定的过滤速率下进行，过滤所需的压力必然增大。也就是说过滤是一个不稳定的操作过程。流体通过滤饼层的细微孔道流动时流速很慢，多处于层流区，过滤可以比拟成液体通过圆形管的流动过程，由第一章圆形管内层流的哈根-泊谡叶方程得：

$$u=\frac{\Delta p}{32\mu l\dfrac{1}{d^2}} \tag{3-31}$$

对于过滤过程，上式中的 u 可视为流体通过滤饼层孔道内的流速，该流速正比于过滤速度 $\mathrm{d}V/A\mathrm{d}\tau$，即：$\mathrm{d}V/A\mathrm{d}\tau \propto u$。压差 Δp 与 $\Delta p_{滤饼}$ 相对应。上下游截面之间的距离 l 与饼层孔道长度相对应，而孔道长度与滤饼层的厚度 L 成正比，滤饼层的厚度与单位过滤面积的干滤饼质量 wV/A 成正比，即：$l \propto L, L \propto wV/A$，式中 w 为过滤单位体积滤液所得干滤饼质量。d 视为孔道直径，对一定的滤饼层孔道直径为定值。由以上分析，得过滤速度 $\mathrm{d}V/A\mathrm{d}\tau$ 的表达式：

$$\frac{\mathrm{d}V}{A\mathrm{d}\tau}=\frac{\Delta p_{滤饼}}{r\mu wV/A} \tag{3-32}$$

上式中的比例系数 r 称为滤饼的比阻，结合前面的式子，知：

$$R_{滤饼}=r\mu wV/A \tag{3-33}$$

当 $wV/A=1\ \mathrm{kg/m^2}$，且 $\mu=1\ \mathrm{Pa\cdot s}$ 时，$r=R_{滤饼}$，r 的单位为 m/kg。可见，比阻 r 可理解为当单位过滤面积上形成 1 kg 的滤饼，且滤液为单位粘度时，滤饼所产生的阻力。

相似的，若过滤速度 $\mathrm{d}V/A\mathrm{d}\tau$ 以滤液通过过滤介质的压差和阻力来表示，则：

$$\frac{\mathrm{d}V}{A\mathrm{d}\tau}=\frac{\Delta p_{介质}}{r\mu wV_e/A} \tag{3-34}$$

式中，V_e 为虚拟滤液量，含义是过滤介质的阻力相当于过滤出 V_e 体积的滤液所形成的滤饼的阻力，即：

$$R_{介质}=r\mu wV_e/A \tag{3-35}$$

将滤液通过过滤介质和滤饼的过滤过程统一起来，得：

$$\frac{\mathrm{d}V}{A\mathrm{d}\tau}=\frac{\Delta p_{介质}}{r\mu wV_e/A}=\frac{\Delta p_{滤饼}}{r\mu wV/A} \tag{3-36}$$

由加和原理及 $\Delta p=\Delta p_{介质}+\Delta p_{滤饼}$，得：

$$\frac{\mathrm{d}V}{A\mathrm{d}\tau}=\frac{\Delta p_{介质}+\Delta p_{滤饼}}{r\mu w(V_e+V)/A}\qquad \frac{\mathrm{d}V}{A\mathrm{d}\tau}=\frac{\Delta p}{r\mu w(V_e+V)/A}$$

$$\frac{\mathrm{d}V}{\mathrm{d}\tau}=\frac{A^2\Delta p}{r\mu w(V_e+V)} \tag{3-37}$$

式(3-37)即为所求的过滤速率基本方程式。分析此式可见：τ 时刻的过滤速率 $\mathrm{d}V/\mathrm{d}\tau$ 与操作条件(压差 Δp)、过滤机的尺寸(面积 A)、悬浮液的性质(滤液的粘度 μ)等有关。过滤的推动力——压差 Δp 和过滤的面积 A 越大，过滤速率 $\mathrm{d}V/\mathrm{d}\tau$ 越快；滤浆的浓度 w、滤液的粘度 μ、滤饼的比阻 r 越小，过滤速率 $\mathrm{d}V/\mathrm{d}\tau$ 也越快。另外，随着滤液量的增多，过滤速率 $\mathrm{d}V/\mathrm{d}\tau$ 会逐渐下降。若需获得累计滤液量与时间的关系尚需对微分形式的过滤速率基本方程进行积分。

间歇操作的过滤机常在恒压、恒速或变速变压下操作，操作较灵活。但连续操作的过滤机一般在恒压下操作，因此生产上恒压操作的情形较为常见。鉴于此，下面的讨论仅限于恒压操作的计算。

3.5.3 恒压过滤

(1) 恒压过滤方程式

恒压操作下，Δp 为常数，若一定的悬浮液在某一温度下，于确定的过滤机上进行过滤时，

r、μ、w、A 均为常数，故对过滤速率基本方程式(3－37)积分，则：

$$\int_0^V (V+V_e)\mathrm{d}V = \frac{A^2\Delta p}{\mu r w}\int_0^\tau \mathrm{d}\tau$$

$$\frac{V^2}{2} + VV_e = \frac{A^2\Delta p}{\mu r w}\tau \quad (3-38)$$

设 $K = \frac{2\Delta p}{\mu r w}$，上式变为：

$$V^2 + 2VV_e = KA^2\tau \quad (3-39)$$

若令 $\frac{V}{A} = q$，$\frac{V_e}{A} = q_e$，得：

$$q^2 + 2qq_e = K\tau \quad (3-40)$$

式(3－39)、(3－40)均称为恒压过滤方程式，式中的过滤常数 K 和 q_e 需由实验测定。

(2) 过滤常数的测定

运用恒压过滤方程式进行有关的设计和计算时，须先知道过滤常数 K 和 q_e，K 和 q_e 一般由实验确定，q_e 由过滤介质的性质决定。分析 K 的表达式，可知 K 与操作条件(压差 Δp、温度)、悬浮液的性质有关，当这些因素改变时，K 会跟着变化。所以，只有在和生产相同的条件下测定的过滤常数才较为可靠。

将恒压过滤方程式 $q^2 + 2qq_e = K\tau$ 改写成：

$$\frac{\tau}{q} = \frac{1}{K}q + \frac{2}{K}q_e \quad (3-41)$$

$\frac{\tau}{q}$ 和 q 为线性关系，测定过滤出不同体积 V 的滤液所需的时间 τ，计算出相应的两个参数 $\frac{\tau}{q}$ 和 q，以 q 为横坐标，$\frac{\tau}{q}$ 为纵坐标，求出直线的斜率 $\frac{1}{K}$ 和截距 $\frac{2}{K}q_e$，即可得到过滤常数 K 和 q_e。$\frac{\tau}{q}$ 与 q 的关系如图 3－17 所示。

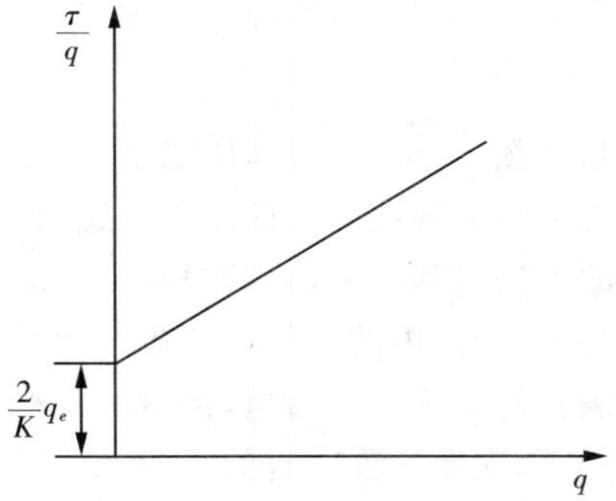

图 3－17　$\frac{\tau}{q}$ 与 q 的关系

3.5.4　过滤设备

以上介绍了过滤的基本原理，下面介绍制药、化工、食品、环保等行业中广泛使用的几种过滤分离设备：板框压滤机、转鼓真空过滤机、过滤离心机等。

(1) 板框压滤机

顾名思义，板框压滤机是由多块板和框交替排列组成的，如图 3－18 所示，板和框之间由过滤介质滤布隔开，重叠在一起，再压紧放置在机架上的。滤板和滤框的左上角和右上角均有一个圆孔，当压紧时，左上角的圆孔相通构成洗水通道，右上角的圆孔也相通构成滤浆的通道。过滤时，滤饼是在滤框内两侧的滤布表面形成的，滤框的右上角的圆孔有斜槽与框内相通，而左上角的圆孔与框内不相通。滤板表面有纵横交错的沟槽构成，从而形成凸凹不平的表面，凸面用来支撑滤布，凹面是滤液或洗水的通道。滤板有两种：洗涤板和非洗涤板。两种滤板的右上角圆孔为滤浆的通道均与滤板内的凹槽不相通。洗涤板和非洗涤板结构上的区别在于：洗涤板的左上角的圆孔有斜槽与板内的凹槽相通，而非洗涤板的左上角的圆孔与板内的凹槽不相通。为区分开板和框，铸造时，在板和框的外侧面分别铸有一个、两个或三个小钮。非洗涤板为一钮板，洗涤板为三钮板，框为二钮板。

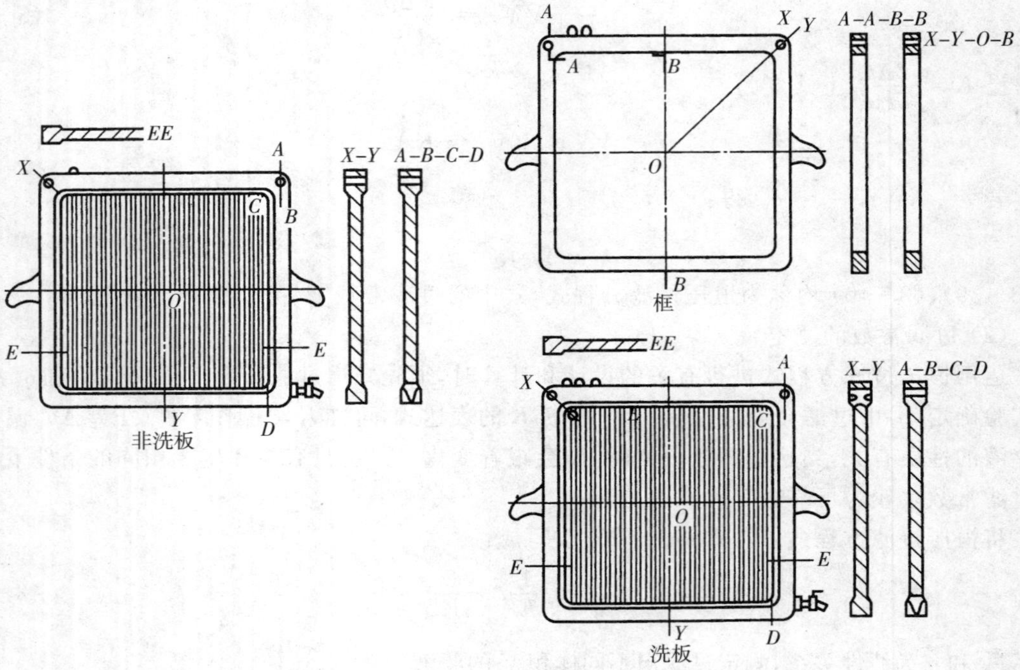

图 3-18　板框压滤机的板和框

图 3-19 为板框压滤机的过滤和洗涤过程。过滤时，滤浆在一定的压力下首先进入板和框右上角的圆孔构成的滤浆通道，再由滤框右上角圆孔内的斜槽进入框内。滤液穿过滤框两侧的滤布进入到相邻两侧的板内，再由板下方的旋塞排出。滤浆中的颗粒被截留，在滤布表面形成滤饼，当框内的空间被滤饼充满时，过滤就要停止下来。若需要洗涤，洗水进入板和框左上角的圆孔构成的洗水通道，再由洗涤板的左上角圆孔内的斜槽进入洗涤板内。洗水向板的两侧流动，依次穿过紧靠着的滤布、滤饼和滤框另一侧的滤饼、滤布，再流进非洗涤板的凹槽内，最后由非洗涤板下方的旋塞流出。洗涤时，为避免洗水短路，洗涤板下方的旋塞必须关闭。

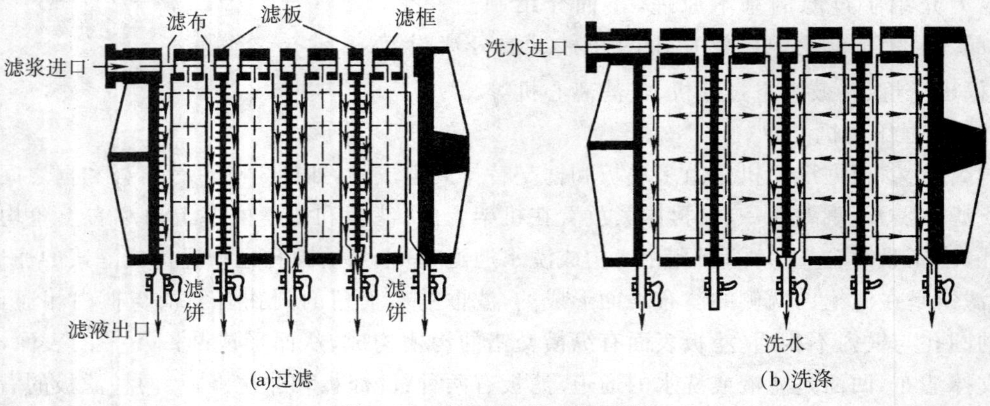

图 3-19　压滤机的过滤与洗涤

洗涤结束后，打开板、框，卸下滤饼，洗涤滤布、板和框，重新装合，进入下一个循环。

板、框用的材料有：不锈钢、塑料。

板框压滤机是化工、制药、农药等行业需求量最大的加压过滤机，具有以下优点：结构简单、操作容易、使用寿命长、单位过滤面积占地少、过滤面积选择范围宽、对物料的适应性强、滤饼的含湿量低等。为克服旧式板框压滤机人工卸料劳动强度大的缺点，近年来，带自动装拆、自动洗涤装置甚至全自动程序控制或微机控制的板框压滤机已经出现，并且发展较快。

为适应资源、能源开发和"三废"治理的需要，国外过滤分离设备正向大型化方向发展。过滤机用的材料由不锈钢向聚丙烯和其他塑料发展。

例 3-2　某生产过程每年需得滤液 6000 m^3，年工作日为 310 天，一天按 24 小时计算，采用间歇式过滤设备，恒压操作，每一操作周期为 2.5 小时，其中过滤时间为 1.5 小时。现测得操作条件下的过滤常数为：$K = 4 \times 10^{-6}\ m^2/s$，$q_e = 2.5 \times 10^{-2}\ m^3/m^2$，滤饼不洗涤，试求：

(1) 所需的过滤面积；

(2) 若用滤框尺寸为 635 mm × 635 mm × 25 mm 的板框压滤机操作，需多少个滤框？

解　(1) 每一周期滤液量 $V = \dfrac{6000}{\left(\dfrac{310 \times 24}{2.5}\right)} = 2.0\ m^3$

恒压过程　$q^2 + 2qq_e = K\tau$　　其中 $\tau = 1.5 \times 3600 = 5400\ s$

则　$q = \sqrt{K\tau + q_e^2} - q_e = \sqrt{4 \times 10^{-6} \times 5400 + (2.5 \times 10^{-2})^2} - (2.5 \times 10^{-2}) = 0.124\ m^3/m^2$

所需的过滤面积　$A = V/q = 2.0/0.124 = 16.1\ m^2$

(2) 一块框的过滤面积　$A_1 = 2 \times 0.635 \times 0.635 = 0.806\ m^2$

所需滤框数　$A/A_1 = 16.1/0.806 = 19.98 \approx 20$

所需滤框数为 20 块。

(2) 转鼓真空过滤机

① 转鼓真空过滤机的结构与操作

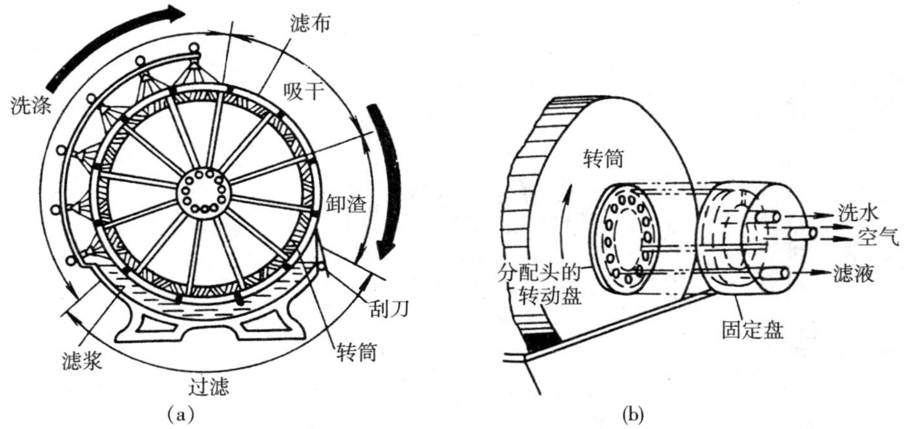

图 3-20　转鼓真空过滤机操作示意图

(a) 转筒及操作示意；　(b) 分配头

转鼓真空过滤机是工业上应用较广的连续操作过滤设备，主要应用于制药、制碱、造纸、纺织、制糖等行业。其结构和工作原理如图 3-20 所示，主要部件为转鼓。转鼓表面覆盖有金属支撑网和滤布，转鼓内被隔板分成多个小过滤室，每个过滤室通过细管与端面上转动盘的孔相通。转动盘与支座上的固定盘之间的接触面由弹簧压紧，紧密配合，保持密封。与转动盘配合的固定盘的接触面上有三个圆弧凹槽，分别与抽滤液真空系统、抽洗水真空系统和吹气系统相连。转动盘和固定盘合在一起称为分配头。当转鼓浸没在槽内液面以下后，便进入过滤区，液面下的转鼓区域经分配头与抽滤液真空系统相通，在内外压差下，滤液穿过滤网由细管、分配头被抽出至洗水真空系统，同时在滤网上形成一层滤饼。当转鼓转到液面以上后，便进入洗涤区，在该区域内转鼓表面的滤饼被喷下的洗水淋洗。再往下即进入吸干区，转鼓在吸干区的表面与抽洗水真空系统相通，滤饼中的洗水被洗水真空系统抽走，使滤饼的含水量降到要求值。最后，干滤饼被刮刀卸下，然后又进入下一个循环。可见，转鼓真空过滤机在工作时，也要依次经过过滤、洗涤、吸干和卸渣等操作过程。与板框压滤机不同的是，这些操作在同一时刻进行。

转鼓真空过滤机自动连续操作，适用于处理量大、固体含量多、沉降速度较低且压差要求不大的场合。

② 转鼓真空过滤机的生产能力

单位时间内所获得的滤液量称为过滤机的生产能力，以 Q (m^3/s) 表示。转鼓的任一表面在旋转一周过程中，只有在浸没在悬浮液面以下的时间段才是过滤过程，转鼓真空过滤机的转鼓表面浸没在悬浮液面以下的分数称为浸没率 Ψ，可表示为：

$$\Psi = \frac{\text{转鼓的浸没面积}}{\text{转鼓的总表面积}} = \frac{\text{转鼓的浸没角度}}{360} \tag{3-42}$$

若转鼓的转数为 n/s，一周期的过滤过程可看成是整个表面都在过滤，但过滤时间只有 Ψ/n(s)，以一周为基准，则一周内的过滤时间 τ 为：$\tau = \Psi/n$(s)。

设转鼓的过滤总表面积为 A，由恒压过滤方程式：$q^2 + 2qq_e = K\tau$ 及一周内单位过滤面积所得滤液量 $q = Q/nA$，得：

$$q^2 + 2qq_e + q_e^2 = K\Psi/n + q_e^2$$

$$(q + q_e)^2 = K\Psi/n + q_e^2$$

$$q = \sqrt{\frac{K\Psi}{n} + q_e^2} - q_e \tag{3-43}$$

则 1s 内的产量为：

$$\begin{aligned} Q &= nqA \\ &= nA\left(\sqrt{\frac{K\Psi}{n} + q_e^2} - q_e\right) \\ &= n\left(\sqrt{\frac{K\Psi A^2}{n} + V_e^2} - V_e\right) \end{aligned} \tag{3-44}$$

若忽略过滤介质阻力，则

$$Q = \sqrt{K\Psi A^2 n} \tag{3-45}$$

由式(3-45)可见，过滤越易进行(K 越大)、浸没率 Ψ 越大、过滤总表面积 A 越大、转鼓的转速越快都可增大转鼓真空过滤机的生产能力 Q。但为维持一定的真空度，滤饼要有一定的厚度，这就要求转鼓的转速不能太快。

例 3-3　有一转鼓真空过滤机，其直径 D 和长度 l 分别为 1.75 m 和 0.9 m，真空度维持在 500 mmHg，转速为 1.5 r/min，浸没角为 125.5°，用于分离密度为 1300 kg/m^3 的悬浮液，过滤常数 $K = 5.15\times10^{-6}$ m^2/s。若

过滤单位体积滤液所得滤饼的体积为 $c = 0.4\ m^3/m^3$，滤布阻力忽略不计，滤饼为不可压缩滤饼，试求：

(1) 该过滤机的生产能力和转鼓表面滤饼的厚度；

(2) 由于生产波动，滤浆温度上升，问对生产能力和滤饼的厚度有何影响。

解 (1) 忽略过滤介质滤布阻力时，由式(3-45) 转鼓真空过滤机的生产能力为：

$$\dot{Q} = \sqrt{K\Psi A^2 n}$$

式中 浸没率 $\Psi = 125.5°/360° = 0.349$

过滤面积 $A = \pi Dl = 3.14 \times 1.75 \times 0.9 = 4.95\ m^2, n = 1.5/60 = 0.025\ r/s$

$$Q = \sqrt{(5.15 \times 10^{-6}) \times 0.349 \times (4.95^2) \times 0.025}$$
$$= 0.00105\ m^3/s$$
$$= 3.78\ m^3/h$$

滤饼的厚度为 $$L = \frac{Qc}{nA} = \frac{0.00105 \times 0.4}{0.025 \times 4.95} = 0.00339\ m = 3.39\ mm$$

(2) 滤浆温度上升时，滤液粘度 μ 下降，由 $K = \frac{2\Delta p}{\mu r w}$ 知 K 增加，再由 $Q = \sqrt{K\Psi A^2 n}$ 推得 Q 增加。由 $L = \frac{Qc}{nA}$ 可见，滤饼的厚度 L 也增加。

以上介绍了以压差为推动力的过滤设备，下面介绍靠离心力来分离悬浮液的过滤离心机。

(3) 过滤离心机

过渡离心机主要有以下几种：三足离心机、吊袋卸料式离心机、翻袋卸料离心机等。

由于三足离心机适应能力强，它是制药行业用得最多的离心机。为适应粘、细物料分离，加料和卸渣，吊袋卸料式离心机应运而生。为适应较难卸滤饼的要求，翻袋卸料离心机也已在制药行业使用。作为广泛使用的三足离心机有过滤和沉降两种结构形式，但过滤式结构占主要地位，它是一种立式离心机。

图 3-21 为 SG 系列三足式刮刀下部卸料离心机，主要由机架、卸料机构、回转体、刹车装置、离合器、电控箱等组成。回转体支撑在机架的底盘上，底盘上装有机壳，机壳上部装卸料机构，离合器由三角皮带与回转体连结。

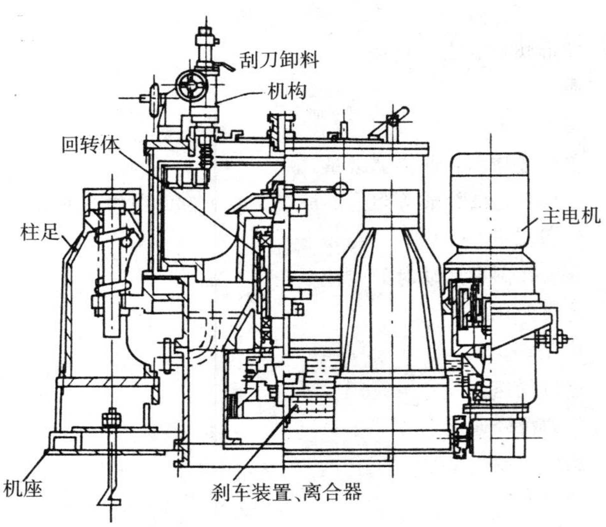

图 3-21 SG 系列三足式刮刀下部卸料离心机结构示意图

主电机达到规定的转速后，悬浮液由进料管到达全速运转的布料盘，由于离心力的作用被甩向转鼓内壁的过滤介质表面，滤液穿过过滤介质而泄出，固相在过滤介质表面形成一层圆筒状滤饼，当达到分离要求后，关闭主电机，待转速降到要求转速后，启动辅助电机，然后手摇手动刮刀卸料，滤饼经底部卸料孔排出。

可见，SG系列三足式离心机为间歇操作、手动刮刀下部卸料的过滤离心机，适用于分离悬浮液或成束、成件纤维状物料的脱水。

本章符号说明

符号	意义	计量单位
A	投影面积	m^2
D	直径	m
F_d	曳力	N
F_b	浮力	N
F_g	重力	N
H	降尘室的高度	m
K	过滤常数	m^2/s
K_c	离心分离因数	
L	降尘室的长度	m
L	滤饼的厚度	m
Q	过滤机的生产能力	m^3/s
R	过滤阻力	$N \cdot s/m^3$
Re_P	颗粒雷诺数，$Re_P = d_P u\rho/\mu$	
V	体积	m^3
V_e	形成与过滤介质等阻力的滤饼层时的滤液量	m^3
W	降尘室的宽度	m
c	过滤单位体积滤液所得滤饼的体积	m^3/m^3
d_p	球形颗粒直径	m
d_{pc}	球形颗粒的临界直径	m
m	质量	kg
n	旋转频率	s^{-1}
q	单位过滤面积所得滤液量	m^3/m^2
q_e	形成与过滤介质等阻力的滤饼层时单位面积的滤液量	m^3/m^2
q_v	体积流量	m^3/s
r	颗粒作圆周运动时的旋转半径	m
r	滤饼的比阻	m/kg
u	速度	m/s
u_i	进口气速	m/s
u_0	重力沉降速度	m/s
u_t	切向速度	m/s
u_r	径向速度	m/s
w	单位体积滤液所得干滤饼质量	kg/m^3
ξ	曳力系数	

μ	流体粘度	Pa·s
ρ	流体密度	kg/m^3
ρ_p	颗粒密度	kg/m^3
τ	沉降时间	s
ω	旋转角速度	s^{-1}
Δp	压差	Pa
Ψ	转鼓的浸没率	

习　题

1. 试求密度为2000 kg/m^3，直径为30 μm的球形颗粒在20 ℃水中和20 ℃空气中的沉降速度各为多少。

2. 某降尘室长2 m，宽1.5 m，在常压、100 ℃下处理2700 m^3/h的含尘气。设颗粒为球形，$\rho_p = 2400$ kg/m^3，气体的物性与空气相同，求：① 可被100 %除去的颗粒直径；② 直径为0.05 mm的颗粒能被除去的百分率。

3. 悬浮液中含有A、B两种颗粒，其粒径和密度分别为：

$$\rho_A = 1900\ kg/m^3, d_A = 0.1 \sim 0.3\ mm$$

$$\rho_B = 1350\ kg/m^3, d_B = 0.1 \sim 0.15\ mm$$

若用20 ℃的水在垂直管中将上述悬浮液分离，问能否将A、B两种颗粒完全分开？

4. 在恒压下对某种滤浆进行过滤实验，测的如下数据：

滤液量 /mL	100	200	300	400
过滤时间 /s	4	12	23	40

过滤面积为0.02 m^2，求过滤常数K和q_e。

5. 现用一台板框压滤机对上题中的悬浮液进行恒压过滤，滤框数为10个，每个框两面的有效过滤面积为0.85 m^2，框的厚度为60 mm，求滤框内全部充满滤渣所需的时间。已知悬浮液浓度C为0.08m^3 湿滤渣 /m^3 滤液。

6. 有一转鼓真空过滤机的转数为：2 r.p.m，单位时间的滤液产量为4 m^3/h，若忽略过滤介质的阻力，问每小时欲获得6 m^3的滤液，转鼓的转数为多少？此时转鼓表面的滤饼厚度为原来的多少倍？设操作中维持的真空度不变。

4 传 热

4.1 概 述

4.1.1 传热在工业生产中的作用

有温度差的地方就有热量传递的存在，因此，热量传递是自然界中普遍存在的物理现象，在科学技术、工业生产和日常生活中都具有重要的作用。

在工业生产过程中，传热是最广泛应用的单元操作之一。一般来说，传热过程总是与其他单元操作结合在一起，或者作为另一单元操作的一部分，也可以作为进一步加工的预处理。例如在制药工业中的常见作用有：

(1) 制药工艺中一般必要的加热、冷却过程；

(2) 为药物的有效期而进行的杀菌或冷藏；

(3) 以除去药物中水分为目的的蒸发或结晶过程中的加热、冷却；

(4) 为完成一定生物化学变化而进行的蒸煮等。

化工生产中对传热的要求一般可归纳为：

(1) 强化传热：在传热设备中加热或冷却物料，控制热量并以所期望的方式传递，使其达到指定温度；

(2) 削弱传热：对设备或管道进行保温，减少热损失。

在工业生产过程中需要解决的传热问题大致可以分为两类：一是传热计算，如设计或校核换热器；另一类是改进和强化换热设备，这两个问题常常是联系在一起的。

本章将在前面各章的基础上，从传热学的基本理论出发，介绍传热的基本规律和其在化学工业中的基本应用。

4.1.2 加热介质和冷却介质

为了将冷流体加热或将热流体冷却，必须用另一种流体供给或取走热量，此流体称为载热体。起加热作用的载热体称为加热剂，起冷却作用的流体称为冷却剂。工程上所使用的加热剂或冷却剂多为流体。作为加热剂常用的有水蒸气、烟道气、热空气和热水等，作为冷却剂常用的有冷水、冷冻盐水、液氮等。工业上常见的加热和冷却介质如表 4-1 表示。

在有些情况下，加热或冷却不必采用专门的加热介质或冷却介质，可采用生产过程中产生的高温材料与低温材料进行热交换，即可同时达到加热或冷却的目的。

表 4-1 常见加热和冷却介质

	载热体	适用温度范围	特 点
加热剂	饱和蒸汽	100 ～ 180 ℃	对流传热系数大，冷凝相变热大；温度易于调节；加热温度不能太高。
加热剂	热 水	40 ～ 100 ℃	工业上可利用废热，水的余热，加热温度低，且不易调节。
加热剂	烟道气	≥500 ℃	温度高，但加热不均匀；对流传热系数小，热容小。
加热剂	熔盐 KNO_3 53 % $NaNO_3$ 40 % $NaNO_3$ 7 %	142 ～ 530 ℃	加热温度高，且均匀，热容小。
加热剂	联苯混合物	15 ～ 255 ℃ 255 ～ 380 ℃	适用温度范围广，且易于调节；容易渗漏，渗漏蒸汽易燃。
加热剂	矿物油（包括各类汽缸油和压缩机油）	＜350 ℃	价格低廉；粘度大，对流传热系数小，易分解，易燃烧。
冷却剂	冷 水	5 ～ 80 ℃	来源广泛，价格便宜，调节方便；温度受地区、季节影响大。
冷却剂	空 气	＞30 ℃	来源广泛，价格便宜；对流传热系数小，温度受地区、季节影响大。
冷却剂	冷冻盐水 （氯化钙溶液）	0 ～－15 ℃	成本高，只适用于低温冷却。

4.1.3 传热的三种基本方式

根据传热机理的不同，传热可分为热传导、对流传热和热辐射三种。

(1) 热传导

温度是标志物质分子动能大小的一个参量，物质的分子、原子和电子在不同温度时的热运动强烈程度不同。因此，当物体存在温度差时，通过物质的分子、原子和电子的振动、位移、相互碰撞发生能量传递，这种传递称为热传导。在金属中自由电子的扩散运动对热传导起主要作用，因此良好的导电体也是良好的导热体，热传导在真空中不能进行。

(2) 对流传热

指不同温度的流体质点（微团）发生宏观相对位移而引起的热量传递过程。对流传热只能发生在流体中，通常把流体与固体传热表面之间的传热也称为对流传热。若流体内部各部分温度分布不均匀而引起密度的差异，在浮升力作用下流体发生对流传热，这种传热称为自然对流传热。若由于水泵、风机或其他外力作用引起流体运动而产生的热量传递过程，称为强制对流传热。

(3) 热辐射

热辐射是高温物体的一种传热现象，高温物体将本身的热能以电磁波的形式发射出去，低温物体接收到这种电磁波并转换成热能（更确切地说是热力学能或焓）储存。热辐射不需要任何介质作为媒介。在高温情况下，辐射传热成为主要传热方式。

实际的传热过程往往是两种或三种传热方式的综合结果。

4.1.4 典型的换热设备

工程上实现两种流体热量交换的途径有三种：一种是直接混合式传热，即冷热两种流体直接接触，在混合的过程中进行传热；一种是蓄热式，其特点是冷热流体间的热交换是通过对蓄热体的周期性加热和冷却来实现的。在换热过程中冷热流体之间会有一定程度的混合，但工业生产中往往不允许两种流体相互混合，故工程常用的为间壁式换热器。该换热器中，参与传热的两种流体被隔开在固体间壁的两侧，冷、热两流体在不直接接触的条件下通过固体间壁进行热量的交换，热流体将热量传给固体间壁，再由间壁把热量传给冷流体。间壁式换热器的种类很多，图 4-1 为一简单的套管式换热器。它是由直径不同的两根管子同心地套在一起，冷热两种流体分别流经内管和环隙，进行热交换。

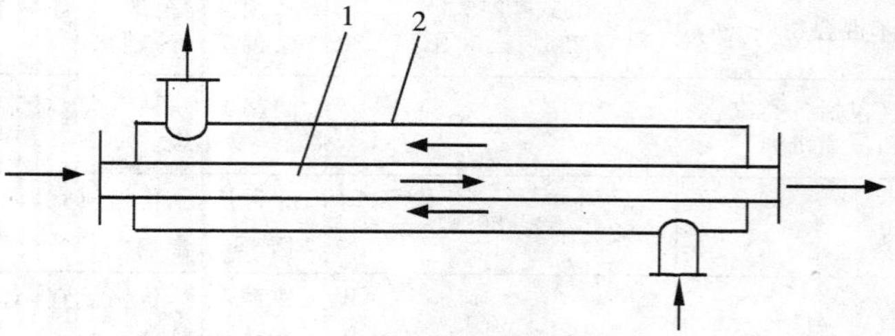

图 4-1 套管式换热器

1-内管；2-外管

套管换热器的传热面积较小，工程上通常使用图4-2所示的列管式换热器。其结构是在一圆筒形壳体内装有许多根平行管子组成的管束，管子两端固定在筒体两端的管板上，筒体两端配有封头，封头上焊接有供流体进出的接管，参与换热的一种流体由封头接管流入器内，经分配室分配到各管内，流经管束后由另一封头接管引出。另一流体由壳体一侧的接管导入，壳体内装有若干块挡板，使流体在壳体的管隙空间内沿挡板作折流流动，然后从壳体另一端接管引出。把壳体内管束外空间称为壳程，流经壳程的流体称为壳程流体；把管束的管内空间称为管程，流经管程的流体称为管程流体，由于流体只流经管程一次，故称为单程列管式换热器。

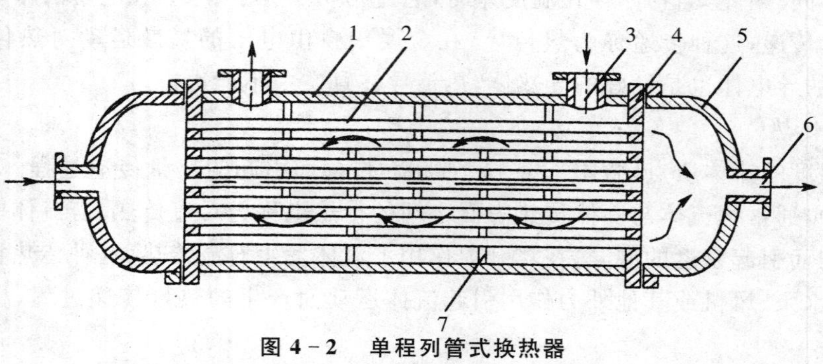

图 4-2 单程列管式换热器

1-外壳；2-管束；3-接管；4-管板；5-封头；6-接管；7-挡板

图4-3为双程列管式换热器，换热器的一端封头由隔板将分配室一分为二，管程流体先流经管束的一半，达到另一端时再折回流经管束的另一半，由于管程流体往返流经管束两次而称为双程。如果在封头内装入多块隔板，使流体在管程内来回流经多次，则称为多程（如四程或六

程）列管换热器。

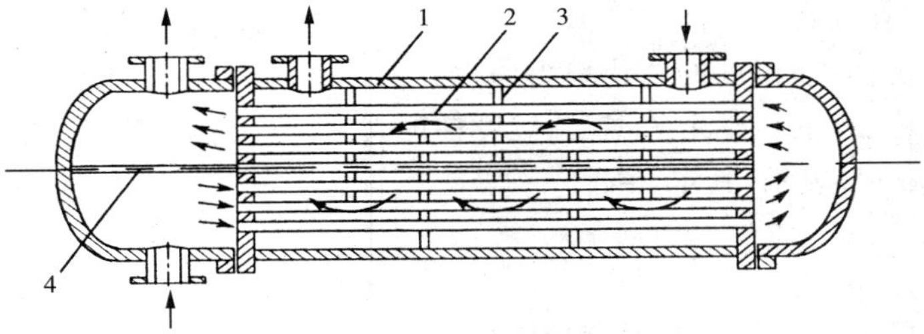

图 4－3 双程列管式换热器

1－壳体；2－管束；3－挡板；4－隔板

4.1.5 传热速率与热通量

传热速率（又称热流量）Q 是指单位时间内通过一台换热器的传热面或某指定传热面积的热量，单位为 W。热通量（又称为热流密度 q）是指单位换热面积的传热速率，单位为 W/m^2。传热速率与热通量的关系为：

$$q = \delta Q / \mathrm{d}A \tag{4-1}$$

和其他类型的传递过程相类似，传热速率与传热推动力成正比，与传热阻力成反比，即：

$$\text{传热速率} = \frac{\text{传热温差（推动力）}}{\text{传热热阻（阻力）}}$$

一般来说，在稳态传热过程中，传热速率 Q 与传热面积 A 和两流体的温度差成正比关系，传热温差用 Δt_m 表示，单位 K；热阻通常以 R 或 r 表示，则

$$Q = KA\Delta t_m = \frac{\Delta t_m}{\dfrac{1}{KA}} = \frac{\text{推动力}}{\text{阻力}} \tag{4-2}$$

或

$$q = \frac{\Delta t_m}{r} \tag{4-3}$$

式中 R 为整个传热面的热阻，单位为 K/W，r 为单位传热面积上的热阻，单位为 $m^2 \cdot K/W$。

4.2 热 传 导

4.2.1 热传导的基本概念和傅里叶定律

（1）温度场和温度梯度

传热现象之所以发生，主要是由于物体间或物体内存在温度差，温度差就是传热的推动力。因此，传热过程与温度分布密切相关。

温度场是指物体内温度的瞬间空间位置分布及该分布与时间的关系。一般情况下，物体内部的温度分布是空间坐标 x、y、z 和时间 τ 的函数，即可以表示为：

$$t = f(x, y, z, \tau) \tag{4-4}$$

如果温度场不随时间而变，称为稳定温度场，相应的传热现象称稳定传热。反之，则称为不稳定温度场和不稳定传热。

在温度场中，把温度相同的各点连接起来，就得到一系列等温面。由于温度场内任一点的

温度只能有一个数值，所以等温面互不相交。此外，在同一等温面上各点间无温度差，也就没有传热现象发生。只有在穿过等温面的方向上才有温度的变化，才有可能发生传热现象。而且，在沿等温面的法线 n 方向上，温度的变化率为最大。

对于温度差值为 Δt 的若干个等温面，温度梯度就是一个在等温面法线上向着温度增加方向的矢量，用符号 gradt 表示，其定义如下：

$$\text{grad}t = \lim_{\Delta n \to 0}\left(\frac{\Delta t}{\Delta n}\right) = \left(\frac{\partial t}{\partial n}\right) \tag{4-5}$$

对于定态、一维（n 向）温度场，温度梯度在 n 方向的分量为：

$$\text{grad}t = \frac{\mathrm{d}t}{\mathrm{d}n} \tag{4-6}$$

温度梯度的物理意义是：某时刻温度场在该点向温度增加方向的温度变化率，它表示该点温度变化的剧烈程度，其值沿温度增加方向为正，沿温度降低方向为负。

上述温度场是普遍的三维温度场。在特殊情况下，若温度场为两个空间坐标的函数，即 $t = f(x,y,\tau)$，则称为二维温度场。若温度场只是一个空间坐标的函数，即 $t = f(x,\tau)$，则称为一维温度场。

(2) 傅里叶(Fourier) 定律和热导率

物质内部的温度梯度是热传导的推动力，热传导速率和温度梯度以及垂直于热流方向的截面积成正比关系。傅里叶(Fourier) 在实验研究基础上，提出了如下的热传导基本方程式：

$$\mathrm{d}Q \propto \mathrm{d}A\frac{\partial t}{\partial n} \tag{4-7}$$

或

$$\mathrm{d}Q = -\lambda \mathrm{d}A\frac{\partial t}{\partial n} \tag{4-8}$$

或

$$q = -\lambda\frac{\partial t}{\partial n} \tag{4-9}$$

式中 Q—— 热传导速率，是与温度梯度方向相反的向量，W；

q—— 热通量，$\mathrm{W/m^2}$；

A—— 导热面积，即垂直于热流方向的截面积，$\mathrm{m^2}$；

λ—— 比例系数，称为导热系数，W/(m·K)。

上式表明，对空间点 C 而言，热通量与 C 点的温度梯度成正比关系。式中负号表示导热的方向与温度梯度方向相反，热量由高温向低温传递。

(3) 导热系数

式(4-9) 可改写为：

$$\lambda = -\frac{q}{\partial t/\partial n} \tag{4-10}$$

此式可作为导热系数的定义式。导热系数是表示物质导热能力的一个物性参数，λ 越大，导热越快。物质的导热系数随密度、湿度、压强和温度而变化。工程上通常根据导热系数数值来选择合适的导热材料，需要提高导热速率的场合选用导热系数大的材料，反之，需要减小导热速率的场合选用导热系数小的材料。影响材料导热系数的主要因素有：

① 物质化学组成不同，导热系数不同；对于同一种物质，其内部结构不同，导热系数不同；若同一种物质所处的状态不同，导热系数也不同。

② 一般情况下，金属的导热系数最大，固体非金属次之，液体较小，气体最小。且材料处于不同的温度，具有不同的导热系数。

③ 非金属液体以水的导热系数最大，除水和甘油外，绝大多数液体的导热系数随温度的升高而略有减少。一般来说，纯液体的导热系数比其溶液的导热系数大。

④ 金属是良导热体，纯金属的导热系数一般随温度升高而降低；金属纯度对导热系数的影响很大；非金属的建筑材料或绝缘材料的导热系数与其组成、结构以及温度有关，通常 λ 随密度的增加或温度升高而增加。大多数均质固体的导热系数与温度具有线性关系：

$$\lambda = \lambda_0(1 + at) \tag{4-11}$$

上式中，λ 为固体在温度为 t 时的导热系数；λ_0 为固体在 273 K 时的导热系数；a 称为温度系数，因次为 $1/K$。大多数金属材料的 a 值为负，大多数非金属材料的 a 值为正。作为工程计算，导热系数取平均温度下的值。

⑤ 气体的导热系数很小，不利于导热，但对保温有利。气体的导热系数随温度的升高而加大；气体的导热系数一般与压力无关，若气体的压力很高（$>$ 200 MPa）或很低（$<$ 2.7 kPa），导热系数随压力的增大而增大。

各种物质导热系数的大致范围如下：

金　属	2.3 ～ 420 W/(m・K)
建筑材料	0.25 ～ 3 W/(m・K)
绝缘材料	0.025 ～ 0.25 W/(m・K)
液　体	0.09 ～ 0.6 W/(m・K)
气　体	0.006 ～ 0.4 W/(m・K)

4.2.2　平壁的稳定热传导

(1) 单层平壁的稳定热传导

如图 4-4 所示的单层平壁，壁厚 b 和热导率 λ 为定值。平壁的两表面各维持一定的温度 t_1 和 t_2，设 x 方向垂直于平壁，其 y、z 方向上的尺寸远大于 x 方向上的尺寸，平壁内温度只沿垂直于壁面的 x 轴向发生变化，故温度场是一维的，等温面均垂直于 x 轴。在 x 轴以两个等温面为界，划出厚 $\mathrm{d}x$ 的薄壁。根据傅里叶定律，此为一维定态热传导，通过此薄壁的传热速率 Q 可写成：

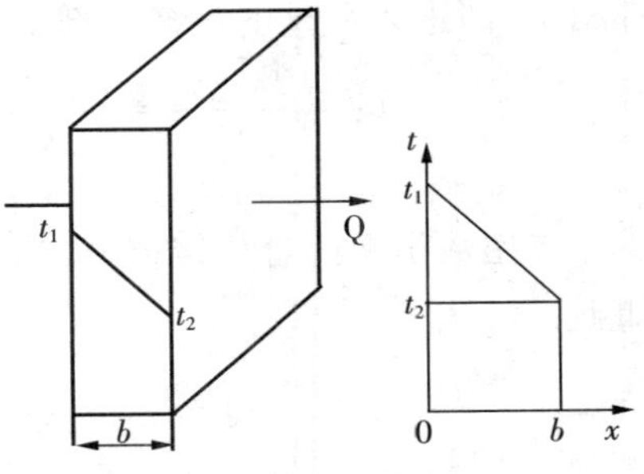

图 4-4　单层平壁的热传导

$$Q = -\lambda A \frac{\mathrm{d}t}{\mathrm{d}x} \tag{4-12}$$

若边界条件为：

$$x = 0 \text{ 时}, \quad t = t_1$$
$$x = b \text{ 时}, \quad t = t_2$$

由式(4-12)可得：

$$Q = \frac{\lambda A}{b}(t_1 - t_2) = \frac{t_1 - t_2}{\dfrac{b}{\lambda A}} = \frac{\Delta t}{R} \tag{4-13}$$

式中 $\Delta t = t_1 - t_2$ 为传热推动力，$R = b/(\lambda A)$ 为导热阻力。

在 λ 为常数的情形下，将傅里叶定律积分至任意等温面，可得：

$$t = t_1 - \frac{Q}{\lambda A}x = t_1 - \frac{t_1 - t_2}{b}x \tag{4-14}$$

式(4－13)为平壁内的温度分布，它是一条直线，当 $x = b$ 时，$t = t_2$。

同时，式(4－13)也可改写为：

$$q = \frac{Q}{A} = \frac{\lambda}{b}(t_1 - t_2) = \frac{t_1 - t_2}{\frac{b}{\lambda}} \tag{4-15}$$

式中 q 为单位时间、单位面积的导热量，称为平壁热通量或热流密度。

例 4－1 有一钢板平壁，厚度为 5 mm，若高温壁面温度 $t_1 = 330$ K，低温壁面温度 $t_2 = 310$ K，导热系数 $\lambda = 45.4$ W/(m·K)。求该平壁在单位时间、单位面积上所传递的热量。

解 本题求解平壁热通量。

已知 $t_1 = 330$ K，$t_2 = 310$ K，$\lambda = 45.4$ W/(m·K)，$b = 5$ mm。将以上数据代入式(4－15)，可得：

$$q = \frac{Q}{A} = \frac{\lambda}{b}(t_1 - t_2) = \frac{45.4}{0.005} \times (330 - 310) = 181.6\ \text{kW/m}^2$$

(2) 多层平壁的热传导

工业上常见的是多层平壁的导热问题，例如锅炉炉墙是由耐火砖、保温砖和普通砖等构成的多层平壁。在多层平壁中，热传导的计算公式可按同样方法推导。如图 4－5 所示的三层平壁，厚度各为 b_1、b_2、b_3，其材料热导率各为 λ_1、λ_2、λ_3，壁面温度依次为 t_1、t_2、t_3、t_4。在稳定传热条件下，各层的热流量都相等，即进入平壁的热量全部依次通过各层，故有：

$$Q = \frac{t_1 - t_2}{\frac{b_1}{\lambda_1 A}} = \frac{t_2 - t_3}{\frac{b_2}{\lambda_2 A}} = \frac{t_3 - t_4}{\frac{b_3}{\lambda_3 A}} \tag{4-16}$$

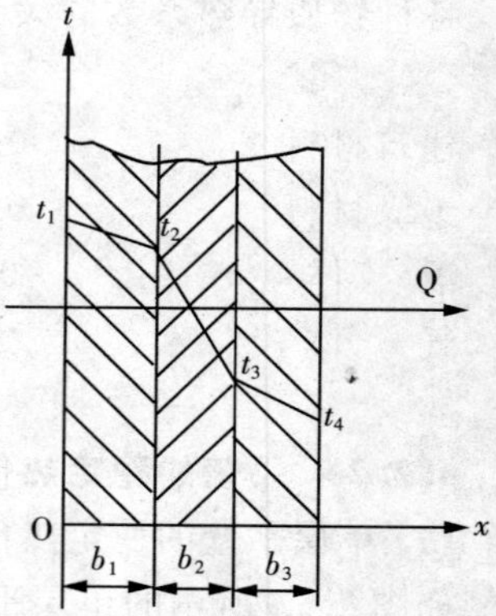

图 4－5 多层平壁的热传导

应用数学上的合比定律，得出多层平壁稳定热传导公式如下：

$$Q = \frac{t_1 - t_4}{\frac{b_1}{\lambda_1 A} + \frac{b_2}{\lambda_2 A} + \frac{b_3}{\lambda_3 A}} \tag{4-17}$$

依次类推，对 n 层串联平壁的稳定热传导公式为：

$$Q = \frac{t_1 - t_{n+1}}{\sum_{i=1}^{i=n}\frac{b_i}{\lambda_i A}} = \frac{t_1 - t_{n+1}}{\sum_{i=1}^{i=n}R_i} \tag{4-18}$$

由此可见，多层平壁的总热阻为串联各层的热阻之和。其各层的温差分配正比于各层热阻的相对大小，某层热阻愈大，该层的温度差也就愈大，这完全与电学中电阻串联情况相类似。

例 4－2 某冷库外壁内外层砖壁厚各为 12 cm，中间夹层厚 10 cm，以绝缘材料填充。砖墙的导热系数为 0.70 W/(m·K)，绝热材料的导热系数为 0.04 W/(m·K)，墙的外表面温度为 10 ℃，内表面温度为 －5 ℃。试计算进入冷库的热流密度及绝热材料与砖墙的两接触面上的温度。

解 据题意已知 $t_1 = 10$ ℃，$t_4 = -5$ ℃，$b_1 = b_3 = 0.12$ m，$b_2 = 0.10$ m，$\lambda_1 = \lambda_3 = 0.70$ W/(m·K)，$\lambda_2 = 0.04$ W/(m·K)。

(1) 按热流密度公式计算 q

$$q=\frac{t_1-t_4}{\frac{b_1}{\lambda_1}+\frac{b_2}{\lambda_2}+\frac{b_3}{\lambda_3}}=\frac{10-(-5)}{\frac{0.12}{0.70}+\frac{0.10}{0.04}+\frac{0.12}{0.70}}=5.27\ \mathrm{W/m^2}$$

(2) 按多层平壁温度差分配公式，可分别计算绝热材料与砖墙之间接触面上的温度 t_2，t_3：

$$t_2=t_1-q\frac{b_1}{\lambda_1}=10-5.27\times\frac{0.12}{0.70}=9.1\ ℃$$

$$t_3=t_4+q\frac{b_3}{\lambda_3}=(-5)+5.27\times\frac{0.12}{0.70}=-4.1\ ℃$$

即两端接触面上的温度分别为 9.1 ℃ 和 −4.1 ℃。

4.2.3 圆筒壁的稳定热传导

各种热管道、换热器的管子和外壳都是圆筒形的。圆筒壁热传导与平壁热传导的不同处是圆筒壁的传热面积随半径而变，同时温度也随半径而变。

设一单层圆筒壁长度为 L 米，内半径为 r_1，外半径为 r_2，筒壁材料导热系数为 λ，内、外表面温度 t_1、t_2 为定值，而且 $t_1>t_2$。若圆筒长度超过其外径 10 倍以上时，由于沿轴向的温度梯度很小，且圆筒两端导热面积与圆筒壁相比可以忽略不计，沿轴向的导热也可忽略，可认为温度只沿径向 r 而变化，故温度场仍为一维的，其等温面是与筒壁同轴的圆柱面。

现选取一半径为 r，厚度为 $\mathrm{d}r$ 的环形薄壁，根据傅里叶定律，通过此薄壁筒层的热流量 Q 为：

$$Q=-\lambda A\frac{\mathrm{d}t}{\mathrm{d}r}=-2\pi rL\lambda\frac{\mathrm{d}t}{\mathrm{d}r} \tag{4-19}$$

在圆筒壁的情形下进行稳定热传导时，径向方向通过上述任意 r 处薄壁的热流量 Q 是相同的，而通过的导热速率由于等温面面积的变化也随之变化，故上式分离变量后积分可得：

$$Q=\frac{2\pi L\lambda}{\ln\frac{r_2}{r_1}}(t_1-t_2) \tag{4-20}$$

此式即为单层圆筒壁稳定热传导的传热速率式。由式可知，单位时间内通过单层圆筒壁的热量与导热系数 λ、筒长 L 及内外壁温差 Δt 成正比，而与圆筒外径、内径比值的自然对数成反比。

当 $t_1<t_2$ 时，$Q<0$，即热量由外表面向内表面传导。对于圆筒壁上任意半径 r 处有：

$$Q=\frac{2\pi L\lambda}{\ln\frac{r}{r_1}}(t_1-t) \tag{4-21}$$

故该处的壁温为

$$t=t_1-\frac{\ln\frac{r}{r_1}}{\ln\frac{r_2}{r_1}}(t_1-t_2) \tag{4-22}$$

由此可见，圆筒壁稳定热传导的壁温是按照对数规律分布的，而不是平壁稳定热传导的线性关系。

设 r_m 为圆筒壁的对数平均半径，壁厚 $b=r_2-r_1$，则：

$$r_\mathrm{m}=\frac{r_2-r_1}{\ln\frac{r_2}{r_1}}=\frac{b}{\ln\frac{r_2}{r_1}} \tag{4-23}$$

将其代入式(4－21)，可得：

$$Q=\frac{2\pi Lr_{m}\lambda}{b}(t_1-t)=\frac{\lambda A_m}{b}(t_1-t_2) \qquad (4-24)$$

此式同于式(4－13)，可见，如果以对数平均半径 r_m 计算的面积 A_m 为基准，所得的热传导速率 Q 的计算式与单层平壁完全相同。

对于如图 4－6 所示的三层圆筒壁，当稳定热传导时，通过各层的热流量相等，则通过三层壁面的热传导速率的计算可利用加和性原理。故有：

$$Q=\frac{2\pi L\lambda_1}{\ln\frac{r_2}{r_1}}(t_1-t_2)=\frac{2\pi L\lambda_2}{\ln\frac{r_3}{r_2}}(t_2-t_3)$$

$$=\frac{2\pi L\lambda_3}{\ln\frac{r_4}{r_3}}(t_3-t_4) \qquad (4-25)$$

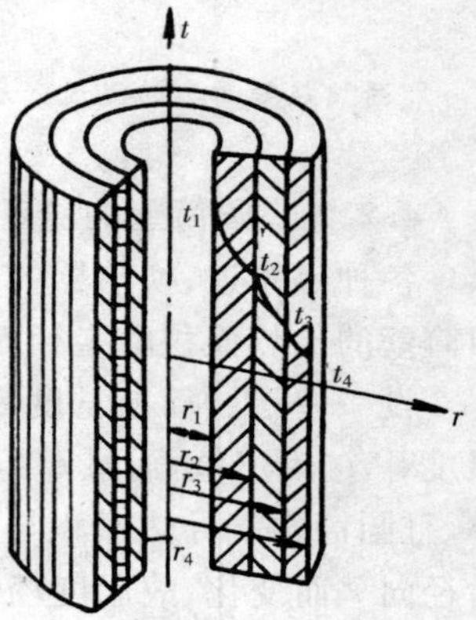

图 4－6　多层圆筒壁稳态热传导

由合比定律可得：

$$Q=\frac{2\pi L(t_1-t_4)}{\frac{1}{\lambda_1}\ln\frac{r_2}{r_1}+\frac{1}{\lambda_2}\ln\frac{r_3}{r_2}+\frac{1}{\lambda_3}\ln\frac{r_4}{r_3}} \qquad (4-26)$$

依此类推可得 n 层圆筒壁的公式为：

$$Q=\frac{2\pi L(t_1-t_{n+1})}{\sum_{i=1}^{n}\frac{1}{\lambda_i}\ln\frac{r_{i+1}}{r_1}} \qquad (4-27)$$

注意：对多层壁面热传导时，一般假设层与层间紧密接触，没有空隙。若有空隙，则其中存在空气，增加了一层空气热阻，会导致导热速率 Q 的明显减少。

例 4－3　某物料管路的管内、外直径分别为 160 mm 和 170 mm。管外包有两层绝热材料，内层绝热材料厚 20 mm，外层厚 40 mm。管子及内、外层绝热材料的导热系数 λ 分别为 58.2、0.174 和 0.093 W/(m·K)。已知管内壁温度为 300 ℃，外层绝热层的外表面温度为 50 ℃。求每米管长的热损失。

解　据题意已知 $\lambda_1=58.2$ W/(m·K)，$\lambda_2=0.174$ W/(m·K)，$\lambda_3=0.093$ W/(m·K)。$r_1=80$ mm，$r_2=85$ mm，$r_3=85+20=105$mm，$r_4=105+40=145$mm，$t_1=300$ ℃，$t_4=50$ ℃

则由式(4－26) 可得：

$$\frac{Q}{L}=\frac{2\pi(t_1-t_4)}{\frac{1}{\lambda_1}\ln\frac{r_2}{r_1}+\frac{1}{\lambda_2}\ln\frac{r_3}{r_2}+\frac{1}{\lambda_3}\ln\frac{r_4}{r_3}}$$

将已知数据代入可有：

$$\frac{Q}{L}=\frac{2\pi(300-50)}{\frac{1}{58.2}\ln\frac{85}{80}+\frac{1}{0.174}\ln\frac{105}{85}+\frac{1}{0.093}\ln\frac{145}{105}}=335.2\ \text{W/m}$$

在工业生产中常需将管路保温，以减少热量(或冷量)的损失。保温的方法通常是在管道外包一层或多层绝热材料。通常，热损失随保温层厚度的增加而减少。但是在小直径管外包扎性能不良的保温材料时，在某些情况下，热损失可能反而随保温层厚度的增加而增加。这是由于当保温层厚度增大时，传热面积随之加大，使热损失加大。如果保温层热阻增大导致的热损失减小不足以补偿传热面积增加导致的热损失增加，则总的净热损失便会增加。实际上，保温层存在着一临界半径，当保温层的外半径达到临界半径时，热损失为最大，只有外半径大于临界半径时，才能使热损失减少。

4.3 对流传热

对流传热是指流体中质点发生相对位移而引起的热交换。对流传热仅发生在流体中，由运动着的流体起热量传递作用。在工业生产中大量遇到的是流体在流过固体表面时与该表面发生的热交换。这种热交换是流体的对流与热传导联合作用的结果，称之为对流传热（又称给热）。前已述及，根据流体产生对流的原因，将对流传热分为自然对流和强制对流。产生流动的原因不同，对流传热的规律也有所不同。在同一种流体中，有可能同时发生自然对流和强制对流。

4.3.1 对流传热的分析

对流传热主要是依靠流体质点的移动和混合来完成，故对流传热与流体的流动状况密切相关。

在第 1 章中曾指出，流体流经固体壁面时形成流动边界层，边界层内存在速度梯度；当流体呈湍流时，形成湍流边界层，但靠近壁面处总有一层层流内层存在，在此薄层内流体呈层流。因此在层流内层中，沿壁面的法线方向上没有对流传热，热量的传递仅靠流体的热传导。由于流体的导热系数较低，层流内层的热阻就很大，该层中温度差也较大，即温度梯度较大。在湍流主体中，由于流体质点剧烈混合并充满了漩涡，因此温度差（温度梯度）极小，各处的温度基本上相同。在缓冲层内，热传导和对流传热均起作用。图 4-7 表示流体在壁面两侧的流动情况以及与流体流动方向垂直的某一截面上流体的温度分布情况。

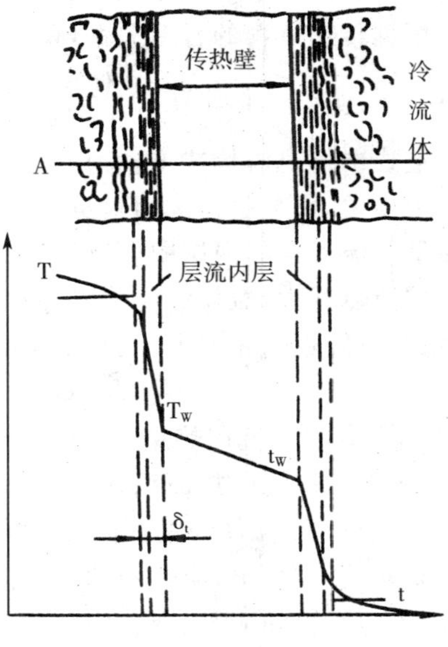

图 4-7 对流传热的温度分布图

由此可得出结论：对流传热的热阻主要集中在层流内层内。因此，减薄层流内层的厚度是强化对流传热的重要途径。

4.3.2 对流传热速率方程（牛顿冷却定律）

由以上分析可知，对流传热是一个复杂的传热过程。影响对流传热的因素很多，因此，对流传热的纯理论计算是相当困难的。目前，主要采用一种简化的处理方法，即假设将对流传热的全部温度差都集中在厚度为 δ_t 的有效膜层内，膜内以导热方式传热，如图 4-7 所示。取换热器上某微元面积 dA，取其截面上冷热流体平均温度分别为 t、T，当流体被冷却时，由热流体主体向固体壁面的对流传热可根据傅里叶定律写成为

$$dQ = \frac{\lambda}{\delta_t} dA(T - T_w) \tag{4-28}$$

由于有效膜层厚度 δ_t 难以测定，故令：

$$\alpha_1 = \frac{\lambda}{\delta_t} \tag{4-29}$$

则式(4-28) 转化为

$$dQ = \alpha_1 dA(T - T_w) = \frac{T - T_w}{\dfrac{1}{\alpha_1 dA}} = \frac{\Delta t}{R_1} \tag{4-30}$$

同理，当冷流体被加热时，由固体壁面向冷流体主体的对流传热可写成：

$$dQ = \alpha_2 dA(t_w - t) = \frac{t_w - t}{\dfrac{1}{\alpha_2 dA}} = \frac{\Delta t}{R_2} \tag{4-31}$$

式(4-30)、(4-31) 为对流传热速率方程，也称为牛顿冷却定律。式中 α 称为局部对流传热系数，其单位为 $W/(m^2 \cdot K)$。α 的物理意义是：单位温度差时、单位时间内、通过单位面积的以对流传热方式所传递的能量，它反映了对流传热的强度。

根据传递过程的普遍关系，壁面与流体间的对流传热速率等于推动力和阻力之比，即：

$$对流传热速率 = \frac{对流传热推动力}{对流传热阻力} = 传热系数 \times 推动力 \tag{4-32}$$

上式中的对流传热推动力就是壁面和流体间的温度差，而所有影响传热的因素均归于传热阻力项中。影响阻力的因素虽多，但阻力必与壁面的表面积成反比。对流传热的阻力主要集中在呈层流流动的内层中，所以采用适宜方法减薄层流内层厚度是强化对流传热的重要途径。

在换热器中，流体温度和局部对流传热系数随管长而变化。在工程计算中，常使用平均传热系数，一般也用 α 表示，此时牛顿冷却定律可以表示为

$$Q = \alpha A \Delta t \tag{4-33}$$

式中 α—— 对流传热系数，$W/(m^2 \cdot K)$；

A—— 总传热面积，m^2；

Δt—— 流体与壁面间的平均温差，℃。

此外，还应指出，换热器的传热面积有不同的表示方法。例如，若热流体在换热器的管内流动，冷流体在管间流动，则它们的对流传热速率方程可分别表示为：

$$Q = \alpha_i A_i (t_h - t_{w,h}) \tag{4-34}$$

及

$$Q = \alpha_0 A_0 (t_{w,c} - t_c) \tag{4-35}$$

式中 A_i、A_0—— 换热器的管内表面积和外表面积，m^2；

α_i、α_0—— 换热器管内侧和外侧的流体表面对流传热系数，$W/(m^2 \cdot K)$；

t_c，$t_{w,c}$—— 换热器任一截面上冷流体温度和与冷流体相接触一侧的壁温，℃；

t_h，$t_{w,h}$—— 换热器任一截面上热流体温度和与热流体相接触一侧的壁温，℃。

4.3.3 影响对流传热系数的因素

实验研究表明，影响对流传热系数 α 的主要因素有：

(1) 流体的类型

各种液体、气体或蒸汽的对流传热系数 α 值是不同的，牛顿型和非牛顿型流体的 α 值也是不同的。

(2) 流体的物理性质

流体的密度、粘度、比热、导热系数和体积膨胀系数等物理性质不同，将使 α 值不同。

(3) 流体的流动状态

流体的流动状况，如湍流、层流的 α 值不同，同为湍流时，因为湍流程度不同而影响层流内层的厚度，因而影响 α 值的不同。

(4) 流体对流流动的原因

在自然对流传热中，流体流动是由浮升力引起的，因为这种速度不易事先确定，不宜作自变量引入计算式，故通常以浮升力代替 u 而得自然对流传热系数。$\beta g\Delta t$ 表示流体由于温差 Δt 而产生的浮升力，β 称为流体的体积膨胀系数，因次为 1/℃。

实际上，在有换热的情况下，流体做强制对流的同时，也会有自然对流的存在。当强制对流的速度很大时，自然对流的影响可以忽略不计。

一些常见流体流动类型对流传热系数的大致范围见表 4－2。

表 4－2　常见流体流动类型 α 的大致范围

传热类型	α/ W·(m^2·K)$^{-1}$	传热类型	α/ W·(m^2·K)$^{-1}$
空气自然对流	5 ～ 25	水蒸气冷凝	5000 ～ 15000
空气强制对流	30 ～ 300	有机蒸汽冷凝	500 ～ 3000
水自然对流	200 ～ 1000	水沸腾	1500 ～ 30000
水强制对流	1000 ～ 8000	有机物沸腾	500 ～ 15000
有机液体强制对流	500 ～ 1500		

(5) 流体的相态变化

上述各项影响因素均是对无相变化的单相介质而言的。在传热过程中有相变化时，如蒸汽在冷壁面上的冷凝，液体在热壁面上的沸腾等，其 α 值比无相变时的要大很多。

(6) 传热表面的形状、位置及尺寸

在对流换热时，流体沿壁面流动，壁面的形状（如圆管、平板、管束）、大小（如管长度、管内径、管外径、平板的长与宽等）以及位置（如水平、倾斜或垂直放置以及管内流动、管外沿轴向流动或垂直于轴向流动等）对流体流动有很大的影响，从而影响对流传热情况。通常把对流体流动和传热有决定性影响的尺寸称为特性尺寸，这在以后各节有关对流传热系数 α 的计算式中都有说明。几种典型的对流传热系数值列于表 4－3 中。

对流传热系数的确定是一个极其复杂的问题，影响因素很多。式(4－30)、(4－31) 的牛顿冷却定律是一种经验推论式，因此，采用该定律描述对流传热，将一系列影响因素隐藏在对流传热系数 α 中并没有改变问题本身的复杂性。为揭示对流传热的本质，应了解各影响因素与 α 的关系，建立相互联系的函数关系，才能求得解析解以计算 α。一般来说，可通过分析影响因素，采用因次分析方法得出准数表示式，再结合实验研究确定准数之间的关系，进而得到准数关联式。采用第 1 章中介绍的因次分析方法可得到包含对流传热系数的准数表示式为：

$$Nu = f(Re, Pr, Gr) \tag{4-36}$$

表 4-3　几种典型的对流传热系数

传热情况	$\alpha/[W\cdot(m^2\cdot K)^{-1}]$	传热情况	$\alpha/[W\cdot(m^2\cdot K)^{-1}]$
水蒸发	2300 ～ 23000		
氨蒸发	1700 ～ 28000	蒸汽冷凝	1700 ～ 28000
牛奶在水平冷却器中流过	1100 ～ 3700	氨冷凝	5100 ～ 9100
空气在管内流动	40	空气流过墙壁壁面	
(管径 φ25 mm, $u = 3$ m/s)		自然对流	5.4
水在管内流动	5300	风速 6.7 m/s	34
(管径 φ25 mm, $u = 1.2$ m/s)			

式中各准数的名称、符号及意义如表 4-4 所示。

表 4-4　准数的符号与意义

准数名称	符　号	意义
努塞尔准数 (Nusselt number)	$Nu = \frac{\alpha l}{\lambda}$	表示对流传热系数的准数
雷诺准数 (Reynolds number)	$Re = \frac{lu\rho}{\mu}$	表示流体的流动状态和湍动程度对对流传热的影响
普兰特准数 (Prandtl number)	$Pr = \frac{c_p\mu}{\lambda}$	表示流体物性对对流传热的影响
格拉斯霍夫准数 (Grashof number)	$Gr = \frac{\beta g\Delta t l^3\rho^2}{\mu^2}$	表示自然对流对对流传热的影响

注：表中 l 为特性尺寸。

对无相变化时对流传热过程进行分析，式(4-36)可表示为：

$$Nu = KRe^a Pr^f Gr^h \tag{4-37}$$

此式为无相变化条件下对流传热的准数关系式的一般形式。针对各种不同情况下的对流传热，式中的系数 K 和指数 a、f、h 需要通过实验确定。

由于传热关联式的复杂性，在研究式(4-36)、(4-37)等对流传热关联式并用之进行传热系数计算时，应注意以下三个方面的问题：

① 应用范围　各个准数关联式都有一定的适用范围，只能在实验的范围内应用这些公式，外推是不可靠的。

② 定性温度　严格地说，流体和传热表面的温度是沿程变化的，流体物性也是变化的，应当以某流动横截面的流体物性计算该处的对流传热系数。因此对流传热系数具有局部性质。但作为工程计算，采用简化处理，取流体进、出口温度的算术平均值作为定性温度，由此求得的是平均传热系数。此外，定性温度尚有其他规定，如高粘度流体的传热，流体粘度用壁温作定性温度；冷凝传热取凝液主体温度和壁温的算术平均值作为定性温度等。

③ 特征尺寸　传热面的几何参数有时是很复杂的，一般选取对传热起决定作用的几何

参数作为特征尺寸，各个关联式对特征尺寸都有规定，如管内流动取管内径作为特征尺寸，管外流动取管外径作为特征尺寸等。

此外，尚需注意流通截面积的变化，关联式中涉及流速的准数，需要规定流速按哪个截面计算，例如，列管换热器壳程横掠管束的流动，即属此类。

应予说明，管内对流传热还与流体入口效应有关，在流动边界层与传热边界层尚未充分发展的所谓"进口段"，对流传热系数还要受到速度分布和温度分布的影响，进口段的对流传热系数高于充分发展后的对流传热系数值。

4.3.4 对流传热系数的计算

(1) 流体无相变时的对流传热系数 α

① 流体在管内的强制对流

流体强制对流的发生是由于外界机械能的加入。一般情况下，流体强制对流中也存在自然对流。当速度较大时，自然对流的影响就可忽略不计。

流体强制对流时，其传热强度基本上取决于流体的运动情况(层流或湍流)。因此雷诺数是主要影响因素，浮力的影响很小，可以忽略不计。

(Ⅰ) 流体在圆形直管内强制湍流

低粘度(粘度小于常温下水粘度值的 2 倍) 流体在圆管内作强制湍流时的关联式为：

$$Nu = 0.023Re^{0.8}Pr^{n} \tag{4-38}$$

或

$$\alpha = 0.023\frac{\lambda}{d}\left(\frac{du\rho}{\mu}\right)^{0.8}\left(\frac{c_p\mu}{\lambda}\right)^{n} \tag{4-39}$$

应用范围：$Re > 10^4$， $0.7 < Pr < 120$， $L/d_i > 50$。

特性尺寸：管内径 d_i。

特性温度：流体进出口温度的算术平均值。

式(4-38) 中 n 值与热流方向有关，流体被加热时，$n = 0.4$，流体被冷却时，$n = 0.3$。这是由于壁面附近层流内层中温度不同于主体流中温度，从而影响了粘度。流体被加热时，层流内层中温度高于主体流中温度。若为液体，则层流内层中液体粘度较低，导致对流传热系数较大。因液体的 Pr 数大于 1，故 $Pr^{0.4} > Pr^{0.3}$。若为气体，则层流内层中气体粘度较高，导致对流传热系数较小些。因气体的 Pr 数小于 1，故 $Pr^{0.4} < Pr^{0.3}$。

对高粘度液体，其主体和近壁液体内因温度梯度较大，产生的粘性影响不能忽略，可用下式表示：

$$Nu = 0.027Re^{0.8}Pr^{0.33}\left(\frac{\mu}{\mu_w}\right)^{0.14} \tag{4-40}$$

上式的应用范围：$Re > 10^4$， $0.7 < Pr < 100$， $L/d_i > 40$；

特性尺寸：管内径 d_i；

特性温度：除粘度 μ_w 取壁温外，其余均取流体进出口温度的算术平均值。若壁温难于确定，可分别将数值取值为：液体被加热时 $(\mu/\mu_w)^{0.14} = 1.05$；气体被加热或冷却时 $(\mu/\mu_w)^{0.14} = 1.0$；液体被冷却时 $(\mu/\mu_w)^{0.14} = 0.95$。

(Ⅱ) 流体在圆形直管内的强制层流

当雷诺数 $Re < 2000$ 时，管内流动为层流，但在管壁与流体有热量交换时，只有在小温差的小直径管道中，才会得到严格意义上的层流，否则，由于温差的存在附加的自然对流难以避免，关联式的计算误差比强制湍流要大得多。考虑到进口段几何参数(d/L) 的影响，对圆形直管内的强制层流传热关联式为：

$$Nu = 1.86 Re^{1/3} Pr^{1/3} \left(\frac{d}{L}\right)^{1/3} \left(\frac{\mu}{\mu_w}\right)^{0.14} \tag{4-41}$$

应用范围：$Re < 2000$；　$Pr > 0.6$；　$RePr\dfrac{d}{L} > 10$；

定性温度：μ_w 取壁温下的值，其余物性参数取流体进、出口温度的算术平均值；

特性尺寸：管内径 d_i。

(Ⅲ) 流体在圆形直管内的强制过渡流

在 $Re = 2000 \sim 10000$ 的过渡区，温差大时也会有自然对流的复杂影响。由于过渡区流动的不稳定性，满意的计算公式不多，设计上应尽量避开过渡状态。作为粗略计算，可按式(4-38) 或式(4-40) 计算对流传热系数 α 的值，然后乘以修正系数 f。

$$f = 1 - \frac{6 \times 10^5}{Re^{1.8}} \tag{4-42}$$

即

$$\alpha = 0.023 f \frac{\lambda}{d} \left(\frac{du\rho}{\mu}\right)^{0.8} \left(\frac{c_p\mu}{\lambda}\right)^{n} \tag{4-43}$$

(Ⅳ) 其他情况

对短管，当管子长度 L 与内径 d_i 之比(L/d_i) < 60 时，由于管子入口处的流体扰动程度比较大，热阻较小，则传热系数较大。在进行计算时，可在公式(4-38) 或(4-40) 计算的 α 值上再乘以管入口效应校正系数 ε_1 以校正入口段的影响。管入口效应校正系数 ε_1 的定义为：

$$\varepsilon_1 = 1 + \left(\frac{d_i}{L}\right)^{0.7} \tag{4-44}$$

由于管入口效应，使短管整个管长的平均 α 值比长管的 α 值要大一些。

对弯管(如圆形蛇管) 内的传热，由于转弯时离心力产生附加的扰动，使 α 值增大。此时可在公式(4-38) 或(4-40) 计算的 α 值上再乘以如下的校正因数：

$$\varepsilon_R = 1 + 1.77 \frac{d_i}{R} \tag{4-45}$$

式中 R 为管子弯曲的曲率半径。

对于非圆形管中的强制湍流，仍可用前述各关联式，只要将式中的定性尺寸改用当量直径 d_e。这种方法比较简单，但计算结果的准确性不高。因此对一些常用的非圆形管道，可直接找到计算 α 的关联式。例如对套管环隙内的传热，用空气和水进行实验，得 α 的关联式：

$$Nu = 0.02 Re^{0.8} Pr^{0.33} \left(\frac{d_2}{d_1}\right)^{0.53} \tag{4-46}$$

式中　d_2—— 外管内径，m；d_1—— 内管外径，m。

应用范围：$Re = 1.2 \times 10^4 \sim 2.2 \times 10^5$，　$d_2/d_1 = 1.65 \sim 17.0$

从式(4-38)、(4-40) 可以看出，其他条件一定时，对流传热系数 $\alpha \propto u^{0.8}$，由此可见，当流体流速由 u 增至 u' 时，对流传热系数由 α 增至 α'，则

$$\frac{\alpha}{\alpha'} = \left(\frac{u}{u'}\right)^{0.8} \tag{4-47}$$

因此，提高流速可以强化传热，这也是调节换热器以适应生产要求的科学根据所在。但应指出，流速升高，流动阻力随之增大，可见，用提高流速的方法来强化传热是以增加动力消耗为代价的。

例 4-4 某中药混合液以 67.5 L/min 的流量流过 ϕ 32 mm × 3.5 mm 的不锈钢管，由管外蒸汽加热。中药液的平均温度为 37.8 ℃，密度为 1040 kg/m³，固份含量为 9 %，粘度为同温下水粘度(0.68 mPa·s) 的 1.5 倍，导热系数为 0.432 W/(m·K)，固份的比热容可取为水比热容的 40 %，且中药液的比热容适用加成原则。试计算管内壁对中药液的表面传热系数。

解 据题意已知：$d_i = 0.25$ m，37.8 ℃ 时水的 $\mu = 0.68 \times 10^{-3}$ Pa·s，$c_p = 4.174$ kJ/(kg·K)

药液性质：$\rho = 1040$ kg/m³，$\lambda = 0.432$ W/(m·K)，$\mu = 1.5 \times 0.68 \times 10^{-3} = 1.02 \times 10^{-3}$ Pa·s

$$c_p = 4.174 \times (0.91 + 0.09 \times 0.4) = 3.96 \text{ kJ/(kg·K)}$$

$$u = \frac{67.5 \times 10^{-3}}{60 \times 0.785 \times 0.025^2} = 2.29 \text{ m/s}$$

(1) 计算 Re：

$$Re = \frac{d_i u \rho}{\mu} = \frac{0.025 \times 2.29 \times 1040}{1.02 \times 10^{-3}} = 5.82 \times 10^4$$

因此，药液为湍流流动，且粘度符合条件，故为圆形直管内的强制湍流流动，可采用公式(4-38)、(4-39)计算传热系数。

(2) 计算 Pr：

$$Pr = \frac{c_p \mu}{\lambda} = \frac{1.02 \times 10^{-3} \times 3.96 \times 10^3}{0.432} = 9.34$$

(3) 计算对流传热系数 α。由于流体被加热，故 $n = 0.4$。代入公式可得

$$\alpha = 0.023 \frac{\lambda}{d_i} Re^{0.8} Pr^n = 0.023 \times \frac{0.432}{0.025} \times \left(5.82 \times 10^4\right)^{0.8} \times 9.34^{0.4}$$

可得传热系数 $\alpha = 6300$ W/(m²·K)

② 流体在管外的强制对流

流体垂直流过圆管外壁时的传热过程，在圆管的前半周和后半周情况完全不同。在前半周，由于层流边界层逐渐发展，表面传热系数随之逐渐降低。而在后半周，由于层流边界层逐步转为湍流边界层，并发生边界层分离现象，表面传热系数又逐渐提高。表面传热系数沿圆周的变化情况见图 4-8。

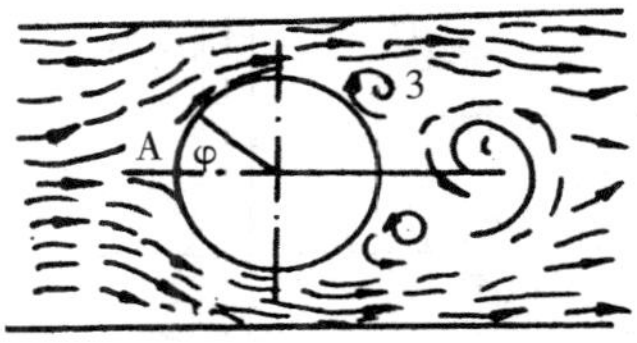

图 4-8 流体在管外垂直流过时的传热

(Ⅰ) 流体在单管管外作强制对流

对于流体流经单管表面，其传热系数可按下式计算：

当 $Re = 8 \sim 10^3$ 时

$$Nu = 0.5 Re^{0.5} Pr^{0.38} \left(\frac{Pr}{Pr_w}\right)^{0.25} \tag{4-48}$$

当 $Re = 10^3 \sim 2 \times 10^5$ 时

$$Nu = 0.25 Re^{0.6} Pr^{0.38} \left(\frac{Pr}{Pr_w}\right)^{0.25} \tag{4-49}$$

式中定性尺寸取管子外径，特性温度中除 Pr_w 中物性值取壁温确定外，其余均采用流体平均温度。

(Ⅱ) 流体在管束外作强制对流

大多数情况下，换热器壳程都是横掠管束的流动，换热管的排列分为直列和错列两种，见图 4-9。当流体垂直流过管束时，前排管子将影响后排管子的传热。管子的排列方式、管径和管间距 x_1、x_2 等因素均能影响传热。实验表明，流体流过第一排管子，其传热情况与单管相似，流过第二、第三排管子时传热过程逐渐加强。第三排管子以后，流体的湍动情况趋于稳定，传热情况亦稳定。

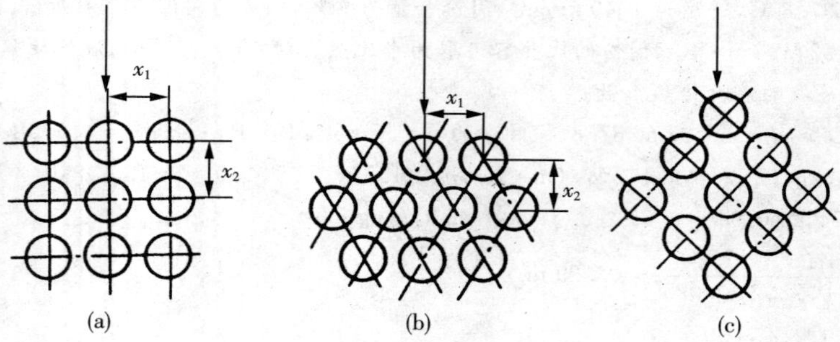

图 4-9 管束排列方式

(a) 直列；(b) 正三角形错列；(c) 正方形错列

流体在管束外垂直流过时的对流传热系数可采用下式表示：

$$Nu = c\varepsilon Re^n \cdot Pr^{0.4} \tag{4-50}$$

式中的 c、ε、n 均由实验确定，其值见表 4-5。

表 4-5 流体垂直于管束流动时的 c、ε、n 的值

排数	直列		错列		c
	n	ε	n	ε	
1	0.6	0.171	0.6	0.171	$x_1/d = 1.2 \sim 3$ 时
2	0.65	0.157	0.6	0.228	$c = 1 + 0.1\, x_1/d$
3	0.65	0.157	0.6	0.290	$x_1/d > 3$ 时
4	0.65	0.157	0.6	0.290	$c = 1.3$

应用范围：$Re = 5000 \sim 70000$，$x_1/d = 1.2 \sim 5.5$，$x_2/d = 2.0 \sim 5.0$；

特征尺寸：管外径、流速取每排管子中最狭窄通道处的流速；

定性温度：流体进、出口温度的算术平均值。

由表可见，对于第一排管子，不论错列或是直列，c、ε 和 n 都相同，α 值相同。从第二排起，错列的 ε 值较大，α 也较大，在第三排以后，直列和错列的 α 值均不再变化。由于各排的对流传热系数不同，应按下式求其平均值。

$$\alpha_m = \frac{\alpha_1 A_1 + \alpha_2 A_2 + \alpha_3 A_3 + \cdots}{A_1 + A_2 + A_3} = \frac{\sum \alpha_i A_i}{\sum A_i} \tag{4-51}$$

式中，A_1、A_2、A_3…… 分别为第一排，第二排，第三排 …… 的传热面积；α_1、α_2、α_3…… 分别为第一排，第二排，第三排 …… 的对流传热系数。

(Ⅲ) 换热器壳程的传热

对于常用的列管式换热器，由于壳体是圆筒，所以管束中各排的管数不同并且通常都装有折流挡板。流体先是横掠管束进行流动，在绕过折流挡板时，则变为顺着管子的方向流动。由于流速和流向的不断变化，$Re>100$ 即达到湍流。壳程对流传热系数的计算要考虑具体的结构型式以选取合适的计算式。换热器内装有圆缺型挡板时(割去直径的 25 % 所留下的部分)，如图 4 - 10(c) 所示，壳程对流传热系数的计算方法如下：

$$Nu = 0.36\, Re^{0.55}\, Pr^{0.33}\left(\frac{\mu}{\mu_w}\right)^{0.14} \qquad (4-52)$$

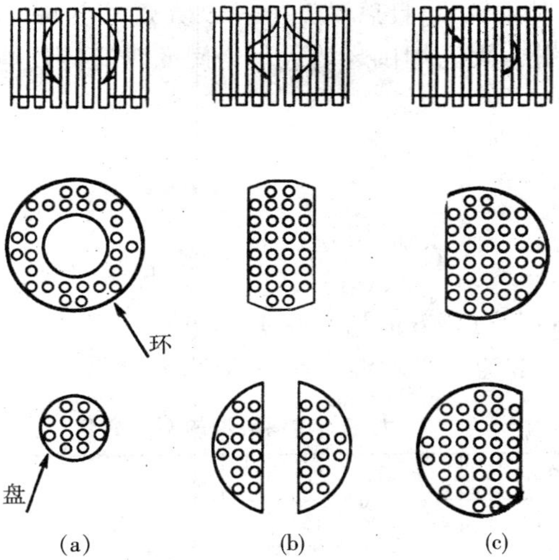

图 4 - 10　换热器的折流挡板

(a) 盘环型；(b) 分流型；(c) 圆缺型

在上式中，特性温度除 μ_w 取壁温外，其余均取流体平均温度。特性尺寸要采用当量直径 d_e，如图 4 - 11 所示，根据管子的排列方式，管子为正方形直列时：

$$d_e = \frac{4\left(t^2 - \frac{\pi}{4}d_0^2\right)}{\pi d_0} \qquad (4-53)$$

管子为正三角形错列时：

$$d_e = 4\left(\frac{\sqrt{3}}{2}t^2 - \frac{\pi}{4}d_0^2\right)\Big/\pi d_0 \qquad (4-54)$$

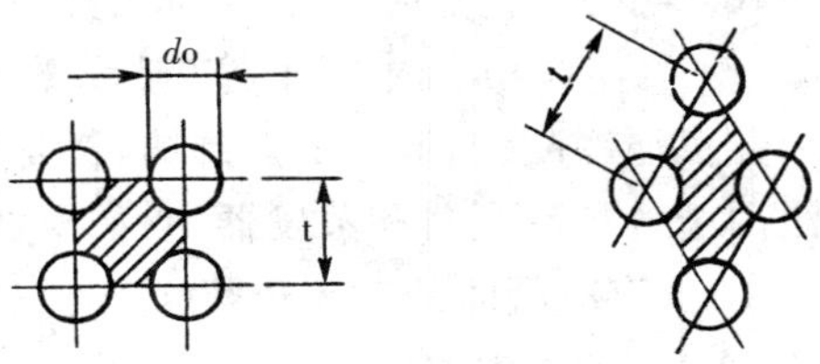

图 4 - 11　管间当量直径的推导

(a) 正方形直列；(b) 正三角形错列

式(4 - 52) 中的流速 u 按管间最大流通截面积 A 计算，即：

$$A = Dl\left(1 - \frac{d_0}{t}\right) \qquad (4-55)$$

式中，D 为换热器外壳内径，m；l 为两折流挡板间距，m。此外，若换热器中无挡板，壳程流体沿管外作平行流动，则可按非圆管道的管内强制对流公式计算。特征尺寸使用壳程空间的当量直径。

③ 自然对流

自然对流传热的工业具体实例很多，如冷库内冷却蛇管(冷排)的圆筒形壁面放出冷气、冷库平壁面对库内传热等，如果没有风机等强制空气流动的设备时，都是自然对流传热。

流体的自然对流是由于流体各点温度不同引起各点密度的差异，从而在重力场中各点存在势差而产生运动。由此可见，自然对流传热必与流体的体积热膨胀系数以及流体主体与传热面之间的温度差等因素有关，换言之，在这种过程中，特征准数 Gr 起着很重要的作用。

自然对流传热分为大空间自然对流传热和有限空间自然对流传热两种，如流体的自然对流受到周围其他物体的阻碍，称为有限空间自然对流；若传热面和周围没有阻碍自然对流的物体的存在，称为大空间自然对流传热。自然对流中一般研究大空间自然对流传热，如无搅拌时釜内液体的加热，传热设备外表面与周围环境大气之间的对流传热等。大空间自然对流传热的准数关系可表示为：

$$Nu = C(Gr \cdot Pr)^n \tag{4-56}$$

或

$$\alpha = C\frac{\lambda}{l}\left(\frac{\beta g \Delta t l^3 \rho^2}{\mu^2} \cdot \frac{c_p \mu}{\lambda}\right)^n \tag{4-57}$$

C 和 n 可通过实验测得，其对应数值列于表 4-6 中。

式中特性温度取壁温 t_w 和流体平均温度 t_m 的算术平均值 $t = (t_w + t_m)/2$。

表 4-6 大空间自然对流的 C、n 数值

加热面形状	特性尺寸	$(Gr \cdot Pr)$	C	n
水平圆管	外径 d_0	$10^4 \sim 10^9$	0.53	1/4
垂直管或板	高度 L	$10^4 \sim 10^9$	0.59	1/4
		$10^9 \sim 10^{12}$	0.10	1/3

在自然对流传热时，有限空间自然对流传热将出现一些不同于大空间自然对流传热的特点。

(2) 流体有相变时的对流传热系数 α

蒸汽遇冷凝结，液体受热沸腾，都是有相态变化的对流传热过程，冷凝传热与沸腾传热被广泛用于各种冷凝器和蒸发器中，如空调器中冷凝器和蒸发器即是实例。

① 蒸汽冷凝时的对流传热

(Ⅰ) 蒸汽冷凝方式

蒸汽与低于其饱和温度的壁面相接触，即冷凝成液体附着于壁面上，并放出冷凝潜热。蒸汽在壁面上冷凝可分滴状冷凝和膜状冷凝两种情况。在同一冷凝器内，可能同时出现两种情况，一部分为滴状冷凝，一部分为膜状冷凝。

膜状冷凝　在洁净表面上一般都是膜状冷凝，冷凝液能很好地湿润壁面，在壁面形成一层连续的液膜，液膜在重力作用下，沿壁面向下流动，见图 4-12。蒸汽在液膜表面冷凝，释放出的热量通过液膜以热传导和热对流的方式传递给壁面。一般蒸汽速度较高时($u > 10$ m/s)，膜状冷凝是主要的。

滴状冷凝　当冷凝液不能润湿冷却面或冷却面上有油类物质时，就发生滴状冷凝。冷凝液在壁面上聚集成许多分散的液滴，沿壁面流下，互相合并成为更大的液滴，露出冷凝液面，使蒸汽在壁面上冷凝。由于滴状冷凝时冷凝液不能全部润湿壁面，而液滴稍为长大后即自壁面落下，并不断露出冷却面，故表面传热系数可大大增加，对流传热系数可能比膜状冷凝的要高出

5 ～ 10 倍。

尽管工业上作过诱发滴状冷凝的尝试，这种冷凝形式终究不是稳定的形式，不能长久维持，因此，滴状冷凝可看做是一种极不稳定的个别情况。即使是膜状冷凝，其热阻仍属很小，在一般工业换热器中也不是传热全过程中的决定性热阻，所以实现滴状冷凝通常就没有很大的实际意义。

在蒸汽冷凝时，传热的推动力是蒸汽的饱和温度 t_s 和壁面温度 t_w 之差。对于膜状冷凝，热阻主要存在于液膜之中。故表面对流系数与液膜厚度、液体导热系数有关。此外，液膜的流动属于边界层流动，如果沿壁自上而下有流型的变化，则流型也将影响这种传热过程。

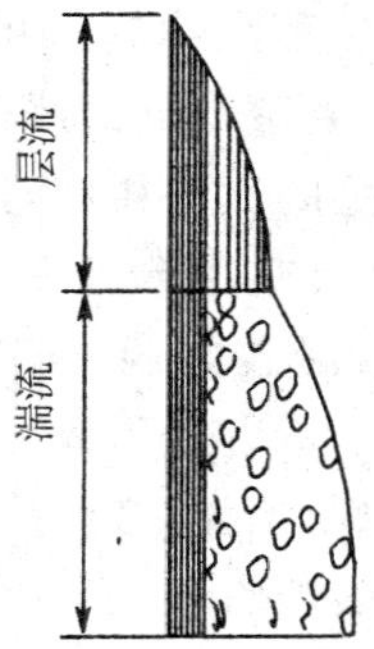

图 4-12　蒸汽在垂直壁面上的冷凝

（Ⅱ）蒸汽在水平管外的冷凝对流传热系数

对于蒸汽在水平管壁（管外、单管或管束）上的膜状冷凝传热系数，可用下式表示：

$$\alpha = 0.725\left(\frac{\rho^2 g\lambda^3 r}{n^{2/3}\mu d_o \Delta t}\right)^{1/4} \tag{4-58}$$

式中 d_o 为管子外径；n 为管束在垂直面上的列数，对单管 $n = 1$；Δt 为饱和温度 t_s 与壁面温度 t_w 之差；汽化潜热 r 由 t_s 值决定；特性温度取膜温，即 $t = (t_s + t_w)/2$；λ、ρ、μ 为特性温度下冷凝液的导热系数、密度和粘度。

（Ⅲ）蒸汽在垂直管外（或板上）的冷凝对流传热系数

当 $Re < 2000$ 时，膜层内为层流，则

$$\alpha = 1.13\left(\frac{\rho^2 g\lambda^3 r}{\mu l\Delta t}\right)^{1/4} \tag{4-59}$$

当 $Re > 2000$ 时，膜层内为湍流，则

$$\alpha = 0.0077\left(\frac{\rho^2 g\lambda^3}{\mu^2}\right)^{1/3} Re^{0.4} \tag{4-60}$$

特征尺寸：l 取垂直管或板的高度，定性温度和其余物性参数与式(4-58) 相同。

冷凝液的液膜流动有层流和湍流之分，故在计算传热系数 α 时应首先假设液膜的流动类型，求出 α 后，需要计算 Re 数，检验是否在所假设的流型范围。Re 数的计算可采用下式：

$$Re = \frac{4\alpha l\Delta t}{r\mu} \tag{4-61}$$

例 4-5　在垂直管壳式氨冷凝器内，氨蒸气在饱和温度 $t_s = 30$ ℃ 下于管外冷凝。已知管子的长度为 4.5 m，管子规格为 ϕ 57 mm × 3 mm，管外壁温度测得为 27 ℃，试求氨蒸气冷凝的表面传热系数。已查得氨液在定性温度下的物性数据为：

$\rho = 599$ kg/m³，　$\lambda = 0.465$ W/(m·K)，　$\mu = 0.23$ mPa·s，　$r = 1160$ kJ/kg。

解　首先假设液膜流动为层流，则

$$\alpha = 1.13\left(\frac{\rho^2 g\lambda^3 r}{\mu l\Delta t}\right)^{1/4} = 1.13\left(\frac{599^2 \times 9.81 \times 0.465^3 \times 1160 \times 10^3}{4.5 \times 0.23 \times 10^{-3} \times (30-27)}\right)^{0.25}$$

可得

$$\alpha = 3882 \text{ W/(m}^2\cdot\text{K)}$$

按照式(4-61) 进行流型检验可有：

$$Re = \frac{4\alpha l\Delta t}{r\mu} = \frac{4 \times 3882 \times 4.5 \times (30-27)}{1160 \times 10^3 \times 0.23 \times 10^{-3}} = 785.7$$

验证了前述假设的正确性。

(Ⅳ) 影响冷凝传热的其他因素

蒸汽的流速和流动方向　蒸汽具有一定的流速,蒸汽的流动会在汽-液界面上产生摩擦阻力,若蒸汽与液膜的流向相同,则会加速液膜的流动,使液膜减薄,传热加快。实验表明,蒸汽与液膜的流向相同时,若蒸汽流速小于 10 m/s,流速的影响不大,但当蒸汽流速达到 40～50 m/s 时,传热系数提高 30 % 左右。若蒸汽与液膜的流动方向相反,则液膜的流动受到阻滞而变厚,传热系数下降;若蒸汽的流速很高,将液膜吹离壁面,传热系数将大大增加。

不凝性气体　蒸汽中含有不凝性气体时,即使含量极微,也会对冷凝传热产生十分有害的影响。例如水蒸气中含有 1 % 的空气能使传热系数下降 60 %。不凝性气体通常是空气,它是由于锅炉给水中除气不净而带入的。随着蒸汽的冷凝,不凝性气体将会在液膜外侧聚积而形成一层气膜,蒸汽必须以扩散的方式穿过此气膜才能到达液膜,进行冷凝,因而热阻增大,传热系数下降。因此,在冷凝器的操作中,及时排除不凝性气体至关重要。

过热蒸汽　温度高于其饱和温度的蒸汽称为过热蒸汽,实验表明,在大气压力下,过热 30 ℃ 的蒸汽较饱和蒸汽的传热系数高 1 %,而过热 540 ℃ 的蒸汽的传热系数高 30 %,所以在一定情况下不考虑过热的影响,仍按饱和蒸汽进行计算。

② 液体沸腾时的对流传热

工业上经常需要将液体加热使之沸腾蒸发,如在锅炉中把水加热成水蒸气,在蒸发器中将溶剂气化以浓缩溶液,都是属于沸腾传热。液体沸腾分为大容积沸腾(或称池内沸腾)和强制对流沸腾(也称管内沸腾),大容积沸腾是指加热面沉浸在具有自由表面的液体中所发生的沸腾现象,此时,液体的运动是由自然对流和气泡的扰动引起的。强制对流沸腾是指液体在管内流动的过程中受热沸腾的现象,此时,产生的气泡不能自由升浮,而是随液体一起流动,形成气-液两相流动,沿途吸热,直至全部气化。本部分主要讨论大容积沸腾。

(Ⅰ) 液体沸腾的过程与现象

液体沸腾的主要特征是气泡的形成及其运动。气泡是在过热的加热表面上形成的,表面上形成气泡的点称为汽化核心。液体继续受热时,气泡不断增大。待长大到一定的程度,由于气泡在重力场中的浮力克服了它与表面的附着力,气泡就脱离加热面。气泡脱离表面的难易与液体能否很好润湿加热面有关,如图 4-13 所示。图(a) 表示液体能很好地润湿加热面,壁面与液体自由面的夹角 $\theta < 90°$。因而气泡与加热面的接触面积较小,气泡就很容易脱离表面。图(b) 则表示 $\theta > 90°$ 的情形,气泡与表面的接触面较大,就不易脱离表面,甚至汽化沿整个表面进行。

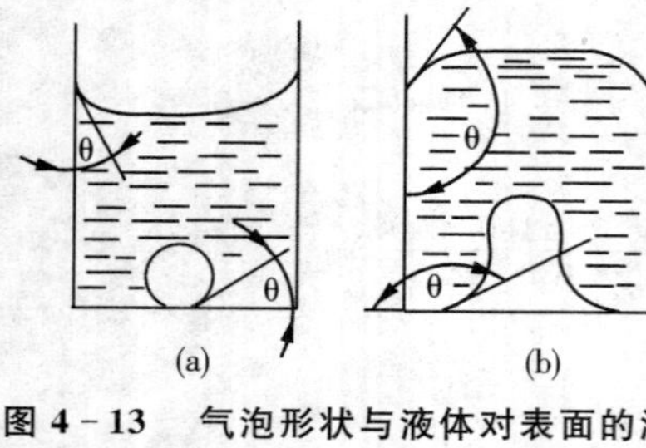

图 4-13　气泡形状与液体对表面的润湿性

(a) 润湿;(b) 不润湿

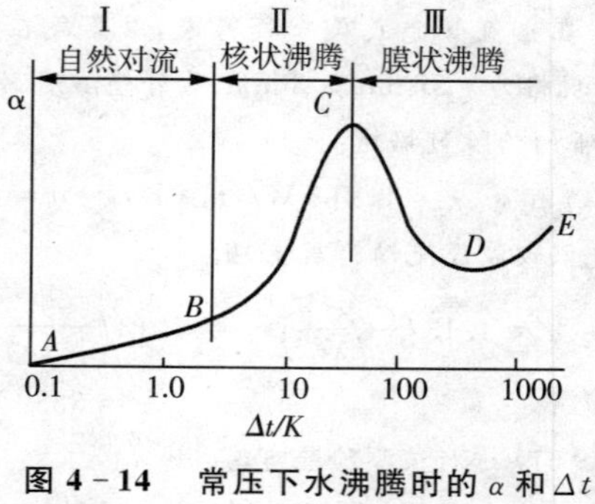

图 4-14　常压下水沸腾时的 α 和 Δt 的关系

(Ⅱ) 大容积饱和沸腾曲线

显然液体沸腾传热过程的推动力是加热面温度 t_w 和液体饱和温度 t_s 之差 Δt。在大空间内沸腾时，随着此温差的不同，过程中的传热系数 α 和热流密度 q 都发生变化而且从沸腾的现象上看，也有很大的变化。液体主体达到饱和温度 t_s，加热壁面的温度 t_w 高于饱和温度所发生的沸腾称为饱和沸腾，随壁面过热度 $\Delta t = t_w - t_s$ 的增加，沸腾传热表现出不同的传热规律。图 4-14 表示水在一个大气压力下沸腾传热系数 α 与壁面过热度 Δt 的变化关系，称为沸腾曲线。

自然对流沸腾区：过热度 Δt 较小，加热壁面处的液体轻微过热，产生的气泡在升浮过程往往尚未达到自由液面就放热终结而消失。因气泡数量稀少，液体的运动主要决定于自然对流的效应，其传热系数 α 和热流密度 q 比无相变自然对流略大。如图中 AB 段所示。

核状沸腾区：随着 Δt 的增大，在加热面上产生的气泡数量增加，气泡脱离时，促进近壁液体的混合和扰动，故传热系数 α 和热流密度都迅速增加，如图中 BC 所示。由于壁面与液体的传热快于壁面与气体的传热，所以热量主要是先由壁面直接传给液体，再由液体传给气泡。核状沸腾和膜状沸腾的交接点（即 C 点）为临界点，其对应的温差 Δt_c、表面传热系数 α_c、热流密度 q_c 都是临界值。水在常压下的临界值为：$\Delta t_c = 23 \sim 27$ ℃，$\alpha_c = 46500$ W/(m^2 · K)，$q_c = 1.74 \times 10^6$ W/m^2。

膜状沸腾区：当 Δt 增大至过 C 点后，加热面上产生的气泡数大大增加，且气泡的生成速率大于脱离速率，气泡脱离壁面前连接成气膜，由于气膜热阻较大，对流传热系数 α 与热流密度 q 均下降，如图中 CD 所示。因气膜的形成和破裂很不稳定，本区域属于核状沸腾和膜状沸腾同时存在的过渡区。Δt 继续增大，气泡迅速形成并互相结合成气膜覆盖在加热壁面上，产生稳定的膜状沸腾，此时，由于膜内辐射传热逐渐增强，对流传热系数 α 和热流密度 q 随之升高。如图 DE 所示。

（Ⅲ）影响沸腾传热的因素

液体沸腾传热的上述各阶段中，核状沸腾在工业上具有重要的意义。核状沸腾的主要特点是气泡在加热面上形成和发展，并脱离表面而作上升运动。因此，凡是影响气泡生成强度的因素，均能影响沸腾表面传热系数。

液体的物性　气泡生成强度与液体的物理性质有密切关系，主要的性质是液体与蒸汽的界面张力和液体润湿加热面的能力。表面张力愈小，润湿能力愈大，则气泡生成的强度亦愈大。同时，气泡生成强度还与热流密度、液体密度和热导率等有关，对流传热系数将随这些量的增大而升高。

温度差　前面已经讨论了温度差 $\Delta t = t_w - t_s$ 对沸腾传热的影响，Δt 增加能提高传热系数 α 的值。在双对数坐标图中，核状沸腾阶段的传热系数 α 和 Δt 近似成直线关系，故可以得到：$\alpha = C\Delta t^m$，C 与 m 可由实验测定。对于不同的液体和加热面材料，可测得不同的 C 和 m 值。

操作压力　在同一 Δt 下，提高操作压力即提高液体的饱和温度，从而使液体的粘度和表面张力均下降，汽化核心数增加，有利于气泡的生成与脱离壁面。在核状沸腾阶段，在相同 Δt 条件下可提高传热系数的值，在前述关系式 $\alpha = C\Delta t^m$ 的基础上，可提出下列形式的关系式：

$$\alpha = C\Delta t^m p^n \tag{4-62}$$

对于水，在沸腾绝对压力 $p = 10^5 \sim 4 \times 10^6$ Pa 范围内，有下列经验式：

$$\alpha = 0.123\,\Delta t^{2.33} p^{0.5} \tag{4-63}$$

加热面状况　气泡生成强度还与表面的材质、粗糙度和污染情况有关。不同的材质和水的接触角是不同的，在热流密度小时的影响较大。光滑表面的对流传热系数小于粗糙表面，因为粗糙面孔膜多，因而汽化核心增多。

4.4 传热计算

间壁式传热是化工、制药、食品与生物加工等工业中应用最广泛的传热方式。在绝大多数情况下，这种传热是大规模连续进行的。在这过程中，不论是热流体、冷流体或固体壁面，各点的温度不随时间而变，故属于稳定传热过程。本部分主要讨论稳定传热过程的计算。

传热计算主要有两类：一类是设计计算，即根据生产要求的热负荷确定换热器的传热面积；另一类是校核计算，即计算给定换热器的传热量、流体的流量或温度等。二者均以换热器的热量衡算和传热速率方程为计算基础。

4.4.1 热量衡算

生产上经常需要将物料加热或冷却，物料加热需要提供一定的热量，物料冷却则需要移除一定的热量，这是生产工艺需要的传热速率，称为传热任务或换热器的热负荷。另一方面一台换热器在一定的工艺条件下具有一定的换热能力，换热能力是传热设备的性能。换热器的换热能力应大于(极限情况下等于）热负荷，才能满足工艺上的要求。当一台换热器安装在生产线上实际操作时，换热器实际的传热速率等于生产任务要求的传热速率，换热能力与热负荷的匹配是通过换热器的调节来实现的。

在本部分内容中假设：Q 为传热速率，W；H_1、H_2 分别为热流体进出口的焓值，J/kg；h_1、h_2 分别为冷流体进出口的焓值，J/kg；q_{m1}、q_{m2} 分别为热流体和冷流体的质量流率，kg/s；c_{p_1}、c_{p_2} 分别为热流体和冷流体的定压比热容，J/(kg·K)；T_1、T_2 分别为热流体的进口温度和出口温度，℃；t_1、t_2 分别为冷流体的进口温度和出口温度，℃；r 为物料的汽化或冷凝潜热，kJ/kg。

对间壁式换热器作焓衡算。假设换热器绝热良好，热损失可忽略，则单位时间内热流体放出的热量等于冷流体吸收的热量，即热量衡算式为：

$$Q = q_{m1}(H_1 - H_2) = q_{m2}(h_2 - h_1) \tag{4-64}$$

若换热器内两流体均无相变化，且流体的比热容 c_p 可视为不随温度变化(或取流体平均温度下的比热容）时，上式可表示为：

$$Q = q_{m1}c_{p_1}(T_1 - T_2) = q_{m2}c_{p_2}(t_2 - t_1) \tag{4-65}$$

若换热器中一侧有相变化，如热流体为饱和蒸汽冷凝，而冷流体无相变化时，公式(4-64)可表示为：

$$Q = q_{m1}r = q_{m2}c_{p_2}(t_2 - t_1) \tag{4-66}$$

若冷凝液出口温度 T_2 低于饱和温度 T_s 时，则有：

$$Q = q_{m1}[r + c_{p_1}(T_s - T_2)] = q_{m2}c_{p_2}(t_2 - t_1) \tag{4-67}$$

例 4-6 利用一列管换热器将流量为 1500 kg/h，绝对压力为 0.15 MPa 的饱和水蒸气冷凝并降温至 50 ℃时，计算此换热过程所放出的热量。

解 由水蒸气性质表可知，绝对压力为 0.15 MPa 的饱和水蒸气的基本性质为：饱和温度 $T_s = 111$℃，汽化热 $r = 2.229 \times 10^6$ J/kg，冷凝水平均温度 $t = (111+50)/2 = 80.5$℃，此温度下的比热容 $c_{p_1} = 4.196 \times 10^3$ J/(kg·K)。则由式(4-67)有

$$Q = q_{m1}[r + c_{p_1}(T_s - T_2)] = \frac{1500}{3600}[2.229 \times 10^6 + 4.196 \times 10^3(111 - 50)]$$

可求得换热量为 $Q=1.035\times10^{6}$ W

4.4.2 传热温度差

一般情况下，冷、热流体在稳定换热的设备内分别在间壁两侧沿传热面进行吸热或放热，流体的温度沿传热面逐渐变化，局部温度差 Δt 也是沿传热面而变化的。同时，传热根据温度变化又可分为恒温传热和变温传热。当流体发生相变时，则其一侧或两侧温度保持恒定，例如用蒸汽加热液体食品时蒸汽一侧为恒温；用蒸汽加热液体食品进行蒸发时，两侧均为恒温。当两侧均为变温时，两流体又有并流和逆流之分。这两种情况下温度沿传热面的变化如图 4－15 所示。

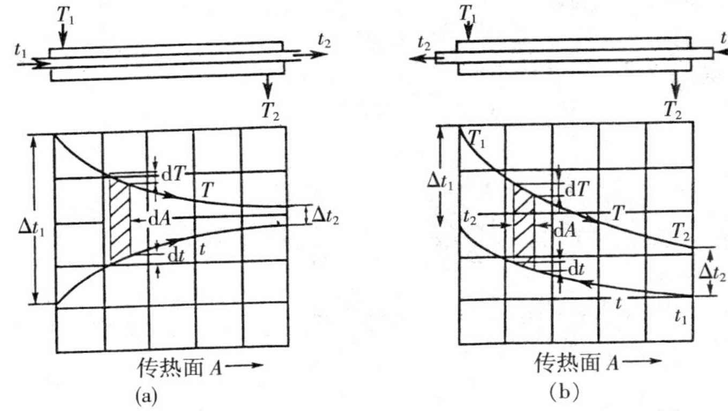

图 4－15 两侧流体温度沿换热面的变化

(a) 并流；(b) 逆流

流体的传热温度差与两流体的流动方式有关，且流体的流动方式不同，平均传热温差不同。下面分别予以讨论。

(1) 逆流或并流时的平均温差

冷热两种流体在换热器的间壁两侧以相同的方向流动，称为并流，若以相反的方向流动，则称为逆流。图 4－15 示出了套管换热器中两流体并流流动(a) 和逆流流动(b) 时温度和温差沿换热表面的变化情况。其中热流体的温度由进口处的 T_1 下降至出口处的 T_2，而冷流体的温度则从进口处的 t_1 上升至出口处的 t_2。流体温度的变化决定了传热温差的变化，但在并流和逆流两种情况下传热温差变化的规律是不同的，并流时温差沿换热表面的变化较大，流体进口处的温差最大，流体出口处的温差最小，逆流时温差的变化较小，最大温差位于换热器的哪一端需视具体情况而定。

对一侧变温或两侧变温的情形，设冷、热两流体的比热容为常数，总传热系数 K 为常数，热损失可忽略，则在稳定传热时可用下法计算平均温度差。

在换热器中取一微元段为研究对象，其传热面积为 dA，在 dA 内热流体因放热而温度下降 dT，冷流体因吸热而温度升高 dt，传热量为 dQ，则在微元面积 dA 段内热量衡算的微分方程为：

$$dQ=q_{m1}c_{p_1}\,dT=q_{m2}c_{p_2}\,dt \qquad (4-68)$$

因此可得

$$\frac{\mathrm{d}Q}{\mathrm{d}T}=q_{m1}c_{p_1}=\text{常数};\qquad \frac{\mathrm{d}Q}{\mathrm{d}t}=q_{m2}c_{p_2}=\text{常数} \tag{4-69}$$

故有

$$\frac{\mathrm{d}(T-t)}{\mathrm{d}Q}=\frac{\mathrm{d}T}{\mathrm{d}Q}-\frac{\mathrm{d}t}{\mathrm{d}Q}=\frac{1}{q_{m1}c_{p_1}}-\frac{1}{q_{m2}c_{p_2}} \tag{4-70}$$

这说明 Q 与 T、Q 与 t 分别有直线关系，并且 Q 与 $\Delta t=T-t$ 也必然为直线关系。由此可知，$\Delta t\sim Q$ 直线的斜率可表示为：

$$\frac{\mathrm{d}\Delta t}{\mathrm{d}Q}=\frac{\Delta t_1-\Delta t_2}{Q} \tag{4-71}$$

在微元段内，热、冷流体的温度 T 与 t 可视为不变，$\Delta t=T-t$，则利用式(4-2)写出传热速率方程的微分式为 $\mathrm{d}Q=K\Delta t\,\mathrm{d}A$，代入上式，有

$$\frac{\mathrm{d}(\Delta t)}{K\Delta t\,\mathrm{d}A}=\frac{\Delta t_1-\Delta t_2}{Q} \tag{4-72}$$

分离变量并积分可得

$$\frac{1}{K}\int_{\Delta t_2}^{\Delta t_1}\frac{\mathrm{d}(\Delta t)}{\Delta t}=\frac{\Delta t_1-\Delta t_2}{Q}\int_0^A\mathrm{d}A$$

$$\frac{1}{K}\ln\frac{\Delta t_1}{\Delta t_2}=\frac{\Delta t_1-\Delta t_2}{Q}A$$

移项后得

$$Q=KA\frac{\Delta t_1-\Delta t_2}{\ln\dfrac{\Delta t_1}{\Delta t_2}}$$

与(4-2)的传热速率方程式 $Q=K\Delta t_{\mathrm{m}}A$ 相比较，可得

$$\Delta t_{\mathrm{m}}=\frac{\Delta t_1-\Delta t_2}{\ln\dfrac{\Delta t_1}{\Delta t_2}} \tag{4-73}$$

因此，对于变温传热而言，平均温度差是换热器进、出口两侧流体温度差 Δt_1 与 Δt_2 的对数平均值，称为对数平均温度差。此结果不仅对两侧流体变温传热的逆流和并流操作适用，而且对一侧流体变温传热也适用。

采用对数平均温度差进行计算时需注意，通常将温度差较大者作为 Δt_1，较小者作为 Δt_2，以使计算式中的分子分母均为正值。当温差 Δt_1 与 Δt_2 相差不大(通常当 $\Delta t_1/\Delta t_2<2$)时，可用算术平均值代替对数平均值，其误差一般不会超过 4 %，即

$$\Delta t_{\mathrm{m}}=\frac{\Delta t_1+\Delta t_2}{2} \tag{4-74}$$

逆流操作与并流操作相比较，具有如下几方面的优点：

① 节省载热体用量。以物料的加热为例，由热量恒算方程，可得加热剂的用量：

$$q_{m1}=\frac{q_{m2}c_{p_2}(t_2-t_1)}{c_{p_1}(T_1-T_2)} \tag{4-75}$$

当给定加热任务，式(4-75)中 q_{m2}、t_2 及 t_1 为定值，加热剂的初始温度一般是已知的，则加热剂的消耗量 q_{m1} 仅取决于本身的出口温度 T_2。并流时 T_2 恒大于 t_2，但逆流时 T_2 有可能低于

t_2，而以 t_1 为极限值，也就是说逆流时热流体的出口温度有可能低于并流时热流体的出口温度，则从式(4－75)可知逆流时热流体的用量有可能比并流时的少。

类似地，也可以说明物料在冷却时，逆流时冷却剂的用量可能比并流少。

② 完成同一传热任务，若热、冷流体消耗量相同，由于逆流的对数平均温差大于并流，故所需的传热面积必小于并流。

由此可见，在换热器中，若参与换热的两流体都变温，则一般都采用逆流操作。但是并流也有它的特点，它主要用于加热时必须避免温度高于某一限度，或冷却时必须避免温度低于某一限度的场合。例如工艺上要求被加热的流体不得高于某一温度，或被冷却的流体不得低于某一温度，采用并流较易控制。但需要注意，倘若采用逆流代替并流而节省了载热体，则其平均温差就未必仍比并流的大。

例 4－7 在套管换热器中用 20 ℃ 冷却水将某溶液从 100 ℃ 冷却至 60 ℃，溶液流量为 1500 kg/h，溶液定压比热为 3.5 kJ/kg，已测得水出口温度为 40 ℃，试分别计算并流与逆流操作时的对数平均温度差。若已知并流和逆流时的总传热系数 K 均为 1000 W/(m^2 · K)，分别求并流和逆流操作时所需的传热面积。

解 (1) 温度差

逆流时

$$\Delta t_1 = 100 - 40 = 60\ ℃;\quad \Delta t_2 = 60 - 20 = 40\ ℃$$

$$\Delta t_{m,逆} = \frac{\Delta t_1 - \Delta t_2}{\ln\dfrac{\Delta t_1}{\Delta t_2}} = \frac{60-40}{\ln\dfrac{60}{40}} = 49.3\ ℃$$

并流时

$$\Delta t_1 = 100 - 20 = 80\ ℃;\qquad \Delta t_2 = 60 - 40 = 20\ ℃$$

$$\Delta t_{m,并} = \frac{\Delta t_1 - \Delta t_2}{\ln\dfrac{\Delta t_1}{\Delta t_2}} = \frac{80-20}{\ln\dfrac{80}{20}} = 43.3\ ℃$$

(2) 传热面积

换热量为 $$Q = q_{m1}c_{p_1}(T_1 - T_2) = \frac{1500}{3600}\times 3.5\times 1000\times(100-60) = 58300\ \mathrm{W}$$

逆流时 $$A_{逆} = \frac{Q}{K\Delta t_{m,逆}} = \frac{58300}{1000\times 49.3} = 1.18\ \mathrm{m^2}$$

并流时 $$A_{并} = \frac{Q}{K\Delta t_{m,并}} = \frac{58300}{1000\times 43.3} = 1.55\ \mathrm{m^2}$$

由上例可见，当 T_1、T_2、t_1 和 t_2 均不变时，逆流传热的平均温差大于并流传热的平均温差，因此当传热量一定时，逆流操作所需的传热面积小于并流操作的传热面积。

(2) 错流和折流时的平均温差

在实际换热器中，两种流体的流动并不仅仅是简单的并流和逆流，往往还伴有更复杂的情况，即错流和折流。错流是指两流体在间壁两侧彼此的流动方向垂直，例如管外流体垂直流过管束的换热器。折流是指两流体虽作平行流动，但对一部分管子而言为并流，对另一部分管子而言为逆流，折流又分为简单折流和复杂折流，简单折流是指一种流体作折流流动，另一种流体不折流，仅沿一个方向流动；若两种流体都作折流流动或既有错流又有折流，例如多程列管式换热器，则称为复杂折流。折流时，两流体间并流和逆流交替出现。

对于错流或折流时的平均温差，通常先按逆流过程求算平均温度差，然后再根据流动型式加以修正，即：

$$\Delta t_m = \Psi \Delta t_{m,逆} \tag{4-76}$$

式中 Ψ 称为温差校正系数，Ψ 值与冷热两流体的温度变化有关，表示为 P 和 R 两参数的函数：

$$P = \frac{t_2 - t_1}{T_1 - t_1} = \frac{冷流体实际温升}{两流体最大温差} \tag{4-77}$$

$$R = \frac{T_1 - T_2}{t_2 - t_1} = \frac{热流体实际温降}{冷流体实际温升} \tag{4-78}$$

常见换热器的 Ψ 值见图 4-16。

例 4-8　换热器壳程的热流体进出口温度分别为 120 ℃、75 ℃，管程冷流体的进出口分别为 20 ℃和 50 ℃，试求单壳程、双管程的列管换热器折流时的平均温度差。

解　已知 $T_1 = 120$ ℃、$T_2 = 75$ ℃、$t_1 = 20$ ℃ 和 $t_2 = 50$ ℃

$$P = \frac{t_2 - t_1}{T_1 - t_1} = \frac{50-20}{120-20} = 0.3$$

$$R = \frac{T_1 - T_2}{t_2 - t_1} = \frac{120-75}{50-20} = 1.5$$

查图 4-16 可知，温差修正系数 $\Psi = 0.935$，则有

$$\Delta t_m = \Psi \Delta t_{m,逆} = 0.935 \times 62.2 = 58.2 \text{ ℃}$$

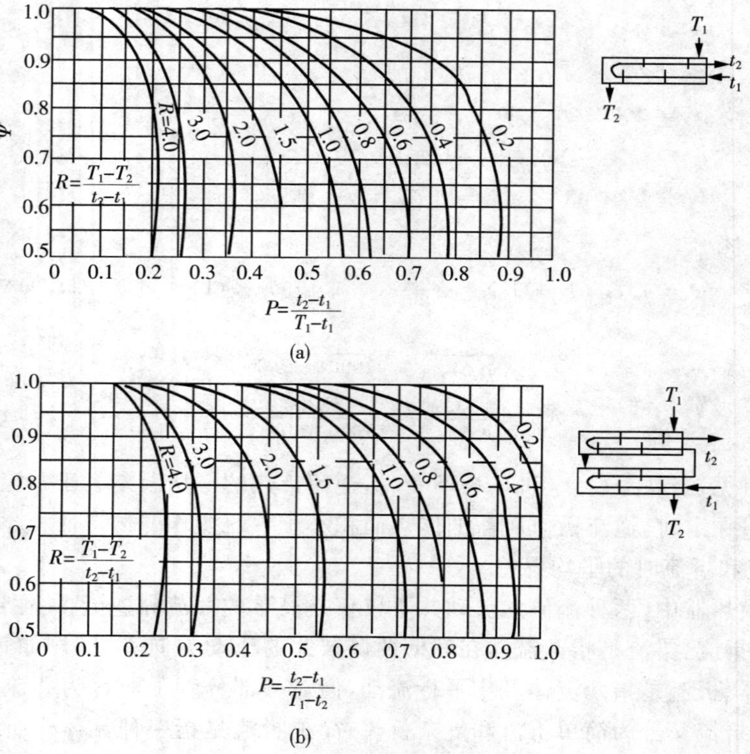

图 4-16　单壳程和双壳程折流的 Ψ 值

(a) 单壳程，两管程或两管程以上；(b) 双壳程，四管程或四管程以上

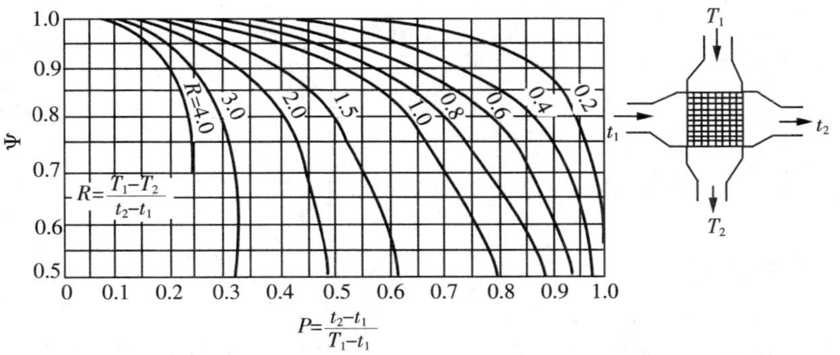

图 4-17 错流(流体之间不混合)的 Ψ 值

4.4.3 总传热系数

由传热基本方程 $Q=KA\Delta t_m$ 可解决各种实际问题,其中总传热系数 K 的确定是很重要的一部分内容。

总传热系数 K 综合反映传热设备性能、流动状况和流体物性对传热过程的影响,$1/K$ 称为传热过程的总热阻。为建立总传热系数 K 的计算式,取列管式换热器中的一根换热管进行分析,设管内是热流体,管外是冷流体,管壁内侧表面(左侧壁面)与热流体接触,管壁外侧表面(右侧表面)与冷流体接触,冷、热两流体的温度分别为 T 和 t,管壁热侧表面和冷侧表面的温度分别为 T_w 和 t_w,热流体以对流传热的方式将热量传给热侧表面,继而热侧表面以传导传热方式将热量传给冷侧表面,然后冷侧表面以对流传热方式将热量传给冷流体。也就是说,流体通过间壁的热交换经过"对流—传导—对流"三个串联步骤。考虑到两流体沿传热表面流动时沿程各点的温度和温差不同,热流密度各点不同,取微分长度 dl 的管段分析。则对应热侧表面积 dA_1,冷侧表面积 dA_2,间壁平均面积 dA_m,根据牛顿冷却定律,热流体与管壁热侧微分表面的对流传热速率为:

$$dQ=\alpha_1(T-T_w)dA_1=\frac{T-T_w}{\dfrac{1}{\alpha_1 dA_1}} \tag{4-79}$$

同理,冷流体与管壁冷侧微分表面的对流传热速率为:

$$dQ=\alpha_2(t_w-t)dA_2=\frac{t_w-t}{\dfrac{1}{\alpha_2 dA_2}} \tag{4-80}$$

通过管壁平均微分面积的导热速率

$$dQ=\frac{\lambda}{b}(T_w-t_w)dA_m=\frac{T_w-t_w}{\dfrac{b}{\lambda dA_m}} \tag{4-81}$$

在稳定传热情况下,通过每一串联步骤的热流量均相等,所以联立上面三式并应用合比定律有:

$$dQ=\frac{T-t}{\dfrac{1}{\alpha_1 dA_1}+\dfrac{b}{\lambda dA_m}+\dfrac{1}{\alpha_2 dA_2}} \tag{4-82}$$

微分面积的传热速率式为

$$dQ = K(T-t)dA = \frac{T-t}{\frac{1}{KdA}} \tag{4-83}$$

故可得

$$\frac{1}{KdA} = \frac{1}{\alpha_1 dA_1} + \frac{b}{\lambda dA_m} + \frac{1}{\alpha_2 dA_2} \tag{4-84}$$

即

$$\frac{1}{K} = \frac{dA}{\alpha_1 dA_1} + \frac{dA}{\lambda dA_m} + \frac{dA}{\alpha_2 dA_2} \tag{4-85}$$

上式表明，冷热两流体通过间壁进行热交换的总热阻等于两个对流传热过程热阻与一个热传导热阻之和。由于 K 值与传热面积 A 的基准有关，故对于传热面积几种不同基准情况下的分析如下：

① 一般情况下，对于圆管传热面，若取管外表面积为基准计算传热面积，则有：

$$K_o = \frac{1}{\frac{d_o}{\alpha_i d_i} + \frac{bd_o}{\lambda d_m} + \frac{1}{\alpha_o}} \tag{4-86}$$

② 对于圆管传热面，若取管内表面积为基准计算传热面积，则有：

$$K_i = \frac{1}{\frac{1}{\alpha_i} + \frac{bd_i}{\lambda d_m} + \frac{d_i}{\alpha_o d_o}} \tag{4-87}$$

③ 对于圆管传热面，若取管平均面积为基准计算传热面积，则有：

$$K_m = \frac{1}{\frac{d_m}{\alpha_i d_i} + \frac{b}{\lambda} + \frac{d_m}{\alpha_o d_o}} \tag{4-88}$$

④ 在平壁传热或薄壁管传热或管径较大时，$A_i = A_m = A_o = A$，故：

$$K_m = \frac{1}{\frac{1}{\alpha_i} + \frac{b}{\lambda} + \frac{1}{\alpha_o}} \tag{4-89}$$

传热系数 K 除用以上诸式进行计算外，还有另外两种获取途径：

① 查取 K 值　在有关手册和专著中有某些情况下 K 的经验数值，可供设计参考，但应选用工艺条件接近、传热设备类似的较为成熟的经验 K 值，表 4-7 列出了列管换热器在一些条件下经验 K 值的大致范围，供设计时参考。

表 4-7　列管换热器总传热系数 K 的经验数据

液体种类	总传热系数 K，$W/(m^2 \cdot K)$
水-气体	12 ～ 60
水-水	800 ～ 1800
水-煤油	350 左右
水-有机溶剂	280 ～ 850
气体-气体	12 ～ 35
饱和水蒸气-水沸腾	1400 ～ 4700
饱和水蒸气-气体	30 ～ 300
饱和水蒸气-油	60 ～ 350
饱和水蒸气-沸腾油	290 ～ 870

② 实验测定 通过实验测定现有换热器的流体流量和进出口温度，再由传热基本方程计算 K 值(见例 4-9)。实验测定可以获得较为可靠的 K 值，实测 K 值的方法不仅是为了在缺乏工业实验数据时提供设计依据，而且还可以借助实测的 K 值判断换热器的工作状况，从而寻求强化传热的措施。

应予指出，由计算方法得到的 K 值往往与查取的和实测的 K 值相差较大，这主要是由于计算对流传热系数 α 的关联式有一定误差和污垢热阻不易估计准确等原因所致，因此，使用计算的 K 值时应慎重，最好与另外两种方法作对照，以确定合理的 K 值。

例 4-9 已知某列管换热器的传热面积为 2 m^2，热水走管程，流量为 1500 kg/h，进口温度为 80 ℃，出口温度为 50 ℃；冷水走壳程，测得进口温度为 15 ℃，出口温度为 30 ℃，冷热流体呈逆流流动。试确定该换热器的总传热系数 K 的值。

解 已知热水 $T_1 = 80$ ℃，$T_2 = 50$ ℃，则平均温度为 $T_m = (80+50)/2 = 65$ ℃

在此温度下 $c_p = 4.18\times10^3$ J/(kg·K)，热水的流量为 $q_m = 1500$ kg/h，传热面积 $A = 2$ m^2

热负荷 $Q = q_m c_p (T_1 - T_2) = \dfrac{1500}{3600}\times 4.18\times10^3\times(80-50) = 5.23\times10^4$ W

对逆流流动 $\Delta t_1 = 80-30 = 50$ ℃， $\Delta t_2 = 50-15 = 35$ ℃

$$\because \frac{\Delta t_1}{\Delta t_2} = \frac{50}{35} < 2,\quad \therefore \Delta t_m = \frac{\Delta t_1 + \Delta t_2}{2} = 42.5\ ℃$$

由传热基本方程可得：

$$K = \frac{Q}{A\Delta t_m} = \frac{52300}{2\times42.5} = 615\ \mathrm{W/(m^2\cdot K)}$$

4.4.4 污垢热阻

换热器在运行一段时间后，流体介质中的可沉积物会在换热表面上生成垢层，当换热面上有水垢层、铁锈层、油层、淤泥、沉渣或蛋白质等有机物质的破坏、变性、结焦而产生物质时，因为这些物质都是非金属材料，与金属相比，其热导率要小好几倍，所以传热阻力要增加很多，使总传热系数减小，传热速率显著下降。例如水垢层 $\lambda = 2.3$ W/(m·K)，热阻比钢大 20 倍左右；铁锈 $\lambda = 1.2$ W/(m·K)，油类 $\lambda = 0.14$ W/(m·K)，其热阻就更大。因此，即使很薄的污垢层，其热阻都是很大的。所以在设备使用过程中，要尽量避免污垢层的产生，要经常对设备进行清洗，除去污垢层。这对提高设备操作的经济性，节约能量消耗是十分重要的。由于垢层的厚度和导热系数不易准确估计，工程计算上通常是选用污垢热阻的经验数值，见表 4-8。若计入污垢热阻，并分别用 R_{si} 和 R_{so} 表示内、外侧壁面上的污垢热阻，以管外表面积为计算基准面积，则总热阻：

$$\frac{1}{K_o} = \frac{d_o}{\alpha_i d_i} + R_{si}\frac{d_o}{d_i} + \frac{b d_o}{\lambda d_m} + R_{so} + \frac{1}{\alpha_o} \tag{4-90}$$

应指出，污垢热阻将随换热器的操作时间加长而变大，因此，换热器要根据实际的操作情况，定期清洗。这是设计和操作换热器时应予以考虑的问题。

表 4-8 常见流体的污垢热阻

液体类型	污垢热阻 $m^2 \cdot K/KW$	液体类型	污垢热阻 $m^2 \cdot K/KW$
水（$u < 1m/s, t < 50$ ℃）		蒸汽	
海水	0.1	有机蒸汽	0.2
河水	0.6	水蒸气（不含油）	0.1
井水	0.58	水蒸气废气（含油）	0.2
蒸馏水	0.1	制冷剂蒸汽（含油）	0.4
锅炉水	0.26	气体	
未处理的凉水塔用水	0.58	空气	0.3
经处理的凉水塔用水	0.26	压缩气体	0.4
多泥沙的水	0.6	天然气	2.0
盐水	0.4	焦炉气	2.0

例 4-10 在列管换热器中用水将某气体从温度 180 ℃ 冷却到 60 ℃，气体走壳程，对流传热系数为 40 $W/(m^2 \cdot K)$，冷却水走管程，对流传热系数为 3000 $W/(m^2 \cdot K)$，换热器管束由 $\phi 25mm \times 2.5$ mm 钢管组成，水侧污垢热阻为 $0.58\ K \cdot m^2/kW$，气侧污垢热阻为 $0.4\ K \cdot m^2/kW$。求：(1) 总传热系数；(2) 若将水侧对流传热系数提高 1 倍，求总传热系数；(3) 若将气侧传热系数提高 1 倍，求总传热系数。

解 (1) 若以管束外表面作为基准，则总传热系数

$$K_o = \frac{1}{\frac{d_o}{\alpha_i d_i} + R_{si}\frac{d_o}{d_i} + \frac{bd_o}{\lambda d_m} + R_{so} + \frac{1}{\alpha_o}}$$

$$= \frac{1}{\frac{0.025}{3000 \times 0.02} + 0.00058 \times \frac{0.025}{0.020} + \frac{0.0025 \times 0.025}{45 \times 0.0225} + 0.0004 + \frac{1}{40}}$$

$$= 37.6\ W/(m^2 \cdot K)$$

(2) 若水侧的对流传热系数提高 1 倍，即 $\alpha_i = 6000\ W/(m^2 \cdot K)$，代入上式则有：

$$K_o = 37.9\ W/(m^2 \cdot K)$$

传热系数的变化率为

$$\eta = \frac{37.9 - 37.6}{37.6} = 0.8\%$$

(3) 若气体的对流传热系数提高 1 倍，即 $\alpha_o = 80\ W/(m^2 \cdot K)$，代入上式则有：

$$K_o = 70.9\ W/(m^2 \cdot K)$$

传热系数的变化率为

$$\eta = \frac{70.9 - 37.6}{37.6} = 88.6\%$$

由计算结果可以看出，对对流传热系数比较大一侧的流体（水），提高其传热系数 α 对总传热系数 K 的提高不明显，而提高对流传热系数较小一侧流体（气体）的传热系数 α，可有效提高总传热系数 K。因此，在传热计算及换热器设计中，提高总传热系数的有效途径是提高对流传热系数较小一侧流体的传热系数 α。

当 α_1 和 α_2 的差别不大时，则应同时提高两个对流传热系数；当污垢成为主要热阻时，则需定期清洗换热器或设法降低垢层的生成速率。

4.4.5 壁温的计算

在传热过程计算中，一般都需要知道固体壁面的温度。热量从热流体通过壁面传递给冷流

体，在稳态下，两侧流体对固体壁面的对流传热速率及间壁的导热速率均为相等，则由前述各传热速率表示式有：

$$Q = \frac{T - T_w}{\dfrac{1}{\alpha_i A_i}} = \frac{T_w - t_w}{\dfrac{b}{\lambda A_m}} = \frac{t_w - t}{\dfrac{1}{\alpha_o A_o}} \tag{4-91}$$

式中 T、T_w、t、t_w 为热流体、冷流体和换热器管壁的平均温度。利用以上各式可求出固体壁面的温度，并可以看出，壁温总是接近于对流传热系数 α 比较大一侧的温度，若 $\alpha_1 \approx \alpha_2$，则壁温 $t = (T + t)/2$。

在实际求解壁温时，一般需要采用试差法。试差计算的方法是：先假设一壁温，据此计算两个对流传热系数，进而利用式(4－91)计算壁温，直至计算的壁温和假设的壁温相一致。同时，假设壁温时应作粗略估计，由上式知，温差与热阻成正比，即壁温接近对流传热系数大一侧流体的温度。

例 4－11 两流体在列管换热器中进行热量交换，已知管内热流体的平均温度 175 ℃，对流传热系数为 10000 W/(m² · K)，管外冷流体平均温度为 120 ℃，对流传热系数 1000 W/(m² · K)，若忽略管壁热阻和污垢热阻，请计算管壁的平均温度。

解 若忽略管壁热阻和污垢热阻，可认为 $A_i \approx A_o$，$T_w = t_w$，则由公式(4－91)可知：

$$\frac{T - t_w}{\dfrac{1}{\alpha_i}} = \frac{t_w - t}{\dfrac{1}{\alpha_o}}$$

即

$$\frac{175 - t_w}{\dfrac{1}{10000}} = \frac{t_w - 120}{\dfrac{1}{1000}}$$

解得 $t_w = 170$ ℃

由计算结果可见，管壁的平均温度接近于管内热流体的平均温度，即接近于对流传热系数较大流体的平均温度。

4.5 辐射传热

绝对零度以上的任何物体都会不停地向外界辐射能量，能量的主要形式是电磁波，同时这些物体又可以不断地吸收来自其他物体的辐射能。所谓辐射传热就是不同物体间相互辐射和吸收能量的综合过程，辐射传热实现了能量从高温物体向低温物体的传递。

研究辐射传热对于工业过程具有重要的意义：许多设备如换热器、蒸汽管道等，当其外壁温度高于周围大气温度时，会以辐射形式向环境发射能量。同时，可广泛利用辐射加热方法针对工业生产过程中的需要，对原料或产品进行焙烤、干燥等。

4.5.1 基本概念与定律

理论上热辐射的电磁波波长从零到无穷大，但有实际意义的波长范围为 0.4 ～ 20 μm，其中 0.4 ～ 0.8 μm 波长为可见光，0.8 ～ 20 μm 波长的电磁波为红外线。可见光和红外线统称为热射线。不过对热辐射起决定作用的是红外线，而只有在很高的温度下才能觉察到可见光的热效应。热射线在物理本质上与光射线是一样的，也服从反射和折射定律。当物体发射的辐射能投射到另一物体的表面上时，投射的总能量(E) 有三种可能的情况：一部分被物体吸收(E_A)，

一部分被反射回去(E_R),一部分透过物体(E_D)。其中被吸收的这部分可以转化为热能。根据能量守恒定律,有

$$E_A + E_R + E_D = E \tag{4-92}$$

即

$$\frac{E_A}{E} + \frac{E_R}{E} + \frac{E_D}{E} = 1 \tag{4-93}$$

或

$$A + R + D = 1 \tag{4-94}$$

式中,A、R 和 D 分别为物体吸收率、反射率和透过率。

(1) 黑体、镜体与透过体

对于前述辐射能进行分析可知,被吸收的辐射能转变为热能,而反射和透过的辐射能经过多次反射以后,最后都将为其他物体所吸收而变为热能。

吸收率最大的物体是能够将射入的辐射能全部吸收,反射率及透过率均为零,即 $A = 1, R = D = 0$,表明辐射能全部被吸收,这种物体称为黑体。自然界中并不存在绝对黑体,例如没有光泽的黑墨表面,其吸收率 $A = 0.96 \sim 0.98$。定义黑体的目的是为了在计算中确定一个比较的标准。

反射率最大的物体,其吸收率和透过率均为零,即 $R = 1, A = D = 0$,表明辐射能全部被反射,这种物体称为镜体(或绝对白体)。自然界中也不存在绝对镜体,例如表面经抛光的铜材,其反射率 $R = 0.97$。

透过率最大的物体,其吸收率和反射率均为零,即 $D = 1, A = R = 0$,表明辐射能全部透过物体,这类物体称为透热体。例如对称双原子气体 O_2、N_2、H_2 等都是透热体。

只能部分地吸收射入的辐射能,其余则反射回去而无辐射能透过,即 $A + R = 1$,这类物体称为灰体。工业上常见的固体材料一般都被称作灰体。固体材料的吸收率和反射率的大小取决于物体的性质、温度和表面状况。

(2) 辐射能力

单位时间内物体单位面积发射的总辐射能称为物体的辐射能力 E_0,因次为 W/m^2。黑体的辐射能力与热力学温度的关系为:

$$E_0 = \sigma_0 T^4 = C_0 \left(\frac{T}{100}\right)^4 \tag{4-95}$$

说明黑体的发射能力正比于热力学温度的四次方。上式称为斯蒂芬-波尔茨曼(Stefan-boltzmann)定律,式中 σ_0 称为黑体辐射常数,$\sigma_0 = 5.67 \times 10^{-8}\ W/(m^2 \cdot K^4)$,$C_0$ 称为黑体辐射系数,$C_0 = 5.67\ W/(m^2 \cdot K^4)$,$T$ 为黑体表面的热力学温度,K。

斯蒂芬-波尔茨曼定律表明:随着温度的升高,辐射能力急剧增大,因而在高温下辐射传热成为传热的主要方式。

黑体在任何给定温度下具有最大可能的辐射能力,是所有其他辐射体发射能力的比较标准。工程上最重要的是确定实际物体的辐射能力,在相同温度下,实际物体的辐射能力 E 恒小于黑体的辐射能力 E_0,不同物体的辐射能力也有很大的差别。任何物体的辐射能力 E 与黑体辐射能力 E_0 之比,称为该物体的辐射率,又称黑度,以 ε 表示,则 ε 可定义为:

$$\varepsilon = \frac{E}{E_0} \quad 或 \quad E = \varepsilon E_0 = \varepsilon \sigma T^4 \tag{4-96}$$

即实际物体的辐射能力与相同温度下黑体的辐射能力之比值称为黑度,它表示实际物体的辐射能力接近于黑体的程度,其值恒小于 1。某些物体的黑度见表 4-9。

同时必须指出，物体的单色辐射率 ε_λ，是其单色发射能力 E_λ 与同波长黑体的单色发射能力 $E_{0\lambda}$ 之比，为

$$\varepsilon_\lambda = \frac{E_\lambda}{E_{0\lambda}} \tag{4-97}$$

如果物体对所有波长的辐射能具有相同吸收率，则称此物体为灰体，即为对前述灰体定义和特点的有效补充。实验研究表明，对波长在 0.76 ～ 20 μm 的辐射能，大多数工程材料的吸收率随波长的变化不大，故可将这些实际物体称为灰体。灰体的辐射能力同样可用黑度 ε 表示，见式(4－96)。

表 4－9 常见工业材料的黑度 ε

材 料	温度 /℃	黑度 ε
红砖	20	0.93
耐火砖		0.8 ～ 0.9
钢板(氧化的)	200 ～ 600	0.8
钢板(磨光的)	940 ～ 1100	0.55 ～ 0.61
铸铁(氧化的)	200 ～ 600	0.64 ～ 0.78
铜(氧化的)	200 ～ 600	0.57 ～ 0.87
铜(磨光的)		0.03
铝(氧化的)	200 ～ 600	0.11 ～ 0.19
铝(磨光的)	225 ～ 575	0.039 ～ 0.057

(3) 克希霍夫(Kirchhoff) 定律

灰体的辐射能力除与物体的温度有关，还与物体的吸收率及其反射能力有着密切的联系。设有两块相距很近的平行平板，两板中间介质为透热体。两块板中一块为透过率 $D = 0$ 的灰体，一块为黑体。

若板 1 为灰体，其辐射能力、吸收率和温度分别为 E_1、A_1 和 T_1，板 2 为黑体，其辐射能力，吸收率和温度分别为 E_0、$A_0(=1)$ 和 T_0，且 $T_1 > T_0$，于是灰体能量平衡可分析如下：以单位时间单位平板面积计，板 1 发射的 E_1 被板 2 全部吸收，板 2 发射的 E_0 被板 1 吸收了 A_1E_0，其余的 $(1-A_1)E_0$ 被反射回板 2 并被全部吸收。对板 1 而言，发射的能量为 E_1，获得的能量为 A_1E_0，其差额即为板 1 向板 2 的净辐射传热量：

$$Q = E_1 - A_1E_0 \tag{4-98}$$

当过程进行到两个物体的温度相等时，辐射传热达到平衡状态，即 $Q = 0$，也即 $E_1 = A_1E_0$ 或 $E_1/A_1 = E_0$。若板 1 用任意灰体板来代替，则：

$$\frac{E_1}{A_1} = \frac{E_2}{A_2} = \cdots = \frac{E}{A} = E_0 \tag{4-99}$$

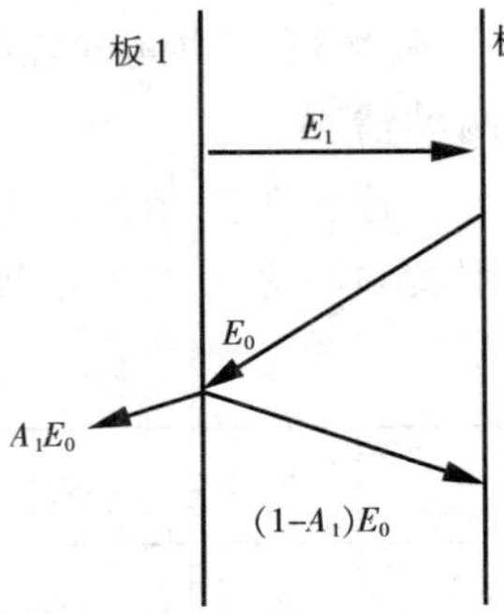

图 4－18 克希霍夫定律的推导

上式即为克希霍夫定律。该式表明任何物料的辐射能力与吸收率之比值恒为常数，且等于同温度下黑体的辐射能力，故其值仅与物体的温度有关，即：

$$E = AE_0 = AC_0\left(\frac{T}{100}\right)^4 = C\left(\frac{T}{100}\right)^4 \tag{4-100}$$

式中，$C = AC_0$，为灰体的辐射系数。

比较式(4-96)和式(4-100)可得：

$$\varepsilon = \frac{E}{E_0} = A \tag{4-101}$$

即同一温度下，物体的黑度在数值上等于它的吸收率。这样，实际物体难以确定的吸收率均可用其黑度表示。

4.5.2 两固体间的辐射传热

工业上常遇到的辐射传热为两固体间的相互辐射。由于大多数固体可视为灰体，在两固体间进行辐射传热时，若两物体的温度各为 T_1 和 T_2，且 $T_1 > T_2$，则物体 1 发射 E_1 至物体 2 时，其中部分被吸收，其余部分被反射，反射回去的能量又被物体部分吸收和部分反射，如此无穷往返，从物体 2 发射的辐射能 E_2，也要经历反复吸收和反射的过程。

此外，由于两物体的空间位置是任意的，发射或反射的能量不一定能全部投射到对方物体上，因此，两固体间辐射传热的计算是很复杂的，它不仅与两物体的吸收率、反射率、形状与大小有关，而且与两者之间的距离和位置有关。一般用下式表示较高温度的物体 1 传给较低温度的物体 2 的辐射热量。

$$Q_{1-2} = C_{1-2}\varphi A\left[\left(\frac{T_1}{100}\right)^4 - \left(\frac{T_2}{100}\right)^4\right] \tag{4-102}$$

式中 C_{1-2}—— 总辐射系数，它与两个灰体的黑度和相对位置有关，$W/(m^2 \cdot K^4)$；

φ—— 几何因子或角系数，表示物体 1 发射的能量被物体 2 截获的百分率；

A—— 辐射面积，m^2；

T_1—— 较热流体的温度，K；

T_2—— 较冷流体的温度，K。

上式中的各参数需由物体黑度、形状、大小、距离以及相互位置而定。工业上常见的固体间相互辐射的几种情况如下：

① 一物体被另一物体包围时的传热，包括很大物体 2 包住物体 1 和物体 2 恰好包住物体 1 两种情况；

② 两平行物面间的辐射，分为两极大的平行面辐射和面积有限的两相等平行面间的辐射传热两种情况。

对上述较为简单的情况，式(4-102)中各参数可由表 4-10 查得，而对于比较复杂的情况，则采用实验研究方法确定较为方便。

表 4-10 角系数和总辐射系数的计算方法

序号	辐射情况	面积 A	角系数 φ	总辐射系数 C_{1-2}，$W/(m^2 \cdot K^4)$
1	极大的两平行面	A_1 或 A_2	1	$\dfrac{C_0}{\dfrac{1}{\varepsilon_1}+\dfrac{1}{\varepsilon_2}-1}$
2	面积有限的两相等平行面	A_1	<1	$\varepsilon_1\varepsilon_2 C_0$

续表

3	极大的物体 2 包住物体 1	A_1	1	$\varepsilon_1 C_0$
4	物体 2 恰好包住物体 1，$A_1 \approx A_2$	A_1	1	$\dfrac{C_0}{\dfrac{1}{\varepsilon_1}+\dfrac{1}{\varepsilon_2}-1}$
5	在 3、4 情况之间	A_1	1	$\dfrac{C_0}{\dfrac{1}{\varepsilon_1}+\dfrac{A_1}{A_2}\left(\dfrac{1}{\varepsilon_2}-1\right)}$

例 4-12 车间内有一高和宽各为 3 m 的铸铁炉门，温度为 227 ℃，室内温度为 27 ℃。为了减少热损失，在炉门前 50 mm 处放置一块尺寸和炉门相同而黑度为 0.11 的铝板，炉门的黑度可取为 0.78。试求放置铝板前、后因辐射而损失的热量。

解 (1) 放置铝板前，铸铁炉门与车间之间为很大的物体 2 包住物体 1 的情况，故

$$\varphi = 1, A = A_1 = 3 \times 3 = 9\ \mathrm{m}^2$$

则

$$C_{1-2} = \varepsilon_1 C_0 = 0.78 \times 5.67 = 4.423\ \mathrm{W/(m^2 \cdot K^4)}$$

$$Q_{1-2} = C_{1-2}\varphi A_1\left[\left(\frac{T_1}{100}\right)^4 - \left(\frac{T_2}{100}\right)^4\right]$$

$$= 4.423 \times 1 \times 9 \times \left[\left(\frac{273+227}{100}\right)^4 - \left(\frac{273+27}{100}\right)^4\right] = 21.65\ \mathrm{kW}$$

(2) 放置铝板后，以下标 1、2 和 3 分别表示炉门、房间和铝板。设铝板温度为 T_3，则铝板向房间辐射的热量为：

$$Q_{3-2} = C_{3-2}\varphi A_1\left[\left(\frac{T_3}{100}\right)^4 - \left(\frac{T_2}{100}\right)^4\right]$$

式中 $A_1 = 9\ \mathrm{m}^2, \varphi = 1, C_{3-2} = \varepsilon_3 C_0 = 0.11 \times 5.67 = 0.624\ \mathrm{W/(m^2 \cdot K^4)}$，代入上式有

$$Q_{3-2} = 0.624 \times 9 \times \left[\left(\frac{T_3}{100}\right)^4 - 81\right] \tag{1}$$

炉门对铝板的辐射传热可视为两无限大平板间的传热，故：

$$Q_{1-3} = C_{1-3}\varphi A_1\left[\left(\frac{T_1}{100}\right)^4 - \left(\frac{T_3}{100}\right)^4\right]$$

式中 $A_1 = 9\ \mathrm{m}^2, \varphi = 1$

$$C_{1-3} = \frac{C_0}{\dfrac{1}{\varepsilon_1}+\dfrac{1}{\varepsilon_3}-1} = \frac{5.67}{\dfrac{1}{0.78}+\dfrac{1}{0.11}-1} = 0.605\ \mathrm{W/(m^2 \cdot K^4)}$$

代入上式有

$$Q_{1-3} = 0.605 \times 9 \times \left[625 - \left(\frac{T_3}{100}\right)^4\right] \tag{2}$$

当传热达到稳定时，$\varphi_{1-3} = \varphi_{3-2}$，将前两式(1)、(2) 联立，可计算出铝板温度为：

$$T_3 = 432\ \mathrm{K}$$

将此数值代入式(2) 中，可得：

$$Q_{1-3} = 0.605 \times 9 \times \left[625 - \left(\frac{432}{100}\right)^4\right] = 1506\ \mathrm{W}$$

则放置铝板前后因辐射的热损失减少率为：

$$\eta = \frac{Q_{1-2} - Q_{1-3}}{Q_{1-2}} = \frac{21650 - 1506}{21650} \times 100\ \% = 93.1\ \%$$

可见设置隔热挡板是减少辐射散热的有效方法，而且挡板材料的黑度愈低，挡板的层数愈多，热损失愈少。

4.5.3 对流和辐射的联合传热

许多化工设备的外壁温度高于周围环境大气的温度，这些设备的表面以对流和辐射两种形式向环境大气散失热量，因此，设备的热损失应为对流传热量和辐射传热量之和。由于对流而损失的热量为：

$$Q_C = \alpha_C A_w (t_w - t) \tag{4-103}$$

由于辐射而损失的热量可用式(4-102)表示，为处理方便起见，可将该式也写成与式(4-103)相同的形式：

$$Q_R = \alpha_R A_w (t_w - t) \tag{4-104}$$

式中

$$\alpha_R = \frac{C_{1-2}\left[\left(\frac{T_w}{100}\right)^4 - \left(\frac{T}{100}\right)^4\right]}{t_w - t} \tag{4-105}$$

α_R 称为辐射传热系数，因设备壁面被环境大气所包围，$\varphi = 1$。于是，总热量损失为：

$$Q = Q_C + Q_R = (\alpha_C + \alpha_R) A_w (t_w - t) = \alpha_T A_w (t_w - t) \tag{4-106}$$

式中，$\alpha_T = \alpha_C + \alpha_R$ 称为对流-辐射联合对流传热系数。为减少热损失，常在设备表面上敷设一层或若干层保温层，保温层的存在，加大了设备的导热热阻，使保温层外表面的温度 t_w 大为降低，从而削弱热损失。联合对流传热系数可用下列近似关系式计算。

(1) 在平壁保温层外

$$\alpha_T = 9.8 + 0.07(t_w - t) \tag{4-107}$$

(2) 在管道或圆筒壁保温层外

$$\alpha_T = 9.4 + 0.052(t_w - t) \tag{4-108}$$

上两式均适用于 $t_w < 150$ ℃ 场合。

4.6 传热过程的强化与削弱

强化传热的目的是以最小的传热设备获得最大的生产能力。这个问题对设备的设计和使用都是重要的。目前一切新型换热器的研究和探讨，几乎都与传热的强化有关。前已述及，热流量与许多因素有关，所以强化传热也有各种不同的途径。

与强化传热相反，许多场合需要力求削弱传热，隔热保温技术在高温和低温工程中对提高经济效益关系重大，已经发展成为传热学的一个重要分支。

4.6.1 传热强化

由传热基本方程(4-2)中不难看出，提高方程式右边任何一项，均可达到提高换热器传热能力的目的，但究竟哪一个环节是传热的控制步骤，则需要具体问题具体分析，只有针对传热的薄弱环节采取强化措施，才能收到预期的效果。

(1) 加大传热面积

加大传热面积可以增加传热量，但设备增大，投资和维修费用也随之增加，要看传热量的增加数值能否补偿费用上的增加。此外，在某种情况下，采用翅片或螺旋翅片管以代替普通金属管，以增大传热热阻较高一侧的换热面积，同时增大了流体的湍动程度，提高了传热速率。

(2) 增加平均温差

在生产上常常采用增大温差的方法来强化传热，例如，用饱和水蒸气作加热介质时，通过增加蒸汽的温度，在水冷器中降低水温以增大温差；在冷热两流体的进出口温度都固定不变的条件下，采用逆流操作以增加传热温差等，Δt_m 愈大，热流量愈大。增加 Δt_m 理论上可采取提高加热介质温度或降低冷却介质温度的办法，但往往受客观条件（如蒸汽压力、气温、水温）和工艺条件（如制品的热敏性、冰点）的限制。传热温差越大，有效能的损失越大；提高蒸汽压力，设备造价又会随之升高。另外，在一定的条件下，采用逆流方法代替并流，也可提高 Δt_m。

(3) 减小传热阻力

根据热阻的分析，一般金属间壁的导热热阻是较小的，所以强化措施通常不放在此项上。但当此项热阻占有显著份量时，减少壁厚或使用热导率较高的材料可以达到减小热阻的效果，减少壁厚往往与材料强度和制造技术有关，选用高导热系数材料又受成本的限制。有时，防止污垢形成或经常清除垢层成为重要的强化措施。

减小传热热阻最重要的是减少间壁两侧传热热阻。加大流速、提高湍动程度、减小层流内层厚度，均有利于提高对流传热系数。在一定的流量下，采用小直径管子，增加管束数或在管外增加挡板等，都可达到提高流速的目的。在管内或管外，加装传热强化圈（如用金属条、带、丝、片做成扭曲的螺旋形物）可增强流体的湍动，破坏层流内层，提高表面传热系数。上述这些方法都会导致流体阻力的增加，使流体输送所需能量消耗增加，所以提高对流传热系数在经济上也是有限度的。

(4) 提高总传热系数

由总传热系数关系式(4-85)可以看出，要提高 K 值，必须设法提高冷热流体的两个对流传热系数，降低间壁热阻和污垢热阻，但应分清矛盾的主次，重点放在薄弱环节上。对于金属壁面，垢层热阻随使用时间的延长而变大，往往成为控制传热速率的主要因素，防止结垢和除垢是保证换热器正常工作的重要措施。

当污垢不构成影响传热的主要因素时，间壁两侧的对流传热热阻就成为问题的主要方面，若两个 α 存在数量级的差别时，传热的薄弱环节处在较小 α 的一方，应设法增加 α 的数值；若两个 α 数值相近，应同时予以提高。已经知道，对流传热时，热量以导热方式通过层流底层，对流热阻主要集中在这里，因此，强化传热的方法是：减薄层流底层的厚度，增强边界层的湍动程度。采取的具体手段是：

① 提高流体速度

如列管式换热器，管程流速可以通过增加管程数来提高，壳程流速可以通过增加折流挡板数来提高。由于对流传热系数 $\alpha \propto u^{0.8}$，随着流速的增加对流传热系数增大，但由于 $\triangle p \propto u^2$，流动阻力增加更快，所以，用增加流速的方法来强化传热，是以增大泵耗为代价的，强化具有局限性。

② 改变流动状态

通过特殊设计的传热壁面不断改变流体的流动速度和方向，从而增强边界层的扰动，如：用人工方法将换热面加工成粗糙表面；在管子的内表面上加工螺纹槽，制成螺纹管或螺旋槽管；可以在管内安装插入物强化管内的传热，常用的插入物是麻花纽带，它的制作和装卸都很方便。

③ 引入机械振动

引入机械振动，或使传热表面振动，或使流体振动，或是施加电场作用，目的都是加强层流底层的湍动。

关于有相变的沸腾和冷凝传热，也发展了一些强化传热的理论和技术，不过，从实用的角度，这两种传热过程的对流传热系数已经相当高，强化传热的要求并不十分迫切。

4.6.2 保温隔热技术

对于低于环境温度的物料和设备，关键是防止外界热量的传入，而在高于环境温度的场合，如蒸汽管道和工业炉窑，主要是减小热量向环境的损失。这就需要对高温和低温设备进行保温隔热。隔热的方法就是在设备表面敷设一定厚度的保温层，由于保温材料具有很低的导热系数，因而保温层的导热热阻很大，使热量通过保温层的导热速率大大下降，从而达到隔热的目的。工业上用保温效率来判断管道保温效果的优劣。

$$\eta=\frac{Q_0-Q_\delta}{Q_0} \tag{4-109}$$

式中，Q_0 为单位长度裸管的散热量，W/m；Q_δ 为单位长度包有厚度为 δ 的保温层管子的散热量，W/m。

保温技术的一个重要方面，就是选择合适的保温材料，工业上保温材料的种类很多，应根据本地区的实际情况加以选用。

4.7 传热设备

换热器是工业生产中热交换操作的通用设备。由于生产中物料的性质、传热的要求等各不相同，因此换热器的种类很多。需要了解各种换热器的特点，以便根据工艺要求选用合适的类型，同时要根据传热的基本原理，合理选定换热流程，确定换热器的传热面积、结构尺寸以及校核流体阻力等，而对于已有系列化标准的换热器，则需通过必要的计算来选用。

4.7.1 换热器的分类

化工生产中所用的换热器类型很多，分类方法也不一。可按其用途分类，亦可按热量传递方式分类。

(1) 按用途分类

换热器按用途不同可分为加热器、冷却器、蒸发器、冷凝器等。

(2) 按结构分类

换热器按结构可以分为夹套式、浸没式、喷淋式、套管式和管壳式，其中以管壳式应用最为普遍。

(3) 按热量的传递方式分类

换热器按热量传递的方式不同，可以分为三类，即间壁式、混合式与蓄热式。

① 间壁式换热器

此类换热器是在冷、热两流体间用一金属壁(亦可用非金属) 隔开，以便两种流体不相混合而进行热量传递。常见的有夹套式、蛇管式、套管式、列管式、板式、板翅式等。

② 直接接触式换热器

在此类换热器中，冷、热两流体以直接混合的方式进行热量交换。这对于工艺上允许两种流体可以混合的情况下，既方便又有效，所用设备也较简单，化工生产上常用于热气体的直接水冷或水蒸气的冷凝。

③ 蓄热式换热器

蓄热式换热器又称蓄热器，主要由热容量较大的蓄热室构成，室中可充填耐火砖等填料，如图 4-19 所示。热流体通过蓄热室时将室内填料加热，而冷流体通过蓄热室时则将热量带走，这样冷热两流体交替地通过同一蓄热室时，蓄热室即可将来自热流体的热量传递给冷流体，达到换热的目的。

蓄热式换热器的结构较为简单，且可耐高温，故常用于高温气体热量的利用或冷却。其缺点是体积较大，也难免两种流体在一定程度上相混合。

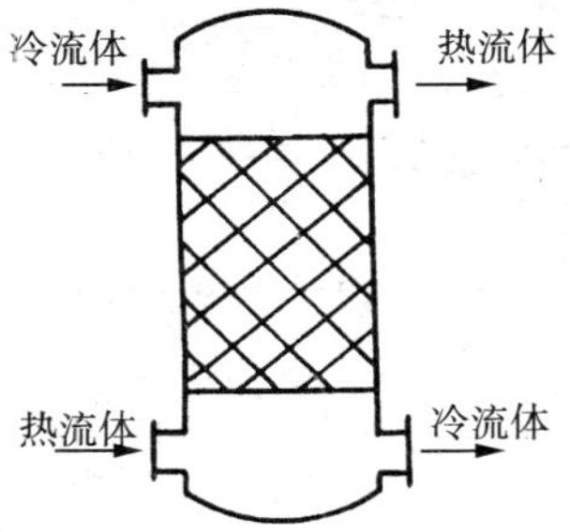

图 4-19 蓄热式换热器示意图

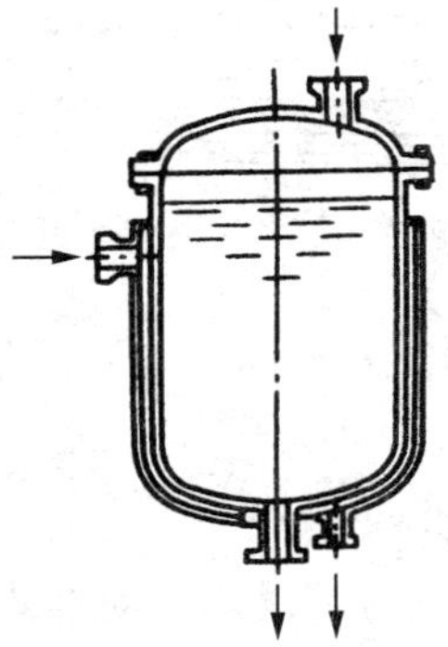

图 4-20 夹套式换热器

4.7.2 间壁式换热器

大多数情况下，冷、热两种流体在换热过程中不允许混合，故间壁式换热器在化工生产中被广泛使用。下面就常用的换热器作一简要介绍。

(1) 夹套式换热器

夹套式换热器结构简单，主要用于反应器的加热或冷却，其典型结构如图 4-20 所示。夹套装在容器外部，通常由钢或铸铁制成，可以焊在容器器壁上或固定在容器的法兰盘或器盖上，在夹套和容器器壁间形成密闭的空间，成为一种流体流动的通道。当用水蒸气进行加热时，水蒸气由侧部接管进入夹套，冷凝水由下部接管流出。在进行冷却时，冷却介质由下部进入，由侧部流出。

由于夹套内部清洗困难，故一般用不易产生垢层的水蒸气、冷却水等作为载热体。

因传热面积受到限制，夹套式换热器常常难以满足需要及时移走大量反应热的换热要求，所以此时应在容器内部加设蛇管（或列管），蛇管内通入冷却水，以保证反应器内一定的温度条件。当夹套内通冷却水时，为提高其对流传热系数也可在夹套内加设挡板，这样既可使冷却水流向一定，又可提高流速，从而增大总传热系数。

(2) 套管式换热器

套管式换热器是由直径大小不同的直管制成的同心套管，并由 U 型弯头连接而成，如图 4-21 所示。根据换热要求，可将几段套管连接起来组成换热器。每一段套管称为一程，每程有效长度一般为 4 ～ 6m，每程的内管依次与下一程的内管用 U 形管连接，而外管之间也由管子连接。换热器的程数可以按照传热面大小而增减，亦可几排并列，每排与总管相连。

在套管换热器中，一种流体在内管中流动，另一种流体在套管的环隙中流动，两种流体可始终保持逆流流动。由于两个管径都可以适当选择，以使内管与环隙间的流体呈湍流状态，故一般具有较高的总传热系数，同时也减少垢层的形成。

套管换热器的优点是：结构简单、能耐高压、制造方便、应用方便、传热面易于增减。缺点是单位传热面的金属消耗量很大，管间接头太多而易产生泄漏，占地较大，故适用于流量不大、所需传热面不大而压力较高的场合。

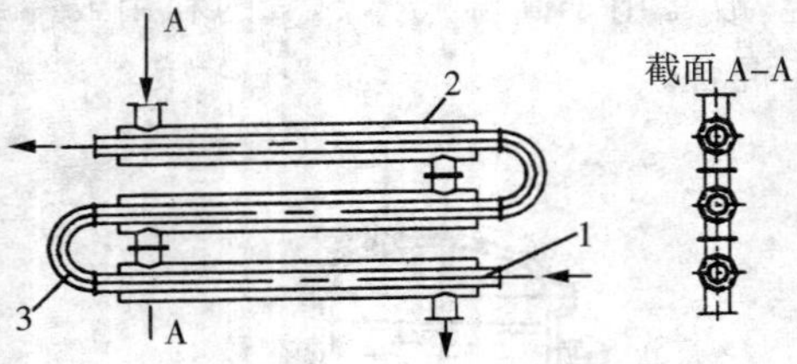

图 4－21　套管式换热器

1－内管；2－外管；3－U 形管

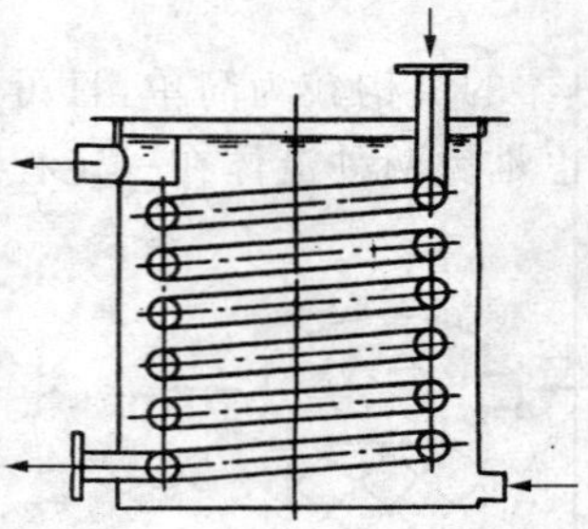

图 4－22　沉浸式蛇管换热器

(3) 蛇管式换热器

蛇管式换热器可分为沉浸式和喷淋式两种。

① 沉浸式蛇管换热器

蛇管式换热器由肘管连接的直管组成，或由盘成螺旋状的弯管所组成，并沉浸在容器内的液体中，其形状主要决定于容器的形状，如图 4－22 中所示。蛇管沉浸在容器中，两种流体分别在管内、外进行换热。

沉浸式换热器的主要优点是结构简单、便于制造、便于防腐且管内能承受高压。其主要缺点是容器内液体湍动程度低，管外对流传热系数较小，从而总传热系数亦小，若在容器内增设搅拌装置，可提高传热效果。

② 喷淋式蛇管换热器

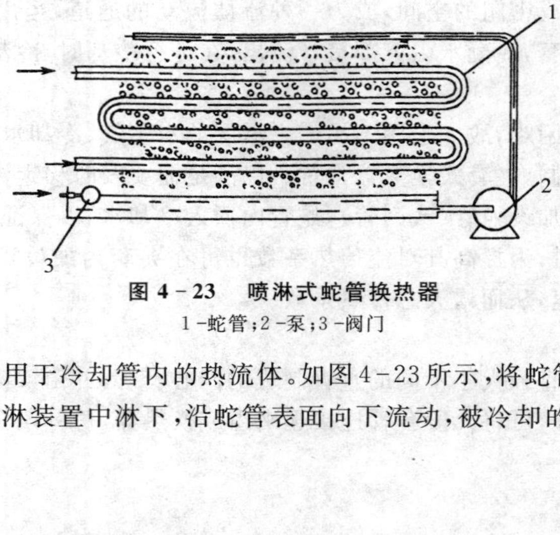

图 4－23　喷淋式蛇管换热器

1－蛇管；2－泵；3－阀门

喷淋蛇管换热器多用于冷却管内的热流体。如图 4－23 所示，将蛇管成排地固定于钢架上，冷水由最上面管子的喷淋装置中淋下，沿蛇管表面向下流动，被冷却的流体在管内流动，热流体自最下面管子流入，由最上面管子中流出，与管外冷流体进行热交换，传热效果比沉浸式的好。该换热器便于检修和清洗，因此对冷却水水质的要求可视具体工作条件而适当降低。缺点是占地较大；喷淋不易均匀；由于水滴溅洒到周围环境，故喷淋式蛇管换热器一般只能安装在室外，要定期清理管外产生的污垢。

(4) 板式换热器

板式换热器是一种新型换热器，具有结构紧凑、传热效果好等优点，主要适用于温度不太高和压力不太大条件下的换热。

板式换热器由传热板片、密封垫片和压紧装置三部分组成。作为传热面的板片可用各种不同的金属（如不锈钢、黄铜、铝合金等）薄板压制成型，由于板片的厚度一般仅为 0.5 ～ 3 mm，其刚度不够，通常将板片压制成各种槽形或波纹形的表面，这样既增强了刚度以防止板片手压变形，又增强了流体的湍动程度，加大了传热面积。

传热板片平行排列，用夹紧装置组装于支架上，如图 4－24、图 4－25 所示。两相邻板片的边缘衬以密封垫片（橡胶或压缩石棉等）压紧。板片四角有圆孔，形成流体的进、出通道。冷、热流体在板片两侧流过，通过板片进行换热。板片数目可根据工艺条件的变化而增减。

板式换热器的主要优点是：① 总传热系数大。因板面压制成波纹或沟槽，在低流速下（如 $Re=200$ 左右）即可达到湍流，而阻力损失并不大，污垢热阻也较小。例如，热水与冷水之间传热，α 值可达 1500 ～ 5000 $W/(m^2 \cdot K)$，约为列管式换热器的 1.5 ～ 2 倍。② 结构紧凑。单位体积设备提供的传热面积大，每 m^3 体积内的传热面积可达 250 ～ 1000 m^2，约为列管式换热器的 6 倍。③ 操作灵活性大。可以根据需要，调节板片数以增减传热面积。检修和清洗方便。④ 金属消耗量低。每平方米传热面的金属消耗量约可减少一半左右。⑤ 板片制造以及检修、清洗都比较方便。

该类换热器的主要缺点是允许操作压力较低，最高不超过 2 MPa，否则容易渗漏；操作温度不能太高，因受垫片耐热性能的限制，如对合成橡胶垫圈不超过 130 ℃，对压缩石棉垫圈也应低于 250 ℃；处理量不大，因板间距小，流道截面较小，流速亦不能过大。

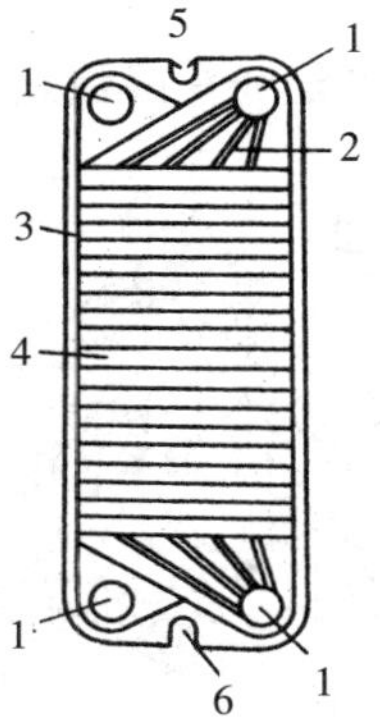

图 4－24 板式换热器的板片（水平波纹板）

1－角孔（流体进出口）；2－导流槽；3－封槽；
4－水平波纹；5－挂钩；6－定位缺口

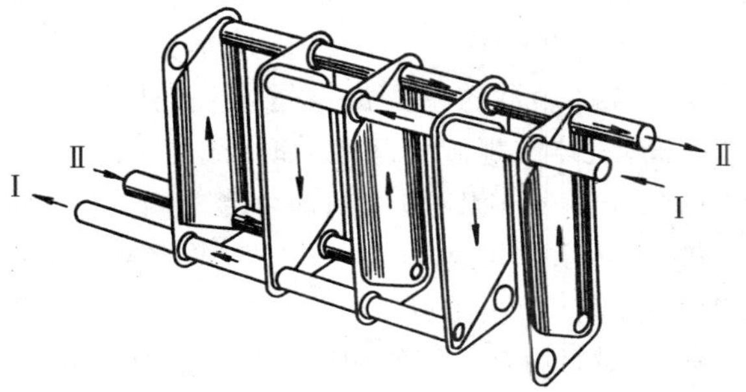

图 4－25 板式换热器流向示意图

(5) 板翅式换热器

板翅式换热器是一种轻巧、紧凑、高效换热器。这种换热器最早用于航空工业，现已逐渐在石油化工、天然气液化、气体分离等部门中应用，获得良好效果。

板翅式换热器是由若干基本元件和集流箱等部分组成，基本元件是由各种形状的翅片、平隔板、侧封条组装而成。基本结构如图4-26和图4-27所示，即一组波纹板(翅片)装在两块平板之间，两侧用封条密封，组成单元体。再将多个单元体叠积在一起焊牢，制成逆流或错流式板束。然后将带有进、出口的集流箱焊到板束上，制成板翅式换热器。我国目前最常用的翅片型式有光直形翅片、锯齿形翅片和多孔型翅片三种。

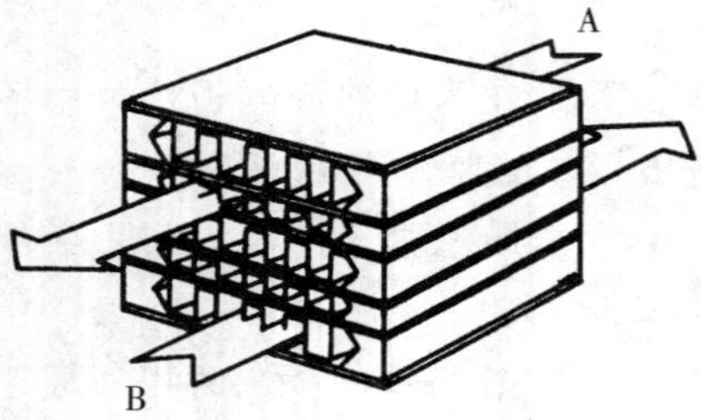

图4-26 逆流形板束

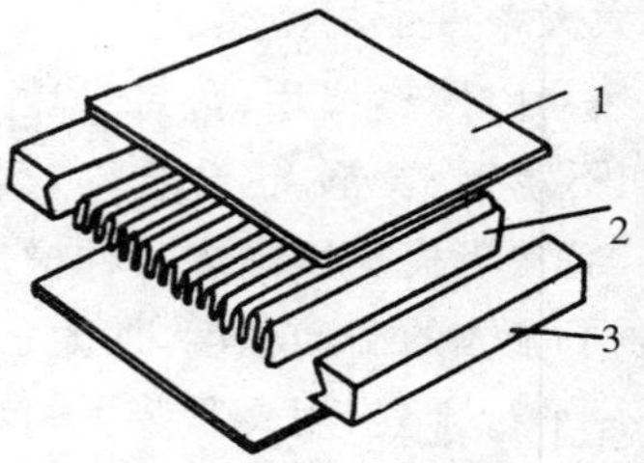

图4-27 单元体

1-平板；2-翅片；3-封条

板翅式换热器的主要优点是：① 结构紧凑。每m^3体积内的传热面积一般能达2500 m^2，最高可达4300 m^2(包括平隔板和翅片两部分)，约为列管式换热器的29倍；② 总传热系数大。传热效果好，平板为一次传热面，翅片为二次传热面，翅片促进了流体的湍流，破坏边界层的发展；③ 应用面广，适应性强。既可以用于气体-气体、气体-液体、液体-液体等无相变换热，也可以作为冷凝器和蒸发器使用；④ 一般用铝合金制造，重量轻，在传热面积大小相同情况下，其重量约为列管式换热器的十分之一。翅片是两平板的有力支撑，强度较高，承受压力可达5 MPa。板翅式换热器的主要缺点是流道很小，易堵塞，清洗困难，故要求物料清洁；且制造工艺较复杂，清洗和检修困难，翅片发生内漏后很难修复。

(6) 螺旋板式换热器

螺旋板式换热器也是发展较早的一种由板材制造的换热器，它同样具有传热系数大、结构紧凑等特点。螺旋板式换热器由两张互相平行的钢板，卷制成互相隔开的螺旋形流道，两板之间焊有定距柱以维持流道的间距，螺旋板的两端焊有盖板，冷、热流体分别在两流道内流动，通过螺旋板进行热量交换。如图4-28所示。

螺旋板式换热器的主要优点是：① 传热系数高，传热效率高。流体在螺旋板间流动时，流向不断改变，所以雷诺数在1400～1800之间即可形成湍流。如水-水的换热，传热系数可达2000～3000 W/(m^2·K)；② 不易结垢和堵塞。由于流体的流速较大，且在螺旋形通道内流过，对污垢有一定的冲刷作用，流体中的悬浮物也不易沉积下来；③ 由于流道长，且两流体可在逆流情况下换热，故可在较小的温差下进行操作，能充分利用温度较低的热源；④ 结构紧凑，制造简单，单位体积传热面积约为管壳式的3倍。主要缺点是操作压力和温度不能太高，流体阻力较大，不易检修，且对焊接质量要求

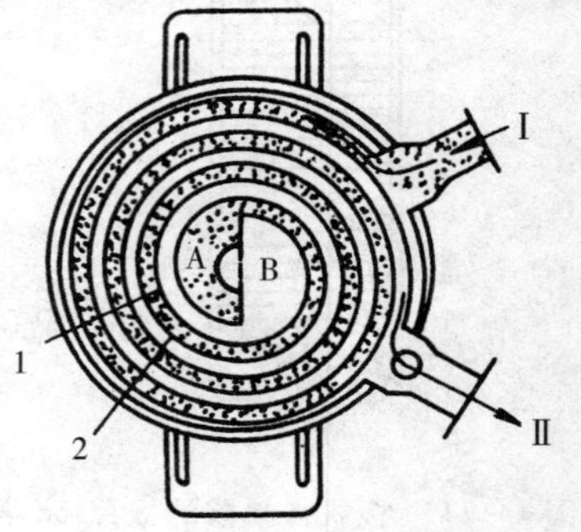

图4-28 螺旋板式换热器

1,2-金属板；Ⅰ-冷流体入口；Ⅱ-热流体出口；A-冷流体出口；B-热流体入口

很高。故操作压力一般低于 1960 kPa,操作温度约在 300 ～ 400 ℃ 以下。

我国已有系列标准的螺旋板式换热器,采用的材料一般为碳钢和不锈钢两种。(7) 空冷式换热器

空冷式换热器(简称空冷器)是一种用空气来冷却管内工艺流体的换热器,通常由翅片管束组成,如图 4 - 29 所示。它不仅适用于缺水地区,而且不污染环境水源,所以得到人们的广泛重视,在各类化工装置中日益得到广泛应用。

由于管外翅片的存在,既增强了湍流程度,又极大地增加了管外表面积,从而使原来很差的空气侧传热状况得到了很大的改善。如当空气流速为 1.5 ～ 4.0 m/s时,空气侧的对流传热系数可达550 ～ 1100 $W/(m^2 \cdot K)$。

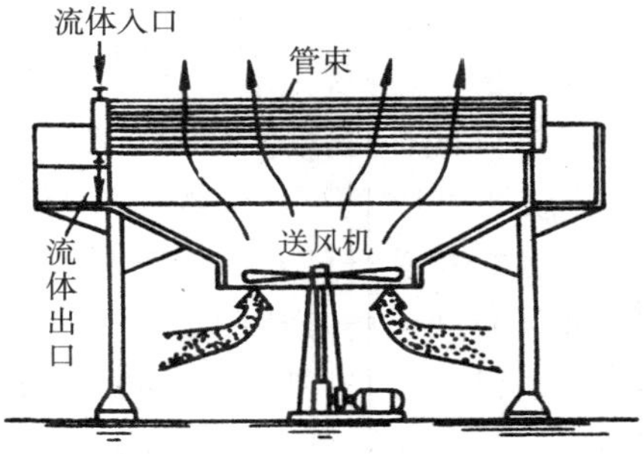

图 4 - 29 鼓风式空气冷却器

翅片管束的管材本身多用碳钢管,但翅片多为铝制。翅片可用缠绕、嵌镶或焊接等方法固定在管材上。热流体由物料管线流入各管束中,冷却后汇集于排出管排出。冷空气由轴流式通风机吹入,通风机装在管束下方者称鼓风式空冷器,通风机装在管束上方者称引风式空冷器。

空冷器的缺点是装置庞大、占空间多、动力消耗较大。

(8) 热管

热管是一种引起广泛注意的新型换热元件,20 世纪 60 年代开始在宇宙航空领域得到应用,它具有传热量大、温度均匀、结构简单、工作可靠和没有运动部件等一系列特点。热管的典型结构如图 4 - 30 所示,它是一根抽去不凝性气体的密闭金属管,管子的内表面覆盖一层有毛细结构材料作成的芯网,其中间是空的。管内还装有一定量的可凝液体(即载热介质),由于毛细力作用,液体可渗透到芯网中去。当管子的热端(蒸发器) 被加热时,液体即在芯网中吸收热量汽化,所产生的蒸汽流向管子的冷端(冷凝器) 时。蒸汽遇到冷表面则冷凝成液体放出热量,而后在毛细力的作用下,又重新返回热端。从而反复循环,连续不断地将热端的热量传送到冷端。由于蒸发和冷凝都是有相变的对流传热过程,对流传热系数很大,很小的表面积便可传递大量热量,故可利用热管的外表面(或加翅片强化传热) 进行两流体间的换热。

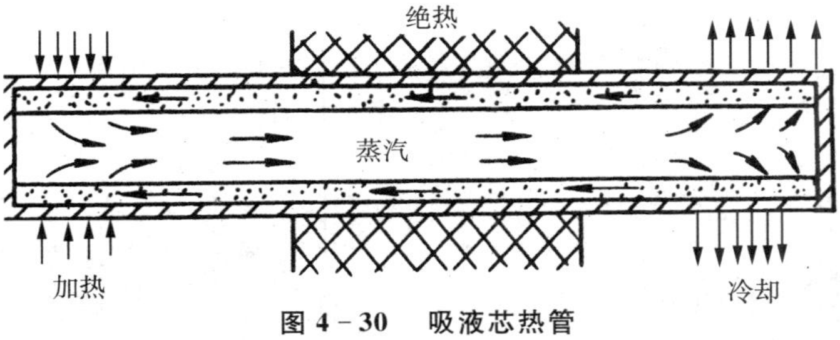

图 4 - 30 吸液芯热管

热管的材质可用不锈钢、铜、镍、铝等,载热介质可用液氮、液氨、甲醇、水及液态金属钾、钠、银等。温度在 -200 ～ 2000 ℃ 之间都可应用。这种新型的换热装置传热能力大,构造简单,应用广泛。

由于热管的操作原理取决于工质的连续循环,所以在应用方面受到了一些限制。同时,热

源如何能有效地将热量传入热端，而在冷端如何能有效地将热量迅速传出，往往成为应用时的主要问题。

(9) 列管式换热器

列管式换热器又称管壳式换热器，是目前工业生产中应用最广泛的换热设备，它与前几种换热器相比较，具有结构简单、制造较容易、处理能力大、适应性强、操作弹性较大等优点，更重要的是单位体积所具有的传热面积大且传热效果好，尤其适用于在高压、高温和大型装置中使用。

① 固定管板式换热器

固定管板式换热器主要由壳体、管束、管板(又称花板)、封头和折流挡板等部件组成，其两端管板和壳体制成一体，管束两端采用胀接法或焊接法固定在管板上，如图 4-31 所示。该类换热器具有结构简单、造价低廉等优点，但壳程清洗和检修困难，因此一般要求壳程流体必须是洁净而不易结垢的物料。

图 4-31 为单壳程、单管程换热器。为提高管程的流体流速，可采用多管程。即在两端封头内安装隔板，使管子分成若干组，流体依次通过每组管子，往返多次。管程数增多，可提高管内流速和对流传热系数，但流体的机械能损失相应增大，结构复杂，故管程数不宜太多，以 2、4、6 程较为常见。图 4-32 为单壳程、四管程固定管板式换热器。同样，为提高壳程流体流速，以提高对流传热系数，可在壳程内安装折流挡板，常用的有圆缺形(或称弓形)和圆盘形两种，如图 4-33 和图 4-34 所示。

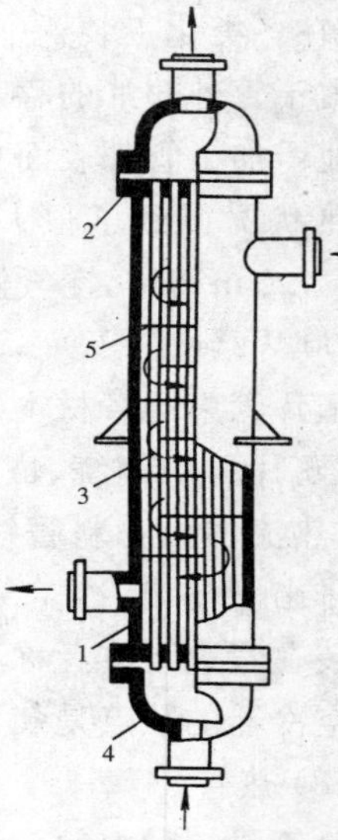

图 4-31 列管式换热器

1-壳体；2-管板；3-管束；4-封头；5-折流挡板

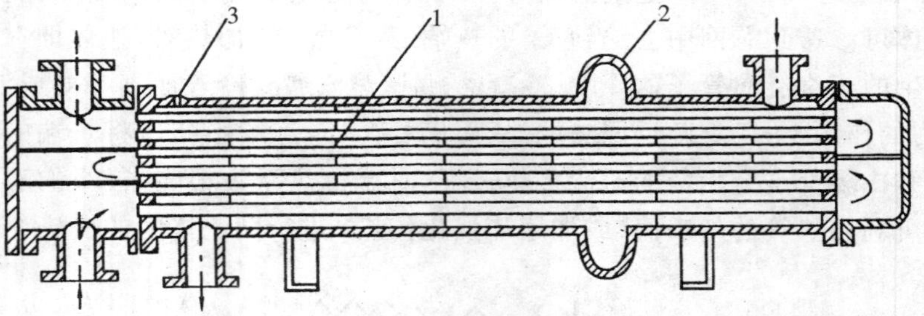

图 4-32 具有补偿圈的四管程固定管板式换热器

1-挡板；2-补偿圈；3-放气嘴

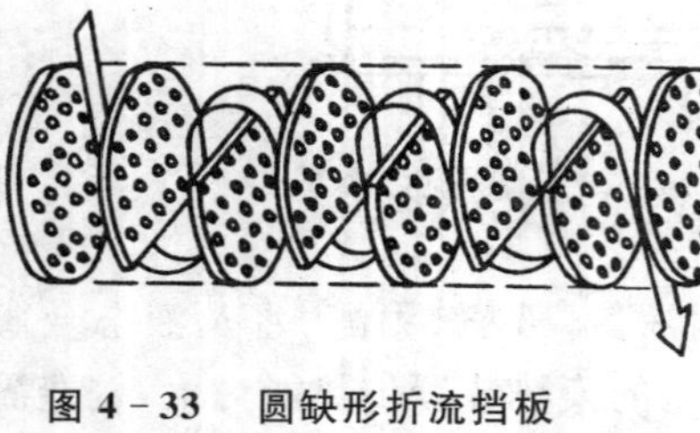

图 4-33 圆缺形折流挡板

图 4-34 圆盘形折流挡板

换热器因管内、外的流体温度不同，壳体和管束的温度不同及其热膨胀程度也不同。若两者温度相差较大(50 ℃ 以上)，可引起很大的内应力，使设备变形，管子弯曲，甚至从管板上松脱。因此，必须采取消除或减小热应力的措施，称为热补偿。对固定管板式换热器，当温差稍大，而壳体内压力又不太高时，可在壳体上安装热补偿圈（或称膨胀节，如图 4－32 所示）以减小热应力。当温差较大时，通常采用浮头式或 U 型管式换热器。

② 浮头式换热器

这种换热器有一端管板不与壳体相连，可沿轴向自由伸缩，如图 4－35 所示。这种结构不但可完全消除热应力，而且在清洗和检修时，整个管束可以从壳体中抽出。因此，尽管其结构较复杂，造价较高，但应用仍较普遍。

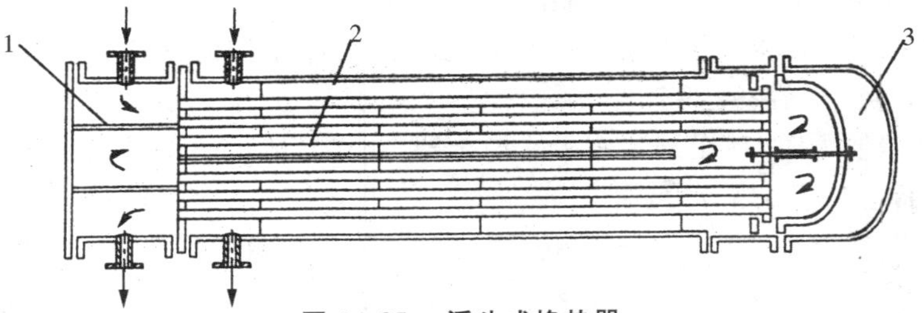

图 4－35　浮头式换热器

1－管程隔板；2－壳程管板；3－浮头

③ U 型管式换热器

图 4－36 所示，U 型管式换热器的每根管子都弯成 U 形，流体进、出口分别安装在同一端两侧，封头内用隔板分成两室。由于每根管子的两端固定在同一块管板上，因此，每根管子皆可自由伸缩，与其他管子及壳体无关，从而解决热补偿问题。

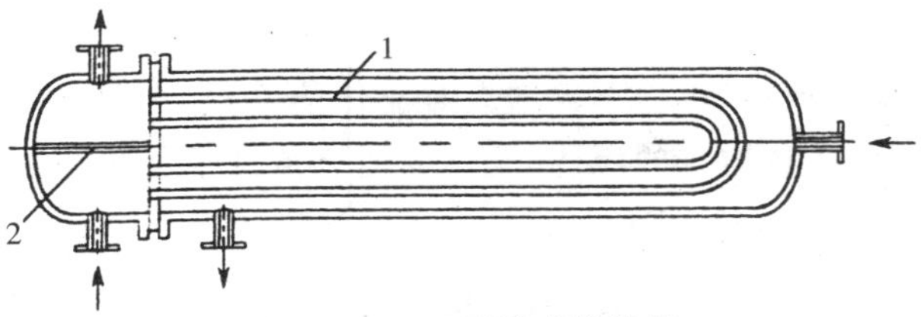

图 4－36　U 型管式换热器

1－U 型管；2－隔板

U 型管式换热器结构较简单，质量轻，适用于高温和高压的场合。其主要缺点是管内不易清洗，因此要求管程流体必须是洁净和不易结垢的物料，并且因为管子需要有一定的弯曲半径，故管板的利用率较差。

4.8　列管式换热器的设计和选用

列管式换热器设计和选用的核心是计算换热器的传热面积，进而确定换热器的其他尺寸或选择换热器的型号。

由总传热速率方程可知，为计算传热过程所需要的传热面积，首先必须确定总传热系数 K 和平均温度差 Δt_m。由于 K 值与设备结构、尺寸及流体流道等许多因素有关，Δt_m 与两流体的相对流向、加热或冷却介质终点温度的选择等有关，故换热器的设计和选用需要考虑许多问题，并通过计算和比较，才能设计出适宜的列管式换热器。

4.8.1　列管式换热器设计或选用时应考虑的问题

(1) 流体流动通道的选择

流体流动通道的选择可参考以下原则：

① 不清洁或易结垢的流体，宜走容易清洗的一侧。对于直管管束，宜走管程，便于清洗；对于U形管管束，宜走壳程。

② 腐蚀性流体宜走管程，以免壳体和管束同时被腐蚀。

③ 压力高的流体宜走管程，以避免制造较厚的壳体。

④ 为增大对流传热系数，需要提高流速的流体宜走管程，因管程流通截面积一般比壳程的小，且做成多管程也较容易。

⑤ 两流体温差较大时，对于固定管板式换热器，宜将对流传热系数大的流体走壳程，以减小管壁与壳体的温差，减小热应力。

⑥ 蒸气冷凝宜在壳程，以利于散热、排出冷凝液，增强传热效果。

⑦ 需要冷却的流体宜选壳程，便于散热，以减少冷却剂用量。但温度很高的流体，其热能可以利用，宜选管程，以减少热损失。

⑧ 粘度大或流量较小的流体宜走壳程，因有折流挡板的作用，在低 Re 数下($Re > 100$)即可达到湍流。

在选择流动通道时，上述原则往往不能同时兼顾，应视具体问题抓住主要方面，一般首先考虑流体的压力降、防腐蚀及清洗等要求，然后再校核对流传热系数和流动阻力，以便做出恰当的选择。

(2) 流体流速的选择

流体在壳程或管程中的流速增大，不仅增大对流传热系数，也可减少杂质沉积或结垢，但流体阻力也相应增大，故应选择适宜的流速。流体的适宜流速通常可根据经验选取，工业上常用的流速范围列于表4-11、4-12和4-13中。

表4-11　列管换热器中常用的流速范围

流体类型		一般流体	易结垢流体	气体
流速,m/s	管程	0.5～3	>1	5～30
	壳程	0.2～1.5	>0.5	2～15

表4-12　列管换热器中易燃、易爆液体的安全允许速度

液体名称	乙醚、二硫化碳、苯	甲醇、乙醇、汽油	丙酮
安全允许速度,m/s	<1	<2～3	<10

表4-13　列管换热器中不同粘度液体的常用流速

液体粘度,mPa·s	>1500	1500～500	500～100	100～35	35～1	<1
最大流速,m/s	0.6	0.75	1.1	1.5	1.8	2.4

为使流体流经换热器的压力控制在 $\Delta p = 10 \sim 100$ kPa(液体)、$\Delta p = 1 \sim 10$ kPa(气体)范围内，Re 数应不超过 $5\times10^3 \sim 2\times10^4$(液体)、$10^4 \sim 10^5$(气体)。

(3) 管程数和壳程数的确定

为提高管内流速，增大管程对流传热系数，可采用多管程。但管程数过多，会导致管程流动阻力增加，同时多程会使平均温度差下降，使管板上可利用的面积减少。设计时应综合考虑这些问题。列管换热器的标准中管程数有1、2、4、6程等四种，采用多程时，一般应使每程的管数大致相等。

管程数 m 可按下式计算，即：

$$m = \frac{u}{u'} \tag{4-110}$$

式中 u—— 管程内流体的适宜流速，m/s；

u'—— 管程内流体的实际流速，m/s。

当温度修正系数 Ψ 低于0.8时，可采用多壳程。如壳程内安装一块与管束平行的隔板，流体在壳程内流经二次，称为二壳程。在实际应用中，由于纵向隔板在安装和检修上有困难，故一般可将几个换热器串联使用，以代替多壳程。

(4) 流体通过换热器的阻力计算

流体流经列管换热器的阻力，应按照管程和壳程分别计算。

① 管程阻力

管程阻力可按一般阻力公式计算。对于多程换热器，其阻力等于各程直管阻力、每程回弯阻力及进出口阻力之和。一般进出口阻力可以忽略不计，故管程总阻力的计算式可以表示为：

$$\sum \Delta p_i = (\Delta p_1 + \Delta p_2)\, F_t N_s N_p \tag{4-111}$$

式中 Δp_1、Δp_2—— 分别表示直管及弯管中流动阻力引起的压力降，Pa；

F_t—— 结垢校正系数，无因次，对于管径为 ϕ25 mm×2.5 mm 的管子，取为1.4，对于 ϕ19 mm×2 mm 的管子，取为1.5；

N_p—— 管程数；

N_s—— 串联的壳程数，即串联的换热器数。

② 壳程阻力

计算壳程阻力的公式很多，但由于壳程的流动情况复杂，用不同公式计算的结果往往很不一致。下面介绍埃索法计算壳程阻力的公式。

$$\sum \Delta p_0 = (\Delta p_1' + \Delta p_2')\, F_s N_s \tag{4-112}$$

式中 $\sum \Delta p_0$—— 壳程总阻力所引起的压力降，Pa；

$\Delta p_1'$—— 流体横向通过管束的压力降，Pa；

$\Delta p_2'$—— 流体通过折流口缺口处的压力降，Pa；

F_s—— 壳程结垢系数，无因次，对液体取1.15；对气体或蒸汽可取1.0。

(5) 管子规格和排列方式

对一定传热面积而言，传热管径越小，换热器单位体积的传热面积越大。对清洁流体，管径可取小些，而对粘度较大或易结垢的流体，考虑管束的清洗方便或避免管子堵塞，管径可大些。目前我国试行的系列标准中，管径有 ϕ19 mm×2 mm、ϕ25 mm×2 mm 和 ϕ25 mm×2.5 mm 等规格。

管子的长度是以合理使用及便于清洗为原则的，一般标准钢管长度为6 m，则换热管合理的长度应为 1.5m、2m、3m、4.5m、6 m。

管板上管子的排列方法常用的有等边三角形(即正三角形直列)、正方形直列和正方形错列等,如图 4-37 所示。正三角形排列较紧凑,对相同壳体直径的换热器,排的管子较多,传热效果也较好,但管外清洗较困难;正方形排列管外清洗方便,适用于壳程流体易结垢的情况,但其对流传热系数小于正三角形排列的,若将管束斜转 45° 安装,可适当增强传热效果。

管子在管板上排列的间距 t 是指相邻两根管子的中心距,与管子和管板的连接方式有关。通常,胀管法取 $t = (1.3 \sim 1.5)\ d_0$,且相邻两管外壁间距不应小于 6 mm,即 $t \geqslant d_0 + 6$。焊接法取 $t = 1.25\ d_0$。

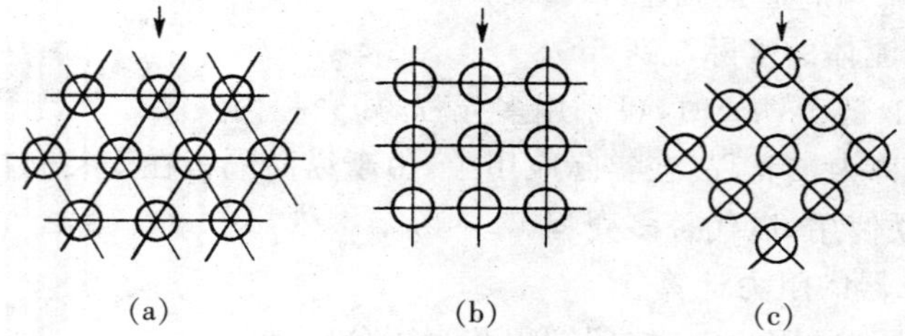

图 4-37　管子在管板上的排列

(a) 正三角形直列;(b) 正方形直列;(c) 正方形错列

(6) 折流挡板

换热器内安装折流挡板是为了提高壳程流体的对流传热系数。为了获得良好效果,折流挡板的尺寸和间距必须适当。对于常用的圆缺形挡板,弓形切口太大或太小,都会产生流动"死区",如图 4-38 所示,不利于传热,且增加流体阻力。一般切口高度与直径之比为 0.15～0.45,常见的有 0.20 和 0.25 两种。

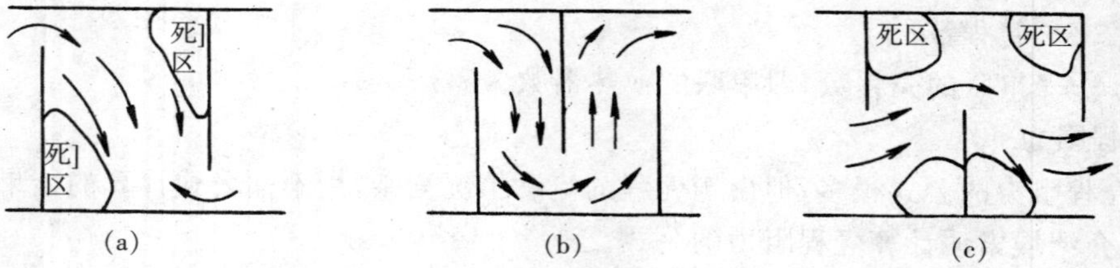

图 4-38　挡板切口和间距对流动的影响

(a) 切口过小,板间过大;(b) 切口适当;(c) 切口过大

挡板间距过小,检修不方便,流体阻力也大;间距过大,不能保证流体垂直流过管束,使对流传热系数降低。一般取挡板间距为壳体内径的 0.2～1.0 倍,一般来说,挡板间距为 50 mm 的倍数,但不小于 100 mm。

(7) 壳体有圆缺形折流挡板时对流传热系数的计算

对管外装有切去 25 %(直径)的圆缺形折流挡板时,可用图 4-39 求取对流传热系数。当 $Re = 2000 \sim 10^6$ 之间时,用式(4-52)计算较为简便。

图 4-39 中,定性温度取流体进、出口温度的平均值,仅 μ_w 是取壁温下的流体粘度。当量直径 d 可根据图 4-11 所示的管子排列方式,分别用不同的式子计算。

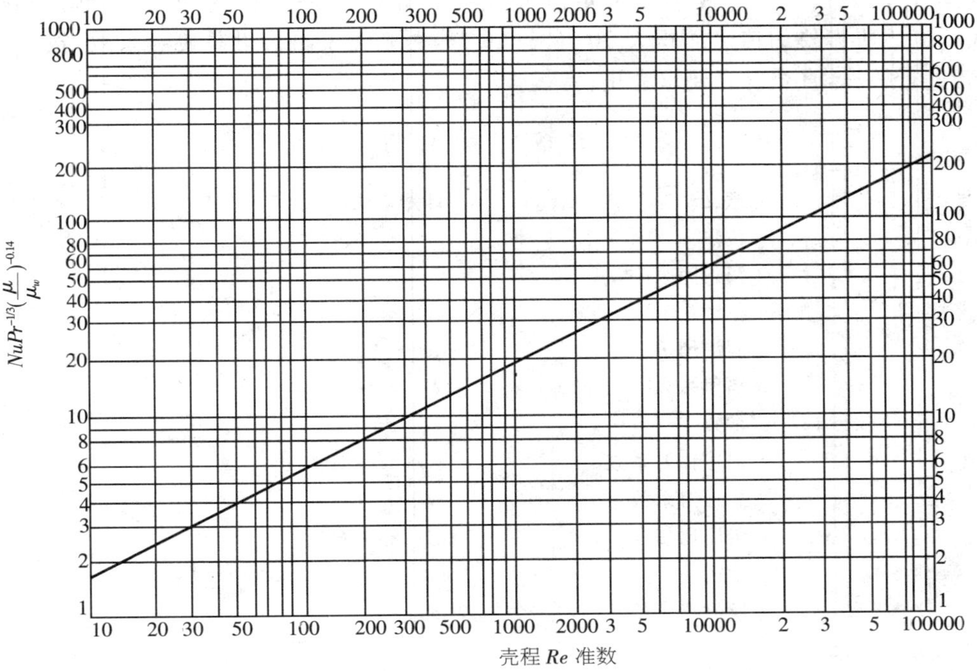

图 4－39　列管式换热器壳程对流传热系数计算用曲线

4.8.2　列管式换热器的选用与设计计算步骤

列管式换热器的选用与设计计算步骤基本上相一致。在设计时，如以系列标准为参考，对某些参数进行估计或调整，则可以使计算更简便一些。列管式换热器的选用与设计计算的基本步骤是：

(1) 估算传热面积，并初选换热器型号

① 确定两流体在换热器中的流动通道；

② 根据传热任务，计算传热量(热负荷)；

③ 确定流体在换热器两端的温度，计算定性温度，并查定或计算物性；

④ 根据两流体的平均温度差，确定换热器的型式；

⑤ 计算平均温度差，根据温度差校正系数不小于 0.8 的原则，确定壳程数或调整加热介质或冷却介质的终点温度；

⑥ 依据总传热系数的经验范围或生产实际情况，选取总传热系数；

⑦ 由总传热速率方程估算传热面积，并确定换热器的基本尺寸或按照系列标准选择设备规格。

(2) 计算壳程、管程阻力

根据初选的设备规格，计算管程、壳程的流速和阻力，检查结果是否合理和满足工艺要求。若不符合要求，再调整管程数和折流板间距，或选择另一型号的换热器重新计算管程、壳程阻力，直至符合要求为止。

(3) 核算总传热系数和传热面积

计算管程、壳程对流传热系数，确定污垢热阻，计算总传热系数和传热面积。选用的换热器实际面积应比所需要的传热面积大 10 % ～ 25 %，否则需要再假设总传热系数，按照以上步骤，重新进行核算，直至符合要求为止。

本章符号说明

符号	意义	计量单位
A	传热面积	m^2
A	辐射吸收率	
b	厚度	m
b	润湿周边	m
C	辐射系数	$W/(m^2 \cdot K^4)$
C	常数	
C_0	黑体辐射系数	$W/(m^2 \cdot K^4)$
C_{1-2}	总辐射系数	$W/(m^2 \cdot K^4)$
c_p	定压比热容	kJ/(kg·℃)
d	管径	m
D	换热器壳径	m
D	辐射透过率	
E	辐射能力	W/m^2
f	修正系数	
g	重力加速度	m/s^2
H	高度	m
h	挡板间距	m
K	总传热系数	$W/(m^2 \cdot K)$
L	长度	m
l	长度	m
M	冷凝负荷	kg/(m·s)
m	指数	
m	壳程数	
n	指数	
n	换热管根数	
N	管程数	
p	压力	Pa
Δp	压力降	Pa
q	热通量	$W/(m^2 \cdot s)$
q_m	质量流量	kg/s
R	反射率	
R	热阻	$m^2 \cdot K/w$
r	半径	m
T	热流体温度	℃
t	冷流体温度	℃
τ	时间	s

u	流速	m/s
α	对流传热系数	W/(m^2·K)
β	体积膨胀系数	1/℃
λ	导热系数	W/(m·K)
γ	潜热	kJ/kg
ε	黑度,传热效率	
δ	厚度	m
η	效率	
μ	粘度	Pa·s
ρ	密度	kg/m^3
φ	几何因子或角系数	
Ψ	温度修正系数	
σ	黑体辐射常数	W/(m^2·K^4)

习　题

1. 某平壁厚度为400 mm,壁内表面温度为800 ℃,外表面温度为300 ℃,平壁材料的导热系数为$\lambda=1.307$ W/(m·℃),试求通过平壁的传热通量。

2. 某燃烧炉的炉壁由耐火砖、保温砖和建筑砖组成,相邻各层材料间接触紧密,各层材料的厚度和导热系数分别为:$b_1=150$ mm,$\lambda_1=1.05$ W/(m·℃),$b_2=290$ mm,$\lambda_2=0.15$ W/(m·℃),$b_3=228$ mm,$\lambda_3=0.81$ W/(m·℃)。已测得耐火砖与保温砖接触界面上的温度$t_2=820$ ℃,保温砖与建筑砖接触界面上的温度为$t_3=260$ ℃,试求:(1) 通过炉壁单位面积上传热速率;(2) 耐火砖内侧和建筑砖外侧的温度。

3. 厚度为240 mm的砖墙,内壁温度为200 ℃,外壁温度为20 ℃,砖墙的导热系数与温度的关系可以表示为$\lambda=0.2(1+2.5\times10^{-3}t)$ W/(m·℃),试求:(1) 穿过砖墙的热流密度;(2) 砖墙中心平面的温度。

4. 规格为ϕ60 mm×3 mm的钢管用厚度30 mm的软木包覆,现测得软木层的平均导热系数为0.043 W/(m·℃),钢管内壁温度为300 ℃,软木外壁温度为50 ℃,试求:(1) 该钢管每米管长的热损失;(2) 钢管与软木层接触面上的温度。

5. ϕ119 mm×6 mm钢质蒸汽管,外面包裹一层厚度为50 mm、导热系数为0.05 W/(m·℃)的绝热材料A,在该保温层外面再包一层厚度25 mm、导热系数为0.06 W/(m·℃)的绝热材料B,设材料A的内侧温度和材料B的外侧温度分别为170 ℃和40 ℃,试求每米管长的热损失及A、B界面的温度。

6. 有一球罐,热量通过球罐壳壁向环境大气进行热传导,已知球罐内、外表面的半径分别为r_1、r_2,球罐内、外表面的温度分别为t_1、t_2,罐壁材料的导热系数为λ,试推导热量通过球罐壳壁的导热速率式。

7. 常压下空气以10 m/s的平均流速在长度为4 m,管径为57 mm×3 mm的钢管中流动,温度从150 ℃升至250 ℃,试求管壁对空气的对流传热系数。

8. 质量流量为3 kg/s、温度为85 ℃的水,在内径为100 mm的钢管中流动,温度降至35 ℃,试求水对管壁的对流传热系数。

9. 用管径为27 mm的管道,将空气从10 ℃加热到100 ℃,空气流量为250 kg/h,管外侧用120 ℃的饱和蒸汽加热,求所需要的管长。

10. 在一逆流操作的套管换热器中用水将流量为4000 kg/h的甲醇溶液从60 ℃冷却至30 ℃,套管换热器长25 m,外管内径为80 mm,内管外径为57 mm,内管壁厚度3.5 mm,冷却水流经套管环隙,水温从20 ℃升至30 ℃,已知甲醇密度为770 kg/m^3,试求甲醇和水对管壁的对流传热系数。

11. 绝压为0.3 MPa的饱和水蒸气在长2 m、外径为0.1 m的单根直立圆管的外表面上冷凝,管外壁的平均温度为92 ℃,试求蒸汽冷凝的传热系数和每小时蒸汽的冷凝量。若将管子水平放置,再求蒸汽冷凝的传热系数和每小时蒸汽的冷凝量。

12. 水平列管式换热器由37根ϕ25mm×2 mm的钢管组成，管间通入0.3 MPa的饱和水蒸气作为热源加热原油，管外壁温度为100 ℃，试求蒸汽在管间冷凝的传热系数。

13. 有一列管式空气加热器，120 ℃饱和水蒸气在管间冷凝，将管内作湍流流动的空气从20 ℃加热到80 ℃，现由于生产需要，将空气出口温度降至76 ℃，拟通过调节空气流量来实现，忽略管壁和污垢热阻，空气的物性常数可视为不变，且$\alpha_{蒸汽} \gg \alpha_{空气}$，问空气的质量流量增加的百分率为多少?

14. 工厂因生产需要，用表压0.2 MPa的饱和水蒸气通过间壁式换热器将流量为2000 kg/h的水从20 ℃加热至98 ℃，若忽略热损失，试求蒸汽消耗量。若将蒸汽直接通入水中进行加热，再求完成上述加热任务所需的蒸气用量，并对计算结果加以分析。

15. 在一套管式换热器中，利用某油品冷却放出的热量加热原油，油品从240 ℃冷却至160 ℃，将原油从100 ℃加热至140 ℃，试求套管换热器在并流操作和逆流操作时的对数平均温差Δt_m。

16. 在一单壳程、四管程列管式换热器中，用水冷却异丙苯溶液，冷却水流经管内，温度从20 ℃升至40 ℃，异丙苯溶液由80 ℃冷却至50 ℃，试求该换热器的平均传热温度差。

17. 用90 ℃的热水将流量为10000 kg/h的原油从20 ℃预热至70 ℃，原油的比热为2.0 kJ/(kg·℃)，试分别计算换热器在逆流操作或并流操作两种情况下加热剂的最小用量。

18. 一列管换热器，管内走热机油，管外走原油，进口温度分别为243 ℃和128 ℃。当采用逆流操作时，热机油出口温度降至155 ℃，原油被加热至162 ℃，试求其平均温度差。现若改为并流操作，其平均温度差为多少?假设机油和原油的进口温度不变，两者的流量和对流传热系数也和原来相同。

19. 在列管换热器中用初温20 ℃的冷却水将某溶液从100 ℃冷却至40 ℃，溶液流量为2500 kg/h，溶液比热容为3.0 kJ/(kg·℃)，已测得水出口温度为30 ℃，试分别计算并流与逆流操作时的对数平均温差。若已知总传热系数K = 1000 W/(m^2·K)，求并流操作和逆流操作所需的传热面积。

20. 工厂拟用一列管式换热器将流量为5 m^3/h的某溶液从60 ℃加热至120 ℃，热源为表压0.5 MPa的饱和水蒸气，已知该溶液的密度为1080 kg/m^3，平均比热为2.5 kJ/(kg·℃)，设换热器的总传热系数为1500 W/(m^2·K)，试求所需的传热面积。

21. 有一列管换热器，换热管为ϕ25 mm×2.5 mm的钢管，依靠管外蒸汽冷凝放出的热量加热管内的原油，管外蒸汽冷凝的传热系数为10000 W/(m^2·℃)，管内原油的对流传热系数为1000 w/(m^2·℃)，原油侧的污垢热阻为1.5×10^{-3} m^2·℃/w，管外污垢热阻可以忽略不计，试求总传热系数及各部分热阻的分配。

22. 在一夹套式容器中加热熔融某固体有机物，夹套内通入绝压为0.2 MPa的饱和水蒸气，冷凝水于饱和温度下排出，每次投入容器的固体有机物为600 kg，进料温度为25 ℃，熔融后继续加热至100 ℃，已知：该有机固体的熔点为70 ℃，固体比热为2.0 kJ/(kg·℃)，液体比热为3.2 kJ/(kg·℃)，相变潜热为120.81 kJ/kg。若不计热损失，试求加热每批投料所消耗的蒸汽量。

23. 在一逆流操作的列管式换热器中用水将油品冷却，换热器管束由ϕ25 mm×2 mm的钢管组成，油品的比热容为2.5 kJ/(kg·℃)。油走管间，流量为5000 kg/h，温度从100 ℃冷却至65 ℃；水走管内，温度从20 ℃升至45 ℃，油和水的对流传热系数分别为500 W/(m^2·K)和2000 W/(m^2·K)。

(1) 如果忽略污垢热阻，求总传热系数K和所需的传热面积A；

(2) 该换热器在使用一年后，有油垢和水垢生成，设油垢和水垢的热阻分别为0.0002 m^2·K/W和0.00025 m^2·K/W，再求总传热系数K和所需的传热面积A；

(3) 若要提高K值，应采取什么措施?

24. 在一逆流换热器中以水作为冷却剂将管内流动的热气体从180 ℃冷却至60 ℃，水的温度从20 ℃升至35 ℃，气侧传热系数为40 W/(m^2·K)，水侧传热系数为3000 W/(m^2·K)，现将气体的流量增加20%，冷却水的进口温度不变，忽略管壁和污垢热阻，试求：

(1) 气体流量增加后，不调节冷却水的流量，气体的出口温度和冷却水的出口温度；

(2) 气体流量增加后，拟通过调节冷却水的流量以使气体出口温度保持在60 ℃不变，调节后水的流量和水的出口温度。

25. 在一逆流操作的换热器中，用冷却水将油品从 200℃ 冷却至 80 ℃，冷却水流经管程，温度从 15 ℃ 升至 40 ℃，油侧 $\alpha_1 = 700\ \mathrm{W/(m^2 \cdot K)}$，水侧 $\alpha_2 = 2500\ \mathrm{W/(m^2 \cdot K)}$，现由于上游工序的生产状况发生变化，油品的进口温度升高至 210 ℃，忽略管壁和污垢热阻，冷却水的进口温度不变，试求：

(1) 油品进口温度升高后，冷却水的流量不作调节，油品的出口温度和冷却水的出口温度；

(2) 油品进口温度升高后，拟通过调节冷却水的流量以使油品出口温度保持在 50 ℃ 不变，调节后水的流量和水的出口温度。

26. 一列管式换热器以饱和水蒸气加热某气体，气体在管内作湍流流动，饱和水蒸气在管间冷凝，已知气体的质量流量 $W = 1.0\ \mathrm{kg/s}$，比定压热容 $c_p = 1.0\ \mathrm{kJ/(kg \cdot ℃)}$，进口温度 $t_1 = 20$ ℃，$t_2 = 100$ ℃，总传热系数 $K = 75\ \mathrm{W/(m^2 \cdot K)}$，$A = 20\ \mathrm{m^2}$，问加热蒸汽的温度为多少？此换热器在使用多年以后，有 6 % 的管子因腐蚀而在管内生成污垢层，其 $R_{si} = 0.001\ \mathrm{m^2 \cdot K/W}$，而气体的处理量提高了 8 %，问此时加热蒸汽的温度 T 应为多少？

27. 试求外径为 70 mm，长为 3 m，外表面温度为 227 ℃ 钢管的热辐射损失。假设此管放置在：(1) 很大的红砖屋内，砖壁温度为 27 ℃；(2) 截面为 0.3 m×0.3 m，砖壁温度为 27 ℃。管子两端面的热辐射损失可以忽略不计。

28. 两平行大平板，在空气中相距 5 mm，一平板的黑度为 0.1，温度为 350 K，另一平板的黑度为 0.05，温度为 300 K，若将第一板加涂层，使其黑度为 0.025，试计算由此引起的辐射传热量变化的百分率。

29. 计算 $T_1 = 80$ ℃，$\varepsilon_1 = 0.9$ 的 A 面和 $\mathrm{T_2} = 200$ ℃，$\varepsilon_2 = 0.25$ 的 B 面之间在下列情况下的辐射传热速率：

(1) A、B 面为相距 3 m 的无限大平行面；

(2) A、B 面为同心球面，直径分别为 3 m 和 0.3 m；

(3) A、B 面为同心圆筒，直径分别为 0.25 m 和 0.23 m。

5 蒸 发

5.1 概 述

将含有不挥发溶质的溶液加热至沸腾,使其中一部分溶剂汽化从而将溶液得到浓缩的过程称为蒸发。用来进行蒸发的设备称为蒸发器。蒸发操作广泛应用于化工、医药、食品等行业中,例如烧碱、食糖、抗生素、中药浸膏以及淡水的制备等。

5.1.1 基本概念

按照分子运动学说,当溶液受热时,靠近加热面的溶剂分子若获得的动能大于分子间的吸引力,便逸向液面上的空间,变为自由分子,此即为汽化。因汽化而生成的蒸汽,若在逸向空间后不予除去,则蒸汽与溶液之间将逐渐趋于平衡状态,使汽化不能继续进行。故进行蒸发的必备条件为热能的不断供给和生成蒸汽的不断排除。蒸汽的排除,一般采用冷凝法。

(1) 蒸发流程

图 5-1 是蒸发的简化流程,其主体设备——蒸发器由加热室和分离室组成。料液经预热后加入蒸发器。蒸发器的下部是由许多加热管组成的加热室,在管外用加热蒸汽加热管内的溶液,并使之沸腾汽化;经浓缩后的溶液(完成液)从蒸发器底部排除。汽化产生的蒸汽经蒸发器上部的分离室及其顶部的除沫器将其中挟带的液沫予以分离,然后送往冷凝器被冷凝而除去。蒸发操作可以是连续的也可以是间歇的,但大多数情况是在稳定和连续的条件下进行的。

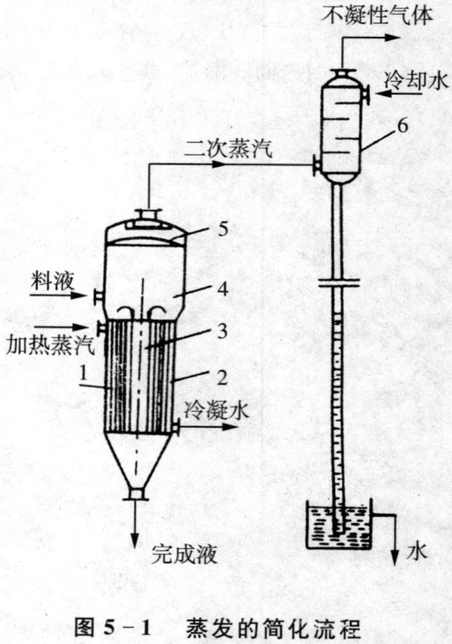

图 5-1 蒸发的简化流程

1-加热管;2-加热室;3-中央循环管;4-蒸发室;5-除沫器;6-冷凝器

(2) 加热蒸汽和二次蒸汽

蒸发需要不断地供给热能。工业上采用的热源通常为水蒸气,而蒸发的物料大多是水溶液,蒸发时产生的蒸汽也是水蒸气。为了易于区别,前者称为加热蒸汽(或称为生蒸汽),后者称为二次蒸汽。如果溶液沸点较高,可用联苯、融盐等高温载热体作为热源,也可用烟道气加热。

(3) 蒸发过程的分类

按操作空间的压力可分为:常压、加压或减压(即真空)蒸发。对于大多数无特殊要求的溶液,采用常压、加压和减压操作均可。但对热敏性料液,如抗生素溶液、果汁等的蒸发,为了保证产品的质量,需要在减压下操作。真空蒸发具有下列优点:

① 减压下溶液的沸点降低,因此在加热蒸汽温度一定的条件下,可以提高蒸发器的温度

差，于是蒸发器的传热面积可以相应减小；

② 由于沸点降低，可以利用低压蒸汽或废气作为加热蒸汽；

③ 可用以浓缩不耐高温的溶液；

④ 由于溶液沸点降低，蒸发器损失于外界的热量较小；

但另一方面，在真空下蒸发需要增设一套抽真空的装置以保持蒸发室的真空度，从而消耗额外的能量。同时，随着压力的减小，溶液沸点的降低，其粘度亦随之增大，常使对流传热系数减小，从而也使蒸发器的总传热系数减小。

按二次蒸汽利用的情况可分为单效和多效蒸发。若所产生的二次蒸汽不再利用，而直接送冷凝器冷凝以除去的蒸发操作，称为单效蒸发。如前所述，蒸发所产生的二次蒸汽是大量的，为了充分利用热能，若将二次蒸汽通到下一压力较低的蒸发器作为加热蒸汽，将多个蒸发器串联，使加热蒸汽在蒸发过程中得到多次利用的蒸发过程称为多效蒸发。

5.1.2 蒸发操作的特点

从上述对蒸发过程的简单介绍可以看出：虽然蒸发的目的是使溶剂与溶质分离，但溶液中所含溶质的数量不变，而溶剂汽化速率只取决于传热速率，即蒸发是传热过程。所以，蒸发器也是一种换热器。然而，和一般传热过程相比，蒸发需要注意以下几点：

(1) 沸点升高　蒸发的物料是溶有不挥发溶质的溶液。由拉乌尔定律可知：在相同温度下，其蒸汽压较纯溶剂的低，因此在相同压力下，溶液的沸点就高于纯溶剂的沸点。故当加热蒸汽温度一定时，蒸发溶液时的传热温度差就比蒸发纯溶剂时的小，并且溶液的浓度越大，这种影响也越显著。这是蒸发需要考虑的一个问题。

(2) 能量的回收与利用　蒸发时汽化的溶剂量是较大的，需要消耗大量的加热蒸汽。如何充分利用热量，使单位质量的加热蒸汽能除去较多的水分，亦即如何提高加热蒸汽的经济程度(例如采用多效蒸发或其他措施)，是蒸发要考虑的另一个问题。

(3) 物料的工艺特性　蒸发的溶液本身常具有某些特性，例如有些物料在浓缩时可能结垢或析出结晶；有些热敏性物料在高温下易分解变质；有些则具有较大的粘度或较强的腐蚀性等等。如何根据物料的这些特性和工艺要求，选择适宜的蒸发方法和设备，也是蒸发所必须考虑的问题。

5.2 蒸发设备

前已指出，蒸发为传热过程，所以蒸发设备和一般传热设备并无本质上的区别。但蒸发时需不断除去产生的二次蒸汽，所以蒸发设备除包括用来进行传热的加热室及进行汽液分离的蒸发室(这两部分组成蒸发设备的主体——蒸发器)外，还应有使液沫得到进一步分离的除沫器、使二次蒸汽全部冷凝的冷凝器以及减压操作时的真空装置。目前工业蒸发设备约有几十种，下面介绍几种常见的蒸发器。

5.2.1 常见蒸发器的结构及特点

为了适应生产上的多种需要，要求有各种不同结构型式的蒸发器，随着生产的发展，蒸发器的结构不断改进。目前常用的间壁传热式蒸发器，按溶液在蒸发器中停留的情况，大致可分为循环型和单程型两大类。

(1) 循环型蒸发器

这一类型的蒸发器，溶液都在蒸发器中作循环流动。由于引起循环的原因不同，又可分为自然循环和强制循环两类，前者主要有以下几种结构型式。

① 中央循环管式蒸发器

这种蒸发器的结构如图 5-2 所示。其加热室由垂直管束组成，中间有一根直径很大的管子，称为中央循环管。当加热蒸汽通入管间加热时，由于中央循环管较大，因而中央循环管内溶液受热程度比加热管差，溶液汽化较少，中央循环管中溶液的密度就比加热管内形成的汽液混合物的密度大，从而使蒸发器中的溶液形成由中央循环管下降而由其他加热管上升的循环流动。这种循环，主要是由于溶液的密度差引起的，故称为自然循环。

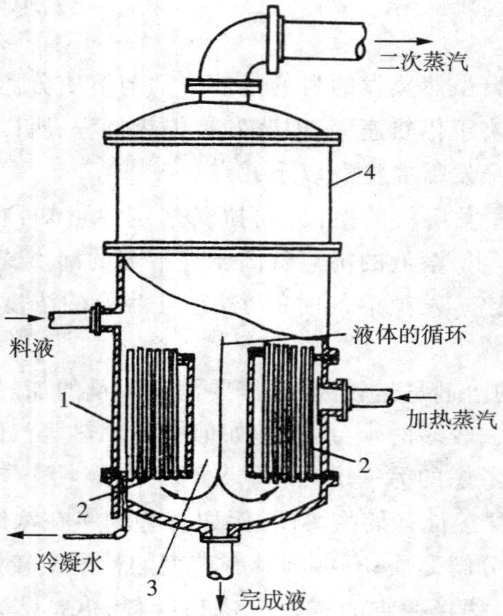

图 5-2　中央循环管式蒸发器

1-外壳；2-加热室；3-中央循环管；4-蒸发室

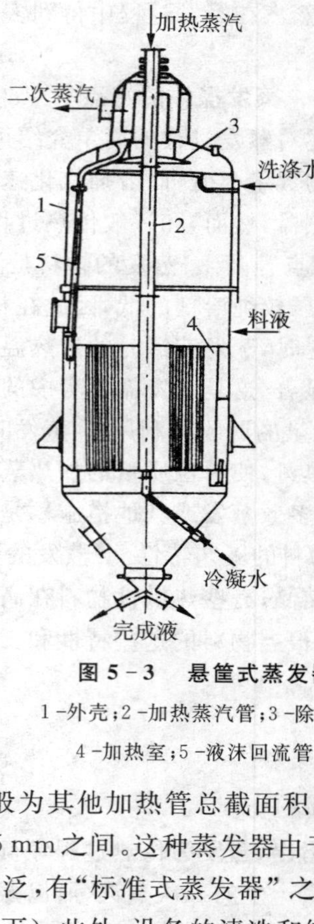

图 5-3　悬筐式蒸发器

1-外壳；2-加热蒸汽管；3-除沫器；

4-加热室；5-液沫回流管

为了使溶液有良好的循环，中央循环管的截面积，一般为其他加热管总截面积的 40 %～100 %；加热管高度一般为 1～2 m；加热管直径在 25～75 mm 之间。这种蒸发器由于具有结构紧凑、制造方便、传热较好及操作可靠等优点，应用十分广泛，有“标准式蒸发器”之称。但实际上，由于结构上的限制，循环速度不大(一般在 0.5 m/s 以下)。此外，设备的清洗和维修也不够方便，所以这种蒸发器难以完全满足生产的要求。

② 悬筐式蒸发器

其结构如图 5-3 所示，它是中央循环管蒸发器的改进。其加热室像个篮筐，悬挂在蒸发器壳体的下部，可由顶部取出便于维修；并且以加热室外壁与蒸发器内壁之间的环形孔道代替中央循环管。加热蒸汽由中央蒸汽管 2 进入加热室，二次蒸汽上升时所挟带的液沫则与中央蒸汽管 2 相接触而继续蒸发。溶液沿加热管中上升，而后循着环隙向下流动而构成自然循环。由于与蒸发器的外壳接触的是温度较低的沸腾溶液，故其热损失较小。它的主要缺点是结构复杂，单位传热面的金属消耗量较多。

③ 外热式蒸发器

这种蒸发器如图 5-4 所示。其特点是加热室安装在蒸发器外面，这样不仅可以降低蒸发器的总高度，且便于清洗和更换，有的甚至设两个加热室轮换使用。它的加热管束较长(管长与管径之比为 50～100)，同时由于循环管内的溶液不被加热，故溶液的循环速度较快(可达 1.5 m/s)。

④ 列文式蒸发器

列文式蒸发器的结构如图 5-5 所示。这种蒸发器的结构特点是在加热室之上增设沸腾室。这样加热室中的溶液因受到这一段附加的液柱静压力的作用而并不沸腾，只是在上升到沸腾室内当其所受压力降低后才开始沸腾，因而溶液的沸腾汽化由加热室移到了没有传热面的沸腾室。另外，这种蒸发器循环管的截面积约为加热管总截面积的 2～3 倍，溶液流动时的阻力小，因而循环速度可达 2.5 m/s 以上。这些措施，不仅对减轻和避免加热管表面结晶和结垢有显著的作用，从而可在较长时间内不需要清洗，且总传热系数亦较大。列文式蒸发器的主要缺点是液柱静压头较大，为了保持一定的有效温度差要求加热蒸汽有较高的压力。此外，设备庞大，消耗的材料多，需要高大的厂房等，也是它的缺点。

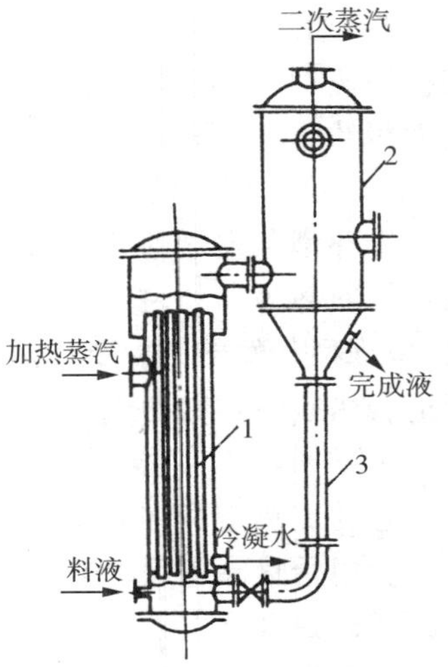

图 5-4 外热式蒸发器

1-加热室；2-蒸发室；3-循环管

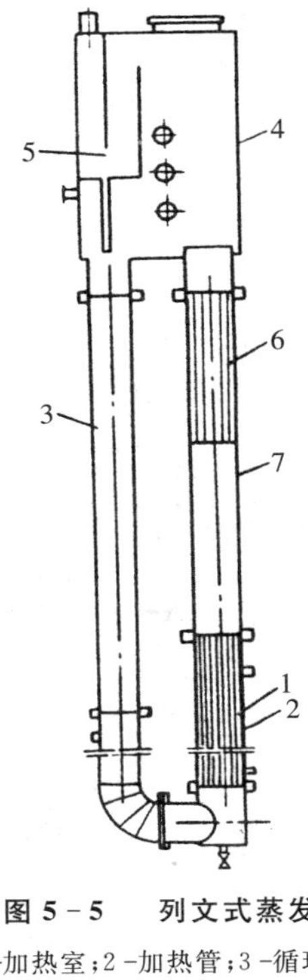

图 5-5 列文式蒸发器

1-加热室；2-加热管；3-循环管；4-蒸发室；5-除沫器；6-挡板；7-沸腾室

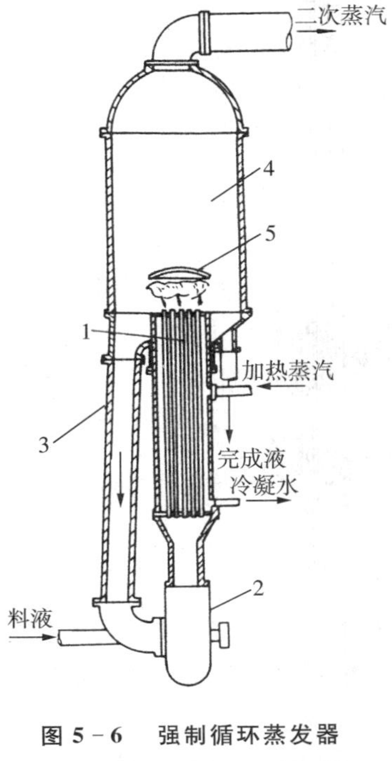

图 5-6 强制循环蒸发器

1-加热管；2-循环泵；3-循环管；4-蒸发室；5-除沫器

除了上述自然循环蒸发器外，在蒸发粘度大，易结晶和结垢的物料时，还常采用强制循环蒸发器。在这种蒸发器中，溶液的循环主要依靠外加的动力，用泵迫使它沿一定方向流动而产生循环，如图 5-6 所示。循环速度的大小可由调节泵的流量来控制，一般应在 2.5 m/s 以上。强制循环蒸发器的传热系数也比一般自然循环的大。但它的明显缺点是能量消耗大，每平方米加热面积约需 0.4 ～ 0.8 kW。

(2) 单程型蒸发器

循环型蒸发器的共同缺点是蒸发器内料液的滞留量大，物料在高温下的停留时间长，对热敏性物料甚为不利。在单程型蒸发器中，溶液一次通过加热室，不作循环流动即成为浓缩液排出。单程型蒸发器的主要优点是传热效率高、蒸发速度快、溶液在蒸发器内停留时间短，因而特别适合热敏性物料的蒸发。根据物料在蒸发器中流向的不同，单程型蒸发器又分以下几种。

① 升膜式蒸发器

它的加热室由许多垂直长管组成，如图 5-7 所示。料液经预热后由蒸发器底部引入，进到加热管内受热沸腾后迅速汽化，生成的蒸汽在加热管内高速上升，带动溶液沿管壁成膜状上升，汽、液混合物由管口高速冲出后在分离器 2 内分离，完成液由分离器底部排出，二次蒸汽则在顶部导出。为了能在加热管内有效地成膜，上升的蒸汽应具有一定速度。例如，常压下操作时适宜的出口汽速一般为 20 ～ 50 m/s，减压下操作时汽速则应更高。因此，如果从料液中蒸发的水量不多，就难以达到上述要求的汽速，即升膜式蒸发器不适用于较浓溶液的蒸发；它对粘度很大，易结晶或易结垢的物料也不适用。

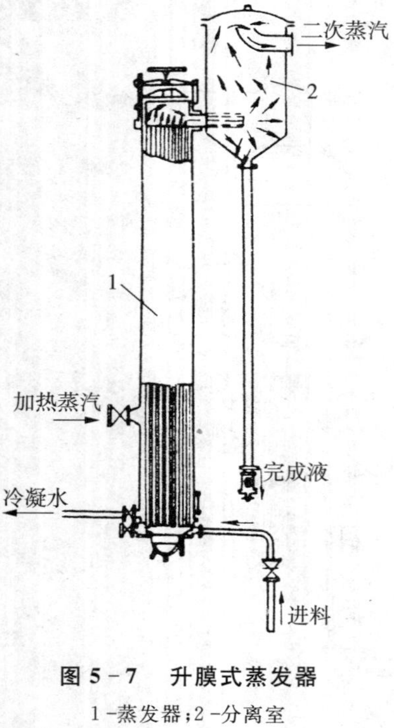

图 5-7　升膜式蒸发器

1-蒸发器；2-分离室

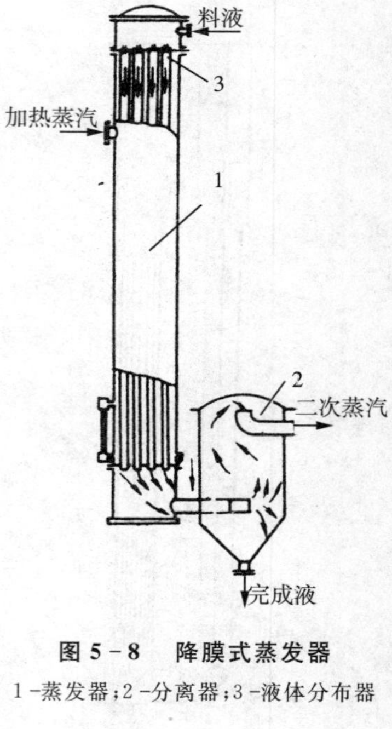

图 5-8　降膜式蒸发器

1-蒸发器；2-分离器；3-液体分布器

② 降膜式蒸发器

这种蒸发器(如图 5-8 所示) 和升膜式蒸发器的区别在于，料液是从蒸发器的顶部加入，在重力作用下沿管壁成膜状下降，并在此过程中不断被蒸发而增浓，在其底部得到完成液。为了使液体在进入加热管后能有效地成膜，每根管的顶部装有液体分布器，其型式很多，图 5－9 列出几种常见的分布器。降膜式蒸发器可以蒸发浓度较高的溶液，对于粘度较大（例如在 0.05～0.45 Pa·s 范围内）的物料也能适用。但因液膜在管内分布不易均匀，传热系数比升膜式蒸发器的小。

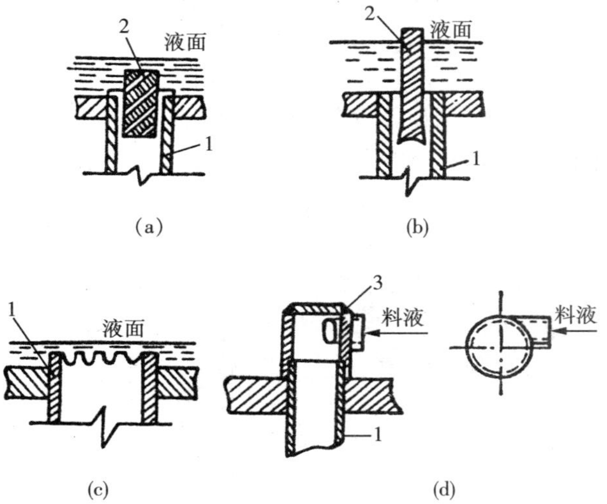

图 5－9 降膜式蒸发器的分布器

1－加热管；2－导流管；3－旋液分配头

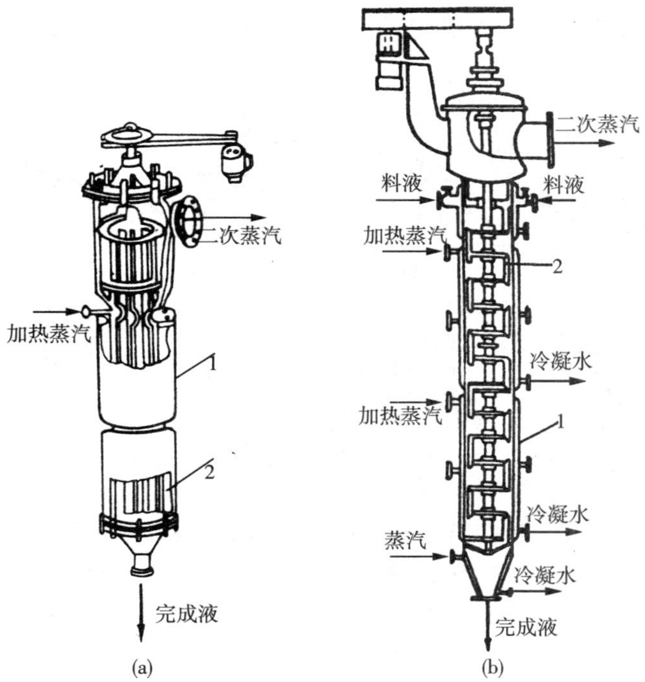

图 5－10 刮板式蒸发器

(a) 固定刮板式；(b) 转子式

1－夹套；2－刮板

③ 刮板式蒸发器

这是一种利用外加动力成膜的单程型蒸发器，其结构如图 5－10 所示。蒸发器外壳带有夹套，内通入加热蒸汽加热。加热部分装有旋转的刮板，刮板本身又可分为固定式和转子式两种，前者与壳体内壁的间隙为 0.5～1.5 mm，后者与器壁的间隙随转子的转数而变。料液由蒸发器上部沿切线方向加入(亦有加至与刮板同轴的甩料盘上的)，在重力和旋转刮板刮带下，溶液在壳体内壁形成下旋的薄膜，并在下降过程中不断被蒸发，在底部得到完成液。这种蒸发器的突出优点是对物料的适应性很强，例如，对高粘度和易结晶、结垢的物料都能适用。其缺点是结构复杂，动力消耗大，每平方米传热面约需 1.5～3 kW。此外，受夹套式传热面的限制，其处理量也很小。

从上述的介绍可以看出：蒸发器的结构类型是很多的，各有其优缺点和适用的场合。在选型时，除了要求结构简单、易于制造、金属消耗量少、维修方便、传热效果好等等以外，首要的，还须看它能否适应所蒸发物料的工艺特性，包括物料的粘性、热敏性、腐蚀性以及是否容易结晶或结垢等等。这样全面综合地加以考虑，才能免于失误。

5.2.2 蒸发辅助设备

(1) 除沫器

蒸发操作中，产生的二次蒸汽中夹带有大量液体。虽然蒸发室有足够大的汽、液分离空间，可使液滴借重力沉降下来，但为了进一步除去液沫还需在蒸汽出口附近装设除沫器(或称分离器)，否则，将会造成产品的损失、污染冷凝液和堵塞管道。除沫器的类型很多，常见的几种如图 5－11 所示。前几种直接装于蒸发室顶部，后几种则装在蒸发室外面，它们主要是利用液沫的惯性以达到汽液分离目的。

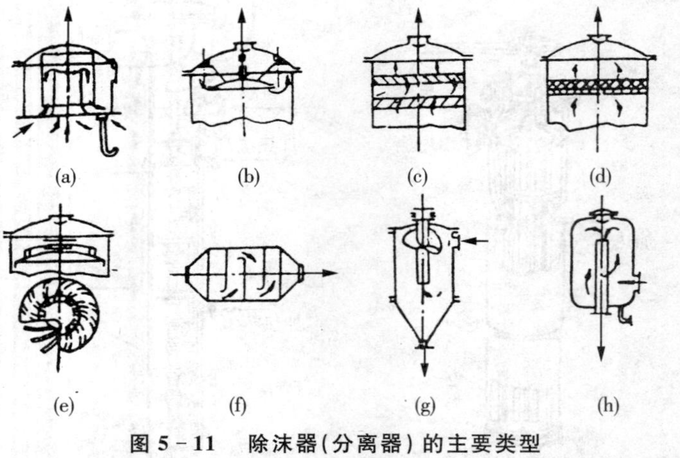

图 5－11 除沫器(分离器)的主要类型

(a) 折流式除沫器；(b) 球形除沫器；(c) 百叶窗式除沫器；(d) 金属丝网除沫器

(e) 离心式除沫器；(f) 冲击式除沫器；(g) 旋风式分离器；(h) 离心式分离器

(2) 冷凝器和真空装置

蒸发操作中，当二次蒸汽是有价值的产品需要加以回收，或者它会严重污染冷却水时应采用间壁式冷凝器，除此之外大多采用汽液直接接触的混合式冷凝器来冷凝二次蒸汽。常见的干式逆流高位冷凝器的构造如图 5－12 所示。冷却水由顶部加入，依次经过各淋水板的小孔或溢流堰流下，在与底部进入并逆流上升的二次蒸汽直接接触过程中，使二次蒸汽不断冷凝。水和冷凝液沿气压管（俗称“大气腿”）流至地沟后排走，空气和其他不凝性气体则由顶部抽出，在分离器 7 中与夹带的液沫分离后进入真空装置。在这种冷凝器中，气、液两相各自分别排出，故称干式；其气压管需有足够的高度（大于 10 m）才能使冷凝液自动流至地沟，故称为高位式。除此之外，还有湿式、低位式冷凝器等。

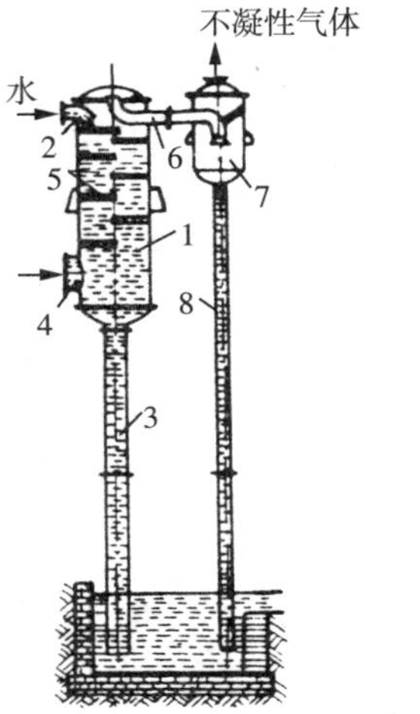

图 5-12 干式逆流高位冷凝器

1-外壳；2-进水口；3、8-气压管；4-蒸汽进口；5-淋水板；6-不凝性气体管；7-分离器

无论采用何种冷凝器，均须于其后设置真空装置以排除不凝性气体，以维持蒸发所要求的真空度。常用的真空装置有水环式真空泵、喷射泵及往复式真空泵。

5.3 单效蒸发

5.3.1 单效蒸发的计算

对于单效蒸发，通常给定的生产任务和操作条件是：进料量、温度和浓度，完成液的浓度，加热蒸汽压力和冷凝器的操作压力，要求确定：

① 水分蒸发量*；

② 加热蒸汽消耗量；

③ 蒸发器的传热面积。

这些问题，可以应用物料衡算、热量衡算和传热速率方程来解决。

（1）物料衡算

对如图 5-13 所示的单效蒸发器进行溶质的质量衡算，可得

$$Fw_0 = (F - W)w_1$$

由此，可求得水分蒸发量及完成液的浓度为：

$$W = F\left(1 - \frac{w_0}{w_1}\right) \quad (5-1)$$

$$w_1 = \frac{Fw_0}{F - W} \quad (5-2)$$

式中 F—— 溶液的进料量，kg/h；

W—— 水分蒸发量，kg/h；

w_o—— 料液中溶质的浓度，质量分率；

w_1—— 完成液中溶质的浓度，质量分率。

（2）热量衡算

对如图 5-13 所示的蒸发器进行热量衡算，可得

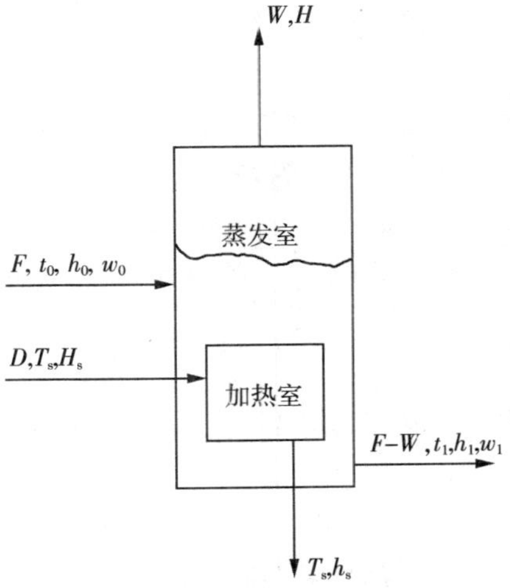

图 5-13 单效蒸发的物料衡算和热量衡算示意图

---

* 本章的计算均以水蒸气蒸发为例。

$$DH_s + Fh_0 = (F - W)h_1 + WH + Dh_s + Q_L \tag{5-3}$$

$$D(H_s - h_s) = (F - W)h_1 + WH - Fh_0 + Q_L \tag{5-3a}$$

整理后得加热蒸汽消耗量

$$D = \frac{F(h_1 - h_0) + W(H - h_1) + Q_L}{H_s - h_s} \tag{5-4}$$

当加热蒸汽的冷凝液在饱和温度下排出时， $H_s - h_s = r$

$$D = \frac{F(h_1 - h_0) + W(H - h_1) + Q_L}{r} \tag{5-4a}$$

式中 D—— 加热蒸汽消耗量，kg/h；

H_s—— 加热蒸汽的焓，kJ/kg；

h_s—— 加热器中冷凝水的焓，kJ/kg；

h_0—— 料液的焓，kJ/kg；

h_1—— 完成液的焓，kJ/kg；

H—— 二次蒸汽的焓，kJ/kg；

Q_L—— 蒸发器的热损失，kJ/h；

r—— 加热蒸汽的汽化潜热，kJ/kg。

用式(5-4)进行计算时，必须已知溶液在一定浓度和温度下的焓。对于不同的溶液，其焓值与浓度和温度的关系有很大的差异。下面分两种情况加以讨论：

① 溶液的浓缩热可忽略

对于大多数物料的蒸发，可以不计溶液的浓缩热，而由比热求得其焓。习惯上取 0℃ 为基准，即令 0℃ 时液体的焓为零，故有

$$h_0 = C_0 t_0$$

$$h_1 = C_1 t_1$$

式中 t_0—— 料液温度，℃；

t_1—— 蒸发器中溶液的温度，℃；

C_0—— 料液的比热，kJ/(kg·℃)；

C_1—— 完成液的比热，kJ/(kg·℃)。

代入式(5-4)并整理之，得加热蒸汽消耗量

$$D = \frac{F(C_1 t_1 - C_0 t_0) + W(H - C_1 t_1) + Q_L}{r} \tag{5-5}$$

式中料液的比热 C_0 和完成液的比热 C_1 可分别按下式近似计算

$$C_0 = C_W(1 - w_0) + C_B w_0$$

$$C_1 = C_W(1 - w_1) + C_B w_1$$

式中 C_B 为溶质的比热，kJ/(kg·℃)；C_W 为水的比热，kJ/(kg·℃)。

而 $H - C_1 t_1 \approx r'$，为二次蒸汽的汽化潜热，故得

$$D = \frac{F(C_1 t_1 - C_0 t_0) + Wr' + Q_L}{r} \tag{5-5a}$$

上式表明加热蒸汽放出的热量用于：(1) 原料液由 t_0 升温到沸点 t_1；(2) 使水在沸点 t_1 汽化成二次蒸汽；(3) 热损失。

若为沸点进料，即 $t_0 = t_1$，并忽略热损失和比热 C_1 与 C_0 的差别，则有

$$D \approx \frac{Wr'}{r} \quad 或 \quad \frac{D}{W} \approx \frac{r'}{r} \tag{5-6}$$

式中 D/W 称为单位蒸汽消耗量，用以表示蒸汽利用的经济程度。

由于蒸汽的潜热随温度的变化不大，即溶液温度 t_1 和加热蒸汽温度 T_s 下的潜热 r' 和 r 相差不多，故单效蒸发时，$\frac{D}{W} \approx 1.0$，即蒸发 1 kg 的水，约需 1 kg 的加热蒸汽。考虑到 r 和 r' 的实际差别以及热损失等因素，$\frac{D}{W}$ 约为 1.1 或稍多。

② 溶液的浓缩热不可忽略

有些物料，如氢氧化钠、氯化钙等水溶液，在稀释时有明显的放热效应，因而它们在蒸发时，除了供给水分蒸发所需的汽化潜热外，还需供给和稀释时热效应相当的浓缩热；尤其当浓度较大时，这个影响更加显著。对于这一类物料，溶液的焓若简单地利用上述的比热关系计算，就会产生较大的误差。此时，溶液的焓值可由焓浓图查得。

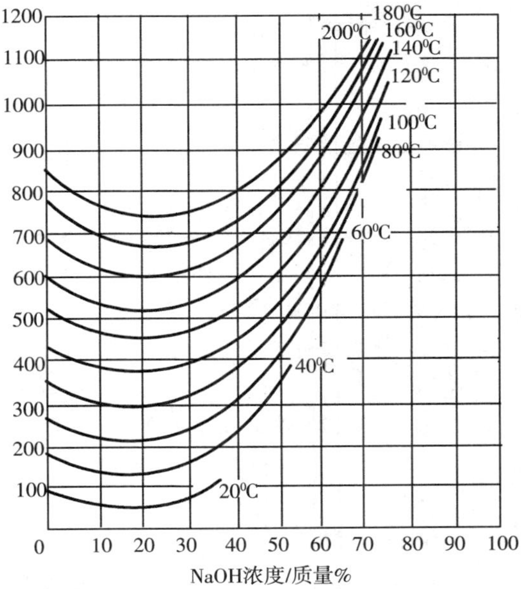

图 5－14 NaOH **水溶液的焓浓图**

图 5－14 为以 0 ℃ 为基准温度时氢氧化钠水溶液的焓浓图。对于此类浓缩热不能忽略的溶液，此时应利用式(5－3)或式(5－4)计算加热蒸汽消耗量。

(3) 蒸发器传热面积的计算

由传热速率方程得 $A = \frac{Q}{K\Delta t_m}$

式中 A—— 蒸发器的传热面积，m^2；

Q—— 传热速率，W，显然 $Q = Dr$；

K—— 总传热系数，W/(m^2·K)；

Δt_m—— 平均传热温度差，K。

由于蒸发过程为蒸汽冷凝和溶液沸腾之间的恒温差传热，$\Delta t_m = T_s - t_1$，故有

$$A = \frac{Q}{K(T_s - t_1)} = \frac{Dr}{K(T_s - t_1)} \tag{5-7}$$

由传热学知，蒸发器的总传热系数 K 可按下式计算

$$\frac{1}{K} = \frac{1}{\alpha_i} + R_i + \frac{1}{\alpha_o} + \frac{\delta}{\lambda} \tag{5-8}$$

式中 α_i—— 管内溶液沸腾的对流传热系数，W/(m^2·K)；

α_o—— 管外水蒸气冷凝的对流传热系数，W/(m^2·K)；

R_i—— 管内污垢热阻，m^2·K/W；

δ—— 加热管壁厚，m；

λ—— 管材的导热系数，W/(m·K)。

式(5－8)中，管外蒸汽冷凝的传热系数 α_o 可按膜状冷凝的传热系数公式计算，污垢热阻

R_i 可根据经验值估算。但管内溶液沸腾传热系数则受溶液的性质、蒸发器的形式、沸腾传热的形式以及蒸发操作的条件等多种因数的影响，具体计算可参考有关文献。目前，在蒸发器设计计算中，总传热系数 K 大多根据实测或经验值选定。表 5-1 列出几种常用蒸发器 K 值的大致范围，可供设计时参考。

表 5-1 蒸发器总传热系数 K 的经验值

蒸发器类型	总传热系数 K W/(m² · ℃)	蒸发器类型	总传热系数 K W/(m² · ℃)
水平浸没加热式	600 ～ 2300	外加热式(自然循环)	1200 ～ 6000
标准式(自然循环)	600 ～ 3000	外加热式(强制循环)	1200 ～ 6000
标准式(强制循环)	1200 ～ 6000	升膜式	1200 ～ 6000
悬筐式	600 ～ 3000	降膜式	1200 ～ 3500

例 5-1 在一连续操作的单效蒸发器中，将 35 ℃、浓度为 20 %(质量) 的 NaOH 溶液浓缩至 50 %(质量)，进料量为 1.2 kg/s。已知加热用饱和水蒸气的压力为 300 kN/m²(绝压)，蒸发室压力为 30 kN/m²(绝压)，溶液的沸点为 107 ℃，又蒸发器的总传热系数为 1200 W/(m² · K)，热损失可取为传热量的 3 %，试计算加热蒸汽消耗量和蒸发器的传热面积。

解 根据加热蒸汽压力和蒸发室压力，由附录水蒸气表查得：

加热蒸汽温度 $T_s = 133.3$ ℃，其焓 $H_s = 2728.5$ kJ/kg，$h_s = 560.4$ kJ/kg。

蒸发室压力为 30 kN/m²(绝压)，可查得二次蒸汽的饱和温度为 66.5 ℃；焓为 2622.4 kJ/kg，又因其由溶液中逸出时为 107 ℃ 的过热蒸汽，故其焓

$$H = 2622.4 + 1.88 \times (107 - 66.5) = 2698.5 \text{ kJ/kg}$$

(1) 加热蒸汽消耗量

由式(5-1) 得水分蒸发量 $W = F\left(1 - \dfrac{w_0}{w_1}\right) = 1.2 \times \left(1 - \dfrac{0.2}{0.5}\right) = 0.72$ kg/s

由于 NaOH 溶液的浓缩热不能忽略，查图 5-13 得：料液的焓 $h_0 = 120$ kJ/kg，完成液的焓 $h_1 = 570$ kJ/kg；又热损失 $Q_L = 0.03Q = 0.03\,D(H_s - h_s)$。将以上数值代入式(5-3) 得：

$$DH_s + Fh_0 = (F - W)h_1 + WH + Dh_s + 0.03D(H_s - h_s)$$

$$D = \frac{F(h_1 - h_0) + W(H - h_1)}{0.97(H_s - h_s)}$$

$$= \frac{1.2 \times (570 - 120) + 0.72 \times (2698.5 - 570)}{0.97 \times (2728.5 - 560.4)}$$

$$= 0.985 \text{ kg/s}$$

若不考虑溶液的浓缩热，求加热蒸汽消耗量。已知溶质的比热 $C_B = 2.01$ kJ/kg · K。

$$C_0 = 4.187 \times (1 - 0.2) + 2.01 \times 0.8 = 3.75 \text{ kJ/(kg · K)}$$

$$C_1 = 4.187 \times (1 - 0.5) + 2.01 \times 0.5 = 3.10 \text{ kJ/(kg · K)}$$

将已知值代入式(5-5) 并整理得：

$$D = \frac{F(C_1 t_1 - C_0 t_0) + W(H - C_1 t_1)}{0.97(H_s - h_s)}$$

$$= \frac{1.2 \times (3.10 \times 107 - 3.75 \times 35) + 0.72 \times (2698.5 - 3.10 \times 107)}{0.97(2728.5 - 560.4)}$$

$$= 0.925 \text{ kg/s}$$

以上结果表明，在蒸发器面积相同时，不考虑浓缩热所得蒸汽消耗量比实际情况低约 6.1 %。如果缺乏溶液在不同温度和浓度下焓的数据，对于有明显浓缩热的物料，可先按一般物料的蒸发来处理，即先不考虑浓缩

热的影响，用式(5-5)进行计算，最后将计算结果加上适当的校正系数。

(2) 蒸发器的传热面积

蒸发器的传热量 $Q = Dr = D(H_s - h_s) = 1.14 \times (2728.5 - 560.4) = 2471.6\ \mathrm{kW}$

由式(5-7)得： $A = \dfrac{Q}{K\Delta t_m} = \dfrac{2471.6 \times 10^3}{1200 \times (133.3 - 107)} = 78.3\ \mathrm{m^2}$

5.3.2 蒸发设备中的温度差损失

蒸发器中的传热温度差 Δt 等于 $T_s - t$。当加热蒸汽的温度 T_s 一定[例如用 476 kN/m^2(绝压)的水蒸气作为加热蒸汽，$T_s = 150$ ℃]，若蒸发室内压力为 1 atm，蒸发的是水，其沸点 $T = 100$ ℃，这时的传热温度差最大，用 Δt_T 来表示：

$$\Delta t_T = T_s - T = 150 - 100 = 50\ ℃$$

如果蒸发的是 30 % 的 NaOH 溶液，在常压下其沸点必高于 100 ℃。如其沸点 $t = 120$ ℃，则有效温度差 $\Delta t = T_s - t = 150 - 120 = 30$ ℃。Δt 比 Δt_T 所减小的值，称为传热温度差损失，简称温度差损失，用符号 Δ 表示。

$$\Delta = \Delta t_T - \Delta t = (T_s - T) - (T_s - t) = t - T \qquad (5-9)$$

即传热温度差损失 Δ 等于溶液的沸点 t 与同压下水的沸点 T 之差，求得 Δ 就可求得溶液的沸点 $t(= T + \Delta)$ 和蒸发器内的有效传热温度差 $\Delta t\ (= \Delta t_T - \Delta)$。

温度差损失系由下列原因所产生：

(1) 溶液的沸点升高 Δ'

由于溶质的存在使溶液蒸汽压较纯溶剂(水)在同一温度下的蒸汽压为低，致使溶液的沸点比纯溶剂(水)的高。不同性质的溶液在不同的浓度范围内，沸点上升的数值是不同的。例如 0.1 MPa 下，70 % NaOH 水溶液的沸点升高值 Δ' 可达 80 ℃ 以上。

在文献和手册中，可以查到常压(1atm)下某些溶液在不同浓度时的沸点数据。但在蒸发操作中，蒸发室中的压力往往不是高于就是低于常压。计算非常压下溶液沸点的方法很多，最常用的方法是按杜林规则计算。该规则认为：某种液体(或溶液)的沸点与相同压力下标准液体的沸点成线性关系。由于不同压力下水的沸点可以从水蒸气表中查得，故一般以水为标准液体。根据杜林规则，以某种液体的沸点为纵坐标，以相同压力下水的沸点为横坐标，可得一直线，即：

$$\frac{t_A - t_A^0}{t_W - t_W^0} = K \qquad (5-10)$$

式中 t_A 和 t_A^0 代表某液体(或溶液)在两种不同压力下的沸点，t_W 和 t_W^0 代表某标准液体在相应压力下的沸点。K 值求得后，可按下式求出任一压力下某液体或溶液的沸点 t_A：

$$t_A = t_A^0 + K(t_W - t_W^0) \qquad (5-11)$$

图 5-15 是以水为标准液体时，不同浓度 NaOH 水溶液的沸点直线(杜林线)。一定浓度下溶液的沸点与水的沸点成直线关系，这样就可以利用杜林线求取不同浓度的溶液在任一压力下的沸点 t_A。应当指出，这些直线不一定是平行的。但由图 5-15 可以看到，当溶液浓度较低或水的沸点较低(即蒸发室压力较低)时，沸点直线接近于平行。蒸发器在上述情况下操作时，可认为溶液的沸点升高几乎与压力无关。故在蒸发器通常的操作范围内，当缺乏数据时，可将 1 atm 时的沸点升高近似地作为其他压力下的沸点升高。

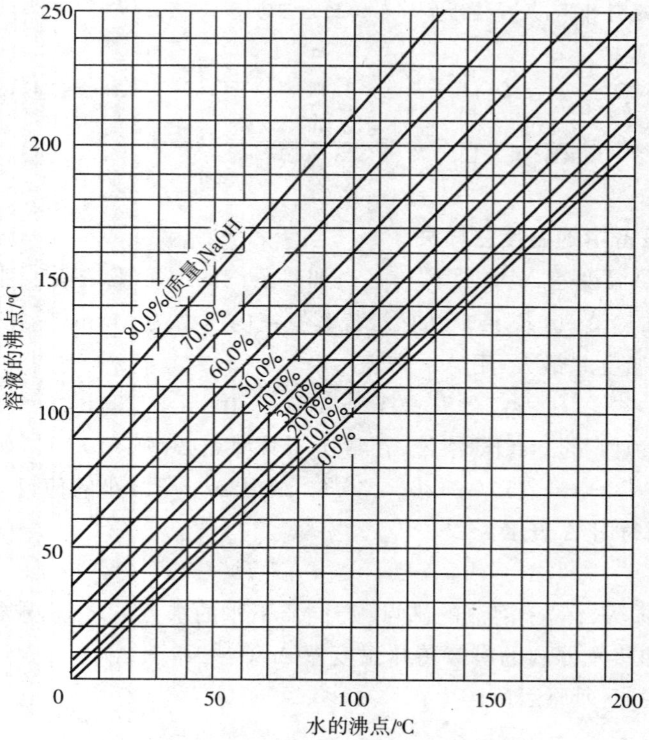

图 5-15 NaOH 水溶液的沸点直线

例 5-2 蒸发浓度为 60 %(质量)的 NaOH 水溶液时，若蒸发室压力分别为 1 atm 和 19.6 kN/m^2(绝压)，试求由于蒸汽压降低所引起的溶液沸点升高。

解 (1) 1 atm 下水的沸点为 100 ℃，查图 5-15 得 60 % NaOH 水溶液的沸点为 160 ℃。故

$$\Delta' = 160 - 100 = 60 \text{ ℃}$$

(2) 压力为 19.6 kN/m^2(绝压)时水的沸点为 59.7 ℃，查图 5-15 得 60 % NaOH 水溶液的沸点为 117 ℃，故

$$\Delta' = 117 - 59.7 = 57.3 \text{ ℃}$$

由此可见压力为 19.6 kN/m^2(绝压)和 1 atm 下的沸点升高相差不大。

(2) 由于液柱静压头引起的沸点升高 Δ''

大多数蒸发器在操作时需要维持一定的液面高度，其中某些具有长加热管的蒸发器，液面深度可达 3～6 m。由于液层内部的压力大于液面上的压力，故相应的溶液内部的沸点高于液面上的沸点，二者之差即为液柱静压头引起的沸点升高 Δ''。为简便计，以液层中部点 $L/2$ 处的压力和沸点代表整个液层的平均压力和平均温度，则根据流体静力学方程，液层的平均压力 $\bar{p}$ 为

$$\bar{p} = p + \frac{\rho g L}{2} \tag{5-12}$$

式中 p 为液面上方的压力，即二次蒸汽的压力。

溶液的沸点升高为：

$$\Delta'' = \bar{t} - T \tag{5-13}$$

式中 $\bar{t}$—— 平均压力 $\bar{p}$ 下溶液的沸点，℃；

T—— 液面处压力 p 下溶液的沸点,℃。

作为近似计算,式(5-13)中的$\bar{t}$ 和 T 可分别用相应压力下水的沸点代替。

(3) 由于流动阻力引起的沸点升高 Δ'''

二次蒸汽从蒸发室流入冷凝器的过程中,由于管路阻力其压力下降,故蒸发器内的压力高于冷凝器内的压力。换言之,在蒸发器内压力下的二次蒸汽的冷凝温度高于冷凝器的冷凝温度,由此造成的沸点升高以 Δ''' 表示。Δ''' 与二次蒸汽在管道中的流速、物性及管道尺寸有关,很难定量分析,一般取经验值,约为 1 ～ 1.5 ℃。在蒸发器的计算中,往往可忽略 Δ'''。

综上所述,蒸发器内溶液的沸点升高(或温度差损失)为

$$\Delta = \Delta' + \Delta'' + \Delta''' \tag{5-14}$$

设在冷凝器操作压力下水的饱和温度为 T,由上述原因,沸腾液体的平均温度为:

$$t = T + \Delta' + \Delta'' + \Delta''' = T + \Delta \tag{5-15}$$

于是蒸发过程的传热温度差为

$$\Delta t = T_s - t = (T_s - T) - \Delta \tag{5-16}$$

例 5-3 设例 5-2 中 NaOH 水溶液的液面高度为 2 m,溶液的密度为 1500 kg/m^3,试求蒸发室压力为 1 atm 时溶液的沸点。

解 蒸发室为 1 atm 时 60 % NaOH 水溶液的沸点升高 $\Delta' = 60$ ℃

$p = 1.013 \times 10^5$ Pa 时,$T = 100$ ℃

$\bar{p} = 1.013 \times 10^5 + \dfrac{1500 \times 9.81 \times 2}{2} = 1.160 \times 10^5$ Pa,$\bar{t} = 103.5$ ℃

$\Delta'' = 103.5 - 100 = 3.5$ ℃

$t = T + \Delta' + \Delta'' = 100 + 60 + 3.5 = 163.5$ ℃

5.4 多效蒸发

由前述可知,无论在常压、加压或真空下进行蒸发,从溶液中蒸发出 1 kg 水,都需要消耗不少于 1 kg 的加热蒸汽。因此在大规模工业生产过程中,当蒸发大量的水分时,势必要消耗大量的加热蒸汽。为了减少这项消耗,可采用多效蒸发。

在多效蒸发中,通入生蒸汽的蒸发器,称为第一效,利用第一效的二次蒸汽作为加热蒸汽的,称为第二效,依此类推。因此,在多效蒸发中,各效的操作压力依次降低,相应地,各效的加热蒸汽温度及溶液的沸点亦依次降低。

由于多效蒸发可以节省生蒸汽用量,所以,在蒸发大量水分时,广泛采用多效蒸发。常用的多效蒸发器有双效、三效或四效,有的多达六效。

5.4.1 多效蒸发设备的流程

多效蒸发中,按物料与蒸汽相对流向的不同,常见的蒸发操作有以下三种流程。下面以三效为例加以说明,当效数有所增减时,其原则不变。

(1) 并流法 工业中最常用的为并流加料法,如图 5-16 所示,溶液流向与蒸汽相同,即由第一效顺序流至末效。由于前效压强较后效压强高,故物料在效间输送毋需用泵,此为并流法的优点之一。另一优点为前一效的溶液沸点较后一效的高,因此当溶液自前一效进入后一效

内，即成过热状态而立即自行蒸发（常称为自蒸发或闪蒸），可以发生更多的二次蒸汽。但其缺点是：随着溶液从前一效流向后面各效，其浓度增高，而温度反而下降，致使溶液的粘度增加，总传热系数下降。因此，如果遇到溶液的粘度随浓度的增加而增加很快的情况，不可采取并流法。

(2) 逆流法　如图5-17所示，原料液由末效流入，由泵打入前一效。逆流法的优点在于溶液的浓度愈大时蒸发的温度亦愈高，因此各效溶液均不致出现粘度太大的情况，因而各效的传热条件大致相同。其缺点是，效与效之间皆需用泵输送溶液，又各效进料温度（末效除外）都较沸点为低，故与并流法相比，所发生的二次蒸汽量减少。

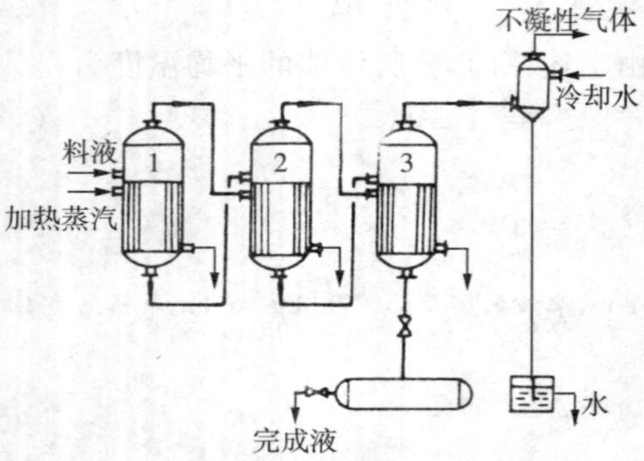

图 5-16　并流加料蒸发操作流程

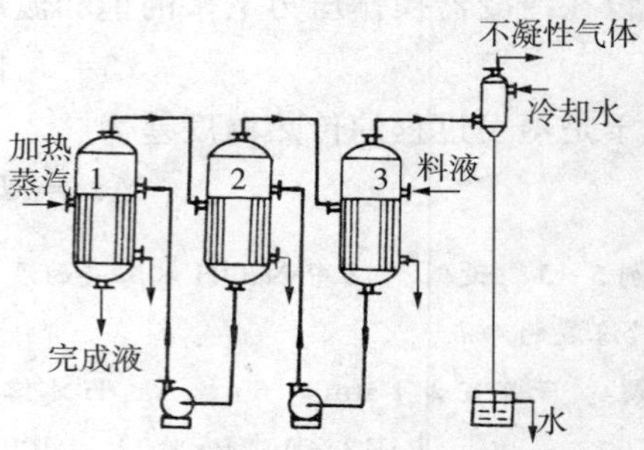

图 5-17　逆流加料蒸发操作流程

(3) 平流法　此法系按各效分别进料并分别出料的方式进行，如图5-18所示。此法适用于在蒸发过程中同时有结晶体析出的场合。例如食盐溶液，当蒸发至27%左右的浓度时即达饱和，若继续蒸发，就有结晶析出；此结晶体不便在效与效之间输送，故可采用此种流程将含晶体的浓溶液自各效分别取出。

5.4.2　多效蒸发的经济性及效数限制

(1) 加热蒸汽的经济性

如前所述，蒸发过程是一个能耗较大的单元操作，因此能耗是蒸发过程优劣的一个重要评价指标，通常以加热蒸汽的经济性表示。加热蒸汽的经济性系指1 kg生蒸汽可蒸发的水分量，即W/D。

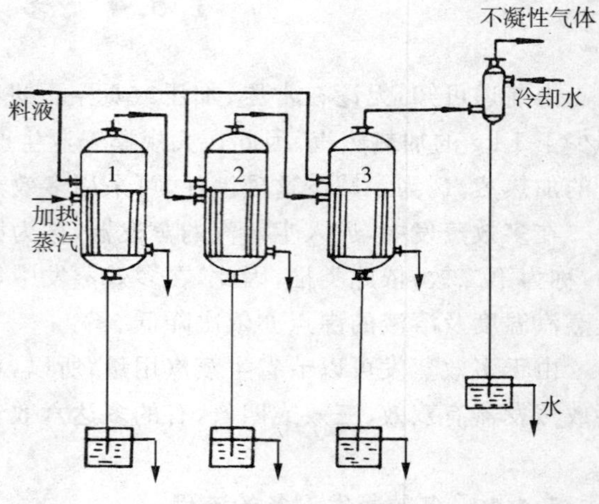

图 5-18　平流加料蒸发流程

多效蒸发时，由于各效（除最后一效外）的二次蒸汽都作为下一效蒸发器的加热蒸汽，这就提高了生蒸汽的利用率（又称为经济程度），即蒸发同样数量的水分W，采用多效时所需要的生蒸汽量将远较单效时为小。如前，在若干假定条件下，单效蒸发时$D/W=1.0$；在双效蒸发器中，1 kg的加热蒸汽在第一效中可以产生1 kg的二次蒸汽，后者在第二效中又可蒸发1 kg的水，因此，1 kg的加热蒸汽在双效中可以蒸发2 kg的水，则$D/W=0.5$。同理，在三效蒸发器中，$D/W=0.333$。但实际上由于热损失、温度差损失等原因，单位蒸汽消耗量并不能达到如此经济的数值。根据经验，最小 D/W 的大致数值如下表：

表 5-2 蒸发 1 kg 水所需的生蒸汽，D/W

效数	1	2	3	4	5
D/W	1.1	0.57	0.4	0.3	0.27

（2）多效蒸发的生产能力和蒸发强度

蒸发器的生产能力可用单位时间内蒸出的水分量 W 表示，也可用通过传热面的传热速率 Q 来表示。

对单效蒸发器 $$Q = KA\Delta t \tag{5-17}$$

对于 n 效的多效蒸发 $$Q_n = \sum_{i=1}^{n} Q_i = \sum_{i=1}^{n} K_i A_i \Delta t_i \tag{5-18}$$

为简化计算，设多效蒸发与单效蒸发的操作条件相同，即加热蒸汽压力（温度）相同，冷凝器的压力（温度）相同以及原料液的浓度和完成液的浓度均相同；且设各效蒸发器的传热面积、传热系数与单效蒸发器也相等，则有

$$Q_n = KA \sum_{i=1}^{n} \Delta t_i \tag{5-18a}$$

当生蒸汽的压力和冷凝器的压力给定时，无论是单效或多效蒸发，其最大传热温度差均为 $\Delta t_T = T_s - T$ 不变（T_s 为生蒸汽的饱和温度，T 为冷凝器压力下的饱和蒸汽温度）。有效传热温差为最大传热温差与传热温度差损失 Δ 之差。

对于单效 $$\Delta t = \Delta t_T - \Delta$$

对于多效 $$\sum_{i=1}^{n} \Delta t_i = \Delta t_T - \sum_{i=1}^{n} \Delta_i \tag{5-19}$$

一般情况下，多效蒸发中末效的温度差损失与单效蒸发相同，故必有 $\sum_{i=1}^{n} \Delta_i > \Delta$，$\sum_{i=1}^{n} \Delta t_i < \Delta t$，即多效蒸发的温度差损失大于单效蒸发，致使多效蒸发的有效传热温度差减少，多效蒸发的生产能力下降。

蒸发器单位传热面积上蒸发水分的能力称为蒸发器的生产强度 U，它也是蒸发器操作的一个重要指标。

为便于分析，可近似地采用式（5-6）计算水分蒸发量，即 $W = \dfrac{Q}{r'}$，得：

单效蒸发的生产强度 $$U = \frac{W}{A} = \frac{K\Delta t}{r'} \tag{5-20}$$

多效蒸发的生产强度（在假定条件下） $$U = \frac{W}{nA} = \frac{K \sum_{i=1}^{n} \Delta t_i}{n \cdot r'} \tag{5-21}$$

显然多效蒸发的生产强度明显低于单效蒸发，效数愈多，蒸发强度愈小。

（3）蒸发效数的限制

由上可知，随着效数的增加，温度差损失增大，其极限情况为 $\sum_{i=1}^{n} \Delta_i \to \Delta t_T$，则 $\sum_{i=1}^{n} \Delta t_i \to 0$，此时蒸发操作将无法进行，因此多效蒸发的效数是有一定限制的。

一方面，随着效数的增加，单位蒸汽的耗量 D/W 减小，操作费用降低；另一方面，效数愈

多，设备投资费用愈大。由表 5-2 可见，尽管 D/W 随着效数的增加而降低，但降低的幅度越来越小。例如，由单效改为双效，可节省的生蒸汽约为 50 %，而由 4 效改为 5 效，可节省的生蒸汽量仅为 10 %。因此，适宜的蒸发效数应根据设备费与操作费之和为最小的原则权衡确定。

通常，工业多效蒸发的效数取决于料液的性质和温度差损失的大小等各种因素。目前，对无机盐溶液的蒸发通常为 2 ～ 3 效；对糖和有机溶液的蒸发，因其沸点上升不大，可用至 4 ～ 6 效；只有对海水淡化等极稀溶液的蒸发才用至 6 效以上。

(4) 提高加热蒸汽经济性的其他措施

① 额外蒸汽的引出

多效蒸发中有时还将二次蒸汽引出一部分作为其他加热设备的热源，这部分蒸汽称为额外蒸汽，其流程见图 5-19。下面讨论此措施的优点。

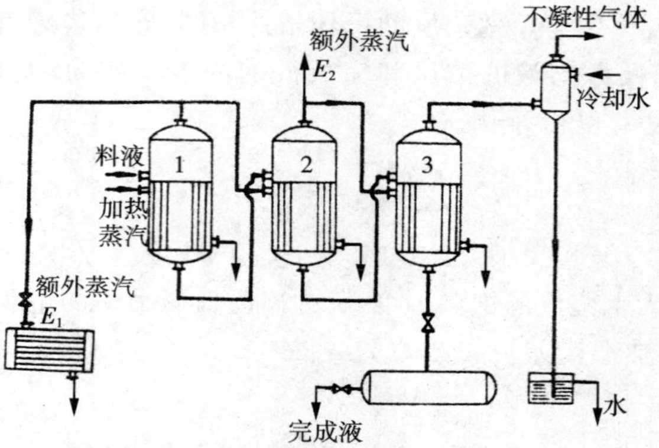

图 5-19 有额外蒸汽引出的三效蒸发的操作情况

为了讨论问题方便起见，我们不考虑不同压力下蒸发潜热的差别，自蒸发的影响和热损失等次要因素，并假定进料是在沸点下进入，则可认为每 1 kg 加热蒸汽能蒸发 1 kg 水。以三效蒸发为例，可推出下列近似关系：

$$W_1 = D$$

$$W_2 = W_1 - E_1 = D - E_1$$

$$W_3 = W_2 - E_2 = D - E_1 - E_2$$

水的总蒸发量

$$W = W_1 + W_2 + W_3 = 3D - 2E_1 - E_2$$

或

$$D = \frac{W}{3} + \frac{2}{3}E_1 + \frac{1}{3}E_2 \tag{5-22}$$

推广至 n 效则有：

$$D = \frac{W}{n} + \frac{n-1}{n}E_1 + \frac{n-2}{n}E_2 + \cdots \frac{E_n}{n} \tag{5-22a}$$

式中 E 为额外蒸汽引出量，kg/h。

从式(5-22a) 可以看出：无额外蒸汽引出时，加热蒸汽消耗量为 $D = W/n$。

从多效蒸发设备中，每抽出 1kg 二次蒸汽作为额外蒸汽时，所增加的生蒸汽消耗量不是 1kg 而是低于 1kg。愈从后几效取出额外蒸汽，则增加的生蒸汽消耗量愈少，即生蒸汽的经济性也愈高。按理用最后一效的二次蒸汽作为额外蒸汽最为经济，因为这部分蒸汽对整个蒸发设备本身来说算是废汽。但在大多数情况下，由于最后一效的二次蒸汽压力很低，因而冷凝时的饱和温度也很低，将它作为额外蒸汽时，其用途有限。

② 冷凝水显热的利用

蒸发装置消耗大量的加热蒸汽必随之产生数量可观的冷凝水。此冷凝水可以将其用作预热原料液或加热其他物料，或通过自蒸发器(图 5－20)，将冷凝水减压至下一效加热室的压力，则冷凝水在此过程中将放出热量，并使少量冷凝水自蒸发而产生蒸汽，它和前一效的二次蒸汽一起作为下一效的加热蒸汽，这也就提高了生蒸汽的经济程度。

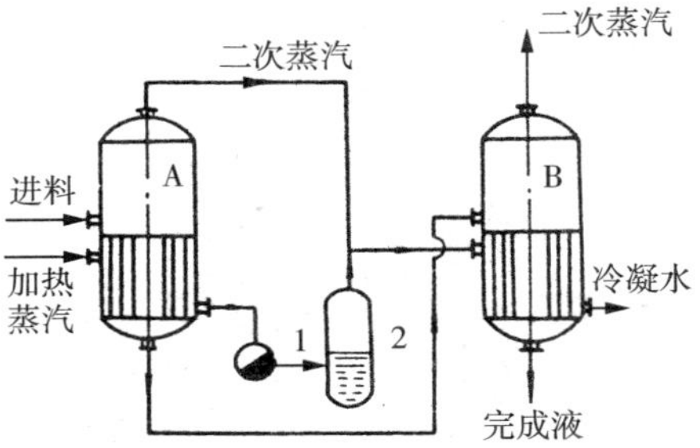

图 5－20 冷凝水自蒸发的应用

A、B－蒸发器；1－冷凝水排出器；2－冷凝水自蒸发器

③ 热泵蒸发

将蒸发器产生的二次蒸汽借压缩机的压缩作用提高压力，从而提高其饱和温度，然后再送回原来的蒸发器中，作为加热蒸汽，此种方法称为热泵蒸发。这样，除了在开工时外，不需另行供给加热蒸汽，只需提供使二次蒸汽升压所需的功，即可进行蒸发，节省了大量的生蒸汽。通常，在单效蒸发和多效蒸发的末效中，二次蒸汽的潜热全部被冷凝水带走，而在热泵蒸发中，不但没有此项热损失，而且不消耗冷却水，这是热泵蒸发节能的原因所在。但热泵蒸发时，压缩机的投资费用较大，需要维修保养，在一定程度上限制了它的应用。

5.4.3 多效蒸发的计算

多效蒸发需要计算的主要内容是：加热蒸汽(生蒸汽) 消耗量，各效溶剂蒸发量以及各效的传热面积。而给定的已知条件通常是：料液的流量、温度和浓度，完成液的浓度，加热蒸汽的压力以及冷凝器的压力等。

多效蒸发计算的依据依然是物料衡算、热量衡算和传热速率三个方程。但是，由于在多效蒸发中，随着效数的增加，变量个数增多，加之基本方程的非线性，使得多效蒸发的计算远较单效蒸发复杂。欲获得多效蒸发的精确解，其工作量是相当大的。本节仅介绍一种常用的试差法。

以三效蒸发(无额外蒸汽引出) 为例的计算步骤(可推广至 n 效) 如下：

(1) 物料衡算计算各效溶液浓度

对整个系统作溶质的物料衡算，得总蒸发量

$$W = F\left(1 - \frac{w_0}{w_3}\right) \tag{5-23}$$

再对第一、二效分别作溶质的物料衡算

$$Fw_0 = (F - W_1)w_1 = (F - W_1 - W_2)w_2$$

得各效的浓度

$$w_1 = \frac{F}{F - W_1} w_0 \quad , \quad w_2 = \frac{F}{F - W_1 - W_2} w_0 \tag{5-24}$$

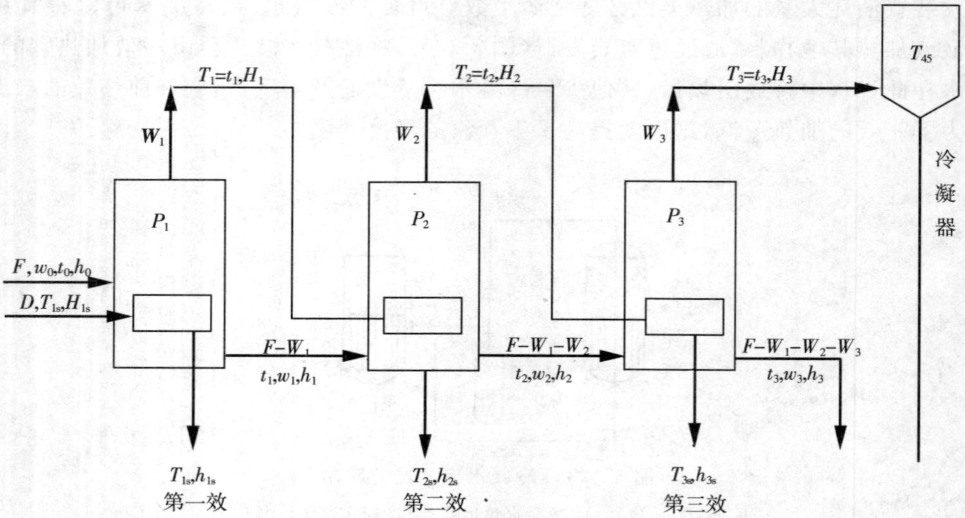

图 5-21 三效蒸发的物料衡算,热量衡算示意图

为此,须先假设各效蒸发量 W_i,一般可假设各效的蒸发量相等。当并流操作时,因有自蒸发现象,根据经验,各效蒸发量可假定如下:$W_1 : W_2 : W_3 = 1 : 1.1 : 1.2$。

(2) 计算总传热温度差及各效的温度差损失

总的有效传热温度差可按下式计算:

$$\sum \Delta t_i = T_{1s} - T_{4s} - \sum \Delta_i \tag{5-25}$$

T_{1s} 为加热蒸汽温度,T_{4s} 为冷凝器中(即第三效蒸发室压力下)饱和蒸汽温度。对末效,已知蒸发室压力 p_3 和完成液浓度 w_3,即可求出该效的沸点和温度差损失。由于压力对求取 Δ' 和 Δ'' 的影响不大,因而可以粗略估算一个 p_1 和 p_2,即可求得各效的温度差损失 $\Delta_i = \Delta'_i + \Delta''_i + \Delta'''_i$。

(3) 计算各效的溶液温度

为此,对各效的传热温度差作初次分配。按传热速率方程式 $Q_i = K_i A_i \Delta t_i$,多效蒸发设备为制造、安装和检修的方便起见,常采用各效面积相等。即 $A_1 = A_2 = A_3$,此时

$$\Delta t_1 : \Delta t_2 : \Delta t_3 = \frac{Q_1}{K_1} : \frac{Q_2}{K_2} : \frac{Q_3}{K_3} \tag{5-26}$$

即各效的有效温度差与 $\dfrac{Q}{K}$ 成正比。由此可得

$$\Delta t_i = \sum \Delta t_i \times \frac{\dfrac{Q_i}{K_i}}{\sum \dfrac{Q_i}{K_i}} \tag{5-27}$$

有时为进一步简化计算,也可设 $Q_1 = Q_2 = Q_3$,式(5-25)简化为

$$\Delta t_i = \sum \Delta t_i \times \frac{\dfrac{1}{K_i}}{\sum \dfrac{1}{K_i}} \tag{5-28}$$

计算出各效的有效传热温度差 Δt_i 后，就可以计算出每一效中溶液的沸点温度。根据各效温度和浓度的初值，可查得有关的物性 H_i、h_i、r_i 等。

(4) 由热量衡算求各效的蒸发量 W（忽略热损失）

$$\left.\begin{aligned}&\text{对第一效：}\quad D(H_{1s}-h_{1s})=F(h_1-h_0)+W_1(H_1-h_1)\\&\text{对第二效：}\quad W_1(H_1-h_{2s})=(F-W_1)(h_2-h_1)+W_2(H_2-h_2)\\&\text{对第三效：}\quad W_2(H_2-h_{3s})=(F-W_1-W_2)(h_3-h_2)+W_3(H_3-h_3)\end{aligned}\right\}\tag{5-29}$$

已知总蒸发量： $W_1+W_2+W_3=W$

若由式(5－27)求出的各效蒸发量与第一步假设相差的较大，需按计算所得值，重复以上(2)、(3)、(4)步骤，直至算得 W_i 与上一次迭代值相近。

(5) 计算各效传热面积 $\quad A_i=\dfrac{Q_i}{K_i\Delta t_i}=\dfrac{W_{i-1}r_{i-1}}{K_i\Delta t_i}$ (5－30)

(6) 检验各效传热面积是否相等。如各效传热面积相差较大，说明第(3)步的有效温度差分配不当，需对 Δt 重新分配。先由下式计算平均传热面积 A

$$A=\frac{A_1\Delta t_1+A_2\Delta t_2+A_3\Delta t_3}{\sum\Delta t_i}\tag{5-31}$$

校正后的有效温度差为：

$$\Delta t'_1=\frac{A_1}{A}\Delta t_1,\Delta t'_2=\frac{A_2}{A}\Delta t_2,\Delta t'_3=\frac{A_3}{A}\Delta t_3\tag{5-32}$$

(7) 重复(5)、(6)两步，直至各效传热面积相近。

例 5－4 设计一三效并流蒸发装置，将质量分数为 0.1 的 NaOH 水溶液浓缩至 0.5。已知原料液流量为 20000 kg/h，进料温度为 30 ℃，加热蒸汽压力为 700 kPa(绝)，冷凝器操作压力为 20 kPa(绝)，各效的传热系数分别为 $K_1=2580\ \mathrm{W/(m^2\cdot K)}$、$K_2=1800\ \mathrm{W/(m^2\cdot K)}$、$K_3=1000\ \mathrm{W/(m^2\cdot K)}$。设各效由于静压头引起的温度差损失分别为 2 ℃、3 ℃、5 ℃，流体摩擦阻力引起的温度差损失可忽略。各效均无额外蒸汽引出，忽略热损失。求加热蒸汽的消耗量和各效的传热面积（要求各效的传热面积相等）。

解 (1) 初算各效的浓度

总蒸发量 $\quad W=F\times\left(1-\dfrac{w_0}{w_3}\right)=20000\times\left(1-\dfrac{0.1}{0.5}\right)=16000\ \mathrm{kg/h}$

并流进料，设 $\quad W_1:W_2:W_3=1:1.1:1.2$

$W_1+W_2+W_3=16000$

则 $\quad W_1=\dfrac{16000}{3.3}=4848.5\ \mathrm{kg/h},W_2=5333.3\ \mathrm{kg/h},W_3=5818.2\ \mathrm{kg/h}$

$$w_1=\frac{F}{F-W_1}w_0=\frac{20000\times0.1}{20000-4848.5}=0.132$$

$$w_2=\frac{F}{F-W_1-W_2}w_0=\frac{20000\times0.1}{20000-4848.5-5333.3}=0.204$$

$$w_3=0.50$$

(2) 计算各效的温度差损失和溶液的沸点

由各效溶液浓度，查图 5－15，取常压(沸点 100 ℃)下各效溶液的沸点升高为

$$\Delta'_1=5\ ℃,\quad\Delta'_2=10\ ℃,\quad\Delta'_3=42\ ℃$$

各效温度差损失为 $\quad \Delta_1=\Delta'_1+\Delta''_1=5+2=7\ ℃$

$$\Delta_2=\Delta'_2+\Delta''_2=10+3=13\ ℃$$

$$\Delta_3=\Delta'_3+\Delta''_3=42+5=47\ ℃$$

$$\sum\Delta_i = 7 + 13 + 47 = 67\ ℃$$

由饱和水蒸气表，查得 $T_{1s} = 164.7\ ℃$，$T_{4s} = 60.1\ ℃$，则总有效温度差

$$\sum\Delta t_i = T_{1s} - T_{4s} - \sum\Delta_i = 164.7 - 60.1 - 67 = 37.6\ ℃$$

估计各效蒸发器的有效温度差为：

$$\Delta t_1 = \sum\Delta t_i \times \frac{\frac{1}{K_1}}{\frac{1}{K_1}+\frac{1}{K_2}+\frac{1}{K_3}} = 37.6 \times \frac{\frac{1}{2580}}{\frac{1}{2580}+\frac{1}{1800}+\frac{1}{1000}} = 7.5\ ℃$$

$$\Delta t_2 = \sum\Delta t_i \times \frac{\frac{1}{K_2}}{\frac{1}{K_1}+\frac{1}{K_2}+\frac{1}{K_3}} = 37.6 \times \frac{\frac{1}{1800}}{\frac{1}{2580}+\frac{1}{1800}+\frac{1}{1000}} = 10.75\ ℃$$

$$\Delta t_3 = \sum\Delta t_i \times \frac{\frac{1}{K_3}}{\frac{1}{K_1}+\frac{1}{K_2}+\frac{1}{K_3}} = 37.6 \times \frac{\frac{1}{1000}}{\frac{1}{2580}+\frac{1}{1800}+\frac{1}{1000}} = 19.35\ ℃$$

由此可求出各效溶液的沸点：

第一效 $t_1 = T_1 = T_{1s} - \Delta t_1 = 164.7 - 7.5 = 157.2\ ℃$

第一效温度差损失 $\Delta_1 = 7\ ℃$，故进入第二效加热蒸汽的饱和温度为

$$T_{2s} = t_1 - \Delta_1 = 157.2 - 7 = 150.2\ ℃$$

同理

$$t_2 = T_2 = T_{2s} - \Delta t_2 = 150.2 - 10.75 = 139.45\ ℃$$

$$T_{3s} = T_2 - \Delta_2 = 139.45 - 13 = 126.45\ ℃$$

$$t_3 = T_3 = T_{3s} - \Delta t_3 = 126.45 - 19.35 = 107.1\ ℃$$

(3) 热量衡算求各效的水分蒸发量

根据各效溶液的浓度、温度查得有关物性参数如下表。

效数	w	t/℃	h/(kJ/kg)	T/℃	H/(kJ/kg)	r/(kJ/kg)
0	0.10	30	98	164.7	/	2071.5
1	0.132	157.2	600	150.2	2750.9	2117.9
2	0.204	139.45	520	126.5	2718.7	2188.4
3	0.50	107.1	580	60.1	2606.3	/

注：二次蒸汽的焓 H 近似以饱和蒸汽焓计。

将以上数据代入热量衡算式(5-27)

$$\begin{cases} D \times 2071.5 = 20000 \times (600 - 98) + W_1(2750.9 - 600) \\ W_1 \times 2117.9 = (20000 - W_1)(520 - 600) + W_2 \times (2718.7 - 520) \\ W_2 \times 2188.4 = (20000 - W_1 - W_2) \times (580 - 520) + W_3 \times (2606.3 - 580) \\ W_1 + W_2 + W_3 = 16000 \end{cases}$$

解以上线性方程组得：$W_1 = 5044\ \mathrm{kg/h}$，$W_2 = 5403\ \mathrm{kg/h}$，

$$W_3 = 5553\ \mathrm{kg/h},\quad D = 9975\ \mathrm{kg/h}$$

重新计算各效的浓度为：$w_1 = 0.134$，$w_2 = 0.209$，$w_3 = 0.50$ 与第一次计算结果相差不大，故各效的沸点升高可不需重算。

(4) 计算传热面积

$$A_1 = \frac{D r_0}{K_1 \Delta t_1} = \frac{9975 \times 2071.5 \times 1000}{2580 \times 7.5 \times 3600} = 297\ \mathrm{m^2}$$

$$A_2 = \frac{W_1 r_1}{K_2 \Delta t_2} = \frac{5044 \times 2117.9 \times 1000}{1800 \times 10.75 \times 3600} = 154\ \mathrm{m^2}$$

$$A_3=\frac{W_2r_2}{K_3\Delta t_3}=\frac{5403\times 2188.4\times 1000}{1000\times 19.35\times 3600}=170\ \text{m}^2$$

各效传热面积相差较大,需重新分配各效温度差。

$$\text{平均传热面积}\ A=\frac{A_1\Delta t_1+A_2\Delta t_2+A_3\Delta t_3}{\sum\Delta t_i}$$

$$=\frac{297\times 7.5+154\times 10.75+170\times 19.35}{37.6}=191\ \text{m}^2$$

$$\Delta t'_1=\frac{A_1}{A}\Delta t_1=\frac{297}{191}\times 7.5=11.7\ ℃,\Delta t'_2=8.7\ ℃,\Delta t'_3=17.2\ ℃$$

(5) 重复第二、三步。计算各效的气液相温度,查取有关物性参数如下表。

效数	w	t/℃	h/(kJ/kg)	T/℃	H/(kJ/kg)	r/(kJ/kg)
0	0.10	30	98	164.7		2071.5
1	0.134	153.0	590	145.9	2745.7	2134.1
2	0.209	137.3	520	124.3	2715.4	2194.8
3	0.50	107.1	580	60.1	2606.3	

解热量衡算方程组得:$W_1=5055$ kg/h, $W_2=5390$ kg/h,

$W_3=5555$ kg/h, $D=10011$ kg/h

以上结果与第一次试算结果相差不大。

(6) 计算传热面积

$$A_1=\frac{10011\times 2071.5\times 1000}{2580\times 11.7\times 3600}=191\ \text{m}^2$$

$$A_2=\frac{5055\times 2134.1\times 1000}{1800\times 8.7\times 3600}=191\ \text{m}^2$$

$$A_3=\frac{5390\times 2194.8\times 1000}{1000\times 17.2\times 3600}=191\ \text{m}^2$$

各效传热面积相等,取 $A=191\ \text{m}^2$。

加热蒸汽经济性 $W/D=16000/10010=1.60$

实际各效水分蒸发量 $W_1:W_2:W_3=5055:5390:5555=1:1.07:1.10$

本章符号说明

符号	意义	计量单位
A	传热面积	m^2
C	比热	kJ/(kg·K)
D	加热蒸汽消耗量	kg/h
E	额外蒸汽引出量	kg/h
F	进料量	kg/h
H	蒸汽的焓	kJ/kg
h	液体的焓	kJ/kg
K	总传热系数	W/(m^2·K)
L	液面高度	m
n	效数	
p	压力	kN/m^2
Q	传热速率	W,kW
R	热阻	m^2·K/W

r	汽化潜热	kJ/kg
T	蒸汽温度,饱和温度	℃
t	液体温度	℃
U	蒸发强度	kg/(m^2·h)
W	蒸发量	kg/h
w	溶液的质量分率	
α	对流传热系数	W/(m^2·K)
Δ	温度差损失	℃
δ	加热管壁厚度	m
λ	导热系数	W/(m·K)

习 题

1. 用一单效蒸发器将 10^3 kg/h 的某中药水提液浓缩,已知蒸发量占水提液的 90 %。加热蒸汽压力为 118 kN/m^2(绝压),蒸发压力为 19.6 kN/m^2(绝压),蒸发器内溶液的沸点为 85 ℃。已知蒸发器的传热系数为 1500 W/(m^2·K),溶液的比热为 1.95 kJ/(kg·K),进料温度为 30 ℃,若不计浓缩热及热损失,试求浓缩液量,加热蒸汽消耗量及所需蒸发器的传热面积。

2. 一蒸发器每小时需将 3 吨 NaOH 水溶液由 15 %(质量,下同) 浓缩至 25 %。已知加热蒸汽压力为 420 kN/m^2(绝压),蒸发压力为 1atm,溶液沸点为 113 ℃,试利用焓浓图计算以下三种进料情况下所需的加热蒸汽消耗量和单位蒸汽消耗量 D/W。

(1) 料液于 20 ℃ 加入;(2) 沸点进料;(3) 料液于 130 ℃ 加入。

3. 已知 25 % NaCl 水溶液在 1atm 下的沸点为 107 ℃,在 19.6 kN/m^2(绝压) 下的沸点为 65.8 ℃,试利用杜林规则计算此溶液在 59 kN/m^2(绝压) 下的沸点。

4. 用一单效蒸发器浓缩 $CaCl_2$ 水溶液,操作压力为 1 atm,已知蒸发器中 $CaCl_2$ 溶液的浓度为 40.8 %(质量),其密度为 1340 kg/m^3,若蒸发时的液面高度为 1 m,试求此时溶液的沸点。

5. 用一传热面积为 10 m^2 的蒸发器将某溶液由 15 %(质量) 浓缩至 40 %(质量),沸点进料,要求每小时蒸得 400 kg 浓缩液。已知蒸发器的传热系数为 800 W/(m^2·K),蒸发压力为 20 kN/m^2(绝压),此操作条件下的温度差损失可取为 8 ℃,热损失为总传热量的 3.5 %。若溶液浓度对比热的影响可忽略不计,试问加热蒸汽压力至少应多大才能满足生产要求?

6. 在双效并流蒸发器中,将 2×10^4 kg/h 的 10 %(质量) 的 NaOH 水溶液浓缩至 50 %(质量)。加热蒸汽压力为 490 kN/m^2(绝压),末效操作压力为 15 kN/m^2(绝压)。已知两效的传热系数为 K_1 = 1500 W/(m^2·K),K_2 = 700 W/(m^2·K),两效溶液的密度可近似取为 1150 kg/m^3 和 1500 kg/m^3,液面高度均为 1.2 m,又料液在 100 ℃ 下加入,两蒸发器的传热面积相同,试求所需蒸汽消耗量和蒸发器的传热面积。

7. 采用三效并流蒸发流程,将 10 %(质量) 的 NaOH 水溶液浓缩至 50 %(质量),进料量为 2.4×10^4 kg/h,进料温度为 80 ℃,已知加热蒸汽压力为 392 kN/m^2(表压),末效蒸发压力为 20 kN/m^2(绝压)。各效传热面积相同。其传热系数分别为 K_1 = 2000 W/(m^2·K),K_2 = 1500 W/(m^2·K),K_3 = 1000 W/(m^2·K),若不计液柱静压力和管路阻力对溶液沸点的影响,试求所需加热蒸汽消耗量和所需蒸发器的传热面积。

8. 有一并流加料的三效蒸发器,用以浓缩蔗糖溶液。料液中含糖 9.2 %(质量),完成液中含糖 48 %(质量)。溶液的沸点升高 Δ' 可认为与压力无关,并可按 $\Delta' = 1.78w + 6.22w^2$ 计算,其中 w 为溶液中含糖的质量分率。忽略液柱静压头效应 Δ'' 和管路摩擦损失 Δ'''。第一效加热蒸汽压力为 200 kPa,第三效蒸发室的压力为 15 kPa。进料量为 25000 kg/h,进料温度为 27 ℃。溶液的比热 $c_p = 4.19 - 2.35\,w$ kJ/kg,并忽略浓缩热效应。各效的传热系数分别为:K_1 = 3120,K_2 = 1990 和 K_3 = 1140 W/m^{2}K。若各效传热面积相等,求传热面积 A 和加热蒸汽消耗量 D。

6 吸 收

6.1 概 述

使气体混合物与适当的液体接触，气体中的一个或几个组分溶解于液体中而形成溶液，不能溶解的组分仍保留在气相中，于是混合气体得到了分离。这种利用各组分在液体中溶解度的不同而分离气体混合物的操作称为吸收。吸收操作所用的液体称为吸收剂或溶剂，以 S 表示；混合气体中能被溶解的组分称为溶质或吸收质，以 A 表示；不被溶解的组分称为惰性气体或载体，以 B 表示；吸收操作所得到的溶液称为吸收液或溶液，其成分为溶剂 S 和溶质 A，以 A＋S 表示。

气体吸收是常见的化工单元操作之一，主要用来达到以下几种目的：

(1) 分离混合气体以获得有用的组分。例如用洗油处理焦炉气以回收其中的芳烃，用硫酸处理焦炉气以回收其中的氨，用液态烃处理裂解气以回收其中的乙烯、丙烯等。

(2) 除去有害成分以净化气体。例如用水或碱液脱除合成氨原料气中的二氧化碳，用石灰水除去工业尾气中的有害物质如 SO_2、H_2S 等。

(3) 制取产品。例如用水吸收二氧化氮以制取硝酸，用硫酸吸收三氧化硫以制取发烟硫酸，用水吸收甲醛以制备福尔马林溶液等。

吸收设备有多种形式，其中以塔式设备最为常用。塔设备可分为板式塔与填料塔两大类。

图 6-1 为板式塔的示意图。液体自塔顶进入，气体自塔底向上通过板上小孔逐板上升，在每块板上与溶剂接触，溶质部分地溶解于溶剂中，气体每经过一块塔板，溶质浓度阶跃式地下降一次。溶剂自塔顶逐板下降，溶质浓度阶跃式地逐板升高。图6-2为填料塔的示意图，塔内充以填料，液体在填料表面逐渐下流，气体通过填料的间隙上升，与液体成连续逆流接触。气体中的溶质不断地被吸收，浓度自下而上连续降低，液体则相反，其浓度由上而下连续增高。目前板式塔与填料塔采用两种不同的计算方法，本章只讨论填料塔的计算方法。

在吸收过程中，如果溶质与溶剂之间不发生显著的化学反应，可以当作是气体单纯地溶解于液相的物理过程，则称为物理吸收，如用水吸收二氧化碳、用洗油吸收芳烃等过程都属于物理吸收；如果溶质与溶剂发生显著的化学反应，则称为化学吸收，如用硫酸吸收氨、用碱液吸收二氧化碳等过程都属于化学吸收。

若混合气体中只有一个组分进入液相，其余组分皆可认为不溶解于吸收剂，这样的吸收过程称为单组分吸收。例如合成氨原料气含有 N_2、H_2、CO 及 CO_2 等几种成分，其中只有 CO_2 在水中有较为显著的溶解，这种原料气用水吸收的过程即属于单组分吸收。如果混合气体中有两个或多个组分进入液相，则称为多组分吸收。例如用洗油处理焦炉气时，气体中的苯、甲苯、二甲苯等几种组分都在洗油中有显著的溶解，这种吸收过程则应属于多组分吸收。

气体溶解于液体之中，在有些情况下会放出相当大的溶解热和反应热，其结果是使液相温度逐渐升高，这样的吸收过程称为非等温吸收。但若热效应很小，或被吸收的组分在气相中浓度很低而吸收剂的用量相对很大时，温度升高并不显著，可认为是等温吸收。

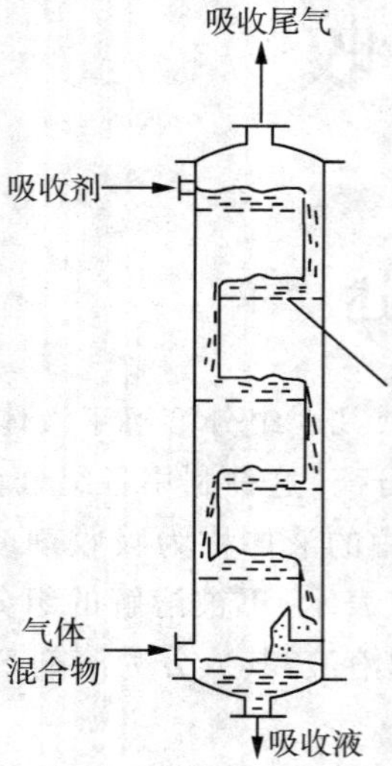

图 6-1 板式塔示意图

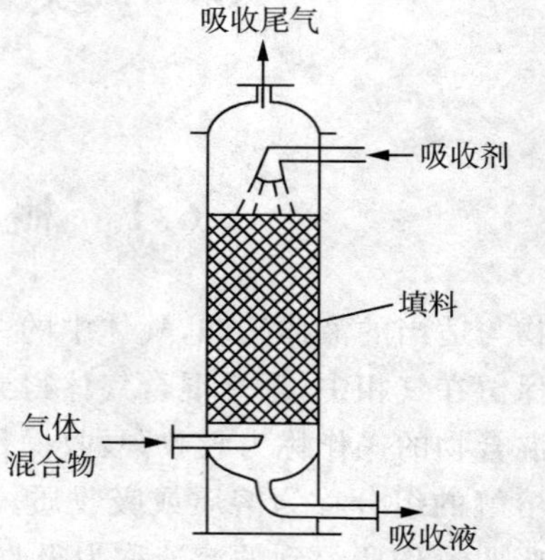

图 6-2 填料塔示意图

本章重点讨论单组分、等温、物理吸收，以便掌握其基本原理与方法。在此基础上，再对多组分吸收、非等温吸收及化学吸收作概略介绍。

两相间的平衡关系指出传质过程能否进行、进行的方向以及最终的极限，下面将讨论气液两相间的相平衡问题。

6.2 气液相平衡

6.2.1 气体在液体中的溶解度

在恒定的温度与压强下，使一定量的吸收剂与混合气体接触，溶质便向液相转移，使其在液相中的浓度增加，直至液相中溶质达到饱和，浓度不再增加为止。此时并非没有溶质分子继续进入液相，只是任何瞬间内进入液相的溶质分子数与从液相逸出的溶质分子数相等，在宏观上过程就像停止了，这种状态称为相际动态平衡，简称相平衡。此时，气相中的溶质分压称为平衡分压或饱和分压，液相中的溶质浓度称为平衡浓度或饱和浓度。所谓气体在液体中的溶解度，就是指气体在液体中的饱和浓度，习惯上常以单位质量(或体积)的液体中所含溶质的质量来表示。

一般而言，气体溶质在一定液体中的溶解度与整个物系的温度、压强及该溶质在气相中的浓度密切相关。因为单组分的物理吸收涉及由 A、B、S 三个组分构成的气液两相物系，根据相律可知其自由度数为 3，所以在一定的温度和总压之下，溶质在液相中的溶解度决定于它在气相中的组成。但是，在总压不很高的情况下，可以认为气体在液体中的溶解度只取决于该气体的分压，而与总压无关。溶质组分在两相中的组成服从相平衡关系。

平衡分压 p_e 与溶解度间的关系(以温度为参数)如图 6-3、图 6-4、图 6-5 上的曲线所示，这些曲线称为溶解度曲线。

在同一溶剂中，不同气体的溶解度有很大差异。从图 6－3、图 6－4、图 6－5 可以看出，当温度为 20 ℃、溶质分压为 40 kPa 时，每 1000 kg 水中所能溶解的氨、二氧化硫和氧的质量分别为 300 kg、45 kg 和 0.018 kg。这表明氨易溶于水，氧难溶于水，而二氧化硫的溶解度居中。从图中还可看出，在 20 ℃ 时，若分别有 100 kg 的氨和 100 kg 的二氧化硫各溶于 1000 kg 水中，则氨在其溶液上方的分压仅为 9.3 kPa，而二氧化硫在其溶液上方的分压为 93 kPa。至于氧，即使在 1000 kg 水中只溶有 0.02 kg 氧，在此溶液上方的氧分压已超过 46 kPa。显然，对于同样浓度的溶液，易溶气体溶液上方的分压小，而难溶气体溶液上方的分压大。换言之，如欲得到一定浓度的溶液，对易溶气体所需的分压较低，而对难溶气体所需的分压则很高。从图中还可以看出，对于同一种溶质来说，溶解度随温度的升高而减小，这反映了一般情况下气体溶解度随温度变化的正常趋势。

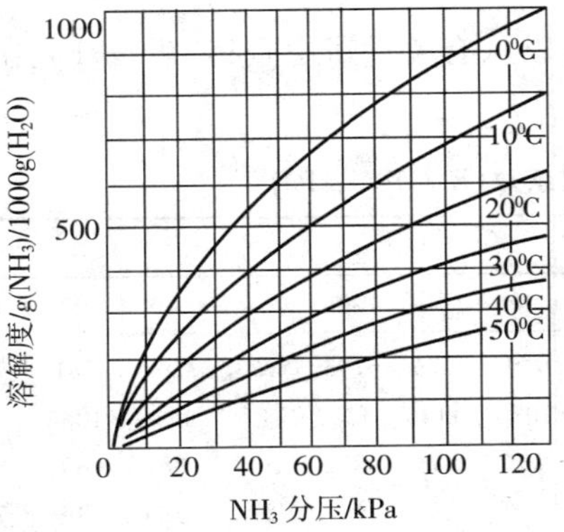

图 6－3 氨在水中的溶解度

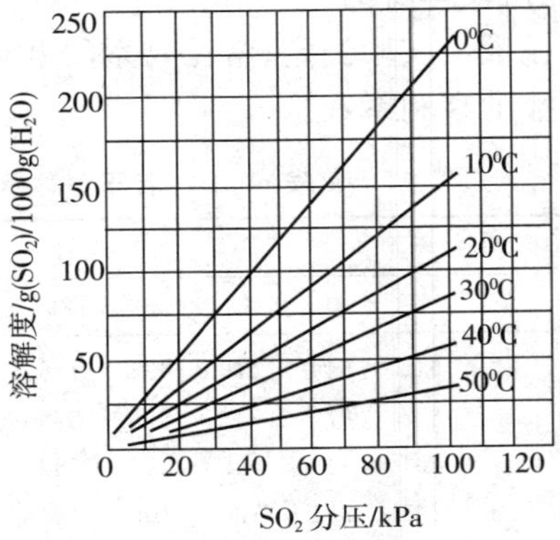

图 6－4 二氧化硫在水中的溶解度

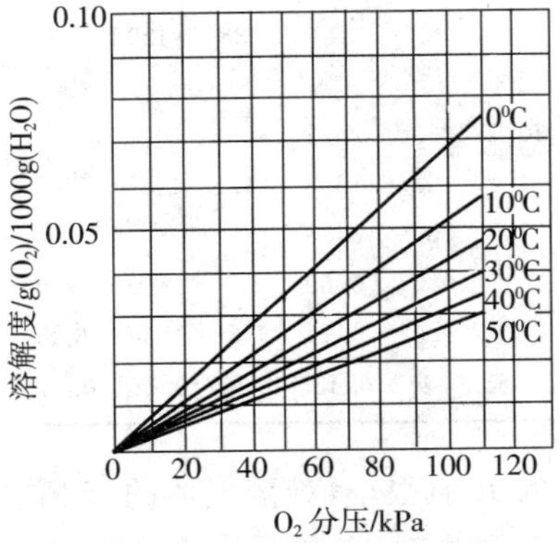

图 6－5 氧在水中的溶解度

由溶解度曲线所表现出的规律性可以得知，加压和降温可以提高气体的溶解度，故加压和降温有利于吸收操作。反之，升温和减压则有利于解吸过程。

6.2.2 亨利定律

(1) 亨利定律

当总压不高(一般小于 5×10^5 Pa)时，在一定温度下，稀溶液上方气相中溶质 A 的平衡分压与液相中溶质的摩尔分数成正比，其表达式为

$$p_e = Ex \tag{6-1}$$

式中　p_e—— 溶质 A 在气相中的平衡分压，kPa；

x —— 液相中溶质的摩尔分率；

E —— 亨利系数，kPa。

式(6-1)称为亨利定律。对理想溶液，在压强不高及温度不变的条件下，p_e、x 关系在整个浓度范围内都符合亨利定律，而亨利系数即为该温度下纯溶质的饱和蒸汽压，此时亨利定律与拉乌尔定律一致。但吸收操作所涉及的系统多为非理想溶液，此时亨利系数不等于纯溶质的饱和蒸汽压，且只有在液相中溶质浓度很低的情况下才是常数。在同一种溶剂中，不同的气体维持其亨利系数恒定的浓度范围是不同的。对于某些较难溶解的系统来说，当溶质分压低于 1×10^5 Pa 时，恒定温度下的 E 值可视为常数。但当分压超过 1×10^5 Pa 后，E 值不仅是温度的函数，且随溶质本身的分压而变。

亨利系数由实验测定。常见物系的亨利系数也可以从有关手册中查得。表6-1列出若干种气体水溶液的亨利系数。

表 6-1　若干气体水溶液的亨利系数($E\times10^{-4}$ kPa)

气体	温度 /℃														
	0	5	10	15	20	25	30	35	40	50	60	70	80	90	100
H_2	587	616	644	670	692	716	739	752	761	775	775	771	765	761	755
N_2	535	605	677	748	815	876	936	998	1050	1140	1220	1270	1280	1280	1280
CO	357	401	448	495	543	588	628	668	705	771	832	857	857	85	857
O_2	258	295	331	369	406	444	481	514	542	596	637	672	696	708	710
CH_4	227	262	301	341	381	418	455	492	527	585	634	675	691	701	710
NO	171	196	221	245	267	291	314	335	357	395	424	444	454	458	460
C_2H_6	128	157	192	290	266	306	347	388	429	507	572	631	670	696	701
C_2H_4	55.9	66.2	77.8	90.7	103	116	129	—	—	—	—	—	—	—	—
N_2O	—	11.9	14.3	16.8	20.1	22.8	26.2	30.6	—	—	—	—	—	—	—
CO_2	7.38	8.88	10.5	12.4	14.4	16.6	18.8	21.2	23.6	28.7	34.6	—	—	—	—
C_2H_2	7.3	8.5	9.7	10.9	12.3	13.5	14.8	—	—	—	—	—	—	—	—
Cl_2	2.72	3.34	3.99	4.61	5.37	6.04	6.69	7.4	8.0	9.0	9.7	9.9	9.7	9.6	—
H_2S	2.72	3.19	3.72	4.18	4.89	5.52	6.17	6.86	7.55	6.89	10.4	12.1	13.7	14.6	15.0
SO_2	0.167	0.203	0.245	0.294	0.355	0.413	0.485	0.567	0.661	0.871	1.11	1.39	1.7	2.01	—

在同一种溶剂中，易溶气体的 E 值很小，难溶气体的 E 值很大，溶解度居中的气体 E 值介于两者之间。对一定的气体和一定的溶剂，亨利系数随温度而变化，一般 E 值随温度升高而增大。

亨利定律还有如下几种表达形式：

① 气相组成用溶质 A 的分压 p_e，液相组成用溶质的摩尔浓度 c_A 表示时，亨利定律可表示为

$$p_e = \frac{c_A}{H} \tag{6-2}$$

式中　c_A—— 液相中溶质的摩尔浓度，$kmol/m^3$；

H—— 溶解度系数，$kmol/(m^3\cdot kPa)$。

溶解度系数 H 可视为在一定温度下，溶质气体分压为1 kPa的平衡浓度。易溶气体 H 值很大，难溶气体 H 值很小。对于一定的溶质和溶剂，H 值一般随温度升高而减小。

② 气、液两相组成分别用溶质A的摩尔分数 y 与 x 表示，则亨利定律可表示为

$$y_e = mx \tag{6-3}$$

式中 y_e—— 溶质在气相中的平衡摩尔分数；

m—— 相平衡常数，或称分配系数，无因次。m 值大，则表示溶解度小。

③ 气、液两相组成分别用溶质A的摩尔比 Y 与 X 表示

在吸收过程中常可认为惰性气体不进入液相，溶剂也没有显著的气化现象，因而在吸收塔的任一截面上惰性气体B与溶剂S的摩尔流量均不发生变化，故以惰性气体和溶剂的量为基准分别表示溶质在气、液两相的浓度，对吸收的计算较为简便。为此，常用摩尔比表示气相和液相的组成。摩尔比的定义为：

$$X = \frac{\text{液相中溶质的摩尔数}}{\text{液相中溶剂的摩尔数}} = \frac{x}{1-x} \tag{6-4}$$

$$Y = \frac{\text{气相中溶质的摩尔数}}{\text{气相中惰性组分的摩尔数}} = \frac{y}{1-y} \tag{6-5}$$

由式(6-4)和(6-5)可知：

$$x = \frac{X}{1+X} \tag{6-6}$$

$$y = \frac{Y}{1+Y} \tag{6-7}$$

$$y_e = \frac{Y_e}{1+Y_e} \tag{6-8}$$

将式(6-6)及式(6-8)代入式(6-3)可得

$$\frac{Y_e}{1+Y_e} = m\frac{X}{1+X}$$

整理后得到

$$Y_e = \frac{mX}{1+(1-m)X} \tag{6-9}$$

当溶液浓度很低时，式(6-9)右边分母趋近于1，则得气液平衡关系表达式为

$$Y_e = mX \tag{6-10}$$

(2) 亨利定律各系数间的关系

① H 和 E 之间的关系

由式(6-1)和式(6-2)可得 $H = \frac{c_A}{Ex} = \frac{c}{E}$ (6-11)

式中 c—— 液相的总摩尔浓度，kmol(A+B)/m^3。

而

$$c = \frac{\rho_L}{M} \tag{a}$$

式中 ρ_L—— 溶液的密度，kg/m^3；

M—— 溶液的平均摩尔质量，kg/kmol。

由于溶液很稀，即溶质很少，故溶液密度 ρ_L 可近似用溶剂密度 ρ_S 代替，即 $\rho_L \approx \rho_S$。溶液的平均摩尔质量 M 用溶剂的摩尔质量 M_S 代替，则式(a)改写为

$$c \approx \frac{\rho_s}{M_s} \tag{b}$$

将式(b) 代入式 (6 - 11) 得 H 与 E 之间的近似关系为

$$H \approx \frac{\rho_s}{EM_s} \tag{6 - 11a}$$

②E 和 m 之间的关系

若系统总压为 p,则由理想气体的分压定律可知溶质在气相中的分压为 $p_A = py$,同理有 $p_e = py_e$,代入式 (6 - 1) 得

$$py_e = Ex \quad 即: \quad y_e = \frac{E}{p}x$$

与式 (6 - 3) 比较,得 m 与 E 的关系式为

$$m = \frac{E}{p} \tag{6 - 12}$$

例 6 - 1 在总压为 101.33 kPa、温度为 20 ℃ 时,液相中 NH_3 的摩尔浓度为 0.582 $kmol/m^3$,溶液上方气相中 NH_3 的平衡分压为 800 Pa。若在此浓度范围内的相平衡关系符合亨利定律,试求此时溶解度系数 H、亨利系数 E、相平衡常数 m。

解 已知 $c_A = 0.582\ kmol/m^3$,$p_e = 800$ Pa,由(6 - 2) 得

$$H = \frac{c_A}{p_e} = 0.582/800 = 0.728 \times 10^{-3}\ kmol/(m^3 \cdot Pa)$$
$$= 0.728\ kmol/(m^3 \cdot kPa)$$

现溶液浓度很稀,溶剂水的密度 $\rho_s = 1000\ kg/m^3$,摩尔质量 $M_s = 18$ kg/kmol,所以由式(6 - 11a) 得

$$E \approx \frac{\rho_s}{HM_s} = \frac{1000}{0.782 \times 18} = 76.3\ kPa$$

总压 $p = 101.33$ kPa,代入式(6 - 12) 得

$$m = \frac{E}{p} = \frac{76.3}{101.33} = 0.753$$

6.2.3 相平衡与吸收过程的关系

不平衡的气液两相接触后所发生的传质过程,是吸收还是解吸,要视溶质在气相中的分压与其液相的平衡分压间的关系而定。若溶质在气相中的分压大于其液相的平衡分压,如图 6 - 6(a)P 点所示,气相中的溶质就会进入液相,直至达到平衡状态为止。反之,若气相溶质的分压小于其液相的平衡分压,如图 6 - 6(b)Q 点所示,溶液中的溶质就会解吸出来,返回到气相中,过程进行到气液达到平衡状态才终止。相平衡指明传质过程的方向。

气液平衡是过程的极限。实际分压 (或浓度) 与平衡分压 (或平衡浓度) 的偏离程度表示吸收过程的推动力,实际分压(或浓度) 偏离平衡分压(或平衡浓度) 越远,过程的推动力越大。图 6 - 6(a)P 点若表示吸收塔某一截面上相遇的气液相组成,则:

($p_A - p_e$) 为以气相分压差表示的吸收过程推动力;

($x_e - x_A$) 为以液相浓度差表示的吸收过程推动力。

在吸收塔的底部如图 6 - 6(c) 所示,出塔溶液浓度将随吸收剂用量的减少而增大,但即使在塔很高、吸收剂用量很小的情况下,x_1 也不会无限增大,其浓度极限即为与气相分压相平衡的溶液浓度 x_{e1},即

$$x_{1,\max} = x_{e1} = p_{A1}/E$$

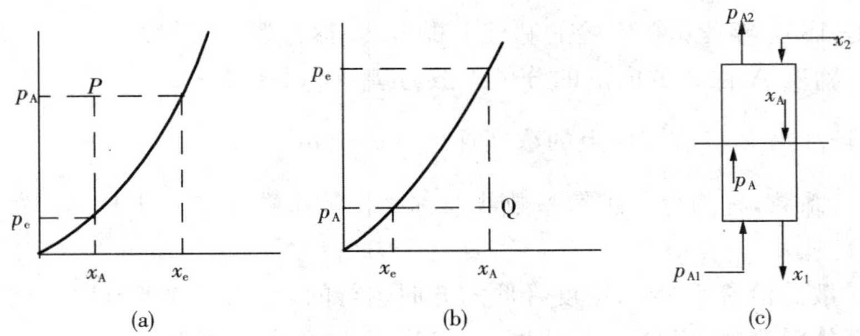

图 6-6　判别过程的方向

在吸收塔的顶部，当以大量吸收剂、在无限高的塔内逆流进行吸收时，出口气体的浓度也不能无限降低，溶质分压的极限为

$$p_{A2,\min} = p_{e2} = E\,x_2$$

由此可见，相平衡关系限制了吸收剂离塔时的最高浓度和气体混合物离塔时的最低浓度。

6.3　传质机理与吸收速率

相平衡只表明传质过程进行的方向与极限，至于混合气体中可溶组分 A 如何进入液相，以及进入液相速率的大小则属于传质机理问题。

用液体吸收剂吸收气体中某一组分，是该组分从气相转移到液相的传质过程。它包括三个步骤：(1) 该组分从气相主体传递到气、液两相的界面；(2) 在相界面上溶解而进入液相；(3) 从液相一侧界面向液相主体传递，即液相内的物质传递。因此，要研究传质机理，首先就要搞清物质在单一相内的传递规律。

单一相内(气相或液相) 传质的基本方式有两种：分子扩散和湍流扩散。在静止的或层流流动的流体内，微观的分子热运动使组分从浓度高处传递至低处，这种现象称为分子扩散。当流体流动时，由于流体质点的宏观随机运动(湍流)，使组分从浓度高处向低处传递，这种现象称为湍流扩散。在湍流状态下，流体内部产生旋涡，故又称为涡流扩散。

6.3.1　分子扩散

如图 6-7 所示的容器中，左侧盛有气体 A，右侧装有气体 B，两侧压力相同。当抽掉其中间的隔板后，气体 A 将借分子运动通过气体 B 扩散到浓度低的右边，同理，气体 B 也向浓度低的左边扩散，过程一直进行到整个容器里 A、B 两组分浓度完全均匀为止。这是一个非稳态分子扩散过程。工业生产中，一般为稳态过程，下面讨论稳态条件下双组分物系的分子扩散。

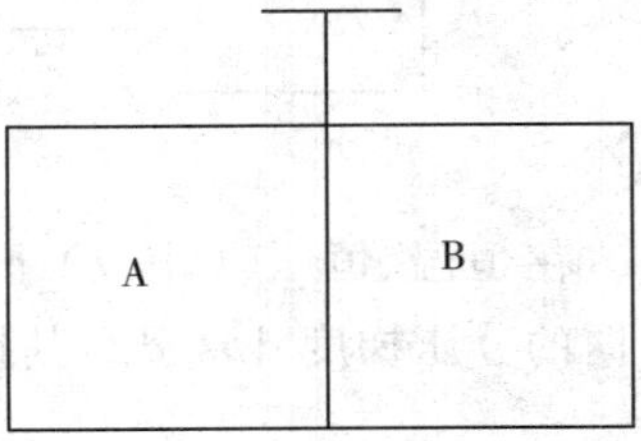

图 6-7　扩散现象

单位时间通过单位面积扩散的物质量，称为扩散通量，以符号 J 表示，单位为 kmol/(m^2·s)。扩散过程进行的快慢可用扩散通量来表示。

当物质 A 在介质 B 中进行扩散时，任一点处 A 组分的分子扩散通量与该位置上 A 的浓度梯度成正比，即

$$J_A = -D_{AB}\frac{dc_A}{dZ} \tag{6-13}$$

此关系式是1855年费克在实验的基础上提出的，称为费克定律。

式中 J_A—— 物质A在Z方向上的分子扩散通量，kmol/(m^2·s)；

$\frac{dc_A}{dZ}$——A沿Z扩散方向上的浓度梯度，kmol/m^4；

D_{AB}—— 系数，称为分子扩散系数或简称为扩散系数，m^2/s。下标AB表示组分A在组分B中扩散。

式中负号表示扩散是沿着组分A浓度降低的方向进行的，与浓度梯度方向相反。

对于理想气体混合物，组分A的浓度 c_A 与其分压 p_A 的关系为

$$c_A = \frac{p_A}{RT}\ ,\quad dc_A = \frac{dp_A}{RT}$$

代入式(6-13a)，求得费克定律另一表达式为

$$J_A = -\frac{D_{AB}}{RT}\frac{dp_A}{dZ} \tag{6-13a}$$

式中 p_A—— 气体混合物中组分A的分压，kPa；

T—— 热力学温度，K；

R—— 摩尔气体常数，8.314 kJ/(kmol·K)。

下面分两种情况讨论分子扩散：

(1) 等摩尔反向扩散

如图6-8所示，有温度和总压均相同的两个大容器，分别装有不同浓度的A、B混合气体，中间用直径均匀的细管联通，两容器内装有搅拌器，各自保持气体浓度均匀。由于 $p_{A1} > p_{A2}$，$p_{B1} < p_{B2}$，在联通管内将发生分子扩散现象，组分A向右扩散，而组分B向左扩散。在1、2两截面上，A、B的分压各自保持不变，因此为稳定状态下的分子扩散。

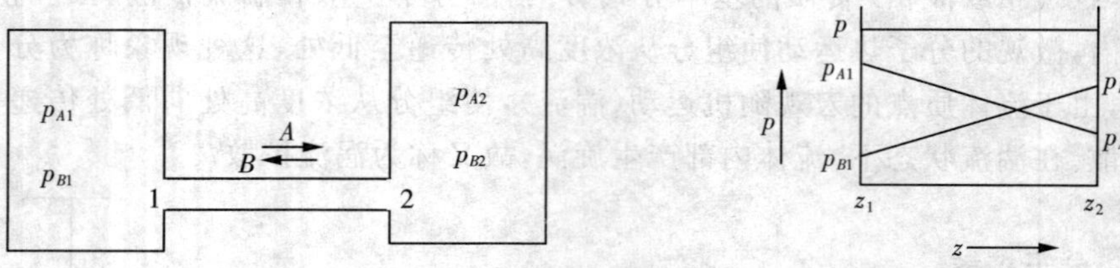

图6-8 等摩尔反向扩散

在恒温、恒压(总压 p)下，当组分A产生了分压梯度 dp_A/dZ 时，组分B也会相应产生相反方向的分压梯度 dp_B/dZ，其扩散速率表达式为

$$J_B = -\frac{D_{BA}}{RT}\cdot\frac{dp_B}{dZ} \tag{6-14}$$

式中 J_B—— 组分B在 Z 方向上的扩散通量，kmol/(m^2·s)；

D_{BA}—— 组分B在组分A中扩散的分子扩散系数，m^2/s。

因为两容器中气体总压相同，所以A、B两组分相互扩散的物质量 n_A 与 n_B 必相等，则称为等摩尔反向扩散(也称等摩尔逆向扩散)。此时，两组分的扩散速率相等，但方向相反，若以A的扩散方向Z为正，则有

$$J_A = -J_B \tag{6-15}$$

如图 6－8 所示，在稳态等摩尔反向扩散过程中，物系内任一点的总压 p 都保持不变，即

$$p = p_A + p_B = 常数$$

因此
$$\frac{dp}{dZ} = \frac{dp_A}{dZ} + \frac{dp_B}{dZ} = 0$$

则有
$$\frac{dp_A}{dZ} = -\frac{dp_B}{dZ}$$

代入式(6－14)，并应用式(6－15)得

$$J_A = -J_B = -\frac{D_{BA}}{RT} \cdot \frac{dp_A}{dZ} \tag{6-16}$$

与式(6－13)比较得
$$D_{AB} = D_{BA} = D \tag{6-17}$$

可见，对于双组分混合物，组分 A 在组分 B 中的分子扩散系数与组分 B 在组分 A 中的分子扩散系数相等，均以 D 表示。

在任一固定的空间位置上，单位时间通过单位面积的 A 物质量，称为 A 的传质通量，以 N_A 表示。在图 6－8 所示的等摩尔反向扩散中，由于截面 1、2 之间没有物质的增减，物质 A 的传质通量应等于 A 的分子扩散通量，即

$$N_A = J_A = -D_G \frac{dc_A}{dZ} = -\frac{D_G}{RT} \frac{dp_A}{dZ} \tag{6-18}$$

式中 D_G—— 溶质 A 在气相中扩散系数，m^2/s。

对式(6－18)分离变量，积分

边界条件为：$Z_1 = 0$， $p_A = p_{A1}$(截面 1)

$Z_2 = Z$， $p_A = p_{A2}$(截面 2)

$$N_A = \frac{D_G}{RTZ}(p_{A1} - p_{A2}) = \frac{D_G}{Z}(c_{A1} - c_{A2}) \tag{6-19}$$

等摩尔反向扩散发生在蒸馏等过程中。例如，当易挥发组分 A 与难挥发组分 B 的摩尔汽化热相等时，冷凝 1 mol 难挥发组分 B 所放出的热量正好汽化 1 mol 易挥发组分 A，这样两组分以相等的量反向扩散。

(2) 组分 A 通过停滞组分 B 的扩散

吸吸操作时，A、B 双组分气体混合物与液体溶剂接触，组分 A 溶解于液相，组分 B 不溶于液相，故称组分 B 是“停滞”的。显然液相中不存在组分 B，也就不可能向界面提供组分 B。因此，吸收过程是组分 A 通过“停滞”组分 B 的单方向扩散，而不是等摩尔反向扩散。

在气液界面附近的气相中，有组分 A 溶解于液相，其浓度降低，分压力减小；组分 B 则被界面阻留，故组分 B 在界面处的浓度高于气体主体。这样，尽管液相不能向气相提供组分 B，但组分 B 的反向分子扩散依然存在。但组分 A 被液体吸收和组分 B 的反向扩散，都导致界面处气体总压降低，使气相主体与相界面之间产生微小的压差。这一压差会促使混合气体向界面流动，此流动称为主体流动。

主体流动不同于分子扩散流，扩散流是分子微观的宏观结果，它所传递的是纯组分 A 和纯组分 B。主体流动系宏观流动，它同时携带组分 A 和组分 B 向界面流动。在稳定条件下，主体流动中所带组分 B 的量必恰好等于组分 B 的反向分子扩散，以保持界面处 B 组分浓度恒定。虽然气相主体与界面间的微小压差造成了一定的主体流动，但气相各处的总压仍可认为基本上

是相等的，即 $J_A = -J_B$ 的前提依然成立。

如图 6-9，若以 N_M 表示主体流动通量，则其中组分 A 的通量为

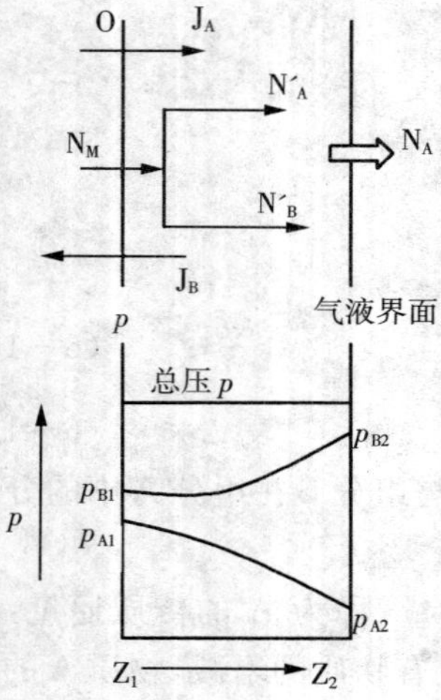

图 6-9　组分 A 通过停滞组分 B 的扩散

$$N'_A = N_M \frac{c_A}{c_{总}} \tag{6-20}$$

同理，组分 B 的通量为

$$N'_B = N_M \frac{c_B}{c_{总}} \tag{6-21}$$

通过任一与气液界面平行的静止平面 OP，组分 A 的传质通量 N_A 为组分 A 的分子扩散通量 J_A 与由于主体流动而引起的组分 A 的通量之和，即

$$N_A = J_A + N'_A = J_A + N_M \frac{c_A}{c_{总}} \tag{6-22}$$

同理，组分 B 通过界面 OP 的传质通量为

$$N_B = J_B + N'_B = J_B + N_M \frac{c_B}{c_{总}} \tag{6-23}$$

显然，通过界面 OP 的组分 A 和组分 B 的总通量 N 为

$$N = N_A + N_B = J_A + J_B + N_M \tag{6-24}$$

在吸收过程中，惰性组分 B 的净传递通量 $N_B = 0$，由式(6-23) 得

$$N_M = -J_B \frac{c_{总}}{c_B} \tag{6-24a}$$

而

$$J_A = -J_B \tag{6-24b}$$

将(a) 与(b) 代入式(6-22) 得

$$N_A = J_A + J_A \frac{c_{总}}{c_B} \cdot \frac{c_A}{c_{总}} = J_A \frac{c_{总}}{c_{总} - c_A} = -\frac{D_G c_{总}}{c_{总} - c_A} \cdot \frac{dc_A}{dZ} \tag{6-24c}$$

因

$$c_{总} = \frac{p}{RT} \qquad c_A = \frac{p_A}{RT}$$

所以

$$N_A = -\frac{D_G}{RT} \frac{p}{p - p_A} \frac{dp_A}{dZ} \tag{6-24d}$$

式中的总压　　$p = p_A + p_B$

由式(6-24d) 可知，单向扩散时的 N_A 比等摩尔反向扩散时的 N_A 大 p/p_B 倍。dp_A/dZ 不是定值，故 p_A 的分布为曲线关系。

将式(6-24d) 分离变量，在 $Z = 0, p_A = p_{A1}$ 与 $Z = Z, p_A = p_{A2}$ 之间进行积分。

$$\int_0^z N_A dZ = -\int_{p_{A1}}^{p_{A2}} \frac{D_G p}{RT} \frac{dp_A}{p - p_A}$$

对于稳定吸收过程，N_A 为定值。操作条件一定，D、p、T 均为常数，积分得

$$N_A = \frac{D_G p}{RTZ} \ln \frac{p - p_{A2}}{p - p_{A1}}$$

因 $p = p_{A1} + p_{B1} = p_{A2} + p_{B2}$，上式改写为

$$N_A = \frac{D_G p}{RTZ}\frac{p_{A1}-p_{A2}}{p_{B2}-p_{B1}}\ln\frac{p_{B2}}{p_{B1}} = \frac{D_G}{RTZ}\frac{p}{\dfrac{p_{B2}-p_{B1}}{\ln\dfrac{p_{B2}}{p_{B1}}}}\cdot(p_{A1}-p_{A2})$$

$$= \frac{D_G}{RTZ}\frac{p}{p_{Bm}}(p_{A1}-p_{A2}) \tag{6-25}$$

式中

$$p_{Bm} = \frac{p_{B2}-p_{B1}}{\ln\dfrac{p_{B2}}{p_{B1}}} \tag{6-26}$$

为在液体层两侧组分 B 分压的对数平均值。

因 $p > p_{Bm}$，所以 $\dfrac{p}{p_{Bm}} > 1$，与式 (6－19) 比较可知，单向扩散的传质通量 N_A 比等摩尔反向扩散时的传质通量增大了 $\dfrac{p}{p_{Bm}}$ 倍。这是因为在单向扩散时除了有分子扩散外，还有混合物的总体流动。$\dfrac{p}{p_{Bm}}$ 值越大，表明总体流动在传质中所占分量就越大，如同顺水行舟，水流使船速加大一样，故称 $\dfrac{p}{p_{Bm}}$ 为“漂流因子”或“漂流因数”。当气相中组分 A 的浓度很小时，各处 p_B 都接近于 p，即 $\dfrac{p}{p_{Bm}}$ 接近于 1，此时总体流动便可忽略不计，可看做等摩尔反向扩散(相互扩散)。

根据气体混合物的浓度与压力的关系 $c = p/RT$，可将混合气体总浓度 $c = p/RT$、组分 A 的浓度 $c_A = p_A/RT$ 与组分 B 的对数平均浓度 $c_{Bm} = p_{Bm}/RT$ 代入式(6－25)，求得

$$N_A = \frac{D_G}{Z}\frac{c}{c_{Bm}}(c_{A1}-c_{A2}) \tag{6-27}$$

上式同样适用于液相。

例 6－2 在 25 ℃ 及 100 kPa 下，用水吸收空气中的氨。气相主体含氨 20 %，由于水中氨的浓度很低，其平衡分压可取为 0。若氨在气相中的扩散阻力相当于 2 mm 厚的停滞气层，扩散系数 D 为 0.232 cm^2/s，求吸收的传质速率。又若气相主体中含氨为 2.0 %(均为摩尔百分率)，传质通量又是多少？

解 此题属单方向扩散，可用式(6－25) 计算。

其中 $D = 0.232\ cm^2/s = 2.32\times10^{-5}\ m^2/s$，$Z = 2\ mm = 0.002\ m$，

气相主体中氨的分压 $p_{A1} = py_{A1} = 100\times0.2 = 20\ kPa$，

气液界面上氨的分压 $p_{A2} = 0$

气相主体中空气(惰性气体)的分压 p_{B1} 为 $p_{B1} = p - p_{A1} = 100 - 20 = 80\ kPa$

气液界面上空气的分压 $p_{B2} = 100 - 0 = 100\ kPa$

因 p_{Bm} 可用算术平均值 $(80+100)/2 = 90\ kPa$

取 $R = 8.314\ kJ/(kmol\cdot K)$，代入式(6－25) 得

$$N_A = \frac{2.32\times10^{-5}}{8.314\times298\times0.002}\left(\frac{100}{90}\right)(20-0) = 1.04\times10^{-4}\ kmol/(m^2\cdot s)$$

若空气中原含氨为 2.0 %，则 $p_{A1} = 2.0\ kPa$， $p_{B1} = 100 - 2 = 98\ kPa$

$$p_{Bm} = (100+98)/2 = 99\ kPa$$

其余同上，得

$$N_A = \frac{2.32\times10^{-5}}{8.314\times298\times0.002}\times\frac{100}{99}(2.0-0) = 9.45\times10^{-6}\ kmol/(m^2\cdot s)$$

以上结果说明，在气相中氨的浓度高时（$p_{A1}/p=0.2$），漂流因子$\dfrac{p}{p_{Bm}}$应予考虑；而在浓度很低时，$\dfrac{p}{p_{Bm}}\approx 1$，其影响可忽略。

6.3.2 分子扩散系数

分子扩散系数简称扩散系数，它是物质的特性常数之一。同一物质的扩散系数随介质的种类、温度、压强及浓度的不同而变化。对于气体中的扩散，浓度的影响可以忽略；对于液体中的扩散，浓度的影响不可忽略，而压强的影响不显著。物质的扩散系数可由实验测得，或从有关的资料中查得，有时也可由物质本身的基础物性数据及状态参数估算。实验测定是求得物质扩散系数的根本途径，其具体方法参见例题6-3。一些常用物质的扩散系数可从有关资料、手册中查到。对有的物系，有时既找不到现成的扩散系数数据，又缺乏进行实验测定的条件，此时可借助某些经验的或半经验的公式进行估算。

例如，对于气体A在气体B中（或B在A中）的扩散系数，可按马克斯韦尔-吉利兰（Maxwell-Gilliland）公式进行估算，即

$$D_G=\frac{4.36\times10^{-5}T^{3/2}}{p(\upsilon_A^{1/3}+\upsilon_B^{1/3})^2}\sqrt{\frac{1}{M_A}+\frac{1}{M_B}} \tag{6-28}$$

式中 D_G —— 扩散系数，m^2/s；

p —— 总压强，kPa；

T —— 温度，K；

M_A、M_B —— 分别为A、B两种物质的分子量，g/mol；

υ_A、υ_B —— 分别为A、B两种物质的分子体积，cm^3/mol。

分子体积υ是1 mol物质在其正常沸点下呈液态时的体积，它表征分子本身所占据空间的大小。表6-2列举了某些结构较简单的气体物质的分子体积。

表6-2 简单气体的分子体积（单位：cm^3/mol）

组分	分子体积	组分	分子体积
H_2	14.3	N_2O	36.4
O_2	25.6	NH_3	25.8
N_2	31.2	H_2O	18.9
CO	30.7	H_2S	32.9
CO_2	34	Cl_2	48.4
SO_2	44.8	Br_2	53.2
NO	23.6	I_2	71.5

例6-3 测定苯蒸气在空气中的扩散系数。如附图所示，在内径为3 mm的垂直玻璃管中，装入约一半高度的液体苯，保持恒温。紧贴液面上方的苯蒸气分压为该温度下苯的饱和蒸气压。上部水平管内有空气快速流过，带走所蒸发的苯蒸气。垂直管管口处空气中，苯蒸气的分压接近于零。随着苯的汽化和扩散，液面降低，扩散距离Z逐渐增大。在293 K、101.33 kPa下，实验测得经过120 h后，液面距顶部距离Z由0.012 m下降至0.058 m。已知苯的密度为879 kg/m^3，饱和蒸汽压为10.04 kPa，试计算苯在空气中的扩散系数。设管内的空气没有对流产生。

解 苯蒸气通过静止空气层的扩散属单向扩散，且为一非稳定过程。但因扩散距离Z的变化缓慢，故可作为拟稳定状态，仍可用式(6-25)计算。

$$p_{A1}=p_{Ae},\quad p_{A2}=0;\quad p_{B1}=p-p_{Ae},\quad p_{B2}=p$$

$$p_{Bm}=\frac{p_{B2}-p_{B1}}{\ln\dfrac{p_{B2}}{p_{B1}}}=\frac{p-(p-p_{Ae})}{\ln\dfrac{p}{p-p_{Ae}}}=\frac{p_{Ae}}{\ln\dfrac{p}{p-p_{Ae}}}$$

代入式(6-25),得

$$N_A=\frac{D_G p}{RTZ}\cdot\frac{p_{Ae}}{\dfrac{p_{Ae}}{\ln\dfrac{p}{p-p_{Ae}}}}=\frac{D_G p}{RTZ}\ln\frac{p}{p-p_{Ae}}\qquad(1)$$

设垂直管界面为A,在 $d\theta$ 时间内汽化的苯量应等于苯扩散出管口的量,即

$$N_A A d\theta=\frac{\rho}{M}A\,dZ\qquad 则\qquad N_A=\frac{\rho}{M}\frac{dZ}{d\theta}\qquad(2)$$

由式(1)与(2),得

$$\frac{D_G p}{RTZ}\ln\frac{p}{p-p_{Ae}}=\frac{\rho}{M}\frac{dZ}{d\theta}$$

分离变量,在 $\theta=0,Z=Z_0$ 到 $\theta=\theta,Z=Z$ 之间积分

$$\frac{D_G p}{RT}\ln\frac{p}{p-p_{Ae}}\int_0^\theta d\theta=\frac{\rho}{M}\int_{Z_0}^{Z}Z\,dZ$$

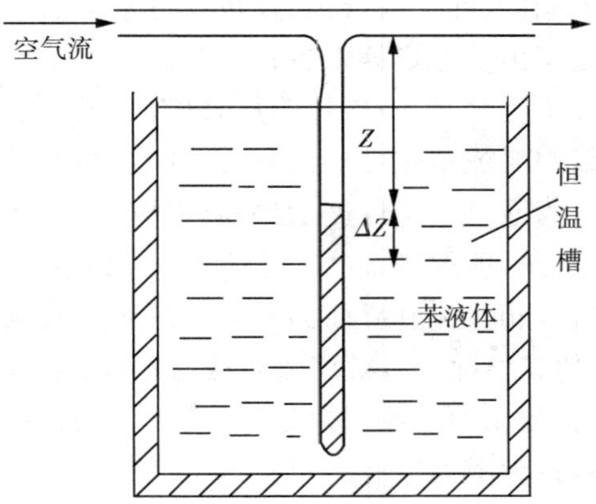

例 6-3 附图

得

$$D_G=\frac{RT\rho(Z^2-Z_0^2)}{2pM\theta\ln\dfrac{p}{p-p_{Ae}}}=\frac{RT\rho}{2pM\ln\dfrac{p}{p-p_{Ae}}}\cdot\frac{Z^2-Z_0^2}{\theta}$$

已知 $T=273\text{K},p=101.33\text{ kPa},\theta=120\text{ h}=120\times3600=432000\text{ s},M=78$

$$\ln\frac{p}{p-p_{Ae}}=\ln\frac{101.33}{101.33-10.04}=0.1043$$

代入上式得

$$D_G=\frac{8.314\times293\times879}{2\times101.33\times78\times0.1043}\times\frac{0.058^2-0.012^2}{432000}=0.968\text{ cm}^2/\text{s}$$

6.3.3 单相内的对流传质

前面介绍的分子扩散现象,在静止流体或层流流体中存在,但是工业生产中常见的是物质在湍流流体中的对流传质现象。与对流传热类似,对流传质通常是指流体与某一界面(例如气体吸收过程的气液两相界面)之间的传质,为分子扩散和湍流扩散(或称涡流扩散)两种传质作用的总和。下面以湿壁塔的吸收过程说明单相内的对流传质现象、传质速率方程和传质系数。

(1) 对流传质的机理

对流传质的有效膜模型与对流传热的有效膜模型类似。

设有一直立圆管,吸收剂由上方注入,成液膜状沿管内壁流下,混合气体自下方进入,两流体作逆流流动,互相接触而传质,这种设备称为湿壁塔。把塔的一小段表示在图6-10(a)上,分析任意截面上气相浓度的变化,在图6-10(b)上横轴表示离开相界面的扩散距离 Z,纵轴表示此截面上的分压 p_A。现对湿壁塔内气液两相传质情况分析如下。

当湍流气体与液体接触进行物质传递时,从气液相界面(此处可认为与固定界面相似)到流体主体的传质过程依次是:层流层、过渡层和湍流层,如图6-10(b)所示。在层流层中,流体质点没有与界面垂直的运动,物质的传递只依靠分子扩散;在过渡层中存在与界面垂直方向的

质点不强的湍流运动，因此在此层中物质同时依靠分子扩散和涡流扩散来传递；在湍流层中物质也依靠分子扩散和涡流扩散，但由于质点的强烈混合作用，涡流扩散远远大于分子扩散，故分子扩散的影响可忽略。由此可知，当湍流流体与界面之间进行传质时，在各层内的传质机理是不同的。在层流层内，仅依靠分子扩散，其中的分压梯度很大，分压分步线为一很陡的直线，此处可由费克定律求解；在湍流层，由于旋涡进行强烈的混合，其中的分压梯度必然很小，分压线几乎为水平线；在过渡层，既有分子扩散又有涡流扩散，分压线介于二者之间。这种分压变化曲线与对流传热中的温度变化曲线相似，仿照对流传热的处理方法，将层流膜以外的涡流扩散折合为通过一定厚度的停滞气体的分子扩散。气相主体的平均分压用 p_A 表示。若将层流膜内的分压梯度线段 $p_{Ai}G'$ 延长与分压线 p_{AG} 相交于 G 点，G 与相界面的垂直距离为 Z_G。这样，可以将气相主体到界面的对流扩散通量看成等于通过厚度为 Z_G 的膜层的分子扩散通量。厚度为 Z_G 的膜层称为有效层流膜或虚拟膜。流体的湍流运动愈强烈，有效层流膜愈薄，相当的 Z_G 愈小，传质阻力变小，传质通量增大。我们把这种将对流扩散想像为分子扩散来进行计算的处理方式称为膜模型。

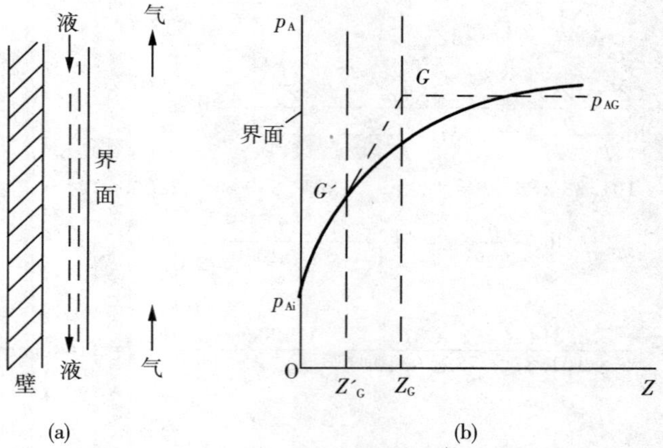

图 6-10　传质的有效层流膜层

(2) 气相传质速率方程式

按上述的膜模型，将流体的对流传质折合成有效层流膜的分子扩散，仿照式(6-25)，将式中扩散距离写为 Z_G，p_{A1} 与 p_{A2} 分别写为 p_{AG} 与 p_{Ai}，则得气相对流传质速率方程式为：

$$N_A = \frac{D_G}{RTZ_G}\frac{p}{p_{Bm}}(p_{AG} - p_{Ai}) \tag{6-29}$$

式中　N_A—— 气相对流传质速率，kmol/(m^2 · s)。

式(6-29) 中有效层流膜(以下简称为气膜) 厚度 Z_G 实际上不能直接计算，也难于直接测定。若令 $k_G = \frac{D_G}{RTZ_G} \cdot \frac{p}{p_{Bm}}$，对于一定物系，$D_G$ 为定值；操作条件一定时，p、T、p_{Bm} 亦为定值；在一定的流动状态下，Z_G 也是定值，故 k_G 为常数。

则式(6-29) 可改写为下列气相传质速率方程式：

$$N_A = k_G(p_{AG} - p_{Ai}) \tag{6-30}$$

式中　k_G—— 以分压差表示的气相传质分系数，kmol/ (m^2 · s · kPa)；

p_{AG}、p_i—— 溶质 A 在气相主体与界面间的分压，kPa。

(3) 液相传质速率方程式

同理,仿照式(6-27),液相对流传质速率方程式可写成

$$N_A = \frac{D_L}{Z_L} \cdot \frac{c}{c_{Sm}} \cdot (c_{Ai} - c_{AL}) \tag{6-31}$$

式中 N_A—— 液相对流传质速率,kmol/(m^2 · s);

Z_L—— 模拟液膜厚度,m。

D_L—— 溶质在液相中的扩散系数,m^2/s

令 $$k_L = \frac{D_L}{Z_L} \cdot \frac{c}{c_{Sm}} \tag{6-32}$$

则式(6-31)可写为下列液相传质速率方程式:

$$N_A = k_L(c_{Ai} - c_{AL}) \tag{6-33}$$

式中 k_L—— 液相传质分系数,kmol/(m^2 · s · kmol/m^3)或 m/s;

c_{Ai}、c_{AL}—— 溶质 A 在界面与液相主体间的浓度差,kmol/m^3。

由上可知,对流传质速率方程式与对流传热方程 $q = \alpha(T-t)$ 的形式相类似,传质系数 k 类似对流传热系数 α,可由实验测定并整理成准数关联式。

6.3.4 两相间的传质

(1) 双膜理论

双膜模型又称停滞模型,由惠特曼(W. G. Whitman)于 1923 年提出,为最早提出的一种传质模型。

双膜理论是基于这样的认识,即当液体湍流流过固体溶质表面时,固-液间传质阻力全部集中在液体内紧靠两相界面的一层停滞膜内,此膜厚度大于层流内层厚度,而它提供的分子扩散传质阻力恰等于上述过程中实际存在的对流传质阻力。

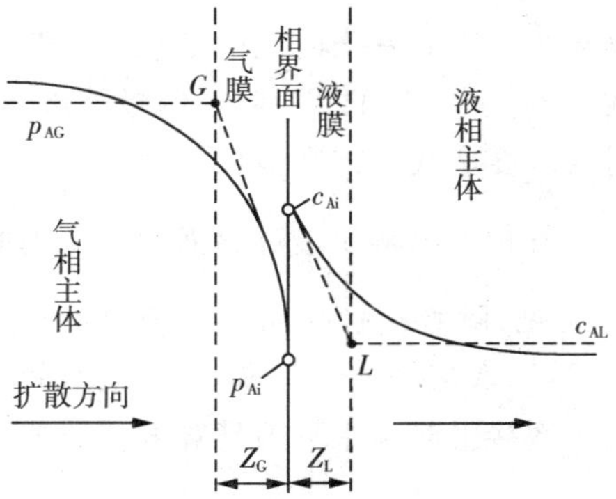

图 6-11 双膜理论示意图

双膜理论把两流体间的对流传质过程描述成如图 6-11 所示的模式,它有以下几点基本假设:

① 相互接触的气液两相流体间存在着稳定的相界面,界面两侧各有一个很薄的停滞膜,即前述的有效层流膜层,吸收质以分子扩散方式通过这两个膜层;

② 在相界面处,气液两相达于平衡;

③ 在两个停滞膜以外的气液两相主体中,由于流体充分湍动,物质浓度均匀一致。

双膜理论把复杂的相际传质过程归结为经两个流体停滞膜层的分子扩散过程,而相界面处及两相主体中均无传质阻力存在。这样,整个相际传质过程的阻力便全部体现在两个停滞膜层里。在两相主体浓度一定的情况下,两膜的阻力便决定了传质速率的大小。

双膜理论用于描述具有固定相界面的系统及速度不高的两流体间的传质过程,与实际情况是大体符合的。按照这一理论的基本概念所确定的传质速率关系,至今仍是传质设备设计计算的主要依据,这一理论对于生产实践发挥了重要的指导作用。但是,对于不具有固定相界面的多数传质设备,停滞膜的设想不能反映传质过程的实际机制。在此情况下,它的几项基本假

设都很难成立，根据这一理论作出的某些推断自然与实验结果不甚相符。

(2) 溶质渗透理论

在许多实际传质设备里，气液是在高度湍流情况下互相接触的，如果认为非定态的两界面上会存在着稳定的停滞膜层，显然是不切实际的。为了更准确地描述这种情况下气相溶质经过相界面到达液相主体内的传质过程，希格比(Higbie)于1935年提出溶质渗透理论。这种理论假定液面是由无数微小的流体单元所构成，暴露于表面的每个单元都在与气相接触某一短暂时间(暴露时间)后，即被来自液相主体的新单元取代，而其自身则返回液相主体内。填料塔内液体呈膜状流经每个填料后，都会发生汇合并重新分散成液膜。鼓泡式气液接触设备中，每个气泡存在于液内的时间就更短。因而，溶质在液相中的扩散不可能达到定态状况，即液体表层往往来不及建立定态的浓度梯度，溶质总是处于由相界面向液内纵深方向逐渐渗透的非定态过程中。如图6-12所示，在每个流体单元到达液体表面的最初瞬间($\theta=0$)，在液面以内及液面处($Z\geqslant 0$)，溶质浓度尚未发生任何变化，仍为原来的主体浓度($c=c_0$)；接触开始后($\theta>0$)，相界面处($Z=0$)立即达到与气相平衡的状态($c=c_i$)；随着暴露时间的延长，在相界面与液相内浓度差的推动下，溶质以一维非定态扩散方式渗入液内。在相界面附近的极薄液层内形成随时间变化的浓度分布(见6-12图中不同θ值时的浓度曲线)，但在液内深处($z=\infty$)，则仍保持原来的主体浓度($c=c_0$)。

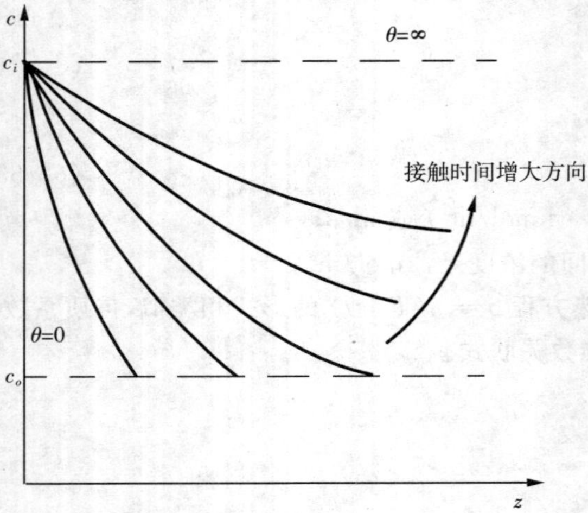

图6-12 液相中浓度分布与接触时间关系

气相中的溶质透过界面渗入液内的速度与界面处溶质浓度梯度$\left(\frac{\partial c}{\partial z}\right)_{z=0}$成正比。由图6-12可见，随着接触时间的延长，界面处的浓度梯度逐渐变小，这表明传质速率也将随之变小。所以，每次接触的时间愈短，则按时间平均计算的传质速率愈大。根据特定条件下的推导结果，按每次接触时间平均值计算的传质速率与液相传质推动力(c_i-c_0)间应符合如下关系

$$N_A=\sqrt{\frac{4D_L}{\pi\theta}}(c_i-c_0) \tag{6-34}$$

式中 D_L—— 溶质A在液相中的扩散系数，m^2/s；

θ—— 流体单元在液相表面的暴露时间，s。

溶质渗透理论建立的是溶质以非稳定态扩散方式向无限厚度的液层内逐渐渗透的传质模型，与把传质过程视为通过停滞膜层的稳定分子扩散的双膜理论相比，溶质渗透理论为描述湍流下的传质机理提供了更为合理的解释。按照双膜理论，传质系数应与扩散系数成正比，而溶质渗透理论则指出，传质系数与扩散系数的0.5次方成正比，后者比前者能更好地接近实验结果。

(3) 表面更新理论

丹克沃茨(Danckwerts)于1951年对希格比的理论提出改进和修正。他否定表面上的液体微元有相同的暴露时间，而认为液体表面是由具有不同暴露时间(或称"年龄")的液体微元所

构成，各种年龄的微元被置换下去的几率与它们的年龄无关，而与液体表面上该年龄的微元数成正比。表面液体微元的年龄分布函数为

$$\tau = s\mathrm{e}^{-s\theta} \tag{6-35}$$

式中 τ —— 年龄在 θ 至 $\theta + \mathrm{d}\theta$ 区间的微元数在表面微元总数中所占的分率；

s —— 表面更新率，常数，可由实验测定。

据此理论，平均传质速率与液相传质推动力间的关系应为

$$N_A = \sqrt{D_L s}(c_i - c_0) \tag{6-36}$$

按照此式，传质系数亦应与扩散系数的 0.5 次方成正比，这点与溶质渗透理论的结论相同。

在以上所述三种传质理论之后，还有人提出过一些其他模型，用以修正上述理论或对双膜模型与渗透模型加以综合。例如图尔等人(Toor and Marchello)于 1958 年提出的膜渗透理论。

各种新的传质理论仍在不断地发展，这标志着人们对传质过程的认识正在不断深化。这些新理论在实践中虽具有一定的启发和指导意义，但目前仍不足以进行传质设备的设计计算。为方便，本章此后关于吸收速率的计算，仍以双膜理论为基础。

6.3.5 总传质速率方程式

传质速率，虽然可用单相内的传质速率方程式(6-30)和式(6-33)计算，但必须获得气膜、液膜传质系数 k_G、k_L 及相界面浓度，而界面浓度是难以测定的。工程上可仿照两流体换热过程的处理方法，引入总传质系数，使传质速率的计算能够避开气液两相的传质系数。

(1) 总传质速率方程式

由前已知气液传质速率式为

$$N_A = k_G(p_{AG} - p_{Ai})$$

$$N_A = k_L(c_{Ai} - c_{AL})$$

由双膜理论知，界面上气液两相组成服从相平衡。对稀溶液，物系服从亨利定律

$$p_{Ai} = \frac{c_{Ai}}{H} \tag{6-37}$$

传质速率可写成推动力与阻力之比，对稳态过程，气液两相传质速率相等。式(6-30)、式(6-33)可改写为

$$N_A = \frac{p_{AG} - p_{Ai}}{\dfrac{1}{k_G}} = \frac{c_{Ai} - c_{AL}}{\dfrac{1}{k_L}} \tag{6-38}$$

为消去界面浓度，将上式的最右端式中分子分母同时除以 H，将推动力加和除以阻力加和得

$$N_A = \frac{p_{AG} - p_{Ai} + \dfrac{c_{Ai}}{H} - \dfrac{c_{AL}}{H}}{\dfrac{1}{k_G} + \dfrac{1}{Hk_L}} = \frac{p_{AG} - p_{Ae}}{\dfrac{1}{k_G} + \dfrac{1}{Hk_L}}$$

令

$$\frac{1}{K_G} = \frac{1}{k_G} + \frac{1}{Hk_L} \tag{6-39}$$

于是相际传质速率方程式可表示为

$$N_A = K_G(p_{AG} - p_{Ae}) \tag{6-40}$$

式中 K_G 称为以气相分压差$(p_{AG}-p_{Ae})$为推动力的总传质系数，kmol/(m² · s · kPa)。

为消除界面浓度，也可以将式(6-38)中间一项的分子、分母同乘以 H，并同样根据加和原则得

$$N_A=\frac{(p_{AG}-p_{Ai})H+c_{Ai}-c_{AL}}{\dfrac{H}{k_G}+\dfrac{1}{k_L}}$$

$$=\frac{c_{Ae}-c_{AL}}{\dfrac{H}{k_G}+\dfrac{1}{k_L}}$$

令
$$\frac{1}{K_L}=\frac{H}{k_G}+\frac{1}{k_L}\tag{6-41}$$

故相际传质速率方程也可写成
$$N_A=K_L(c_{Ae}-c_{AL})\tag{6-42}$$

式中 K_L 称为以液相浓度差$(c_{Ae}-c_{AL})$为推动力的总传质系数，kmol/(m² · s · kmol/m³)或 m/s。

比较式(6-39)与式(6-41)不难看出：$K_G=HK_L$

(2) 以摩尔分率差表示的总传质速率方程

为便于进行物料衡算，吸收(脱吸)计算中的组成常以摩尔分率表示，此时气相传质方程(6-30)可作如下换算：

$$N_A=k_G(p_{AG}-p_{Ai})=k_Gp\left(\frac{p_{AG}}{p}-\frac{p_{Ai}}{p}\right)$$

令 $k_y=k_Gp$ 得
$$N_A=k_y(y-y_i)\tag{6-43}$$

式中 k_y—— 以摩尔分率差$(y-y_i)$为推动力的气相传质分系数，kmol/(m² · s)；

y、y_i—— 分别为气相主体及相界面处溶质的摩尔分率。

同理，液相传质方程(6-33)可换算如下

$$N_A=k_L(c_{Ai}-c_{AL})=k_Lc\left(\frac{c_{Ai}}{c}-\frac{c_{AL}}{c}\right)$$

令 $k_x=k_Lc$ 得
$$N_A=k_x(x_i-x)\tag{6-44}$$

式中 k_x—— 以摩尔分率差(x_i-x)为推动力的液相传质分系数，kmol/(m² · s)；

x、x_i—— 分别为液相主体及相界面处溶质的摩尔分率。

相界面处，y_i、x_i 达到平衡。稀溶液物系服从亨利定律，即 $y_i=mx_i$

可以用导出式(6-43)和(6-44)同样的方法消去界面组成，得到

$$N_A=K_y(y-y_e)\tag{6-45}$$

$$N_A=K_x(x_e-x)\tag{6-46}$$

$$\frac{1}{K_y}=\frac{1}{k_y}+\frac{m}{k_x}\tag{6-47}$$

$$\frac{1}{K_x}=\frac{1}{mk_y}+\frac{1}{k_x}\tag{6-48}$$

$$K_x=mK_y\tag{6-49}$$

式中 y_e—— 与该液相成平衡的气相溶质的摩尔分率；

x_e—— 与该气相成平衡的液相溶质的摩尔分率；

K_y—— 以摩尔分率差$(y-y_e)$为推动力的气相总传质分系数，kmol/(m² · s)；

K_x—— 以摩尔分率差(x_e-x)为推动力的液相总传质分系数，kmol/(m² · s)。

(3) 相界面的浓度

联立式(6－30)与(6－33)可得

$$\frac{p_{AG}-p_{Ai}}{c_{AL}-c_{Ai}}=-\frac{k_L}{k_G} \tag{6-50}$$

图 6－13 中，P 点坐标为(p_{AG}，c_{AL})，I 点坐标为(p_{Ai}，c_{Ai})，所以直线 PI 的斜率为 $-k_L/k_G$。

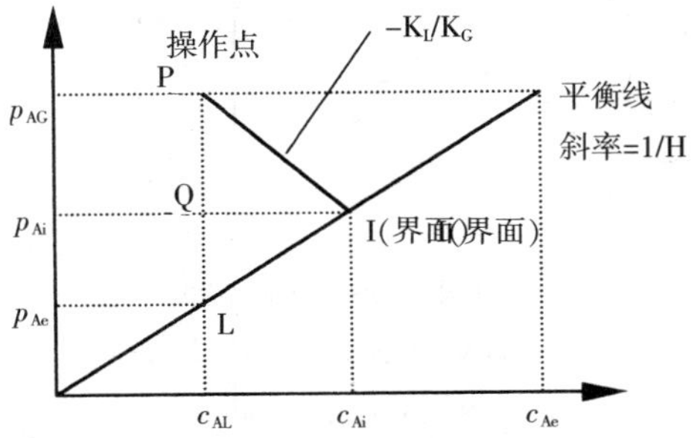

图 6－13　主体浓度与界面浓度

这表明，只要通过实验测得 k_G、k_L 的数值后，从 P 点作一条斜率等于 $-k_L/k_G$ 的直线与平衡线相交于一点 I，I 点的坐标(p_{Ai}，c_{Ai})即为所求的气、液两相界面的浓度。显然，图中的线段 PL 代表以气相分压差(p_A-p_{Ae})表示的总推动力。P 点偏离平衡线愈远，传质推动力愈大，传质速度愈快；当 P 点落在平衡线上，传质推动力为零，传质速率降为零。

(4) 传质阻力控制的步骤

式(6－39)与(6－41)即

$$\frac{1}{K_G}=\frac{1}{k_G}+\frac{1}{Hk_L}$$

$$\frac{1}{K_L}=\frac{H}{k_G}+\frac{1}{k_L}$$

又可写成：　　传质阻力 = 气膜阻力 + 液膜阻力

① 当溶质的溶解度很大，即其溶解度系数 H 很大时，由式(6－39)可知，液膜传质阻力 $1/Hk_L$ 比气膜传质阻力 $1/k_G$ 小很多，则式(6－39)可简化为

$$K_G \approx k_G \tag{6-51}$$

此时，传质阻力几乎全集中于气相，称为“气膜控制”。如氯化氢溶解于水或稀盐酸中、氨溶解于水或稀氨水中可看成为气膜控制。

如图 6－14(a)，气膜控制时，$p_{Ai}\approx p_{Ae}$，气膜推动力($p_{AG}-p_{Ai}$)$\approx$($p_{AG}-p_{Ae}$)为气相总推动力，于是，气膜控制的总传质速率方程又可写成 $N_A\approx k_G(p_{AG}-p_{Ae})$。

此时，要提高总传质系数 K_G，应加大气相湍动程度。

② 当溶质的溶解度很小，即 H 值很小时，由式(6－41)可知，气膜阻力 H/k_G 比液膜阻力 $1/k_L$ 小很多，则式(6－41)可简化为

$$K_L \approx k_L \tag{6-52}$$

此时，传质阻力几乎集中于液相，称为“液膜控制”。用水吸收氧气或氢气是典型的液膜控制的例子。

如图 6－14(b)，液膜控制时，$c_i\approx c_{Ae}$，即液膜推动力(c_i-c_{AL})$\approx$($c_{Ae}-c_{AL}$)为液相总推动力，于是，液膜控制的总传质速率方程又可写成：$N_A\approx k_L(c_{Ae}-c_{AL})$

此时，要提高总传质系数 K_L，应增大液相湍动程度。

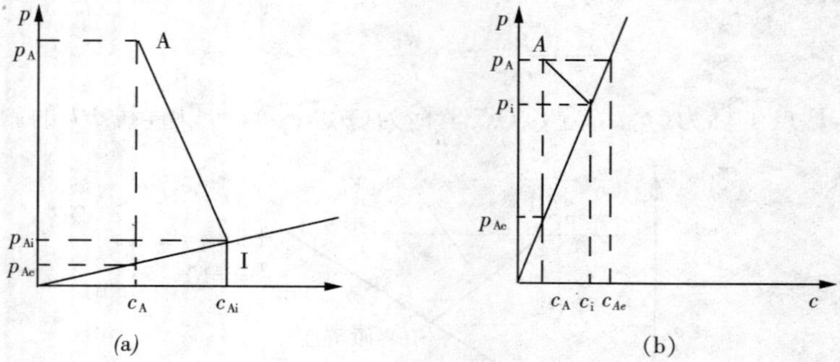

图 6-14 吸收传质阻力在两相中的分配

(a) 气膜阻力控制；(b) 液膜阻力控制

③ 对于中等溶解度的溶质，在传质总阻力中气膜阻力与液膜阻力均不可忽视，要提高总传质系数，必须同时增大气相和液相的湍动程度。

(5) 传质速率方程小结

传质速率方程都可用传质系数乘以传质推动力表示，但由于气液相组成有多种表示方法，同时传质推动力可用一相（流体主体到相界面）表示，也可用两相（从气相到液相）表示，导致传质速率方程比传热速率方程复杂得多。使用传质速率方程时应注意：① 传质推动力与传质系数要对应；② 传质系数的单位均为 kmol/(m² · s · 推动力)。现将不同传质速率方程与使用场合列于表 6-3 中。

表 6-3 传质速率方程汇总

传质速率方程	传质系数			常用场合
	符号	单位	相互关系	
$N_A = k_G(p_{AG}-p_{Ai})$ $= k_y(y-y_i)$ $= k_L(c_{Ai}-c_{AL})$ $= k_x(x_i-x)$	k_G k_y k_L k_x	kmol/(m² · s · kPa) kmol/(m² · s) kmol/(m² · s · kmol/m³) kmol/(m² · s)	$k_y = p\,k_G$ $k_x = c_{总}\,k_L$	相平衡关系不符合亨利定律的中等溶解度物系
$N_A = K_G(p_{AG}-p_{Ae})$ $= K_y(y-y_e)$ $= K_L(c_{Ae}-c_{AL})$ $= K_x(x_e-x)$	K_G K_y K_L K_x	kmol/(m² · s · kPa) kmol/(m² · s) kmol/(m² · s · kmol/m³) kmol/(m² · s) kmol/(m² · s)	$K_y = pK_G$ $K_x = c_{总}\,K_L$ $\frac{1}{K_G}=\frac{1}{k_G}+\frac{1}{Hk_L}$ $\frac{1}{K_L}=\frac{H}{k_G}+\frac{1}{k_L}$ $\frac{1}{K_y}=\frac{1}{k_y}+\frac{m}{k_x}$ $\frac{1}{K_x}=\frac{1}{mk_y}+\frac{1}{k_x}$	相平衡关系符合亨利定律的中等溶解度物系
$N_A = K_G(p_{AG}-p_{Ae})$ $= K_y(y-y_e)$	K_G K_y	kmol/(m² · s · kPa) kmol/(m² · s)	$K_G \approx k_G$ $K_y \approx k_y$	溶解度很大(气膜控制)的物系
$N_A = K_L(c_{Ae}-c_{AL})$ $= K_x(x_e-x)$	K_L K_x	kmol/(m² · s · kmol/m³) kmol/(m² · s)	$K_L \approx k_L$ $K_x \approx k_x$	溶解度很小(液膜控制)的物系

例 6-4 含氨极少的空气于 101.33 kPa、20 ℃ 时被水吸收。已知气膜传质系数 $k_G = 3.15 \times 10^{-6}$ kmol/(m^2 · s · kPa)，液膜传质系数 $k_L = 1.81 \times 10^{-4}$ kmol/(m^2 · s · kmol/m^3)，溶解度系数 $H = 1.5$ kmol/(m^2 · kPa)。气液平衡关系服从亨利定律。求：(1) 气相总传质系数 K_G、K_y 和液相总传质系数 K_L、K_x；(2) 气液两相传质阻力的相对大小。

解 因为物系的气液平衡关系服从亨利定律，故可由式 (6-30) 求 K_G

$$\frac{1}{K_G} = \frac{1}{k_G} + \frac{1}{Hk_L} = \frac{1}{3.15 \times 10^{-6}} + \frac{1}{1.5 \times 1.81 \times 10^{-4}} = 3.24 \times 10^5$$

$$K_G = 3.09 \times 10^{-6} \text{ kmol/(m}^2 \cdot \text{s} \cdot \text{kPa)}$$

$$K_y = pK_G = 101.33 \times 3.09 \times 10^{-6} = 3.13 \times 10^{-4} \text{ kmol/(m}^2 \cdot \text{s)}$$

此物系中氨极易溶于水，溶解度甚大，属"气膜控制"系统，吸收总阻力几乎全部集于气膜，所以吸收总系数与气膜吸收分系数极为接近。

根据式 (6-33) 求 K_L

$$\frac{1}{K_L} = \frac{H}{k_G} + \frac{1}{k_L} = \frac{1.5}{3.15 \times 10^{-6}} + \frac{1}{1.81 \times 10^{-4}} = 4.82 \times 10^5$$

$$K_L = 2.08 \times 10^{-6} \text{ kmol/(m}^2 \cdot \text{s} \cdot \text{kmol/m}^3\text{)}$$

由于溶液浓度极稀，c 可按纯溶剂 —— 水来计算：

$$c_{总} = \frac{\rho_s}{M_s} = 1000/18 = 55.6 \text{ kmol/m}^3$$

$$K_x = K_L . c_{总} = 2.08 \times 10^{-6} \times 55.6 = 1.16 \times 10^{-4} \text{ kmol/(m}^2 \cdot \text{s)}$$

(2) 气相阻力 $\frac{1}{k_G} = 3.17 \times 10^5$　　液相阻力 $\frac{1}{Hk_L} = 0.0368 \times 10^5$

其中气相阻力所占的比例为

$$\frac{3.17 \times 10^5}{3.17 \times 10^5 + 0.0368 \times 10^5} = 0.989 \text{ 或 } 98.9\%$$

故本例的传质属气膜控制。以上也可看出 $K_G \approx k_G$。

6.4 吸收塔的计算

工业上为使气、液充分接触进行传质，既可采用板式塔也可采用填料塔。板式塔内气、液逐级接触进行传质，本书在第 7 章中对于精馏操作的分析和讨论主要是结合板式塔进行的。吸收将以连续接触的填料塔进行分析。填料塔内气液连续接触，本章中对于吸收操作的分析和讨论将主要结合连续接触方式进行。

填料塔内的气、液两相流动方式，可为逆流也可为并流。一般情况下塔内液体作为分散相，依靠重力作用自上而下地流动，气体靠压力差的作用流经全塔，逆流时气体自塔底进入而自塔顶排出，并流时则相反。在两相进出口浓度相同的条件下，逆流方式可获得较大的平均推动力，因而能有效地提高过程速率。同时，降至塔底的液体与刚刚进塔的混合气体接触，有利于提高出塔吸收液的浓度，从而减小吸收剂的耗用量。升至塔顶的气体与刚进塔的吸收剂相接触，有利于降低出塔气体的浓度，从而提高溶质的吸收率。所以，吸收塔通常都采用逆流操作。

吸收塔计算的内容主要是确定吸收剂用量和塔设备的主要工艺尺寸，包括塔径和塔的有效段高度。塔的有效段高度，对填料塔是指填料层高度，对板式塔则是板距与实际板层数的乘积。

6.4.1 物料衡算

溶质在气液相中浓度沿塔高不断变化，入塔气体中溶质的含量高，经吸收后出塔气体的浓度得到降低。吸收剂入塔时溶质含量为零或较低，出塔时因溶质的溶入而使浓度增大，因而吸收塔的塔顶常称为稀端，塔底常称为浓端。

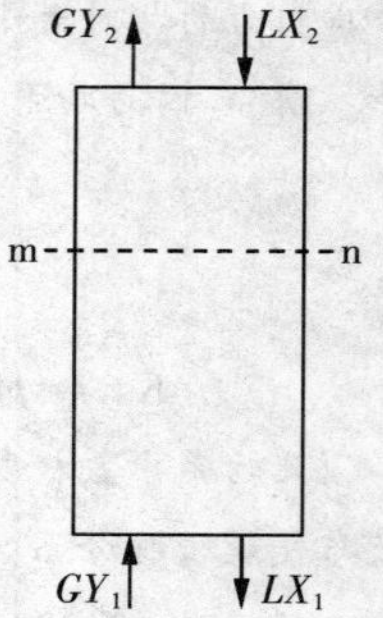

图 6-15 逆流吸收塔的物料衡算

图 6-15 所表示的是一个处于稳定操作状态下的逆流接触的吸收塔，塔底截面一律用下标“1”代表，塔顶截面一律用下标“2”表示。图中各个符号的意义如下：

G_B—— 通过吸收塔的惰性气体流量，kmol(B)/s；

L_S—— 通过吸收塔的溶剂摩尔流量，kmol(S)/s；

Y_1，Y，Y_2—— 分别为塔底、m－n 截面及塔顶气相中溶质的摩尔比，kmol(A)/kmol(B)；

X_1、X、X_2—— 分别为塔底、m－n 截面及塔顶液相中溶质的摩尔比，kmol(A)/kmol(S)。

塔内任取 m－n 截面与塔底作溶质的物料衡算得

$$G_B(Y_1 - Y) = Ls(X_1 - X)$$

$$Y = \frac{L_S}{G_B}X + \left(Y_1 - \frac{L_S}{G_B}X_1\right) \tag{6-53}$$

式(6-53)称为吸收操作线方程式。在稳定吸收的条件下，L_S、G_B、X_1、Y_1 均为定值。故吸收操作线是一直线方程，其斜率为 L_S/G_B，在 $Y-X$ 图上的截距为$(Y_1 - \frac{L_S}{G_B}X_1)$，吸收操作线方程描述了塔的任意截面上气液两相浓度之间的关系。

式(6-53)中的 X 和 Y 如果用塔顶截面的 X_2 和 Y_2 代替，便成为全塔的物料衡算式。

$$Y_2 = \frac{L_S}{G_B}X_2 + \left(Y_1 - \frac{L_S}{G_B}X_1\right) \tag{6-54}$$

在图 6-16 所示的 $Y-X$ 坐标图上，操作线通过点 A(X_2、Y_2) 和点 B(X_1、Y_1)。点 A 代表塔顶的气液组成，点 B 代表塔底的气液组成，AB 就是操作线。操作线上任意一点代表塔内某一截面上气、液组成的大小。

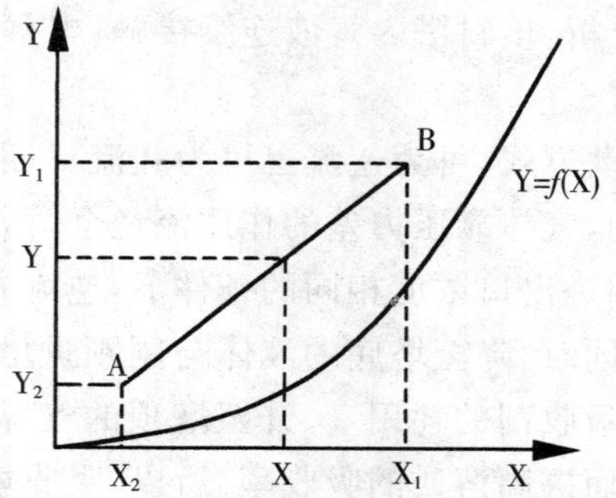

图 6-16 吸收过程的操作线

由于吸收过程气相中的溶质分压总是大于液相中溶质的平衡分压，所以吸收操作线 AB 总是在平衡线的上方。反之，如果操作线位于平衡线的下方，则应进行解吸过程。

若所处理的气体组成较低（低于 5 % ～10 %），所形成的溶液组成也较低，此时，$Y \approx y$，$X \approx x$，而且通过任一截面上混合气体量近似等于惰性气体量($G \approx G_B$)，通过任一截面上的溶液量近似等于纯溶剂量($L \approx L_S$)，气、液组成可用摩尔分数 y 和 x 来表示，则式（6－53）可写成

$$y = \frac{L}{G}x + \left(y_1 - \frac{L}{G}x_1\right) \tag{6-55}$$

式(6－55)表示对于低浓度气体的吸收，在 $y-x$ 坐标上绘出的操作线基本上呈直线，其斜率为 L/G。

6.4.2 吸收剂的用量与最小液气比

在吸收塔的设计计算中，气体的处理量 G_B、进塔气体的浓度 Y_1、吸收剂的入塔组成 X_2 以及分离要求都是作为设计的已知条件，吸收剂的用量 L_S 则有待于设计者确定。

当吸收的目的是回收有用物质时，通常规定溶质的回收率(或称为吸收率)是 η，回收率定义为

$$\eta = \frac{\text{被吸收的溶质量}}{\text{进塔气体中溶质量}}$$

$$= \frac{G_B(Y_1 - Y_2)}{G_B Y_1} = \frac{Y_1 - Y_2}{Y_1} = 1 - \frac{Y_2}{Y_1} \tag{6-56}$$

当吸收的目的是除去气体中的有害物质时，一般直接规定气体中残余有害溶质的组成 Y_2。

吸收剂用量是影响吸收操作的重要因素之一，它直接影响设备尺寸和操作费用。操作线的斜率 L_S/G_B 称为“液气比”，是溶剂与惰性气体摩尔流量的比值，它反映单位气体处理量的吸收剂耗用量的大小。当气体处理量一定时，L_S/G_B 取决于吸收剂用量的多少。若增加吸收剂用量，即操作线的斜率 L_S/G_B 增大，则操作线向远离平衡线方向偏移，如图 6－17(a) 中 AD 线所示。此时操作线与平衡线间距离加大，也就是吸收过程推动力（$Y - Y_e$）加大，在单位时间内吸收等量溶质时，设备尺寸可以减小。但溶液浓度变稀，吸收剂解吸的设备费和操作费用增大。这里有一个经济上最优化的问题，需要对吸收、解吸做多个方案比较。若减少吸收剂用量，操作线的斜率 L_S/G_B 减小，向平衡线靠近，如 AB 线所示。溶液变浓，推动力($Y - Y_e$)减小，吸收速率减小，气液两相的接触面积必须加大，塔也就必须加高。若吸收剂用量减小到使操作线与平衡线相交，如图 6－17(a) 中 C 点，或相切，如图 6－17(b) 中 E 点，在交点或切点处相遇的气液两相浓度(Y、X)已相互平衡，此时吸收的推动力为零，因而，所需的相际接触面积为无限大。这是一种达不到的极限情况。此时所需的吸收剂用量称为最小吸收剂用量，以 L_{Smin} 表示，其液气比称为最小液气比$(L_S/G_B)_{min}$。

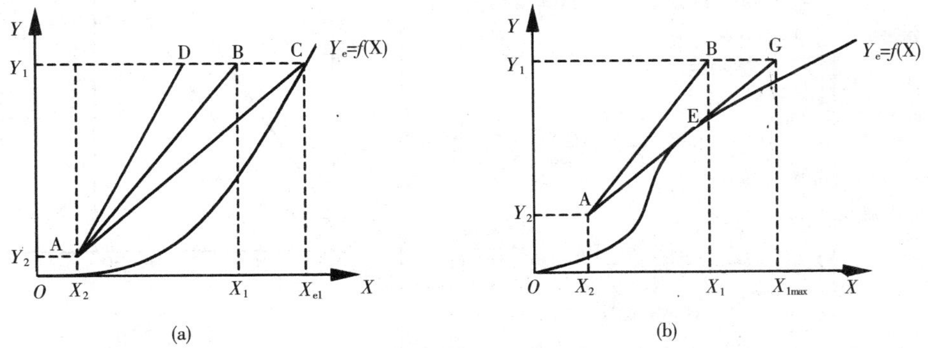

图 6－17 吸收塔的最小液气比

由以上分析可见，吸收剂用量的大小，从设备费与操作费两方面影响到生产过程的经济效益，设计时应作多方案计算，选择适宜的液气比，以使两种费用之和最小。根据生产经验，一般情况下取吸收剂用量为最小用量的 1.1 ～ 2.0 倍是比较适宜的，即

$$\frac{L_S}{G_B} = (1.1 \sim 2.0)\left(\frac{L_S}{G_B}\right)_{min} \tag{6-57}$$

或

$$L_S = (1.1 \sim 2.0)\, L_{Smin} \tag{6-58}$$

最小液气比可由物料衡算求得。如果平衡曲线如图 6-17(a) 所示的一般情况，则需由图读得 X_{e1} 的数值，然后用下式计算最小液气比，即

$$\left(\frac{L_S}{G_B}\right)_{min} = \frac{Y_1 - Y_2}{X_{e1} - X_2} \tag{6-59}$$

如果平衡曲线呈图 6-17(b) 中所示的形状，则应读得 G 点的横坐标 $X_{1,max}$ 的数值，然后按下式计算最小液气比，即

$$\left(\frac{L_S}{G_B}\right)_{min} = \frac{Y_1 - Y_2}{X_{1,max} - X_2} \tag{6-60}$$

若气液浓度都低，平衡关系可以用亨利定律表示时，则式 (6-59) 可改写为

$$\left(\frac{L_S}{G_B}\right)_{min} = \frac{Y_1 - Y_2}{Y_1/m - X_2} \tag{6-61}$$

必须指出，为了保证填料表面能被液体充分润湿，还应考虑到单位塔截面积上单位时间内流下的液体量不能小于某一最低允许值（见本章第 5 节）。如果按式(6-58) 算出的吸收剂用量不能满足充分润湿填料的最低要求，则应采用更大的液气比。

例 6-5 由矿石焙烧炉出来的气体进入填料吸收塔中用水洗涤以除去其中的 SO_2。炉气量为 2000 m^3/h，炉气温度为 20 ℃。炉气中含 9 %(体积分数) SO_2，其余可视为惰性气体（其性质认为与空气相同）。要求 SO_2 的回收率为 90 %，吸收剂用量为最小用量的 1.5 倍。已知操作压力为 100 kPa，温度为 20 ℃，在此条件下 SO_2 在水中的溶解度如附图所示。试求：

(1) 当吸收剂入塔组成 $X_2 = 0.0003$ 时，吸收剂的用量及塔底溶液组成 X_1；

(2) 吸收剂若为清水，即 $X_2 = 0$，回收率不变。塔底溶液组成 X_1 为多少？此时吸收剂用量比(1) 项中的用量是大还是小？

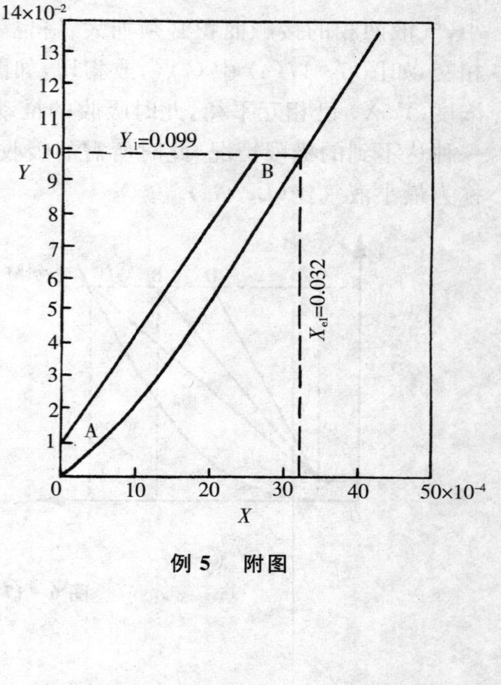

例 5 附图

解 将气体入塔组成(体积分数)9 % 换算为摩尔比

$$Y_1 = \frac{y_1}{1-y_1} = \frac{0.09}{1-0.09}$$
$$= 0.099 \text{ kmol}(SO_2)/\text{kmol}(\text{惰性气体})$$

根据回收率计算出塔气体浓度 Y_2

回收率 $\eta = \dfrac{Y_1 - Y_2}{Y_1} = 90\ \%$

所以 $Y_2 = Y_1(1-\eta) = 0.099(1-0.9) = 0.0099$ kmol(SO_2)/kmo1(惰性气体)

惰性气体流量 G_B

$$G_B = \frac{2000}{22.4} \times \frac{273}{293} \times \frac{100}{101.33}(1-0.09)$$
$$= 74.73 \text{ kmol}(\text{惰性气体})/\text{h}$$
$$= 0.02076 \text{ kmol}(\text{惰性气体})/\text{s}$$

从本例附图中查得与 Y_1 相平衡的液体组成

$$X_{e1} = 0.0032\ \text{kmol}(SO_2)/\text{kmol}(H_2O)$$

(1) $X_2 = 0.0003$ 时，吸收剂用量 L_S

根据式(6-56)可求得 $(L_S/G_B)_{min}$

$$\left(\frac{L_S}{G_B}\right)_{min} = \frac{Y_1 - Y_2}{X_{e1} - X_2} = \frac{0.099 - 0.0099}{0.0032 - 0.0003} = 30.7$$

$$\frac{L_S}{G_B} = 1.5\left(\frac{L_S}{G_B}\right)_{min} = 1.5 \times 30.7 = 46.05$$

$$L_S = G_B \times 46.05 = 74.73 \times 46.05 = 3441\ \text{kmol/h}$$

因为 $$G_B(Y_1 - Y_2) = L_S(X_1 - X_2)$$

所以 $$X_1 = \frac{Y_1 - Y_2}{L_S/G_B} + X_2 = \frac{0.099 - 0.0099}{46.5} + 0.0003$$

$$= 0.00222\ \text{kmol}(SO_2)/\text{kmol}(\text{水})$$

(2) $X_2 = 0$，回收率 η 不变时

回收率不变，即出塔炉气中二氧化硫的组成 Y_2 不变，仍为

$$Y_2 = 0.0099\ \text{kmol}(SO_2)/\text{kmol}(\text{惰性气体})$$

$$\left(\frac{L_S}{G_B}\right)_{min} = \frac{Y_1 - Y_2}{X_{e1} - 0} = \frac{0.099 - 0.0099}{0.0032} = 27.84$$

吸收剂用量 L_S

$$L_S = G_B \times 1.5 \times (L_S/G_B)_{min} = 74.73 \times 1.5 \times 27.84 = 3120\ \text{kmol/h}$$

出塔溶液组成 X_1

$$X_1 = \frac{Y_1 - Y_2}{L_S/G_B} + X_2 = \frac{0.099 - 0.0099}{41.76} + 0 = 0.00213\ \text{kmol}(SO_2)/\text{kmol}(\text{水})$$

由(1)、(2)计算结果可以看到，在维持相同回收率的情况下，吸收剂所含溶质浓度愈低，吸收剂用量愈少，出口溶液浓度亦愈低。所以吸收剂再生时应尽可能完善，但还应兼顾解吸过程的经济性。

6.4.3 填料层高度的计算

气体吸收计算可分为低浓度气体与高浓度气体吸收两种类型。低浓度气体吸收是指吸收设备内气、液相中溶质浓度均为低浓度，这种类型计算考虑的因素简单，而且在生产中最常见。一般进塔气相浓度在 5 % ～ 10 % 以内可按低浓度气体吸收类型计算，以下介绍低浓度气体吸收的计算。低浓度气体吸收具有以下特点：

① 流过全塔的气、液相的摩尔流率 G、L 均可视为常量；

② 可视为全塔等温吸收；

③k_y、k_x 在全塔不同截面处均可视为常量。

(1) 填料层高度的基本计算式

填料塔是连续接触式设备，气、液两相中溶质的组成沿填料层高度连续地变化，填料层各截面上的传质推动力和传质速率也都随之变化。因此，对填料塔的研究，通常是在填料层中任意取一微元高度，通过积分计算所需填料层高度。

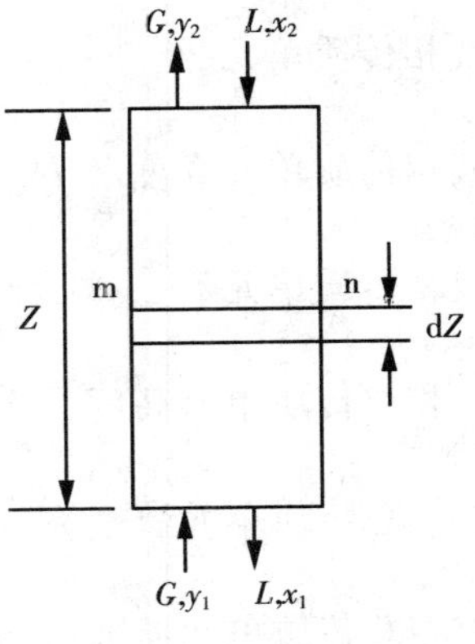

图 6-18 逆流操作填料塔填料高度

如图 6-18 所示，在填料层中任意截面 m－n 取一微元高度 dZ。

在 dZ 高度的填料层内，气液两相接触面积为

$$dA = \Omega \alpha dZ$$

式中　Ω—— 横截面积，m^2；

α—— 填料的有效气液传质面积，m^2/m^3。

气液两相流经 dZ 段，单位时间内，通过接触面积 dA 从气相向液相传递的溶质 A 的量为 $N_A dA = N_A \Omega \alpha dZ$，气相所减少的溶质量为 Gdy，液相所增多的溶质量为 Ldx。据物料衡算，这三者相等，即

$$N_A \Omega \alpha dZ = Gdy = Ldx \tag{6-62}$$

将此物料衡算式与传质速率方程式相结合，可得

$$dZ = \frac{Gdy}{k_y \alpha \Omega (y - y_i)} = \frac{Ldx}{k_x \alpha \Omega (x_i - x)} = \frac{Gdy}{K_y \alpha \Omega (y - y_e)} = \frac{Ldx}{K_x \alpha \Omega (x_e - x)} \tag{6-63}$$

式中 α 为单位体积填料层内气液两相有效传质面积，它不仅与设备大小和填料特性有关，而且还受流体物性和流动状况的影响，通常直接测定有困难。因此，常把 α 与传质系数（k_y、k_x、K_y 与 K_x）的乘积（$k_y\alpha$、$k_x\alpha$、$K_y\alpha$ 与 $K_x\alpha$ 等）视为一体，称为体积传质系数，合在一起测定比较方便。它们的单位均为 $kmol/(m^3 \cdot s)$。

对稳态操作的吸收塔，气、液相流量 G、L 以及塔的横截面积 Ω 均为定值。对低浓度气体的吸收，$k_y\alpha$、$k_x\alpha$、$K_x\alpha$ 与 $K_y\alpha$ 等体积传质系数，在全塔近似为常数，或取平均值处理。

将式（6-63）中各项从塔顶到塔底积分，得

$$Z = \frac{G}{k_y \alpha \Omega}\int_{y_2}^{y_1} \frac{dy}{y - y_i} = \frac{L}{k_x \alpha \Omega}\int_{x_2}^{x_1} \frac{dx}{x_i - x}$$
$$= \frac{G}{K_y \alpha \Omega}\int_{y_2}^{y_1} \frac{dy}{y - y_e} = \frac{L}{K_x \alpha \Omega}\int_{x_2}^{x_1} \frac{dx}{x_e - x} \tag{6-64}$$

这些就是低浓度气体稳态吸收塔计算填料层高度的基本公式。

(2) 传质单元高度与传质单元数

为了方便起见，将式（6-64）改用传质单元高度和传质单元数的乘积的形式表达。

$$Z = H_G \cdot N_G = H_L \cdot N_L = H_{OG} \cdot N_{OG} = H_{OL} \cdot H_{OL} \tag{6-65}$$

气相传质单元高度　$H_G = \dfrac{G}{k_y \alpha \Omega}$　(6-66)

气相传质单元数　$N_G = \displaystyle\int_{y_2}^{y_1} \frac{dy}{y - y_i}$　(6-67)

液相传质单元高度　$H_L = \dfrac{L}{k_x \alpha \Omega}$　(6-68)

液相传质单元数　$N_L = \displaystyle\int_{x_2}^{x_1} \frac{dx}{x_i - x}$　(6-69)

气相总传质单元高度　$H_{OG} = \dfrac{G}{K_y \alpha \Omega}$　(6-70)

气相总传质单元数　$N_{OG} = \displaystyle\int_{y_2}^{y_1} \frac{dy}{y - y_e}$　(6-71)

液相总传质单元高度　$H_{OL} = \dfrac{L}{K_x \alpha \Omega}$　(6-72)

液相总传质单元数　$N_{OL} = \displaystyle\int_{x_2}^{x_1} \frac{dx}{x_e - x}$　(6-73)

可将这些填料层高度计算式写成下列通用表达式：

填料层高度 ＝ 传质单元高度 × 传质单元数

对于传质单元高度的物理意义，现以气相总传质单元高度 H_{OG} 为例进行分析加以理解：

假定某吸收过程所需的填料层高度恰好等于一个气相总传质单元高度即 $Z = H_{OG}$，由式(6－65)可知，此情况下

$$N_{OG} = \int_{y_2}^{y_1} \frac{dy}{y - y_e} = 1$$

根据积分中值定理，有

$$N_{OG} = \int_{y_2}^{y_1} \frac{dy}{y - y_e} = \frac{y_1 - y_2}{(y - y_e)_m} = 1$$

即

$$(y - y_e)_m = y_1 - y_2 \tag{6-74}$$

可见，如果气体流经一段填料层前后的浓度变化$(y_1 - y_2)$恰好等于此段填料层内以气相浓度差表示的平均传质推动力$(y - y_e)_m$时，那么这段填料层的高度就是一个气相总传质单元高度。

当所要求的$(y_1 - y_2)$为一定值时，平均传质推动力$(y - y_e)_m$愈大，则传质单元数 N_{OG} 就愈小，所需要的填料层高度就愈小，因此，传质单元数的大小反映了传质的难易程度。为了减小 N_{OG}，应设法增大推动力。

传质单元高度的大小是由过程条件所决定的。因为 $H_{OG} = \frac{G}{K_y\alpha\Omega}$ 中，除单位塔截面上气体的摩尔流量(G/Ω)之外，就是体积吸收系数 $K_y\alpha$，它反映传质阻力的大小、填料性能的优劣及润湿情况的好坏。传质阻力愈大，填料层的有效比表面积愈小，则每个传质单元所相当的填料层高度就愈大。

传质单元数反映吸收过程进行的难易程度。要求的气体回收率愈大，过程的平均推动力愈小，则过程难度愈大，此时所需的传质单元数也就愈大。

总传质单元高度 H_{OG}、H_{OL} 与传质单元高度 H_G、H_L 之间的关系推导如下：

将$\frac{1}{K_y} = \frac{1}{k_y} + \frac{m}{k_x}$等式两边同时乘以$\frac{G}{\alpha\Omega}$得

$$\frac{G}{K_y\alpha\Omega} = \frac{G}{k_y\alpha\Omega} + \frac{mG}{L} \cdot \frac{L}{k_x\alpha\Omega}$$

$$H_{OG} = H_G + \frac{mG}{L}H_L \tag{6-75}$$

同理，由式$\frac{1}{K_x} = \frac{1}{mk_y} + \frac{1}{k_x}$式可得

$$H_{OL} = \frac{L}{mG}H_G + H_L \tag{6-76}$$

式中的 L/mG 称为吸收因数。它是操作线斜率 L/G 与平衡线斜率 m 之比，其比值较大时，对吸收有利，故称为吸收因数。

由式(6－75)与式(6－76)，可求得 H_{OG} 与 H_{OL} 的关系式，即

$$H_{OG} = \frac{mG}{L}H_{OL} \tag{6-77}$$

由于

$$Z = H_{OG} \cdot N_{OG} = H_{OL} \cdot N_{OL}$$

则得 N_{OG} 与 N_{OL} 的关系式为 $N_{OG}=\dfrac{L}{mG}N_{OL}$ (6-78)

(3) 传质单元数的计算

计算填料层高度 Z 的关键问题在于如何求算总传质单元数，即积分 $\int_{y_2}^{y_1}\dfrac{dy}{y-y_e}$ 或积分 $\int_{x_2}^{x_1}\dfrac{dx}{x_e-x}$ 值的求算，下面介绍几种常用的方法。

① 对数平均推动力法

由塔底推动力 $\Delta y_1=(y_1-y_{e1})$ 与塔顶推动力 $\Delta y_2=(y_2-y_{e2})$ 求出全塔的平均推动力（见图6-19）。当气液平衡关系服从亨利定律时，可用 $y_e=mx$（或在所涉及的浓度范围内 $y_e=mx+b$）来描述，即平衡线为直线。因为操作线与平衡线均为直线，所以任意截面上的推动力 $\Delta y=(y-y_e)$ 与 y 也一定成直线关系。

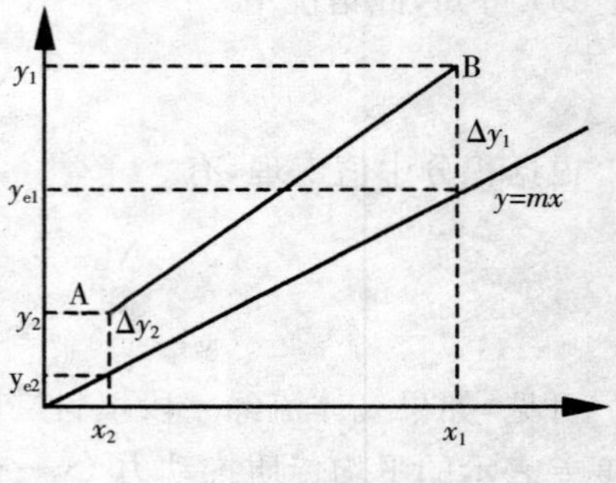

图 6-19 对数平均推动力法求 N_{OG}

因 $\Delta y=(y-y_e)$ 与 y 成直线关系，必有

$$\frac{d(\Delta y)}{dy}=\frac{\Delta y_1-\Delta y_2}{y_1-y_2}=\text{常数}$$

则有 $$N_{OG}=\int_{y_2}^{y_1}\frac{dy}{\Delta y}=\frac{y_1-y_2}{\Delta y_1-\Delta y_2}\int_{\Delta y_2}^{\Delta y_1}\frac{d(\Delta y)}{\Delta y}=\frac{y_1-y_2}{\Delta y_1-\Delta y_2}\ln\frac{\Delta y_1}{\Delta y_2}$$

令 $$\Delta y_m=\frac{\Delta y_1-\Delta y_2}{\ln\dfrac{\Delta y_1}{\Delta y_2}}=\frac{(y_1-y_{e1})-(y_2-y_{e2})}{\ln\dfrac{y_1-y_{e1}}{y_2-y_{e2}}} \tag{6-79}$$

得 $$N_{OG}=\frac{y_1-y_2}{\Delta y_m} \tag{6-80}$$

式中 Δy_m—— 全塔对数平均推动力。

同理，可推得液相总传质单元数为

$$N_{OL}=\frac{x_1-x_2}{\Delta x_m} \tag{6-81}$$

液相对数平均推动力

$$\Delta x_m=\frac{\Delta x_1-\Delta x_2}{\ln\dfrac{\Delta x_1}{\Delta x_2}} \tag{6-82}$$

当 $\dfrac{\Delta y_1}{\Delta y_2}<2$ 或 $\dfrac{\Delta x_1}{\Delta x_2}<2$ 时，Δy_m 或 Δx_m 可用算术平均值代替。

② 脱吸因数法

当气液平衡关系服从亨利定律，即 $y_e=mx$ 时，可用脱吸因数法求出总传质单元数。

在塔内任一截面与塔顶稀端之间作物料衡算，得

$$x=\frac{G}{L}(y-y_2)+x_2 \tag{6-83}$$

$$N_{OG}=\int_{y_2}^{y_1}\frac{dy}{y-y_e}=\int_{y_2}^{y_1}\frac{dy}{y-mx}=\int_{y_2}^{y_1}\frac{dy}{y-m\left[\dfrac{G}{L}(y-y_2)+x_2\right]}$$

$$= \int_{y_2}^{y_1} \frac{\mathrm{d}y}{\left(1 - \frac{mG}{L}\right)y + \frac{mG}{L}y_2 - mx_2}$$

令 $S = mG/L$，则 $N_{OG} = \int_{y_2}^{y_1} \frac{\mathrm{d}y}{(1-S)y + (Sy_2 - y_{e2})}$

积分上式并化简得

$$N_{OG} = \frac{1}{1-S}\ln\left[(1-S)\frac{y_1 - y_{e2}}{y_2 - y_{e2}} + S\right] \quad (6-84)$$

式中 $S = mG/L$ 称为脱吸因数，是平衡常数与操作线斜率的比值。

为了方便计算，以脱吸因数 S 为参变量，在半对数坐标上标绘出 $N_{OG} \sim \frac{y_1 - y_{e2}}{y_2 - y_{e2}}$ 的函数关系，如图 6-20 所示。若已知 G、L、y_1、y_2、x_2 及平衡线斜率 m 时，利用此图可方便地读出 N_{OG} 的数值。

在图 6-20 中，横坐标值的大小，反映溶质吸收率的高低。在气、液进口浓度一定的情况下，要求的吸收率越高，y_2 便愈小，横坐标的数值便愈大，对应于同一 S 值的 N_{OG} 值也就愈大。

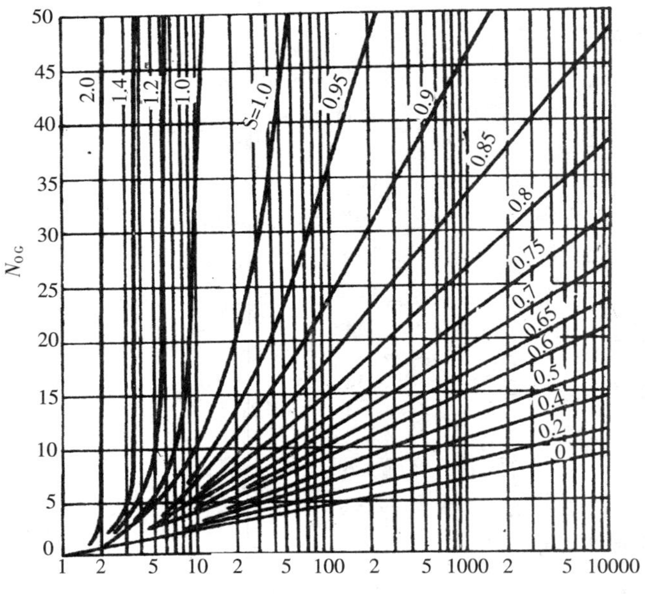

图 6-20 $N_{OG} - \frac{y_1 - y_{e2}}{y_2 - y_{e2}}$ **关系图(图中参数** $S = mG/L$**)**

参数 S 反映吸收推动力的大小。在气、液进口浓度及溶质吸收率已知的条件下，横坐标 $\frac{y_1 - y_{e2}}{y_2 - y_{e2}}$ 值一定，此时若增大 S 值就意味着减小液气比 L/G，其结果是使溶液出口浓度 x_2 提高而塔内吸收推动力变小，N_{OG} 值必然增大。反之，若参数值 S 减小，则 N_{OG} 值变小。

为了从混合气体中分离出溶质 A 而进行的吸收过程要获得最低的出塔气体浓度，必然力求使气体与液体在塔底趋近平衡，这就必须采用较大的液气比 L/G，使操作线斜率大于平衡线斜率(即 $S < 1$) 才有可能。反之，若要获得最浓的吸收液，必然力求使出塔液体与进塔气体趋

近平衡，这就必须采用较小的液气比 L/G，使操作线斜率小于平衡线斜率（即 $S>1$）才有可能。一般吸收操作多着眼于溶质的吸收率，故 S 值常小于 1。有时为了加大液气比，或达到其他目的，还采用液体循环的操作方式，这样能够有效地降低 S 值，但与此同时却又在一定程度上丧失了逆流操作的优越之处。通常认为取 $S=0.7\sim0.8$ 是比较适宜的。

图 6－20 用于 N_{OG} 的求算及其他有关吸收过程的分析估算十分方便。但须指出，只有在 $\dfrac{y_1-y_{e2}}{y_2-y_{e2}}>20$ 及 $S<0.75$ 的范围内使用该图时较为准确，否则误差较大。必要时仍需用式（6－84）进行计算。

例 6－6 空气和氨的混合气体，在直径为 0.8 m 的填料吸收塔中用清水吸收其中的氨。已知送入的空气量为 1390 kg/h，混合气体中氨的分压为 1.35 kPa，经过吸收后混合气中有 99.5％的氨被吸收下来。操作温度为 20℃，压力为 101.33 kPa。在操作条件下，平衡关系为 $y=0.75x$。若吸收剂（水）用量为 52 kmol/h。已知氨的气相体积吸收总系数 $kya=314\ \text{kmol}/(\text{m}^3\cdot\text{h})$，试求所需填料层高度。

解 此题显然为低浓度气体吸收，则有

$$G\approx G_B=1390/29=47.93\ \text{kmol/h},\quad L\approx L_S=52\ \text{kmol/h}$$

（1）用对数平均推动力求填料层高度

根据已知条件有

$$y_1=\frac{p_1}{p}=\frac{1.35}{101.3}=0.0133$$

$$y_2=0.0133(1-0.995)=6.66\times10^{-5},\quad x_2=0$$

$$x_1=\frac{G(y_1-y_2)}{L}=\frac{47.93(0.0133-6.66\times10^{-5})}{52}=0.0122$$

$$y_{e1}=mx_1=0.75\times0.0122=0.0092\qquad y_{e2}=mx_2=0$$

$$\Delta y_1=y_1-y_{e1}=0.0133-0.0092=0.0041$$

$$\Delta y_2=y_2-y_{e2}=6.66\times10^{-5}$$

$$\Delta y_m=\frac{\Delta y_1-\Delta y_2}{\ln\dfrac{\Delta y_1}{\Delta y_2}}=\frac{0.0041-6.66\times10^{-5}}{\ln\dfrac{0.0041}{6.66\times10^{-5}}}=9.79\times10^{-4}$$

$$N_{OG}=\frac{y_1-y_2}{\Delta y_m}=\frac{0.0133-6.66\times10^{-5}}{9.79\times10^{-4}}=13.4$$

$$H_{OG}=\frac{G}{K_ya\Omega}=\frac{47.93}{314\times0.785\times0.8^2}=0.304\ \text{m}$$

所以得

$$Z=H_{OG}\cdot N_{OG}=0.304\times13.4=4.074\ \text{m}$$

（2）用脱吸因数法求填料层高度

$$S=mG/L=\frac{0.75\times47.93}{52}=0.691$$

$$\frac{y_1-mx_2}{y_2-mx_2}=\frac{0.0133}{6.66\times10^{-5}}=200$$

$$N_{OG}=\frac{1}{1-S}\ln\left[(1-S)\frac{y_1-mx_2}{y_2-mx_2}+S\right]$$

$$=\frac{1}{1-0.691}\ln[(1-0.691)\times200+0.691]=13.4$$

$$Z=H_{OG}\cdot N_{OG}=0.304\times13.4=4.074\ \text{m}$$

计算结果与用对数平均推动力所计算结果完全一样。

根据脱吸因数 $S=0.691$ 及 $\dfrac{y_1-y_{e2}}{y_2-y_{e2}}=200$，由图 6－20 查得 $N_{OG}=13.5$，与计算结果相当接近。

③ 梯级图解法

若在过程所涉及的浓度范围内，平衡关系为直线或者是弯曲程度不大的曲线，采用下述的梯级图解法估算总传质单元数显得十分简便清晰。这种梯级图解法是直接根据传质单元数的物理意义引出的一种近似方法，也称贝克（Baker）图解法。

如果气体流经一段填料层前后的溶质浓度变化（$y_1 - y_2$）恰好等于此段填料层内气相总推动力的平均值$(y - y_e)_m$，那么这段填料层就可视为一个气相总传质单元。

在图 6-21 中，OE 为平衡线，BT 为操作线，此二线段间的竖直线段 BB^*、AA^*、TT^* 等表示塔内各相应横截面上气相总推动力（$y - y_e$），其中点的连线为曲线 MN。

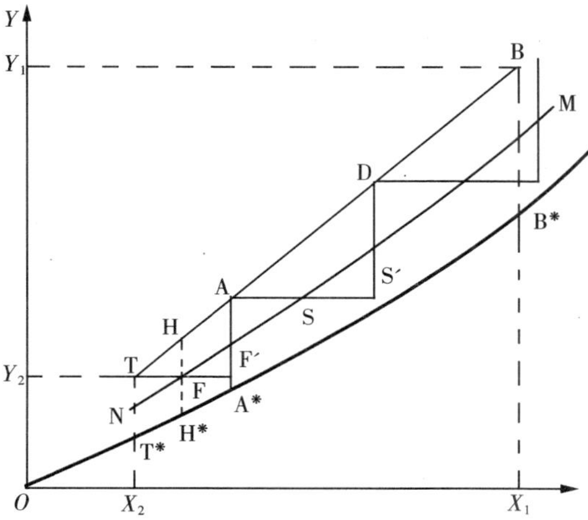

图 6-21 梯级图解法求 N_{OG}

从代表塔顶的端点 T 出发，作水平线交 MN 于点 F，延长 TF 至点 F′，使 $FF' = TF$，过点 F′ 作铅垂线交 BT 于点 A。再从点 A 出发作水平线交 MN 于点 S，延长 AS 至点 S′，使 $SS' = AS$，过点 S′ 作铅垂线交 BT 于点 D。再从点 D 出发…… 如此进行，直至达到或超过操作线上代表塔底的端点 B 为止，所画出的梯级数即为气相总传质单元数 N_{OG}。不难证明，按照上述方法作出的每一梯级都代表一个气相总传质单元。

令在操作线与平衡线之间通过 F 及 F′ 两点的铅垂线分别为 HH^* 及 AA^*。

因为 $FF' = TF$

所以 $F'A = 2FH = HH^*$

只要平衡线的 A^*T^* 段可近似地视为直线，便可写出如下关系：

$$HH^* = (TT^* + AA^*)/2$$

即 HH^* 代表此段内气相总推动力（$y - y_e$）的算术平均值。F′A 表示此段内气相浓度的变化（$y_A - y_T$），因为 $F'A = HH^*$，故图 6-21 中的三角形 TF′A 即可表示一个气相总传质单元。

同理，三角形 AS′D 可表示另一个气相总传质单元。如此类推。

利用操作线 BT 与平衡线 OE 之间的水平线段中点轨迹线，可求得液相总传质单元数，其步骤与上述求 N_{OG} 的基本相同。

④ 图解积分法与数值积分法

当气液两相的平衡关系 $y_e = f(x)$ 为一曲线，虽然操作线为直线，但两线间的距离（即传质推动力）处处不等，如图 6-22(a) 所示。

以气膜控制的吸收过程为例，积分式 $N_{OG}=\int_{y_2}^{y_1}\frac{dy}{y-y_e}$ 之值，等于图 6-22(b) 中曲线下的阴影面积，可用图解积分法求此面积。

如图 6-22 (a) 所示，在 y_1 和 y_2 之间的操作线上选取若干点，每一点代表塔内某一截面上气液两相的组成。分别从每一点作垂线，与平衡线相交，求出各点的传质推动力 $(y-y_e)$ 和 $1/(y-y_e)$。作 $1/(y-y_e)$ 对 y 的曲线，如图 6-22(b) 所示，曲线下的面积即为 N_{OG} 值。图解积分法较繁琐，且不易准确，可用数值积分法计算。下面介绍常用的辛普生(Simpison) 数值积分法。

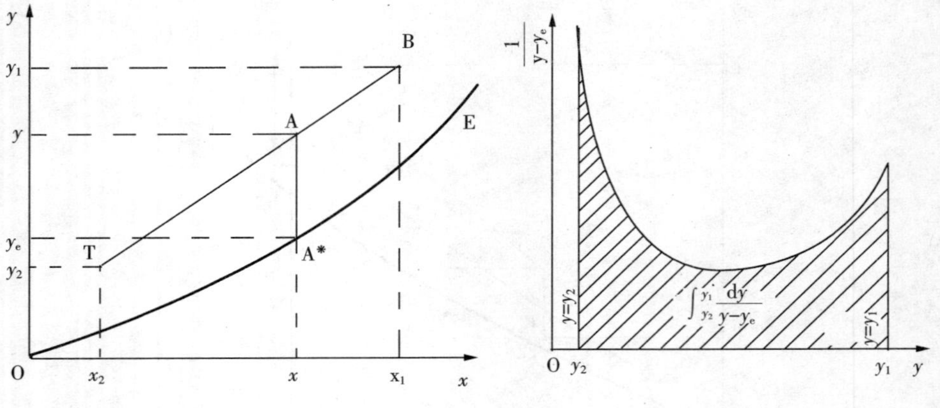

图 6-22 平衡线为曲线时 N_{OG} 的计算法

在 y_1 至 y_2 间作偶数等分，见图 6-22(a)，对每一个 y 值算出对应的 $f(y)=1/(y-y_e)$，用 y_0 代替塔顶组成 y_2，y_n 代替塔底组成 y_1，令 $f_i=f(y_i)$，然后按下式

$$\int_{y_0}^{y_n}f(y)dy=\frac{\xi}{3}(f_0+4f_1+2f_2+4f_3+2f_4+\Lambda+2f_{n-2}+4f_{n-1}+f_n) \tag{6-85}$$

求积，式中步长为 $\xi=\frac{y_n-y_0}{n}$，$y_i=y_{i-1}+\xi$，$f_i=f(y_i)$

n 可取任一偶数，n 越多，计算就越准确。

综上所述，传质单元数的不同求法各有其特点及适用场合。对于低浓度气体吸收操作，只要在过程所涉及的浓度范围内平衡线为直线，便可用脱吸因数法及对数平均推动力法求传质单元数。当平衡线弯曲不甚显著时，可用梯级图解法简捷估算总传质单元数的近似值，此法之所以是近似的，在于它把每一梯级内的平衡线视为一段直线，并以吸收推动力的算术平均值代替对数平均值。当平衡线为曲线时，则宜采用图解积分法。图解积分法是求传质单元数最基本的普遍方法，它不仅适用于低浓度气体吸收的计算，而且适用于高浓度气体吸收及非等温吸收等复杂情况下传质单元数的求算。

6.4.4 吸收塔操作计算

对一定物系和一定填料层高度 Z 的吸收塔操作，通常气相流量 G 及其入塔气相组成 y_1 是已知的，控制的目标主要是气相出塔组成 y_2(或溶质的吸收率 η)。可调节的操作条件有操作温度 t、压力 p、吸收剂流量 L_S(或液气比 L/G) 及其进塔组成 x_2 等。

在操作中要想提高吸收率 η，可以增大液气比 L/G，改变操作线的位置，或降低操作温度、提高操作压力，以降低平衡常数 m，使平衡线远离操作线，或降低吸收剂进塔组成 x_2。这些都能增大传质推动力，提高传质速率。

对于填料吸收塔，不论是设计计算，还是操作计算，都要用到物料衡算方程（操作线方程式）、气液相平衡关系和传质速率方程式（N_A = 传质系数 × 传质推动力）以及由它们联立求得的填料层高度 Z 计算式（Z = 传质单元高度 × 传质单元数）。

当需要求端点组成或液气比 (L/G) 时，用脱吸收因数法比较方便。

例 6-7 某厂有一填料塔所用的填料为 50 mm 瓷拉西环，乱堆，直径 880 mm，填料层高 6 m，每小时处理 2000 m^3 混合气（体积按 25 ℃ 与 101.33 kPa 计），其中含丙酮摩尔分数为 5 %，用清水作溶剂。塔顶送出的废气含 0.263 % 丙酮，塔底送出来的溶液每 kg 含丙酮 61.2 g。根据上述测试数据计算气相体积总传质系数 $K_y \cdot \alpha$。操作条件下的平衡关系为 $y = 2.0x$。

上述情况下每小时可回收多少 kg 丙酮？若把填料层加高 3 m，可以多回收多少丙酮？

解 低浓度气体吸收，根据已知条件 $G = \dfrac{2000}{22.4} \times \dfrac{273}{298} = 81.8\ \text{kmol/h}$

$y_1 = 0.05$，$y_2 = 0.00263$，清水吸收，即 $x_2 = 0$

$$x_1 = \frac{61.2/58}{938.8/18 + 61.2/58} = 0.0188$$

由物料衡算方程 $G(y_1 - y_2) = L(x_1 - x_2)$

得 $$\frac{L}{G} = \frac{y_1 - y_2}{x_1 - x_2} = \frac{0.05 - 0.00263}{0.0188} = 2.52$$

$$S = mG/L = 2/2.52 = 0.794$$

$$N_{OG} = \frac{1}{1-S}\ln\left[(1-S)\frac{y_1 - mx_2}{y_2 - mx_2} + S\right]$$

$$= \frac{1}{1-0.794}\ln\left[(1-0.794)\frac{0.05}{0.00263} + 0.794\right] = 7.52$$

由 $$H_{OG} = \frac{G}{K_y\alpha\Omega} = \frac{Z}{N_{OG}} = 0.798\ \text{m}$$

得 $$K_y\alpha = \frac{G \cdot N_{OG}}{Z \cdot \Omega} = \frac{81.8 \times 7.52}{6 \times 0.785 \times 0.88^2} = 169\ \text{kmol/(m}^3\cdot\text{h)}$$

丙酮回收量：$q_{m1} = G(y_1 - y_2) = 81.8(0.05 - 0.00263) = 3.88\ \text{kmol/h}$

$= 3.88 \times 58 = 225.04\ \text{kg/h}$

增加 3 m 后 $Z = 9\ \text{m}$

由 $N_{OG} = \dfrac{Z}{H_{OG}} = \dfrac{9}{0.798} = 11.28 = \dfrac{1}{1-S}\ln\left[(1-S)\dfrac{y_1}{y_2} + S\right]$ 和 $S = 0.794$

解得：$\dfrac{y_1}{y_2} = 45.7$ $\therefore y_2 = \dfrac{y_1}{45.7} = \dfrac{0.05}{45.7} = 0.0011$

此时可回收丙酮：$q_{m2} = G(y_1 - y_2) = 81.8(0.05 - 0.0011) = 4.00\ \text{kmol/h}$

可多回收丙酮：$\Delta q_m = 58(4.00 - 3.88) = 6.96\ \text{kg/h}$

6.4.5 解吸塔的计算

使溶解于液相中的易挥发性溶质释放出来的操作过程称为解吸（或脱吸）。工业上为了回收溶剂，通常采用解吸操作，使吸收剂与被吸收的溶质分离，循环使用。解吸是吸收的逆过程，其操作方法通常是使溶液与惰性气体或水蒸气逆流接触。吸收后的溶液自塔顶送入，在其流动过程中与来自塔底的惰性气体或水蒸气相遇，溶质逐渐从液相中脱出，在塔底收集脱吸后的溶剂，而在塔顶得到溶质与惰性气体或水蒸气的混合物。

一般情况下，采用惰性气体的解吸过程适用于溶剂的吸收，不能直接得到纯净的溶质组分。采用水蒸气的脱吸过程，则通过将塔顶排出的混合气体冷凝分离出水层的办法，得到纯净的原溶质组分或直接得到有用的稀溶液，如用水蒸气吹脱高浓度含氨废水，冷凝后得到的稀氨水可回用于生产。

脱吸过程是溶质从液相向气相传递，与吸收相反的过程。只有当液相中溶质的平衡分压 p_{Ae} 大于气相中溶质的分压 p_{AG}，溶质才能解吸出来。所以解吸的推动力是 $(y_e - y)$ 或 $(x - x_e)$，操作线 AB 在平衡线的下方，如图 6 - 22(b) 所示，正好与吸收相反。

为了增大脱吸过程的推动力，通常使溶液加热升温，或在减压条件下操作。因为升温或减压可使气液平衡常数 m 增大。

(1) 脱吸用气量与最小气液比

设计计算中(图 6-23)，脱吸塔进、出口液体组成 x_1、x_2 以及入口气体组成 y_2 都是规定的，多数情况下 $y_2 = 0$，而出口气体组成 y_1 则根据适宜的气液比来计算。

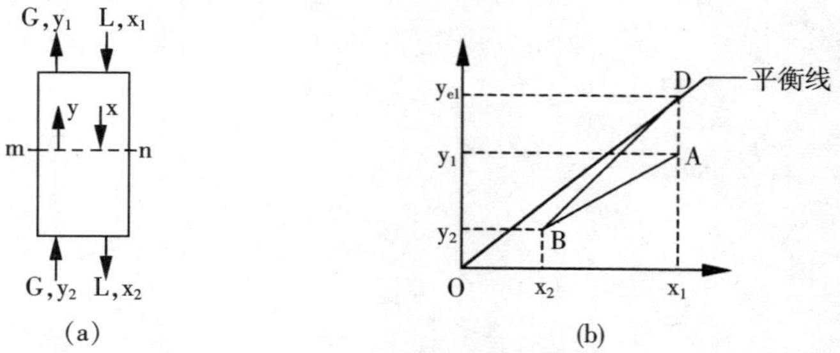

图 6 - 23 脱吸的操作线和最小气液比

当解吸所用惰性气体量减少，出口气体 y_1 增大，操作线的 A 点向平衡线靠近，但 y_1 增大的极限为与 x_1 成平衡，即达到 D 点，此时脱吸操作线斜率 L/G 最大，即气液比为最小。

$$\frac{G}{L} = \frac{x_1 - x_2}{y_{e1} - y_2} \tag{6-86}$$

实际操作时，为使塔顶有一定的传质推动力，气液比应大于最小气液比。

(2) 解吸塔填料层高度计算

解吸塔填料层高度计算式，与吸收塔的基本相同。由于解吸的溶质质量以 $L\mathrm{d}x$ 表示方便，通常采用以液相组成为推动力的计算式。当气液平衡关系服从亨利定律 $y_e = mx$ 时，计算填料层高度的计算式为

$$Z = H_{OL} \times N_{OL} = \frac{L}{K_x a \Omega}\int_{x_2}^{x_1} \frac{\mathrm{d}x}{x - x_e} \tag{6-87}$$

传质单元数的计算方法与吸收过程相同。用吸收塔 N_{OG} 相同的推导方法，可推得脱吸塔 N_{OL} 的计算式。

① 对数平均推动力法

$$N_{OL} = \frac{x_1 - x_2}{\Delta x_m} \tag{6-88}$$

式中
$$\Delta x_m = \frac{\Delta x_1 - \Delta x_2}{\ln \dfrac{\Delta x_1}{\Delta x_2}} = \frac{(x_1 - x_{e1}) - (x_2 - x_{e2})}{\ln \dfrac{x_1 - x_{e1}}{x_2 - x_{e2}}} \tag{6-89}$$

② 吸收因数法

令吸收因数 $A = \dfrac{L}{mG}$，脱吸过程同样可推得

$$N_{OL} = \frac{1}{1-A}\ln\left[(1-A)\frac{x_1 - x_{e2}}{x_2 - x_{e2}} + A\right] \tag{6-90}$$

式(6-90)与式(6-84)在结构上相同，因此，图6-20也可用于求解式(6-90)，只是图中的解吸因数 mG/L 要用吸收因数 L/mG 替换，横坐标 $\dfrac{y_1 - y_{e2}}{y_2 - y_{e2}}$ 用 $\dfrac{x_1 - x_{e2}}{x_2 - x_{e2}}$ 替换，纵坐标 N_{OG} 用 N_{OL} 替换。

6.4.6 高浓度气体吸收

(1) 高浓度气体吸收的特点

当进入吸收塔的混合气体浓度较高(体积百分率一般大于10%)，被吸收溶质量较多时，称为高浓度气体吸收。对低浓度气体吸收的处理计算不再适用。高浓度气体吸收具有如下特点：

①G、L 沿塔高变化：在高浓度气体吸收过程中，气体流率 G 及液相流率 L 不能再视为常量，因其沿塔高有明显变化；但惰性气体流率 G_B 沿塔高不变。若不考虑溶剂挥发，纯溶剂流率 L_S 也不变。

② 吸收过程非等温：在高浓度气体吸收过程中，被吸收的溶质量较多，所产生的溶解热使两相温度升高。液体温度升高将对相平衡产生较大影响。

③ 传质分系数与浓度有关：按双膜理论考虑，气相传质分系数 k_y 可表示为

$$k_y = \frac{D_G p}{RTZ_G}\cdot\frac{1}{(1-y)_m} = k'_y\frac{1}{(1-y)_m} \tag{6-91}$$

式中 k'_y 为等摩尔反向扩散的传质分系数，其值与气相浓度 y 无关，高浓废气体吸收时不能忽略漂流因子 $\dfrac{1}{(1-y)_m}$ 的影响。

同理，液相传质分系数 k_x 也应与液体浓度 x 有关，但在一般情况下，许多高浓度气体吸收的液相浓度并不很高，因而通常将 k_x 看成与浓度 x 无关。

此外，k_y、k_x 均受流动状况(包括气、液流率 G、L)的影响，因而在全塔不再为一常量。上述特点的存在，使得高浓度气体吸收过程计算比低浓度气体吸收过程计算要复杂得多。

(2) 高浓度气体吸收过程计算

① 绝热吸收平衡线

现将吸收塔按液相浓度 x 的变化分成若干段，每段的变化为 Δx，如图6-24(a)图所示。以其中第 n 段为例作热量衡算。令 L 为溶液流量，在该段中溶解的溶质量可用 $L(x_n - x_{n-1})$ 计算，则有：

$$\varphi L(x_n - x_{n-1}) = LC_L(t_n - t_{n-1}) \tag{6-92}$$

或
$$t_n = t_{n-1} + \frac{\varphi}{C_L}\Delta x \tag{6-92a}$$

式中 t_n、t_{n-1}—— 离开和进入该段的液相温度，单位 K；

φ—— 溶质的微分溶解热，是溶液浓度 x 的函数。此处应由 x_{n-1} 至 x_n 之间的平均值查 φ 值，单位 kJ/kmol；

C_L—— 溶液的平均比热，单位 kJ/(kmol · K)。

如果塔顶的液相浓度 x_0，温度 t_0 已知，可用式(6－92) 逐段算出不同溶液浓度 x 处的液相温度 t，建立吸收塔中液相浓度 x 与温度 t 的对应关系，然后根据液相浓度 x 及对应的温度 t，可从手册中找到与之呈平衡的气相浓度 y_e，塔内的实际平衡曲线即可确定。也可以作若干不同温度下的“$y \sim x$”平衡曲线，找到与 x 对应的温度点，连结这些点所得的曲线即为绝热吸收气液平衡曲线，如图 6－24(b) 图所示。

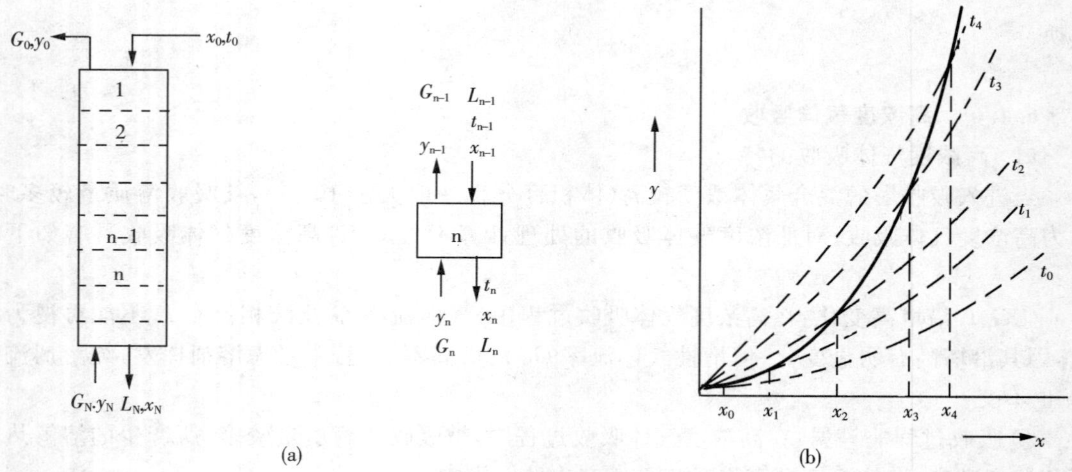

图 6－24 绝热吸收平衡曲线计算法

② 微分溶解热

可溶组分在溶解过程中所释放的热量大小可用微分溶解热 φ 来计算。微分溶解热 φ 是指每溶解 1kmol 溶质于浓度为 x 的大量溶液中所产生的热量，其值与溶液浓度有关。不同体系微分溶解热的数据可从有关手册中查找。

需要说明的是冷凝潜热根据溶质气体入塔温度查取，一般体系微分溶解热随液相浓度变化不大，所以可取操作浓度范围内的平均值。

③ 高浓度气体吸收时填料层高度的计算

采用传质分系数，塔内任一微分段 dh 的吸收速率式应为

$$\mathrm{d}(Gy) = k_y\alpha(y - y_i)\mathrm{d}h$$

设 G_B 为惰性气体摩尔流率，则 $G_B = G(1-y)$，代入上式得：

$$\mathrm{d}(Gy) = G_B \mathrm{d}\left(\frac{y}{1-y}\right) = G_B \frac{\mathrm{d}y}{(1-y)^2} = G\frac{\mathrm{d}y}{1-y} = k_y\alpha(y-y_i)\mathrm{d}h$$

所以

$$H = \int_0^H \mathrm{d}h = \int_{y_2}^{y_1} \frac{G\mathrm{d}y}{k_y\alpha(y-y_i)(1-y)} \tag{6-93}$$

将式(6－91) 代入上式，则有

$$H = \int_{y_2}^{y_1} k'_y a\ \frac{G(1-y)_m \mathrm{d}y}{(y-y_i)(1-y)} \tag{6-94}$$

根据式(6-94)进行图解积分，计算填料层高度时，要用试差法，步骤较繁。在一般情况下，虽然 L 和 G 均随塔截面位置而变，但两者之间的比值在整个填料层中变化不大，所以可将 $G/k'_y\alpha$ 视为常数。则上式可写成

$$H = \frac{G}{k'_y\alpha}\int_{y_2}^{y_1}\frac{(1-y)_m\,dy}{(y-y_i)(1-y)} = H_G \cdot N_G \tag{6-95}$$

式中

$$H_G = \frac{G}{k'_y\alpha} \tag{6-96}$$

$$N_G = \int_{y_2}^{y_1}\frac{(1-y)_m\,dy}{(y-y_i)(1-y)} \tag{6-97}$$

H_G 称为气相传质单元高度，N_G 称为气相传质单元数。

在气相浓度不十分高的情况下，$(1-y)_m$ 可用 $\frac{1}{2}[(1-y)+(1-y_i)]$ 代替，则式(6-97)可写成两项之和，即：

$$N_G = \int_{y_2}^{y_1}\frac{dy}{(y-y_i)} + \frac{1}{2}\ln\frac{1-y_2}{1-y_1} \tag{6-98}$$

式中右端第一项为低浓度气体吸收的传质单元数，第二项表示气体浓度较高时，漂流因子的附加影响。

6.4.7 多组分吸收

多组分吸收是指气体混合物中有几个组分同时被吸收的过程。例如用洗油吸收焦炉气中的苯、甲苯、二甲苯等。

设混合气体中有三个溶质组分—B、C、D，其在溶剂中的溶解度虽不相同，但却都能符合亨利定律，则 $x-y$ 图中的平衡线可用三条通过原点的直线表示，如图 9-25 中的直线 OB、OC、OD。三条平衡线的 m_B、m_C、m_D 之间的关系有：$m_B > m_C > m_D$，表明 B 最难溶(分子量最小的烃，常称为轻组分)，而 D 为最易溶(重)组分。

在进、出塔的气体或液体中，各个组分的浓度互不相同而各有一物料衡算式，但这些衡算式在同一截面上的液气比则是相同的。若进塔气体中各溶质组分的浓度都不高(如都低于 10%，称为贫气)，液气比 L/G 沿塔高的变化可以忽略，则这些组分的操作线就一组相互平行的直线，如图 9-25 中示出的 EF、GH 及 IJ。参照式(9-55)，任一组分 j 的操作线可以写成：

$$y_i = \frac{L}{G}x_i + \left(y_{j2} - \frac{L}{G}x_{j2}\right) \tag{6-99}$$

式中 y_{j2}、x_{j2}—— 组分 j 在塔顶气体、液体中的摩尔分率；

y_i、x_j—— 组分 j 在某一截面处气体、液体中的摩尔分率。

多组分吸收的计算原则是：根据工艺要求，使其中某一个组分(称为关键组分，如 C)达到指定的要求，再计算其他组分被吸收的程度，由此可以得知出塔气体和液体的组成。为使关键组分达到吸收要求，可将它们为单组分吸收，如前述定出其液气比和理论板数。

图 9-25 中示出为使关键组分 C 达指定要求，即由点 H 示出的塔底组成 y_H 降到点 G 示出的塔顶组成 y_G。在选定的液气比(通常是使其吸收因素 A_c 接近于 1)及入塔液组成 $x_2 = 0$ 的条件下，需要三层理论板。较 C 难溶的组分 B，其吸收因素 $A_B = L/m_BG$，明显小于 1，操作线 EF 和平衡线 OB 在代表塔底气液组成的点 F 处趋近，这里梯级的跨度最短，即经过一层理论板的

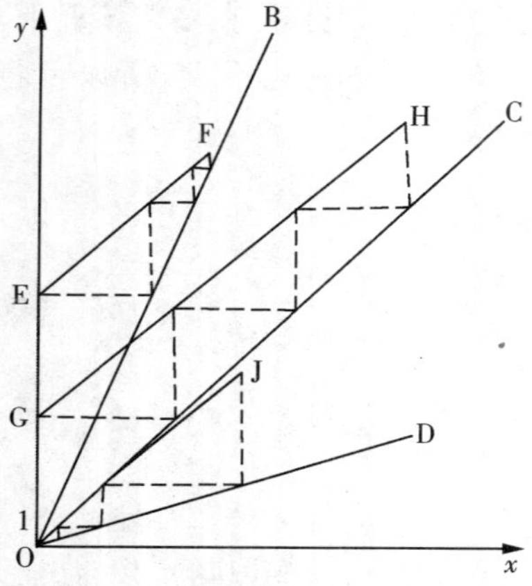

图 9-25　三组分吸收中三个组分的平衡线和操作线

组成变化最小，说明吸收主要在塔的顶部进行；而且，同样经过三层理论板之后的吸收率 $\eta_B = (y_F - y_G)/y_F$ 并不大，显然比C的吸收率 $\eta_C = (y_H - y_G)/y_H$ 为小。相反，较C易溶的组分D，其吸收因素 $A_D = L/m_DG$ 明显大于1，操作线 IJ 与平衡线OD在塔顶处趋近，吸收主要在塔底部进行；同样通过三层理论板后，吸收率 $\eta_D = (y_j - y_i)/y_j$ 显然较 η_C 为大。

6.4.8　化学吸收

化学吸收通常指溶质气体A溶于溶剂S后，即与其中不挥发的反应剂S进行化学反应的过程，这是一种传质与反应同时进行的过程。由于在吸收的同时液相伴有化学变化，使其中游离溶质转化为反应产物，就具有下述的两个优点：

(1) 吸收剂的容量(单位体积液体能吸收的溶质量)可以大为增加，故能大大减少其用量或循环量，从而降低能耗或有价值惰性气体的溶解损失。

(2) 加快传质速率，从而降低传质设备投资，并能提高吸收率。例如，氮肥工业中脱除变换气中所含 CO_2 的工序，以催化热碱法代替水洗法，可以同时收到上述两成效，并提高再生时副产物 CO_2 的纯度(由于 H_2、N_2 的溶解度损失减小)。因化学吸收具有上述优点，故在生产中甚为广用。当然，由于有了化学结合力，吸收虽较容易，但脱吸时也就较为困难，因而要消耗较多的能量；如果反应不可逆，反应剂就不能循环使用(例如用 $NaOH$ 吸收 CO_2)，用途就大受限制。

对于上述液相进行反应的化学吸收，溶质从气相主体到气液界面的传质机理和传质系数并未受影响，与物理吸收仍相同；液相中反应对传质速率的影响可以分为两方面：

(1) 溶质A(游离态)被反应所消耗，故液相主体的浓度 c_{AL} 减低，使传质推动力($c_{Ae} - c_{AL}$ 或 $c_{Ai} - c_{AL}$ 等)增大。当反应不可逆且进行较快，而液相在吸收设备内的存留时间(即反应时间)不是很短时，c_{AL} 实际上可作为零看待。

(2) 溶质在液膜内即被反应所消耗(应用膜模型)，使其扩散距离或扩散阻力减小，因而使液相传质系数增大。通常以有、无反应时的传质系数之比来表示这一影响的大小：

$$E = k'_L/k_L \tag{6-100}$$

式中　k'_L、k_L——有、无反应时的液相传质系数；

E——增强因素或称反应因素，其值大于1。

根据增强因素 E 的定义式(6-100)，化学吸收时的液相传质速率方程可表达如下：

$$N'_A = k'_L(c_{Ai} - c_{AL}) = Ek_L(c_{Ai} - c_{AL}) \tag{6-101}$$

式中以 N'_A 代表化学吸收时的传质速率。如前所述，只要反应不很慢、反应时间不很短，可取 $c_{AL} = 0$，因而(式6-102)遂简化为：

$$N'_A = Ek_Lc_{Ai} \tag{6-102}$$

当亨利定律对液相中游离溶质适用时，式(6-101)或(6-102)还可以与气相传质速率方程6-30：$N'_A = k_G(p_{AG} - p_{Ai})$ 联立，消去界面组成而得到总传质速率方程。只要得知增强因素 E，就可以利用这些速率方程以类似第四节所述的方法对填料塔进行计算。

增强因素之值可以从很近于1到远大于1，它取决于反应动力学(反应的类型、反应速率常数等）和物性，是化学吸收研究中所需要解决的主要课题。

现再从总传质阻力的角度分析化学吸收在不同情况下的相对重要性。当物理吸收为液膜控制时，由于液相反应能够显著地减少液膜传质阻力从而减少部阻力，同时液膜控制又见于难溶、难吸收、吸收容量小的物系，故采用化学吸收法其优点就很明显；当物理吸收为气膜控制时，则液膜阻力即使大为减小，对总阻力却影响不大，而用这类物系又易于吸收、容量大，则应用化学吸收法的益处就不大了。

6.4.9 非等温吸收

在吸收过程中总会产生溶解热，特别是伴有化学反应时常会释放更大的反应热，使气体、液体的温度上升。只有气体的浓度不高、液气比甚大，又没有显著放热效应时，才能近似地作为等温吸收看待。当吸收时热效应甚大，如以水吸收较浓的HC1或NH_3、以浓硫酸吸收水蒸气或三氧化硫等情况，就应当考虑温度变化的影响。

吸收过程的热效应发生于液相中，其影响主要是改变平衡线的位置 —— 液温上升，平衡分压增大，平衡线就向上移动。此外，液温上升还会产生以下影响：增大溶剂的蒸气压及其汽化量；减小液体的粘度，增大其扩散系数，从而提高液相的传质系数；在化学吸收时，则使反应速率加快，会有利于吸收等。若这些因素中某个影响比较重要，也应予以考虑。

吸收塔内液体温度是在沿塔下流中逐渐上升的，特别流到近塔底处，气体浓度大、吸收速率快，液温的上升也最明显，使平衡曲线越来越陡。因此，在热效应较大时，吸收塔内的实际平衡曲线不应按塔顶、底的平均温度条件下来计算，而应当从塔顶到塔底，逐步地由液体浓度变化的热效应算出其温度，再作出实际平衡曲线。

6.5 填 料 塔

填料塔结构简单，压降低，易用耐腐蚀材料制造，是一种连续接触式的气液传质设备。近年来，国内外对填料的研究与开发进展迅速，性能优良的新型填料不断涌现，使填料塔的应用更加广泛。直径几米甚至十几米的大型填料塔目前在工业上已非罕见。

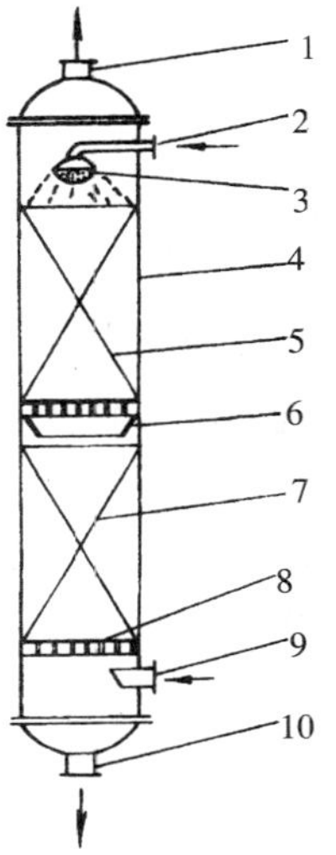

图 6-26 填料塔结构简图

1-气体出口；2-液体入口；3-液体分布装置；4-塔壁；5、7-填料；6-液体再分布器；8-支承栅板；9-气体入口；10-液体出口

6.5.1 填料塔的结构及填料特性

(1) 填料塔的结构

填料塔的结构如图6-26所示。塔体为一圆形筒体，筒内分层装有一定高度的填料。自塔上部进入的液体通过分布器均匀喷洒于塔截面上。液体沿填料表面呈膜状流下。各层填料之间设有液体再分布器，将液体重新均匀分布于塔截面上，再进入下层填料。气体自塔下部进入，在填料缝隙中与液体接触传质后，从塔上部排出。离开填料层的气体可能挟带少量雾状液滴，因此有时需要在塔顶安装除沫器。

(2) 填料的类型及特性

填料的作用是为气液两相提供充分的接触面，并提高流体（主要是气相）的湍动程度，有利于传质。填料应能使气液接触面大、传质系数高，同时通量大且阻力小。填料按形状可分为环形、鞍形和波纹形。环形填料有拉西环、鲍尔环、阶梯环等；鞍形填料有矩鞍形和弧鞍形两种；波纹形填料有板形波纹和网状波纹。这些填料的形状如图 6－27 所示。

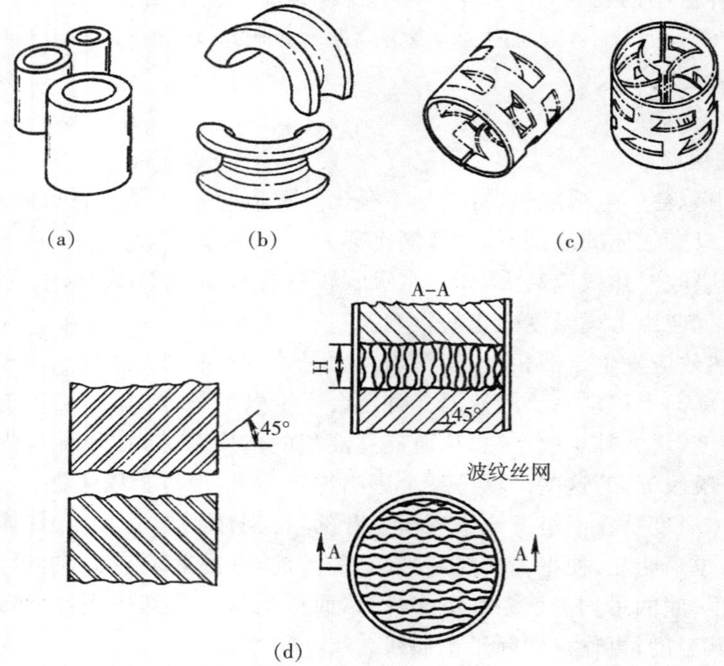

图 6－27　各种填料

(a) 拉西环；(b) 矩鞍形填料；(c) 鲍尔环；(d) 波纹填料的结构

拉西环是最古老最典型的一种填料，形状简单。常用的拉西环为外径与高相等的圆筒，人们对其流体力学及传质规律研究得比较完善。目前拉西环虽仍是一种应用较广泛、具有代表性的填料，但传质阻力大，传质效率差，已逐渐为新型填料所代替。

鲍尔环是在普通拉西环的壁上开一层（ϕ5 mm 以下的环）或二层（ϕ50 mm 以上的环）长方形小窗而成，这种结构使填料层内气、液分布性能大大提高，有利于气、液进入环内。与拉西环相比，鲍尔环的气体通过能力、传质系数都有显著提高，而阻力却下降约 50 %，因而在工业上得到广泛应用。

鞍形填料是一种像马鞍形的敞开式填料。它的填料面积利用率极好，气流通过填料层压降亦小，加工比鲍尔环容易，是一种优良填料。

金属波纹网填料是 20 世纪 60 年代发展起来的一种新型规整填料，填料由平行丝网波纹片垂直排列组装而成。网片波纹的方向与塔轴成一定的倾角（一般为 30° 或 45°），相邻两网片的波纹倾斜方向相反，使波纹片之间形成一系列相互交叉的三角形流道，相邻两盘成 90° 交叉安放。金属波纹网填料空隙率大，阻力小，通量大，放大效果好，常用于精密精馏和真空精馏中，现已用于直径达十几米的大塔中。

填料可用陶瓷、金属、塑料等不同材料制成，填料按装填方法可分为乱堆与整砌两种。乱堆填料作无规则堆积而成，装卸较方便，但压降大，一般直径在 50mm 以下的填料用乱堆。整砌填料常用规整的填料整齐砌成，适用于直径在 50mm 以上的填料，压降小。

① 比表面积 α_t

单位体积填料中的填料表面积称为比表面积 α_t，m^2/m^3。

$$\alpha = n\alpha_0 \tag{6-103}$$

式中 α—— 比表面积，m^2/m^3；

α_0—— 一个填料的表面积，m^2/个；

n—— 填料个数，个/m^3。

② 空隙率 ε

空隙率指干塔状态时单位体积填料所具有的空隙体积，m^3/m^3。

一般说来，填料所具有的空隙率较大时，气液阻力较小，因而流量可以增大，操作弹性范围较宽。但不能根据空隙率一项指标的大小评价填料的优劣。

③ 干填料因子及填料因子

比表面积和空隙率两个填料特性所组成的复合量 α/ε^3 称为干填料因子，气体通过干填料层的流动特性往往用干填料因子来关联。在有液体喷淋的填料上，部分空隙被液体所占据，空隙率有所减小，比表面积也会发生变化，因而提出了一个相应的湿填料因子，简称为填料因子 Φ，用来关联对填料层内两相流动的影响。填料因子需由实验测定。各种填料的特性数据见表 6-4。

表 6-4 几种常用填料的特性数据

填料种类	规格(直径×高度×壁厚) mm	比表面积 α m^2/m^3	空隙率 ε m^3/m^3	堆积密度 ρ_p kg/m^3	个数 n $1/m^3$	填料因子 Φ $1/m$
陶瓷拉西环(乱堆)	8×8×1.5	570	0.64	600	1465000	2500
	10×10×1.5	440	0.70	700	720000	1500
	15×15×2	330	0.70	690	250000	1020
	25×25×2.5	190	0.78	505	49000	450
	40×40×4.5	126	0.75	577	12700	350
	50×50×4.5	93	0.81	457	6000	205
陶瓷拉西环(整砌)	50×50×4.5	124	0.72	673	8830	
	80×80×9.5	102	0.57	962	2580	
	100×100×13	65	0.72	930	1060	
	125×125×14	51	0.68	825	530	
	150×150×16	44	0.68	802	318	
金属拉西环(乱堆)	8×8×0.3	630	0.91	750	1550000	1580
	10×10×0.5	500	0.88	960	800000	1000
	15×15×0.5	350	0.92	660	248000	600
	25×25×0.8	220	0.92	640	55000	390
	35×35×1	150	0.93	570	19000	260
	50×50×1	110	0.95	430	7000	175
	76×76×1.6	68	0.95	400	1870	105
陶瓷矩鞍	13×1.8	630	0.78	548	735000	870
	19×2	338	0.77	563	231000	480
	25×3.3	258	0.775	548	84000	320
	38×5	197	0.81	483	25200	170
	50×7	120	0.79	532	9400	130
金属鲍尔环(乱堆)	16×16×0.4	364	0.94	467	235000	230
	25×25×0.6	209	0.94	480	51000	160
	38×38×0.8	130	0.95	379	13400	92
	50×50×0.9	103	0.95	355	6200	66
塑料阶梯环	25×12.5×1.4	223	0.90	97.8	81500	172
	38.5×19×1.0	132.5	0.91	57.5	27200	115

6.5.2 填料塔内气液两相流动特性

填料塔内气液两相通常为逆流流动，气体从塔底进入，液体从塔顶进入。液体从上向下流动过程中，在填料表面上形成膜状流动。液膜与填料表面的摩擦，以及液膜与上升气体的摩擦，使液膜产生流动阻力，使部分液体停留在填料表面及其空隙中。单位体积填料层中滞留的液体体积，称为持液量。液体流量一定时，气体流速（或流量）越大，持液量也越大，则气体通过填料层的压力降也越大。为确定塔径，需要选定空塔气速；为确定动力消耗，需要知道气体的压力降。

(1) 气体通过填料层的压力降

将气体的空塔速度（指气体体积流量与塔截面积之比）u 与每米填料的压降 Δp 之间的实测数据标绘于双对数坐标上，并以液体的喷淋密度（单位面积、单位时间液体的喷淋量）L 作参变量，可得如图 6-28 所示的曲线。各种填料的曲线大致相似。

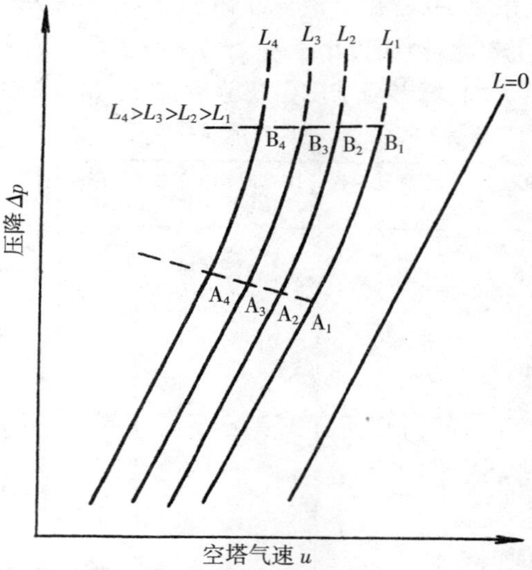

图 6-28 压降与空塔气速的示意图

$L=0$ 的曲线表示干填料层的情况。压降主要用来克服流经填料层时的形体阻力，此时压降与气速的 1.8～2 次方成比例，表明气流在实际操作中呈湍流。这是因为气体在填料间穿行，通道扩大与缩小，且转向频繁，所以在相当低的气速下即可达到湍流。

当填料上有液体喷淋时，填料层内的一部分空隙为液体所占据，气流通道截面减小。在相同的空塔气速之下，随着液体喷淋密度的增加，通过填料层的压降相应增加，如图中 L_1、L_2 等曲线所示。在一定的喷淋密度下，例如 $L=L_1$ 时，当气速较低时，液体沿填料表面的流动很少受逆向气流的牵制，持液量基本不变，压降与空塔气速的关系与干填料层的曲线几乎平行。当气速达到点 A_1 所对应的气速，液体的流动受逆向气流的阻拦开始明显起来，持液量随气速的增加而增加，气流通道截面减少，压降有较大增加，压降-气速曲线的斜率加大，此种现象称为载液。称点 A_1 以及其他喷淋密度下相应的点 A_2、A_3…… 为载点，表示填料塔操作中的一个转折点。当气速增加到 B_1 点时，填料层的压降迅速上升，并有强烈波动，称点 B_1 以及其他喷淋密度下的相应点 B_2、B_3…… 为液泛点。液泛时气体流经填料层的压降已增大到使液体受到阻塞不能顺畅下流而积聚在填料表面上，这时往往可以看到在填料层的顶部以及某些局部空隙率较小的地方出现液体，而使气体分散在液体里鼓泡而出。有时因填料支承板上通道面积比填料层的自由截面积还小，这时鼓泡层就首先发生在塔的支承板上。液泛现象一经发生，若气速再增加，鼓泡层就迅速膨胀，进而发展到全塔，使液体不易顺畅流下，填料塔不能正常操作。

(2) 压降与液泛速度的确定

影响液泛速度的因素较多，其中包括气液流量、物性（密度、粘度）、填料特性（α、ε、Φ）等。目前广泛采用图 6－29 所示的通用关联图来确定液泛速度。

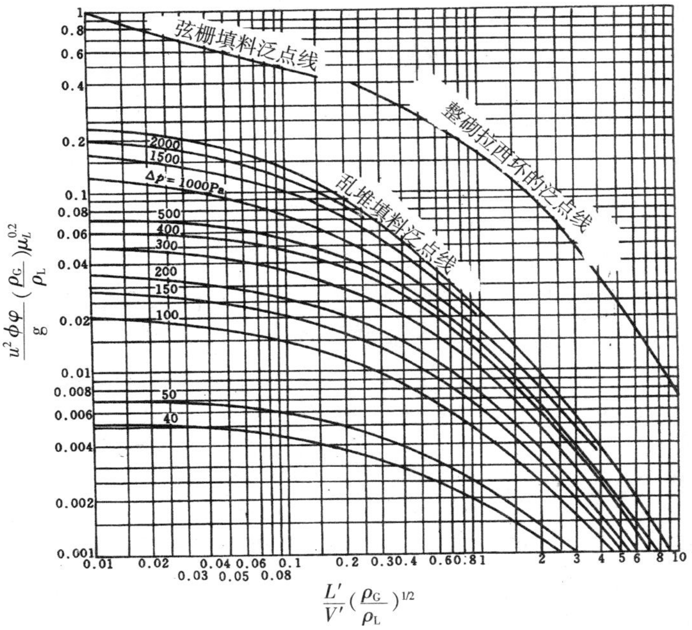

图 6－29　填料塔泛点和压降的通用关联图(图中 Δp 为每米填料的压降)

横坐标为$\frac{L'}{V'}\left(\frac{\rho_G}{\rho_L}\right)^{1/2}$，纵坐标为$\frac{u^2\Phi\varphi}{g}\left(\frac{\rho_G}{\rho_L}\right)\mu_L^{0.2}$

这两个坐标值中的各物理量为

u—— 空塔气速，m/s；

L'、V'—— 分别为液相及气相的质量流量，kg/s 或 kg/h；

ρ_G、ρ_L—— 分别为气相及液相的密度，kg/m^3；

Φ—— 填料因子，1/m；

φ—— 水的密度与溶液密度之比；

μ_L—— 溶液的粘度，mPa・s；

g—— 重力加速度，9.81 m/s^2。

此图显示出压降与泛点、填料因子、液气比等参数的关系，适用于乱堆的拉西环、鲍尔环和鞍形填料。使用整砌拉西环和弦栅填料时的泛点线，纵坐标中 Φ 值应改为 α/ε^3 值。

使用此图时，可先按气液流量及密度算出横坐标$\frac{L'}{V'}\left(\frac{\rho_G}{\rho_L}\right)^{1/2}$ 值，如系使用乱堆填料，则在乱堆填料泛点线上读取与$\frac{L'}{V'}\left(\frac{\rho_G}{\rho_L}\right)^{1/2}$相对应的纵坐标值$\frac{u_f^2 \Phi\varphi}{g}\left(\frac{\rho_G}{\rho_L}\right)\mu_L^{0.2}$，再由此求出泛点气速$u_f$。

欲求气体通过每米填料层的压降时，可将操作气速代入$\frac{u^2 \Phi\varphi}{g}\left(\frac{\rho_G}{\rho_L}\right)\mu_L^{0.2}$，求出纵坐标和横坐标的交点，由图上读交点所对应的压降线，即得气流通过每米填料层的压降Δp。

塔的操作以落在载液区内为宜，由于常常不能明确地定出载液时的气速，故设计中多参照液泛气速来确定操作气速。

6.5.3 塔径的计算

气体沿塔上升可视为通过一个空管，按流量公式计算塔径：

$$D = \sqrt{\frac{4q_v}{\pi u}} \tag{6-104}$$

式中 D—— 塔径，m；

q_v—— 在操作条件下混合气体的体积流量，m^3/s；

u—— 混合气体的空塔速度，m/s。

选择较小的空塔气速，则压降小，动力消耗少，操作弹性大，但塔径大，设备投资高而生产能力低。低气速也不利于气液充分接触，使传质效率降低。然而，若选用较大气速，则压降大，动力消耗大，且操作不平稳，难于控制，但塔径小，设备投资小。故应作多方案比较以求经济上优化，操作上可行。适宜操作气速通常取泛点气速的 50 % ～ 85 %。

算出的塔径还应按压力容器公称直径标准圆整。

填料塔内传质效率的高低与液体的分布及填料的润湿情况有关，为使填料能获得良好的润湿，应保证塔内液体的喷淋密度不低于某一下限值。所以，算出塔径之后，还应验算塔内的喷淋密度是否大于最小喷淋密度。若喷淋密度过小，可采用液体再循环以加大液体流量，或在许可范围内减小塔径，或适当增加填料层高度予以补偿。

填料塔的最小喷淋密度与比表面积有关，其关系为

$$L_{min} = (L_W)_{min} \cdot \alpha \tag{6-105}$$

式中 L_{min}—— 最小喷淋密度，$m^3/(m^2 \cdot s)$；

$(L_W)_{min}$—— 最小润湿速率，$m^3/(m \cdot s)$。

润湿速率是指在塔的横截面上填料周边单位长度上液体的体积流量。对于直径不超过 75 mm 的拉西环及其他填料，可取最小润湿速率$(L_W)_{min}$为 0.08 $m^3/(m \cdot h)$；对于直径大于 75 mm 的环形填料应取为 0.12 $m^3/(m \cdot h)$。

此外，为保证填料润湿均匀，还应注意使塔径与填料直径之比值D/d在10以上，比值过大液体沿填料流下时常出现趋向塔壁的倾向（简称壁流现象）。

例 6-8 用水洗涤混合气中的 SO_2，操作压力为 101.3 kPa，温度为 20 ℃，需要处理的气体量为 1000 m^3/h，实际用水量为 27155 kg/h。已知气体的密度$\rho_G = 1.34\ kg/m^3$，溶液性质与水相近，取$\rho_L = 1000\ kg/m^3$，$\mu_L = 1\ mPa \cdot s$。试求此填料（乱堆填料）吸收塔的塔径及泛点气速。

解 (1) 计算泛点气速 $\rho_L = 1000\ kg/m^3$，$M_L = 1\ mPa \cdot s$

$$V' = \rho_G V = 1.34 \times 1000 = 1340\ kg/h$$

$$\frac{L'}{V'}\left(\frac{\rho_G}{\rho_L}\right)^{1/2} = \frac{27155}{1340}\left(\frac{1.34}{1000}\right)^{1/2} = 0.742$$

查图 6-28，纵坐标为 0.027，即

$$\frac{u_f^2 \Phi \varphi}{g}\left(\frac{\rho_G}{\rho_L}\right)\mu_L^{0.2} = 0.027$$

选用 50 mm×50 mm×5.0 mm 乱堆瓷拉西环，$\Phi = 205\ 1/\text{m}$，$\varphi = \frac{\rho_{水}}{\rho_L} = 1$

$$u_f = \sqrt{\frac{0.027 g\rho_L}{\Phi\varphi\rho_G\mu_L^{0.2}}} = \sqrt{\frac{0.027\times9.81\times1000}{205\times1\times1.34\times1}} = 0.98\ \text{m/s}$$

(2) 计算塔径

取空塔气速为 $0.8\ u_f$，则 $u = 0.8\ u_f = 0.8\times0.98 = 0.79\ \text{m/s}$

$$D = \sqrt{\frac{4V_S}{\pi u}} = \sqrt{\frac{4\times1000}{3.14\times0.79\times3600}} = 0.67\ \text{m}$$

根据压力容器公称直径标准圆整为 $D = 0.7\ \text{m}$。

依式 (6-89) 计算最小喷淋密度，因填料尺寸小于 75 mm， 故取

$$(L_W)_{min} = 0.08\ \text{m}^3/(\text{m}\cdot\text{h})$$

$$L_{min} = (L_W)_{min}\cdot\alpha = 0.08\times93 = 7.44\ \text{m}^3/(\text{m}^2\cdot\text{h})$$

操作条件下的喷淋密度为

$$L = \frac{4L'}{\pi D^2\rho_L} = \frac{4\times27155}{3.14\times0.7^2\times1000}$$
$$= 70.6\ \text{m}^3/(\text{m}\cdot\text{h}) > L_{min}$$

校核 $D/d = 700/50 = 14 > 10$， 可避免壁流现象。

6.5.4 填料塔的附件

(1) 填料支承装置

支承装置是用来支承塔内填料及其所持有液体的重量。支承装置要有足够的强度，支承体通道面积应大于填料层的自由截面积，否则不仅在支承装置处有过大的气体阻力，而且当气速增大时将首先在支承装置处出现液泛现象，因而降低塔的通量。常用的支承装置为栅板式，它是由坚硬的扁钢组成的，如图 6-30(a) 所示。扁钢条之间的距离一般为填料外径的 0.6 ～ 0.8 倍左右。

为了克服支承装置的强度与自由截面之间的矛盾，特别是为了适应较大空隙率填料的要求，可采用升气管式支承装置，如图 6-30(b) 所示。气体由升气管上升，通过顶部的孔及侧面的齿缝进入填料层，而液体经底板上的许多小孔流下。

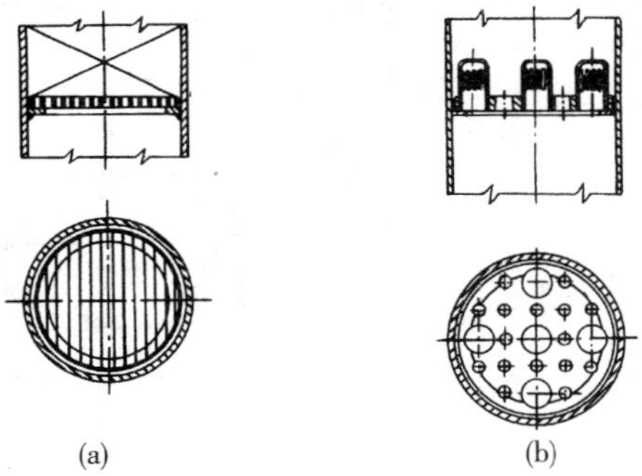

(a) (b)

图 6-30 填料支承装置

(a) 栅板式；(b) 升气管式

(2) 液体分布装置

如液体分布不良，必将减少填料的有效润湿表面积，使液体产生沟流，从而降低了气液两相的有效接触表面，使传质恶化。这就要求液体分布器能为填料层提供良好的液体初始分布，即能提供足够多的均匀分布的喷淋点，且各喷淋点的喷淋液量相等。液体分布装置的结构形式较多，下面介绍几种常用液体分布装置。

① 莲蓬式喷洒器 喷洒器为一具有半球形外壳，在壳壁上有许多供液体喷淋的小孔，如图 6-31(a) 所示。这种喷洒器的优点是结构简单，缺点是小孔容易堵塞，而且液体的喷洒范围与压头密切有关。一般用于直径 600 mm 以下的塔。

② 多孔管式喷淋器　如图6-31(b)所示，多孔管式喷淋器一般在管底部钻有$\phi 3 \sim 6$ mm的小孔，多用于直径600 mm以下的塔。

③ 齿槽式分布器　如图6-31(c)所示，用于大直径塔，对气体阻力小，但安装要求水平，以保证液体均匀地流出齿槽。

④ 筛孔盘式分布器　如图6-31(d)所示，液体加至分布盘上，再由盘上的筛孔流下，盘式分布器适用于直径800 mm以上的塔，缺点是加工较复杂。

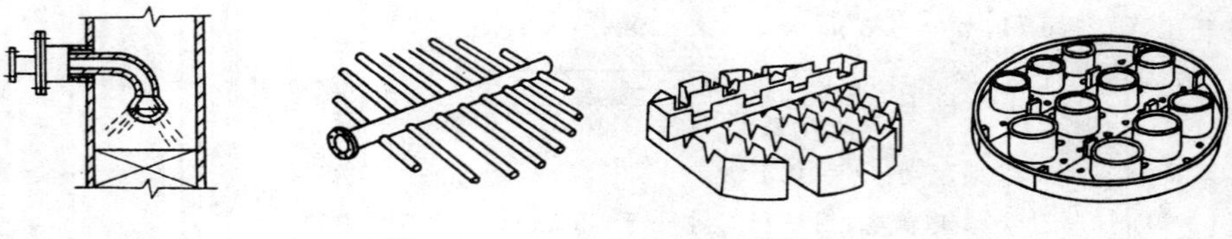

(a)　(b)　(c)　(d)

图6-31　液体分布装置

(a) 莲蓬式；(b) 多管式；(c) 齿槽式；(d) 筛孔盘式

(3) 液体再分布器

除塔顶液体的分布之外，填料层中液体的再分布是填料塔中的一个重要问题。往往会发现在离填料顶面一定距离处，喷淋的液体便开始向塔壁偏流，然后沿塔壁流下，塔中心处填料得不到良好的润湿，形成所谓“干锥体”的不正常现象，减少了气液两相的有效接触面积。因此每隔一定距离必须设置液体再分布装置，以克服此种现象。

常用的截锥形再分布装置使塔壁处的液体再导至塔的中央。图6-32(a)型是将截锥体焊(或搁置)在塔体中，截锥上下仍能全部放满填料，不占空间。当需分段卸出填料时，则采用图6-32(b)所示结构，截锥上加设支承板，截锥下要隔一段距离再装填料。截锥式再分布器适用于直径0.6～0.8 m以下的塔。直径0.6 m以上的塔宜用图6-30所示的升气管式分布板。

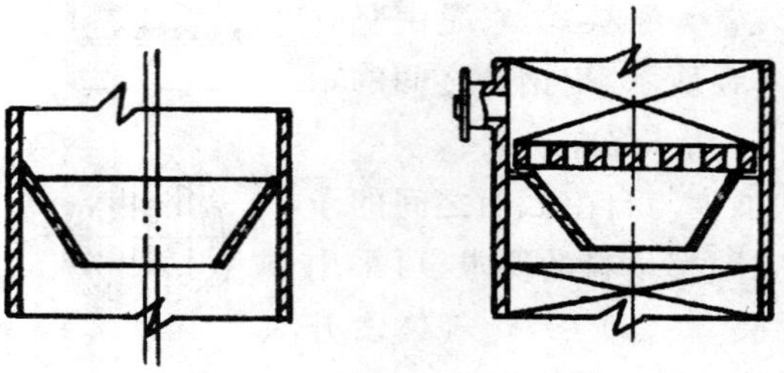

(a)　(b)

图6-32　液体再分配装置

本章符号说明

符号	意义	计量单位
α	单位体积填料的比表面积	m^2/m^3
c_{AL}	溶液中溶质A的浓度	$kmol/m^3$
c	溶液中溶剂浓度与溶质浓度之和	$kmol/m^3$
cs_m	溶剂在扩散距离两端浓度的对数平均值	$kmol/m^3$
D	分子扩散系数	m^2/s

D	塔直径	m
E	亨利系数	kPa
G	气体流量	kmol/s
G_B	惰性组分流量	kmol/s
g	重力加速度	m/s^2
H	溶解度系数	kmol/(m · kPa)
H_{OG}	气相总传质单元高度	m
H_{OL}	液相总传质单元高度	m
k_G	气相传质分系数,气膜传质系数	$kmol/(m^2 \cdot s \cdot kPa)$
k_L	液相传质分系数,液膜传质系数	$kmol/(m^2 \cdot s \cdot kmol/m^3)$
K_G	气相总传质系数	$kmol/(m^2 \cdot s \cdot kPa)$
K_L	液相总传质系数	$kmol/(m^2 \cdot s \cdot kmol/m^3)$
L_S	溶剂流量	kmol/s
L	喷淋密度	$kmol/(m^2 \cdot s)$
L	液相流量	kmol/s
M	平均摩尔质量	kg/kmol
m	相平衡常数	
N	传质速率	$kmol/(m^2 \cdot s)$
N_{OG}	气相总传质单元数	
N_{OL}	液相总传质单元数	
n	物质的量	kmol
p	总压	kPa
p_{AG}	溶质 A 的分压	kPa
p_{Ai}	气液界面处溶质 A 的分压	kPa
p_{Bm}	惰性气体在扩散距离两端分压的对数平均值	kPa
R	摩尔气体常数	kJ/(kmol · K)
S	气液接触面积	m^2
S	脱吸因数	
u	空塔气速	m/s
X	溶液中溶质与溶剂的摩尔比	
x	溶液中溶质的摩尔分数	
Y	混合气体中溶质与惰性气体的摩尔比	
y	混合气体中溶质的摩尔分数	
Z	扩散距离,填料层的高度	m
ε	空隙率	m^3/m^3
η	回收率	
μ	粘度	Pa · s
ρ	密度	kg/m^3
Φ	填料因子	1/m
φ	水的密度与溶液密度之比	
	溶质的微分溶解热	kJ/kmol
Ω	塔的横截面积	m^2

下标

1	浓端（逆流操作的吸收塔塔底或解吸塔塔顶）
2	稀端（逆流操作的吸收塔塔顶或解吸塔塔底）
A	溶质
B	惰性气体
f	液泛
G	气相
L	液相
i	界面
S	溶剂

习　　题

1. 空气和 CO_2 的混合气体中，CO_2 的体积分数为 20 %，求其摩尔分数 y 和摩尔比 Y 各为多少？

2. 20 ℃ 的 100 g 水中溶解 1 gNH_3，其组成用摩尔分数 x、浓度 c 及摩尔比 X 表示时，各为多少？

3. 进入吸收器的混合气体中，NH_3 的体积分数为 10 %，吸收率为 90 %，求离开吸收器时 NH_3 的组成，以摩尔比 Y 和摩尔分数 y 表示。

4. 100 g 水中溶解 1 gNH_3，从手册中查得 20 ℃ 时 NH_3 的平衡分压为 986.6 Pa，在此浓度以内服从亨利定律。试求溶解度系数 H[单位为 kmol/(m^3 · kPa)] 和相平衡常数 m，总压为 100 kPa。

5. 10 ℃ 时氧在水中的溶解度的表达式为 $p_e = 3.313\times10^6 x$，式中 p_e 为氧在气相中的平衡分压，kPa，x 为溶液中氧的摩尔分数。空气中氧的体积分数为 21 %，试求总压为 101.325 kPa 时，每 m^3 水中可溶解多少 g 氧？

6. 含 NH_3 体积分数 3 % 的空气 -NH_3 混合气，在 20 ℃ 下用水吸收其中的 NH_3。塔内压力为 203 kPa，NH_3 在水中的溶解度服从亨利定律，在操作温度下平衡关系为 $p_e = 266.6x$ kPa。试求离塔氨水的最大浓度，以浓度 c 表示。

7. 用清水吸收混合气中的 NH_3，进入常压吸收塔的气体含 NH_3 体积分数为 6 %，吸收后气体含 NH_3 体积分数为 0.4 %，出口溶液的摩尔比为 0.012 kmolNH_3/kmol 水。此物系的平衡关系为 $Y_e = 2.52X$。气液逆流流动，试求塔顶、塔底处气相推动力各为多少？

8. CO_2 分压力为 50 kPa 的混合气体，分别与 CO_2 浓度为 0.01 kmol/m^3 的水溶液和 CO_2 浓度为 0.05 kmol/m^3 的水溶液接触。物系温度均为 25 ℃，气液平衡关系 $p_e = 1.662\times10^5 x$ kPa。试求上述两种情况下两相的推动力（分别以气相分压力差和液相浓度差表示），并说明 CO_2 在两种情况下属于吸收还是解吸。

9. 用例 6-3 附图所示的装置，在温度为 48 ℃、总压力为 101.325 kPa 条件下，测定 CCl_4 蒸汽在空气中的分子扩散系数。48 ℃ 时，CCl_4 的饱和蒸汽压为 37.6 kPa，液体密度为 1540 kg/m^3。垂直管中液面到上端管口的距离，实验开始为 2 cm，终了为 3 cm，CCl_4 的蒸发时间为 1.556×10^4 s。试求 48 ℃ 时，CCl_4 蒸汽在空气中的分子扩散系数。

10. 用水吸收空气中的甲醇蒸汽，在操作温度 300 K 下的溶解度系数 H 为 2 kmol/(m^3 · kPa)，传质系数 k_G 为 0.056 kmol/(m^2 · h · kPa)，k_L 为 0.075 kmol/(m^2 · h · kmol/m^3)。求总传质系数 K_G 以及气相阻力在总阻力中所占的分数。

11. 从矿石焙烧炉送出的气体，含体积分数 9 %SO_2，其余视为空气。冷却后送入吸收塔，用水吸收其中所含 SO_2 的 95 %。吸收塔的操作温度为 30 ℃，压力为 100 kPa，每小时处理的炉气量为 1000 m^3(30 ℃、100 kPa 时的体积流量)，所用液气比为最小值的 1.2 倍。求每小时的用水量和出塔时水溶液组成。平衡关系数据为

液相中 SO_2 溶解度 /[kg(SO_2)/100kg(H_2O)]	7.5	5.0	2.5	1.5	1.0	0.5	0.2	0.1
气相中 SO_2 平衡分压 /kPa	91.7	60.3	28.8	16.7	10.5	4.8	1.57	0.63

12. 混合气含 CO_2 体积分数为 10 %，其余为空气。在 30 ℃、2 MPa 下，用水吸收，使 CO_2 的体积分数降到

0.5 %，水溶液出口组成 $x_1 = 6\times10^{-4}$。混合气体处理量为 2240 m^3/h（按标准状态 $T_0 = 273.15$ K，$p_0 = 101325$ Pa），塔径为 1.5 m，亨利系数 $E = 200$ MPa，液相体积总传质系数 $K_L\cdot\alpha = 50$ kmol/($m^3\cdot h\cdot kmol/m^3$)。求每小时用水量及填料层高度。

13. 计算习题 12 所述 SO_2 吸收塔所需的填料层高度。填料塔直径已定为 0.8 m，$k_G\cdot\alpha = 5\times10^{-4}$ kmol/($m^3\cdot s\cdot kPa$)，$k_L\cdot\alpha = 5\times10^{-4}$ kmol/($m^3\cdot s\cdot kmol/m^3$)。气液平衡关系为水 $x = 1.934\times10^{-4}p + 1.888\times10^{-4}p^{0.5}$，式中 x 为液相中 SO_2 摩尔分数，p 为气相 SO_2 分压，kPa。

14. 用煤油从苯蒸气与空气的混合物中回收苯，要求回收 99 %。入塔的混合气中，含苯 2 %（摩尔分数）；入塔的煤油中，含苯 0.02 %。溶剂用量为最小用量的 1.5 倍，操作温度为 50 ℃，压力为 100 kPa，平衡关系为 $y = 0.36x$，总传质系数 $K_y\cdot\alpha = 0.015$ kmol/($m^3\cdot s$)，入塔气体的摩尔流率为 0.015 kmol/($m^2\cdot s$)。求填料层高度。

15. 在填料塔内用稀硫酸吸收空气中所含的 NH_3，溶液上方 NH_3 的分压为零（相平衡常数 $m = 0$）。下列情况所用的气、液流速及其他操作条件都大致相同，总传质单元高度 H_{OG} 都可取为 0.5 m。试比较所需填料层高度有何不同。

(1) 混合气中含摩尔分数 1 % NH_3，要求回收 90 %；

(2) 混合气中含 1 % NH_3，要求回收 99 %；

(3) 混合气中含 5 %NH_3，要求回收 99 %。作了上述比较之后，你对塔高与回收率的关系能获得什么概念？

16. 气体混合物中溶质的浓度 $y_1 = 0.02$，要在吸收塔内回收溶质的 99 %。气液平衡关系为 $y = 1.0x$，求下列情况下的传质单元数 N_{OG}。

(1) 入塔液体为纯溶剂，液气比 $L/G = 2.0$；

(2) 入塔液体为纯溶剂，液气比 $L/G = 1.25$；

(3) 入塔液体中含溶质的浓度 $x_2 = 0.0001$，液气比 $L/G = 1.25$；

(4) 入塔液体为纯溶剂，液气比 $L/G = 0.8$，溶质的回收率最大可到多少？

17. 含 NH_3 1.5 %（体积）的气体通过填料塔用清水吸收其中的 NH_3，气液逆流流动。平衡关系为 $y = 0.8x$，用水量为最小用水量的 1.2 倍。单位塔截面的气体流量为 0.024 kmol/($m^2\cdot s$)，体积总传质系数 $K_y\alpha = 0.06$ kmol/($m^3\cdot s$)，填料层高为 6 m，试求：

(1) 出塔气体 NH_3 的组成；

(2) 拟用加大溶剂量以使吸收率达到 99.5 %，此时液气比应为多少？

18. 由石蜡系碳氢化合物（摩尔质量 113 kg/kmol）与另一不挥发的有机化合物（摩尔质量 135 kg/kmol）组成的一种溶液，其中碳氢化合物占 8 %（质量分数），要在 100 ℃ 及 101.325 kPa（绝对压力）下用过热水蒸气进行解吸，使溶液经处理后，碳氢化合物只残存 0.2 % 以内。若水蒸气用量规定为最小耗用量的 2 倍，填料塔的总传质单元高度 $H_{OL} = 0.5$ m，试求解吸塔的填料层高度。

该碳氢化合物在 100 ℃ 的蒸汽压为 53.33 kPa，假设溶液为理想溶液，汽液平衡关系应用拉乌尔定律求取。

19. 一吸收塔用清水吸收混合气中的溶质 A，以逆流方式操作。进入塔底的气体中溶质 A 的摩尔分数为 1 %，经吸收后溶质 A 被回收了 80 %，此时水的流量为最小流量的 1.5 倍。平衡曲线的斜率 m = 1。

(1) 求传质单元数 N_{OG}；

(2) 如需要回收气体中溶质 A 的 95 %。压力、温度均不改变，仍用原塔操作，且假定不存在液泛，传质单元高度不受流量变化的影响，此时可采用什么措施来完成任务？

7 蒸馏

7.1 概述

在化工、石油、医药、食品等生产中,常需将液体混合物分离以达到提纯或回收有用组分的目的。分离互溶液体混合物的方法有很多种,蒸馏是其中最常用的一种。随着化学工业的迅速发展,蒸馏技术、设备及理论也有了很大的发展。

(1) 蒸馏分离的理论依据

液体均具有挥发而成为蒸汽的能力,但各种液体的挥发性不同。如同样的一杯酒精和水露置于空气中,酒精挥发完所需的时间远比水短,说明酒精比水易挥发,或者说酒精的挥发度比水大。因此,若将液体混合物部分汽化,挥发度高的组分 A 即沸点低的组分在气相中的浓度 y_A 比在液相中的浓度 x_A 高,即 $y_A > x_A$;同样,若将混合气部分冷凝时,冷凝液中所含的难挥发组分 B 的浓度 x_B 将比气相中的浓度 y_B 高,即 $x_B > y_B$,也能使原来的混合物达到一定程度的分离,此即为蒸馏操作。可见,蒸馏操作是借混合液中各组分挥发性的差异而达到分离的目的。习惯上,混合物中的易挥发组分称为轻组分,难挥发组分称为重组分。

(2) 蒸馏的分类

工业蒸馏过程通常按如下方法分类:

① 根据被分离混合物的组分数,可分为二元蒸馏和多元蒸馏。工业中遇到最多的是多元蒸馏,但二元蒸馏是基础,本章主要讨论二元蒸馏。

② 根据操作过程是否连续,可分为间歇蒸馏和连续蒸馏。间歇蒸馏比较灵活,能处理多种混合物,因此对于小批量的生产比较合适;连续蒸馏操作稳定,常用于大规模的生产中。

③ 根据操作压力,可分为常压、加压和减压蒸馏。由于蒸馏过程一般同时需要加热和冷却,而所要提供或移去的又是液体的汽化潜热,因此加热和冷却费用是蒸馏的主要操作费用。若混合物的沸点很高,加热温度超过水蒸气加热的范围,就需要用高温载热体进行加热,加热费用将大大提高,这时可通过降低系统的操作压力来降低液体的沸点,从而采用常规的载热体如水蒸气等;对热敏性物料(高温下易发生分解、聚合等变质现象,如一些生物制品和药物的生产)也宜采用减压蒸馏。反之,如混合物的沸点很低,气相的冷凝温度将低于常温,则不能用一般的冷却水而需用低温的冷冻剂冷却,费用也将大大提高,这时可通过提高系统的操作压力来提高液体的沸点,从而采用常规的冷却剂如水等。

④ 根据操作方式,可分为简单蒸馏、平衡蒸馏和精馏。前面两种方法只能实现初步分离,而精馏能实现混合物的高纯度分离,因此使用最广。根据被分离物系的一些特殊要求,精馏还包括水蒸气精馏、间歇精馏、恒沸精馏、萃取精馏和反应精馏等。

7.2 双组分溶液的气液相平衡

蒸馏过程中伴随着液体气化和气体冷凝的传质过程,常用组分在两相中的浓度(组成)偏离平衡的程度来衡量传质推动力的大小，而传质过程是以两相达到平衡为极限的。由此可见，气液相平衡关系是分析蒸馏原理和进行蒸馏计算的理论基础。

二元物系处于气、液两相平衡共存状态时，描述该状态的变量是温度、总压和气液两相的组成，气液两相组成常用摩尔分率表示。对二元物系，一相中某一组分的摩尔分率确定后，另一组分的摩尔分率也随之而定，因此液相和气相的组成均可用单参数表示。根据相律可知其自由度 $F = C - \Phi + 2 = 2 - 2 + 2 = 2$，即只需规定其中任意两个变量，系统所处的状态便惟一确定。蒸馏过程常系恒压操作，压力一旦确定，物系只剩一个自由度，如当已知体系的温度，平衡时的气、液两相组成随之确定不能任意变动。因此双组分物系中的相平衡关系可以用一定总压下的温度-组成($t-x-y$)、气液组成($x-y$)的函数关系表达。现将有关的问题分述如下。

7.2.1 理想物系的气液平衡关系

理想物系包括两个含义：

① 液相为理想溶液，服从拉乌尔(Raoult)定律；

② 气相为理想气体，服从理想气体定律或道尔顿分压定律。

显然，这是一种理想化的情形，只有物性和结构相似，且分子大小也相近的物系才符合，如苯-甲苯、甲醇-乙醇、烃类同系物组成的溶液等等。

(1) 双组分理想溶液的相平衡

根据拉乌尔定律，理想溶液上方的平衡蒸汽压为

$$p_A = p_A^0 x_A \qquad p_B = p_B^0 x_B \tag{7-1}$$

式中 p_A、p_B—— 液相上方组分 A、B 的蒸汽压；

x_A、x_B—— 溶液中组分 A、B 的摩尔分率；

p_A^0、p_B^0—— 在溶液温度下纯液体 A、B 的饱和蒸汽压，即

$$p_A^0 = f_A(t) \qquad p_B^0 = f_B(t)$$

混合液沸腾的条件是各组分的蒸汽压之和等于总压，即

$$p = p_A + p_B = p_A^0 x_A + p_B^0 (1 - x_A)$$

$$x_A = \frac{p - p_B^0}{p_A^0 - p_B^0} \tag{7-2}$$

式(7-2)表示气液平衡时液相组成与平衡温度之间的关系，又称为泡点方程。

纯液体的饱和蒸汽压 p_A^0、p_B^0 与温度 t 的关系可用经验公式安托因(Antoine)方程进行推算：

$$\log p^0 = A - B/(t + C) \tag{7-3}$$

式中 A、B、C 为组分的安托因常数，可从有关手册中查取。

平衡的气相可用道尔顿分压定律来描述：

$$p_A = p y_A, \quad p_B = p y_B \tag{7-4}$$

式中 y_A、y_B—— 气相中组分 A、B 的摩尔分率。

对于二元理想物系，组成中可略去下标 A，与 x 成平衡的气相组成 y 为

$$y = p_A / p = p_A^0 x_A / p$$

或

$$y_A = \frac{p_A^0}{p} \cdot \frac{p - p_B^0}{p_A^0 - p_B^0} \tag{7-5}$$

式(7－5)表示气液平衡时气相组成与平衡温度之间的关系,又称为露点方程。

(2) 双组分理想溶液的气液平衡相图

用相图来表示气液平衡关系比较直观,且影响蒸馏的因素可在图中直接反映出来。蒸馏常用的相图为在恒定总压下温度-组成[t－x(y)]图和气-液组成(x－y)图。

① 温度-组成[t－x(y)]图

例 7－1 苯和甲苯的蒸汽压数据如表 7-1 所示,试求苯-甲苯二元物系在总压 101.3kPa 下的气液平衡数据,并作出温度-组成图。

表 7-1 苯(A)和甲苯(B)的饱和蒸汽压与温度关系数据

t/℃	80.1	84	88	92	96	100	104	108	110.6
p_A^0/kPa	101.3	114.4	128.4	144.1	161.3	180.0	200.3	222.4	237.7
p_B^0/kPa	38.9	44.5	50.8	57.8	65.6	74.2	83.6	94.0	101.3

解 从表中可以看出,101.3 kPa 下苯的沸点为 80.1 ℃,甲苯的沸点为 110.6℃。据此温度范围内的蒸汽压数据,利用式(7-2)和(7-5)可求得某温度下气液平衡时的组成 x、y。例如 $t = 96$ ℃ 时有

$$x = \frac{p - p_B^0}{p_A^0 - p_B^0} = \frac{101.3 - 65.6}{161.3 - 65.6} = 0.373$$

$$y = \frac{p_A^0 x}{p} = \frac{163.2 \times 0.373}{101.3} = 0.598$$

对表中的各个温度点分别进行上述计算,可得到表 7-2 所列的 $t-x-y$ 相平衡关系。

表 7-2 苯-甲苯物系在总压 101.3kPa 下的 $t-x-y$ 关系

t/℃	80.1	84	88	92	96	100	104	108	110.6
x	1	0.816	0.651	0.504	0.373	0.257	0.152	0.057	0
y	1	0.919	0.825	0.717	0.598	0.456	0.300	0.125	0

根据表 7-2 的数据,用纵坐标表示温度 t,横坐标表示组成 x 或 y,标绘出如图 7-1 所示的 $t-x$ 和 $t-y$ 两条曲线,这就是温度-组成图。

以上计算数据与实测结果符合很好,说明苯-甲苯体系可以认为是理想物系。

在图 7-1 所示的 $t-x(y)$ 图上,$t-x$ 线表示液相组成与饱和温度之间的关系,称为饱和液体线;$t-y$ 线表示气相组成与饱和温度间的关系,称为饱和蒸汽线。两条曲线将 $t-x(y)$ 图分为三个区域:饱和液体线以下的区域代表未沸腾的液体,称为液相区;饱和蒸汽线以上的区域代表过热蒸汽,称为过热蒸汽区;两曲线包围的区域表示气液两相同时共存,称为气液共存区;端点 A、B 分别代表纯组分 A 和 B 的沸点。

设有组成 $x = 0.44$ 的苯-甲苯混合物逐渐升温,当处于图 7-1 中的 F 点($t_F = 90$ ℃)时,尚为单一的液体。加热到达 $t-x$ 线上的 G 点($t_G = 95$ ℃)时,液体达到饱和,开始沸腾产生气泡,故称 $t-x$ 线为泡点线,泡点温度用 t_b 来表示;到达 H 点($t_H = 97.5$ ℃)时,分为互成平衡的液相(C 点,$x = 0.33$)和气相(D 点,$y = 0.55$),两相的量可由杠杆规则确定;当到达 $t-y$ 线上的 I 点($t_I = 101.5$ ℃)时,所有的液体恰好完全气化,蒸汽达到饱和;再继续升温就变为过热蒸汽了,如在 J 点($t_J = 107$℃)。若进行上述的逆过程,过热蒸汽从 J 点开始冷却到 I 点时,蒸汽将开始冷凝并产生液滴,故称 $t-y$ 线为露点线,露点温度用 t_d 来表示。

从图 7-1 还可看出,当气液两相达平衡状态时,气液两相的温度相等,但气相中苯的组成

(易挥发组分)大于液相组成,即 $y>x$。若气液两相组成相同,则气相的露点总是大于液相的泡点。溶液的沸点与纯液体的沸点(总压不变,沸点一定)不同,不是一个定值,而有一个范围,随着溶液中易挥发组分含量的增加,沸点将逐渐降低。

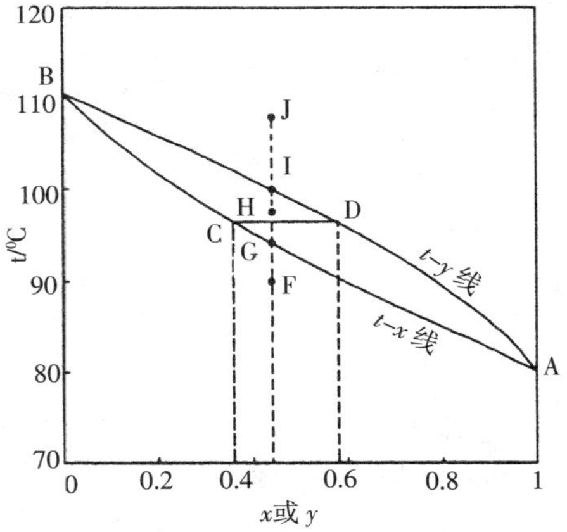

图 7-1 苯-甲苯的温度-组成图

(总压为 101.3 kPa)

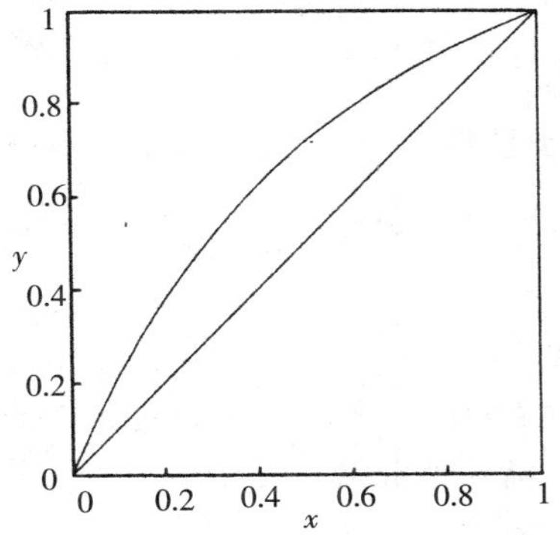

图 7-2 苯-甲苯的 $x-y$ 相图

(总压为 101.3 kPa)

② 气-液组成($x-y$)图

在蒸馏计算中广泛应用的是气液平衡组成的相图,简称 $x-y$ 图,如图 7-2 所示。其中 $x-y$ 线称为相平衡曲线,图中还添加对角线 $y=x$ 作为参考线。对理想物系,气相组成 y 大于液相组成 x,故平衡线位于对角线的上方。显然,相平衡线偏离对角线愈远,表示达到气液相平衡时气、液两相组成的差异愈大,也就愈有利于蒸馏分离。需要指出,上述 $t-x(y)$ 图和 $x-y$ 图针对的是一定总压下的二元理想物系。若不是理想物系,其曲线形状会有不同。若总压 p 有变化,则相应的曲线也有变化。由于 p 升高时溶液的泡点和蒸汽的露点都要上升,因此 p 增大时,$t-x$ 线和 $t-y$ 线都要作整体上移,而 $x-y$ 线变化不是太大。一般,当 p 变化不大时(如小于 30 %),可不考虑 $x-y$ 线的变化,若 p 变化较大,则要对 $x-y$ 线作修正。对大多数物系,温度愈高,组分间蒸汽压差异愈小,平衡时 y、x 间的差异也就愈小,因此 $x-y$ 线向对角线靠近,即总压升高对蒸馏分离是不利的。

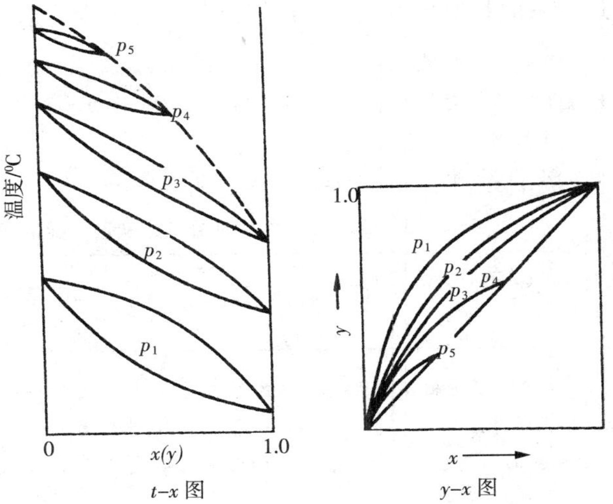

图 7-3 总压对相平衡的影响

(3) 挥发度和相对挥发度

前面已经指出,蒸馏分离的依据是混合物中各组分挥发度的差异。由于一种液体其蒸汽压愈大就表示愈易挥发,所以对于纯液体挥发度就定义为蒸汽压 p^0。对混合液中的某一组分 i 来说,为抵消稀释作用对蒸汽压的影响,定义挥发度 v 为其平衡分压 p_i 与摩尔分率 x_i 之比,因此对二元溶液有

$$v_A = p_A/x_A, \qquad v_B = p_B/x_B \tag{7-6}$$

对理想溶液，根据拉乌尔定律有

$$v_A = p_A^0, \qquad v_B = p_B^0 \tag{7-7}$$

显然，溶液中组分的挥发度随温度改变，在使用中不太方便。而蒸馏过程中起决定作用的是组分间挥发度的差异，可定量地用挥发度之比来表示，称为相对挥发度，用符号 α 表示。

$$\alpha = \frac{v_A}{v_B} = \frac{p_A/x_A}{p_B/x_B} \tag{7-8}$$

对于理想物系，气相符合道尔顿分压定律，则有

$$\alpha = \frac{y_A/x_B}{y_B/x_B} \tag{7-9}$$

或

$$\frac{y_A}{y_B} = \alpha \frac{x_A}{x_B} \tag{7-10}$$

式(7－9) 和(7－10) 为相对挥发度的定义式，也可适用于多组分物系。对二元物系，浓度可用单变量表示，即 $x_A = x, x_B = 1 - x, y_A = y, y_B = 1 - y$，代入上式整理得

$$y = \frac{\alpha x}{1 + (\alpha - 1)x} \tag{7-11}$$

式(7－11) 称为二元物系的气液相平衡方程，它是相平衡曲线的数学表达形式。相对挥发度 $\alpha = 1$ 时的相平衡曲线即为对角线 $y = x$，此时不能用简单蒸馏方法进行分离提纯。显然 α 愈大，同一液相组成 x 对应的 y 值愈大，可获得的提浓程度愈大，即愈易用蒸馏方法进行分离，因此，α 的大小可作为用蒸馏分离某物系的难易程度的标志。

若混合液是理想溶液，则有

$$\alpha = \frac{p_A^0}{p_B^0} \tag{7-12}$$

由于 p_A^0、p_B^0 随温度变化，因此原则上 α 随温度而变化。但 p_A^0/p_B^0 随温度变化不大，因此理想物系的相对挥发度 α 一般可近似地用一个常数来表示。

例 7-2 根据表 7-1 中苯(A)和甲苯(B)的饱和蒸汽压数据，求出各温度下的相对挥发度。在总压 101.3kPa 下，若该体系的相对挥发度近似作为一常数(取端值的算术平均值)，应用式(7－11) 求出各 x 下的 y 值，并与表 7－2 中的数据比较。

解 苯－甲苯可认为是理想物系，根据式(7－12) 计算各温度下的 α，列于表 7－3 中。

表 7－3 苯-甲苯物系的相对挥发度 α 随温度的变化关系(附 101.3 kPa 下的 x 值)

t/℃	80.1	84	88	92	96	100	104	108	110.6
x	1	0.816	0.651	0.504	0.373	0.257	0.152	0.057	0
α	2.60	2.56	2.53	2.49	2.46	2.43	2.40	2.37	2.35

从中可以看出，α 随温度的升高而略有减小，如近似作为一常数，取两端值的算术平均值 $\alpha = (2.6 + 2.35)/2 = 2.48$，以此来计算不同 x 下的 y(式 7－11)，其结果如表 7－4 中 $y_{计}$ 所示。作为比较，表 7－4 中还给出了表 7－2 中相应的 y 数据，从中可看出它们之间的偏差不是太大，表明对理想物系将 α 作为常数来处理是可行的。

表 7－4 101.3 kPa 下苯-甲苯物系 α 作为常数处理时所计算的 $y_{计}$ 及与表 7－2 中 y 的比较

x	1	0.816	0.651	0.504	0.373	0.257	0.152	0.057	0
$y_{计}$	1	0.911	0.822	0.716	0.596	0.462	0.308	0.130	0
y	1	0.919	0.825	0.717	0.598	0.456	0.300	0.125	0

7.2.2 非理想物系的气液平衡关系

实际生产所遇到的物系大多为非理想物系，它包含气相不符合道尔顿分压定律和液相不符合拉乌尔定律的情况，以后者居多。溶液非理想性的根源在于异种分子间的作用力不同于同种分子间的作用力，其表现为溶液中各组分的平衡分压与拉乌尔定律发生偏差。

非理想溶液的平衡分压可用修正的拉乌尔定律表示：

$$p_A = \gamma_A p_A^0 x_A \qquad p_B = \gamma_B p_B^0 x_B \tag{7-13}$$

式中 γ 为组分的活度系数，各组分的活度系数值与其组成有关，一般可通过实验数据求取或用热力学公式计算。

如 $\gamma > 1$，即组分的平衡分压比拉乌尔定律预计的高，称为正偏差溶液，属于该类物系的较多，有甲醇-水、乙醇-水、苯-乙醇等。如 $\gamma < 1$，即组分的平衡分压比拉乌尔定律预计的低，称为负偏差溶液。属于该类的有硝酸-水、氯仿-丙酮等物系。

当总压不太高，气相为理想气体，则其平衡气相组成为

$$y_A = \frac{\gamma_A p_A^0 x_A}{p} \tag{7-14}$$

某些溶液与理想溶液比较出现较大的正偏差，致使溶液在某一组成下两组分的蒸汽压之和出现最大值（最高蒸汽压），该组成下溶液的泡点比两纯组分的沸点都低（最低恒沸点）。图 7-4 为乙醇-水体系（正偏差溶液）的 $t-x(y)$ 图和相平衡曲线，在总压 $p = 101.3$ kPa 下，当 $x_M = 0.894$，有最低恒沸点 78.15 ℃，与纯水的沸点（100 ℃）和纯乙醇的沸点（78.3 ℃）都不同。同样对某些负偏差溶液，将会出现最低蒸汽压和最高恒沸点，如硝酸-水体系，图 7-5 为它的 $t-x(y)$ 图和相平衡曲线。在总压 $p = 101.3$ kPa 下，恒沸组成 $x_m = 0.383$，最高恒沸点 $t = 121.9$ ℃，明显高于硝酸（86 ℃）和水（100 ℃）。

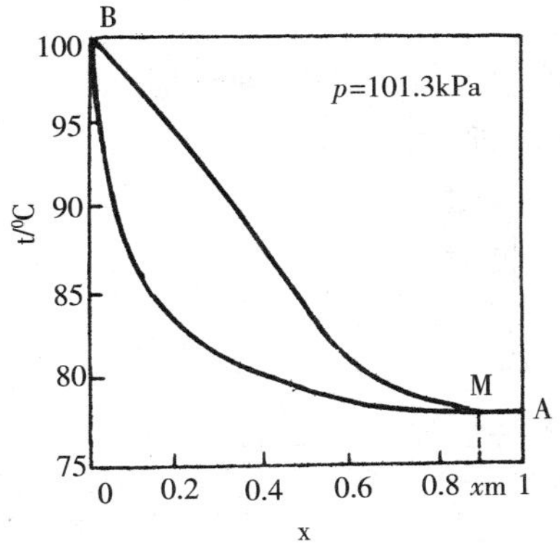

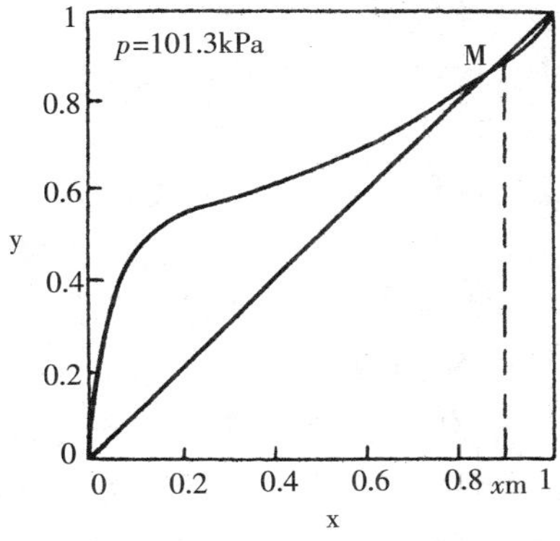

图 7-4　乙醇-水物系的相图

在恒沸组成 M 点处，相平衡线与对角线相交，此时物系的相对挥发度 $\alpha = 1$，因此不能用普通的蒸馏方法进行分离，这也就是为什么常见酒精的浓度为 95 %（质量百分率，接近恒沸组成）的原因。

对给定物系，恒沸点的位置与总压有关，如乙醇-水体系，其恒沸组成与总压的关系如表 7-5 所示。因此从理论上讲只要将操作压力降至 12.7 kPa 以下，就能通过减压蒸馏操作得到 99 % 以上的无水酒精。但在实际应用时，还要作技术经济分析。

最后还应指出：非理想溶液不一定都有恒沸点，但有恒沸点的是明显的、偏差大的非理想溶液。实际所用的各种溶液的气、液平衡数据一般均由实验测得，大量物系的实验数据已列入专门书籍和手册中以供查阅或检索。

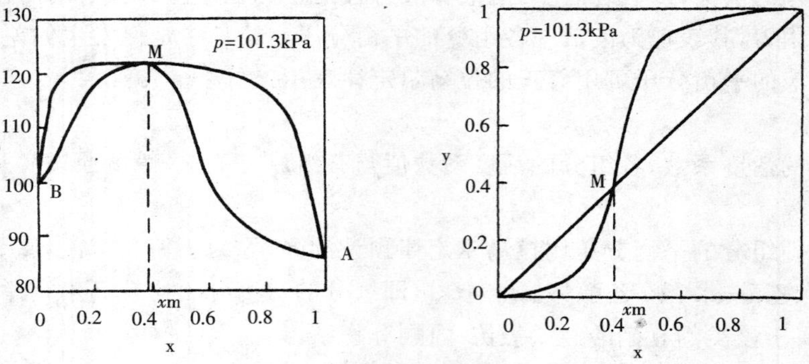

图 7-5 硝酸-水物系的相图

表 7-5 乙醇-水物系在不同总压下的恒沸组成

p/kPa	146.6	193.3	101.3	50.7	25.3	12.7
x_M	0.893	0.890	0.894	0.915	0.94	0.99

7.3 蒸馏方式

前已指出，蒸馏过程按操作方式可分为简单蒸馏、平衡蒸馏和精馏。下面对它们作简要介绍。

7.3.1 简单蒸馏

简单蒸馏的基本流程如图 7-6 所示。将原料液投入蒸馏釜中，使之加热逐渐气化，产生的蒸汽进入冷凝器，经冷凝后的液体（又称馏出液）放入产品罐中。简单蒸馏过程中，由于气相组成大于液相组成，随着过程的进行，釜液中易挥发组分含量不断降低，温度也相应升高，与之相平衡的气相浓度也随之降低，因此简单蒸馏是一个不稳定的过程。通常产品罐中收集到的液体浓度是一个时间段内的平均值，而釜残液一次排出。简单蒸馏分离程度不高，仅适用于相对挥发度大而分离要求不高的场合，故常作为初加工，如原油和煤油的初馏、发酵母液的粗分等。

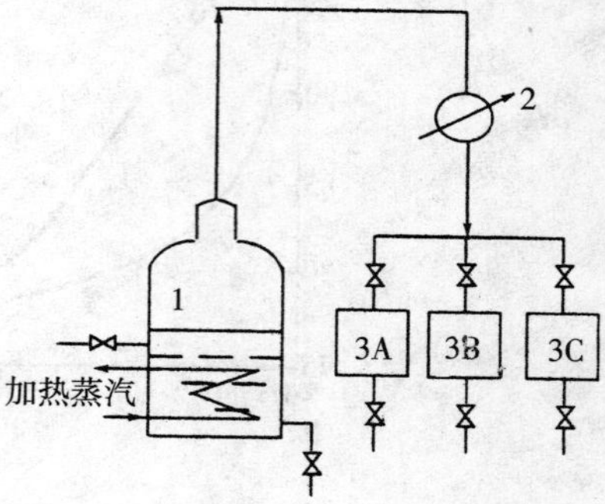

图 7-6 简单蒸馏流程简图

1-蒸馏釜；2-冷凝器；3A、3B、3C-产品罐

由于简单蒸馏为非稳态过程，虽然瞬间形成的蒸汽与液相可视为互相平衡，但气相的总组成与剩余的釜残液并不平衡。因此，简单蒸馏的计算应该进行微分衡算。

设任一时刻的釜液量为 Wkmol，组成为 x（摩尔分率，下同），与之平衡的气相组成为 y。经微分时间段 $\mathrm{d}\tau$，蒸出的釜液量为 $\mathrm{d}W$。对易挥发组分在 $\mathrm{d}\tau$ 前后作物料衡算，有

$$Wx = (W - \mathrm{d}W)(x - \mathrm{d}x) + y\mathrm{d}W$$

略去高阶微分，整理得

$$\frac{\mathrm{d}x}{y-x}=\frac{\mathrm{d}W}{W} \tag{7-15}$$

设被处理的二元混合液初始量和组成分别为 W_1 和 x_1，蒸馏完成后剩下的残液量和组成分别为 W_2 和 x_2，则对式(7-15)进行积分得

$$\int_{x_2}^{x_1}\frac{\mathrm{d}x}{y-x}=\ln\frac{W_1}{W_2} \tag{7-16}$$

当已知物系的气液相平衡关系时，利用上式可求得 W_1、W_2、x_1 及 x_2 之间的关系。

若气液平衡关系可用式(7-11)表示，代入式(7-16)中并积分，得

$$\ln\frac{W_1}{W_2}=\frac{1}{\alpha-1}\left(\ln\frac{x_1}{x_2}+\alpha\ln\frac{1-x_2}{1-x_1}\right) \tag{7-17}$$

若在操作范围内，相平衡关系可近似用直线 $y=mx+b$ 表示，则代入式(7-16)积分后得

$$\ln\frac{W_1}{W_2}=\frac{1}{m-1}\ln\frac{(m-1)x_1+b}{(m-1)x_2+b} \tag{7-18}$$

对稀溶液，相平衡关系通常可用通过原点的直线来表示。若蒸馏浓度变化区域不大，则也可用直线近似代替曲线。

若平衡关系不能用简单的数学式表示，则采用数值积分或图解积分求取。

利用上述关系确定 W_2 或 x_2 后，某段时间内馏出液的总量 D 和平均组成 x_D 就可以根据一批操作的物料衡算关系确定：

$$D=W_1-W_2 \tag{7-19}$$

$$x_D=\frac{W_1x_1-W_2x_2}{W_1-W_2} \tag{7-20}$$

7.3.2 平衡蒸馏

平衡蒸馏又称闪蒸，其基本流程如图 7-7 所示。原料液经泵加压后连续地进入加热器升温，使其温度高于分离器内压力下料液的泡点，然后流经一节流阀减压至预定值。由于压力的突然降低，液体处于过热状态，高于泡点的显热随即转化为潜热使部分液体气化。平衡的气液两相在分离器中分离，分离器也称闪蒸罐(塔)。

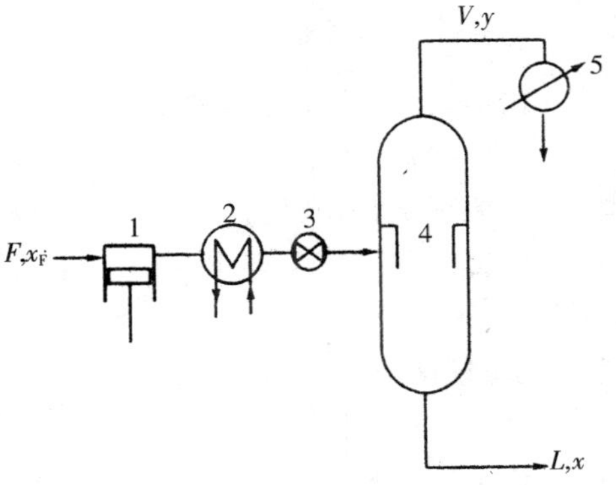

图 7-7 平衡蒸馏流程简图

1-泵；2-加热器；3-节流阀；4-分离器(闪蒸塔)；5-冷凝器

平衡蒸馏只经过一次平衡，分离能力有限，常用于只需粗略分离的物料，如石油炼制和石油裂解过程中的粗分等。

平衡蒸馏的计算要借助物料衡算、热量衡算和相平衡关系。通常已知原料液的流量 F、组成 x_F 以及闪蒸后的气相流量 V(或液相流量 L)，根据物料衡算有

$$\begin{cases}Fx_F=Lx+Vy\\ F=L+V\end{cases} \tag{7-21}$$

若令 1 kmol 料液经平衡蒸馏后产生的液相量为 q kmol、气相量为 $(1-q)$ kmol，上式变为

$$y=-\frac{q}{1-q}x+\frac{x_F}{1-q} \tag{7-22}$$

将上式与相平衡关系联立就可确定 y、x 之值及平衡温度。

将混合蒸汽部分冷凝，并使达到相平衡的气、液混合物在分离器中分开的操作称为平衡冷凝，它与平衡蒸馏无本质区别，计算方法也类似。

例 7-3　将含苯 60 %(摩尔百分率，下同)的苯-甲苯混合液加热气化，气化率 30 %。设相对挥发度近似为 $\alpha=2.45$，试计算：

(1) 平衡蒸馏时，气相和液相产物的组成；

(2) 作简单蒸馏时，气相产物的平均组成及残液组成。

解　(1) 平衡蒸馏时，$q=1-0.3=0.7$

物料衡算式为：　$y=-\frac{q}{1-q}x+\frac{x_F}{1-q}=-\frac{0.7}{1-0.7}x+\frac{0.6}{1-0.7}=-\frac{7}{3}x+2$

相平衡线方程为：　$y=\frac{2.45x}{1+1.45x}$

联立上述两方程，解得　$x=0.539, y=0.741$

(2) 简单蒸馏　$\frac{W_1}{W_2}=\frac{1}{0.7}=\frac{10}{7}$

$$\ln\frac{W_1}{W_2}=\frac{1}{a-1}\left(\ln\frac{x_1}{x_2}+\alpha\ln\frac{1-x_2}{1-x_1}\right)$$

$$\ln\frac{10}{7}=\frac{1}{2.45-1}\left(\ln\frac{0.6}{x_2}+2.45\ln\frac{1-x_2}{1-0.6}\right)$$

解得　$x_2=0.530$

气相产物的平均组成为：$x_D=\frac{W_1x_1-W_2x_2}{W_1-W_2}=\frac{\frac{W_1}{W_2}x_1-x_2}{\frac{W_1}{W_2}-1}=\frac{\frac{10}{7}\times0.6-0.530}{\frac{10}{7}-1}=0.763$

由本题的结果可见，在原料液组成一定，得到的液相分率也相同时，平衡蒸馏得到的塔顶产品组成 $y=0.741$ 不如简单蒸馏 $x_D=0.763$，说明平衡蒸馏的分离效果不如简单蒸馏。

7.3.3　精馏

由上可知，简单蒸馏和平衡蒸馏只能使混合物达到有限程度的分离，而生产中常需要得到高纯度的物质。为实现组分间的高纯度分离应采用其他蒸馏方式，这就是精馏。

从原理上说，只要进行多次的气体部分冷凝或液体部分气化操作(即多次平衡蒸馏)就可以将混合液分离到所要求的程度。但是进行上述操作，需要很多的冷却和加热设备，不仅能耗大，而且操作复杂，很不经济，故工业上无法采用。那么究竟如何才能实现混合物的高纯度分离呢?在阐述精馏之前，首先介绍平衡级蒸馏。

(1) 平衡级蒸馏

让不平衡的气液两相在传质设备中接触，使其组成向平衡趋近然后分开的蒸馏过程，称为“接触级蒸馏”，如果经接触的气液两相能达到平衡，就称为“平衡级蒸馏”，这种接触级称为平衡级(或理论板)。一个较为常用的气液二相接触设备是如图 7-8 所示的塔板。

现对气液两相在平衡级中从“不平衡向平衡”的传质过程进行分析。如图 7-8 所示，设有不平衡的气液两相，其初始组成为 y_0 和 x_0(摩尔分率)，流量分别为 V_0 和 L_0(摩尔流率)，在塔板上充分接触，离开塔板的气液两相达平衡，流量分别为 V 和 L，其组成分别为 y 和 x。设 y^* 为

与液相浓度 x_0 成平衡的气相组成，x^* 为与气相浓度 y_0 成平衡的液相组成，见图 7－9。由于 $x_0 > x^*$，液相存在一传质推动力（$x_0 - x^*$），易挥发组分 A 将从液相通过相界面向气相扩散（即 A 汽化）；同样，由于 $y_0 < y^*$，气相存在一传质推动力（$y^* - y_0$），难挥发组分 B 将从气相通过相界面向液相扩散（即 B 冷凝），直到两相组成达到平衡。同时，易挥发组分 A 气化时需要汽化热，而难挥发组分 B 冷凝时放出冷凝热，使得传质所需的汽化热和冷凝热正好可以互相补偿，并使两相的温度趋于一致。

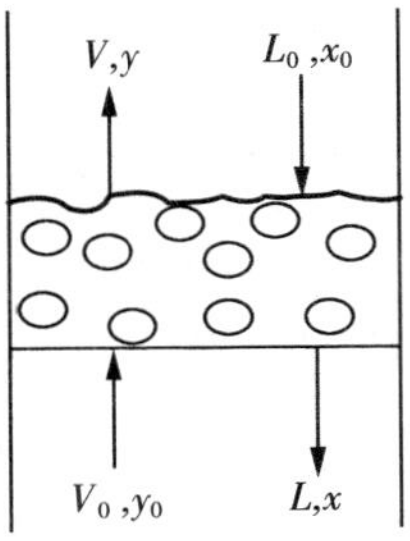

图 7－8 平衡级蒸馏示意

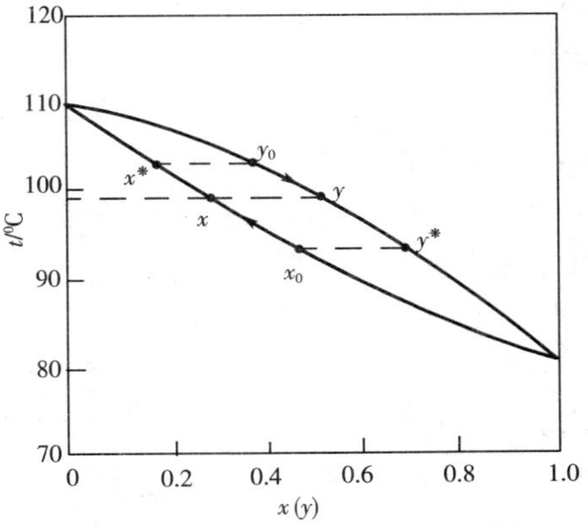

图 7－9 平衡级中气液组成的变化

由上可见，平衡蒸馏与平衡级蒸馏有着本质的区别，前者是基于混合液部分汽化（或混合汽部分冷凝）的传热过程；后者则是汽、液两相间伴有传热的传质过程，无需与外界进行热量交换。

对图 7－8 所示的平衡级列总物料和易挥发组分的物料衡算式可得

$$V_0 + L_0 = V + L \tag{7-23}$$

$$V_0 y_0 + L_0 x_0 = Vy + Lx \tag{7-24}$$

若不计混合热和热损失，平衡级的热量衡算式为：

$$V_0 H_0 + L_0 h_0 = VH + Lh \tag{7-25}$$

饱和蒸汽的焓 H 为饱和液体的焓 h 与汽化潜热 r 之和，故上式又可写为：

$$V_0(h_0 + r_0) + L_o h_0 = V(h + r) + Lh \tag{7-25a}$$

式中 H_0、H—— 进、出平衡级饱和蒸汽的焓，kJ/kmol（以 0 ℃ 的饱和液体为准）；

h_0、h—— 进、出平衡级饱和液体的焓，kJ/kmol；

r_0、r—— 进、出平衡级饱和液体的摩尔汽化潜热，kJ/kmol。

由于许多物系两组分的摩尔汽化潜热相近，又因组成与温度变化而引起的液体显热与汽化潜热相比甚小，若假设 $h_0 = h$ 及 $r_0 = r$，可将式(7－25a) 简化为

$$(V_0 - V)r = (V - V_0 + L - L_0)h \tag{7-25b}$$

将式(7－23) 代入上式，得

$$V_0 = V \qquad \text{和} \qquad L_0 = L \tag{7-26}$$

即在平衡级中，气液两相接触前后的摩尔流量将保持不变。(7－24) 式可简化为

$$Vy_o + Lx_o = Vy + Lx \tag{7-24a}$$

将式(7－24a) 与式(7－21) 比较后发现，只要令 $F = V + L$，$Fx_F = Vy_o + Lx_o$，$q = L/(V$

＋L)，平衡级蒸馏就和平衡蒸馏的计算完全一样。

由此可见，一次平衡级蒸馏可使混合液达到一定程度的分离，但平衡级蒸馏无需从外界传入(或移走)热量，这样就有可能将多个"接触级蒸馏"串接起来，以实现混合液的高纯度分离，这就是精馏的基本思路。

(2) 精馏

图7-10是一个典型的板式连续精馏塔。塔内有若干层塔板，每一层就是一个接触级，它为气液两相提供传质场所。为向接触级提供两相接触所需的气流和液流，塔顶设有冷凝器将顶部的蒸汽冷凝成液体，并使部分冷凝液回流入塔(其余部分作为塔顶产品引出)，以形成沿塔下流的液体(称为液相回流)；塔底设有再沸器将底部的液体部分汽化返回塔内(其余部分作为塔底产品引出)，以形成沿塔上升的气流(称为气相回流)，这就是实现精馏过程所必须的"回流"条件。

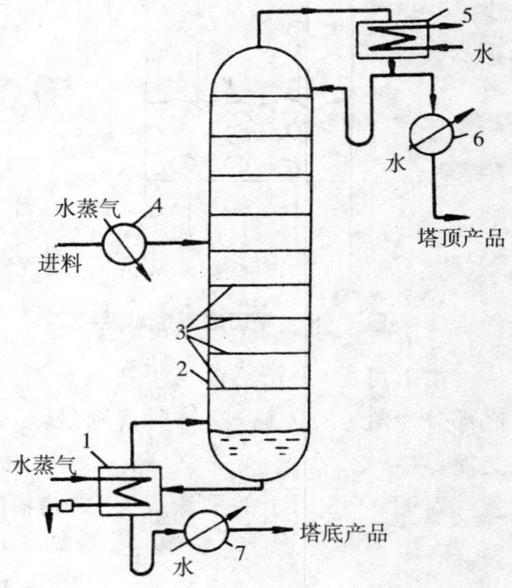

图7-10　连续精馏装置流程

1-再沸器；2-精馏塔；3-塔板；4-进料顶热器；5-冷凝器；6-塔顶产品冷却器；7-塔底产品冷却器

操作时原料液自塔的中部某适当位置连续地加入，塔顶冷凝液的一部分作为塔顶产品——称为馏出液，其余回流进入塔顶；塔釜出来的液体经再沸器部分汽化后，液体作为塔底产品——称为釜残液，气体则返回进入塔底。在加料位置之上部分，上升蒸气与顶部下来的液体逐级逆流接触，进行多次接触级蒸馏，因此自下而上气相易挥发组分浓度逐级增加。在加料位置之下部分，下降液体与底部上升的蒸汽逐级逆流接触，也进行多次接触级蒸馏，因此自上而下液相难挥发组分浓度逐级增加。总体来看，全塔自塔底向上气相中易挥发组分浓度逐级增加，自塔顶向下液相中难挥发组分浓度逐级增加。因此只要有足够多的塔板数，而且有足够的气、液"回流"，就能在塔顶得到高纯度的易挥发组分A，塔底得到高纯度的难挥发组分B。引入料液的塔板叫做加料板，其上的部分称为精馏段，加料板及其以下的部分称为提馏段。

因精馏与蒸馏的区别在于"回流"，包括塔顶的液相回流与塔釜部分汽化造成的气相回流。回流是构成气、液两相接触传质的必要条件。为在一个塔内同时获得高纯度的A和B，需要一个具有精馏段和提馏段的完整精馏塔。但是根据生产中的不同要求，可以采用只有精馏段或只有提馏段的精馏塔，也可以使用一些特殊的精馏过程。操作方式可以是连续的，也可以是间歇的。提供气液两相接触的场所可以是塔板(板式塔)，也可以是填料的表面(填料塔)。

7.4　二元连续精馏的分析和计算

精馏过程的计算包括设计型和操作型两类。本节重点讨论板式塔的设计型计算。

连续精馏的设计型计算，通常规定原料液的组成、流量及分离要求。需要确定和计算的内容有：(1) 确定产品的流量和组成；(2) 选定操作压力和进料热状况；(3) 计算精馏塔的塔板层数和适宜的进料位置；(4) 选择塔板类型，确定塔高、塔径、塔板结构尺寸，并进行流体力学验算；(5) 计算冷凝器和再沸器的热负荷，并确定两者的类型和尺寸。

本节重点介绍(1)、(2)、(3)、(5) 项内容，第(4) 项内容将在 7.6 节中介绍。

7.4.1 物料衡算

(1) 全塔物料衡算

精馏过程的馏出液和釜液的流率、组成与进料的流量、组成之间的关系可应用物料衡算确定。

对图 7-11 所示的二元连续精馏塔作物料衡算，有总物料衡算

$$F = D + W \tag{7-27}$$

易挥发组分物料衡算

$$Fx_F = Dx_D + Wx_W \tag{7-28}$$

式中 F—— 原料液流量，kmol/h；

D —— 馏出液(塔顶产品) 流量，kmol/h；

W —— 釜残液(塔底产品) 流量，kmol/h；

x_F、x_D、x_W 分别为原料液、馏出液和釜残液中易挥发组分的摩尔分率(注：就物料衡算而言，也可采用质量流量与质量分率)。

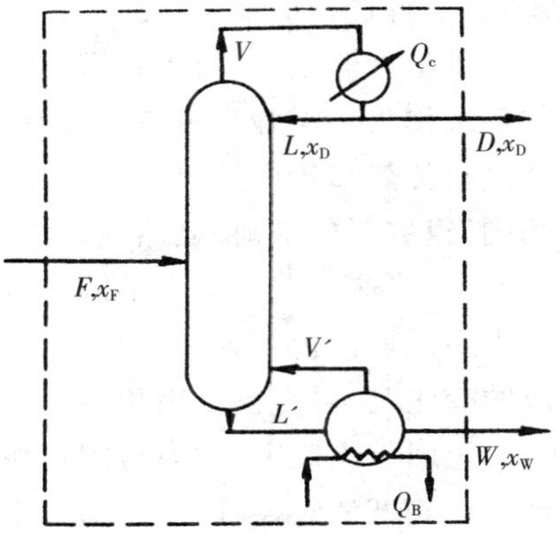

图 7-11 精馏塔的全塔物料衡算

将式(7-27) 和(7-28) 联立得

馏出液产率

$$\frac{D}{F} = \frac{x_F - x_W}{x_D - x_W} \tag{7-29}$$

在精馏塔的设计中，有时也规定组分的回收率 η，其定义为易挥发或难挥发组分所回收的量占原料中该组分总量的百分数，即

易挥发组分的回收率

$$\eta_1 = \frac{Dx_D}{Fx_F} \times 100\ \% \tag{7-30}$$

难挥发组分的回收率

$$\eta_2 = \frac{W(1 - x_W)}{F(1 - x_F)} 100\ \% \tag{7-30a}$$

例 7-4 欲将 65000 kg/h 含苯 45 %、甲苯 55 %(质量百分率，下同) 的混合液在一连续精馏塔内加以分离，已知馏出液和釜液中的质量要求分别为含苯 95 % 和 2 %，求馏出液和釜液的摩尔流率以及苯的回收率。

解 苯和甲苯的摩尔质量分别为 78 kg/kmol 和 92 kg/kmol

进料组成

$$x_F = \frac{0.45/78}{0.45/78 + 0.55/92} = 0.4911$$

产品组成

$$x_D = \frac{0.95/78}{0.95/78 + 0.05/92} = 0.9573$$

$$x_W = \frac{0.02/78}{0.02/78 + 0.98/92} = 0.0235$$

进料平均摩尔质量

$$\overline{M}_F = x_F M_A + (1 - x_F) M_B = 0.4911 \times 78 + (1 - 0.4911) \times 92 = 85.12\ \text{kg/kmol}$$

则

$$F = \frac{65000}{85.12} = 763.6\ \text{kmol/h}$$

根据式(7-29) 得

$$D = \frac{x_F - x_W}{x_D - x_W} F = \frac{0.4911 - 0.0235}{0.9573 - 0.0235} \times 763.6 = 382.4\ \text{kmol/h}$$

所以 $W = F - D = 763.6 - 382.4 = 381.2\ \text{kmol/h}$

苯的回收率 $\eta_1 = \dfrac{Dx_D}{Fx_F} \times 100\% = \dfrac{382.4 \times 0.9573}{763.6 \times 0.4911} \times 100\% = 97.6\%$

(2) 操作线方程

由于精馏过程是一个伴有传热的传质过程，所以每一个接触级的完整数学描述应包含物料衡算、热量衡算、相平衡方程和传质速率方程，这样精馏的计算就显得很复杂。为简化精馏计算，并了解过程的实质，通常引入以下两个基本假定：

理论板假定　对板式塔，一层塔板就是一个接触级，通常把能够起一个平衡蒸馏级作用的塔板称为一层理论板。在理论板上，不管进入该板的气、液两相组成如何，在塔板上充分混合并进行传热和传质后，离开该板时气液两相在传热和传质两个方面都达到平衡状态：两相温度相同、组成互成平衡。显然理论板是一个理想化的情况，与实际不相符合，但工程上可对实际做出修正，将速率这个动力学因素包含于一个叫做板效率的参数中（详见后述）。

引入理论板假设后，就可把精馏塔看成是由许多理论板所构成的，因而在逐板分析气液组成的变化时，可直接使用相平衡关系。

恒摩尔流假定　当易挥发组分与难挥发组分的摩尔气化潜热相等，其他热效应可忽略不计或相互抵消时，液体汽化和气体冷凝所需的热量刚好相互补偿，使得流经每一块塔板的气液两相的摩尔流率保持不变（推导见平衡级）。即

精馏段 $V_1 = V_2 = \cdots = V, L_1 = L_2 = \cdots = L$

提馏段 $V'_1 = V'_2 = \cdots = V', L'_1 = L'_2 = \cdots = L'$

式中 V 和 V' 为精馏段和提馏段上升的蒸汽流量，L 和 L' 为精馏段和提馏段下降的液体流量。恒摩尔流假设对精馏段和提馏段均适用，但由于加料的影响，两段的气液两相摩尔流率未必相等。基于这个假定，精馏计算中又可略去热量衡算方程。

恒摩尔流虽是一项假定，对某些物系基本上能符合上述条件，以后介绍的精馏计算均是以恒摩尔流为前提的。需指出的是在少数情况下，如果被分离组分的摩尔汽化潜热相差较远而单位质量的汽化潜热相近，则 V 和 L 应取质量流量，称为恒质量流。

① 精馏段操作线方程

精馏段操作情况的分析如图 7-12 所示。理论塔板数由塔顶向下数，离开各板气液两相的组成用 y_1、x_1，y_2、x_2，… 表示，它们相互之间达到气液相平衡。第一块塔板上升的蒸汽导入冷凝器全部冷凝下来，我们称这种冷凝器为全凝器，这时馏出液组成 x_D 与 y_1 相等。假设经全凝器冷凝后的液体为饱和液体，其中一部分 D 作为塔顶产品，另一部分 L 作为回流，该操作叫做泡点回流。对图 7-12 中虚线所划定的区域作物料衡算

总物料 $$V = L + D \tag{7-31}$$

易挥发组分 $$Vy_{n+1} = Lx_n + Dx_D \tag{7-32}$$

由上两式可得 $$y_{n+1} = \frac{L}{V}x_n + \frac{D}{V}x_D \tag{7-33}$$

令回流比 $R = L/D$，则有 $L = RD, V = (R+1)D$，代入上式得

$$y_{n+1} = \frac{R}{R+1}x_n + \frac{1}{R+1}x_D \tag{7-34}$$

将下标 n 去掉得

$$y=\frac{R}{R+1}x+\frac{x_D}{R+1} \tag{7-34a}$$

式(7-34)表示了精馏段内下降液流和上升气流组成之间的关系，称为精馏段的操作线方程，它在 $x-y$ 直角坐标图上为直线，其斜率为 $R/(R+1)$，为精馏段的液气比，它由回流比 R 所决定，其值小于 1，在 y 轴上的截距为 $x_D/(R+1)$。

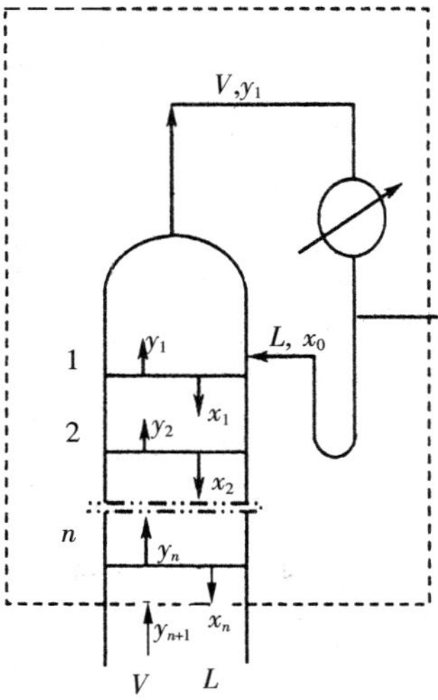

图 7-12 精馏段操作情况的分析

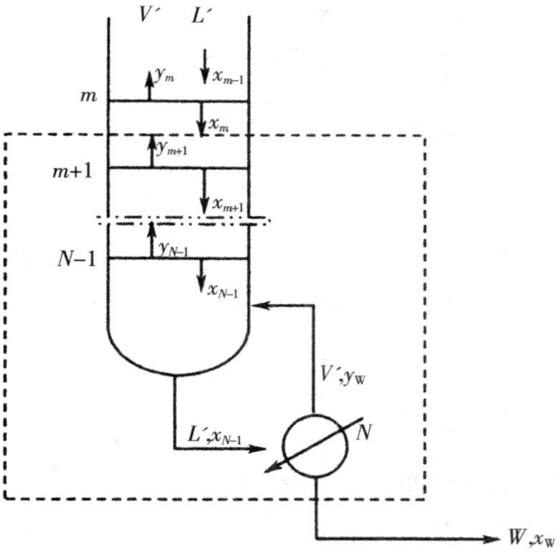

图 7-13 提馏段的操作情况分析

② 提馏段操作线方程

提馏段操作情况的分析如图 7-13 所示。再沸器将塔釜出来的液体部分气化回流入塔，其液体作为塔底产品连续排出，因此这种再沸器的效果相当于一块理论塔板。

对图 7-13 中虚线所划定的区域作物料衡算得

总物料
$$L'=V'+W \tag{7-35}$$

易挥发组分
$$L'x_m=V'y_{m+1}+WX_W \tag{7-36}$$

从而有

$$y_{m+1}=\frac{L'}{V'}x_m-\frac{W}{V'}x_W \tag{7-37}$$

将式(7-35)代人上式得

$$y_{m+1}=\frac{L'}{L'-W}x_m-\frac{W}{L'-W}x_W \tag{7-38}$$

写成方程的形式为

$$y=\frac{L'}{L'-W}x-\frac{W}{L'-W}x_W \tag{7-38a}$$

式(7-38)表示了提馏段内下降液流和上升气流组成之间的关系，称为提馏段的操作线方程，它在 $x-y$ 直角坐标图上也为直线，斜率为 $L'/(L'-W)$，为提馏段的液气比，其值大于 1。

7.4.2 进料热状况的影响

(1) 进料板的物料及热量衡算

为了分析进料的流量及热状况对精馏操作的影响，可对图 7-14 所示的进料板作物料和热

量衡算。总物料衡算

$$F + L + V' = L' + V \tag{7-39}$$

总热量衡算

$$Fh_F + Lh_L + V'H_V = L'h_L + VH_V \tag{7-40}$$

其中 h_F、h_L、H_V 分别为原料液、饱和液体、饱和蒸汽的焓(忽略加料板相邻上、下板的温度、组成变化对焓的影响)。

联立式(7-39)、(7-40) 可得

$$\frac{L'-L}{F} = \frac{H_V - h_F}{H_V - h_L} \tag{7-41}$$

$$令\ q = \frac{H_V - h_F}{H_V - h_L} = \frac{每千摩尔料液从进料状态变为饱和蒸汽所需热量}{进料的千摩尔汽化潜热} \tag{7-42}$$

q 仅与进料状况有关,称之为进料热状况参数。从式(7-41)、(7-39) 得

$$\begin{cases} L' = L + qF \\ V' = V - (1-q)F \end{cases} \tag{7-43}$$

由式(7-43) 可确定进料、精馏段气液相流量、提馏段气液相流量三者之间的关系。

(2) 进料热状况参数 q 的计算

根据 q 值的大小,精馏塔的进料通常有五种状况。

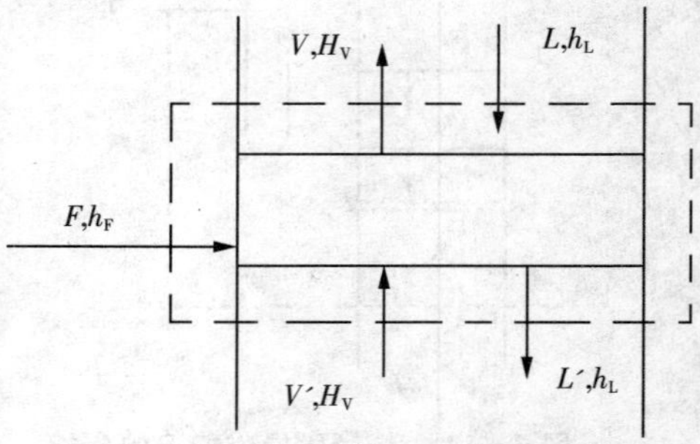

图 7-14 进料板的物料和热量衡算

① $q > 1$,过冷液体进料。因为进料的温度小于泡点温度,所以当它们预热至饱和状态时必然要吸收热量,这部分热量只有由提馏段上升的蒸汽来提供,从而使部分蒸汽冷凝下来。进料、提馏段蒸汽冷凝下来的液体以及精馏段下降的饱和液体一起进入提馏段,如图 7-15(a) 所示。此时有

$$L' > L + F, V' > V$$

② $q = 1$,饱和液体进料。因为加入的就是饱和液体,所以没有预热过程产生。进料与精馏段下降的饱和液体一起进入提馏段,而两段上升的蒸汽流量相等,如图 7-15(b) 所示

$$L' = L + F, V' = V$$

③ $0 < q < 1$,气液混合物进料。因为进料是气液混合物,设其中液相所占的百分率为 a,气相分率为 $(1-a)$,则进料焓 $h_F = ah_L + (1-a)H_V$,即 $H_V - h_F = a(H_V - h_L)$,所以 $q = a$,此时的进料热状况参数 q 正好等于进料中液相分率。进料所含的液体与精馏段下降的饱和液体一起进入提馏段,进料所含的气体则与提馏段上升的饱和蒸汽一起进入精馏段,如图 7-15(c) 所示。

$$L < L' < L + F, \quad V' < V$$

④ $q = 0$,饱和蒸汽进料。因为加入的就是饱和蒸汽,所以没有冷却过程产生。进料与提馏段上升的饱和蒸汽一起进入精馏段,见图 7-15(d)。

$$L' = L, V' = V - F$$

⑤ $q < 0$,过热蒸汽进料。因为加入蒸汽的温度大于其露点,所以当它们变成饱和状态时必然要放出热量,这些热量会使精馏段下降的饱和液体部分气化。进料、液体气化而来的气体

以及提馏段上升的饱和蒸汽一起进入精馏段，如图 7－15(e) 所示。

$$L' < L, \quad V' < V - F$$

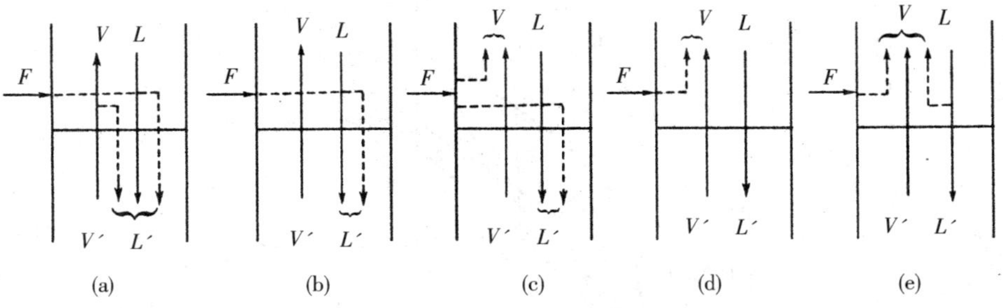

图 7－15 五种加料方式下塔内气液相流量示意

(a) 过冷液体；(b) 饱和液体；(c) 气液混合物；(d) 饱和蒸汽；(e) 过热蒸汽

广义地说，进料热状况参数都可看做是进料中饱和液体的摩尔分率。饱和液体进料，$q=1$；饱和蒸汽进料，$q=0$；气液混合物进料，$q=a$，这三种情况下进料热状况参数很容易确定。而对冷液进料和过热蒸汽进料，q 可采用以下方法进行计算。

过冷液体：

$$q=\frac{H_V-h_F}{H_V-h_L}=\frac{H_V-h_L+h_L-h_F}{H_V-h_L}=1+\frac{\overline{C_{PL}}(t_b-t_F)}{r} \tag{7-44}$$

过热蒸汽：

$$q=\frac{H_V-h_F}{H_V-h_L}=\frac{H_V-[H_V+\overline{C_{PV}}(t_F-t_d)]}{H_V-h_L}=-\frac{\overline{C_{PV}}(t_F-t_d)}{r} \tag{7-45}$$

式中，$\bar{c}_{PL}$ 是进料在温度$(t_b+t_F)/2$ 下液体的比热容；$\bar{c}_{PV}$ 是进料在温度$(t_F+t_d)/2$ 下气体的比热容，r 是进料的摩尔气化潜热，t_d 为气相的露点温度，t_b 为液相的泡点温度。

(3) q 线方程

在精馏塔的分析和计算中，当 x_F、x_D、x_W、R 和 q 已知时，精馏段和提馏段的操作线方程就可确定下来。精馏段操作线方程可由 R 和 x_D 很方便地求出，而提馏段操作线方程要根据塔内气液相流量与 q 的关系，结合全塔物料衡算进行求解。为方便提馏段方程的确定及后面要讲述的图解计算，常求出精馏段和提馏段交点 d 的轨迹。

精馏段、提馏段操作线方程式(7－34)、(7－38) 可分别写成如下形式：

$$Vy=Lx+Dx_D \tag{7-46}$$

$$V'y=L'x-Wx_W \tag{7-47}$$

将式(7－47) 减去(7－46) 得

$$(V'-V)y=(L'-L)x-(Dx_D+Wx_W) \tag{7-48}$$

将式(7－43) 和(7－28) 代入上式并经整理得

$$y=\frac{q}{q-1}x-\frac{x_F}{q-1} \tag{7-49}$$

式(7-49) 是精馏段和提馏段交点 d 的轨迹方程，它是一条过点 $f(x_F, x_F)$、斜率为 $q/(q-1)$ 的直线。该直线仅与 q、x_F 有关，所以常称之为加料线方程，简称为 q 线方程。

x_F、x_D 和 R 一定时，精馏段操作线确定，q 值的大小将直接影响到点 d 的位置，从而影响到提馏段的操作线。五种进料状况下 q 线、点 d 和提馏段操作线的形状如图 7-16 所示。

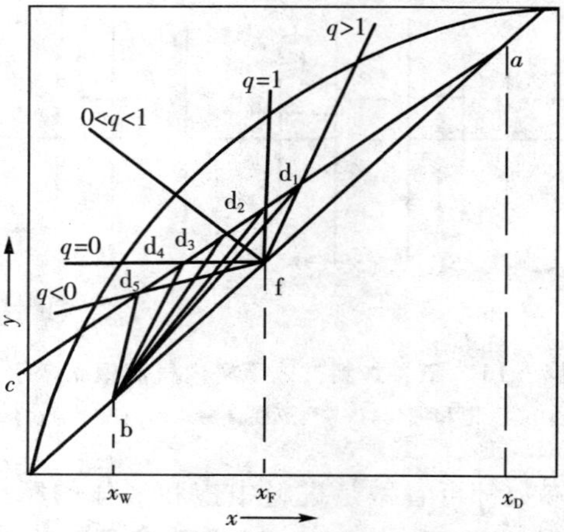

图 7-16　不同加料热状况对 q 线及提馏段操作线的影响

例 7-5　分离例 7-4 中的苯-甲苯溶液。已知泡点回流，回流比取 3。试求：

(1) 精馏段的气液相流量和精馏段操作线方程；

(2) 泡点进料和 50 ℃ 冷液进料时提馏段的气液相流量和提馏段操作线方程。

解　(1) 精馏段的气液相流量和精馏段操作线方程

精馏段的气液流量由回流比及馏出液流量决定，即

$$V = (R+1)D = 4.0 \times 382.4 = 1529.6\ \text{kmol/h}$$

$$L = RD = 3.0 \times 382.4 = 1147.2\ \text{kmol/h}$$

精馏段操作线方程由式(7-34)计算，即

$$y = \frac{R}{R+1}x + \frac{x_D}{R+1} = \frac{3}{3+1}x + \frac{1}{3+1} \times 0.9573 = 0.75x + 0.2393$$

(2) 提馏段的气液相流量和提馏段操作线方程

在其他操作参数一定的情况下，提馏段的气液相流量即操作线方程受进料热状况的影响。

① 泡点进料，$q=1$，由式(7-43)得

$$L' = L + qF = 1147.2 + 763.6 = 1910.8\ \text{kmol/h}$$

$$V' = V - (1-q)F = 1529.6\ \text{kmol/h}$$

代入提馏段操作线方程(7—38)得

$$y = \frac{L'}{L'-W}x - \frac{W}{L'-W}x_W = \frac{1910.8}{1529.6}x - \frac{381.2 \times 0.0235}{1529.6} = 1.249x - 0.00586$$

② 50 ℃ 冷液进料，根据 $x_F = 0.4911$，查常压下苯-甲苯的 $t-x(y)$ 图，得泡点 $t_b = 94.2$ ℃，露点 $t_d = 99.2$ ℃。在平均温度为 $(94.2+50)/2 = 72.1$ ℃ 下，查得苯和甲苯的质量比热容为 1.83 kJ/(kg·℃)，于是料液在该温度下的摩尔比热容为

$$\overline{C_{PL}} = 1.83 \times 85.12 = 155.8\ \text{kJ/(kmol·℃)}$$

进料从 94.2 ℃ 的饱和液体变为 99.2℃ 的饱和蒸汽时所要吸收的热量近似等于 94.2 ℃ 料液的气化潜热(忽略蒸汽显热的影响)。查得 94.2 ℃ 时苯和甲苯的气化潜热分别为 390 kJ/kg 和 360 kJ/kg，于是料液的气化潜热为

$$r = 0.4911 \times 390 \times 78 + (1-0.4911) \times 360 \times 92 = 31794.0\ \text{kJ/kmol}$$

$$q = 1 + \frac{\overline{C_{PL}}(t_b - t_F)}{r} = 1 + \frac{155.8 \times (94.2 - 50)}{31794.0} = 1.22$$

所以提馏段的气液流量为

$$L' = L + qF = 1147.2 + 1.22 \times 763.6 = 2078.8 \text{ kmol/h}$$

$$V' = V - (1-q)F = 1529.6 - (1 - 1.22) \times 763.6 = 1697.6 \text{ kmol/h}$$

代入提馏段操作线方程得

$$y = \frac{L'}{L' - W}x - \frac{Wx_W}{L' - W} = \frac{2078.8}{1697.6}x - \frac{381.2 \times 0.0235}{1697.6} = 1.22x - 0.00528$$

或求出精馏段操作线与 q 线的交点 d 的坐标，提馏段操作线是过 d(x_d，y_d) 和 b(x_W，x_W) 这两点的一条直线。

q 线方程：

$$y = \frac{q}{q-1}x - \frac{x_F}{q-1} = \frac{1.22}{1.22-1}x - \frac{0.4911}{1.22-1} = 5.54x - 2.232$$

联立精馏段操作线和 q 线方程

$$\begin{cases} y = 0.75x + 0.2393 \\ y = 5.54x - 2.232 \end{cases}$$

解得

$$\begin{cases} x_d = 0.516 \\ y_d = 0.626 \end{cases}$$

过点 d(0.516，0.626) 和点 b(0.0235，0.0235) 得一条直线方程，也为 $y = 1.22x - 0.00528$。

由上面的数据看出，从泡点进料改为 50 ℃ 冷液进料，将使提馏段的气液相流量增加，提馏段操作线的斜率变小。(对精馏是否有利?)

7.4.3 精馏塔的设计型计算

连续精馏塔设计型计算的基本步骤是：在规定的分离要求(如 D、x_D、η) 后，确定操作条件(如操作压力 p、进料状况 q 及回流比R)，利用相平衡关系和操作线关系确定所需的塔板数(或填料层高度) 以及进料的位置。

(1) 理论塔板数的计算

二元连续精馏塔理论板数的求取通常采用逐板计算法和图解法。

① 逐板计算法

如图 7－17 所示的精馏塔，塔顶设为全凝器，泡点回流。逐板计算方法为：

根据给定条件写出相平衡方程和操作线方程，并求出两操作线的交点 d 的坐标(x_d，y_d)。

相平衡方程改写成

$$x_n = \frac{y_n}{\alpha - (\alpha - 1)y_n} \tag{a}$$

精馏段操作线方程

$$y_{n+1} = \frac{R}{R+1}x_n + \frac{1}{R+1}x_D \tag{b}$$

提馏段操作线方程

$$y_{m+1} = \frac{L'}{L' - W}x_m - \frac{Wx_W}{L' - W} \tag{c}$$

从塔顶(也可从塔底) 开始进行逐板计算，具体步骤为

$$x_D = y_1 \xrightarrow{(a)} x_1 \xrightarrow{(b)} y_2 \xrightarrow{(a)} x_2 \xrightarrow{(b)} \cdots \xrightarrow{(a)} x_{N_1} \leqslant x_d$$

$$x_{N_1} \xrightarrow{(c)} y_{N_1+1} \xrightarrow{(a)} x_{N_1+1} \xrightarrow{(c)} \cdots \xrightarrow{(a)} x_{N-1} \xrightarrow{(c)} y_N \xrightarrow{(a)} x_N \leqslant x_W$$

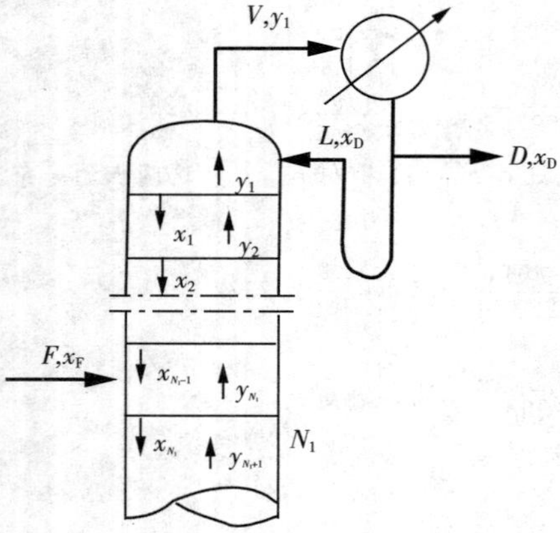

图 7-17 精馏塔的逐板计算示意

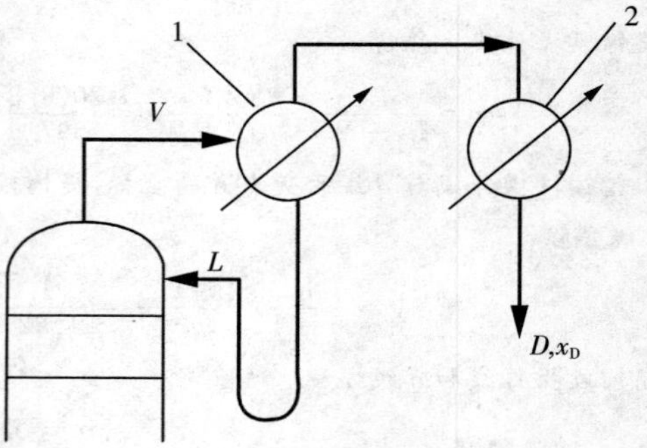

图 7-18 分凝器流程

1-分凝器；2-全凝器

从 y_1 开始交替运用相平衡方程和精馏段操作线方程，可求出各板上气液两相的组成。当 $x_{N_1} \leqslant x_d$ 时，表明应该在第 N_1 块板加料，精馏段的理论塔板数为 (N_1-1) 块；然后从 x_{N_1} 开始，改用提馏段操作线方程，直到 $x_N \leqslant x_w$ 时，表明已经能够满足分离要求，整个精馏塔所需的总理论塔板数为 N 块。因为塔釜相当于一层理论板，所以塔内需要的理论塔板数为 $N-1$ 块。注意在计算中每使用一次相平衡关系，便对应一块理论塔板数。

若塔顶上升蒸汽进入的冷凝器不是全凝器，而是进行部分冷凝（只是将回流液冷凝下来），如图 7-18 所示，则称为分凝器。显然，它也相当于一块理论板，使得所需理论板再减一层。但由于调节回流比时分凝器不如全凝器便利、准确，故目前生产上主要还是用全凝器。

逐板计算方法比较繁琐，但得到的结果较为准确，且能获得各板上气液两相的组成和对应的温度。当塔板数很多时宜采用计算机求解。

② 图解法

图解法又称麦卡勃-蒂里（McCabe-Thiele）法，简称 M-T 法，其原理与逐板计算法完全相同，只是将逐板计算过程在 y-x 图上直观地表示出来，其主要步骤为（参见图 7-16）：

（Ⅰ）根据物系和操作压力在 $x-y$ 图上作出相平衡线，并画出对角线作为辅助线；

（Ⅱ）在 x 轴上定出 $x=x_D$、x_F、x_w 三点，依次通过这三点作垂线分别交对角线于点 a、f、b；

（Ⅲ）在 y 轴上定出 $y_c = x_D/(R+1)$ 的点 c，连接 a、c 作出精馏段操作线；

（Ⅳ）由进料热状况求出 q 线的斜率 $q/(q-1)$，过点 f 作出 q 线交精馏段操作线于点 d；

（Ⅴ）连接点 d、b 作出提馏段操作线；

（Ⅵ）从点 a 开始在平衡线和精馏段操作线之间画阶梯，当梯级跨过点 d 时，就改在平衡线和提馏段操作线之间画阶梯，直至梯级跨过点 b 为止；

（Ⅶ）所画的总阶梯数就是全塔所需的理论塔板数（包含再沸器），跨过点 d 的那块板就是加料板，其上的阶梯数为精馏段的理论塔板数（参见例 7-6）。

例 7－6 欲用一常压连续精馏塔分离含苯 49.1 %(摩尔百分率,下同)的混合液,要求塔顶馏出液含苯 95.7 %,釜液含苯 2.35 %。已知泡点回流,且回流比取 3(参见例 7-5)。试求泡点进料及 50 ℃ 液体进料时全塔需要的理论塔板数和第二块板下降液体的组成。

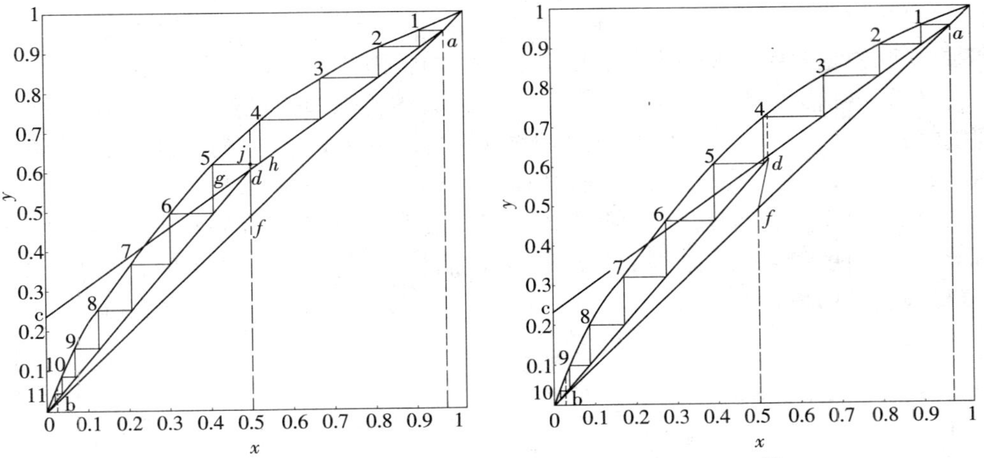

(a) (b)

例 7－6 附图

(a) 泡点进料时理论板数的图解;(b) 冷液进料时理论板数的图解

解 首先作出常压下苯-甲苯体系的相图,据 $x_D = 0.957$,$x_F = 0.491$,$x_w = 0.0235$ 定出点 a、f、b,然后由 $x_D = 0.957$,$R = 3$ 在 y 轴上定出 $y_c = x_D/(R+1) = 0.239$ 的点 c,并作出精馏段操作线。

(1) 饱和液体进料

此时 $q = 1$,q 线为过点 f 垂直于 x 轴的直线。作 q 线交精馏段操作线于点 d,并作出提馏段操作线 bd。在平衡线与操作线之间画阶梯,结果如附图 a 所示。从图中看出:全塔共需理论板 10.7 块(最后一块可取小数,由过 b 点的垂线与梯级水平线交点的比例来确定),扣除再沸器后塔内的理论塔板数为 9.7 块,其中精馏段 4.2 块(分数由过点 d 的垂线与水平线 gh 相交于点 j,线段 jh 与 gh 的长度之比为 0.2),提馏段 5.5 块,加料板在第 5 块。

(2)50 ℃ 冷液进料

精馏段操作线与以上相同,但 q 线不同。由例 7－5 已算出此时的 $q = 1.22$、$q/(q-1) = 5.54$。如附图 b 作出 q 线,再作出提馏段操作线 bd。仍从点 a 起作梯级,可知现全塔理论塔板数为 9.3 块(含塔釜),其中精馏段 3.9 块,提馏段 4.4 块,进料板在第 4 块。与前一情况相比,由于点 d 向右移动,所需的精馏段理论板数略有减少。

第二块板下降液体的组成 x_2 可直接从图中读得,也可用逐板计算法求解。下面以逐板计算法为例,在塔顶蒸馏范围内相对挥发度可近似取 2.58。根据题意有:

相平衡方程
$$x_n = \frac{y_n}{2.58 - 1.58y_n}$$

精馏段操作线方程
$$y_{n+1} = 0.75x_n + 0.239$$

逐板计算过程如下
$$y_1 = x_D = 0.957$$

$$x_1 = \frac{y_1}{2.58 - 1.58y_n} = \frac{0.957}{2.58 - 1.58 \times 0.957} = 0.896$$

$$y_2 = 0.75x_n + 0.239 = 0.75 \times 0.896 + 0.239 = 0.911$$

$$x_2 = \frac{y_2}{2.58 - 1.58y_2} = \frac{0.911}{2.58 - 1.58 \times 0.911} = 0.799$$

(2) 最佳加料位置的确定

在上述求全塔所需的理论板数时，将跨过点 d 的梯级定为加料板。事实上加料板也可以设在其他位置，如例 7－6 中泡点进料时可定在第 4，3…… 或第 7，8…… 块加料。若在第 4 块板加料，则精馏段有 3 块理论板，从第 4 块以后的阶梯就应改用提馏段操作线，如图 7－19(a) 所示，此时需要总理论板数为 11 块。同样若在第 7 块板加料，则精馏段有 6 块理论板，直到第 7 块以后的阶梯才改用提馏段操作线，如图 7－19(b) 所示，需要总理论板数为 11.7 块。将它们与例 7－6 附图 a 的情况作比较后发现：在同样的操作条件和分离要求下，跨越点 d 加料时需要的理论塔板数最少(10.7 块)，其原因是该处加料时料液浓度与塔内浓度最为接近，此时塔内的混合效应最小，同时平衡线与操作线之间偏离的程度最大，传质推动力最大，所画的阶梯数最少。通常称跨越点 d 的加料板为最佳加料板，即最佳加料位置是该板的液相组成 x 等于或略小于 x_d(两操作线交点的横坐标)。

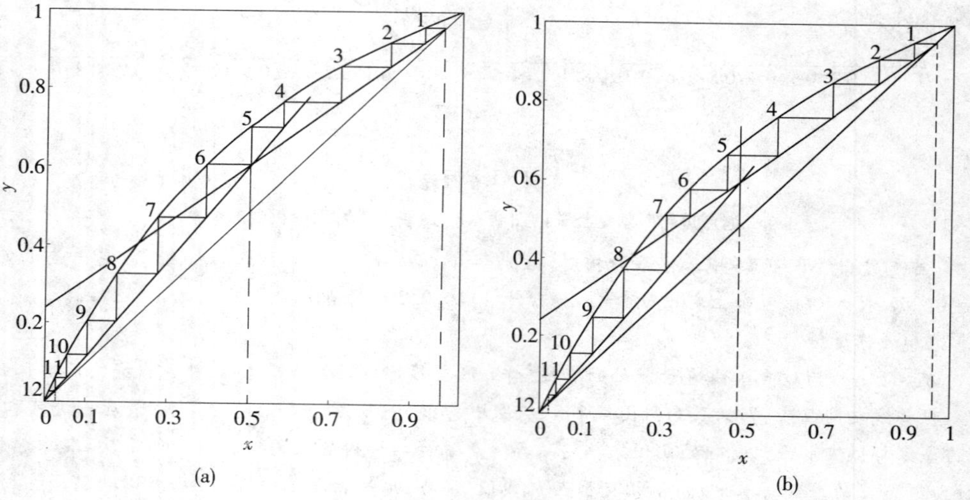

图 7－19　进料板位置不当

对于已有的精馏装置，在最佳位置进料，可获得最佳分离效果。在实际操作中，如果进料位置不当，会使塔顶和塔釜产品不能同时达到分离要求。

(3) 回流比的影响及选取

以上分析计算过程是将回流比作为一个给定的量。事实上，回流比 R 对精馏塔的操作有着重要的影响。回流比有两个极限值，上限为全回流，下限为最小回流比。对于某一给定的设计条件(物系、操作压力、x_F、x_D、x_w 和 q)，回流比的选取有一个范围。下面将详细地加以讨论。

① 全回流和最少理论板数

回流比的上限是全回流 $R=\infty$，这时自塔顶上升的蒸汽经冷凝后全部回流入塔，不采出馏出液，无进料和出料，自然也无精馏段和提馏段之分。在 x—y 图上，精馏段操作线和提馏段操作线合二为一，即

$$y_{n+1} = x_n \tag{7-50}$$

都与对角线重合。由于没有产品的采出，所以全回流不具备生产意义，常在精馏塔的开停工、调试和实验室研究时采用。

因全回流时的操作线与对角线重合，即操作线偏离平衡线最远，所以为完成规定的分离任务所需要的理论板数最少，以 $N_{\min}$ 表示。$N_{\min}$ 可由图解法求取，也可用逐板计算法推得，其推导过程如下。

在任意一块理论板 n 上，存在如下关系：

相平衡方程，根据式(7-10)有

$$(y_A/y_B)_n = \alpha_n(x_A/x_B)_n$$

操作线方程可写成

$$(y_A)_{n+1} = (x_A)_n \qquad (y_B)_{n+1} = (x_B)_n$$

从塔顶开始交替应用平衡线和操作线方程进行逐板计算，可以得到：

第一块板 $(y_A/y_B)_1 = \alpha_1(x_A/x_B)_1 = \alpha_1(y_A/y_B)_2$

第二块板 $(y_A/y_B)_2 = \alpha_2(x_A/x_B)_2$

所以 $(y_A/y_B)_1 = \alpha_1\alpha_2(x_A/x_B)_2$

将上述过程一直进行下去，直至第 N 块塔板(塔釜)，得

$$(y_A/y_B)_1 = \alpha_1\alpha_2\cdots\alpha_{N-1}\alpha_N(x_A/x_B)_W \tag{7-51}$$

塔顶全凝器满足

$$(y_A)_1 = (x_A)_D; \qquad (y_B)_1 = (x_B)_D$$

若物系是理想物系，则沿塔高相对挥发度变化不大，可作为一个常数处理。通常相对挥发度可取塔顶和塔底的几何平均值，即 $\bar{\alpha} = \sqrt{\alpha_D\alpha_W}$，于是式(7-51)简化为

$$\left(\frac{x_A}{x_B}\right)_D = \bar{\alpha}^N\left(\frac{x_A}{x_B}\right)_W \tag{7-52}$$

由式(7-52)求得的理论板数 N 就是在分离要求 x_D、x_W 下的最少理论板数 $N_{\min}$，所以

$$N_{\min} = \frac{\lg\left[\left(\frac{x_A}{x_B}\right)_D\Big/\left(\frac{x_A}{x_B}\right)_W\right]}{\lg\bar{\alpha}} \tag{7-53}$$

式(7-53)称为芬斯克(Fenske)方程，用它可估算精馏塔在某分离要求下所需的最少理论板数。由于在上述推导过程中并未对溶液的组分数加以限制，故该式还适用于多组分物系。且对理想溶液有较好的准确度。其中的 $N_{\min}$ 应包含精馏塔釜。

对双组分溶液，$x_B = 1 - x_A$，则

$$N_{\min} = \frac{\lg\left[\left(\frac{x_D}{1-x_D}\right)\Big/\left(\frac{x_W}{1-x_W}\right)\right]}{\lg\alpha} \tag{7-53a}$$

若逐板计算至进料板，令 $\alpha_1 = \sqrt{\alpha_D\alpha_F}$，可得到精馏段所需的最少理论板数 $N_{\min,1}$

$$N_{\min,1} = \frac{\lg\left[\left(\frac{x_D}{1-x_D}\right)\Big/\left(\frac{x_F}{1-x_F}\right)\right]}{\lg\alpha_1} \tag{7-54}$$

② 最小回流比

设计条件下，如选用较小的回流比，两操作线都向平衡线靠近，达到指定分离程度所需的理论塔板数 N 增大。当回流比减至某一数值时，两操作线的交点落在平衡线上，见图 7-20，此时即使理论板数无穷多，在平衡线和操作线之间画阶梯，永远也越不过点 e 点，此为指定分离程度时的最小回流比 $R_{\min}$。在点 e 前后的几块板(通常为加料板附近)，气液两相的组成基本上

不发生变化，即塔板无增浓作用，故称该区域为“恒浓区”，点 e 又称为“夹紧点”。最小回流比 $R_{\min}$ 可用作图法或解析法求得。

（Ⅰ）作图法

求出最小回流比情形下精馏段和提馏段操作线交点 e 的坐标 (x_e, y_e)，此时精馏段操作线的斜率为：

$$\frac{R_{\min}}{R_{\min}+1}=\frac{x_D-y_e}{x_D-x_e}$$

得

$$R_{\min}=\frac{x_D-y_e}{y_e-x_e} \tag{7-55}$$

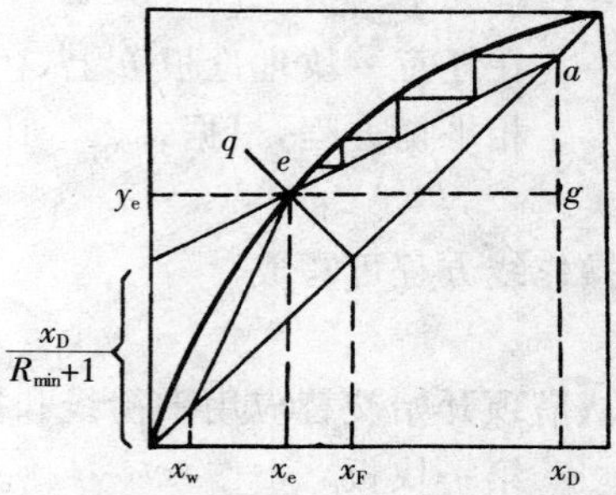

图 7-20　最小回流比

对某些非理想物系，当回流比减少至某一数值时，精馏段操作线首先与平衡线相切于 e 点，如图 7-21(a)，故该回流比为最小回流比；如图 7-21(b)，当回流比减小时，提馏段操作线首先与平衡线相切于 e 点，此时可先解出两操作线的交点 d 的坐标 (y_q, x_q)，以代替 (y_e, x_e)，同样用式(7-55) 计算 $R_{\min}$。

应当注意的是，最小回流比一方面与物系的平衡性质有关，另一方面也与规定的塔顶、塔底产品浓度有关。对于指定物系，最小回流比只取决于混合物的分离要求，故最小回流比仅对设计型问题有意义。在实际塔操作时，当选用的回流比等于最小回流比时，由于塔板数有限，其操作结果达不到指定的分离要求。

（Ⅱ）解析法

对于相对挥发度为常量的物系，可将平衡线方程式与 q 线方程式联立，求得 e 点坐标 (x_e, y_e) 后代入式(7-55) 进行计算。

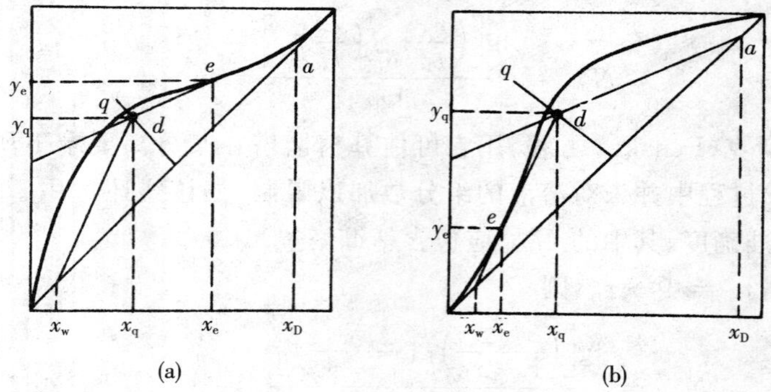

图 7-21　不同平衡线形状的最小回流比

如泡点进料($q=1$) 时，$x_e=x_F$，有

$$y_e=\frac{\alpha x_e}{1+(\alpha-1)x_e}=\frac{\alpha x_F}{1+(\alpha-1)x_F}$$

求得的最小回流比为

$$(R_{\min})_{q=1}=\frac{1}{\alpha-1}\left[\frac{x_D}{x_F}-\frac{\alpha(1-x_D)}{1-x_F}\right] \tag{7-56}$$

同样，露点进料($q=0$) 时，$y_e=y_F$(q 线为水平线)，有

$$x_e=\frac{y_e}{\alpha-(\alpha-1)y_e}=\frac{y_F}{\alpha-(\alpha-1)y_F}$$

求得的最小回流比为

$$(R_{\min})_{q=0}=\frac{1}{\alpha-1}\left[\frac{\alpha x_D}{y_F}-\frac{1-x_D}{1-y_F}\right]-1 \tag{7-57}$$

③ 适宜回流比的选取

由上面讨论可知，对于一定的分离任务，若在全回流下操作，得不到产品；若在最小回流比下操作，所需的理论板数无穷多，因此实际回流比应介于两者之间。适宜回流比是指操作费用与设备折旧费用之和为最低时的回流比，需通过经济衡算来决定。图 7－22 表示了回流比对精馏费用的影响。

精馏的操作费用，主要取决于再沸器中加热蒸汽的消耗量和冷凝器中冷却水的消耗量。因

$$V=(R+1)D \qquad V'=V+(q-1)F$$

故随着 R 的增大，冷凝器和再沸器的负荷相应增大，操作费也随之增大。如图 7－22 中的曲线 1 所示。

设备折旧费是指精馏塔、再沸器、冷凝器等设备的投资费乘以折旧率。当 $R=R_{\min}$ 时，因完成分离要求所需的理论板数 $N=\infty$，所以相应的设备费为无穷大；当 R 稍稍增大时，N 即从 ∞ 急剧减少，设备费也急剧减小；而当 R 增大到一定程度后，R 对 N 的影响已不再显著，此时塔径、冷凝器、再沸器的增大又占主导，所以设备费又会增加，如图 7－22 中的曲线 2 所示。设备折旧费和操作费之和随 R 的关系可用曲线 3 来表示，所以为使精馏操作的经济性最佳，适宜的回流比 R_{opt} 应该取对应总费用最少的点。

由此看出，回流比是影响精馏操作经济性的一个重要指标。但是设计过程中往往难以获取完整、准确的数据进行经济核算，所以适宜的回流比通常根据经验来选取，通常 $R=(1.1\sim2)R_{\min}$。近年因能源紧缺，以及相平衡数据准确性的提高，回流比的选用有减小的趋势。但对难分离或分离要求较高的物系，回流比可取得更大些。

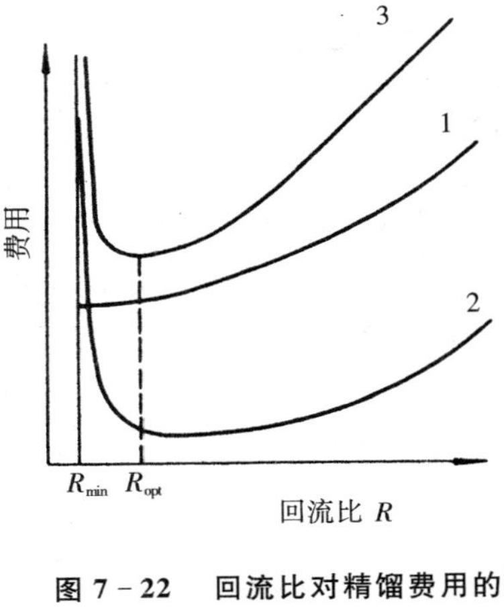

图 7－22　回流比对精馏费用的影响

1－操作费；2－设备费；3－总费用

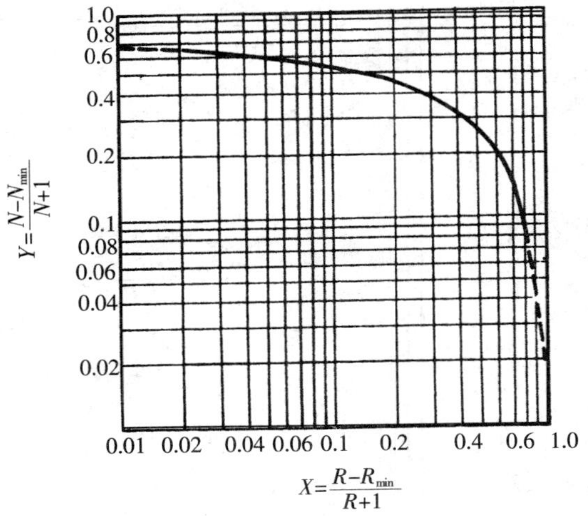

图 7－23　吉利兰关联图

(4) 捷算法求理论塔板数

由以上分析可知，精馏塔设计时回流比和所需的理论板数之间有某种关系。吉利兰

(Gilliland) 考察了 8 种不同物系在不同精馏条件下的操作结果，整理出了以 $X\left(=\dfrac{R-R_{\min}}{R+1}\right)$ 为横坐标，$Y\left(=\dfrac{N-N_{\min}}{N+1}\right)$ 为纵坐标时的 $X\sim Y$ 关系，称为吉利兰关联图，如图 7-24 所示，其中 N、$N_{\min}$ 均包括再沸器。吉利兰图既可用于二元物系，也可用于多元物系。

吉利兰关联图也可近似用如下的数学式表示：

$$Y=0.75(1-X^{0.5668})\qquad (X=0.08\sim 0.6) \tag{7-58}$$

研究表明，精馏段和全塔的理论板数之比 N_1/N 近似满足：

$$\frac{N_1}{N}=\frac{N_{\min,1}}{N_{\min}} \tag{7-59}$$

捷算法求理论塔板数的步骤是：先按设计条件求出最小回流比 $R_{\min}$ 和全回流下的最少理论板数 $N_{\min}$，选择操作回流比，然后利用吉利兰关联图或式(7-58) 计算所需的理论板数。

例 7-7 以捷算法求例 7-6 中饱和液体进料时全塔需要的理论塔板数和加料板位置。

解 例 7-6 中的数据为

$$x_F=0.491,x_D=0.957,x_w=0.0235,R=3.0$$

取全塔相对挥发度 $\bar{\alpha}=\sqrt{\alpha_D\alpha_W}=\sqrt{2.60\times2.35}=2.47$(参见表 7-3)

精馏段相对挥发度 $\bar{\alpha}_1=\sqrt{\alpha_D\alpha_F}=\sqrt{2.60\times2.49}=2.54$

(1) 求最小回流比 $R_{\min}$

由公式(7-56) 得

$$(R_{\min})_{q=1}=\frac{1}{\alpha-1}\left[\frac{x_D}{x_F}-\frac{\alpha(1-x_D)}{1-x_F}\right]=\frac{1}{2.47-1}\left[\frac{0.957}{0.491}-\frac{2.47(1-0.957)}{1-0.491}\right]=1.18$$

(2) 求最少理论板数 $N_{\min}$、$N_{\min,1}$

分别利用式(7-53) 和(7-54) 进行计算得

$$N_{\min}=\frac{\lg\left[\left(\dfrac{x_D}{1-x_D}\right)/\left(\dfrac{x_W}{1-x_W}\right)\right]}{\lg\bar{\alpha}}=\frac{\lg\left[\left(\dfrac{0.957}{1-0.957}\right)\left(\dfrac{1-0.0235}{0.0235}\right)\right]}{\lg2.47}=7.55$$

$$N_{\min,1}=\frac{\lg\left[\left(\dfrac{x_D}{1-x_D}\right)/\left(\dfrac{x_F}{1-x_F}\right)\right]}{\lg\bar{\alpha}_1}=\frac{\lg\left[\left(\dfrac{0.957}{1-0.957}\right)\left(\dfrac{1-0.491}{0.491}\right)\right]}{\lg2.54}=3.37$$

(3) 利用捷算法求理论板数 N、N_1

$$X=\frac{R-R_{\min}}{R+1}=\frac{3-1.18}{3+1}=0.455$$

$$Y=0.75(1-X^{0.5668})=0.75(1-0.455^{0.5668})=0.270$$

由

$$Y=\frac{N-N_{\min}}{N+1}=\frac{N-7.55}{N+1}=0.270$$

解得

$$N=10.7\quad(包括再沸器)$$

再根据式(7-59) 得

$$N_1=\frac{N_{\min,1}}{N_{\min}}N=\frac{3.37}{7.55}\times10.7=4.77$$

所以加料板可设在第 5 块。与图解计算结果颇为接近。

应当指出，捷算法只是一种近似的方法，对理想物系准确度较好，对非理想物系只能大致估算所需的理论板数和加料位置，但其突出的优点是适用于多元精馏，因此捷算法常常用于精馏设计中的初估。

(5) 进料热状况的选取

精馏操作的进料可采用从冷液到过热蒸汽等五种方式。当 x_F、x_D、x_W、R 一定时，q 值的变化不影响精馏段操作线，但明显改变提馏段操作线的位置(参见例 7-6)。五种进料状况下 q 线、点 d 和提馏段操作线的形状如图 7-16 所示，从中可以看出：随着 q 的减小，操作线与平衡线之间的偏离程度减小，为完成规定的分离要求所需的理论板数增多。所以进料预热程度愈高，对精馏分离愈不利。

单从分离角度来看，应尽可能降低进料的温度。进料预热程度愈高，需要再沸器提供的上升蒸汽量 $V'[=V-(1-q)F]$ 愈小，从而再沸器负荷也愈小。尽管对冷液而言，预热至某一温度进料与不经预热直接加料相比较，所需预热器和再沸器的能量总和基本相等，但因预热器需要的能量品位较再沸器为低，例如可用废热蒸汽或其他高温液体来预热料液(在很多精馏流程中，可用塔釜排出的高温液体来预热料液)，所以从能耗的角度来考虑将料液预热是有好处的。但是进料温度太高，一方面它会影响到塔的分离能力，另一方面若 V' 太小，精馏段和提馏段气相负荷差别太大，将会给精馏塔的设计带来很大的不便(精馏塔的塔径主要取决于气相负荷)。通常料液预热至泡点附近最为常见，除综合考虑上述因素外，泡点进料还有一个好处：可以避免季节变化引起料液温度变化而影响精馏塔操作的稳定性。

当然，若精馏塔的进料受前段工序的影响本身就是气相，那么为减少能耗，一般不再将它冷却而直接采用气相加料。

从以上分析可知，工业上采用热态甚至气态进料的目的不是为了减小塔板数，而是为了减小塔釜的加热量。尤其当塔釜温度过高、物料易聚合或发生其他不利影响时，这样做更为有利。

(6) 实际塔板数的计算

理论板假定是一种极限情况，操作中的实际塔板因气液相接触界面有限，接触时间也不可能无穷大，故离开塔板的气液两相通常达不到相平衡，即实际塔板的分离效果常常不如理论板。通常用板效率来衡量塔板上传质的完善程度。塔板效率的表示方法有几种。

一般用单板效率也称默弗里(Murphree) 板效来描述实际塔板的分离能力。如图 7-24 示意，自下一层第$(n+1)$板上升的、组成为 y_{n+1} 的蒸汽，与上一层第$(n-1)$板下降的、组成为 x_{n-1} 的液体在第 n 层塔板进行物质交换，离开该板的蒸汽组成提高到 y_n，这层塔板气相的增浓程度为(y_n-y_{n+1})。若该板为理论板，则离开的气相组成为 $y_n{}^*$，即理论板气相的增浓程度为$(y_n{}^*-y_{n+1})$，两者之比为气相单板效率

$$E_{mv,n}=\frac{y_n-y_{n+1}}{y_n^*-y_{n+1}}=\frac{\text{经过第 } n \text{ 板后气相的实际增浓程度}}{\text{经过第 } n \text{ 板后气相的理论增浓程度}} \tag{7-60}$$

式中 y_n^* —— 与 x_n 成平衡的气相组成。

若以液相浓度的变化来定义，则第 n 块塔板的液相默弗里板效 $E_{mL,n}$ 为

$$E_{mL,n}=\frac{x_{n-1}-x_n}{x_{n-1}-x_n^*}=\frac{\text{经过第 } n \text{ 板后液相的实际增浓程度}}{\text{经过第 } n \text{ 板后液相的理论增浓程度}} \tag{7-61}$$

式中 x_n^* —— 与 y_n 成平衡的液相组成。

通常 $E_{mV,n}$ 和 $E_{mL,n}$ 并不相等，且沿塔高因气液相组成、气速等变化而使得各板的单板效率各不相同。

除单板效率外，工程中还常用全塔效率或称总板效率 E_0 来描述塔板上传质的完善程度：

$$E_0 = \frac{N}{N_e} \tag{7-62}$$

式中 N —— 理论塔板数；

N_e —— 实际塔板数。

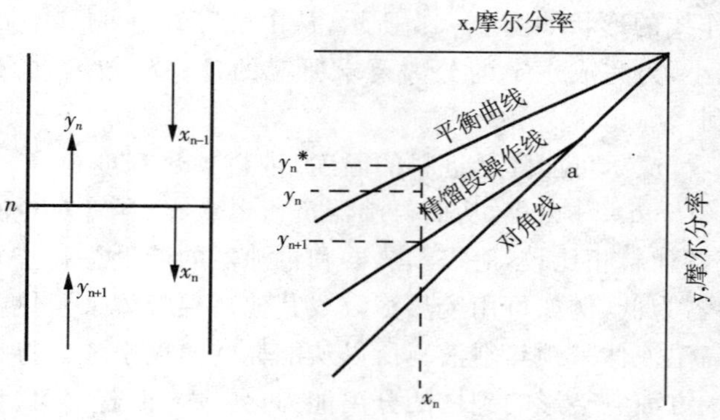

图 7-24 单板效率示意图

单板效率与总板效率来源于不同的概念。即使每块塔板的单板效率相等，通常也并不等于总板效率。单板效率主要反映了单独一层塔板上传质的优劣，根据单板效率的大小可考察不同板型的传质效果，以便为塔板的选型提供依据。而总板效率反映了整座塔的平均传质效果(对精馏塔多数在 0.5 ～ 0.7 之间)，目的是便于从理论板数得到实际板数，为精馏塔的设计提供依据。

塔板效率反映了精馏塔内传质速率的快慢。实际上，在板式塔中是将所有影响传质过程的动力学因素全部归结到塔板效率上，因此塔板效率对板式塔的设计和操作都很重要。影响塔板效率的因素很多，可概括为以下三大类：

① 物性参数　主要为气液两相的物性如密度、粘度、表面张力、相对挥发度、扩散系数等；

② 结构参数　主要为塔板的结构如塔板型式、板间距、板上开孔和排列情况等；

③ 操作参数　主要为气液相的流速、回流比、温度、压力等。

目前从理论上计算塔板效率十分困难，设计中通常采用实测数据或经验数据，当缺乏这些数据时也可根据某些经验关系进行估算。其中比较典型、简易的方法是奥康奈尔(O'connell)的关联法。对于精馏塔，奥康奈尔将总板效率对液相粘度与相对挥发度的乘积进行关联，得到如图 7-25 所示的曲线，该曲线也可用如下方程表示，即

$$E_0 = 0.49(\alpha\mu_L)^{-0.245} \tag{7-63}$$

图 7-25 及式(7-63) 中符号的意义为

α —— 塔顶与塔底算术平均温度下的相对挥发度；

μ_L —— 以加料平均摩尔组成为准的液体平均粘度，mPa·s。按塔顶与塔底算术平均温度下的液体计。

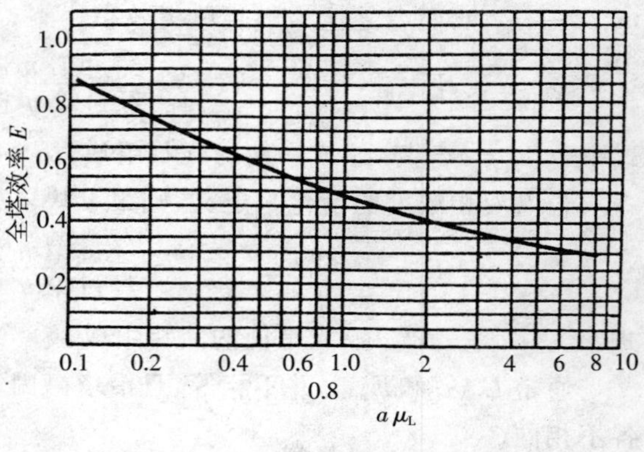

图 7-25 精馏塔效率关联曲线

例 7-8 若已知例 7-7 所用精馏塔的总板效率 $E_o = 0.54$，试估算泡点进料时所需的实际塔板数和加料板位置。若该塔操作时，已测得塔顶第 1 块实际塔板下降液体组成 $x_1 = 0.93$，试求第 1 块塔板的气相默弗里板效率。

解 (1) 求实际塔板数和加料板位置

由例 7-7 结果知，完成上述分离任务所需的理论板数 $N = 9.7$ 块(已扣除再沸器)，其中精馏段 $N_1 = 4.8$ 块。故由式(7-62)得

全塔实际板数：$N_e = N/E_0 = 9.7/0.54 = 18.0$，圆整为 18 块；

精馏段实际板数：$N_{e1} = N_1/E_0 = 4.8/0.54 = 8.9$，圆整为 9 块，加料板在第 10 块。

(2) 求塔板的气相默弗里板效率

在塔顶蒸馏范围内近似取相对挥发度 $\alpha = 2.58$，根据题意有

相平衡方程 $$y_n = \frac{2.58x_n}{1+1.58x_n}$$

精馏段操作线方程 $$y_{n+1} = \frac{3}{4}x_n + \frac{0.957}{4} = 0.75x_n + 0.239$$

计算过程为

$$y_1 = x_D = 0.957\text{(全凝器)}$$

$$y_2 = 0.75x_1 + 0.239 = 0.75 \times 0.93 + 0.239 = 0.937$$

$$y_1^* = \frac{2.58x_1}{1+1.58x_1} = \frac{2.58 \times 0.93}{1+1.58 \times 0.93} = 0.972$$

$$E_{mV,1} = \frac{y_1 - y_2}{y_1^* - y_2} = \frac{0.957-0.937}{0.972-0.937} = 0.571$$

(7) 填料层高度的计算

精馏除了在板式塔内进行外，也常使用填料塔。填料精馏塔与板式精馏塔的不同之处在于塔内气液相浓度前者呈连续变化，后者则呈逐级变化。设计填料精馏塔的关键之一是确定全塔所需要的填料层高度。通常以理论板数乘以等板高度(用 *HETP* 表示，Height Equivalent of a Theoretical Plate) 求填料层高度，即

$$h = HETP \cdot N \tag{7-64}$$

其中等板高度是分离效果相当于一层理论板的一段填料层高度，它与塔板效率一样包含了众多传质动力学因素。显然等板高度愈小，填料层的传质分离效果愈好。等板高度的影响因素也包括物性参数、结构参数和操作参数，难以准确估计，设计时尽可能使用相同或相近条件下的实测数据。当缺乏数据时可采用经验关联式估算，请参考相关专著或手册。

(8) 精馏装置的热量衡算

通过热量衡算，可以确定冷凝器和再沸器的热负荷以及冷却介质和加热介质的消耗量，为设计这些换热设备提供基本数据。

① 再沸器的热负荷

对图 7-11 所示的再沸器作热量衡算，

$$Q_B = V'H_{VW} + Wh_{LW} - L'h_{LM} + Q_L \tag{7-65}$$

式中 Q_B—— 再沸器的热负荷，kJ/h；

Q_L—— 再沸器的热损失，kJ/h；

H_{VW}—— 再沸器中上升蒸汽的热焓，kJ/kg；

h_{LW}—— 釜残液的热焓，kJ/kg；

h_{LM}—— 提馏段底层下降液体的热焓，kJ/kg。

若近似取 $h_{LM} \approx h_{LW}$，且 $V' = L' - W$，则

$$Q_B = V'(H_{VW} - h_{LW}) + Q_L \tag{7-66}$$

加热介质消耗量 G_h 为

$$G_h = \frac{Q_B}{H_{B1} - H_{B2}} \tag{7-67}$$

式中 H_{B1}、H_{B2}—— 加热介质进出再沸器的热焓，kJ/kg。

若用饱和蒸汽加热，且冷凝液在饱和温度下排出，则加热蒸汽的消耗量可按下式计算

$$G_h = \frac{Q_B}{r} \tag{7-68}$$

式中 G_h—— 加热介质消耗量，kg/h；

r—— 加热蒸汽的汽化热，kJ/kg。

② 冷凝器的热负荷

对图 7-11 所示的全凝器作热量衡算，并忽略热损失，则

$$Q_C = VH_{VD} - (Lh_{LD} + Dh_{LD}) \tag{7-69}$$

因 $V = L + D = (R+1)D$，代入上式得

$$Q_C = (R+1)D(H_{VD} - h_{LD}) \tag{7-70}$$

式中 Q_C—— 全凝器的热负荷，kJ/h；

H_{VD}—— 塔顶上升蒸气的热焓，kJ/kg；

h_{LD}—— 塔顶馏出液的热焓，kJ/kg。

冷却介质消耗量为

$$G_C = \frac{Q_C}{c_{pc}(t_2 - t_1)} \tag{7-71}$$

式中 G_C—— 冷却介质消耗量，kg/h；

c_{pc}—— 冷却介质的比热容，kJ/(kg·℃)；

t_1、t_2—— 冷却介质在冷凝器的进出口处的温度，℃。

对其他传热设备，如产品冷却器、进料预热器等，可以用类似的方法算出其热负荷及载热体用量。

7.4.4 双组分精馏的操作型计算

(1) 精馏过程的操作型计算

所谓操作型问题就是在设备(理论板数及进料位置)给定的条件下，由指定的操作条件预计相应的操作结果。譬如当进料状况不变，而某一操作条件改变时，其产品组成将如何变化；或进料状况改变而要保持产品的组成不变，应如何改变操作条件等。

操作型问题中所用的基本方程与设计型计算的完全相同。不同之处有：由于馏出液和釜液组成通常未知，故塔内的操作线方程难以直接确定，因此求解该类问题时常常需要试差；加料不一定在最佳位置。在精馏操作型问题中，严格说来，操作条件的改变将引起塔内气液相流量和组成的变化，从而影响塔板效率。但是，只要精馏塔能正常操作，一般该项影响就很小，可以忽略不计，所以精馏塔操作条件改变后理论板数可视为不变。下面以两种情况为例，讨论此类问题的计算方法。

① 回流比的影响

回流比是影响精馏塔分离效果的主要因素，生产中经常用回流比来调节、控制产品的质量。如当回流比增大时，精馏段操作线斜率变大，该段内传质推动力增大，分离能力增大。因为 x_F 不变，在一定的精馏段理论塔板数下，必然 x_D 增大；同时，回流比增大，提馏段操作线斜率变小，该段的传质推动力增大，分离能力增大。因为 x_F 不变，在一定的提馏段理论塔板数下，必然 x_W 减小。即 R 增大，塔的分离能力提高。

必须注意，在规定馏出液流率 D/F 的条件下，借增加回流比 R 以提高 x_D 的方法并非总是有效：

（Ⅰ）受精馏塔理论板层数的限制。对一定的板数，即使 R 增至无穷多（全回流），x_D 仍有一最大极限值。

（Ⅱ）受全塔物料平衡的限制，其极限值为 $x_D = Fx_F/D$。

此外，回流比增加，使塔内的气、液流量均增加，若塔内气液负荷超过允许值，则可能引起塔板效率降低。回流比的增加意味着加大蒸发量和冷凝量，这些数值还受到塔釜及塔顶冷凝器传热面的限制。

② 进料组成和进料热状况的影响

一个操作中的精馏塔，若进料组成 x_F 下降为 x'_F，在回流比 R 和进料位置不变的前提下，如图 7－26 所示 x_D 和 x_W 均下降。此时，若要维持原馏出液组成 x_D 不变，一般可加大回流比或适当改变进料位置。如进料热状况改变而进料位置不变，也必然引起馏出液和釜残液组成变化。一般精馏塔常设几个进料位置，以适应生产中进料状况的改变。

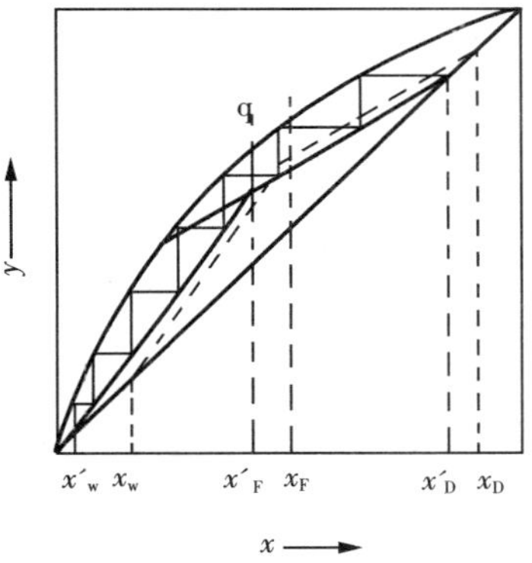

图 7－26　进料组成下降对精馏结果的影响

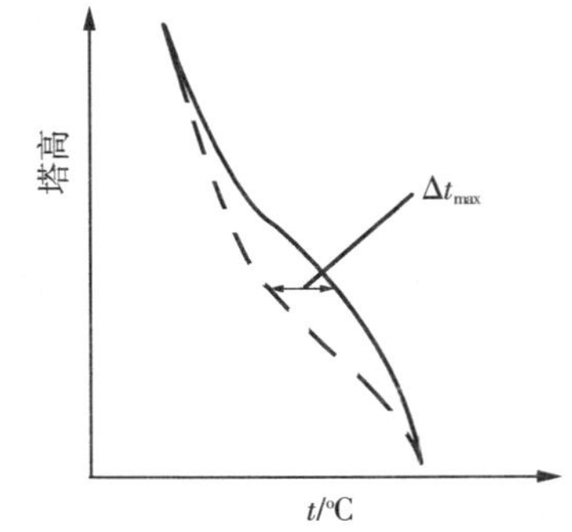

图 7－27　高纯度分离时精馏塔的温度分布

例 7－9　在一含有 8 块理论塔板（包括塔釜）的常压连续精馏塔中分离苯-甲苯混合液，全塔相对挥发度 $\alpha = 2.47$，$F = 100$ kmol/h，$x_F = 0.45$，$q = 1$，$V' = 140$ kmol/h，$R = 2.11$，加料在第 4 块。求：(1) x_D、x_W 为多少？此时加料位置是否合适？(2) 因前段工序有波动料液含苯量降为 40 %，若要保持 x_D、x_W 不变，回流比需加大至多少？

解　(1) 求馏出液和釜液组成 x_D、x_W

$$D = \frac{V}{R+1} = \frac{V' + (1-q)F}{R+1} = \frac{140}{2.11+1} = 45 \text{ kmol/h}$$

$$W = F - D = 100 - 45 = 55 \text{ kmol/h}$$

$$L' = V' + W = 140 + 55 = 195 \text{ kmol/h}$$

x_D、x_W 的求解需采用试差法。设 $x_W = 0.081$，由全塔物料衡算得

$$x_D = \frac{Fx_F - Wx_W}{D} = \frac{100 \times 0.45 - 55 \times 0.081}{45} = 0.901$$

精馏段操作线方程为

$$y = \frac{R}{R+1}x + \frac{x_D}{R+1} = \frac{2.11}{2.11+1}x + \frac{0.901}{2.11+1} = 0.6785x + 0.2897$$

提馏段操作线方程为

$$y = \frac{L'}{V'}x - \frac{Wx_W}{V'} = \frac{195}{140}x - \frac{55 \times 0.081}{140} = 1.393x - 0.03182$$

平衡线方程为

$$x = \frac{y}{\alpha - (\alpha - 1)y} = \frac{y}{2.47 - 1.47y}$$

由 $x_D = 0.901$ 开始，塔顶为全凝器，$y_1 = 0.901$，将 $y_1 = 0.901$ 代入平衡线方程，求出 $x_1 = 0.786$；将 x_1 代入精馏段操作线方程，求出 $y_2 = 0.823$；将 $y_2 = 0.823$ 代入平衡线方程，求出 $x_2 = 0.653$；如此反复计算，共用精馏段操作线方程 4 次，求出 $y_1 \sim y_4$；共用平衡线方程 4 次，求出 $x_1 \sim x_4$。

然后用提馏段操作线方程和相平衡方程各 4 次，所得全塔的气液相组成列于表 7-6 中。$x_8 = 0.0816$ 与假设初值 $x_W = 0.081$ 基本相近，计算有效。从表可知，$x_3 = 0.526$，$x_4 = 0.426$，由于泡点进料 $q = 1$，q 线与精馏段操作线交点 d 的横坐标 $x_d = x_F = 0.45$，满足 $x_4 < x_d < x_3$，即加料板为第 4 块是合适的。

(2) 加料组成降低为 $x_F = 0.40$ 后，若要保持 $x_D = 0.901$、$x_W = 0.081$ 不变，所需回流比加大。

$$D = F \times \frac{x_F - x_W}{x_D - x_W} = 100 \times \frac{0.40 - 0.081}{0.901 - 0.081} = 38.9 \text{ kmol/h}$$

$$W = F - D = 100 - 38.9 = 61.1 \text{ kmol/h}$$

$$V' = V - (1-q)F = (R+1)D = (R+1) \times 38.9$$

$$L' = RD + qF = 38.9R + 100$$

精馏段操作线方程为

$$y = \frac{R}{R+1}x + \frac{x_D}{R+1} = \frac{R}{R+1}x + \frac{0.901}{R+1} \tag{1}$$

提馏段操作线方程为

$$y = \frac{L'}{V'}x - \frac{Wx_W}{V'} = \frac{38.9R + 100}{(R+1) \times 38.9}x - \frac{61.1 \times 0.081}{(R+1) \times 38.9} \tag{2}$$

平衡线方程为

$$x = \frac{y}{\alpha - (\alpha - 1)y} = \frac{y}{2.47 - 1.47y} \tag{3}$$

R 需通过试差法求得。首先采用捷算法求其初值：

$$(R_{\min})_{q=1} = \frac{1}{\alpha - 1}\left[\frac{x_D}{x_F} - \frac{\alpha(1 - x_D)}{1 - x_F}\right] = \frac{1}{2.47 - 1}\left[\frac{0.901}{0.40} - \frac{2.47(1 - 0.901)}{1 - 0.40}\right] = 1.255$$

$$N_{\min} = \frac{\lg\left[\left(\frac{x_D}{1 - x_D}\right)\Big/\left(\frac{x_W}{1 - x_W}\right)\right]}{\lg\bar{\alpha}} = \frac{\lg\left[\left(\frac{0.901}{1 - 0.901}\right)\left(\frac{1 - 0.081}{0.081}\right)\right]}{\lg 2.47} = 5.128$$

$$Y = \frac{N - N_{\min}}{N + 1} = \frac{8 - 5.128}{8 + 1} = 0.319$$

由吉利兰关系 $Y = 0.75(1 - X^{0.5668}) = 0.319$

解得 $X = \frac{R - R_{\min}}{R + 1} = 0.3763$，$R = 2.62$(初值)

将此代入式(1) 及式(2) 得

精馏段操作线 $y = 0.724x + 0.249$

提馏段操作线 $y = 1.434x - 0.0351$

从塔顶向塔底交替使用操作线方程和平衡线方程，逐板计算。注意从 x_4 求 y_5 时开始换用提馏段操作线，得 $x_8 = 0.0724 < x_W = 0.081$。说明所设 R 偏大，应减小 R 继续试差，解得 $R = 2.52$ 时，$x_8 = 0.081 = x_W$ 符合要求。试差结果列于表 7-6 中。

表 7-6 例 7-9 逐板计算结果

序号	(1)$R = 2.11, x_F = 0.45$		(2)$R = 2.62, x_F = 0.40$		(2)$R = 2.52, x_F = 0.40$	
n	x_n	y_n	x_n	y_n	x_n	y_n
1	0.786	0.901	0.786	0.901	0.786	0.901
2	0.653	0.823	0.645	0.818	0.646	0.819
3	0.526	0.733	0.505	0.716	0.509	0.719
4	0.426	0.647	0.393	0.615	0.398	0.620
5	0.341	0.561	0.312	0.528	0.322	0.539
6	0.244	0.443	0.221	0.412	0.233	0.429
7	0.152	0.308	0.137	0.282	0.148	0.301
8	0.0816	0.180	0.0724	0.162	0.081	0.179

(2) 精馏产品的质量控制和调节

一个正常操作中的精馏塔，能够保证馏出液及釜残液组成达到规定值。若生产中某一因素（如 x_F、q 或塔釜传热量）发生变化将会影响产品的质量，因此应及时调节控制。

由相平衡理论知，混合物的泡点和露点取决于混合物的组成和压力，因此可以用容易测量的温度来反映塔内的组成变化。通常可用塔顶温度反映馏出液的组成，用塔釜温度反映釜残液组成。但对高纯度分离时，在塔顶（或塔底）相当高的一个塔段中温度变化极小，典型的温度分布如图 7-27 所示。这样当塔顶（或塔底）的温度发现可觉察的变化时，馏出液的组成早已超出允许的范围，再设法调节就很难了。如对乙苯-苯乙烯在 8kPa 下的减压精馏为例，当塔顶馏出液乙苯由 99.9 % 降为 90 % 时，泡点变化仅为 0.5 ℃。可见对高纯度的分离，不能用测量塔顶（或塔底）温度的办法来控制产品的质量。

分析塔内操作条件变动前后温度分布的变化，可以发现，在精馏段（或提馏段）的某些塔板上，温度变化最明显。或者说，这些塔板的温度对外界干扰因素的反映最灵敏，故将这些塔板称为灵敏板。生产中常用测量和控制灵敏板的温度来保证产品的质量，灵敏板的位置一般靠近进料口。

7.4.5 二元连续精馏的其他流程

(1) 直接蒸汽加热流程

根据生产中的具体情况，二元连续精馏还可采用其他的形式。若被精馏的物系是某轻组分和水的混合物，如甲醇-水、乙醇-水等，即馏出液中主要为轻组分，釜残液近于纯水时，可将加热水蒸汽直接通入塔釜，用结构简单的塔釜鼓泡器代替造价昂贵的再沸器，且需要的加热蒸汽压力较低。

为便于计算，通常设加热介质为饱和水蒸气，且恒摩尔流假设依然成立，即塔底蒸发量与通入的水蒸气量相等。

直接蒸汽加热流程如图 7-28 所示，作为比较，设其 F、x_F、q、D、x_D、R 与间接蒸汽加热流程的（见图 7-11）相同，但直接蒸汽加热中塔釜通入摩尔流率为 S 的饱和蒸汽，排出釜液量和组成分别为 W^*、x_W^*。根据全塔物料衡算

$$F + S = D + W^* \tag{7-72}$$

$$Fx_F + S \times 0 = Dx_D + W^* x_W^* \tag{7-73}$$

将式(7-72)、(7-73)与间接蒸汽加热的全塔物料衡算式(7-27)、(7-28)比较得

$$W^* = W + S \qquad W^* x_W^* = Wx_W \tag{7-74}$$

式(7-74)表明，与间接蒸汽加热相比，直接蒸汽加热流程的釜液量增多，但釜液浓度降低。

直接蒸汽加热时理论塔板数的求法原则上与普通精馏塔的方法相同。精馏段的操作情况与常规塔没有区别，故其操作线不变，q 线的作法也不变。但由于塔底增多了一股蒸汽，故提馏段的操作线方程因予修正。对图 7-28(a) 所示的虚线范围列物料衡算方程得

$$L'x_m + S \times 0 = V'y_{m+1} + W^* x_W^*$$

即

$$y_{m+1} = \frac{L'}{V'}x_m - \frac{W^* x_W^*}{V'} \tag{7-75}$$

根据恒摩尔流假定 $V' = S,\quad L' = W^*$，故式(7-75)成为

$$y_{m+1} = \frac{W^*}{S}x_m - \frac{W^* x_W^*}{S} \tag{7-76}$$

因此提馏段操作线过点 $b'(x_W^*, 0)$，即此时的提馏段操作线不再过点 $b(x_W, x_W)$。图 7-29 给出了乙醇-水体系直接蒸汽加热时理论板数的 $M—T$ 图解示意，此时提馏段操作线只需将间接蒸汽加热的直线 db 延伸至点 b 即可，由此看出与间接蒸汽加热流程相比，直接蒸汽加热需要的理论板数多一些(注：为清楚起见，图中 x_W^* 较大，但实际生产中，x_W^* 则很小)。由于乙醇-水体系在靠近塔釜时的相对挥发度很大，理论板增加的数目并不多，所以用稍增多的塔板来代替昂贵的再沸器是非常合算的。另外，只要蒸汽与釜液充分接触，此时的塔釜仍可看成是一块理论板。

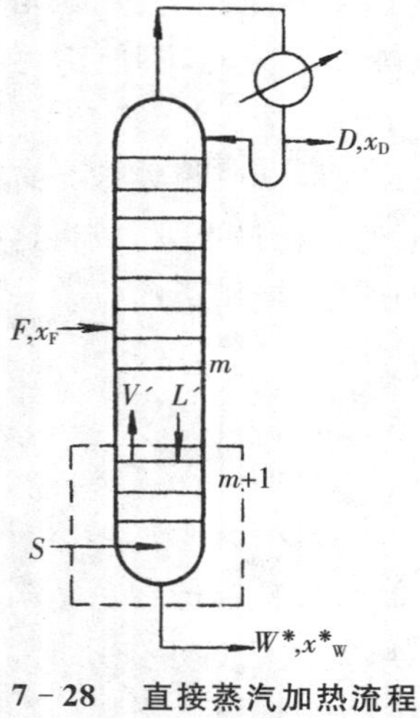

图 7-28 直接蒸汽加热流程

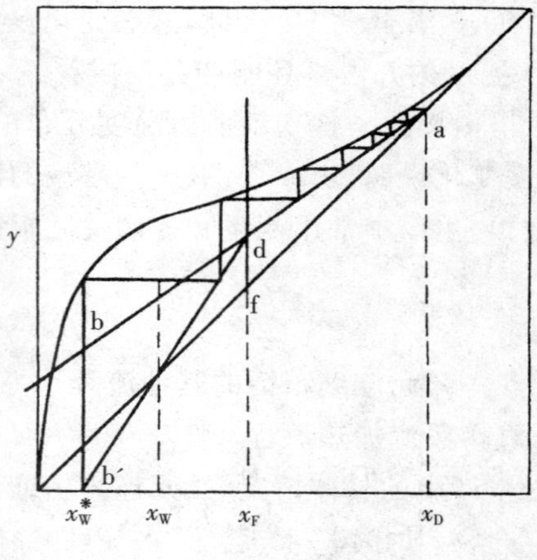

图 7-29 乙醇—水直接蒸汽加热的 $M-T$ 图解

(2) 回收塔流程

只有提馏段没有精馏段的精馏塔称为回收塔。回收塔操作的主要目的在于回收稀溶液中的轻组分，对馏出液浓度的要求不高，通常它适用于物系在低浓度范围内相对挥发度较大的场合，如从稀氨水中回收氨，发酵醪中回收酒精等等。

由于回收塔直接从塔顶加入原料液，所以只要加料不是蒸汽状态，精馏所需的下降液流就能够由料液来提供，因此回收塔流程分无回流和有回流两种操作情况。

图 7－30(a) 是一个无回流的回收塔，该塔的提馏段操作线方程与一般精馏塔的提馏段操作线方程相同，即

$$y=\frac{L'}{V'}x-\frac{Wx_W}{V'} \tag{7-77}$$

式中 $L'=qF$，$V'=D+(q-1)F$。此操作线的下端过点 $b(x_W, x_W)$，上端由 q 线与 $y=x_D$ 的交点坐标 d 来确定。图 7－29(c) 给出了该流程的 M—T 图解示意。

对于无回流的回收塔，操作中馏出液的极限浓度为 $x_{Dmax}=y_e$(对应 $N=\infty$)，如图 7－30(b) 所示，因此难以得到较高纯度的分离。

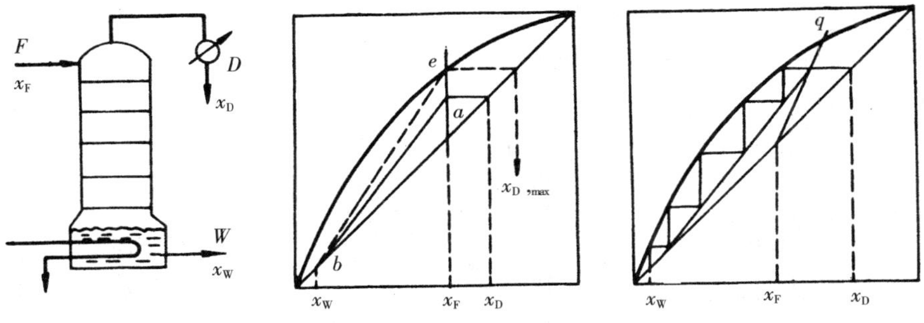

(a) (b) (c)

图 7－30 无回流的回收塔操作线

7.5 其他精馏方式

7.5.1 水蒸气蒸馏

(1) 水蒸气蒸馏的原理及方法

对沸点较高或高温下易分解，且不溶于水的物系，蒸馏时可直接往釜内通入水蒸气。此时水蒸气一方面作为蒸馏的加热剂，另一方面作为夹带剂将易挥发组分从塔顶带出，经冷凝分层后除去其中的水分从而得到产品。上述蒸馏方法称为水蒸气蒸馏(或简称水汽蒸馏)。

水蒸气蒸馏的优点是可以降低系统的沸点，从而降低蒸馏的操作温度。它在食品、化工、制药等行业中常常使用，如食用油和奶油在真空下的脱臭；中草药中的挥发油和某些水分子生物碱的提取；原油炼制时重油中轻组分的回收等。它不仅适用于简单蒸馏，也适用于连续精馏。

水蒸气蒸馏降低沸点的原理是：互不相溶的液体混合物的蒸汽压等于各纯组分的饱和蒸汽压之和。如图 7－31 所示，设容器内装有温度为 t 的纯水(W)，然后向里面滴加少量的苯(A)。由于苯与水互不相溶，所以两者的蒸汽压都不会受稀释作用的影响而降低，互不干扰而分别为 p_A^0、p_W^0，从而与该混合物平衡的气相总压为两者之和，即

$$p=p_A^0+p_W^0 \tag{7-78}$$

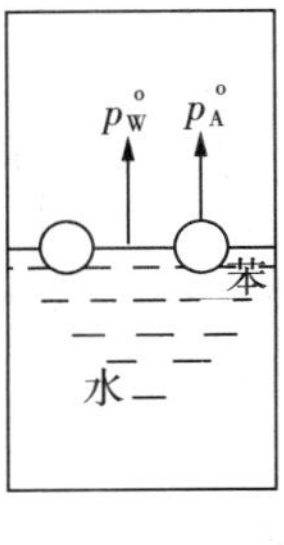

图 7－31 苯-水混合物的蒸气压

因混合液的平衡总压大于任一组分的蒸汽压，因而其沸点比任一纯组分的都低。如101.3kPa 下水的沸点 100 ℃，苯的沸点 80.1

℃，而它们的混合液沸点仅为 69.5 ℃。

上述原理与各组分相对量的大小无关，其极限情况是水面上仅有一滴苯或者是苯下面仅有一滴水，即只要有两个液相存在，与之平衡的气相总压就是两液相的蒸汽压之和。

为便于确定操作压力 p 下水汽蒸馏的温度（即混合液的沸点），将与水不互溶的有机液体的蒸气压数据 p_A^0 与 t 的关系，以及（$p-p_W^0$）与 t 的关系绘制在同一张图上，见图 7-32，则对于两种曲线的交点有

$$p_A^0 = p - p_W^0 \quad 即 \quad p_A^0 + p_W^0 = p$$

满足式(7-78)，故交点的温度即为水汽蒸馏的平衡温度或沸点。如从图上易查得甲苯 p_A^0-t 线与 $p=101.3\text{kPa}$ 下的（$p-p_W^0$）线相交于 84 ℃。如要求再准确一些，可以此为基础，利用蒸汽压数据，进一步用试差法解出满足式(7-78) 的温度。

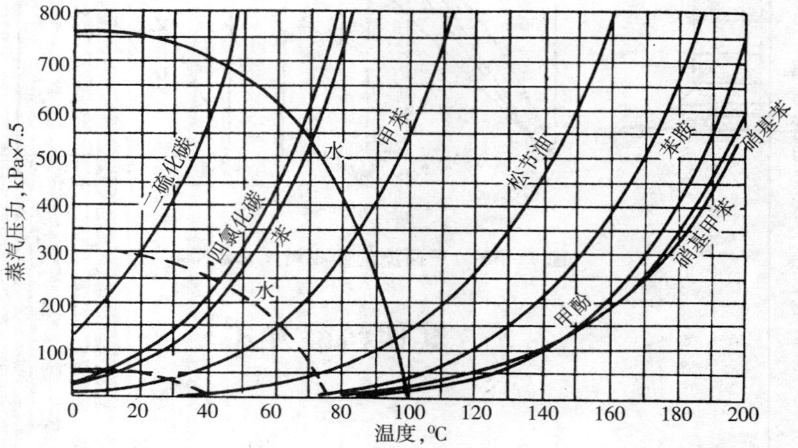

图 7-32 用于决定水汽蒸馏温度的蒸汽压曲线

(2) 水蒸气蒸馏中蒸汽的用量

从式 $p_A^0=p-p_W^0$ 可知，由于气相中水汽占据了一部分分压 p_W^0，水蒸气蒸馏相当于减压到（$p-p_W^0$）下蒸馏。即水蒸气蒸馏是以消耗部分蒸汽换取液体沸点的降低，通入的蒸汽要求将组分 A 带出。若带出的 A 组分量为 G_A（质量），则水蒸气用量 G_W（质量）可按分压定律从沸点时的蒸气压数据计算得

$$\frac{n_W}{n_A} = \frac{G_W/M_W}{G_A/M_A} = \frac{p_W^0}{p_A^0} \quad 即 \quad \frac{G_W}{G_A} = \frac{p_W^0 M_W}{p_A^0 M_A} \tag{7-79}$$

式中 n_W、n_A 分别为水、组分 A 的摩尔数，M_W、M_A 分别为水、组分 A 的摩尔质量。

事实上因蒸汽与液体接触时间有限，当水蒸气离开液面时，其中所夹带组分 A 的分压 p_A 通常未达到饱和，即 $p_A < p_A^0$，因此作为带出剂的水汽用量就需要大一些，可用一饱和系数 φ 对此情况作出修正：

$$p_A = \varphi p_A^0$$

φ 值一般在 0.6 ～ 0.8 之间，考虑该影响后作为带出剂的水汽用量为

$$G_W = \frac{p_W^0 M_W}{\varphi p_A^0 M_A} G_A = \frac{(p-p_A^0) M_W}{\varphi p_A^0 M_A} G_A \tag{7-80}$$

可见随着总压 p 的减小，需要的夹带剂用量 G_W 也减小；当 p 降至组分 A 的饱和蒸汽压 p_A^0 时，G_W 降为零，此时就转变为单纯的真空蒸馏。与真空蒸馏相比，水蒸气蒸馏需要的设备较简单，操作也较容易，但能耗通常较大。

由于在水蒸气蒸馏中水汽除了作为夹带剂外还作为加热剂，因此总的水蒸气消耗量为两者之和，作为加热剂的水蒸气量可通过热量衡算进行求解。

例 7-10 常压下在 100 kg 粗松节油中，直接通入 120 ℃ 的饱和水蒸气进行水蒸气蒸馏，以除去其中少量不挥发的杂质。原料液的温度为 20 ℃，分出的蒸汽中松节油的饱和系数 $\varphi = 0.8$。已知松节油的平均分子量为 136 kg/kmol，在操作条件下，可取松节油的比热为 1.76 kJ/(kg·K)、汽化热为 310 kJ/kg。如不计热损失，试求加热水蒸气的消耗量。

解 由图 7-32 可知，该体系的沸点为 96 ℃，在此温度下，松节油的蒸汽压 $p_A^0 = 102.4$ mmHg，水的饱和蒸汽压 $p_W^0 = 657.6$ mmHg。120 ℃ 饱和水蒸气的焓为 2780.9 kJ/kg，96 ℃ 饱和水蒸气的焓为 2670.4 kJ/kg，96 ℃ 水的焓 401.9 为 kJ/kg。由式(7-80) 可求出水蒸气带出量为

$$G_W = \frac{p_W^0 M_W}{\varphi p_A^0 M_A} G_A = \frac{657.6 \times 18}{0.8 \times 102.4 \times 136} \times 100 = 106.2 \text{ kg}$$

加热蒸汽的消耗量为

$$G'_W = \frac{100 \times [1.76 \times (96 - 20) + 310] - 106.2 \times (2780.9 - 2670.4)}{2780.9 - 401.9} = 17.7 \text{ kg}$$

总的加热蒸汽消耗量为

$$G = G_W + G'_W = 106.2 + 17.7 = 123.9 \text{ kg}$$

7.5.2 间歇精馏

当混合液的分离要求较高而处理量不大或料液的品种和组成经常变化时，可采用如图 7-33 所示的间歇精馏流程。原料液在精馏开始之前一次性投入精馏釜，再逐渐加热汽化，自塔顶引出的蒸汽经冷凝后，一部分作为馏出液产品，另一部分作为回流送回塔内，待釜液组成降至规定值后可一次性排料，然后开始下一批操作。因此，间歇精馏与连续精馏相比，具有以下特点：

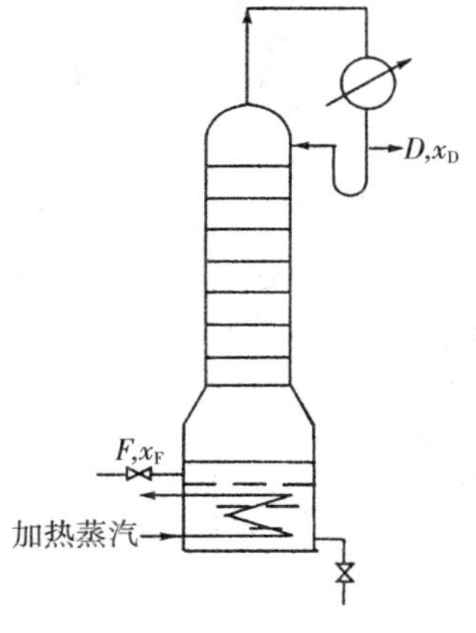

图 7-33 间隙精馏流程图

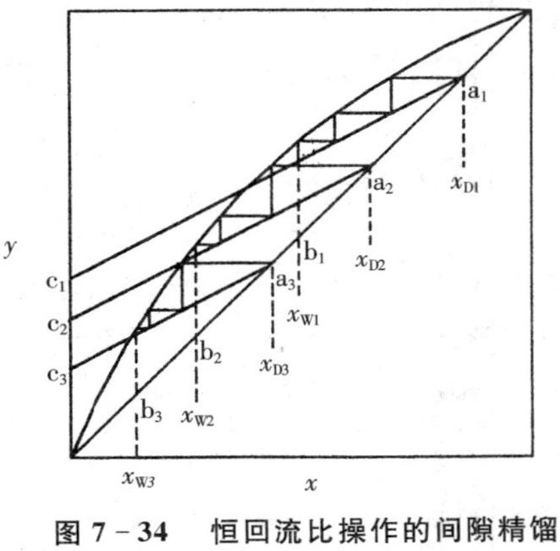

图 7-34 恒回流比操作的间隙精馏

① 精馏过程中由于馏出液的不断蒸出，釜液中易挥发性含量逐渐减少。因此，间歇精馏是一个不稳定的操作过程，塔内操作参数(如温度、组成) 不仅随位置而变，也随时间而变。

② 间歇精馏塔只有精馏段，没有提馏段。因此，为获得同样组成的产品，间歇精馏的能耗较连续精馏大。

根据生产中使用要求的不同，间歇精馏通常有恒回流比和恒馏出液组成两种操作方式，下面分别加以讨论。

(1) 恒回流比操作

间歇精馏时，若回流比 R 保持不变，此时塔顶馏出液组成 x_D 将随釜液组成 x_W 的下降而不断降低。如图 7－34 所示，设精馏塔的分离效果相当于三层理论板(包括塔釜)，a_1c_1 为刚开始时的操作线，其釜液组成为 $x_{W1}=x_F$，馏出液组成为 $x_D=x_{D1}$；随着精馏的进行，釜液组成降低到 x_{W2}、x_{W3}，相应的 x_D 降到 x_{D2}、x_{D3}，操作线分别为 a_2c_2、a_3c_3。由于回流比不变，不同时刻下的操作线相互平行。直到釜液组成达到规定值后，停止精馏。所得馏出液是各瞬间组成的平均值 $\overline{x}_D$

(2) 恒馏出液组成操作

间歇精馏的釜液组成随精馏时间加长而逐渐下降，而塔内的理论塔板数是不变的，若要保持馏出液组成 x_D 不变，只有不断增大回流比 R。其塔内的操作线和逐板组成变化关系如图 7－35 所示(设 $N=3$，x_D 不变，而操作线斜率逐渐增大)。馏出液组成如维持为 x_D 时，在回流比 R_1 下进行操作，所得釜液组成为 x_{W1}。随着操作的进行，釜液组成不断降低，如为 x_{W2}，在理论塔板数仍为三块的条件下，只有将回流比加大到 R_2，使操作线由 ac_1 移到 ac_2。这样不断加大回流比，直到釜液组成达到规定组成即停止操作。

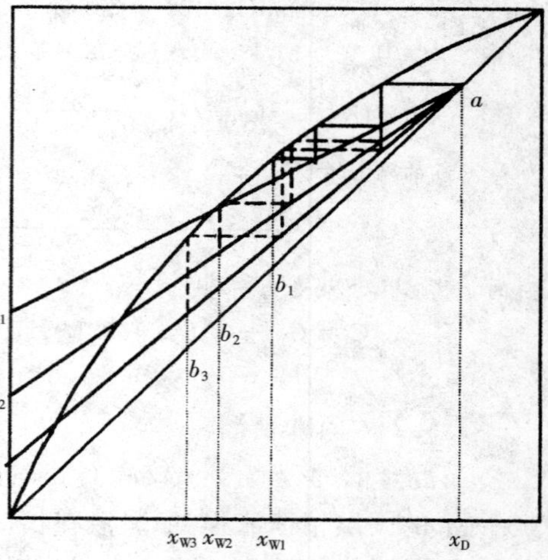

图 7－35　恒馏出液组成的间隙精馏

究竟采用何种方式的间歇精馏，应根据具体情况而定。由于恒回流比操作难以获得高纯度的馏出液，而恒馏出液组成操作实施起来有诸多不便，且在蒸馏接近完成时若回流比过大，经济上也不合算，所以间歇精馏通常将两种方式有机地结合起来。恒回流比操作一定时间，当 x_D 有较明显下降时，加大回流比，即采用恒回流比和阶跃增加回流比相结合的方式，以保持 x_D 基本不变。

例 7－11　对 $x_F=0.4$(摩尔分率)的正庚烷-正辛烷混合液在 101.3 kPa 下进行间隙精馏。保持回流比 $R=6$ 不变，共有三层理论塔板(含塔釜)。已知正庚烷-正辛烷混合液可视为理想溶液，相对挥发度 $\alpha=2.16$。求：

(1) 釜残液组成降为 0.2 时的馏出液量及其平均组成 $\overline{x}_D$；

(2) 若改用恒馏出液组成(保持 $\overline{x}_D$ 不变)操作，结果如何？

解　(1) 用与简单蒸馏相同的原理，通过微分物料衡算(参见式 7－16)，可导出：

$$\ln\frac{F}{W}=\int_{x_W}^{x_F}\frac{dx}{x_D-x}$$

式中　W—— 瞬时的釜液量，操作时由投料量 F 降至 W；

x—— 瞬时的釜液组成，由 x_F 降至 x_W。

由于操作过程中 x_D 不断降低，每一瞬时 x_D 必有一个釜液组成 x 与之对应。因此需设一系列 x_D 值，并通过

$M—T$ 图解法或逐板计算法(本题采用)计算出一系列对应的 x 值。计算结果列于表 7-7 中。

表 7-7 例 7-11 计算结果($R=6, N=3$)

釜液组成 x	0.400	0.343	0.285	0.240	0.200
馏出液组成 x_D	0.838	0.80	0.75	0.70	0.64
x_D-x	0.438	0.457	0.465	0.460	0.440

由附表可见,在 $x=0.4$ 至 0.2 范围内,(x_D-x) 近于常数,故将上式右边的积分项中 (x_D-x) 近似取为其平均值(如不能取为常数,怎么办)。

$$x_D-x=(0.438+0.457+0.465+0.460+0.440)/5=0.452$$

所以

$$\ln\frac{F}{W}=\int_{x_W}^{x_F}\frac{dx}{x_D-x}=\frac{1}{x_D-x}\int_{x_W}^{x_F}dx=\frac{0.4-0.2}{0.452}=0.442$$

$$\frac{F}{W}=1.5565,\quad W=0.642F=0.642\times100=64.2\ \text{kmol}$$

$$D=F-W=0.358F=0.358\times100=35.8\ \text{kmol}$$

馏出液的平均组成仍可由物料衡算式(7-20)确定

$$x_D=\frac{Fx_F-Wx_W}{D}=\frac{100\times0.4-64.2\times0.2}{35.8}=0.759$$

(2) 若用恒馏出液组成法,将釜液组成由 $x=0.4$ 降至 0.2,保持 $\overline{x}_D=0.759$ 不变,仍可应用物料衡算式(7-20),得

$$D=\frac{x_F-x_W}{x_D-x_w}F=\frac{0.4-0.2}{0.759-0.2}\times100=35.8\ \text{kmol}$$

间歇精馏适宜处理小批量的物料,它具有操作灵活,适应性强等特点。特别需要指出的是,间歇精馏可处理多元物系,能在一个塔内同时完成 N 个组分的分离,而若采用连续精馏,一般需要 $N-1$ 个塔才能完成上述分离要求。在间歇蒸馏过程中,挥发度最大的物质最先蒸出,挥发度最小的物质最迟蒸出,故通常可根据塔顶温度收集不同的产品。但与连续精馏相比,间歇精馏的能耗较大,且在精馏过程中常常会得到较多的"混合馏分"或称"中间馏分",残液中也有较多的待回收物,因此间歇精馏得到的产品纯度与收率通常较低。目前间歇精馏已广泛应用于小批量的有机合成、制药等行业中。

7.5.3 恒沸精馏和萃取精馏

用上述的普通精馏方法分离混合物,并不是在任何情况下都适用的。当混合液组分间的相对挥发度较小,如常压下 2-丁烯 — 对丁二烯的相对挥发度 $\alpha=1.04$(两者的沸点分别为-6.5 ℃ 和-4.5 ℃),用普通精馏将它们较完全地分开需要很多块塔板;或者混合液是恒沸物,如常压下含乙醇 89.4 %(摩尔百分率)的乙醇-水溶液 $\alpha=1$,根本无法用普通精馏将它们分开。分离这类物系较常用的方法是恒沸精馏和萃取精馏,它们的基本原理都是在被分离的混合液中加入第三组分,以改变原溶液中各组分间的相对挥发度而实现分离的。根据第三组分所起的作用不同,分为恒沸精馏和萃取精馏,现分述如下:

(1) 恒沸精馏

在被分离的二元混合液中加入第三组分,若加入的第三组分能与原溶液中的一个或者两个组分形成一新的最低恒沸物,从塔顶蒸出,纯组分从塔底排出,这种形式的精馏称为恒沸精

馏，其中所添加的第三组分称为恒沸剂或者夹带剂。

图 7-36 是以苯作为夹带剂恒沸精馏制取无水酒精的工业流程。常压下苯、乙醇、水会形成沸点为 64.85 ℃ 的三元恒沸物，其组成为苯 54.4 %(摩尔百分率，下同)、乙醇 23.0 %、水 22.6 %，其中水与乙醇的摩尔比为 0.98，较原乙醇-水恒沸物的这一摩尔比 0.12 大得多，因此只要有足够的夹带剂苯，原二元恒沸物中的水就会全部进入三元恒沸物中。操作时乙醇-水二元恒沸物加入恒沸精馏塔 1 中，在夹带剂苯的作用下形成三元恒沸物从塔顶蒸出，无水酒精则从塔釜排出，即塔 1 分离的对象是三元恒沸物和乙醇。将塔顶的三元恒沸物蒸汽冷凝，然后导入分层器 5 静置分层：上层富含苯，其组成为苯 76.1 %、乙醇 18.9 %、水 5.0 %；下层富含水，其组成为苯 1.7 %、乙醇 31.6 %、水 66.7 %。上层回流入塔 1，下层导入脱苯塔 2。塔 2 的作用是回收恒沸剂苯，塔顶蒸出的也是苯、乙醇、水的三元恒沸物，经冷凝后也导入分层器 5；塔釜排出的是浓度为 49 % 的稀酒精，将它送往普通精馏塔 3 中，其塔顶馏出乙醇和水的二元恒沸物，它与料液一起送入塔 1，塔釜则排出废水。

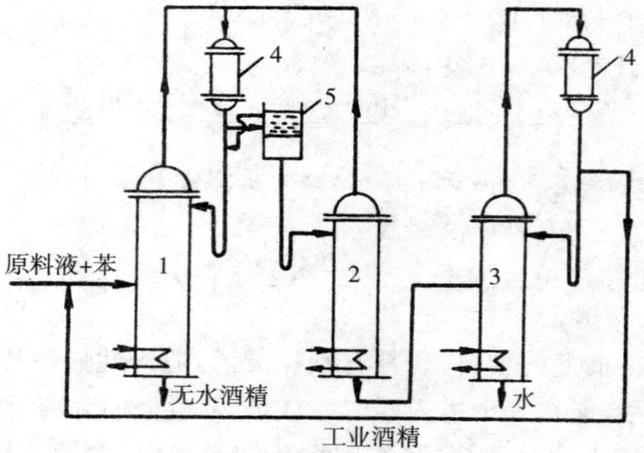

图 7-36 恒沸精馏制取无水酒精流程

1-恒沸精溜塔；2-苯回收塔；3-乙醇回收塔；4-全凝器；5-分层器

决定恒沸精馏可行性和经济性的关键是恒沸剂的选择，对恒沸剂的要求主要有：① 与被分离组分之一(或之二) 形成最低恒沸物，其沸点与另一从塔底排出的组分要有足够大的差别，一般要求大于 10 ℃；② 希望能与料液中含量较少的组分形成恒沸物，而且夹带组分的量要尽可能高，这样可减少夹带剂用量，降低能耗；③ 新形成的恒沸物要易于分离，以回收其中的夹带剂。如乙醇-水恒沸精馏中静置分层的办法；④ 满足一般的工业要求，如热稳定、无毒、不腐蚀、来源容易、价格低廉等。

(2) 萃取精馏

如加入的第三组分与原溶液中 A、B 两组分的分子作用力不同，能有选择性地改变 A、B 的蒸汽压，从而增大它们的相对挥发度，或打破原恒沸体系，使精馏得以进行，这种形式的精馏称为萃取精馏。其中所添加的第三组分称为萃取剂，它不与其他组分形成恒沸物，且沸点很高，精馏时从塔底排出而不消耗汽化热。

例如在常压下苯的沸点为 80.1 ℃，环己烷的沸点 80.73 ℃，若在苯-环己烷溶液中加入萃取剂糠醛(沸点为 161.7 ℃)，则溶液的相对挥发度发生很大变化，且相对挥发度随萃取剂量加大而增高，如表 7-8 所示。

表 7-8 苯-环己烷加入糠醛后相对挥发度的变化

糠醛的摩尔分率	0	0.2	0.4	0.6	0.7
环己烷对苯的相对挥发度	0.98	1.38	1.86	2.35	2.70

图 7-37 是该体系萃取精馏流程示意图，原料加入萃取精馏塔 1 的中部，萃取剂（糠醛）在靠近塔 1 顶部加入，以便在每层塔板上都与苯结合。塔顶得到几乎纯净的环己烷。为回收微量的糠醛蒸汽，在塔 1 上部设置回收段 2（如萃取剂沸点很高，也可以不设回收段）。

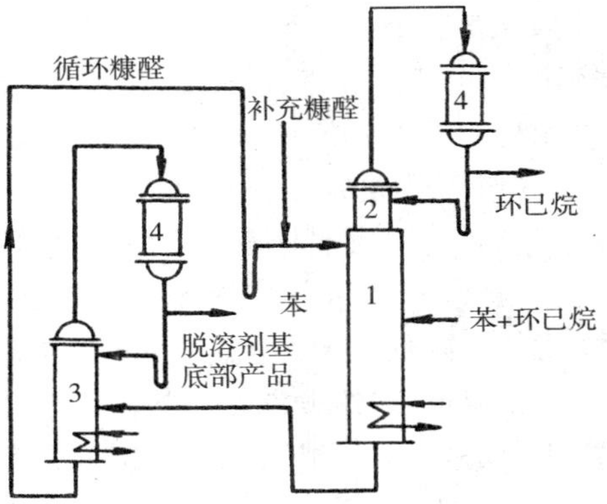

图 7-37 苯-环己烷萃取精馏流程示意图

1-萃取精馏培；2-萃取剂回收段；
3-苯回收塔；4-冷凝器

塔底排出苯和糠醛的混合液，由于苯和糠醛的沸点相差很大，两者很容易分离。塔 3 中，苯从塔顶馏出，糠醛从塔釜排出，并可返回塔 1 循环使用。

其他萃取精馏的例子有：以苯酚为萃取剂分离异辛烷和甲苯混合物；以甘油为萃取剂，从工业酒精中制取无水酒精等。

决定萃取精馏可行性和经济性的关键是萃取剂的选择，对萃取剂的要求主要有：① 选择性高，加入少量萃取剂就能使原组分间的相对挥发度显著增大。② 溶解度大，能和任何浓度的原溶液互溶，以避免分层，否则难以充分发挥萃取精馏的作用；③ 挥发性小，其沸点比混合液的其他组分高得多，以保证塔顶产品的质量，且易与另一组分分离，但沸点也不能太高，否则会造成回收困难；④ 满足热稳定、无毒、无腐蚀、来源容易、价格低廉等一般工业要求。

萃取剂的选择性和溶解度通常是一对矛盾体，应统筹兼顾。一般萃取精馏中的萃取剂循环量相当大，可达进料量的 5 倍之多，因此萃取精馏塔的液相负荷特别大，它将会阻碍气液相在塔板上的传质，从而使塔板效率降低，并且萃取精馏过程的动力和热量消耗也较大。

另外也有添加固体盐类作为萃取剂的精馏过程，称为溶盐精馏。如在工业酒精中可添加氯化钙，因为氯化钙与水有很强的结合力，将破坏恒沸物，使无水酒精从塔顶蒸出。该方法所需的塔板数较恒沸精馏少得多，加热蒸汽用量也可以节约，但从塔底排出的盐水需要经过浓缩、结晶后才能返回重新利用。由于盐在输送、加料过程中易引起堵塞、腐蚀等问题，所以溶盐精馏的使用受到一定限制。

(3) 恒沸精馏与萃取精馏的比较

一些物系的分离既可以用恒沸精馏，也可以用萃取精馏（如无水酒精的制取），究竟选择何种操作方式，需要做以下考虑。

恒沸精馏和萃取精馏都是在被分离的混合液中加入第三组分，以提高组分间的相对挥发度，这是两者的共同点，但它们之间也存在如下差异：① 恒沸剂要与被分离组分形成恒沸物，而萃取剂无此要求，因此萃取剂选择的范围较恒沸剂广。② 恒沸剂从恒沸精馏塔的塔顶蒸出，此项潜热消耗较大，而萃取剂从萃取精馏塔的塔底排出，因此一般说来恒沸精馏的热量消耗较萃取精馏大。③ 一定总压下恒沸物的组成、温度是恒定的，因此恒沸剂的使用量有特定要求；而萃取剂的用量可在一定范围内变化，较为灵活。④ 萃取剂必须从塔的上部不断加入，因此萃取精馏不适宜间歇精馏；恒沸剂既可从塔顶加入，也可与料液一起加入塔釜，因此恒沸精馏能用于大规模的连续生产和实验室的间歇精馏。⑤ 恒沸精馏的操作温度通常比萃取精馏低，故当有热敏性组分存在时，采用恒沸精馏更合适。

7.5.4 多元精馏

在工业生产中最常见的是多元精馏问题。如前面讲述的水蒸气精馏、恒沸精馏、萃取精馏等都涉及三个以上组分间的分离，因此它们都属于多元精馏。多元精馏的基本原理与二元精馏完全相同，但是由于组分数的增加以及它们之间的相互影响，多元精馏较二元精馏复杂得多。多元精馏的主要特点如下：

(1) 流程复杂

二元精馏通常只需一个塔，在塔顶得到轻组分，塔釜得到重组分。若要实现 n 个组分的高纯度分离，需要 $(n-1)$ 个精馏塔。这样多个塔就可以不同的方案加以组织。如对 A、B、C（其挥发度依次降低）三个组分的混合物分离，可安排图 7－38(a)、(b) 所示的两种流程方案（也称塔序）。相应地，四组分混合物的高纯度分离，需 3 个塔，有 5 种流程方案；五组分混合物的分离，需 4 个塔，有 14 种流程。显然组分数愈多，供选择的流程方案也愈多。究竟选用何种流程，需要从设备投资、能耗和工艺要求等多方面来考虑。首先应该注意以下几个因素：

① 对热敏性组分，为减少被加热的次数，应优先分离；对有强腐蚀性的组分，为避免多个设备的腐蚀，也应优先分离。

② 对纯度要求较高的组分，最好从塔顶蒸出，因为杂质常以难挥发性的形式留在塔底。

③ 若存在一对较难分离的相邻组分，宜置于最后分离。因为分离该混合物所需的塔板多、回流比大，放在最后需要的塔径最小较为经济。类似地，应把要求高纯度或高回收率的组分放在最后分离。

④ 各组分的气化、冷凝次数应尽可能减少，以降低设备的负荷和能耗。单从这一点考虑，图 7－38 中流程(a) 较(b) 好，即采用依组分挥发度从大到小的顺序逐个从塔顶蒸出的流程较好。

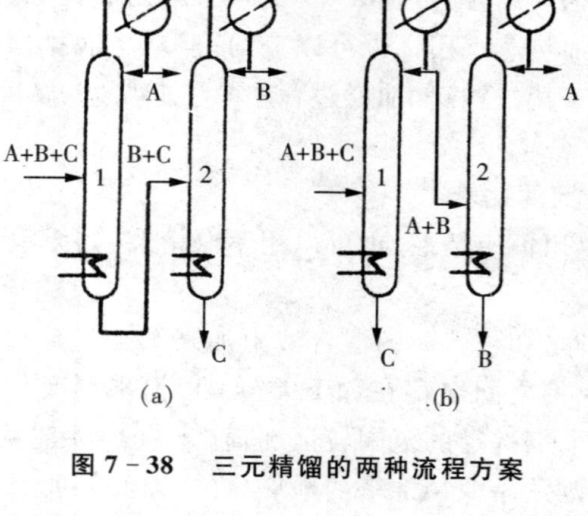

图 7－38 三元精馏的两种流程方案

(2) 关键组分

在多元精馏塔中，通常把对分离程度起决定作用而必须着重控制的组分称为关键组分，其中挥发度较大的称为轻关键组分，挥发度较小的称为重关键组分。图 7－38 (a) 中若规定塔1的分离目标是 A、B，则 A 是轻关键组分，B 是重关键组分；而在图 7－37(b) 中，若规定塔1的分离目标是 B、C，则 B 是轻关键组分，C 是重关键组分。

(3) 气液相平衡关系

多元精馏除流程复杂外，其气液相平衡关系也很复杂，一般采用相平衡常数法和相对挥发度法。相平衡常数法很少用于二元物系，但对多元物系却较方便。

定义组分 i 的相平衡常数 K_i 为

$$K_i = y_i / x_i \tag{7-81}$$

这样多元物系的气液相平衡关系就归结为各个组分相平衡常数 K_i 的求取，其求取方法请参见化工热力学领域的相关著作。

多元物系中也可用相对挥发度来表示相平衡关系。选定一组分的相对挥发度为基准，将其他组分的挥发度与其比较。如选择 j 组分为基准，则组分 i 的相对挥发度为

$$\alpha_{ij} = \frac{y_i / x_i}{y_j / x_j} = \frac{K_i}{K_j} \tag{7-82}$$

对理想物系，据拉乌尔定律，$p_i = p_i^0 X_i$；据分压定律 $p_i = p y_i$，故 $k_i = p_i^0 / p$ 从而

$$\alpha_{ij} = p_i^0 / p_j^0 \tag{7-82a}$$

即对理想物系的 α_{ij} 也可近似作为一个常数。

多元精馏的计算较复杂，有关内容在此不作讨论。

7.6 板 式 塔

板式塔是工业生产中应用最广泛的汽（或气）液传质设备。本节将讨论板式塔的类型、结构、特性以及塔高和塔径的计算方法。

7.6.1 板式塔的结构与类型

(1) 板式塔的结构

如图 7－39 所示，板式塔是由一个圆筒形壳体及其中装置若干块水平塔板所构成的。相邻塔板间有一定距离，称为板间距。液相借重力作用由上层塔板经降液管流至下层塔板，然后横向流过塔板，越过溢流堰再从另一侧的降液管流至下一层塔板，最后由塔底排出。溢流堰的作用是使塔板上保持一定厚度的流动液层。气相则在压差推动下，自下而上穿过塔板上的升气道（泡罩、筛孔、浮阀等），然后再穿过塔板上的液体层最后由塔顶排出。

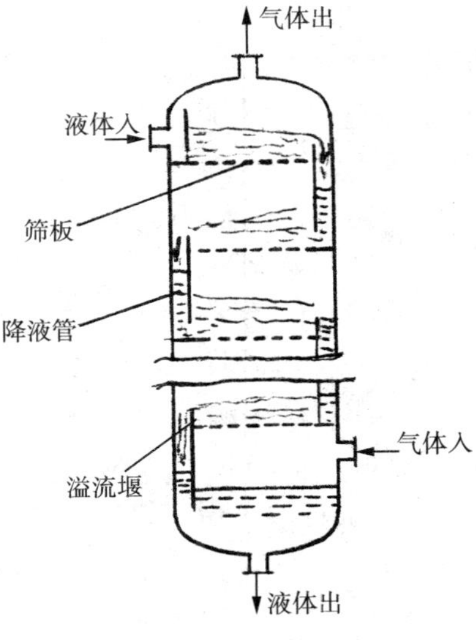

图 7－39 板式塔结构简图

为有效地实现气液两相之间的传质，板式塔应具有以下两方面的功能：

① 在每块塔板上气液两相必须保持密切而又充分的接触，为传质过程提供足够大且不断更新的相际接触表面，减少传质阻力；

② 在塔内气液两相应尽量保持逆流流动，以提供最大的传质推动力。

但是，在每块塔板上，由于气液两相的剧烈搅动，是不可能达到充分的逆流流动的。为获得尽可能大的传质推动力，目前在板式塔中只能采用错流流动的方式，即液体横向流过塔板，而气体垂直穿过液层。但对整个塔来说，气液两相呈逆流流动。

(2) 塔板的类型

① 泡罩塔板

泡罩塔板是工业应用最早的塔板，其结构如图 7-40 所示，它的主要元件为升气管和泡罩。泡罩安装在升气管的顶部，泡罩的底部周边开有很多齿缝。气体从升气管上升通过齿缝进入液层时，被分散为细小的气泡和流股，在液层中充满气泡而形成泡沫层，为汽液两相提供了大量的传质和传热界面。由于升气管高出塔板，即使在气体负荷很低时也不会发生严重漏液，当气液负荷有较大的波动时，仍能稳定操作，塔板效率不变，即塔有较大的操作弹性。但是，泡罩塔板结构复杂，制造成本高，安装检修不便。气相通道曲折，塔板压降大，生产能力及板效率低，故在新建的装置中已很少采用了。

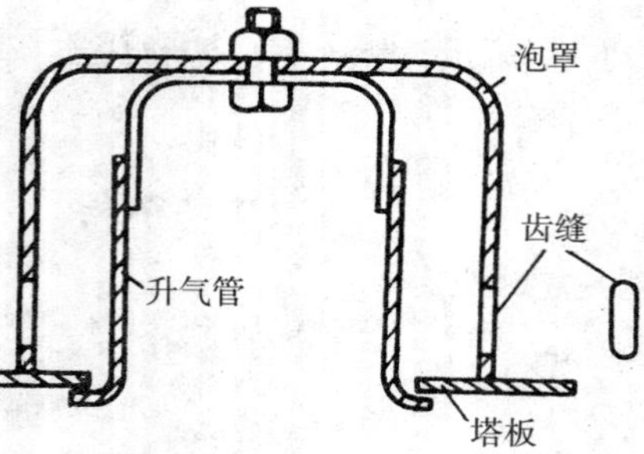

图 7-40　泡罩塔板

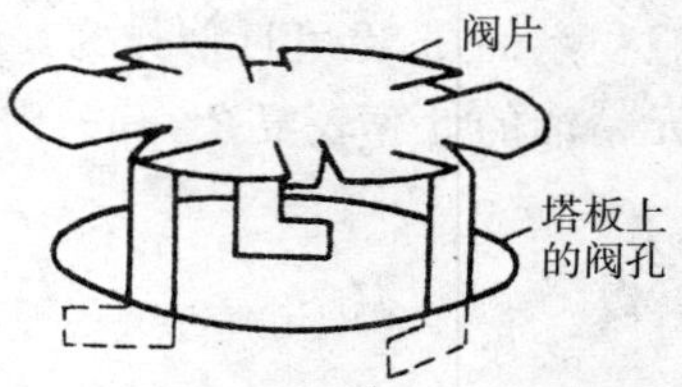

图 7-41　浮阀塔板

② 筛孔塔板

筛孔塔板简称筛板，几乎与泡罩同时出现，它是在塔板上开有很多均匀的小孔，操作时气体直接穿过筛孔进入液层。过去由于研究不够，对它的了解不充分，认为筛孔容易漏液，操作弹性小，未曾得到普遍应用。然而，筛板的突出优点 —— 结构简单、造价低廉对大规模工业生产具有重大意义。经过长期系统研究，现已找到较为成熟的设计方法，只要设计正确，筛板可具有足够的操作弹性。此外，筛板塔压降小，液面落差也较小，生产能力及塔板效率都较泡罩塔高。

③ 浮阀塔板

浮阀塔板吸收了筛板塔板与泡罩塔板两者的优点，取消了升气管，在塔板开孔(标准孔径 39 mm)的上方装设可浮动的阀片，结构如图 7-41 所示。阀片下有三条带脚钩的垂直腿插入阀孔中，用以限制阀片在板上升起的最大高度，并限制阀片不被气体吹走。阀片周边冲出几个略向下弯的定距片，当气速很低时，靠定距片与塔板的点接触来控制气体的流通通道。

操作时，由阀孔上升的气流经阀片与塔板的间隙沿水平方向进入液层，增加了气液两相的接触时间。浮阀开度可随气量变化自动调节，气量小时阀的开度较小，气体仍能以足够气速通过环隙，避免过多的漏液；气量大时阀片自动浮起，开度增大而使气速不致过高。

由于可升可降的阀片使浮阀塔板操作弹性大。同时结构简单、造价低、安装检修方便，所以自 20 世纪 50 年代问世以来推广应用很快。常用的浮阀有轻阀和重阀两种，轻型为 1.5 mm 薄板冲压而成，重阀为 2 mm 钢板冲压而成。一般情况下都采用重阀，在真空下操作的塔才使用轻阀。

④ 舌型塔板

上述几种塔板中，当气体垂直向上穿过液层时，分散形成的液滴或泡沫具有一定向上的初速度，这种初速度无益于气液传质，却徒然增加了液沫夹带，使塔板效率降低。为克服这一缺点，近年来开发了舌型塔板，其结构见图7-42。在塔板上冲出许多舌型孔，舌孔的张角为20°左右，由舌孔喷出的气流近乎水平，产生的液滴几乎不具有向上的初速度。因此，这种塔板的液沫夹带量小，故生产能力大；此外，气相从舌孔斜向喷出，气液两相并流，可促进液体的流动，从而降低了板上液层厚度和板压降。舌型塔板的缺点是气流截面固定，操作弹性小。为提高舌型塔板的操作弹性，可吸取浮阀塔板的优点，将固定舌片用可上下浮动的舌片来代替。这种塔板称为浮舌塔板，其结构如图7-43所示。浮舌塔板兼有浮阀塔板和固定舌型塔板的特点，具有处理能力大、压降低、操作弹性大等优点，特别适宜于热敏性物料的减压分离过程。

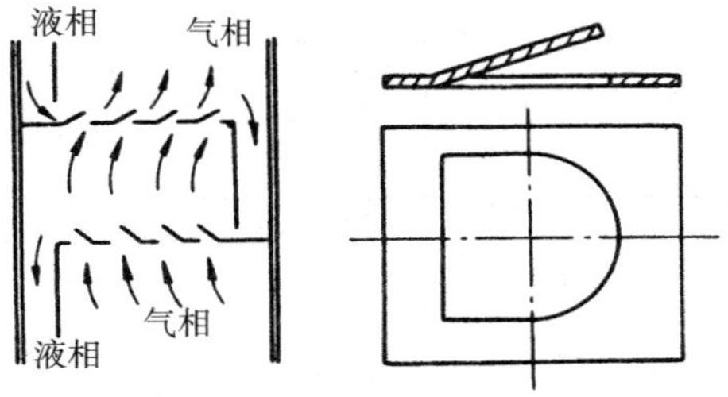

图7-42 舌型塔板示意图

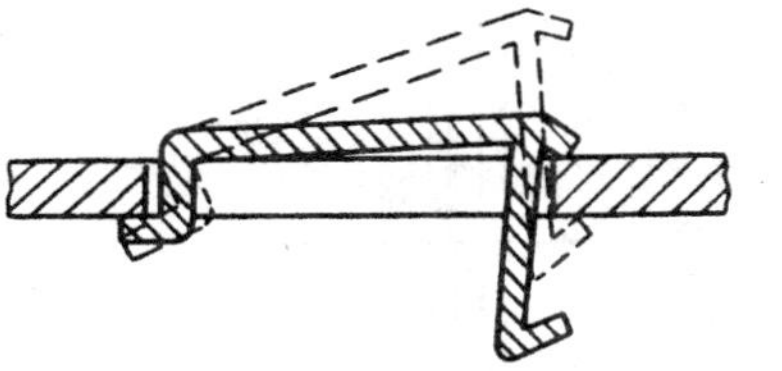

图7-43 浮舌塔板示意图

⑤ 导向筛板

导向筛板(即林德筛板)(图7-44)是在筛板的基础上作了两项改进，一是在塔板上开设有一定数量的导向孔，导向孔开口方向与液流方向相同，有利于推进液体和克服液面梯度；二是在液流入口处的塔板增加鼓泡促进结构，使入口处的塔板翘起一定角度，有助于使液体一进入塔板就能有较好的气液接触。由于采取上述改进措施使塔板上液层鼓泡均匀，液面梯度较小，塔板压降较小，处理能力增大，而且具有良好的传质效果。林德筛板特别造用于真空精馏。

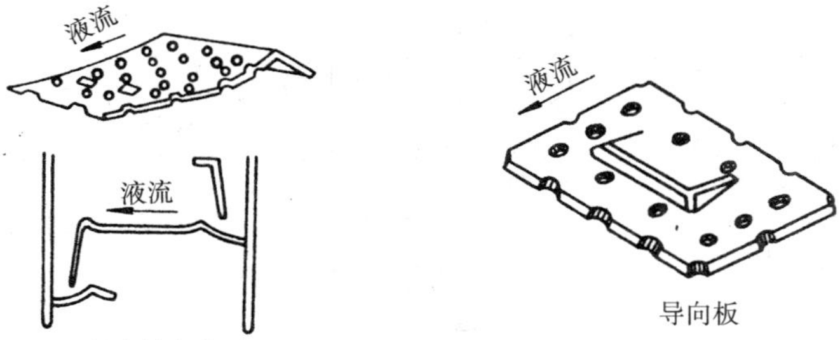

图7-44 导向筛板示意图

⑥ 穿流筛板与穿流栅板

上述各种塔板上，气、液两相均呈错流流动。另一类塔板取消了板与板之间的降液管，只在塔板上开设筛孔或栅板，使气、液两相呈逆流流动称为穿流筛板或穿流栅板，操作时液体随机地经某些孔流下，而气体则经另一些孔上升。这种塔板结构简单，造价低廉。由于节省了溢流管所占的面积，塔板利用率高，其生产能力比普通筛板和浮阀塔板大，但操作弹性小。

(3) 塔板的性能评价

生产中采用各种类型的塔板，通常以下述指标来评价其性能的优劣：

① 生产能力大，即单位塔截面上处理的气液量大；

② 塔板效率高，即完成一定的分离任务所需塔板数少；

③ 塔板压降低，对于精馏系统则可降低釜温，这对于热敏性物料的分离尤其重要；

④ 操作弹性大，当操作的气液负荷波动时仍能维持板效率的稳定；

⑤ 结构简单、制造成本低。

表 7-9 常见塔板性能比较

塔型	相对板效率	相对生产能力	操作弹性	压力降	结构	成本
泡罩	1.0	1.0	中	高	复杂	1.0
筛板	1.1	1.2～1.4	低	低	简单	0.4～0.5
浮阀	1.1～1.2	1.2～1.3	大	中	一般	0.7～0.8
舌型	1.1	1.3～1.5	小	低	简单	0.5～0.6

7.6.2 塔板的流体力学状况

尽管塔板的形式很多，但它们之间有许多共性，例如，在塔内气液流动方式、气流对液沫的夹带、降液管内的液流流动、漏液、液泛等都遵循相同的流体力学规律。通过对塔板流体力学共性的分析，可以全面了解塔板设计原理以及塔设备在操作中可能出现的一些现象。下面以筛板塔为例进行讨论。

(1) 塔板上气液两相的接触状态

气相经过筛孔时的速度(简称孔速)不同，可使气液两相在塔板上的接触状态不同，如图 7-45 所示。

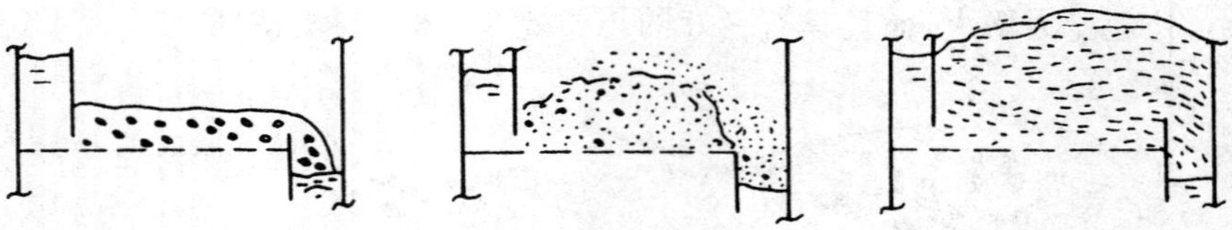

(a) 鼓泡状态　(b) 泡沫状态　(c) 喷射状态

图 7-45 塔板上气液接触状态

① 鼓泡接触状态

当孔速很低时，气相以鼓泡形式通过液层。此时塔板上存在大量的清液，两相接触的传质面积为气泡表面。由于气泡数量不多，气泡表面的湍动程度不强，鼓泡接触状态的传质阻力较大。

② 泡沫接触状态

气相负荷较高，孔速增加时，气泡数量急剧增加，气泡不断发生破裂与合并，板上液体大部分以液膜形式存在于气泡之中，仅在靠近塔板表面处才看到少许清液。这种操作状态称为泡沫接触状态。这时液体仍为连续相，气相仍为分散相。与鼓泡接触状态不同的是，泡沫接触状态的两相传质面积为面积很大的液膜，它高度湍动而且不断合并与破裂，为两相传质创造了良好的流体力学条件。

③ 喷射接触状态

当气相负荷更高孔速继续增加时，动能很大的气相从孔口喷射穿过液层，将板上液体破碎成大小不等的液滴抛到塔板上方空间，当液滴落到板上又汇集成很薄的液层，并再次被破碎成液滴抛出。气液两相的这种接触状态称为喷射接触状态。在喷射接触状态下，两相传质面积是液滴的外表面。液滴的多次合并与破裂使传质表面不断更新，也为两相传质创造了良好的流体力学条件。此时，气相为分散相，液相为连续相。

工业上实际使用的筛板塔中，两相接触不是泡沫状态就是喷射状态，很少采用鼓泡接触状态的。

(2) 塔板上的液面落差

液体在板上从入口端流向出口端时必须克服阻力，故板上液面将出现坡度，塔板进、口侧的液面高度差称为液面落差，或称为水力梯度，以 Δ 表示，见图 7-46。在液体入口侧因液层厚，气速小，故在液体进口侧气相增浓程度大；出口处液层薄，气速大，出口侧气相增浓程度小，所以板式塔内气流分布和气相的浓度分布都不是均匀一致的，而这种分布的不均匀对传质是不利的。为使气体分布均匀，减小液面落差，对大液流量或大塔径的情况，则需采用双流型和多流型塔板。

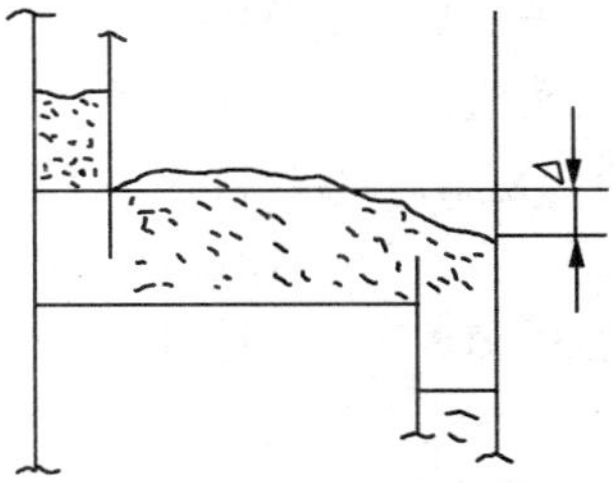

图 7-46 液面落差示意图

(3) 板式塔的不正常操作现象

① 漏液

气相通过筛孔的气速较小时，板上部分液体就会从孔口直接落下，这种现象称为漏液。上层板上的液体未与气相进行传质就落到浓度较低的下层板上，降低了传质效果。严重的漏液将使塔板上不能积液而无法操作。

造成漏液的主要原因是气速过小和板面上液面落差所引起的气流分布不均匀。在塔板液体入口处，液层较厚，往往出现漏液，为此常在塔板液体入口处留出一条不开孔的区域，称为安定区。

② 液沫夹带

气相穿过板上液层时，无论是喷射型还是泡沫型操作，都会产生数量甚多、大小不一的液滴。这些液滴中的一部分被上升气流夹带至上层塔板，这种现象称为液沫夹带。浓度较低的下层板上的液体被气流带到上层塔板，使塔板的提浓作用变差，不利于传质。

液沫夹带量与气速和板间距有关，板间距越小，夹带量就越大。同样的板间距若气速过大，夹带量也会增加，为保证传质达到一定效果，夹带量不允许超过 0.1 kg 液体 /kg 干气体。

③ 液泛

塔板正常操作时，在板上维持一定厚度的液层，以和气体进行接触传质。如果由于某种原因，导致液体充满塔板之间的空间，这种现象称为液泛（也称淹塔）。液泛开始时，塔的压降急剧上升，效率急剧下降，塔的正常操作受到破坏。产生液泛的原因有以下两种情况：

（Ⅰ）当塔板上液体流量很大，气速过高时，液沫夹带量剧增，使塔板间充满了气液混合物，最终使整个塔内充满液体，并随气体从塔顶溢出，这种现象称为夹带液泛。

（Ⅱ）当降液管内的液体不能顺畅下流，管内液体必然积累，当管内液位增高而越过溢流堰顶部倒流回上层塔板时，两板间液体相连，塔板产生积液，并依此上升，最终导致塔内充满液体，这种现象称为溢流液泛。

液泛的形成与气液两相的流量有关。对一定的液体流量，气速过大会形成液泛；反之，对一定的气体流量，液量过大也可能引起液泛。液泛时的气速称为泛点气速，它是塔正常操作气速的上限。

影响液泛的因素除气液流量外，还与塔板的结构，特别是塔板间距等参数有关，设计中采用较大的板间距，可提高液泛气速。

(4) 气相通过塔板的阻力损失

上升气流通过筛孔及板上液层时必然产生阻力损失，称为塔板压降。它包括：塔板本身的干板阻力(即板上各部件所造成的局部阻力)；板上充气液层的静压力和液体的表面张力。通常采用加和性模型来确定塔板压降。

塔板压降是影响板式塔操作特性的重要因素。塔板压降愈大，一方面塔板上气液两相的接触时间随之延长，板效率增大，完成同样分离任务所需实际塔板数减少，设备费降低；另一方面，塔釜温度随之升高，能耗增加，操作费增大，若分离热敏性物系时易造成物料的分解或结焦。因此，进行塔板设计时，应综合考虑，在保证较高板效率的前提下，力求减小塔板压降，以降低能耗和改善塔的操作。

(5) 塔板负荷性能图

前已述及，影响板式塔操作状况及分离效果的主要因素为物料性质、塔板结构及气液负荷。对一定的物系，在塔板结构尺寸已经确定的情况下，其操作状况与分离效果便只与气液负荷有关。为使塔板正常操作和塔板效率维持稳定，必须将塔内的气液负荷限制在一定的范围内，该范围称为塔板的负荷性能。将此范围在直角坐标系中，以液相负荷 L 为横坐标，以气相负荷 V 为纵坐标绘制，所得图形称为塔板的负荷性能图。如图 7-47 所示，负荷性能图由下述五条线组成。

线 1 为过量液沫夹带线，又称气相负荷上限线。如操作的气液负荷超过此线时，表示液沫夹带现象严重。此线通常是以液沫夹带量 $e_V = 0.1$ kg(液)/kg(干汽) 为依据确定的。

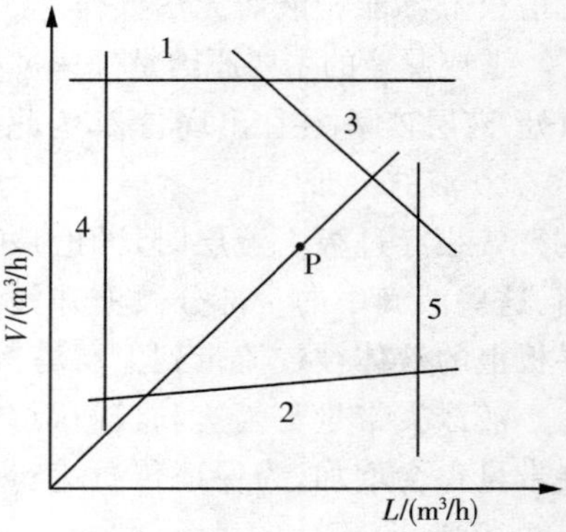

图 7-47 板式塔气液负荷性能图

线 2 为漏液线，又称气相负荷下限线。如操作的气液负荷低于此线时，将发生严重的漏液现象，使板效率大幅度下降。此时漏液量为液流量的 10 %。

线 3 为液泛线。如操作的气液负荷位于此线的右上方时，塔内将出现液泛，使塔不能正常操作。

线 4 为液量下限线。液量小于该下限，板上液体流动严重不均匀，导致塔板效率急剧下降。

线 5 为液量上限线。液量超过此上限，液体在降液管内停留时间过短，所含气泡来不及解脱而被卷入下层塔板，造成气相返混使塔板效率下降，这种现象称为气泡夹带。因降液管通过能力有限，大量气泡夹带将会导致液泛。

上述各线所包围的区域为塔板正常操作范围。在此范围内气液两相流量的变化对板效率影响不大。操作时的气液相负荷在负荷性能图上的点 p 称为操作点。在连续精馏塔中，回流比

R恒定。因此每层塔板上的操作点沿通过原点、斜率为L/V的直线而变化，此直线称为操作线。操作线与负荷性能图上曲线的两个交点分别表示塔的上下操作极限，两极限的气体流量之比称为塔板的操作弹性。设计时，应使操作点尽可能位于操作区的中央，若操作点紧靠某一条边，则负荷稍有波动时，塔的正常操作即被破坏。

负荷性能图对于检验塔板设计是否合理，了解塔操作是否稳定，增产的潜力及减负荷转行的可能性，都有一定的指导意义。

7.6.3 板式塔的设计

板式塔的类型很多，但其设计原理与步骤却大同小异。一般说来，板式塔的设计步骤如下：

① 根据生产任务和分离要求，确定塔径、塔高等工艺尺寸；

② 进行塔板的设计，包括溢流装置的设计、塔板的布置、升气道（泡罩、筛孔或浮阀等）的设计及排列；

③ 进行流体力学验算；

④ 绘制塔板的负荷性能图；

⑤ 根据负荷性能图，对设计进行分析，若设计不够理想，可对某些参数进行调整，重复上述设计过程，直至满意。

现以筛板塔的设计为例，介绍板式塔的设计过程。

(1) 筛板塔工艺尺寸的计算

① 塔的有效高度计算

板式塔的有效高度是指安装塔板部分的高度。根据给定的分离任务，求出理论板层数后，可按下式计算塔的有效高度，即

$$h = \left(\frac{N}{E_0} - 1\right) H_T \tag{7-83}$$

式中 h —— 板式塔的有效高度，m；

N —— 塔内所需的理论板层数；

E_0 —— 总板效率；

H_T —— 塔板间距，m。

由式(7-83)可见，塔板间距H_T直接影响塔的有效高度。在一定的生产任务下，采用较大的板间距，可使塔的操作气速提高，塔径减小，但塔高要增加。因此，存在一个在经济上最佳的板间距。表7-10列出板间距的经验数值，可供设计时参考。应予指出，板间距的确定除考虑上述因素外，还应考虑安装、检修的需要。例如在塔体的人孔处，应采用较大的板间距，一般不低于600 mm。

表 7-10 板式塔的塔板间距参考数值

塔径 D/m	0.3～0.5	0.5～0.8	0.8～1.6	1.6—2.0	2.0～2.4	>2.4
板间距 H_T/mm	200～300	300～350	350～450	450～600	500～800	≥600

② 塔径

精馏塔的直径，可由塔内上升蒸汽的体积流量及其通过塔横截面的空塔速度求得，即

$$V_s = \frac{\pi}{4} D^2 u$$

或
$$D=\sqrt{\frac{4V_s}{\pi u}} \tag{7-84}$$

式中 D —— 精馏塔内径，m；

u—— 空塔速度，m/s；

V_s—— 塔内上升蒸汽的体积流量，m^3/s。

空塔速度是影响精馏操作的重要因素，前已述及，空塔气速的上限由严重的液沫夹带或液泛决定，下限由漏液决定，适宜的空塔气速应介于二者之间。设计时，一般依据产生严重液沫夹带时的气速来确定，该气速称为最大空塔气速，以 u_{max} 表示。

最大空塔气速 u_{max} 可依据悬浮液滴沉降原理导出，其结果为

$$u_{max}=C\sqrt{\frac{\rho_L-\rho_V}{\rho_V}} \tag{7-85}$$

式中 ρ_L—— 液相密度，kg/m^3；

ρ_V—— 气相密度，kg/m^3；

u_{max}—— 最大空塔气速，m/s；

C —— 负荷因子，m/s。

负荷因子 C 值与气液负荷、物性及塔板结构有关，一般由实验确定。史密斯(Smith) 等人汇集了若干泡罩、筛板和浮阀塔的数据，整理成负荷因子与诸影响因素间的关系曲线，如图 7-48 所示。图中参数 H_T-h_L 反映液滴沉降空间高度对负荷因子的影响。板上清液层高度 h_L 由设计者选定，对常压塔一般取为 0.05～0.1m(通常取 0.05～0.08m)；对减压塔一般取为 0.025～0.03 m。横坐标$\frac{L_h}{V_h}\sqrt{\frac{\rho_L}{\rho_V}}$ 称为液气动能参数，它反映液、气两相的负荷与密度对负荷因子的影响。

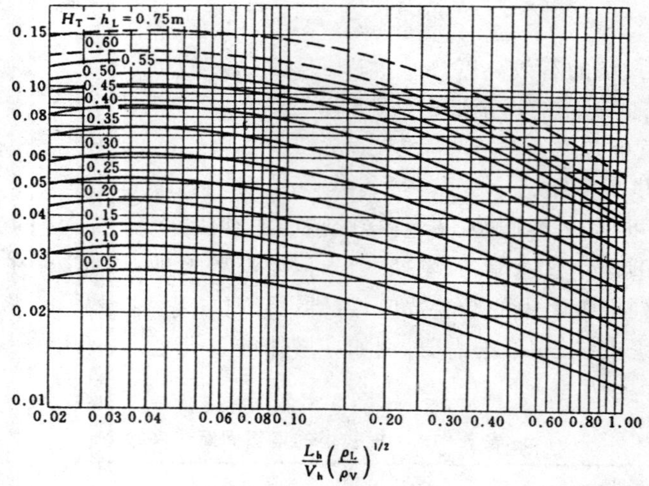

图 7-48 史密斯关联图

图中 C_{20} 为物系表面张力为 20mN/m 的负荷系数，

V_h、L_h 分别为塔内气、液两相的体积流量，m^3/h，

ρ_v、ρ_L 为分别为塔内气、液两相的密度，kg/m^3

H_T 为塔板间距，m，h_L 为塔上液层高度，m

图 7－48 是按液体表面张力 $\sigma_L = 20\ \mathrm{mN/m}$ 的物系绘制的，当所处理的物系表面张力为其他值，应按下式进行校正，即

$$C = C_{20}\left(\frac{\sigma_L}{20}\right)^{0.2} \tag{7-86}$$

式中 C—— 操作物系的负荷因子，m/s；

σ_L—— 操作物系的液体表面张力，mN/m。

根据设计经验，操作空塔气速 $u = (0.6 \sim 0.8)u_{max}$。

安全系数的选取与分离物系的发泡程度密切相关。对不易发泡的物系，可取较高的安全系数，对易发泡的物系，应取较低的安全系数。

选定空塔气速后，由式(7－85) 即可计算出塔径 D。按设计要求，估算出塔径 D 后还应按塔径系列标准进行圆整。常用的标准塔径(单位为 mm) 为：400、500、600、700、800、1000、1200、1400、1600、2000、2200、2400……

应予指出，以上算出的塔径只是初估值，还要根据流体力学原则进行验算。另外，对精馏过程，精馏段和提馏段的气液负荷及物性是不同的，故设计时两段的塔径应分别计算。若二者相差不大，应取较大者作为塔径；若二者相差较大，应采用变径塔。

(2) 溢流装置设计

板式塔的溢流装置包括降液管、溢流堰和受液盘等几部分，其结构和尺寸对塔的性能有着重要的影响。

① 降液管的布置与溢流方式

降液管是塔板间液体流动的通道，也是使溢流液中所夹带气体得以分离的场所。降液管有圆形和弓形之分。圆形降液管一般只用于小直径塔，对于直径较大的塔，常用弓形降液管。

常用的降液管布置方式有 U 形流、单溢流、双溢流及阶梯式双溢流等，如图 7－49 所示。

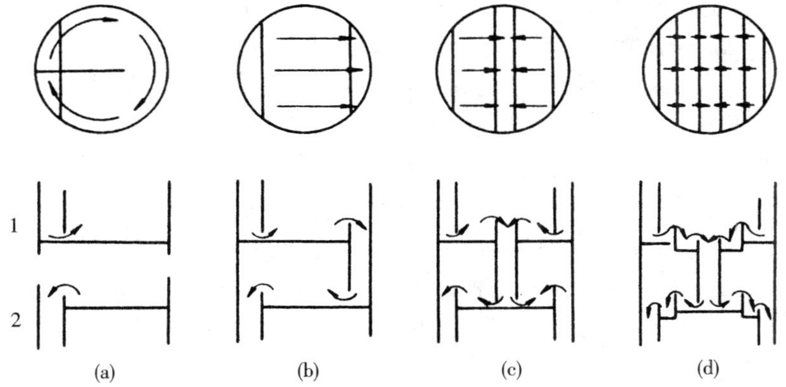

图 7－49 塔板溢流类型

(a)U 形流；(b) 单溢流；(c) 双溢流；(d) 阶梯式双溢流

U 形流也称回转流。其结构是将弓形降液管用挡板隔成两半，一半作受液盘，另一半作降液管，降液和受液装置安排在同一侧。此种溢流方式液体流径长，可以提高板效率，其板面利用率也高，但它的液面落差大，只适用于小塔及液体流量小的场合。

单溢流又称直径流。液体自受液盘横向流过塔板至溢流堰。此种溢流方式液体流径较长，

塔板效率较高，塔板结构简单，加工方便，在直径小于 2.2 m 的塔中被广泛使用。

双溢流又称半径流。其结构是降液管交替设在塔截面的中部和两侧，来自上层塔板的液体分别从两侧的降液管进入塔板，横过半块塔板而进入中部降液管，到下层塔板则液体由中央向两侧流动。此种溢流方式的优点是液体流动的路程短，可降低液面落差，但塔板结构复杂，板面利用率低，一般用于直径大于 2 m 的塔中。

阶梯式双溢流的塔板做成阶梯形式，每一阶梯均有溢流。此种溢流方式可在不缩短液体流径的情况下减小液面落差。这种塔板结构最为复杂，只适用于塔径很大、液流量很大的特殊场合。

由上述分析可看出，液体在塔板上流径愈长，气液接触时间越长，有利于提高传质效率；但液面落差也随之加大，造成气体分布不均，导致漏液现象，使塔板效率下降。因此，选择何种降液装置要根据液体流量、塔径等条件综合考虑。表 7-11 列出溢流类型与液体负荷及塔径的关系，可供设计时参考。

表 7-11　溢流类型与液体流量及塔径的关系

塔径 D/mm	液体流量 L_h/(m³/h)			
	U 型流	单溢流	双溢流	阶梯式双溢流
1000	<7	<45		
1400	<9	<70		
2000	<11	<90	90～160	
3000	<11	<110	110～200	200～300
4000	<11	<110	110～230	230～350
5000	<11	<110	110～250	250～400
6000	<11	<110	110～250	250～450

② 溢流装置的设计计算

现以弓形降液管为例，介绍溢流装置的设计方法。溢流装置的设计参数包括溢流堰的堰长 l_W、堰高 h_W，弓形降液管的宽度 W_d、截面积 A_f；降液管低隙高度 h_0，进口堰高度 h'_W 与降液管间的水平距离 h'_1 等，如图 7-50 所示。

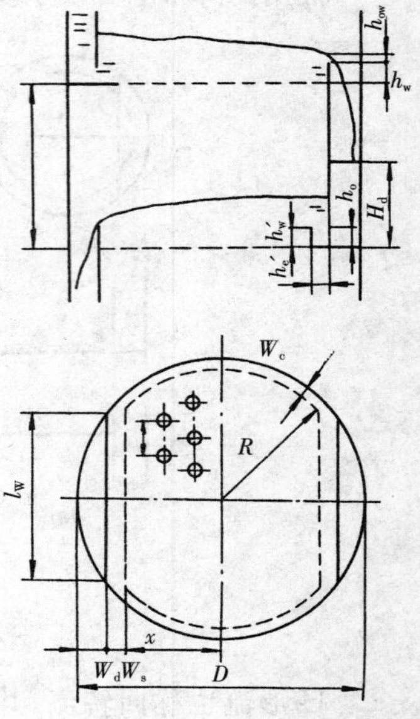

图 7-50　塔板的结构参数

（Ⅰ）溢流堰（出口堰）　溢流堰设置在塔板的液体出口处，是维持板上有一定高度的液层并使液体在板上均匀流动的装置。将降液管的上端高出塔板板面，即形成溢流堰。降液管端面高出塔板板面的距离，称为堰高 h_W，弓形溢流管的弦长称为堰长，以 l_W 表示。溢流堰板的形状有平直形与齿形两种。

堰长 l_W 一般根据经验确定。对常用的弓形降液管：

单溢流　$l_W = (0.6 \sim 0.8)D$

双溢流　$l_W = (0.5 \sim 0.6)D$

堰高 h_W 需根据工艺条件与操作要求确定。设计时，一般应保持塔板上清液层高度在 50～100 mm。板上清液层高度为堰高与堰上液层高度之和，即

$$h_L = h_W + h_{OW} \tag{7-87}$$

式中 h_L —— 板上清液层高度，m；

h_{OW} —— 堰上液层高度，m。

堰上液层高度对塔板的操作性能有很大的影响。堰上液层高度太小，会造成液体在堰上分布不均，影响传质效果，设计时应使堰上液层高度大于 6 mm，若小于此值须采用齿形堰；堰上液层高度太大，会增大塔板压降及液沫夹带量。一般设计时 h_{OW} 不宜大于 60 ～ 70mm，超过此值时可改用双溢流型式。

对于平直堰，堰上液层高度 h_{OW} 可用佛兰西斯(Francis) 公式计算，即

$$h_{OW} = \frac{2.84}{1000}E\left(\frac{L_h}{l_W}\right)^{2/3} \tag{7-88}$$

式中 E —— 液流收缩系数，由图 7-51 查得；L_h 的单位为 m^3/h。根据设计经验，取 $E = 1$ 时所引起的误差能满足工程设计要求。

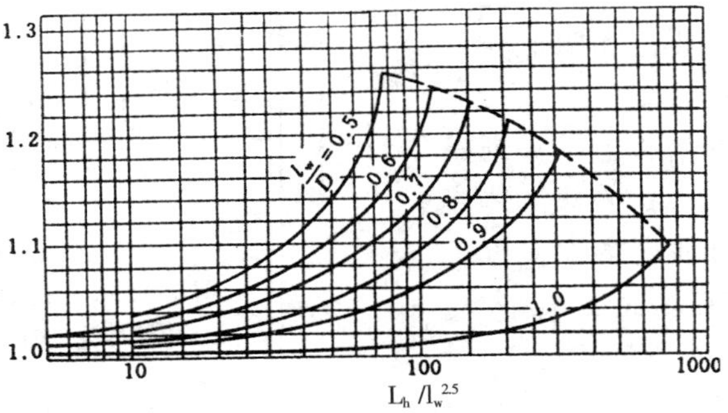

图 7-51 液流收缩系数计算图

对于齿形堰，堰上液层高度 h_{OW} 的计算公式可参考有关设计手册。

前已述及，板上清液层高度变化可在 50 ～ 100mm 范围内选取。因此，在求出 h_{OW} 后，即可按下式范围确定 h_W：

$$0.1 - h_{OW} \geqslant h_W \geqslant 0.05 - h_{OW} \tag{7-89}$$

堰高 h_W 一般在 0.03 ～ 0.05m 范围内，减压塔的 h_W 值应当较低，以降低塔板的压降。

(Ⅱ) 弓形降液管　弓形降液管的设计参数包括降液管的宽度 W_d 及截面积 A_f。W_d 及 A_f 可根据堰长与塔径之比 l_W/D 由图 7-52 查得。液体在降液管内应有足够的停留时间，使液体中夹带的气泡得以分离。由实践经验可知，液体在降液管内的停留时间 τ 不应小于 3 ～ 5s，即

$$\tau = \frac{3600A_f H_T}{L_h} \geqslant 3 \sim 5 \tag{7-90}$$

对于高压下操作的塔及易起泡的物系，停留时间应更长一些。

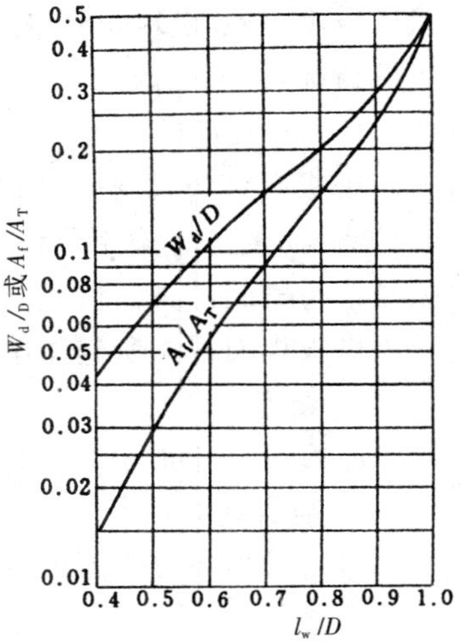

图 7-52 弓形降液管的参数

(Ⅲ) 降液管底隙高度　降液管底隙高度 h_o 是指降液管底边与塔板间的距离。确定 h_o 的原则是：保证液体夹带的悬浮固体在通过底隙时不致沉降下来堵塞通道，同时又要有良好的液封，防止气体通过降液管造

成短路。

一般按下式计算

$$h_o = \frac{L_h}{3600 l_W u'_o} \tag{7-91}$$

式中 u'_O 液体通过底隙时的流速，m/s。根据经验，一般取 $u'_O = 0.07 \sim 0.25$ m/s。

降液管底隙高度 h_o 应低于出口堰高度 h_W，才能保证降液管底端有良好的液封，一般应低 6 mm，即

$$h_o = h_W - 0.006 \tag{7-92}$$

降液管底隙高度一般不宜小于 20 ～ 25 mm，否则易于堵塞，或因安装偏差使液流不畅，造成液泛。在设计中，对直径较小的塔，$h_o = 25 \sim 30$ mm，对直径大的塔，$h_o \geqslant 40$ mm。

(Ⅳ) 受液盘　塔板上接受上一层流下的液体的部位称为受液盘，受液盘有两种形式：平受液盘和凹形受液盘，如见图 7－53 所示。

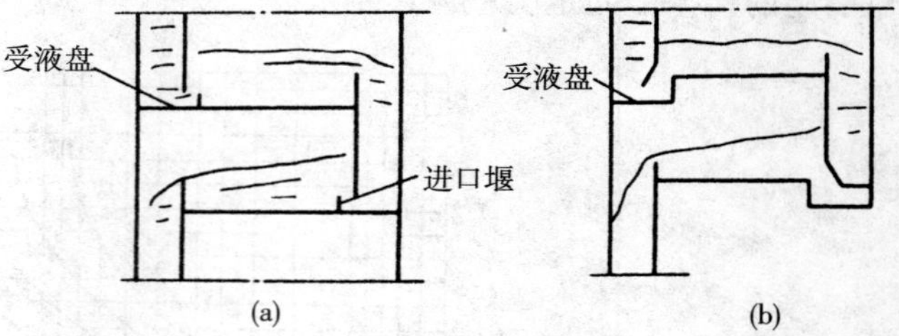

图 7－53　受液盘示意图

(a) 平受液盘；(b) 凹形受液盘

平受液盘一般需在塔板上设置进口堰，以保证降液管的液封，并使液体在板上分布均匀。进口堰高度 h'_W 可按下列原则考虑：当出口堰高度 h_W 大于降液管底隙高度 h_o（一般都是这样）时，取 $h'_W = h_W$，在个别情况下 $h_W < h_o$，则应取 $h'_W > h_W$，以保证液体由降液管流出时不致受到很大阻力，进口堰与降液管间的水平距离 h'_1 不应小于 h_0。

设置进口堰既占用板面，又易使沉淀物淤积此处造成阻塞。采用凹形受液盘，如图 7－53(b) 所示不需设置进口堰。凹形受液盘既可在低液量时形成良好的液封，且有改变液体流向的缓冲作用，并便于液体从侧线的抽出。对于 ϕ600 mm 以上的塔，多采用凹形受液盘。凹形受液盘的深度一般在 50 mm 以上，有侧线采出时宜取深些。凹形受液盘不适于易聚合及有悬浮固体的情况，因易造成死角而堵塞。

(3) 塔板布置

塔板有整块式与分块式两种。直径较小($D \leqslant 800$ mm) 的塔宜采用整块式，直径较大($D \geqslant 1200$ mm) 的塔宜采用分块式，以便于通过人孔装、拆塔板。塔径为 800 ～ 1200 mm 的塔，可根据制造与安装的具体情况，任意选取一种结构。

塔板板面根据所起作用不同，分为四个区域，如图 7－50 所示。

① 鼓泡区

即板面上开孔的区域，为塔板上气液接触的有效区域，以符合 A_a 表示。

② 溢流区

溢流区为降液管面积 A_f 及受液盘面积 A_f' 所占的区域。对垂直降液管，$A_f = A'_f$。

③ 安定区

鼓泡区与溢流区之间的区域称为安定区，也称为破沫区。此区域不开孔，其作用有两方面：一是在液体进入降液管之前，有一段不鼓泡的安定地带，以免液体大量夹带气泡进入降液管；二是在液体入口处，由于板上液面落差，液层较厚，有一段不开孔的安全地带，可减少漏液量。

安定区的宽度以 W_s 表示，可按下述范围选取，即

$$当 D < 1.5\text{m}, W_s = 60 \sim 75\ \text{mm}$$

$$当 D \geqslant 1.5\text{m}, W_s = 80 \sim 110\ \text{mm}$$

对小直径的塔（$D < 1\text{m}$），因塔板面积小，安定区要相应减少。

④ 无效区

即靠近塔壁边缘留出宽度为 W_c 的区域不开孔供固定塔板用，也称边缘区。其视塔板的支承需要而定，小塔一般为 30 ～ 50 mm，大塔一般为 50 ～ 70 mm。为防止液体经无效区流过而产生短路现象，可在塔板上沿塔壁设置挡板。

（4）筛孔的计算及其排列

① 筛孔直径

筛孔的直径是影响气相分散和气液接触的重要工艺尺寸。工业筛板的筛孔直径为 3 ～ 8 mm，一般推荐用 4 ～ 5 mm。筛孔直径太小，加工制造困难，且易堵塞。近年来随着设计水平的提高和操作经验的积累，有采用大孔径（ϕ 10 ～ 25 mm）筛板的趋势，因大孔径筛板加工简单，造价低，且不易堵塞，只要设计合理，操作得当，仍可获得满意的分离效果。

筛孔的加工一般采用冲压法，故确定筛孔直径时应根据塔板材料及厚度 δ 考虑加工的可能性。对于碳钢塔板，板厚 δ 为 3 ～ 4 mm，孔径 d_0 应不小于板厚 δ；对于不锈钢塔板，板厚 δ 为 2 ～ 2.5 mm，d_0 应不小于（1.5 ～ 2）δ。

② 孔中心距

相邻两筛孔中心的距离称为孔中心距，以 t 表示。孔中心距 t 一般为（2.5 ～ 5）d_0，t/d_0 过小易使气流相互干扰，过大则鼓泡不均匀，都会影响传质效率。设计推荐值为 $t/d_0 = 3 \sim 4$。

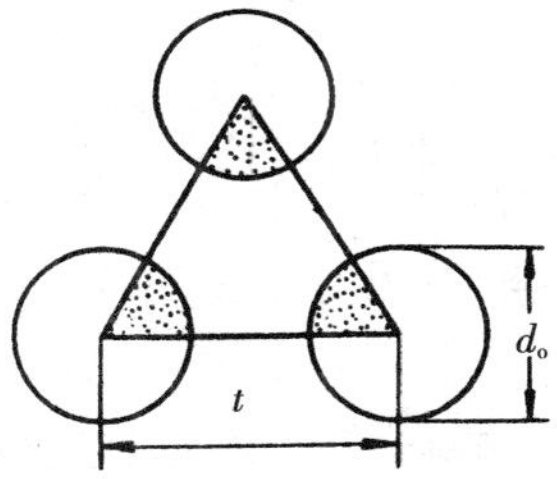

图 7－54 筛孔的正三角形排列

③ 筛孔的排列与筛孔数

设计时，筛孔按正三角形排列，如图 7－54 所示。

当采用正三角形排列时，筛孔的数目 n 可按下式计算

$$n = \frac{1.155A_a}{t^2} \tag{7-93}$$

式中 A_a —— 鼓泡区面积，m^2。

对单溢流型塔板，鼓泡区面积可用下式计算

$$A_a = 2\left(x\sqrt{r^2 - x^2} + r^2 \sin^{-1}\frac{x}{r}\right) \tag{7-94}$$

式中 $x = \dfrac{D}{2} - (W_d + W_s)$，m；

$r = \dfrac{D}{2} - W_c$，m；

$\sin^{-1}\dfrac{x}{r}$ 为以弧度表示的反正弦函数。

开孔率 φ 指一层塔板上筛孔总面积 A_o 与鼓泡区面积 A_a 的比值，即

$$\varphi = \frac{A_o}{A_a} \times 100\ \%$$

筛孔按正三角形排列时，可以导出

$$\varphi = \frac{A_0}{A_a} = 0.907\left(\frac{d_o}{t}\right)^2 \qquad (7-95)$$

应予指出，按上述方法求出筛孔的直径 d_o，筛孔数目 n 后，还需通过流体力学验算，检验是否合理，若不合理需进行调整。

(5) 筛板的流体力学验算

塔板流体力学验算的目的在于检验初步设计的塔板能否在较高的效率下正常操作，验算中若发现有不合适的地方，应对有关工艺尺寸进行调整，直到符合要求为止。流体力学验算内容有以下几项：塔板压力降、液泛、液沫夹带、漏液、液相负荷上限及下限、液面落差等。

① 塔板压降

气相通过一块塔板的压降 h_p 为

$$h_p = h_c + h_l + h_\sigma \quad \text{m 液柱} \qquad (7-96)$$

式中　h_c—— 气相通过一块干塔板（即板上没有液体）的压降，m 液柱；

h_l —— 气相通过液层的压降，m 液柱；

h_σ—— 气相克服液体表面张力所产生的压力降，m 液柱。

（Ⅰ）干板压降　筛板塔的干板压降主要由气相通过筛孔时的突然缩小和突然扩大的局部阻力引起的。气相通过干板与通过孔板的流动情况极为相似，设计时用以下经验公式估算干板压降即

$$h_c = 0.051\left(\frac{u_o}{c_o}\right)^2 \frac{\rho_V}{\rho_L} \qquad (7-97)$$

式中　u_o—— 气体在开孔处的速度，m/s；

ρ_V、ρ_L—— 气相和液相的密度，kg/m^3；

c_o —— 孔流系数，与孔径 d_o 和板厚 δ 的比值有关，其值由图 7-55 查得。

（Ⅱ）液层压降　气相通过充气液层的压降与板上清液层的高度 h_L 及气泡的状况等许多因素有关。设计中常采用下式估算

$$h_l = \beta h_L = \beta(h_W + h_{oW}) \qquad (7-98)$$

式中　β —— 充气系数，为反映板上液层充气程度的因素，其值从图 7-56 查取，通常可取 $\beta = 0.5 \sim 0.6$。

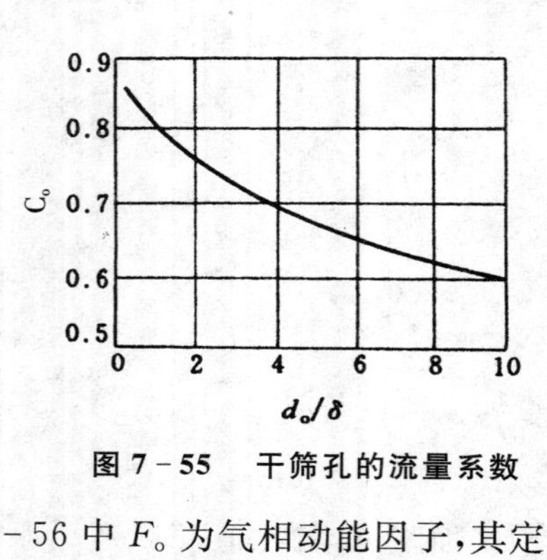

图 7-55　干筛孔的流量系数

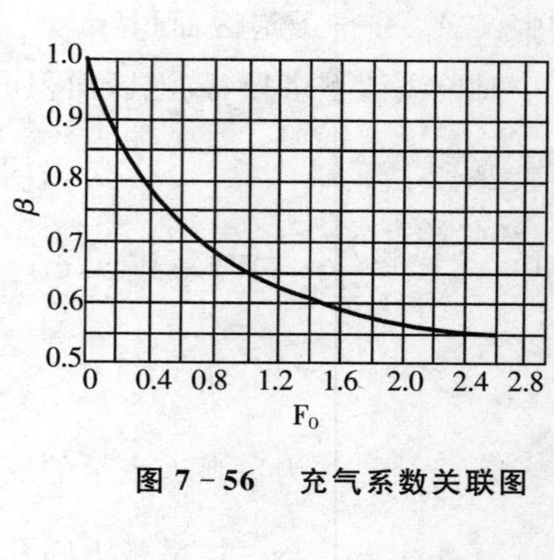

图 7-56　充气系数关联图

图 7-56 中 F_o 为气相动能因子，其定义式为

$$F_o = u_a\sqrt{\rho_v} \qquad (7-99)$$

$$u_a = \frac{V_s}{A_T - A_f}\text{（单溢流塔板）} \qquad (7-100)$$

式中 F_o—— 气相动能因子 $kg^{1/2}(s \cdot m^{1/2})$；

u_a—— 通过有效传质区的气速，m/s；

A_T—— 塔截面积，m^2；

A_f—— 降液管截面积，m^2。

（Ⅲ）液体表面张力所产生的压降 气体克服液体表面张力所产生的压降由下式估算

$$h_\sigma = \frac{4\sigma_L}{\rho_L g d_o} \tag{7-101}$$

式中 σ_L—— 液体的表面张力，N/m。

一般 h_σ 的值很小，计算时可忽略不计。如算出的板压降 h_p 超过允许值，可增大开孔率 φ 或降低堰高 h_W 使 h_p 下降。

② 液面落差

筛板上没有突起的气液接触元件，液体流动的阻力小，故液面落差小，通常可忽略不计。只有当液体流量很大及液体流程很长时，才需要考虑液面落差 Δ 的影响。

③ 液泛

前已述及，液泛分为降液管液泛和液沫夹带液泛两种情况。在筛板的流体力学验算中通常对降液管液泛进行验算。为使液体能由上层塔板稳定地流入下层塔板，降液管内须维持一定的液层高度 H_d。降液管内液层高度用来克服相邻两层塔板间的压降、板上清液层阻力和液体流过降液管的阻力，因此可用下式计算 H_d，即

$$H_d = h_p + h_L + h_d \tag{7-102}$$

式中 h_d—— 与液体流过降液管的压降相当的液柱高度，m。

式(7-102)中的 h_p 可由式(7-97)计算，h_L 为已知，而 h_d 主要是由降液管底隙处的局部阻力造成，可按下面经验公式估算。

塔板上不设置进口堰

$$h_d = 0.153\left(\frac{L_s}{l_W h_o}\right)^2 = 0.153(u'_o)^2 \tag{7-103}$$

塔板上设置进口堰

$$h_d = 0.2\left(\frac{L_s}{l_W h_o}\right)^2 = 0.2(u'_o)^2 \tag{7-104}$$

式中 u'_o—— 流体流过降液管底隙时的流速，m/s。

按式(7-102)可算出降液管中清液层高度 H_d，而降液管中液体和泡沫的实际高度大于此值。为了防止液泛，应保证降液管中泡沫液体总高度不能超过上层塔板的出口堰，即

$$H_d \leqslant \Phi(H_T + h_W) \tag{7-105}$$

式中 Φ—— 相对泡沫密度。对易发泡物系，$\Phi = 0.3 \sim 0.5$；不易发泡物系，$\Phi = 0.6 \sim 0.7$。

④ 漏液

如前所述，当气体通过筛孔的流速较小，气体的动能不足以阻止液体向下流动时，便会发生漏液现象。相对漏液量（漏液量 / 液流量）为 10 % 时的气速称为漏液点气速 $u_{o,min}$，它是塔板操作气速的下限。为保证所设计的塔板具有足够的操作弹性，气体通过筛孔的实际速度 u_o 与漏液点气速 $u_{o,min}$ 之比 K（称为稳定系数）不小于 1.5 ～ 2，即

$$K = \frac{u_o}{u_{o,min}} \geqslant 1.5 \sim 2.0 \tag{7-106}$$

⑤ 液沫夹带

液沫夹带造成液相在塔板间的返混，为保证板效率的基本稳定，通常将液沫夹带量限制在一定范围内，设计中规定液沫夹带量 $e_V < 0.1$kg 液体 /kg 气体。

计算液沫夹带量有不同的方法，设计中常采用亨特关联图，如图 7-57 所示。图中直线部分可回归为下式

$$e_V = \frac{5.7\times10^{-6}}{\sigma_L}\left(\frac{u_a}{H_T - h_f}\right)^{3.2} \qquad (7-107)$$

式中 e_V —— 液沫夹带量，kg 液体 /kg 气体，

h_f —— 塔板上鼓泡层高度，m。

根据设计经验，一般取 $h_f = 2.5h_L$。

⑥ 液体在降液管内停留时间的校核

为避免发生严重的气泡夹带现象，通常规定液体在降液管的停留时间不小于 3 ～ 5s，即

$$\tau = \frac{A_f H_\tau}{L_s} \geqslant 3 \sim 5$$

对易起泡物系，可取其中较高数值。

按上述方法进行流体力学验算后，还应绘出负荷性能图，具体作法见例 7-15。

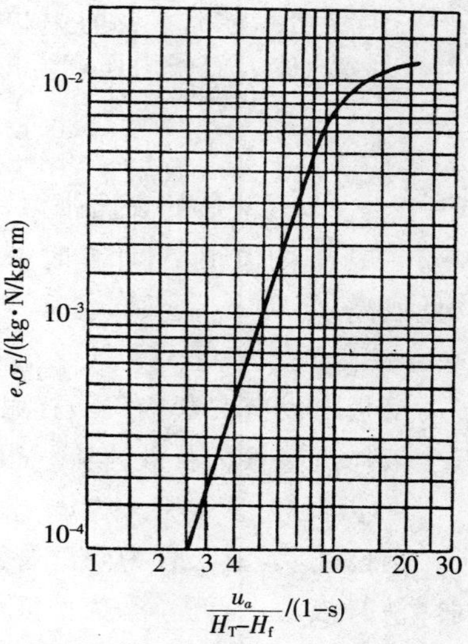

图 7-57 亨特的液沫夹带关联图

例 7-15 在一常压连续精馏塔内分离苯-甲苯混合物。经过工艺计算，已得出精馏段的有关工艺参数如下：

气相流量 $V_s = 1.82\ m^3/s$ 液相流量 $L_s = 0.0051\ m^3/s$

气相密度 $\rho_V = 2.74\ kg/m^3$ 液相密度 $\rho_L = 840\ kg/m^3$

液相表面张力 $\sigma_L = 20.5\ mN/m$

试根据上述工艺条件做出筛板塔的设计计算。

解 (1) 初选塔径

$$\frac{L_h}{V_h}\left(\frac{\rho_L}{\rho_V}\right)^{1/2} = \frac{0.0051\times3600}{1.82\times3600}\left(\frac{840}{2.74}\right)^{1/2} = 0.049$$

取板间距 $H_T = 0.45$ m，板上清液层高度 $h_L = 0.07$ m，则

$$H_T - h_L = 0.45 - 0.07 = 0.38\ m$$

查史密斯关联图得 $C_{20} = 0.082$ m/s

$$C = C_{20}\left(\frac{\sigma_L}{20}\right)^{0.2} = 0.082\left(\frac{20.5}{20}\right)^{0.2} = 0.082\ m/s$$

$$u_{max} = C\sqrt{\frac{\rho_L - \rho_V}{\rho_V}} = 0.082\times\sqrt{\frac{840-2.74}{2.74}} = 1.433\ m/s$$

取安全系数为 0.6，则空塔气速为 $u = 0.6u_{max} = 0.860$ m/s

$$D = \sqrt{\frac{4V_s}{\pi u}} = \sqrt{\frac{4\times1.82}{\pi\times0.860}} = 1.64\ m$$

按标准塔径圆整后为 $D = 1.8$ m

塔截面积 $A_T = \frac{\pi}{4}D^2 = \frac{\pi}{4}\times1.8^2 = 2.5434\ m^2$

空塔气速 $u = 1.82/2.5434 = 0.716 m/s < u_{max}$

(2) 塔板设计

① 溢流装置计算　因塔径 $D=1.8$ m，可选用单溢流弓型降液管，凹型受液盘。

堰长　$l_W=0.7D=0.7\times1.8=1.26$ m

选用平直堰，由公式(7－89)计算堰上液层高度 h_{OW}，近似取 $E=1$

$$h_{OW}=\frac{2.84}{1000}\times1\times\left(\frac{0.0051\times3600}{1.26}\right)^{2/3}=0.017\text{ m}$$

故堰高　$h_W=h_L-h_{OW}=0.07-0.017=0.053$ m

取堰高 $h_W=0.05$m，板上清液层高 $h_L=h_W+h_{OW}=0.05+0.017=0.067$m

由 $\frac{l_W}{D}=0.7$，查图 7－52 得参数　$\frac{A_f}{A_T}=0.09$，　$\frac{W_d}{D}=0.15$

降液管截面积　$A_f=0.09A_T=0.09\times2.5434=0.2289\text{ m}^2$

降液管宽度 $W_d=0.15D=0.15\times1.8=0.27$ m

依式(7－91)验算液体在降液管中停留时间，即

$$\tau=\frac{A_fH_T}{L_s}=\frac{0.2289\times0.45}{0.0051}=20.2\text{s}>5\text{ s}$$

故降液管设计合理。

取降液管底隙高度 $h_o=0.040$，则

$$u'_o=\frac{L_h}{3600l_Wh_o}=\frac{0.0051\times3600}{3600\times1.26\times0.04}=0.10\text{ m/s}$$

故降液管底隙高度设计合理。选用凹型受液盘，深度 $h'_o=52$ mm。

② 塔板布置　各区尺寸确定如下：

因 $D>1.5$ m，取 $W_s=0.1$ m，$W_c=0.06$ m。本例所处理的物料无腐蚀性，可选用 $\delta=4$ mm 碳钢板。筛孔直径 $d_o=\delta=4$ mm，筛孔正三角形排列，取孔中心距 $t=3d_o=3\times4=12$ mm。

$$x=\frac{D}{2}-(W_d+W_s)=\frac{1.8}{2}-(0.27+0.1)=0.53\text{ m}$$

$$r=\frac{D}{2}-W_c=\frac{1.8}{2}-0.06=0.84\text{ m}$$

则由式(7－95)　$A_a=2\left(0.53\sqrt{0.84^2-0.53^2}+0.84^2\sin^{-1}\frac{0.53}{0.84}\right)=1.654\text{ m}^2$

筛孔数　$n=\frac{1.155A_a}{t^2}=\frac{1.155\times1.654}{0.012^2}=13266$ 个

开孔率　$\phi=0.907\left(\frac{d_o}{t}\right)^2=0.907\left(\frac{0.004}{0.012}\right)^2=0.1=10\%$

开孔面积　$A_o=\phi A_a=0.10\times1.654=0.1654\text{ m}^2$

(3) 流体力学验算

① 塔板压降　气体通过筛孔的速度为

$$u_o=\frac{V_s}{\frac{\pi}{4}d_o^2n}=\frac{1.82}{\frac{\pi}{4}\times0.004^2\times13226}=10.92\text{ m/s}$$

由 $d_o/\delta=1$，查干筛孔的流量系数图 7－55 得 $c_O=0.8$。故气体的干板压降

$$h_c=0.051\left(\frac{u_O}{c_O}\right)^2\left(\frac{\rho_V}{\rho_L}\right)$$

$$=0.051\times\left(\frac{10.92}{0.8}\right)^2\times\left(\frac{2.74}{840}\right)=0.0310\text{ m(液柱)}$$

$$u_a=\frac{V_s}{A_T-A_f}=\frac{1.82}{2.5434-0.2289}=0.786\text{ m/s}$$

$$F_O=u_a\sqrt{\rho_V}=0.786\sqrt{2.74}=1.30$$

查充气系数关联图，得 $\beta = 0.61$。则气体通过液层阻力

$$h_l = \beta h_L = \beta(h_W + h_{OW}) = 0.61 \times 0.067 = 0.0409\ \text{m(液柱)}$$

液体表面张力所产生的压降可忽略不计，因此气体通过每层塔板的压降

$$h_p = h_c + h_l + h_\sigma = 0.0310 + 0.0409 = 0.0719\ \text{m(液柱)}$$

$$\Delta p_p = h_p \rho_L g = 0.0719 \times 840 \times 9.807 = 592.3\ \text{Pa}$$

② 液面落差　对于筛板塔，液面落差很小，可忽略。

③ 液泛　　为防止塔内发生液泛，降液管内液层高 H_d 应服从式(7-106)，即

$$H_d \leqslant \varphi(H_T + h_W)$$

苯-甲苯物系属一般物系，取 $\varphi = 0.5$，则 $\varphi(H_T + h_W) = 0.5(0.45 + 0.05) = 0.25$ m

板上不设进口堰，则

$$h_d = 0.153(u_0')^2 = 0.153(0.10)^2 = 0.00153\ \text{m(液柱)}$$

$$H_d = h_p + h_L + h_d = 0.019 + 0.067 + 0.00153 = 0.140\ \text{m(液柱)}$$

$$H_d \leqslant \varphi(H_T + h_W) = 0.25\ \text{m(液柱)}$$

故不会发生液泛现象。

④ 漏液　对筛板塔，取漏液量 10 % 时的气相动能因子为 $F_o = 10$

$$u_{o,\min} = \frac{F_o}{\sqrt{\rho_V}} = \frac{10}{\sqrt{2.74}} = 6.04\ \text{m/s}，实际孔速\ u_o = 10.92\ \text{m/s}$$

稳定系数 $K = \dfrac{u_o}{u_{o,\min}} = \dfrac{10.92}{6.04} = 1.8$，$1.5 < K < 2$，表明塔板具有足够的操作弹性。

⑤ 液沫夹带

由于 $u_a = 0.786\text{m/s}$，$h_f = 2.5h_L = 2.5 \times 0.067 = 0.1675$ m

$$e_V = \frac{5.7 \times 10^{-6}}{\sigma_L}\left(\frac{u_a}{H_T - h_f}\right)^{3.2} = \frac{5.7 \times 10^{-6}}{20.5 \times 10^{-3}}\left(\frac{0.786}{0.45 - 0.1675}\right)^{3.2}$$

$$= 0.007\ \text{kg 液 /kg 气}(< 0.1\ \text{kg 液 /kg 气})$$

故 e_V 在允许范围内。

(3) 塔板负荷性能图

① 漏液线　　前已求得 $u_{o,\min} = 6.04$ m/s

故　　$V_{s,\min} = n\dfrac{\pi}{4}d_o^2 u_{o,\min} = 13266 \times 0.785 \times 0.004^2 \times 6.04 = 1.006\text{m}^3/\text{s}$

据此可作出与液体流量无关的漏液线 1。

② 液沫夹带线　　以 $e_V = 0.1$ kg 液 /kg 气，求 $V_s \sim L_s$ 关系如下。

$$u_a = \frac{V_s}{A_T - A_f} = \frac{V_s}{2.5434 - 0.2289} = \frac{V_s}{2.3145}$$

$$h_f = 2.5h_L = 2.5(h_W + h_{OW}) = 2.5(0.05 + h_{OW})$$

$$h_{OW} = \frac{2.84}{1000} \times 1 \times \left(\frac{3600L_s}{1.26}\right)^{2/3} = 0.572{L_s}^{2/3}$$

故　　$h_f = 2.5(0.05 + 0.572{L_s}^{2/3}) = 0.125 + 1.43{L_s}^{2/3}$

$$H_T - h_f = 0.45 - 0.125 - 1.43{L_s}^{2/3} = 0.325 - 1.43{L_s}^{2/3}$$

$$e_V = \frac{5.7 \times 10^{-6}}{\sigma_L}\left(\frac{u_a}{H_T - h_f}\right)^{3.2} = \frac{5.7 \times 10^{-6}}{20.5 \times 10^{-3}}\left[\frac{V_s}{2.3145(0.325 - 1.43{L_s}^{2/3})}\right]^{3.2}$$

$$= 0.1$$

整理得　　$V_s = 4.732 - 20.81{L_s}^{2/3}$

列表计算如下：

$L_s/(m^3/s)$	0.001	0.002	0.006	0.010	0.014	0.018	0.022
$V_s/(m^3/s)$	4.524	4.402	4.045	3.766	3.523	3.303	3.098

由上表数据即可作出液沫夹带线2。

③ 液相负荷下限线

对于平直堰，取堰上液层高度 $h_{OW}=0.006$ m 作为最小液体负荷标准。

由公式计 8-89 $\quad h_{OW}=\frac{2.84}{1000}E\left(\frac{3600L_s}{l_W}\right)^{2/3}=0.006$

取 $E=1$，则

$$L_{s,\min}=\left[\frac{0.006\times1000}{2.84}\right]^{3/2}\frac{1.26}{3600}=0.00107\ m^3/s$$

据此可作出与气体流量无关的垂直液相负荷下限线3。

④ 液相负荷上限线

以 $\tau=5s$ 作为液体在降液管中停留时间的下限，得

$$\tau=\frac{A_f H_T}{L_s}=5$$

故 $$L_{s,\max}=\frac{A_f H_T}{5}=\frac{0.2289\times0.45}{5}=0.0206\ m^3/s$$

据此可作出与气体流量无关的垂直液相负荷上限线4。

⑤ 液泛线

令 $$H_d=\varphi(H_T+h_W)$$

由 $$H_d=h_p+h_L+h_d;\ h_p=h_c+h_l+h_\sigma;\ h_l=\beta h_L;\ h_L=h_W+h_{OW}$$

联立得 $$\varphi H_T+(\varphi-\beta-1)h_W=(\beta+1)h_{OW}+h_c+h_d+h_\sigma$$

忽略 h_σ，将 h_{OW} 与 L_s，h_d 与 L_s，h_c 与 V_s 的关系代入上式，并整理得

$$aV_s^2=b'-c'L_s-d'L_s^{2/3}$$

$$a'=\frac{0.051}{(A_oC_o)^2}\left(\frac{\rho_V}{\rho_L}\right)=\frac{0.051}{(13226\times0.785\times0.004^2\times0.8)^2}\times\frac{2.74}{840}=0.0094$$

$$b'=\varphi H_T+(\varphi-\beta-1)h_W=0.5\times0.45+(0.5-0.61-1)\times0.05=0.1695$$

$$c'=\frac{0.153}{(l_W h_o)^2}=\frac{0.153}{(1.26\times0.04)^2}=60.2$$

$$d'=2.84\times10^{-3}E(1+\beta)\left(\frac{3600}{l_W}\right)^{2/3}$$

$$=2.84\times10^{-3}\times1\times(1+0.61)\times\left(\frac{3600}{1.26}\right)^{2/3}=0.9206$$

故 $$0.0094V_s^2=0.1659-60.2L_s^2-0.9206L_s^{2/3}$$

列表计算如下：

$L_S/m^3/s$	0.004	0.008	0.012	0.016	0.020
$V_S/m^3/s$	3.932	3.702	3.461	3.190	2.873

由上表数据可作出液泛线5。

根据以上方程各线，可作出筛板塔的负荷性能图，附图如下所示。在负荷性能图上，作出操作点 p，连接 op，即为操作线。由图查得 $V_{s,\max}=3.46\ m^3/s$，$V_{s,\min}=1.006\ m^3/s$，故操作弹性为 $\frac{V_{s,\min}}{V_{s,\min}}=\frac{3.46}{1.006}=3.44$

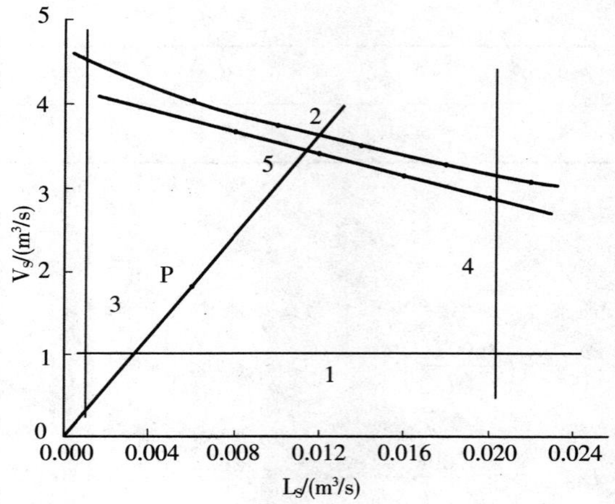

例 7-15 附图

表 7-12 筛板塔设计结果汇总表

序号	项目	数值	序号	项目	数值
1	塔径 D/m	1.8	13	安定区宽度 W_s/m	0.1
2	板间距 H_T/m	0.45	14	边缘区宽度 W_c/m	0.06
3	液流型式	单液流	15	鼓泡区面积 A_a/m^2	1.654
4	降液管型式	弓形	16	开孔率 φ	10%
5	堰长 l_W/m	1.26	17	空塔气速 u/(m/s)	0.716
6	堰高 h_W/m	0.05	18	筛孔气速 u_o/(m/s)	10.92
7	板上液层高度 h_L/m	0.067	19	稳定系数 K	1.8
8	堰上液层高度 h_{OW}/m	0.017	20	每层塔板压降 $\Delta p_p/P_a$	592.5
9	降液管底隙高度 h_o/m	0.04	21	液沫夹带量 e_V/ kg/kg	0.007
10	筛孔直径 d_o/m	0.004	22	汽相负荷上限 $V_{s,max}/(m^3/s)$	3.46
11	筛孔数目	13226	23	汽相负荷下限 $V_{s,min}/(m^3/s)$	1.006
12	孔心距 t/m	0.012	24	操作弹性	3.40

本章符号说明

符号	意义	计量单位
A_a	有效鼓泡区面积	m^2
A_f	降液管截面积	m^2
A'_f	受液盘截面积	m^2
A_O	筛孔总面积	m^2
A_T	塔板总面积	m^2
C	气体负荷因子	m/s
$\bar{c}_p$	平均比热容	kJ/(kmol·K)
c_O	孔流系数	
D	塔径	m
	塔顶产品(馏出液)流率	kmol/h
d_o	孔径	m
E	液流收缩系数	
E_o	总板效率	

E_{mV}	气相单板效率(气相默弗里板效)	
E_{mL}	液相单板效率(液相默弗里板效)	
e_V	1kg 干气体所夹带的液体量	kg
F	原料(进料)量或流率	kmol/h
F_o	以有效传质面积计算气相动能因子	$kg^{1/2}/(s \cdot m^{1/2})$
G	流率	kmol,kmol/h,kg/s
H	饱和蒸汽的热焓	KJ/kgmol
$HETP$	(填料层的)等板高度	m
H_d	降液管内的清液高度	m
h_L	板上清液层高度	m
H_T	塔板间距	m
H_V	气体的热焓	kJ/kmol
h	板式塔的有效高度,填料层高度,液体的热焓	m,KJ/kmol
h_c	以清液高表示的干板压降	m
h_f	塔板上鼓泡层高度	m
h_d	液体在降液管出口处的阻力损失	m
h_L	塔板上清液层高度	m
h_l	以清液高表示的液层压降	m
	进口堰与降液管间的水平距离	m
h_o	降液管底隙高度	m
h_{OW}	堰上清液层高度	m
h_p	以清液高表示的板压降	m
h_W	出口堰高	m
h'_W	进口堰高	m
h_σ	以清液高表示的克服液体表面张力的压降	m
I	焓	kJ/kmol
K	相平衡常数,筛孔的稳定系数	
L	液体的摩尔流率	kmol/s
L_h	液体的体积流率	m^3/h
L_s	液体的体积流率	m^3/s
l_W	堰长	m
M	摩尔质量	kg/kmol
N	理论塔板数	
N_1	精馏段理论塔板数	
N_e	实际塔板数	
p	系统的总压	Pa
p_i	组分的分压	Pa
p°	纯组分的饱和蒸汽压	Pa
q	进料中液相所占的摩尔分率,进料热状况参数	
R	回流比	
r	气(汽)化潜热	kJ/kmol
S	直接蒸汽流率	kmol/s
T	绝对温度	K

t	温度	℃
	筛孔间距	m
u	空塔速度	m/s
u_a	以有效传质面积计算的气速	m/s
u_o	筛孔速度	m/s
$u_{o,min}$	漏液点筛孔速度	m/s
u'_o	液体流过降液管底隙的流速	m/s
V	蒸汽的摩尔流率	kmol/h
V_h	蒸汽的体积流率	m^3/h
V_s	蒸汽的体积流率	m^3/s
W	蒸馏釜内的液体量,塔底产品(釜液)的流率	kmol,kmol/h
W_c	塔板边缘宽度	m
W_d	堰宽	m
W_s	塔板安定区宽度	m
x	液相中组分的摩尔分率	
y	气相中组分的摩尔分率	
α	相对挥发度	
β	液层充气系数	
Δ	液面落差	m
δ	板厚	m
η	组分的回收率	
φ	饱和系数,开孔率	
Φ	相对泡沫密度	
v	组分的挥发度	Pa
σ_L	液体的表面张力	N/m
ρ	密度	kg/m^3
τ	时间	s
上标		
*	平衡状态	
′	提馏段(气、液流量)	
o	饱和状态	
下标		
A	组分 A(易挥发组分)	
B	组分 B	
b	泡点	
C	组分 C	
D	组分 D,塔顶产品(馏出液)	
d	露点,q 线与精馏段操作线的交点	
e	q 线与平衡线的交点	
F	进料	
i	某一组分	
j	基准组分,某一塔板序号	
L	液相	

m	提馏段理论板的序号
max	最大值
min	最小值
n	精馏段理论板的序号
V	气相
W	蒸馏釜，塔底产品（釜液），水（水蒸气蒸馏）

习 题

1. 已知苯、甲苯的安托因方程如下：

苯： $\log p_A^0 = 6.03055 - \dfrac{1211.033}{220.79 + t}$

乙苯： $\log p_B^0 = 6.07954 - \dfrac{1344.8}{219.482 + t}$

其中 p° 的单位为 kPa，t 的单位为 ℃。试作出总压为 140 kPa 时苯-甲苯体系的 $t - x(y)$ 图和 $x - y$ 相图，并将结果与 101.3 kPa 下的数据作比较，能得出什么结论？

2. 甲醇（A）-水（B）体系的蒸汽压以及 101.3 kPa 下的气液平衡数据如下表所示。若将该混合液作为理想溶液，求其相对挥发度 α 随组成 x 的变化；又按实测的 $x - y$ 关系求 α 随 x 的变化，以上结果说明什么？

习题 2 附表

t/℃	64.5	70	75	80	90	100
p_A^0/kPa	101.3	123.3	149.6	180.4	252.6	349.8
p_B^0/kPa	24.5	31.2	38.5	47.3	70.1	101.3

x	0	0.02	0.06	0.1	0.2	0.3	0.4	0.5	0.6	0.7	0.8	0.9	1
y	0	0.134	0.304	0.418	0.578	0.665	0.729	0.779	0.825	0.87	0.915	0.958	1

3. 乙苯、苯乙烯精馏塔中部某一块塔板上总压为 13.6 kPa，液体组成为 0.144（乙苯的摩尔分率）。试求：(1) 板上液体的温度；(2) 与此液体成平衡的气体组成。已知乙苯-苯乙烯混合物是理想物系，纯组分的蒸汽压为：

乙苯： $\log p_A^0 = 6.08240 - \dfrac{1424.225}{213.206 + t}$

苯乙烯： $\log p_B^0 = 6.08232 - \dfrac{1445.58}{209.43 + t}$

式中的 p^0 单位为 kPa，t 为 ℃。

4. 现有 100 kmol 含易挥发组分 60 %（摩尔百分率）的正己烷-正辛烷混合液，在总压 101.3 kPa 下进行简单蒸馏，最终得到 40 kmol 的馏出液。(1) 求馏出液和残液的组成；(2) 若改为平衡蒸馏，当塔顶得到同样数量的产物时，气液两相的组成；(3) 根据上述结果能得出什么结论？已知操作条件下正己烷-正辛烷的相对挥发度为 5.3。

5. 欲在一常压连续精馏塔中分离正己烷和正辛烷的混合液。已知进料流量为 1000 kmol/h，其中含正己烷 40 %（摩尔分率，下同），要求馏出液中正己烷的回收率为 97 %，釜液中正己烷的含量不超过 2 %。试求馏出液的流量和组成。

6. 在一连续精馏塔中分离含易挥发组分 20 %（摩尔分率，下同）的某二元混合物。已知饱和蒸汽加料，进料流量为 100 kmol/h，馏出液组成为 95 %，釜液组成为 5 %。试求：(1) 馏出液采出率 D/F；(2) 操作回流比 $R = 6$ 时，精馏段和提馏段的液气比。

7.今拟在常压操作的连续精馏塔中，将含甲醇 35 %、水 65 %(摩尔分率，下同）的混合液加以分离。要求馏出液含甲醇 95 %，釜液含甲醇不超过 2 %。已知泡点回流，并选取回流比为 2.5，料液入塔温度为 40 ℃。试求此情况下精馏段、提馏段操作线和加料线方程。

8.试用作图法求上题在以下两种情况下所需的理论板塔数：(1) 塔釜采用间接蒸汽加热；(2) 塔釜采用直接蒸汽加热(设热损失可忽略，物系满足恒摩尔流假定）。

9.欲在一常压连续精馏塔中分离苯-甲苯的混合液。已知料液中含苯 35 %(摩尔百分率，下同)，要求馏出液中含苯 88 %，釜液中苯含量不超过 4.4 %，取操作回流比为最小回流比的 1.4 倍，操作条件下全塔的平均相对挥发度为 2.47，泡点加料。试求：(1) 回流比；(2) 需要的理论塔板数和加料位置；(3) 第二块板下降液体的组成。

10.用常压连续精馏塔分离含苯 44 %(摩尔百分率，下同）的苯-甲苯的混合液。要求塔顶产品含苯 97 %，塔底产品含苯不超过 2 %，泡点回流，回流比为 3，操作条件下全塔的平均相对挥发度为 2.47。试求下列两种进料状况所需的理论板数和最佳加料位置：(1)30 ℃ 冷液进料，此时 $q = 1.31$；(2) 饱和蒸汽进料。

11.用捷算法计算题 9 中所需的全塔理论板数。

12.常压下对苯-甲苯物系进行全回流精馏。操作稳定后，测得相邻三层塔板（自上而下）的液相组成分别为 0.45(摩尔分率，下同)、0.298、0.176，试求三层板中较低两层的气相、液相单板效率。设相对挥发度为 2.45。

13.一操作中的连续精馏塔分离某二元混合液。现保持 F、x_F、R、V' 不变，试分析加料温度提高后 D、W、x_D、x_W 的变化趋势。

14.一运行中的连续精馏塔分离某二元混合液。现因前段工序异常使料液组成 x_F 减小，若保持 F、q、R、D 不变，试分析 x_D、x_W 的变化趋势。

15.一操作中的连续精馏塔分离某二元混合液，F、x_F、q、V' 保持不变。现加大回流比 R，试分析此时 x_D、x_W 的变化趋势。若保持 F、x_F、q、D 不变，加大回流比 R 后 x_D、x_W 的变化趋势。

16.一精馏塔有 4 块理论板(含塔釜)，现用于分离苯-氯苯混合液。已知 $F = 100$ kmol/h，$x_F = 0.50$(摩尔分率，下同)，泡点进料，进料板在第3块塔板上，且回流比R＝1.2，塔釜上升蒸汽量为$V' = 90$ kmol/h。试求塔顶和塔底的产品组成。设操作条件下的相对挥发度为 4.1。

17.将 16 题的加料口上移一块，求操作所得的塔顶和塔底产品组成，并与上题比较。

18.含苯 75 %(摩尔分率，下同）的苯-甲苯饱和液体在如图所示的三种流程中进行精馏，其中流程(a) 含塔釜与分凝器，流程(b)、(c) 则含塔釜、一块理论板与分凝器，操作回流比都为 1，塔顶均获得含苯 85 % 的馏出液，取操作范围内的相对挥发度为 2.5，试求各流程的馏出液量(以 100 kmol/h 进料计)。

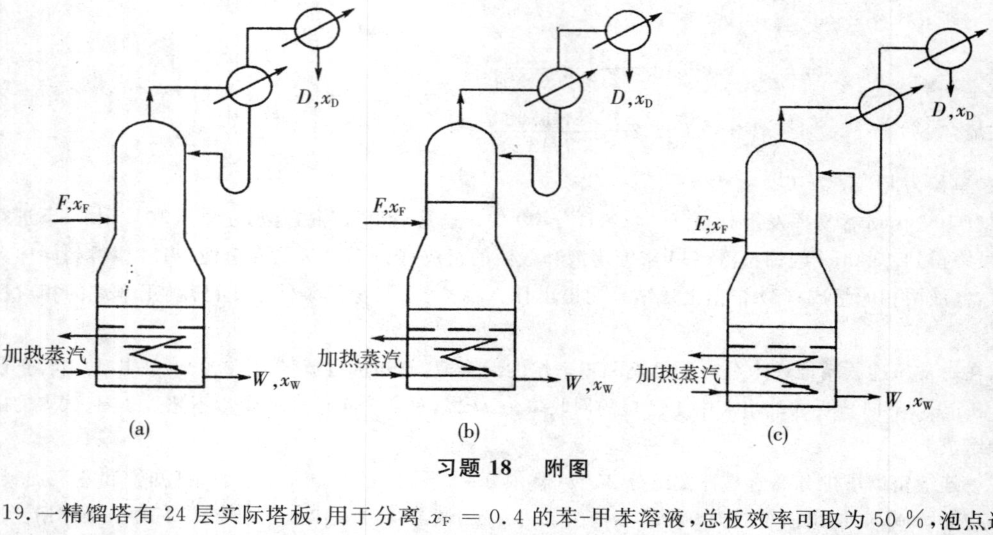

习题 18　附图

19.一精馏塔有 24 层实际塔板，用于分离 $x_F = 0.4$ 的苯-甲苯溶液，总板效率可取为 50 %，泡点进料。共有三根进料管，分别接到第 10、12、14 层塔板(任选其一)。若要求馏出液 $x_D \geqslant 0.98$，再沸器的最大蒸发能力为

$V' = 25$ kmol/h，求馏出液的最大产量。

20. 生产中有两股苯-甲苯混合物，拟在一个常压精馏塔内加以分离，并采用两股料液各自从不同位置加入塔内的方案。第一股物料：$F_1 = 100$ kmol/h，$x_{F1} = 0.80$，$q = 1$；第二股物料：$F_2 = 200$ kmol/h，$x_{F2} = 0.50$，$q = 1$。要求 $x_D = 0.98$，$x_W = 0.02$（以上均为摩尔分率）。现取操作回流比 R = 1.7，试求所需总理论板数及两股进料的位置。设精馏范围内全塔的相对挥发度为 2.46。

21. 含苯 40 %（摩尔分率，下同）的苯-甲苯混合液在一精馏塔中进行分离，该塔共有 12 块理论塔板（含塔釜），进料板在第 7 块。已知进料量 $F = 100$ kmol/h，进料为饱和液体。要求 $D = 40$ kmol/h，$x_D \geqslant 0.97$，问：(1) 若回流比 R = 3，能否完成给定的分离任务？(2) 若要完成分离任务，R 应取多少？已知相对挥发度为 2.47。

22. 在连续精馏塔中分离某组成为 0.5（易挥发组分的摩尔分率，下同）的两组分理想溶液。原料液于泡点下进入塔内，塔顶采用分凝器和全凝器。分凝器向塔内提供回流液，其组成为 0.88，全凝器提供组成为 0.95 的合格产品。塔顶馏出液中易挥发组分的回收率为 96 %。若测得塔顶第一块板的液相组成为 0.79，试求：(1) 操作回流比和最小回流比；(2) 若馏出液量为 100 kmol/h，则原料液流量为多少？

23. 今拟在常压操作的连续精馏塔中，将含甲醇 30 %（摩尔百分率，下同）的甲醇-水溶液加以分离，要求得到相同数量浓度分别为 95 % 和 60 % 的两种产品，而釜液中甲醇含量不超过 2 %。已知塔釜间接蒸汽加热，泡点进料，泡点回流，选取操作回流比为 2，气液相平衡关系见题 2。试求：(1) 全塔需要的理论塔板数、加料及侧线采出位置（设侧线抽取的是饱和液体）；(2) 若不进行侧线采出，仅获取 95 % 的馏出液，问需要的理论塔板数和加料位置如何变化？

24. 在一有 3 层理论板（含塔釜）的精馏塔中，对 $x_1 = 0.4$（摩尔分率，下同）的苯-甲苯混合液进行常压间歇精馏，回流比 $R = 4$ 保持恒定，求釜残液组成降至 $x_2 = 0.1$ 时的馏出液比率、馏出液平均组成。设相对挥发度为 2.46。

25. 由 A、B、C、D（挥发度从大至小）所组成的四元理想物系，拟采用多元精馏进行分离。已知 A、B 量较少且两者间的相对挥发度也较小，D 有腐蚀性。试给出较为合理的精馏流程，并简述理由。

26. 在一具有 3 层理论板（含塔釜）的回收塔中，对 $x_F = 0.45$（摩尔分率，下同），$F = 100$ kmol/h，$q = 1$ 的苯-氯苯混合液处理，要求塔釜产量 $W = 56$ kmol/h，$x_W \leqslant 0.08$。问在无回流的情况下，能否达到分离要求？设相对挥发度为 4.1。

8　液液萃取和固液浸取

8.1　液液萃取

8.1.1　概　述

液液萃取是分离液体混合物的一种单元操作，它是利用液体混合物中各组分在某溶剂中溶解度的差异而实现分离的。

萃取的基本过程如图 8-1 所示。设原料液中含有溶质 A 和溶剂 B，为使 A 和 B 分离，选择某种溶剂 S，称为萃取剂，要求它对 A 的溶解能力要大，而与原溶剂（又称稀释剂）B 的互溶度愈小愈好。在混合器 1 中加入一定量的溶剂 S 和原料液 F，将物系搅拌使原料液和溶剂充分混合，溶质 A 从原混合液相向溶剂相转移。然后停止搅拌，两相因密度差而分层：一层以溶剂 S 为主，并溶有较多的溶质 A 和少量的原溶剂 B，称为萃取相 E；另一层以原溶剂 B 为主，且含有未被萃取完的溶质 A 和少量的溶剂 S，称为萃余相 R。萃取相和萃余相都是均相混合物，为了得到产品 A 和回收溶剂 S 以供循环使用，还需对两相进行分离，通常是用蒸馏和蒸发的方法。脱除溶剂后的萃取相和萃余相分别称为萃取液 E′ 和萃余液 R′。

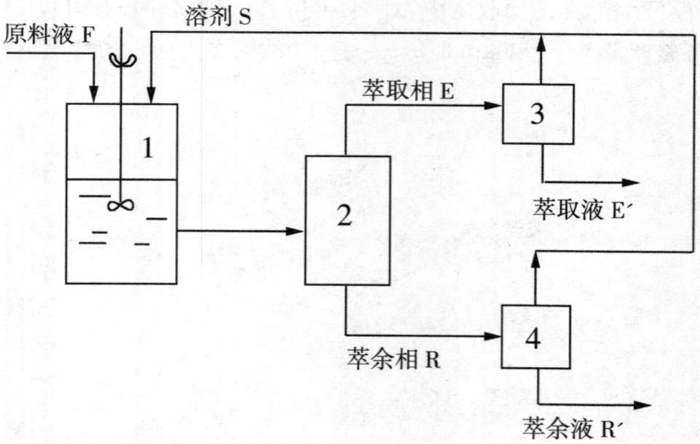

图 8-1　萃取过程示意图

1-混合器；2-分层器；3-萃取相分离设备；4-萃余相分离设备

由上可知，萃取操作并未将原混合液完全分离，而是将原来较难分离的混合液变为两个易于分离的混合液——萃取相和萃余相。为了分离液体混合物，萃取过程比蒸馏要复杂得多。但是在遇到下列情况时，采用萃取是可取的。

（1）溶质 A 的浓度很小而稀释剂 B 又为易挥发组分时，直接用蒸馏的方法能耗很大，这时可以先萃取，使溶质 A 富集于萃取剂 S 中，然后对萃取相进行蒸馏。如以氯仿为萃取剂从稀咖啡因水溶液中分离咖啡因，以醋酸丁酯从稀醋酸中制取无水醋酸等。

(2) 恒沸物或沸点相近组分的分离。如催化重整油中芳烃与烷烃的分离，因其沸点相近采用普通蒸馏方法分离需要塔板数太多，工业上常用环丁砜、N－甲基吡咯烷酮等为萃取剂萃取其中的苯、甲苯、二甲苯以及其他芳烃衍生物。

(3) 需分离的组分不耐热，若直接用蒸馏，往往需要在高真空下进行，采用常温下的萃取操作则较为经济。如采用醋酸丁酯为萃取剂从发酵液中提取青霉素，用正丙醇从亚硫酸废水中提取香兰素等。所以萃取常用于生化药品、食品、香料等半成品的分离。

8.1.2　液－液相平衡

(1) 三角形相图

萃取过程涉及的组分至少有三个，即溶质 A、稀释剂 B 和萃取剂 S。平衡的两相——萃取相和萃余相中一般均含有三个组分，因此表示平衡关系时不能采用直角坐标，而要用三角形相图。最常见到的三角形相图为正三角形和直角三角形，如图 8－2 所示，后者因采用直角坐标在数学求解时较为常用。

① 相组成表示法

图 8－2 所示的三角形，三个顶点分别代表三个纯组分，即顶点 A 为纯溶质 A，项点 B 为纯稀释剂 B 和顶点 S 为纯萃取剂 S。三角形的三条边分别表示相应的两个组分，如边 AB 表示组分 A 和 B，图中点 F 表示组分 A 的含量为 40 % 和组分 B 的含量为 60 %。其他两个边类推之。

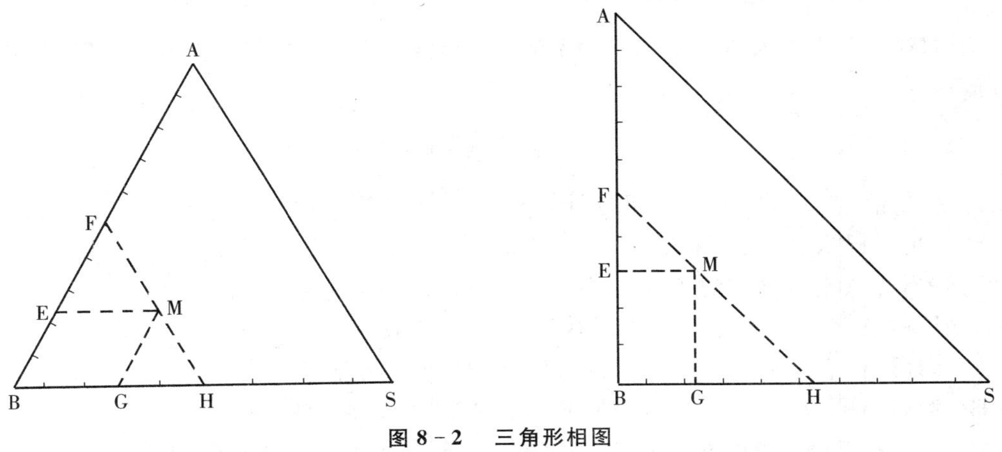

图 8－2　三角形相图

三角形内任一点 M 表示三组分混合物，其组成可按下法确定：过点 M 作底边 BS 的平行线 ME，交边 BA 于点 E，则线段$\overline{BE}$ 的长度表示组分 A 的含量（顶点 A 与底边 BS 相对）。同理，作 MG//AB，MH//AS，以线段$\overline{BG}$、$\overline{HS}$ 分别表示组分 S 和 B 的含量。显见，三个组分的含量之和应符合

$$\overline{BE} + \overline{BG} + \overline{HS} = \overline{BS}$$

$$x_A + x_S + x_B = 1.0 \tag{8-1}$$

② 杠杆规则

如图 8－3 所示，将任意两个混合物 E 和 R 混合，形成新的混合物 M，在三角形相图中表示其组成的点 M 必在 E 和 R 的联线上，且点 M 的位置按以下关系确定：

$$\frac{E}{R}=\frac{\overline{MR}}{\overline{ME}} \quad 或 \quad \frac{E}{M}=\frac{\overline{MR}}{\overline{RE}} \tag{8-2}$$

式中 E、R、M—— 混合液 E、R 及 M 的量，kg 或 kg/s，满足 $E+R=M$；

$\overline{MR}$、$\overline{ME}$、$\overline{RE}$—— 线段$\overline{MR}$、$\overline{ME}$、$\overline{RE}$ 的长度。

这一关系称为杠杆规则。反之，若将混合液 M 分为 E 和 R 两相，则由杠杆规则，点 M、E、R 必在一条直线上，E 和 R 量的关系符合式(8-2)。通常称点 M 为点 E 和 R 的"和点"，点 E(或 R) 为点 M 与 R(或 E) 的"差点"。根据杠杆规则，可以由其中的任意二点求得第三点，这在以后的物料衡算中经常用到。

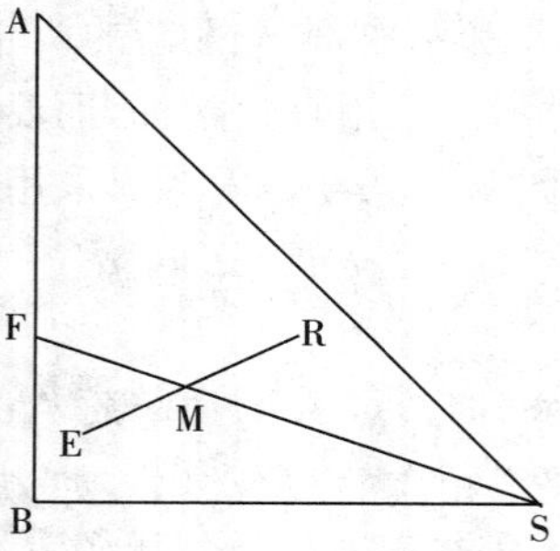

图 8-3 杠杆定律示例

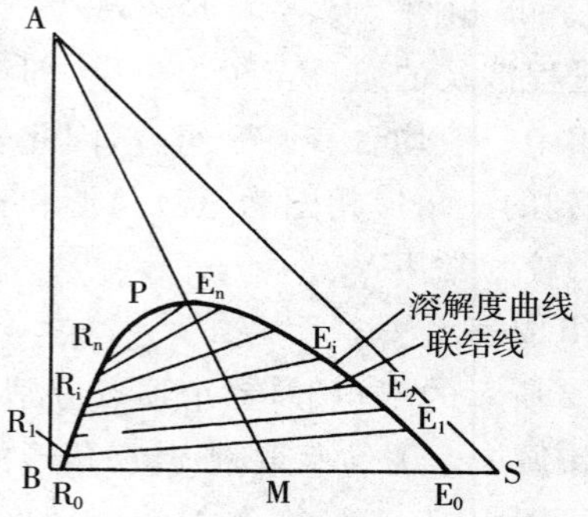

图 8-4 溶解度曲线

若于原料液 F 中加入纯溶剂 S，则表示混合液组成的点 M 位于 FS 线上，点 M 的位置由杠杆规则确定：

$$\frac{S}{F}=\frac{\overline{MF}}{\overline{MS}}$$

若增加溶剂 S 量，点 M 将沿 FS 线朝向顶点 S 移动，至于混合液中 A 与 B 量的比值则不变。

(2) 三角形相图中的相平衡关系

萃取操作常按混合液中的 A、B、S 各组分互溶度的不同而将混合液分成：

(Ⅰ) 溶质 A 可完全溶解于 B 和 S 中，但 B 和 S 不互溶；

(Ⅱ) 溶质 A 可完全溶解于 B 和 S 中，但 B 和 S 部分互溶；

(Ⅲ) 溶质 A 可完全溶解于 B 中，但 B 与 S、A 与 S 为两对部分互溶；

第(Ⅰ) 种类型的物系是较理想的，其平衡关系与气体吸收的相类似，但萃取剂不易获得；第(Ⅲ) 种类型因操作困难，实际应用意义不大。以下主要讨论第(Ⅱ) 种情况的液液相平衡。

① 溶解度曲线及联结线

设溶质 A 可完全溶解于 B 和 S 中，但 B 和 S 部分互溶，其平衡相图如图 8-4 所示。此图是在一定温度下通过实验测定的，图中曲线 $R_0R_1R_2R_iR_nKE_nE_iE_2E_1E_0$ 为溶解度曲线，该曲线将三角形相图分为两个区域：曲线以内的区域为两相区，以外的区域为均相区。位于两相区内的混合物分成互相平衡的液相 E 和 R，称为共轭相，联结 E 和 R 的直线称为联结线，如图中的 R_iE_i。溶解度曲线随温度不同而变化，一般温度升高，两相区相应缩小。

溶解度曲线的测定方法如下：将一定量的稀释剂 B 和溶剂 S 混合，使其总组成位于两相区，如图 8-4 中的 M 点，将其充分混合后分为两个互不相溶的液层，其组成点为 R_0 和 E_0。在恒温下，向此混合物中加入适量的溶质 A，所形成的混合物将沿 MA 线移动，如 M_1 点，将 M_1 充分混合，得到新的平衡相 R_1 和 E_1；重复上述操作，可以得到 $n+1$ 对共轭相的组成点 R_i、E_i($i=0,1,2\cdots n$)。当加入 A 的量使混合液恰好变为均相时，其组成用 P 表示。称此点 P 为临界混熔点或分层点。联结各共轭相的组成点及 P 点的曲线即为实验温度下该三元物系的溶解度曲线。

通常同一物系联结线的倾斜方向一致，少数物系在不同温度范围内的平衡联结线的倾斜方向不同，如图 8-5 所示的吡啶-氯苯-水系统。

② 辅助曲线和临界混溶点

由实验测定的联结线是有限的，为求出此物系的任一对平衡数据，可利用辅助曲线，其作法如图 8-6 所示。通过已知点 R_1、$R_2\cdots$ 分别作边 BS 的平行线，再通过相应联结线的另一端点 E_1、$E_2\cdots$ 分别作边 AB 的平行线，各平行线分别交于 F，G… 点，联结这些交点所得平滑曲线即为辅助曲线。利用辅助曲线可以求任一已知平衡液相的共轭相。如图 8-6，设 R 为已知的平衡液相，自点 R 作 BS 边的平行线交辅助线于点 J，自点 J 作 AB 边的平行线，交溶解度曲线于点 E，则点 E 即为 R 的共轭相组成点。

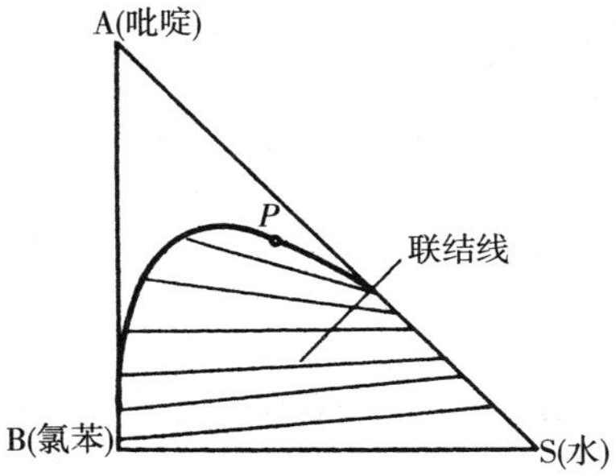

图 8-5　吡啶-氯苯-水系统的平衡联结线

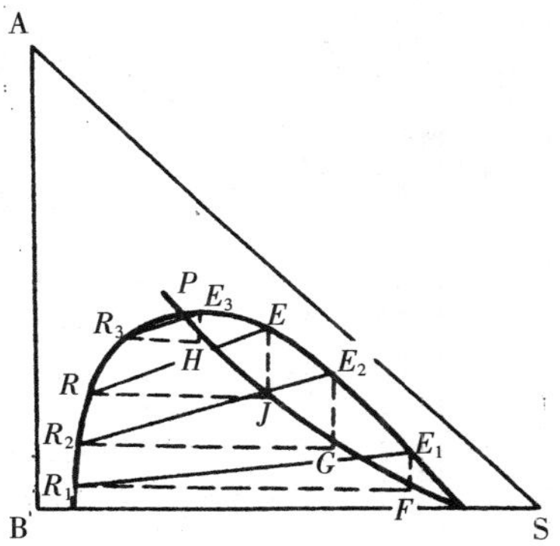

图 8-6　辅助曲线的作法及应用

辅助曲线终止于溶解度曲线上的 P 点，显然通过 P 点的联结线无限短，即 E 相和 R 相合为一个相。P 点称为临界混溶点或褶点，临界混溶点 P 一般不为溶解度曲线的最高点，其准确位置的实验确定也较困难。

③ 分配系数和分配曲线

组分 A 在互成平衡的两相中的组成关系除可用溶解度曲线表示外，还可用分配系数表示：

$$k_A = \frac{\text{A 在萃取相中的质量浓度}}{\text{A 在萃余相中的质量浓度}} = \frac{y_A}{x_A} \tag{8-3}$$

同样，对稀释剂 B 有

$$k_B = \frac{\text{B 在萃取相中的质量浓度}}{\text{B 在萃余相中的质量浓度}} = \frac{y_B}{x_B} \tag{8-3a}$$

分配系数一般不是常数，其值随组成和温度而变。显然，k_A 值愈大，表示萃取分离效果愈好。当 $k_A=1$，$y_A=x_A$，联结线的斜率为零；$k_A>1$，$y_A>x_A$，联结线的斜率大于零。

类似于气(汽)液相平衡，可将组分 A 在液液相平衡的组成 y_A、x_A 之间的关系在直角坐标中表示，该曲线称为分配曲线，如图 8-7 所示。图中 P 点为临界混溶点，此时两相组成相同。

(3) 萃取剂的选择

选择适宜的萃取剂是保证萃取操作能够正常进行且经济合理的关键，在选择萃取剂时既要考虑到萃取分离效果，又要使萃取剂的回收较为容易和经济。萃取剂的选择主要考虑以下几方面。

① 萃取剂的选择性及选择性系数

若所选择的萃取剂能使萃取液和萃余液中的溶质 A 含量差别越大，则萃取效果越好。溶质 A 在两液体中含量的差别可用选择性系数 β 表示：

$$\beta=\frac{y_A/y_B}{x_A/x_B}=\frac{y_A/x_A}{y_B/x_B}=\frac{k_A}{k_B} \tag{8-4}$$

式中 y、x —— 萃取相、萃余相中组分 A(或 B) 的质量分数。

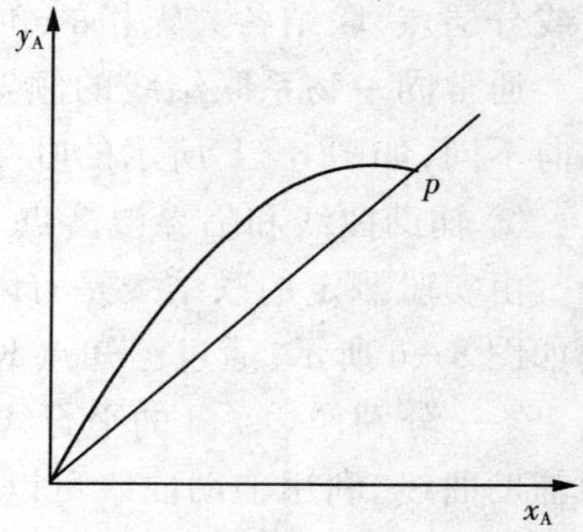

图 8-7 分配曲线

选择性系数 β 的意义相当于精馏中的相对挥发度 α。若 $\beta=1$，则 $\frac{y_A}{y_B}=\frac{x_A}{x_B}$，即萃取相和萃余相脱除溶剂后将具有相同的组成，即此萃取剂对 A、B 组分无分离效果。在萃取分离时，应选择合适的萃取剂使 $\beta>1$。

例 8-1 丙酮和醋酸乙酯的混合液具有恒沸点，不能直接用蒸馏得到较完全的分离，可以选择水为萃取剂先进行萃取。此物系在 30 ℃ 下的相平衡数据如表 8-1 所示。求序号 7 的分配系数和选择性系数。

解 序号 7 的分配系数为

$$k_A=\frac{17.5}{22.4}=0.781 \qquad k_B=\frac{10.2}{70.0}=0.146$$

相应的选择性系数为 $$\beta=\frac{0.781}{0.146}=5.35$$

可以看出，选择水为萃取剂虽然对溶质A的分配系数较小，但选择性系数较大，且价廉易得，因此是适宜的。

表 8-1 丙酮(A)-醋酸乙酯(B)-水(S) 在 30 ℃ 下的相平衡数据(质量百分率)

序号	醋酸乙酯相			水相			分配系数 k_A(计算结果)
	x_A/%	x_B/%	x_S/%	y_A/%	y_B/%	y_S/%	
1	0	96.5	3.5	0	7.4	92.6	—
2	4.8	91.0	4.2	3.2	8.3	88.5	0.667
3	9.4	85.6	5.0	6.0	8.0	86.0	0.638
4	13.5	80.5	6.0	9.5	8.3	82.2	0.704
5	16.6	77.2	6.2	12.8	9.2	78.0	0.771
6	20.0	73.0	7.0	14.8	9.8	75.4	0.740
7	22.4	70.0	7.6	17.5	10.2	72.3	0.781
8	26.0	65.0	9.0	19.8	12.2	68.0	0.762
9	27.8	62.0	10.2	21.2	11.8	67.0	0.762
10	32.6	54.0	13.4	26.4	15.0	58.6	0.810

② 萃取相与萃余相的分离

为使萃取后形成的萃取相与萃余相易于分层，要求萃取剂与稀释剂之间有较大的密度差；另外萃取剂与原溶剂和溶质之间的界面张力也有重要的影响：若界面张力过小，则分散后的液滴不易合并、凝聚，对分层不利；界面张力过大，液体又不易分散成细小的液滴，对两相间的传质不利，故要求它们之间的界面张力适中。

③ 萃取剂的回收

萃取后的萃取相与萃余相经分层后常用蒸馏方法进行分离，以使萃取剂循环使用。因此，要求萃取剂S对其他组分的相对挥发度大，且不形成恒沸物。若被萃取的溶质不挥发或挥发度很低时，则要求溶剂的汽化热要小，以节省能耗。

除此之外，萃取剂还应满足一般的工业要求，如稳定性好、腐蚀性小、无毒及价廉易得等。

8.1.3　萃取过程的计算

液液萃取操作按两相的接触方式分为分级接触式和连续接触式两大类。本节重点介绍分级式萃取过程的计算，对连续接触萃取过程的计算仅作简要介绍。在分级接触式萃取过程计算中，假设每一级为理论级，即离开每一级萃取器的萃取相与萃余相互成平衡。萃取操作的理论级类似于蒸馏中的理论板，是设备操作效率的比较基准。实际需要的级数等于理论级数除以级效率。级效率目前尚无准确的理论计算方法，一般通过实验确定。

(1) 单级萃取

单级萃取的流程如图8-1所示，可以间歇操作，也可以连续操作。一般的已知条件为：操作条件下的相平衡数据，所需处理的原料液量 F 及组成 x_F，溶剂的组成 y_S 和萃余相的组成 x_R。要求计算所需的溶剂量、萃取相及萃余相的量和萃取相的组成。

① 原溶剂B与萃取剂S部分互溶的物系

此类物系的平衡关系一般难以用简单的函数关系式表达，故其萃取过程很难用解析法或数值法进行。目前主要采用图解的方法，如图8-8计算步骤如下：

(Ⅰ) 根据已知的平衡数据在直角三角形相图中作出溶解度曲线及辅助曲线。

(Ⅱ) 由已知原料液组成 x_F 在边AB上定点F，根据萃取剂的组成确定点S(若为纯溶剂，则为顶点S)，连接点S和F。则原料液和萃取剂混合后的组成点M在直线SF上。

(Ⅲ) 由已知的萃余相组成 x_R 确定点R，利用辅助曲线作联结线，在溶解度曲线上得到表示萃取相组成的点E，联结ER，显然ER线与FS线的交点即为混合液的组成点M。

(Ⅳ) 利用杠杆规则确定各流股的量，即

$$\left.\begin{aligned} S &= F\times\frac{\overline{MF}}{\overline{MS}} \\ M &= F+S = R+E \\ E &= M\times\frac{\overline{MR}}{\overline{RE}} \end{aligned}\right\} \tag{8-5}$$

(Ⅴ) 连点S、E和点S、R并分别延长交边AB于点E′和R′，则点E′和R′分别表示萃取液和萃余液的组成。E' 和 R' 的量也可据杠杆定律确定

$$E' = F\times\frac{\overline{R'F}}{\overline{E'R'}} \qquad R' = F - E' \tag{8-6}$$

显然，上述单级萃取的分离效果，取决于图8-8中点E′和R′的位置。萃取液能达到的最高浓度对应为线SE′与溶解度曲线相切时的情形，图8-8中标出了最高萃取液组成的萃取液点 E'_m。

② 原溶剂B与萃取剂S完全不互溶时的物系

当S和B完全不互溶时，则溶剂S全部进入萃取相，稀释剂B全部保留在萃余相中，此时仅有溶质A的相际传质。溶质A在两相间的平衡关系可以用与吸收中的气液平衡类似的方法表

示，即

$$Y = f(X)$$

式中 X—— 萃余相中 A 的组成，质量比，kg(A)/kg(B)；

Y—— 萃取相中 A 的组成，质量比，kg(A)/kg(S)。

溶质 A 在萃取前后的物料衡算式为：

$$BX_F + SY_S = BX + SY$$

或

$$Y = Y_S - \frac{B}{S}(X - X_F) \tag{8-7}$$

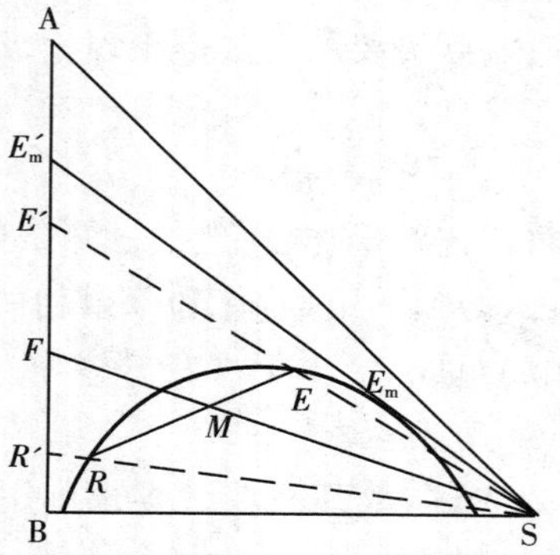

图 8-8 单级萃取过程的图解计算

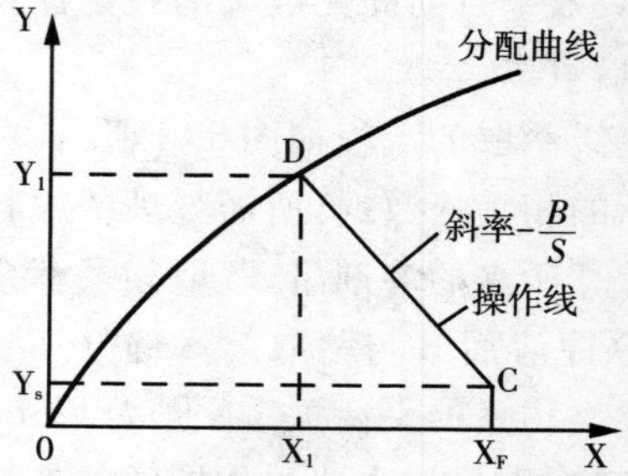

图 8-9 B和S完全不互溶时的图解计算

式中 S、B—— 萃取剂用量、料液中稀释剂量，kg 或 kg/s；

X_F—— 原料液中 A 的组成，质量比，kg(A)/kg(B)；

Y_S—— 萃取剂中 A 的组成，质量比，kg(A)/kg(S)。

上式在 X、Y 坐标系中为一直线，称操作线。图解计算方法如图 8-9 所示，操作线通过点 $C(X_F, Y_S)$，斜率为 $-\frac{B}{S}$，操作线和平衡线的交点 $D(X,Y)$ 表示经过一个理论萃取级后萃余相和萃取相中溶质 A 的浓度。

(2) 多级错流萃取

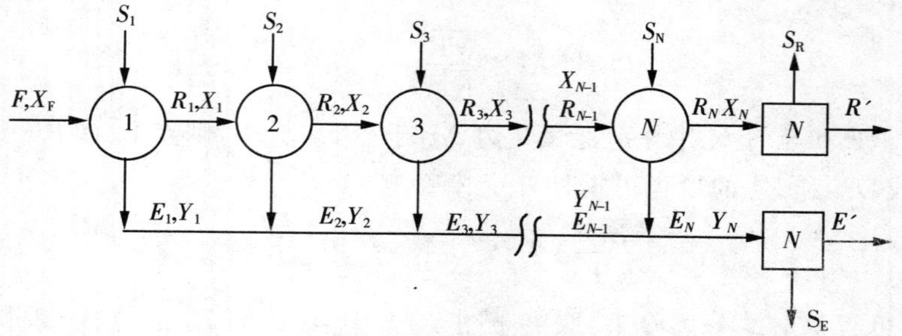

图 8-10 多级错流萃取流程

除了选择性系数很高的物系之外，一般经过单级萃取后，往往在萃余相中还含有较多的溶质 A。为了进一步降低萃余相中溶质 A 的含量，可采用如图 8-10 的方法进行多级错流萃取。将在第 1 级进行萃取后的萃余相 R_1，继续在第 2 级用新鲜溶剂萃取，依次直到第 N 级的萃余相 R_N 的浓度符合要求为止。

通常在工业生产中各级萃取器的尺寸相同，各级溶剂用量可以相等也可以不相等。但可以证明，当各级溶剂用量相等时，达到一定的分离程度所需的总溶剂用量最小，故在多级错流萃取中，各级加入的溶剂用量均相等。

① 原溶剂 B 和萃取剂 S 部分互溶的物系

其图解步骤如图 8－11 所示。

（Ⅰ）按原料液及萃取剂的量和组成，确定第 1 级混合液的量和组成，得点 M_1；

（Ⅱ）利用辅助曲线作过点 M_1 的联结线，得经第 1 级萃取后的萃取相 E_1 和萃余相 R_1；

（Ⅲ）按第 2 级进料 R_1 及萃取剂的量和组成确定第 2 级混合液的量和组成，得点 M_2；

（Ⅳ）重复（Ⅱ）和（Ⅲ）的方法，直至第 N 级萃余相 R_N 的浓度符合要求为止，所作的联结线数目即为所需的理论级数。

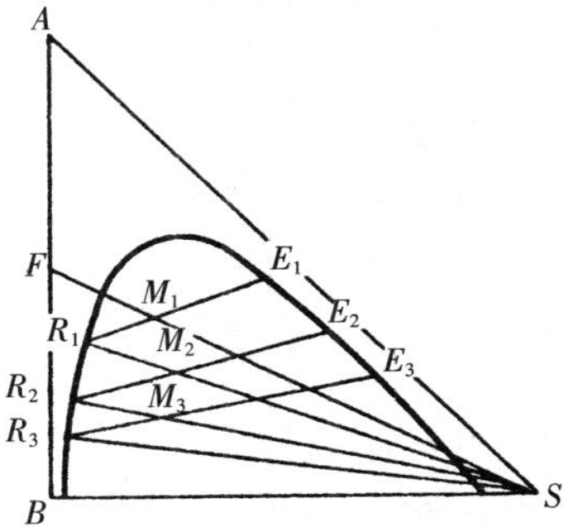

图 8－11　三级错流萃取的图解计算

例 8－2　以水为溶剂，对含丙酮 30 %（质量分率）的丙酮-醋酸乙酯溶液进行萃取。原料液量为 100 kg，操作温度为 30 ℃，物系的平衡数据见例 8－1。试求：

(1) 用 100 kg 的纯水作单级萃取，所得萃取相和萃余相的量和组成；

(2) 每次用 50 kg 的纯水作两级错流萃取，最终萃余相的量和组成；

(3) 比较两种操作所得的萃余相中丙酮的残余量与原料中的量之比（萃余百分数）。

解　(1) 单级萃取：利用例 8-1 的相平衡数据作直角三角形相图，如附图(a)所示，由 $x_F = 30\ \%$，在边 AB 上得点 F；连接点 F 和 S，由杠杆规则

$$\frac{S}{F} = \frac{\overline{MF}}{\overline{MS}} = 1.0\ \text{kg 水 /kg 料液}$$

在线段 $\overline{FS}$ 上得点 M，混合液量 $M = 100 + 1.0 \times 100 = 200$ kg。过点 M 作联结线得点 E 和 R，读得：E 相组成 $y_A = 0.13$，R 相组成 $x_A = 0.175$。E 相和 R 相的量由杠杆规则得：

$$R = M \times \frac{\overline{ME}}{\overline{RE}} = 200 \times \frac{11.0}{17.5} = 125.7\ \text{kg}$$

$$E = M - R = 200 - 125.7 = 74.3\ \text{kg}$$

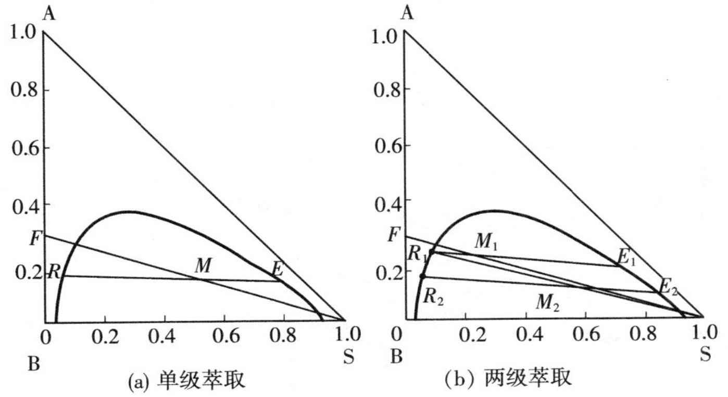

例 8－2　附图

(2) 两级萃取：由 $x_F = 30\ \%$，在边 AB 上得点 F，联结 F 和 S，由杠杆规则

$$\frac{S_1}{F}=\frac{\overline{M_1F}}{\overline{M_1S}}=0.5\ \text{kg 水 /kg 料液}$$

在线段$\overline{FS}$上得点M_1，混合液量$M_1=100+50=150$ kg。过点M_1作联结线得点E_1和R_1，读得萃余相组成$x_{1A}=0.24$，萃取相组成$y_{1A}=0.17$。第一级萃余相的量为

$$R_1=M_1\times\frac{\overline{M_1E_1}}{\overline{R_1E_1}}=150\times\frac{17.5}{24.0}=109.4\ \text{kg}$$

同理进入第二级混合物的总量$M_2=109.4+50=159.4$ kg，由杠杆规则确定和点M_2的位置

$$\overline{SM_2}=\frac{R_1}{M_2}\times\overline{R_1S}=\frac{109.4}{159.4}\times 43=29.5$$

过点M_2作联结线得点E_2和R_2，读得萃余相组成$x_{2A}=0.155$，萃取相组成$y_{2A}=0.11$。第二级萃余相的量为

$$R_2=M_2\times\frac{\overline{M_2E_2}}{\overline{R_2E_2}}=159.4\times\frac{10.5}{39.5}=42.4\ \text{kg}$$

(3) 萃余百分数

单级　$$\varphi_1=\frac{Rx_A}{Fx_F}\times 100\%=\frac{125.7\times 0.175}{100\times 0.30}\times 100\%=73.3\%$$

两级　$$\varphi_2=\frac{R_2x_{2A}}{Fx_F}\times 100\%=\frac{42.4\times 0.155}{100\times 0.30}\times 100\%=21\%$$

② 原溶剂 B 和萃取剂 S 完全不互溶时的物系

此时对各级分别作物料衡算有

$$\begin{cases} Y_1-Y_S=-\dfrac{B}{S}(X_1-X_F)\\ Y_2-Y_S=-\dfrac{B}{S}(X_2-X_1)\\ \cdots\\ Y_N-Y_S=-\dfrac{B}{S}(X_N-X_{N-1})\end{cases}\tag{8-8}$$

上式即为各级的操作线。在$X-Y$直角坐标图上图解理论级步骤如下：

（Ⅰ）作出分配曲线OE，如图 8-12。

（Ⅱ）通过点$L(X_F,Y_S)$作斜率为$-\dfrac{B}{S}$的直线，该直线即为第 1 级的操作线，它与分配曲线交于点E_1，E_1点坐标Y_1、X_1即为离开第 1 级的萃取相和萃余相组成。

（Ⅲ）过点E_1作垂线交$Y=Y_S$于$V(X_1,Y_S)$点，通过V作斜率为$-\dfrac{B}{S}$的第 2 级操作线，它与分配曲线交于点E_2，E_2点坐标Y_2、X_2即为离开第 2 级的萃取相和萃余相组成。

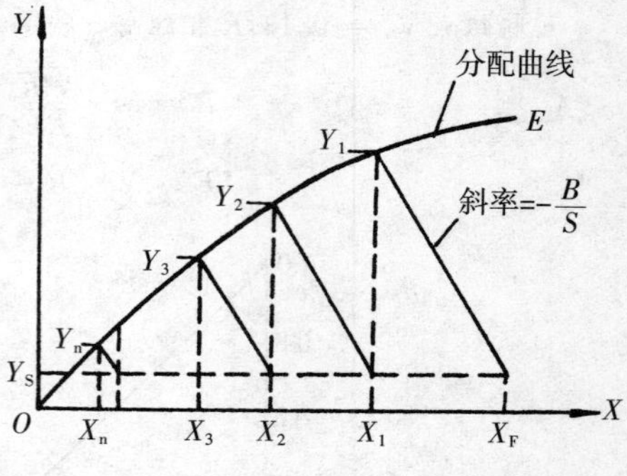

图 8-12　多级错流萃取 $X-Y$ 坐标图解法

（Ⅳ）依此类推，直至萃余相组成低于或等于指定值X_R为止。

如在操作范围内相平衡关系可以用简单的比例关系表示（如在低浓度萃取时）

$$Y=mX\tag{8-9}$$

式中　m—— 以质量比表示相组成时的分配系数（相平衡常数），此时就不必作图，可用简单的解析法进行。

第 1 级的相平衡关系为

$$Y_1 = mX_1$$

将上式代入第 1 级的物料衡算式，可得

$$X_1 = \frac{X_F + \frac{S}{B}Y_S}{1 + \frac{mS}{B}} = \frac{X_F + \frac{S}{B}Y_S}{1 + A} \tag{8-10}$$

式中 $A = mS/B$ 称为萃取因数，相当于吸收中的脱吸因数。

同理，对第 2 级 $$X_2 = \frac{X_F + \frac{S}{B}Y_S}{(1+A)^2} + \frac{\frac{S}{B}Y_S}{1+A} \tag{8-10a}$$

依此一直到第 N 级 $$X_N = \left(X_F - \frac{Y_S}{m}\right)\left(\frac{1}{1+A}\right)^N + \frac{Y_S}{m} \tag{8-10b}$$

达到 X_N 所需的理论级数为 $$N = \frac{\ln\left[\frac{X_F - (Y_S/m)}{X_N - (Y_S/m)}\right]}{\ln(1+A)} \tag{8-11}$$

(3) 多级逆流萃取

上述多级错流萃取虽然使萃余相中的溶质含量达到规定要求，但级数多时萃取剂的消耗量大，而萃取相中溶质浓度又较低。为克服此缺点，可以采用多级逆流萃取的方法，其流程如图 8-13 所示。

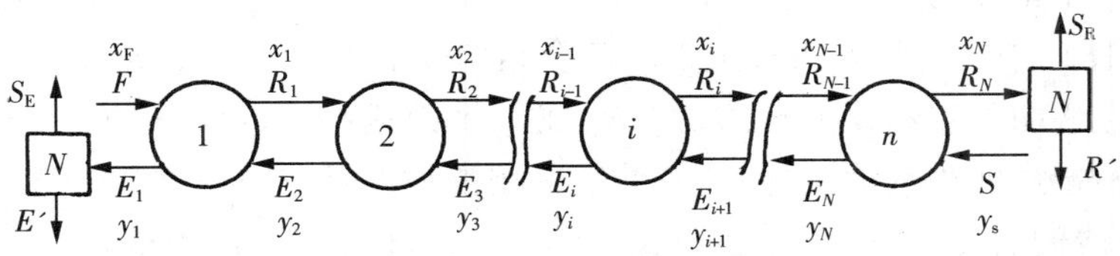

图 8-13 多级逆流萃取流程

① 原溶剂 B 和萃取剂 S 部分互溶的物系

计算多级逆流萃取所需的理论级数的依据仍然是物料衡算和相平衡关系。一般原料液流量 F 和浓度 x_F 以及萃余液的最终浓度 x_N' 是定值，萃取剂用量由经济核算的原则选定。所需的理论级数可按图 8-14 所示的图解步骤进行。

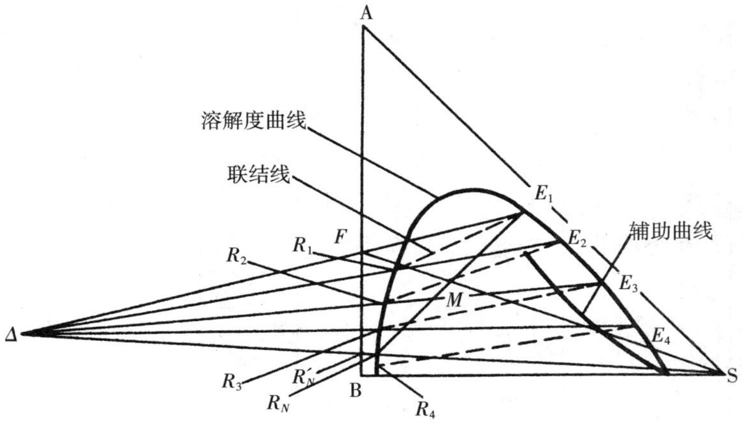

图 8-14 多级逆流萃取图解计算

（Ⅰ）由 x_F、x_N' 的值在图中分别定出点 F、R_N'，连点 S(设萃取剂为纯 S) 和 R_N'，交溶解度曲线左侧于点 R_N，此点代表最终萃余相组成。

（Ⅱ）作总物料衡算

$$F + S = E_1 + R_N = M$$

连接点 F 和 S，根据杠杆规则得代表混合液量及组成的点 M；连接点 R_N 和 M 并延长交溶解度曲线于点 E_1，E_1 和 R_N 的量也可按杠杆规则确定。

（Ⅲ）对第 1 级、第 2 级、… 第 N 级分别作物料衡算有

$$\begin{cases} F - E_1 = R_1 - E_2 \\ R_1 - E_2 = R_2 - E_3 \\ \cdots \\ R_{N-1} - E_N = R_N - S \end{cases} \tag{8-12}$$

整理得

$$F - E_1 = R_1 - E_2 = \cdots = R_i - E_{i+1} = \cdots = R_N - S = \Delta \tag{8-13}$$

上式表明离开每一级的萃余相流量 R_i 与进入的萃取相流量 E_{i+1} 之差为一常数 Δ，由杠杆规则知点 Δ 为 F 与 E_1，R_1 与 E_2，…，R_N 与 S 的差点。点 Δ 的求法：分别连接点 E_1、F 和点 S、R_N 并延长之，所得交点即为点 Δ，它位于三角形相图外，称之为操作点。

（Ⅳ）过点 E_1 作联结线得表示第 1 级萃余相组成的点 R_1。

（Ⅴ）连接点 Δ 和 R_1 并延长交溶解度曲线于点 E_2（习惯上称过点 Δ 的直线为操作线）。

（Ⅵ）重复（Ⅳ）和（Ⅴ）的方法直至表示萃余相组成的点小于规定值 R_N。

显而易见，点 Δ 的位置与物流 F、S、E_1、R_N 的量及组成有关，可在三角形相图的左侧，也可在三角形相图的右侧。如当其他条件不变，萃取剂用量增加时，F 与 S 的和点 M 向点 S 靠近，E_1 点沿着溶解度曲线的右支下移，则点 Δ 位置左移；反之，随着萃取剂用量减少，点 Δ 位置右移。操作线与联结线的斜率愈接近，所需理论级数增多。当在某一个萃取剂用量时，操作线与联结线（平衡线）正好重合为一条线，此时所需理论级数为无限多，称相应的用量为最小萃取剂用量。

② 原溶剂 B 和萃取剂 S 完全不互溶的物系

此时各级萃取相中的萃取剂量 S 和萃余相中的稀释剂量 B 保持不变，由第 1 级至第 i 级的物料衡算式为

$$B(X_F - X_i) = S(Y_1 - Y_{i+1})$$

$$Y_{i+1} = \frac{B}{S}(X_i - X_F) + Y_1 \tag{8-14}$$

式中　X_i、Y_{i+1}—— 第 i 级萃余相、$i+1$ 级萃取相的溶质浓度，质量比。

上式即为操作线方程，由于 B/S 对每一级为常数，故操作线为直线。此方程通过点（X_F，Y_1）和点（X_N，Y_S）。在分配曲线（平衡线）和操作线之间作若干梯级，便可求得所需的理论级数（见例 8-3）。

若操作条件下，平衡线为通过原点的直线符合式(8-9)，可仿照吸收中理论塔板数的计算方法，求得理论级数为

$$N = \frac{1}{\ln A}\ln\left[\left(1 - \frac{1}{A}\right)\frac{X_F - Y_S/m}{X_N - Y_S/m} + \frac{1}{A}\right] \tag{8-15}$$

例 8-3　在 20 ℃ 下，以煤油为溶剂，萃取含菸碱 1 %（质量分率，下同）的烟叶水浸取液。原料液的流量为 500 kg/h，采用多级逆流萃取流程，溶剂流量为 800 kg/h。要求最终浸取液中菸碱的浓度不超过 0.1 %，求所需的理论级数。已知水和煤油基本上不互溶，菸碱在煤油和水中的平衡关系（以质量比浓度表示）为 $Y = 0.9X$。

解　(1) 作图法：将溶质浓度转化为质量比浓度

$$X_F = \frac{x_F}{1 - x_F} = \frac{0.01}{1 - 0.01} = 0.0101 \qquad X_N = \frac{x_N}{1 - x_N} = \frac{0.001}{1 - 0.001} = 0.001001$$

由总物料衡算式：$B(X_F - X_N) = S(Y_1 - Y_S)$，$Y_S = 0$（纯煤油）

$$Y_1 = \frac{B}{S}(X_F - X_N) = \frac{500 \times (1 - 0.01)}{800} \times (0.0101 - 0.001001) = 0.005632$$

操作线过点 Q(0.001001,0)、P (0.0101,0.005632)，从 P 点开始在平衡线与操作线之间作直角梯级，如图 8-16 所示，共需 3.8 理论级。

当逆流萃取的萃取剂用量减小时，点 Q 的位置不变，点 P 位置中的横坐标值 X_F 也不变，但纵坐标值 Y_1 变大，到达平衡线上的点 E(0.0101,0.00909) 时，所需理论级为无穷多，此时的萃取剂用量为最小，为

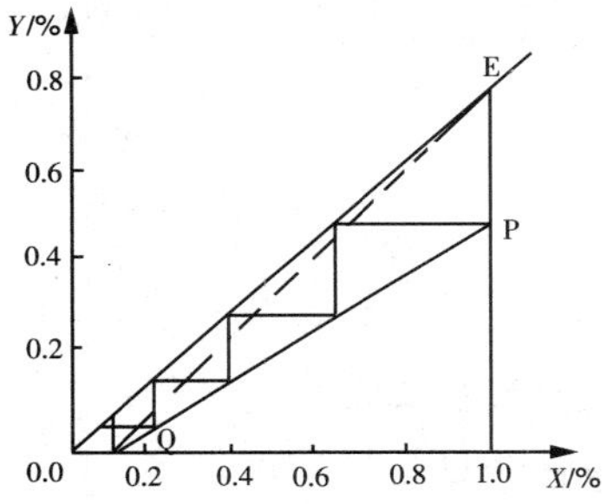

例 8-3　附图

$$\frac{B}{S_{\min}} = \frac{Y^* - 0}{X_F - X_N} = \frac{0.00909}{0.0101 - 0.001001} = 1.0$$

$$S_{\min} = \frac{495}{1.0} = 495\ \text{kg/h}$$

实际用量为最小用量的 800/495 = 1.62 倍。

(2) 由于平衡关系符合线性关系，可用解析法求理论级数。

$$A = \frac{mS}{B} = \frac{0.9 \times 800}{500 \times (1 - 0.01)} = 1.293$$

$$N = \frac{1}{\ln A}\ln\left[\left(1 - \frac{1}{A}\right)\frac{X_F - Y_S/m}{X_N - Y_S/m} + \frac{1}{A}\right]$$

$$= \frac{1}{\ln 1.293}\ln\left[\left(1 - \frac{1}{1.293}\right)\frac{0.0101}{0.001001} + \frac{1}{1.293}\right] = 4.3\ \text{级}$$

(4) 连续接触逆流萃取

连续接触逆流萃取通常在塔设备内（如喷洒塔、筛板塔、填料塔等）中进行，其流程如图 8-15 所示，重液（如原料液）从塔顶进入，自上向下流动，轻液（如溶剂）自塔底进入，从下向上流动，两相呈连续逆流接触，两相中的溶质浓度沿塔高连续变化。连续接触式萃取塔的计算主要是对给定的任务确定塔高和塔径，塔径的大小主要取决于两液相的流量及其适宜的操作速度，而塔高的计算有以下两种计算方法。

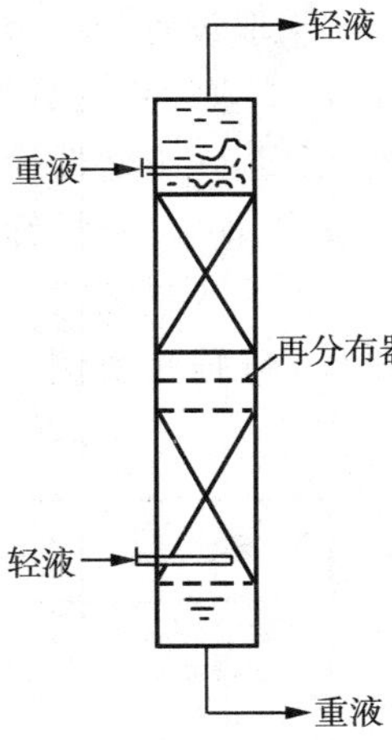

图 8-15　填料萃取塔

① 等级高度法

这一方法类似于精馏中的等板高度法。用上面介绍的方法求得多级逆流萃取的理论级后，其有效高度 h 计算式为

$$h = N \cdot h_e \tag{8-16}$$

式中　N —— 萃取理论级数；

　　　h_e —— 一个理论级的当量高度（$HETS$），m。

h_e 随系统的物性、操作条件和填料塔的结构形式而变，一般需通过实验确定，也可参考有关文献和手册的经验数据或计算式。

② 传质方程法

这一方法类似于吸收中填料层高度的计算方法。以萃取相的溶质总浓度差为推动力的传

质方程为：

$$N_A = K_y(y^* - y) \tag{8-17}$$

式中 N_A —— 溶质A由萃余相向萃取相传递的速率，kg(A)/[m^2(相界面面积)·h]；

y —— 萃取相中的溶质浓度，质量分率；

y^* —— 与萃余相平衡的萃取相溶质浓度，质量分率；

K_y —— 以萃取相溶质浓度差 Δy 为推动力的总传质系数，kg/(m^2·h)。

对塔微分高度 dh 内的传质，有

$$N_A a\Omega \mathrm{d}h = \mathrm{d}(Ey) \tag{8-18}$$

式中 a —— 单位塔体积中的传质面积，m^2/m^3；

Ω—— 塔的截面积，m^2；

E —— 萃取相流量，kg/h。

当溶质浓度较低时，且两溶剂互不相溶时，E 可作为常数，将式(8-17)代入式(8-18)，积分得

$$h = \frac{E}{K_y a\Omega}\int_{y_2}^{y_1}\frac{\mathrm{d}y}{y^* - y} = H_{OE}N_{OE} \tag{8-19}$$

式中 y_1、y_2 —— 萃取相在出塔、入塔时的溶质浓度，质量分率；

N_{OE} —— 萃取相为稀溶液时的总传质单元数，可用图解积分或数值积分法求得；

H_{OE} —— 萃取相为稀溶液时的总传质单元高度，由操作条件和设备形式确定。

同理也可对萃余相列传质方程和物料衡算，得到类似填料高度的计算式。

8.1.4 萃取设备

萃取设备的类型很多，目前工业上使用的萃取设备已超过30种，而且还在不断开发新的设备。萃取设备的分类方法很多，如按萃取设备的构造特点大体上可分为三类：一是单件组合式，以混合-澄清器为典型，两相间的混合依靠机械搅拌居多，操作方式既可间歇也可连续；二是塔式，如填料塔、筛板塔和转盘塔等，两相间的混合依靠密度差或加入机械能量造成的振荡，操作方式为连续式；三是离心式，依靠离心力造成两相间分散接触。表8-2列出了常见萃取设备的工业应用实例。

表8-2 萃取设备的工业应用实例

萃取设备	生产能力 /m^3/(m^2·h)	理论级数或级效率 或理论级当量高度	典型应用
混合-澄清器	可变	75%～95%	润滑油工艺，核燃料加工
喷淋塔	15～75	h_e = 3～6 m	用氨水从NaOH中萃取NaCl
填料塔	6～45	h_e = 1.5～6 m	回收苯酚
筛板塔	3～6	对 H_T = 100～300 mm时为30%	糠醛处理润滑油工艺
转盘塔	3～60		废水中脱酚
离心萃取器	4～95	3.4～12.5级	废水中脱酚

(1) 混合澄清器

混合澄清器是一种单件组合式萃取设备，每一级均由一混合器与一澄清器组成，如图8-16所示。原料液与萃取剂进入混合室在搅拌作用下使一相液体分散在另一相中，充分接触

后进入澄清器。在澄清器内，轻、重两相依靠密度差进行重力沉降（或浮升），并在界面张力作用下凝聚分层，形成萃取相和萃余相。

该萃取设备的优点是可根据需要灵活增减级数，既可连续操作也可间歇操作，级效率高，操作稳定，弹性大，结构简单，易于放大；缺点是动力消耗大，占地面积大。

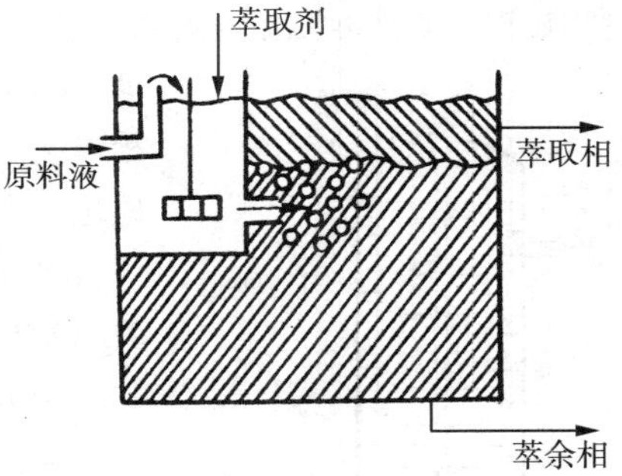

图 8-16 混合澄清器

(2) 塔式萃取设备

① 填料塔

填料萃取塔的结构与精馏和吸收所用的填料塔基本相同，其操作情况已在 8.1.3 中介绍。在操作过程中，分散相通过喷洒器生成细小液滴，填料的作用可减少连续相的纵向返混以及使液滴不断破裂而更新。

常用的填料有拉西环和弧鞍等，材料有陶瓷、塑料和金属等，以易被连续相润湿而不被分散相润湿为宜。

填料塔构造简单，适用于腐蚀性液体，在工业中应用较多。

② 筛板塔

图 8-17 是以轻相为分散相的筛板萃取塔示意图，结构与气液传质设备中的筛板塔相似。轻液从塔的近底部进入，在筛板下方因浮力作用通过筛孔而被分散；液滴在两板之间浮升并凝聚成轻液层，又通过上层筛板的筛孔而被分散，依次直至塔顶聚集成轻液层后引出。作为连续相的重液则在筛板上方流过，与轻液液滴传质后经溢流管流到下一层筛板，最后在塔的底段流出。

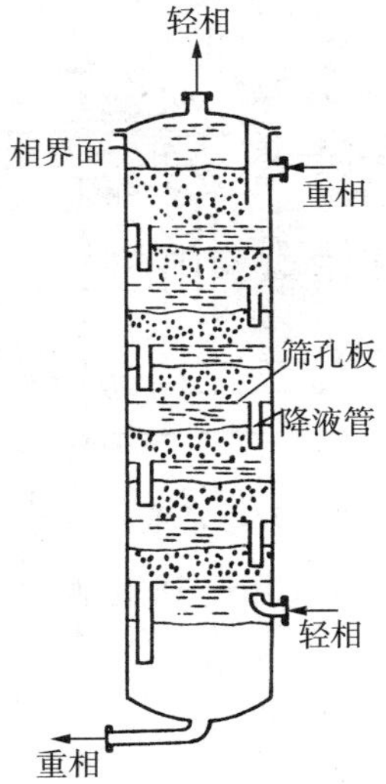

图 8-17 筛板萃取塔（轻相为分散相）

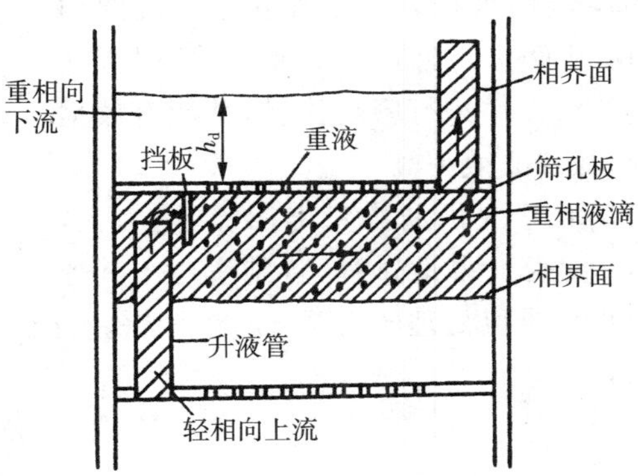

图 8-18 筛板结构示意图（重相为分散相）

若选择重液作分散相，则重相穿过板上的筛孔，分散成液滴落入连续的轻相中进行传质，穿过轻液层的重相液滴逐渐凝聚，并聚集于下层筛板的上侧，轻相则连续地从筛板下侧流过，从升液管进入上层塔板，如图 8-18 所示。

筛孔直径一般为 3 ～ 6 mm，对界面张力较大的物系宜取小值；孔间距为孔径的 3 ～ 4 倍；塔板间距 150 ～ 600 mm。筛板萃取塔结构简单，生产能力大，在工业上的应用广泛。

③ 转盘塔

对于两液相界面张力较大的物系，为改善塔内的传质状况，需要从外界输入机械能量来增大传质面积和传质系数。输入能量的常用方式有转动式和脉冲（或振动）式。转盘塔为其中之一，如图 8-19 所示。沿塔内壁设置一组等间距的固定圆环，在中心轴上对应设置一组水平圆盘。操作时转盘随中心轴转动，所产生的剪切应力一方面使连续相产生旋涡运动，另一方面促使分散相液滴变形、破裂更新，有效地增大传质面积和提高传质系数。

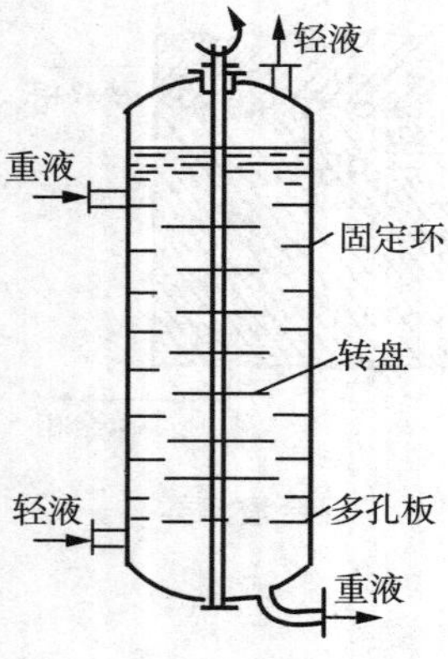

图 8-19 转盘萃取塔

转盘塔的效率与转盘转速、转盘直径及环形隔板间距等有关，设计时通常取：

塔径 / 转盘直径 = 1.5 ～ 2.5

塔径 / 固定环内径 = 1.3 ～ 1.6

塔径 / 盘间距 = 2 ～ 8

转盘塔具有较高的传质效率，运转可靠，也是一种应用相当广泛的萃取设备。

（3）离心式萃取设备

当两液体的密度差很小（可至 10 kg/m^3）或界面张力甚小而易乳化或粘度很大时，仅依靠重力的作用难以使两相间很好地混合或澄清。这时可以利用离心力的作用强化萃取过程，常用的离心萃取机之一为波特别尼亚克（Podbielniak）萃取机，其结构如图 8-20 所示。高速旋转的转子系由开有多孔的长带卷成，转速约 2000 ～ 5000 r/min。操作时，重液由左边的中心管导入转子内层，轻液则由右边的中心管进入转子外层，在离心力场的作用下，重液由内层流向外层，轻液则由外层流向内层，两相通过带上的小孔被分散，两液体在逆流流动中进行密切接触，并能有效地分层，故传质效率高。

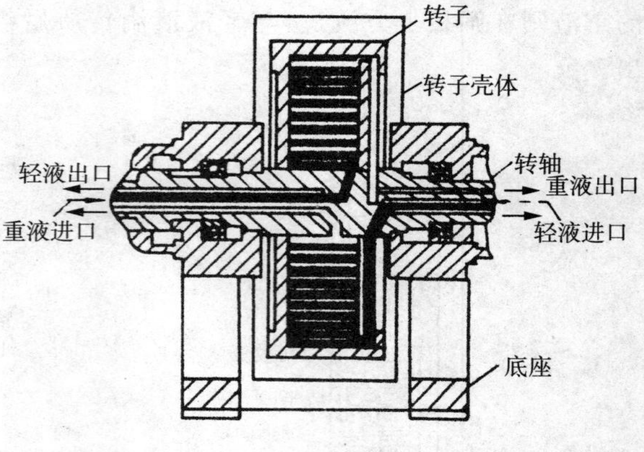

图 8-20 离心萃取机

离心萃取机结构紧凑，处理能力大，能有效地强化萃取过程，特别适用于其他萃取设备难以处理的物系。缺点是结构复杂，造价高，能耗大，使其应用受到限制。

8.2 固液浸取

8.2.1 概 述

利用溶剂使固体物料中的可溶性物质溶解于其中而加以分离的操作称固液浸取。水是最常用的一种溶剂，如泡茶、煎中药和从甜菜中提取糖等。固液浸取已广泛应用于食品、制药、化工等领域，如从植物种子中提取食油、从各种植物中提取中草药制剂以及生产速溶咖啡、食品调味料和食品添加剂等。

通常将固体物料看做是由可溶物(溶质 A) 和不溶物(惰性固体 B) 所组成,用于浸取的液体称为浸取溶剂(简称为溶剂 S)。浸取过程就是将固体中可溶物由固体中转移到液体中,得到含有溶质的浸取液。因此,浸取过程实质上是将溶质由固相传递到液相的传质过程。为了提高浸取速度,常须对物料进行预处理,如大豆浸取前经加热、压片处理,药物提取时将药材切碎等。固体物料经预处理后,一方面增大了固体与溶剂的相接触面积,减小了扩散距离,另一方面将具有半透膜性质的会阻碍组分扩散的细胞膜破坏,从而使浸取速率显著提高。

浸取时选择溶剂应考虑以下原则:

① 对溶质的溶解度大,可以节省溶剂用量;

② 与溶质之间有足够大的沸点差,以便于溶剂的回收利用;

③ 溶质在溶剂中的扩散阻力小,即扩散系数大和粘度小;

④ 价廉易得,无毒,腐蚀性小等。

溶质的溶解度一般随温度上升而增大,同时溶质的扩散系数也增大。因此,提高温度可以加快浸取速度,有时温度可接近溶剂的沸点。但温度过高应注意诸如蛋白质变性等不良现象的产生。

固液浸取一般采用级式浸取装置,可以为单级,也可以为多级。图 8-21 所示为一单级浸取装置。待浸取的物料进入浸取器 1 中,溶剂自贮槽 4 加入其上部,经浸取后的浸取液(溶剂+溶质) 进入蒸馏釜 2,蒸出溶剂后即得产品溶质。蒸出的溶剂经冷凝器 3 冷凝后重复使用,过程进行到浸萃取物料中的溶质含量达到要求为止。

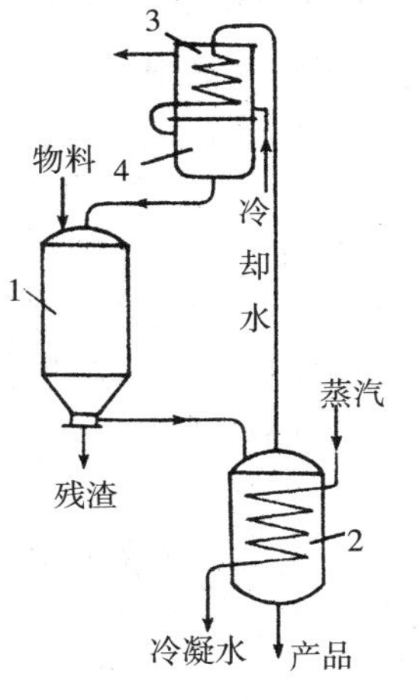

图 8-21 单级浸取装置

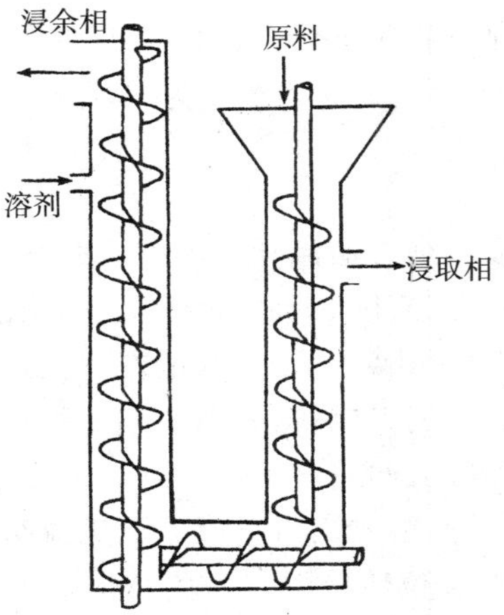

图 8-22 带螺旋输送的三柱浸取装置

图 8-22 为一呈 U 形布置的带螺旋输送的三柱浸取装置。物料依靠螺旋片的旋转推进与溶剂逆流接触,同时,螺旋片对物料也有切碎作用。

8.2.2 浸取基本理论

(1) 浸取体系组成的表示方法

如前所述,浸取体系是由溶质 A、溶剂 S、惰性固体 B 所组成的三元物系。仿照液液萃取,可用直角三角形相图表示其组成,如图 8-23 所示。三角形的三个顶点表示三个纯组分,AS 边上的一点代表溶质和溶剂构成的溶液,三角形内的一点 M 表示三元物系。将 M 点和 B 点相连并延长与 AS 相交于 E 点，此点代表了三元物系中溶液的组成。换言之，三元物系 M 可看成是由某溶液和一定量的惰性固体混合而成。

(2) 浸取平衡关系的表达

浸取操作是在浸取器(或称萃取器)内进行的。固体物料与溶剂接触一定时间后，由顶部排出的澄清液称为溢流(或称萃取相)，由底部排出的残渣称为底流(或称萃余相)。底流中除含惰性固体外，尚有固体内部的液体和外部的液体。如果在浸取器中溶质与溶剂充分接触，则底流液体中的溶质浓度等于溢流中的溶质浓度，此浸取器称为一个理论级。

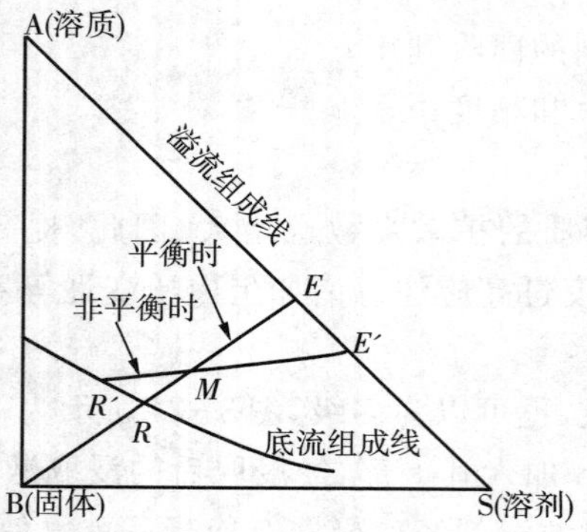

图 8-23 浸取体系相图

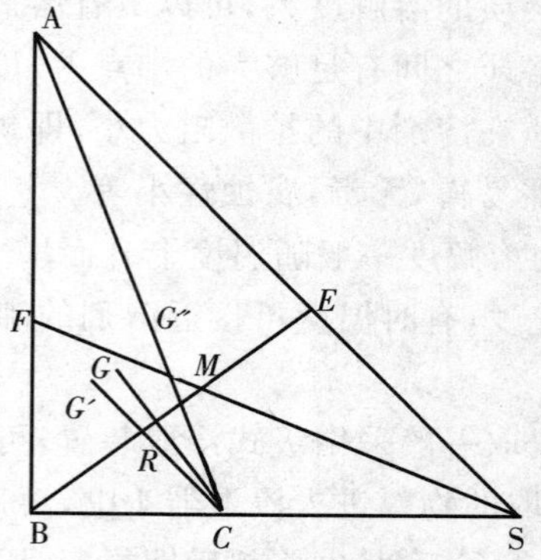

图 8-24 浸取平衡图

在三角形相图上，如果溢流中不含惰性固体，则其组成点位于 AS 边上，如图中的 E 点。底流则可看做是一定量的惰性固体和一部分夹带的、其组成与溢流相同的溶液混合而成，故其组成位于 BE 联线上。设其状态点为 R，则由杠杆规则知点 R 的位置必满足如下的关系：

$$\frac{\overline{BR}}{\overline{RE}}=\frac{\text{惰性固体的持液量}}{\text{惰性固体量}}$$

联结互成平衡的溢流和底流的直线称为联结线，如上所述，联结线必通过顶点 B。在浸取时，由于接触时间有限，则底流液中的溶质浓度将大于溢流的溶质浓度，此时的溢流和底流分别用 E′ 和 R′ 表示，点 R′ 必在 R 的左边。由实验测定的点 E′ 的轨迹构成了溢流组成线，而点 R′ 的轨迹构成了底流组成线，如图 8-23 所示。

设溢流和底流的质量组成分别为 y_A、y_B、y_S 和 x_A、x_B、x_S，一般溢流为澄清液($y_B=0$)，$y_A+y_S=1$，即溢流组成线为斜边 AS。底流组成线可分以下几种情况：

① 底流中单位质量固体 B 的持液量 K 为一定值，即

$$K=\frac{x_A+x_S}{x_B}=\text{定值} \tag{8-20}$$

$$x_A+x_B+x_S=1.0 \tag{8-21}$$

将式(8-20)代入式(8-21)得

$$x_B=\frac{1}{K+1}=\text{常数} \tag{8-22}$$

即底流组成线 CG′ 与斜边 AS 平行。此时底流中的溶液量为 x_BK，所含溶质量为 y_Ax_BK，故底流中溶质 A 的质量分率为

$$x_A=\frac{y_Ax_BK}{x_BK+x_B}=\frac{K}{K+1}y_A \tag{8-23}$$

② 单位质量固体 B 的溶剂量(不含溶质)一定,即

$$\frac{x_S}{x_B} = K_S = \text{常数} \tag{8-24}$$

将式(8-24)代入式(8-21)得

$$x_S = -\frac{K_S}{1+K_S}x_A + \frac{K_S}{1+K_S} \tag{8-25}$$

即底流组成线亦为一直线,且其延长线通过点 A,如图 8-24 中的 CG″。一般情况下底流发生变化,底流线介于两者之间,图 8-24 附图中 CG。

(3) 单级浸取过程的表示

单级浸取过程与单级萃取相似。原料组成点 F 位于 AB 边上,被浸取的原料与溶剂混合,其混合物组成点 M 位于 SF 连线上,其位置由溶剂对原料量之比决定,经充分接触达平衡后,分成溢流和底流,其组成点分别为 E、R,如图 8-24 所示。

8.2.3　浸取过程计算

在浸取设备中,操作方式有单级浸取、多级错流浸取、多级逆流浸取、连续浸取等几种方式。浸取过程的计算有图解法和解析法,本节重点介绍多级逆流浸取的图解法。其流程如图 8-25 所示,E 和 R 分别表示溢流和底流,y 和 x 分别表示相应的组成,逐级作总物料衡算得

$$F - E_1 = R_1 - E_2 = \cdots = R_i - E_{i+1} = \cdots = R_N - S = D \tag{8-26}$$

对其中的溶质作物料衡算得

$$Fx_F - E_1y_1 = R_1x_1 - E_2y_2 = \cdots = R_ix_i - E_{i+1}y_{i+1} = \cdots = R_Nx_N - Sy_S = Dx_D \tag{8-27}$$

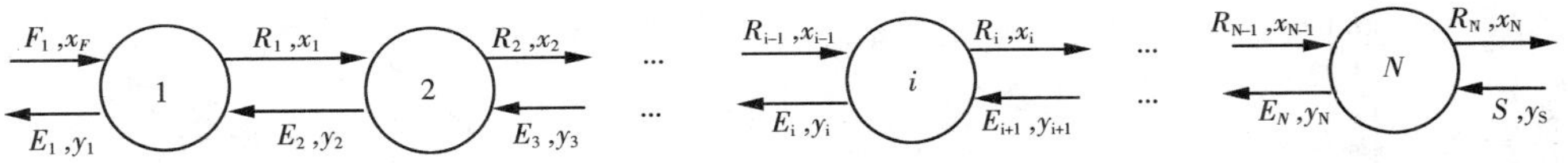

图 8-25　多级逆流浸取流程

根据杠杆规则,连接点 F 与 E_1、点 R_1 与 E_2、… 点 R_N 与 S 的直线即操作线均交于同一点 D,点 D 称操作点,其位置由物料衡算确定:

$$\begin{cases} F - E_1 = R_N - S = D \\ Fx_F - E_1y_1 = Rx_N - Sy_S = Dx_D \end{cases}$$

从第 1 级开始,逐次利用联结线表示的平衡关系(R_i 与 E_i 位于通过点 B 的联结线上)及操作线所表示的物料衡算关系(R_i 与 E_{i+1} 的连线通过操作点 D)就可求得各级溢流和底流的组成以及所需的理论级数,见例 8-4。

例 8-4　鱼的肝脏含油 25.7 %(质量百分率),碎成粒状后用乙醚进行萃取,已测得粒状鱼肝的持液量及浸取液组成如下:

持液量 K	0.205	0.242	0.286	0.339	0.405	0.489	0.600	0.672	0.765	0.81
浸取液组成 y_A	0.00	0.10	0.20	0.30	0.40	0.50	0.60	0.65	0.70	0.72

求:(1) 在三角形相图上作出底流组成线;

(2) 当最终浸取相浓度为 60 % 及浸取率为 95 % 时的底流组成、溶剂比以及所需的理论级数。

解　(1) 不同滞液量下的底流组成变化列于下表:

持液量 $K=\frac{A+S}{B}$	0.205	0.242	0.286	0.339	0.405	0.489	0.600	0.672	0.765	0.810
浸取液组成 $y_A=\frac{A}{A+S}$	0.00	0.10	0.20	0.30	0.40	0.50	0.60	0.65	0.70	0.72
$\frac{A}{B}$	0.000	0.0242	0.0572	0.1017	0.1620	0.2445	0.360	0.437	0.536	0.583
$\frac{S}{B}$	0.205	0.218	0.229	0.237	0.243	0.244	0.240	0.235	0.229	0.227
x_A	0.000	0.0195	0.0445	0.0759	0.1153	0.1642	0.225	0.2612	0.3034	0.3222
x_S	0.170	0.1754	0.1779	0.1772	0.1730	0.1642	0.150	0.1407	0.1300	0.1253

表中　$\frac{A}{B}=\frac{A}{A+S}\cdot\frac{A+S}{B}=y_A\cdot K$　　$\frac{S}{B}=\frac{A+S}{B}-\frac{A}{B}=K-y_A\cdot K=(1-y_A)K$

$x_A=\frac{K}{K+1}y_A$　　$x_B=\frac{1}{K+1}=$常数　　$x_S=1-x_A-x_B=\frac{K}{K+1}(1-y_A)$

根据表中所列数据以相应的 x_A 和 x_s 值在三角形相图上作出底流组成线CG。

(2) 如附图，F和S分别表示原料和溶剂，E和R分别表示溢流和底流。现取1 kg原料为基准，$x_F=0.257$，含油 $A=1X0.257=0.257$ kg，固体 $B=1-0.257=0.743$ kg

对浸取相E₁，组成 $y_A=0.60$，$y_S=0.40$。由于浸取率为95％，故 E_1 中

$A=0.257x0.95=0.244$ kg

$S=0.244(0.40/0.60)=0.163$ kg

$E_1=A+S=0.244+0.163=0.407$ kg

对末级底流 R_N，由于固体全在底流，则

$B=0.743$ kg

$A=0.257-0.244=0.013$ kg

R_N 中由 $\frac{A}{B}=\frac{0.013}{0.743}=0.0175$，利用表中的数据内插得 $\frac{S}{B}=0.2144$，故 R_N 中

$S=0.2144X0.743=0.1593$ kg

$R_N=A+S+B=0.013+0.1593+0.743=0.9153$ kg

R_N 组成 $x_A=\frac{0.013}{0.9153}=0.0142$，$x_S=\frac{0.1593}{0.9153}=0.174$，在底流线上可得表示其组成点 R_N。

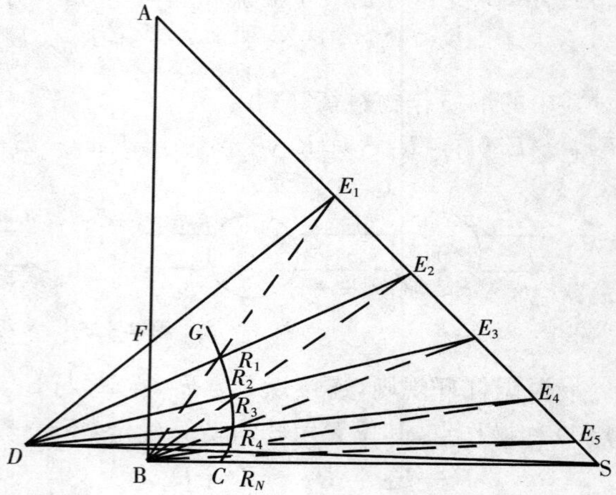

例8-4　附图

由总物料衡算 $F+S=E_1+R_N$ 得所需溶剂量

$$S=E_1+R_N-F=0.407+0.9153-1.0=0.3223\ \text{kg}$$

溶剂比　$$\frac{S}{F}=\frac{0.3223}{1.0}=0.3223$$

理论级图解法如下：

① 由 F、E_1 和 R_N 的组成得点 F、E_1 和 R_N；

② 连点 E_1、F 和点 S、R_N，分别延长交于点 D；

③ 连点 E_1、B 交CG于点 R_1；

④ 连点 D、R_1 并延长交 AS 于 E_2；

⑤ 连点 E_2、B 交CG于点 R_2；

⑥ 重复④和⑤的步骤直至过点 R_N，得理论级数约为5级。

本章符号说明

符号	意义	计量单位
A	萃取因素	
a	单位塔体积中的有效传质面积	m^2/m^3
B	原溶剂量,不溶性固体量	kg 或 kg/s
E	萃取相量	kg 或 kg/s
E'	萃取液量	kg 或 kg/s
F	原料量	kg 或 kg/s
H_{OE}	萃取相的总传质单元高度(稀溶液)	m
h_e	理论级当量高度	m
h_0	萃取塔填料层高度	m
K	单位质量固体 B 的持液量	kg/kg
K_s	单位质量固体 B 的溶剂量	kg/kg
K_y	以萃取相溶质浓度差 Δy 为推动力的总传质系数	$kg/(m^2 \cdot s)$
k	分配系数	
M	混合液量	kg 或 kg/s
m	相平衡常数	
N	理论级数	
N_{OE}	萃取相的总传质单元数(稀溶液)	
R	萃余相量	kg 或 kg/s
R'	萃余液量	kg 或 kg/s
S	萃取剂量	kg 或 kg/s
X	原料液或萃余相中溶质 A 的浓度,质量比	
x	原料液或萃余相中溶质 A 的浓度,质量分率	
Y	萃取剂或萃取相中溶质 A 的浓度,质量比	
y	萃取剂或萃取相中溶质 A 的浓度,质量分率	
β	选择性系数	
Ω	萃取塔(器)的截面积	m^2
τ	时间	s 或 h
下标		
0	初始	
1,2,…	各萃取级序号	
A	溶质	
B	原溶剂,不溶性固体	
S	萃取剂	

习　题

1.醋酸(A)-水(B)-二异丙醚(S)在 20 ℃ 下的平衡数据如下表：

习题 1　附表

序号	水　相			二异丙醚相		
	x_A/%	x_B/%	x_S/%	y_A/%	y_B/%	y_S%
1	0.69	98.1	1.2	0.18	0.5	99.3
2	1.40	97.1	1.5	0.37	0.7	98.9
3	2.90	95.5	1.6	0.79	0.8	98.4
4	6.40	91.7	1.9	1.90	1.0	97.1
5	13.30	84.4	2.3	4.80	1.9	93.3
6	25.50	71.1	3.4	11.40	3.9	84.7
7	37.00	58.6	4.4	21.60	6.9	71.5
8	44.30	45.1	10.6	31.10	10.8	58.1
9	46.40	37.1	16.5	36.20	15.1	48.7

试在直角三角形相图上作出溶解度曲线和辅助曲线。

2.应用题 1 的数据计算序号 1,4 和 7 的分配系数及选择性系数。

3.醋酸水溶液初浓度 50 %(质量百分率)，量 500 kg，以 600 kg 二异丙醚单级萃取，求萃取相和萃余相的量及浓度。

4.接题 3，若采用二级错流萃取，每级二异丙醚用量为 300 kg，求萃取结果。

5.接题3，若采用二级逆流萃取，二异内醚用量为600 kg，求萃取结果。并比较单级萃取、两级错流萃取、两级逆流萃取三种操作情况下醋酸的萃余百分数。

6.1000 kg/h 组成为 0.01(质量分数)的尼古丁溶液，在 20 ℃ 下用煤油溶液进行逆流萃取。水和煤油基本不互溶，要求最终萃余相含尼古丁 0.001(质量分数)。试求：

(1) 最小萃取剂用量；

(2) 如萃取剂用量为最小用量的 1.3 倍，需要多少理论级？

已知尼古丁-水-煤油系统的平衡数据如下：

X/kg(尼古丁)/kg(水)	0	0.001011	0.00246	0.00502	0.00751	0.00998	0.0204
Y/kg(尼古丁)/kg(煤油)	0	0.000807	0.001961	0.00456	0.00686	0.00913	0.01870

7.棕榈果实含油 50 %，以已烷作溶剂进行逆流浸取，溶剂量与果实原料量质量比为 1，回答：

(1) 使含油量降至 1 %(绝干果实基准)所需的理论级数，设在整个萃取过程中单位绝干果实的持液量相等；

(2) 若溶剂量与果实原料量之比为 2kg/1kg，重复上述计算；

(3) 若在萃取过程中对果实进行压榨，并假定最终产物为 75 %(质量百分率)无油固体和 25 % 溶剂，而从原料至最终产品的持液量成线性分布，求所需理论级数。

8.经处理的棉籽仁内含 35 % 的可萃取油，加入到一连续逆流操作的萃取器中，用己烷作溶剂，萃取器共10级，级效率50 %，设持液量为1 kg/kg固体，计算棉籽仁中可提取油含量减至0.5 %(质量百分率)时萃取相中油的浓度为多少。

9 干 燥

9.1 概 述

9.1.1 固体物料的去湿方法

在食品、化工、制药等工业生产中，常常需要从湿固体物料中除去湿分(水或化学溶剂)，这种过程称为“除湿”。特别在中药生产中，从原药材的采集到制成成药，几乎每一环节都离不开物料除湿，而每一环节的除湿目的又有所不同。例如，鲜药材、湿饮片、水丸、浓缩丸等固体制剂中水分的去除是为了方便贮存；制得的湿颗粒在压片前的干燥，切好的饮片在粉碎前的干燥等是为了便于加工；糖衣片在包装前的干燥，洗净的瓶子在装药前的干燥等是为了提高和保证药品的质量。

通常除湿的方法有三类：

(1) 机械除湿法　通过沉降、过滤、离心分离、挤压等机械去除湿分，这种方法比较经济，但只能除去部分湿分，往往不能满足工艺要求。

(2) 化学除湿法　利用硅胶、生石灰、无水氯化钙等吸湿剂除去物料中少量的湿分，这种方法因吸湿剂吸湿能力有限，只适用于产量小、含水量少的场合。

(3) 加热除湿法(又称干燥)　这种除湿法是将热能传递给湿物料使其中的湿分汽化并排除，使物料的含湿量降到规定的水平。干燥是应用最广的单元操作过程之一。

9.1.2 干燥过程的分类

干燥操作可按不同原则进行分类。其中，按操作压力不同，可分为常压干燥和真空干燥。后者适宜处理热敏性、易氧化或要求产品含湿量很低的物料。按操作方式可分为连续式和间歇式干燥。前者的特点是生产能力大、产品质量均匀稳定、热效率高及过程易控制，后者则适用于小批量、多品种或需要较长干燥时间的物料。按热能传给湿物料的方式，干燥又可分为传导干燥、对流干燥、辐射干燥、介电加热干燥以及由其中两种或三种方式组成的联合干燥。

(1) 传导干燥　又称间接加热干燥。载热体通常为加热蒸汽，将热能以热传导的方式通过金属壁面传给湿物料，使湿物料中的湿分汽化，汽化的湿分由周围的气流带走。这种干燥方式，热能利用率较高，但与金属壁面接触的物料在干燥时较易形成过热。

(2) 对流干燥　又称直接加热干燥。载热体(干燥介质)将热能以对流传热的方式传给与其直接接触的湿物料，以供给湿物料中湿分汽化所必需的热量，并将产生的蒸汽带走(因此又是载湿体)。干燥介质通常为热空气，它的温度易于调节，物料不至于被过热。但由于热空气带走一部分热量，故热能利用率较差。

(3) 辐射干燥　热辐射器产生的辐射能以电磁波的形式到达湿物料表面并被其吸收而转变为热能，使湿分加热汽化而达到干燥的目的。辐射源有电能和热能两种。

(4) 介电加热干燥　是将需干燥的物料置于高频电场内，由于高频电场的交变作用使物料的分子频繁地发生取向运动，得到加热而达到干燥的目的。

在工业生产中应用最广泛的是连续操作的对流干燥，通常使用不饱和热空气为干燥介质，被除去的湿分又多为水分。所以本章重点讨论湿物料中湿分为水分的对流干燥。

在对流干燥过程中，热空气将热能传到湿物料表面，再由物料表面传到内部。水分从物料表面汽化，水汽通过物料表面的气膜而扩散至热空气的主体。同时，由于物料表面上水分汽化，使物料内部和表面间产生水分压差，因此物料内部的水分以气态或液态的形式向表面扩散。可见物料的对流干燥过程是传热和传质相结合的操作，干燥速率由传热速率与传质速率共同控制。

干燥过程进行的必要条件是被干燥的物料表面所产生的水汽（或其他蒸汽）的压力 p_w 必须大于干燥介质中水汽（或其他蒸汽）的分压 p_v。两者的压差（$p_w - p_v$）愈大，干燥过程进行得愈快。所以气化的水汽应及时被干燥介质带走，以保持一定的传质推动力。若压差为零，传质推动力为零，干燥操作也就停止进行。

9.2　湿空气的性质及湿度图

9.2.1　湿空气的性质

在干燥操作中，常采用不饱和热空气为干燥介质，故必须先讨论湿空气（空气和水蒸气的混合物）的各种物理性质及其各种参数间的相互关系。

由于干燥过程中湿空气中的水分量不断改变，而绝干空气的质量没有变化，因此湿空气的各项参数均以 1 kg 绝干空气为基准。

(1) 水蒸气分压 p_v

作为干燥介质的湿空气是不饱和空气，其总压 p 与水汽分压 p_v 及干空气分压 p_g 的关系为

$$p = p_v + p_g \tag{9-1}$$

并有

$$p_v = py \tag{9-2}$$

当总压力 p 一定时，水汽分压力 p_v 越大，则湿空气中水汽的含量（摩尔分数 y）就越高。当水汽分压等于该空气温度下水的饱和蒸汽气压 p_s 时，表明湿空气被水汽饱和。

(2) 湿度（湿含量）H

湿度又称湿含量，为湿空气中所含的水汽的质量与绝干空气的质量之比，即

$$H = \frac{\text{湿空气中水汽的质量 } m_v}{\text{湿空气中绝干气的质量 } m_g} = \frac{n_v M_v}{n_g M_g} \tag{9-3}$$

式中　H—— 湿空气的湿度，kg 水汽 /kg 绝干气；

M_g—— 绝干空气的摩尔质量，kg/kmol；

M_v—— 水蒸气的摩尔质量，kg/kmol；

n_g—— 绝干空气的量，kmol；

n_v—— 水蒸气的量，kmol。

常压下湿空气可视为理想气体的混合物，由上式可写成

$$H = \frac{M_v}{M_g} \cdot \frac{p_v}{p - p_v} \tag{9-4}$$

将 $M_g \approx 29$ kg/kmol、$M_V \approx 18$ kg/kmol 代入上式，得

$$H = 0.622\frac{p_v}{p - p_v} \tag{9-5}$$

可见，湿空气的湿度是总压 p 及其中的水蒸气分压 p_v 的函数。当总压一定时，则湿度仅由水蒸气分压 p_v 决定。

(3) 相对湿度 φ

在总压一定下，湿空气中的水蒸气分压 p_v 与同温度下水的饱和蒸汽压 p_s 之比的百分数，称为空气的相对湿度，即：

$$\varphi = \frac{p_v}{p_s} \times 100\ \% \tag{9-6}$$

式中 φ—— 相对湿度，%；

p_s—— 温度 t 下水的饱和蒸汽压，Pa。

相对湿度用来衡量湿空气的饱和程度。相对湿度值愈小，则该湿空气偏离饱和程度愈远，表示该湿空气的干燥能力愈强。反之，当 $\varphi = 100\ \%$ 时，表示水蒸气分压等于同温度下水的饱和蒸汽压，湿空气中的水蒸气已达饱和，不能再作为干燥介质(载湿能力为 0)。湿度 H 是湿空气中水蒸气的绝对含量，由湿度值不能反映出湿空气的干燥能力。

若将式(9-6) 代入(9-5) 可得：

$$H = 0.622\frac{\varphi p_s}{p - \varphi p_s} \tag{9-7}$$

式(9-7) 表明，在一定的总压下，如知道湿空气的温度、湿度，就可以求出相对湿度。同样，如已知温度、相对湿度，也能求出湿空气的湿度和水蒸气分压。

(4) 焓 I

湿空气中 1 kg 绝干空气的焓及所含 H kg 水蒸气的焓之和称湿空气的焓，也称热焓量。

$$I = I_g + I_v H \tag{9-8}$$

由于焓是状态函数，计算焓值时，取 0 ℃ 干空气及 0 ℃ 液态水的焓为基准态，则绝干空气的焓就是其显热 $c_g t$，水蒸气的焓则应包括水在 0 ℃ 下的汽化潜热 $r_0 H$ 及水蒸气在 0 ℃ 以上的显热 $c_v t H$。所以焓值为：

$$I = c_g t + r_0 H + c_v t H = (c_g + c_v H)t + r_0 H$$

即

$$I = (1.01 + 1.88H)t + 2490H \tag{9-9}$$

式中 I—— 湿空气的焓，kJ/kg 绝干气；

r_0——0 ℃ 时水的汽化潜热，取 $r_0 = 2490$ kJ/kg。

(5) 空气的比热容(湿热)c_H

常压下将 1 kg 绝干空气和所含的 H kg 水蒸气的湿空气温度升高 1 ℃ 所需的总热量称为比热容，又称湿热，即：

$$c_H = c_g + c_v H = 1.01 + 1.88H \tag{9-10}$$

式中 c_H—— 湿空气的比热容，kJ/(kg·K)，

c_g—— 干空气的比热容，取 1.01 kJ/(kg·K)；

c_v—— 水蒸气的比热容，取 1.88 kJ/(kg·K)。

(6) 湿空气的比容(湿容积)v_H

湿空气中 1 kg 绝干空气容积和所含 H kg 水蒸气的容积之和，称为湿空气的比容，又称湿

容积，以 v_H 表示，单位为 m^3 湿空气 /kg 干空气，即：

$$v_H = \frac{湿空气的体积}{湿空气中干空气的质量} \tag{9-11}$$

湿度为 H 的湿空气，以 1 kg 绝干空气为基准的湿空气的量为：

$$n_g + n_v = \frac{1}{29} + \frac{H}{18} \text{ kmol 湿空气 / kg 干空气} \tag{9-12}$$

则总压为 p(kPa)，温度为 T(K)，湿度为 H 的湿空气的比容为

$$v_H = (\frac{1}{29} + \frac{H}{18}) \times 22.4 \times \frac{T}{273} \times \frac{101.33}{p}$$

$$= (0.773 + 1.244H) \times \frac{T}{273} \times \frac{101.33}{p} \tag{9-13}$$

(7) 干球温度 t 和湿球温度 t_w

① 干球温度 t　用普通温度计测得的湿空气温度为其真实温度，称干球温度，简称温度，以 t 表示。

② 湿球温度 t_w　湿球温度计测得的温度，称湿球温度。湿球温度计是将普通温度计的感温球用纱布包裹，并将纱布下端浸在水中。由于毛细管作用，纱布保持完全润湿，而后将其置于温度为 t，湿度为 H 的不饱和湿空气流中(速度 $>$ 4 m/s)，则此温度计所指示的平衡温度称为该湿空气的湿球温度，以 t_w 表示。

湿球温度计测定原理如图 9-1 所示。由于湿空气是不饱和的，湿纱布表面水的蒸汽压比空气中水气分压高，必然会发生湿纱布中的水分气化，并通过有效气膜向空气主体扩散。水分气化所需潜热首先取自湿纱布自身降温而释放的显热。随着湿纱布温度的下降，在空气主体与湿纱布间产生温差，引起对流传热，热量由空气传给湿纱布中的水分。当空气状态恒定时，其传热速率随湿纱布温度下降而增大。若传入的热量少于水分汽化所需热量，水温将继续下降，直到空气至湿纱布的传热速率与水分汽化所需的传热速率相等时，两者达到平衡。这时，湿纱布中的水温保持恒定，该平衡时的温度即为湿球温度 t_w，因湿空气的流量大，在流过湿纱布表面时，可认为其温度与湿度不变化。

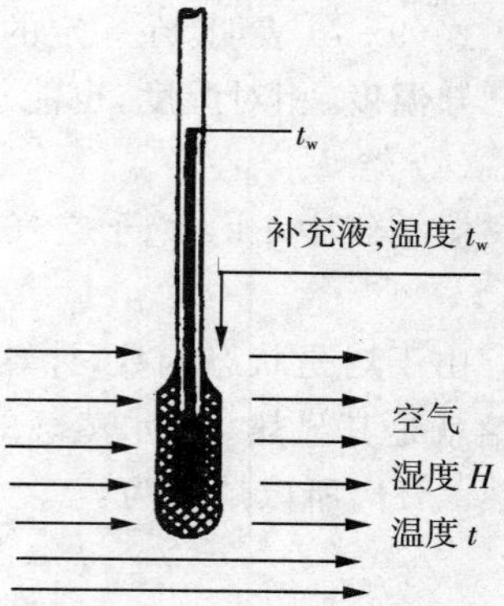

图 9-1　湿球温度的测量

湿球温度实质上是湿纱布中水分的温度，而并不代表空气的真实温度。由于此温度由湿空气的温度、湿度所决定，故称其为湿空气的湿球温度，所以它是表明湿空气状态或性质的一种参数。对于某干球温度一定的湿空气，其相对湿度愈低，湿球温度值亦愈低。而对于饱和湿空气，其湿球温度与干球温度相等。

假设湿空气的温度为 t，湿球温度为 t_w，则空气向湿纱布表面的传热速率为：

$$Q = \alpha A(t - t_w) \tag{9-14}$$

式中　Q—— 传热速率，W；

α—— 空气至湿纱布的对流传热系数，W/($m^2 \cdot K$)；

A—— 空气与湿纱布的传热面积，m^2。

与此同时，湿纱布中水分向空气中气化。若空气的湿度为 H，而与湿纱布表面相邻的空气为水蒸气所饱和，该空气的湿度为 t_w 下的饱和湿度 H_s，则水蒸气向空气的传质速率为：

$$N = k_H A(H_s - H) \tag{9-15}$$

式中 N—— 传质速率，kg 水 /(kg 干空气 · s)；

k_H—— 以湿度差为推动力的传质系数$(m^2 \cdot s)^{-1}$。

因达到平衡时，空气传给湿纱布的热量等于水分汽化所需的潜热

$$Q = N r_w \tag{9-16}$$

式中 r_w—— 水在湿球温度 t_w 时的汽化潜热，kJ/kg。

将式(9-14)、(9-15) 代入(9-16) 得：

$$\alpha A(t - t_w) = k_H A(H_s - H) r_w$$

整理上式得

$$t_w = t - \frac{k_H r_w}{\alpha}(H_S - H) \tag{9-17}$$

式(9-17) 中的 k_H 与 α 为通过同一气膜的传质系数和对流传热系数。实验表明，在一般情况下，k_H 与 α 都与空气速度的 0.8 次幂成正比，故 α/k_H 的值与空气速度无关，对于空气和水系统，α/k_H 值约为 1.09。从式(9-17) 知，湿球温度是湿空气的温度和湿度的函数。当 t 和 H 一定时，t_w 必为定值。在实际的干燥操作中，常用干、湿球温度计来测量空气的湿度。

(8) 绝热饱和温度 t_{as}

图 9-2 所示为一绝热饱和器，使大量的循环水与温度为 t、湿度为 H 的湿空气密切接触，水温均匀、恒定。因为绝热，则热量只在空气、水间进行传递，与周围环境无热量交换。

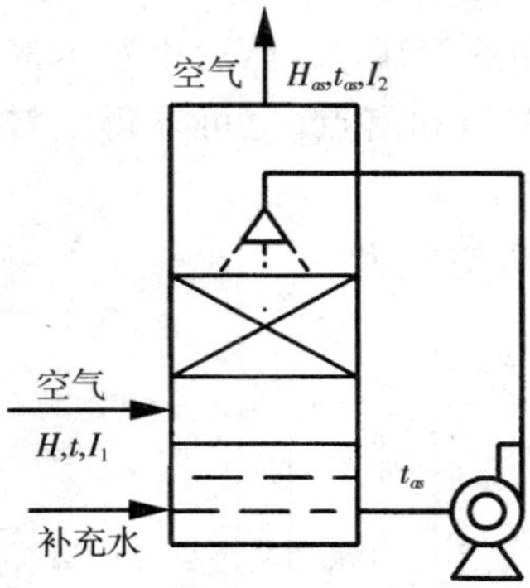

图 9-2 绝热饱和器

当不饱和空气与喷淋的循环水接触时，水分不断地向空气中气化，气化所需的潜热只能来自空气，因此空气温度随过程的进行逐渐下降。气化的水蒸气不断扩散至空气中，湿度则升高，此时因为空气放出的显热由气化转入水汽以潜热形式带回，所以湿空气的焓值在此过程中是不变的，即为等焓过程，也是绝热冷却增湿过程。

只要空气与水接触的时间充分长，该空气将被水蒸气饱和，即 $\varphi = 100\%$，此时，空气增湿、降温停止，这一温度称为湿空气的绝热饱和温度，以 t_{as} 表示，其对应的绝热饱和湿度，以 H_{as} 表示。水与空气接触过程中，循环水不断汽化而被空气带走，故需不断补充温度为 t_{as} 的水。

设进入和离开绝热饱和器时湿空气的焓分别为 I_1 和 I_2，则：

$$I_1 = c_H t + H r_{as} \tag{9-18}$$

$$I_2 = c_{Has} t_{as} + H_{as} r_{as} \tag{9-19}$$

因湿空气在绝热饱和器中是等焓过程，所以

$$I_1 = I_2 \tag{9-20}$$

又因

$$c_H = 1.01 + 1.88H$$

$$c_{Has} = 1.01 + 1.88H_{as}$$

其中 H 和 H_{as} 值与 1 相比皆为一很小的数值，故可认为 c_H 和 c_{Has} 不随湿度而变，即 $c_H \approx c_{Has}$。将式(9-18)、(9-19) 代入(9-20) 整理得：

$$t_{as} = t - \frac{r_{as}(H_{as} - H)}{c_{Has}} \tag{9-21}$$

式中 r_{as}—— 水在 t_{as} 时的汽化潜热，kJ/kg；

c_{Has}—— 湿空气在 H_{as} 时的比热容，kJ/(kg 干空气 · ℃)。

由式(9-21) 可知，空气的绝热饱和温度 t_{as} 是随着空气的干球温度和湿度的不同而异。

对于空气-水蒸气系统，空气速度较高（大于 4 m/s)，温度不太高，相对湿度不太低时，$\alpha/k_H \approx c_H$，可认为绝热饱和温度与湿球温度数值相等($t_{as} \approx t_w$)。因为空气的干、湿球温度很容易测定，而绝热饱和温度，可从湿空气的 $I-H$ 图中等焓线上查得。但需要注意的是，绝热饱和温度和湿球温度两者的物理意义截然不同。

对有机液体如乙醇、萘、四氯化碳等与空气组成的系统，实验证明，$\alpha/k_H > c_H$，所以 $t > t_w > t_{as}$。

(9) 露点温度 t_d

在总压一定时，将不饱和的空气在湿度 H 不变的条件下冷却至饱和状态时的温度称为露点温度，以 t_d 表示。露点是湿空气的物理性质之一，当达到露点时，空气的湿度达到饱和，以 H_s 表示，$\varphi = 100\ \%$，式(9-7) 可写为

$$H = H_s = 0.622\frac{p_s}{p - p_s} \tag{9-22}$$

式中 p_s—— 露点下水的饱和蒸汽压，Pa。

在一定的总压下，只要知道空气的湿度，就可求得露点时的饱和蒸汽压 p_s，然后由水蒸气表查得对应温度，即为该空气的露点温度 t_d。同样如果已知空气的总压和露点，也可求得空气的湿度。

对水蒸气-空气系统，湿空气的三个温度大小关系，对于不饱和湿空气为：

$$t > t_w(\text{或 } t_{as}) > t_d$$

对饱和的湿空气则为

$$t = t_w(\text{或 } t_{as}) = t_d$$

例 9-1 已知湿空气的总压为 101.325 kPa，温度为 20 ℃，相对湿度为 $\varphi = 50\ \%$，试计算湿空气的湿度 H、水蒸气分压 p_v、露点 t_d、焓 I 和绝热饱和温度 t_{as}。

解 $p = 101.325$ kPa，$\varphi = 50\ \%$，$t = 20$ ℃，由饱和水蒸气表查得，水在 20 ℃ 时的饱和蒸气压为：$p_s = 2.34$ kPa

(1) 湿度 H 由式(9-7) 知

$$H = 0.622\frac{\varphi p_s}{p - \varphi p_s} = 0.622\frac{0.5 \times 2.34}{101.325 - 0.5 \times 2.34} = 0.00727 \text{ kg 水 /kg 干空气}$$

(2) 水蒸气分压 p_v

由式(9-6) 可知

$$p_v = \varphi \times p_s = 0.5 \times 2.34 = 1.17 \text{ kPa}$$

(3) 露点 t_d 露点是空气在湿度 H 或水蒸气分压 p_v 不变的情况下，冷却达到饱和时的温度，所以可由 $p_v = 1.17$ kPa 查饱和水蒸气表，得到露点温度 $t_d = 9.4$ ℃。

(4) 焓 I 由式(9-9) 的可得

$$I = (1.01 + 1.88H)\,t + 2490H$$
$$= (1.01 + 1.88 \times 0.00727) \times 20 + 2490 \times 0.00727$$
$$= 38.6\ \text{kJ/kg 干空气}$$

(5) 绝热饱和温度 t_{as} 用式(9-21)计算时需要用试差法。设 $t_{as} = 13.8$ ℃，由水蒸气表查得 $p_s = 1.578$ Pa，$H_{as} = 0.00984$ kg 水 /kg 干空气

湿空气的比热为

$$c_H = 1.01 + 1.88H = 1.01 + 1.88 \times 0.00727 = 1.024\ \text{kJ/kg 绝干空气}$$

所以绝热饱和温度为：

$$t_{as} = t - \frac{r_{as}}{c_{Has}}(H_{as} - H) = 20 - \frac{2490}{1.024}(0.00984 - 0.00727) = 13.75\ ℃$$

计算的结果与假设非常接近，故 $t_{as} = 13.8$ ℃ 即为所求。

9.2.2 湿空气的焓湿图及其应用

(1) 湿空气的焓湿图

在干燥过程计算时，需要知道湿空气的某些参数，如相对湿度、湿度、焓、干球温度、湿球温度和露点等。这些参数用公式计算比较繁琐，而且有时还需用试差法求解。工程上为了方便起见，将各参数之间的关系标绘在坐标图上，只要知道湿空气任意两个独立参数，就能从图上迅速查到其他参数。常用的图有焓湿($I-H$)图和温湿($t-H$)图等，本章介绍工程上较常用的焓湿图。

图 9-3 所示的 $I-H$ 图是根据总压为 101.33 kPa，以湿空气的焓 I 为纵坐标，湿度 H 为横坐标绘制的。为了避免图中许多线条挤在一起而难以读出数据，采用夹角为 135° 的坐标系。并且为了 H 的读数方便及节省图的幅面，作一水平辅助轴，将横轴上的 H 值投影到水平辅助轴上。

湿空气的 $I-H$ 图中共有五条线：

① 等湿度线（等 H 线） 是一组与纵轴平行的直线，H 值在水平辅助轴上读出。

② 等焓线(等 I 线) 是一组与横轴平行的直线，I 值从纵轴上读出。

③ 等温线(等 t 线) 将式 (9-9) 改写成：

$$I = 1.01t + (1.88t + 2492)H$$

由此式可知，在固定总压下，当 t 为定值，I 与 H 成直线关系。因直线斜率($1.88t+2492$)随 t 的升高而增大，所以一系列等 t 线互不平行。

④ 等相对湿度线(等 φ 线) 根据式 (9-7) 绘制等相对湿度曲线，即

$$H = 0.622\,\frac{\varphi p_s}{p - \varphi p_s}$$

当总压 p 一定时，对某一固定的 φ 值，由任一个温度 t，可查到一个对应的饱和水蒸气压 p_s，算出对应的 H 线。将许多(t,H) 点连接起来，即成为一条等 φ 线。图 9-3 中标绘了 $\varphi = 5\,\%$ 到 $\varphi = 100\,\%$ 的一组等 φ 线。

$\varphi = 100\,\%$ 的等相对湿度线为饱和空气线，此时空气完全被水汽所饱和。饱和线以上($\varphi <$ 100 %) 为不饱和区域。当空气的湿度 H 为一定值时，其温度越高，则相对湿度 φ 值就越低，即作为干燥介质时，其吸收水汽的能力就越强。故湿空气进入干燥器之前，必须先经预热以提高温度。预热空气除了提高湿空气的焓值使其作为载热体外，同时也是为了降低其相对湿度而作载湿体。

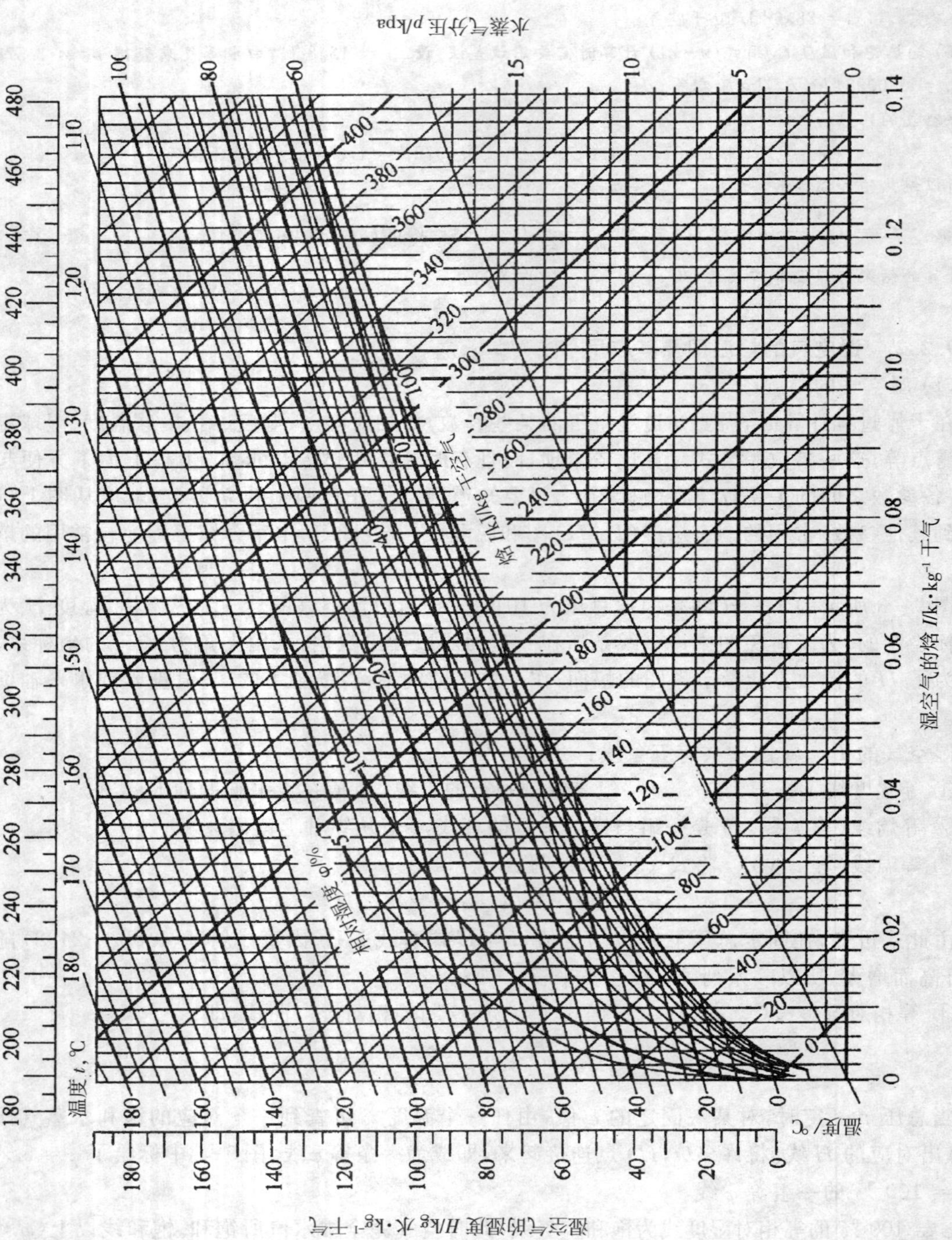
水蒸气分压 p/kpa
温度 t, ℃
温度/℃
湿空气的湿度 H/kg 水·kg⁻¹ 干气
湿空气的焓 I/kJ·kg⁻¹ 干气
相对湿度 φ/%
焓 I/kJ/kg 干空气

图 9-3 湿空气的 I-H 图

以上线群是 $I-H$ 图中四种基本线群。

⑤ 水汽分压线 它是空气中水汽分压 p_v 与湿度 H 之间的关系曲线，在总压 $p=101.33$ kPa 条件下，用式（9-5）标绘的。水汽分压 p_v 的坐标，位于图的右端纵轴上，单位为 kPa。

(2) $I-H$ 图的应用

利用 $I-H$ 图上的五种线能用来确定湿空气的状态及进行干燥器的物料与热量衡算。根据湿空气的两个独立参数，可在 $I-H$ 图上定出一个交点，这个交点即表示湿空气所处的状态，由此点即可查出其他各参数值。

干球温度 t、露点 t_d 和湿球温度 t_w（或绝热饱和温度 t_{as}）都是由等 t 线确定的。露点是在湿度 H 不变的条件下冷却至饱和时的温度。因此，通过等 H 线与 $\varphi=100\ \%$ 的饱和空气线交点的等 t 线即为露点，如图 9-4 所示。由于水蒸气-空气系统 $t_{as}\approx t_w$，因此由通过空气状态点 A 的等 I 线与 $\varphi=100\ \%$ 的饱和空气线交点的等 t 线所示的温度即为 t_w 或 t_{as}。

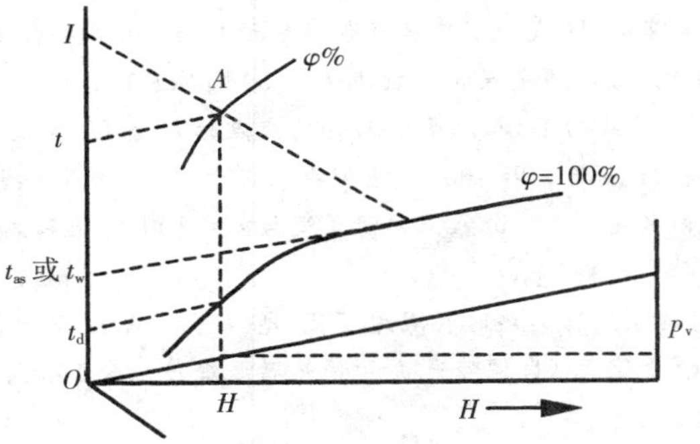

图 9-4 $I-H$ 图的用法

由湿空气状态点 A 查空气其他参数的方法示于图 9-4 中。

如已知湿空气的一对参数各为：$t-t_w$、$t-t_d$、$t-\varphi$，这三种情况下湿空气的状态点 A 的确定方法分别如图 9-5(a)、(b) 及(c) 所示。

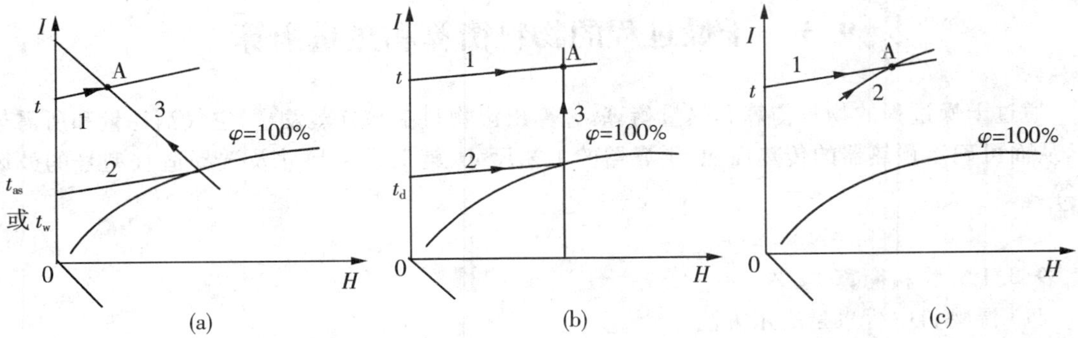

图 9-5 在 $I-H$ 图中确定湿空气的状态点

例 9-2 已知湿空气的总压为 $p=101.325$ kPa，相对湿度 $\varphi=50\ \%$，干球温度 $t=20$ ℃。试用 $I-H$ 图求取此空气的：(1) 水汽分压 p_v；(2) 热焓 I；(3) 湿度 H；(4) 露点 t_d；(5) 湿球温度 t_w；(6) 如将含 1000 kg/h 干空气的湿空气预热至 117 ℃，求所需热量 Q。

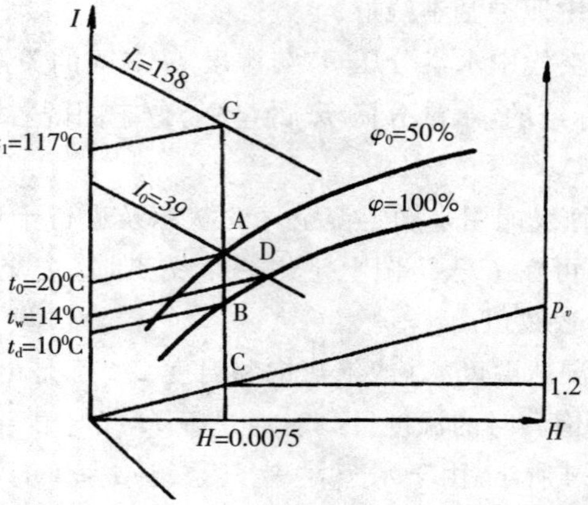

例 9-2　附图

解　由已知条件 $P = 101.325$ kPa、$\varphi_0 = 50\%$ 及 $t = 20$ ℃，在 $I-H$ 图上定出湿空气状态 A 点

(1) 水汽分压　p_v 由 A 点沿等 H 线向下交水汽分压线于 C 点，在图右端纵坐标上读数 $p_v = 1.2$ kPa。

(2) 焓 I　沿 A 点作等 I 线，与纵轴交点的读数为 $I = 39$ kJ/kg 干空气。

(3) 湿度 H　由 A 点沿等 H 线向下，与水平辅助轴的交点读数为 $H = 0.0075$ kg 水 /kg 干空气。

(4) 露点 t_d　由 A 点沿等 H 线与 $\varphi = 100\%$ 饱和线相交于 B 点，由等 t 线查得 $t_d = 10$ ℃。

(5) 湿球温度 t_w（绝热饱和温度 t_{as}）　由 A 点沿等 I 线与 $\varphi = 100\%$ 饱和线相交于 D 点，由等 t 线读得 $t_w = 14$ ℃（即 $t_{as} = 14$ ℃）。

(6) 热量 Q　因湿空气通过预热器加热时其湿度不变，所以可由 A 点沿等 H 线向上与 $t_1 = 117$ ℃ 线相交于 G 点，查得 $I_1 = 138$ kJ/kg 干空气（即湿空气离开预热器之焓值）。含 1 kg 干空气的湿空气通过预热器所获得的热量为

$$Q' = I_1 - I_0 = 138 - 39 = 99 \text{ kJ/kg}$$

每小时含有 1000 kg 干空气的湿空气通过预热器所获得的热量为

$$Q = 1000\,Q' = 1000 \times 99 = 99000 \text{ kJ/h} = 27.5 \text{ kW}$$

例 9-2 说明，采用 $I-H$ 图求取湿空气的各项参数，不仅计算迅速简便，而且物理意义也较明确。

9.3　干燥过程的物料衡算和热量衡算

通过干燥过程的物料衡算和热量衡算，计算出湿物料中水分蒸发量、空气消耗量和所需热量，从而可确定预热器的传热面积、干燥器的工艺尺寸、辅助设备尺寸及选择适宜型号的鼓风机等。

9.3.1　物料衡算

(1) 湿物料中含水量表示方法

湿物料中的含水量通常有两种表示法：

① 湿基含水量 w　湿基含水量 w 是以湿物料为计算基准的水分的质量百分数，即：

$$w = \frac{\text{湿物料中水分的质量}}{\text{湿物料的总质量}} \times 100\% \tag{9-23}$$

工业生产中常用这种方法表示湿物料中的含水量。

② 干基含水量 X　干基含水量 X 是以绝干物料为计算基准的水分的质量比，即：

$$X=\frac{\text{湿物料中水分的质量}}{\text{湿物料中绝干物料的质量}} \tag{9-24}$$

式中　X—— 湿物料的干基含水量，为湿物料中水分与绝干物料的质量比，kg 水 /kg 干物料。

这种表示方法常用于干燥过程的计算。

上述两种含水量之间的关系如下：

$$X=\frac{w}{1-w} \tag{9-25}$$

及

$$w=\frac{X}{1+X} \tag{9-26}$$

(2) 物料衡算

在干燥过程中，需要将湿物料干燥到规定的含水量。通过物料衡算可求出干燥产品流量、物料的水分蒸发量和空气消耗量。对图 9-6 所示的连续干燥器作物料衡算。

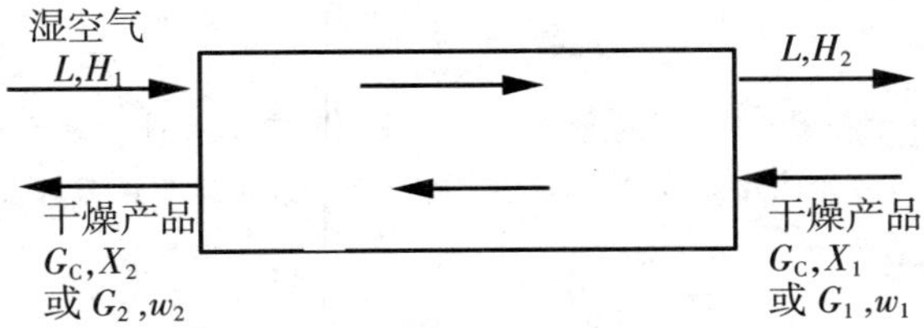

图 9-6　干燥器的物料衡算

① 水分蒸发量 W

干燥过程中，若无物料损失，则湿物料中蒸发的水分必等于空气中的水分增加量，即

$$W=G_C(X_1-X_2)=L(H_2-H_1) \tag{9-27}$$

式中　W—— 湿物料在干燥器内蒸发的水分量，kg 水分 /s；

G_C—— 湿物料中绝干物料的质量流量，kg 绝干料 /s；

L—— 干空气的质量流量，kg 干空气 /s；

H_1、H_2—— 湿空气进、出干燥器时的湿度，kg 水 /kg 干空气；

X_1、X_2—— 湿物料进、出干燥器时的干基含水量，kg 水 /kg 绝干料。

② 干燥产品流量 G_2

干燥过程中若没有物料损失，则在干燥前、后的物料中绝干物料质量流量 G 不变，则有

$$G=G_1(1-w_1)=G_2(1-w_2) \tag{9-28}$$

式中　G_1—— 进入干燥器的湿物料质量流量，kg/s；

G_2—— 出干燥器的产品质量流量，kg/s；

w_1、w_2—— 干燥前、后物料的湿基含水量，kg 水 /kg 湿物料。

应指出，干燥产品 G_2 是相对湿物料 G_1 而言的，其中含水量较 G_1 少，但仍含有一定量的水分，一般称 G_2 为干燥产品，以区别于绝干物料 G_C。

③ 空气消耗量

由式 (9-27) 可知，干空气消耗量 L 与水分蒸发量的关系为

$$L=\frac{G_C(X_1-X_2)}{H_2-H_1}=\frac{W}{H_2-H_1} \tag{9-29}$$

因此，蒸发 1 kg 水分消耗的干空气量为

$$l = \frac{L}{W} = \frac{1}{H_2 - H_1} \tag{9-30}$$

式中 l—— 单位空气消耗量，kg 干空气 /kg 水。

由上式可知，空气消耗量仅与湿空气的初始及终了的湿度 H_1、H_2 有关。如以 H_0 表示空气在预热前的湿度，而空气经预热器前、后的湿度不变，故 $H_0 = H_1$，则上式可写成：

$$l = \frac{1}{H_2 - H_0} \tag{9-30a}$$

即单位空气消耗量仅与 H_2、H_0 有关，与路径无关。而 H_0 愈大，l 亦愈大。而 H_0 是由空气的初始温度 t_0 和相对湿度 φ_0 所决定，故在其他条件相同的情况下，l 将随着 t_0 及 φ_0 的增加而增大。

干燥中鼓风机的选择是以湿空气的体积流量为依据的，而湿空气的体积流量 q_v 可由上面计算所得的 L 和湿空气的湿比容 v_H 来求得，即：

$$q_v = Lv_H$$

例 9-3 有一连续操作干燥器，处理湿物料量为 1000 kg/h。要求物料干燥后含水量由 20 % 减至 3 %（均为湿基）。干燥介质为热空气，初始湿度为 0.001 kg 水 /kg 干空气，离开干燥器时湿度为 0.051 kg 水 /kg 干空气，试求：

(1) 水分蒸发量 kg 水 /h；

(2) 空气消耗量干空气 /h；

(3) 若干燥物料收率为 90 %，求产品量。

解 (1) 水分蒸发量 W

已知 $G_1 = 1000$ kg/h， $w_1 = 20\ \%$， $w_2 = 3\ \%$，则

$$G_C = G_1(1 - w_1) = 1000(1 - 0.2) = 800 \text{ kg/h}$$

$$X_1 = \frac{w_1}{1 - w_1} = \frac{0.2}{1 - 0.2} = 0.25 \text{ kg 水 /kg 绝干料}$$

$$X_2 = \frac{w_2}{1 - w_2} = \frac{0.03}{1 - 0.03} = 0.0309 \text{ kg 水 /kg 绝干料}$$

则 $W = G_C(X_1 - X_2) = 800 \times (0.25 - 0.0309) = 175.3$ kg 水 /h

(2) 空气消耗量 L：

$$L = \frac{W}{H_2 - H_1} = \frac{175.3}{0.051 - 0.001} = 3506 \text{ kg 干空气 /h}$$

(3) 产品量 G_2'：

干燥收率 η =（实际获得产品量 / 理论获得产品量）× 100 % = (G_2'/G_2)

$$G_2' = \eta G_2 = \frac{1 - w_1}{1 - w_2} G_1 \eta = \frac{1 - 0.2}{1 - 0.03} \times 1000 \times 0.9 = 742.3 \text{ kg/h}$$

9.3.2 热量衡算

通过干燥系统的热量衡算，可以求出预热器所消耗的热量、向干燥器补充的热量及干燥过程消耗的总热量。

(1) 热量衡算的基本方程

干燥过程的热量衡算示意图如图 9-7 所示。

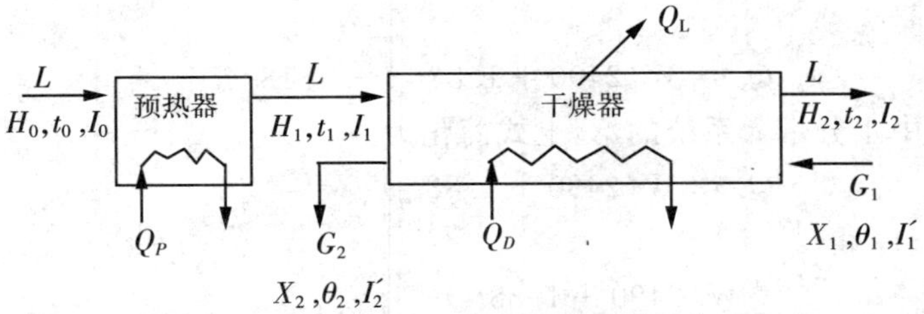

图 9-7 连续干燥过程的热量衡算示意图

温度为 t_0，湿度为 H_0 的新鲜空气经预热器加热至温度为 t_1 后进入干燥器，此时湿度不变，所以 $H_1 = H_0$。离开干燥器时废气湿度 H_2 增大，温度 t_2 下降。绝干空气的流量 L 经预热器、干燥器直至离开干燥器始终不变。进干燥器的湿物料含水量为 X_1，温度为 θ_1，出干燥器的物料含水量为 X_2，温度为 θ_2，绝干物料量 G 进出干燥器不变。Q_P 为预热器的加热速率，Q_D 为干燥器中补充加热速率。在一般干燥装置中，所需热量一次在预热器中加入，在干燥器中不补充加热时，$Q_D = 0$，干燥器热散失速率为 Q_L。

衡算的基准为单位时间以及 0 ℃ 时的固体物料及液体水。由图 9-7 确定的衡算范围，进入的热流有 4 股：

进入预热器的空气的热流速率 LI_0

预热器加热的热流速率 Q_P

干燥器加热的热流速率 Q_D

进入干燥器的湿物料的热流速率 $G_c I_1'$

离开的热流有 3 股：

离开干燥器的尾气的热流速率 LI_2

离开干燥器的产品的热流速率 $G_c I_2'$

干燥器的散热速率 Q_L

故
$$LI_0 + Q_P + Q_D + G_c I_1' = LI_2 + Q_L + G_c I_2'$$

即干燥过程的总加热速率

$$Q = Q_P + Q_D = G_c(I'_2 - I'_1) + L(I_2 - I_0) + Q_L \tag{9-31}$$

干燥器无热量损失($Q_L = 0$)时则为

$$Q = Q_P + Q_D = G_c(I'_2 - I'_1) + L(I_2 - I_0) \tag{9-32}$$

式中湿空气的焓 I_0、I_1、I_2 可直接从焓湿图上查得，物料的热焓值则用如下方法求算：

$$I' = c_s\theta + Xc_w\theta = (c_s + Xc_w)\theta \tag{9-33}$$

式中 c_s—— 绝干物料的比热容，kJ/(kg · K)；

θ—— 湿物料温度，℃；

I'—— 湿物料的热焓量，kJ/kg 干物料；

c_w—— 液体水的比热容，kJ/(kg · K)。

(2) 干燥系统的热效率

通常将干燥系统的热效率定义为

$$\eta = \frac{\text{蒸发水分所需的热量}}{\text{向干燥系统输入的总热量}} \times 100\% \tag{9-34}$$

蒸发水分所需的热量为

$$Q_v = W(2490 + 1.88t_2) - 4.187\theta_1 W$$

如忽略湿物料中水分带入系统的焓，上式简化为

$$Q_v \approx W(2490 + 1.88t_2)$$

将上式代入式(9-34)得

$$\eta = \frac{W(2490 + 1.88t_2)}{Q} \times 100\% \qquad (9-35)$$

干燥操作中的热效率表示干燥器的操作性能，其值越高表示热利用程度越好。如空气离开干燥器的温度较低而湿度较高，则可提高干燥操作的热效率。但空气湿度增加，使干燥的传质推动力减小。一般情况下，对于吸水性物料的干燥，空气出口温度应高一些，而湿度则应低一些，即相对湿度要低些。在实际操作中，空气离开干燥器的温度要比进入干燥器的温度高 20～50 ℃，才能保证在干燥系统后面的设备内不会出现水滴，否则可能使干燥产品返潮，且易造成管路的堵塞和设备材料的腐蚀。

利用干燥器排放的废气(离开干燥器的空气)中热量对于提高干燥操作的热效率具有重要意义，所以生产中常利用废气预热冷空气或冷物料。此外还应加强干燥设备和管路的保温隔热，以减少热损失。

例 9-4 在图 9-7 所示的干燥系统中，常压下以温度为 20 ℃、相对湿度为 60 % 的新鲜空气作为干燥介质，干燥某种湿物料。空气在预热器中被加热到 90 ℃ 后送入干燥器，离开时的温度为 45 ℃、湿度为 0.022 kg/kg 干空气。每小时有 1100 kg 温度为 20 ℃、湿基含水量为 3 % 的湿物料送入干燥器。物料离开干燥器时温度升到 60 ℃、湿基含水量降到 0.2 %。湿物料的平均比热容为 3.28 kJ/(kg 干物料 K)。忽略预热器的热损失，干燥器的热损失速率为 1.2 kW。试求：(1) 水分蒸发量 W；(2) 新鲜空气消耗量 L_0；(3) 预热器消耗的热量 Q_P；(4) 干燥系统消耗的总热量 Q；(5) 向干燥器补充的热量 Q_D；(6) 干燥系统的热效率。

解 (1) 水分蒸发量 W 已知 $w_1 = 0.03$，$w_2 = 0.002$

则 $$X_1 = \frac{w_1}{1-w_1} = \frac{0.03}{1-0.03} = 0.0309 \text{ kg/kg 干物料}$$

$$X_2 = \frac{w_2}{1-w_2} = \frac{0.002}{1-0.002} \approx 0.002 \text{ kg/kg 干物料}$$

$$G = G_1(1-w_1) = 1100(1-0.03) = 1067 \text{ kg 干物料 /h}$$

所以 $$W = G(X_1 - X_2) = 1067(0.0309 - 0.002) = 30.84 \text{ kg 水分 /h}$$

(2) 新鲜空气消耗量 L_0

由图 9-3 查得，当 $t_0 = 20$ ℃、$\varphi = 60\%$ 时，$H_0 = 0.009$ kg/kg 干空气

故

$$L = \frac{W}{H_2 - H_0} = \frac{30.84}{0.022 - 0.009} = 2372 \text{ kg 干空气 /h}$$

所以新鲜空气消耗量为

$$L_0 = L(1 + H_0) = 2372(1 + 0.009) = 2393 \text{ kg 新鲜空气 /h}$$

(3) 预热器中消耗的热量 Q_P

当 $t_0 = 20$ ℃、$\varphi = 60\%$ 时，由图 9-3 查出 $I_0 = 43$ kJ/kg 干空气。空气离开预热器时 $t_1 = 90$ ℃、$H_1 = H_0 = 0.009$ kg/kg 干空气，查出 $I_1 = 115$ kJ/kg 干空气，若忽略预热器的热损失，则有：

$$Q_P = L(I_1 - I_0) = 2372(115 - 43) = 170800 \text{ kJ/h} = 47.44 \text{ kW}$$

(4) 干燥系统消耗的总热量 Q 用式(9-31)计算 Q，即

$$Q = Q_P + Q_D = G(I'_2 - I'_1) + L(I_2 - I_0) + Q_L$$
$$= Gc_m(\theta_2 - \theta_1) + 1.01L(t_2 - t_0) + W(2490 + 1.88t_2) + Q_L$$
$$= 1067 \times 3.28(60 - 20) + 1.01 \times 2372(45 - 20) + 30.84(2490 + 1.88 \times 45) + 1.2 \times 3600$$
$$= 283600 \text{ kJ/h} = 78.8 \text{ kW}$$

(5) 向干燥器补充的热量 Q_D

$$Q_D = Q - Q_P = 78.8 - 47.44 = 31.36 \text{ kW}$$

(6) 干燥系统的热效率 η

$$\eta = \frac{W(2490 + 1.88t_2)}{Q} \times 100\% = \frac{30.84(2490 + 1.88 \times 45)}{283600} \times 100\% = 28\%$$

9.3.3 空气通过干燥器时的状态变化

空气通过预热器时，只有传热过程，其状态变化较为简单，即温度升高而湿度不变，若预热后的空气温度 t_1 确定了，则空气状态也就确定了。

空气通过干燥器时，由于空气和物料间进行热和质的传递，而且还有其他外加热量的加入（当 $Q_D \neq 0$ 时），因而要确定出干燥器的空气状态是比较困难和复杂的。而在干燥器的物料和热量衡算中，求取空气的消耗量及干燥器中有关热量时，却必须确定干燥器出口的空气状态，如温度、湿度、相对湿度等。下面根据干燥过程中湿空气焓的变化情况，分为等焓和非等焓干燥过程来讨论。

(1) 等焓干燥过程

等焓干燥过程是指物料进出干燥器的焓相等，即在 $I-H$ 图中空气状态沿等 I 线而变化，因此只要知道空气离开干燥器时的任一独立参数，即可在图中确定空气离开干燥器的状态。设新鲜空气温度为 t_0、湿度为 H_0、焓为 I_0，经预热后温度升高至 t_1，而离开干燥器时的温度为 t_2，则空气经历等焓干燥过程时状态变化如图 9－8 所示。A 点表示进预热器前空气的状态，空气经预热器加热至 t_1，而湿度不变（$H_1 = H_0$），故从 A 点沿等 H 线上升与等温线 t_1 交与 B 点，此点即为进干燥器时空气的状态。在干燥器中空气状态沿等 I 线变化，故只要知道空气离开干燥器时任一参数，例如温度 t_2，则过 B 点的等焓线与等温线 t_2 的交点 C 即为空气出干燥器时的状态点。

等焓干燥过程是为了便于讨论而假设的理想干燥过程。仅在干燥器绝热良好，热损失可忽略不计，即 $Q_L = 0$；干燥器不补充加热，即 $Q_D = 0$，且物料进、出干燥器的焓十分接近的情况下，方可近似地按等焓过程来处理。

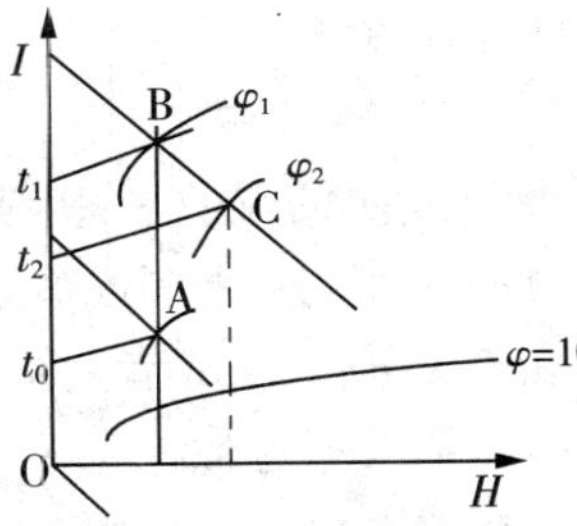

图 9－8 等焓干燥过程中湿空气的状态变化

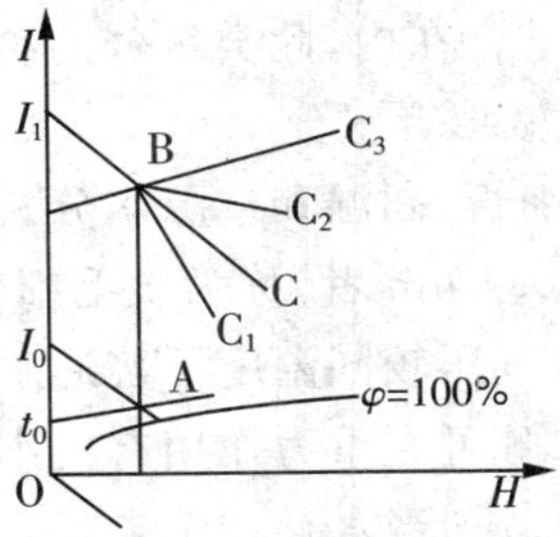

图 9－9 非等焓干燥过程中湿空气的状态变化

(2) 非等焓干燥过程

实际的干燥过程大都是非等焓干燥过程，图 9－9 所示。图中 BC 线代表等焓干燥过程的操作线，非等焓干燥过程可分为以下几种情况。

① 干燥器不补充加热，即 $Q_D = 0$，热损失和物料进、出干燥器的焓差均不能忽略。此时干燥器出口空气焓值小于进口焓值，即 $I_2 < I_1$，此种干燥过程的操作线 BC_1 应在 BC 线下方。

② 干燥器补充加热，而且大于热损失和物料带走的热量之和，此时干燥器空气出口焓值大于进口焓值，即 $I_2 > I_1$，此种干燥过程的操作线 BC_2 在 BC 线上方。

③ 干燥器中补充的热量足够大，使干燥过程在等温下进行，即 $t_2 = t_1$，空气在干燥器中保持恒定的温度，这种干燥过程的操作线 BC_3 与过 B 点的等温线重合。

9.4 干燥速率和干燥时间

通过物料衡算和热量衡算，可以确定从湿物料中除去的水分量，计算出所需的空气量和热量，为选择合适的风机和预热器提供依据。至于干燥器的尺寸，则需要通过干燥速度和干燥时间的计算来确定。我们知道，干燥过程所除去的水分，有的是由物料内部迁移到表面，然后由物料表面汽化而进入空气中的。所以，干燥速率不仅取决于空气的性质和操作条件，而且还受到物料中所含水分性质的影响。

9.4.1 物料中所含水分的性质

物料中所含的水分的性质，一般按以下三种方式进行分类：

(1) 按水分与物料结合的方式分

根据水分与物料结合的特征、强度以及水分从物料中分离的条件，将物料与水分的结合方式分为三种：

① 化学结合水

如物料的结晶水，是物质结构的一个组成部分。化学结合的水分离解时，物料的晶体结构必遭破坏，因此一般不属于干燥中除去水分的范围。

② 物理化学结合水

如吸附、渗透和结构水分。其中吸附水分与物料的结合最强，因为这种水分有物料的分子力场所吸附，渗透水分与物料的结合是由于物料组织壁的内外面溶解物的浓度有差异，于是使水分扩散透过壁膜，故渗透水的存在是由浓度差而产生的渗透压所造成，当物料组织外面溶液的浓度大于其内部浓度时，渗透水分即自由析出。结构水分存在于物料组织的内部，在胶体形成时将水结合在内，此类水分的离解可由蒸发、外压和组织的破坏而发生。

③ 机械结合水分

如毛细管、润湿和空隙水分。毛细管水分存在纤维或微小颗粒成团的湿物料中，其毛细管半径小于 0.1 μm 者，称为微毛细管，其中的水分由于毛细管力的作用，这种水近似于吸附水分，水的蒸汽压较同温度下普通水的蒸汽压为低。毛细管半径在 0.1 ～ 10 μm 者，称为巨毛细管，其中水分可因重力作用有较小的运动，毛细管弯月面上的饱和蒸汽压近似地等于平面上水的饱和蒸汽压。当水存在于半径 10 μm 以上的粗孔中，一般称为空隙水，易受重力作用而运动，也不产生蒸汽压的降低。润湿水仅是水和物料的机械混合，极易用加热蒸发或机械方法除去，一般细粒状晶体的表面水均属于之。

在同一类物料中，往往同时包含有上述几种水分，如胶体物料中包含吸附水、渗透水和结构水，毛细管多孔物质中含吸附水和毛细管水，微小的结晶颗粒中包含有毛细管水和润湿水，而胶体毛细管多孔物中则包含有上述各种类型的水分。

(2) 结合水分和非结合水分

① 结合水分

包括物料细胞壁或纤维管壁内的水分，物料内可溶固体物溶液中的水分及物料内毛细管中的水分等。由于这种水分主要是属于物理化学结合方式，与物料的结合力强，其蒸汽压低于同温度下纯水的饱和蒸汽压，致使干燥过程的传质推动力降低，故在干燥过程中较难除去。

② 非结合水分

包括物料表面的润湿水分和较大孔隙中的水分，这种水分主要是以机械方式与物料结合，结合力较弱。物料中非结合水的蒸汽压与同温度下纯水的饱和蒸汽压相同，因此非结合水分在干燥过程中极易除去。

结合水分与非结合水分很难用实验直接测定，但根据其特点，可利用平衡关系外推得到。

如图 9-10 是固体物料(如丝)在某一温度下，由实验测得的平衡曲线(图中实线部分)，将平衡曲线延长(图中虚线部分)与介质空气的相对湿度 $\varphi = 100\%$ 的纵轴相交，交点以下的水分为该物料的结合水分，交点以上的水分为非结合水分。因此，在一定温度下，物料中结合水分与非结合水分的划分，只取决于物料本身的特性，而与空气的状态无关。

(3) 平衡水分与自由水分

① 平衡水分

当湿物料与一定状态空气(t、φ) 接触时，由于湿物料表面水的蒸汽压大于空气中水蒸气分压，则湿物料的水分向空气中气化，进行到一定限度后，物料中的水分将不再因与空气接触的时间延长而再有变化，其值即称为在此空气状态下物料的平衡水分，以 X^* 表示。平衡水分因物料种类的不同而有很大的差别，对同一种物料，又因空气状态的不同而异。对于非吸水性物料，如陶土的平衡水分几乎为零；对于吸水性物料，如烟草、皮革等平衡水分较高，而且随空气状态不同而有较大变化。图 9-11 表示某些物料在 25 ℃ 下平衡水分与空气相对湿度间的关系。

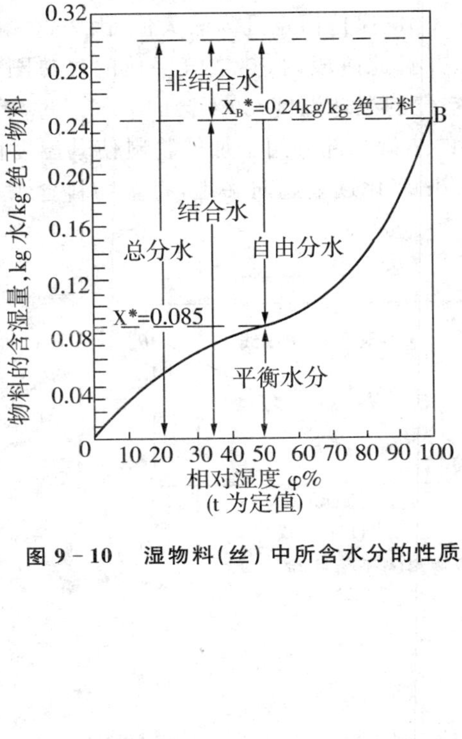

图 9-10 湿物料(丝)中所含水分的性质

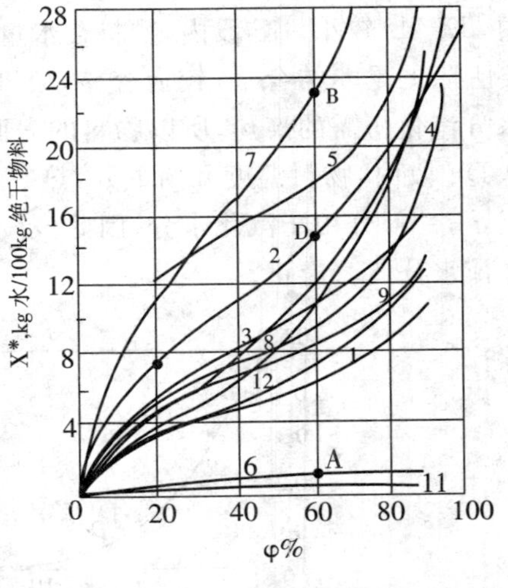

图 9-11 在 25 ℃ 时某些物料的平衡曲线

1-新闻纸；2-羊毛；3-硝化纤维；4-丝；5-皮革；6-陶土；7-烟叶；8-肥皂；9-牛皮胶；10-木材；11-玻璃绒；12-棉花

② 自由水分

物料中所含的大于平衡水分的那部分水分称为自由水分。自由水分是能用干燥方法除去的水分。物料中所含的总水分，为平衡水分和自由水分之和。结合水分、非结合水分及平衡水分、自由水分间的关系如表 9－1 和图 9－11 所示。

表 9－1　固体物料中水分的区分

<table>
<tr><td></td><td>按外部空气湿度区分</td><td colspan="2">按物料与内部结合程度分</td><td></td></tr>
<tr><td rowspan="3">物料所含总水分</td><td>平衡水分</td><td rowspan="2">结合水分</td><td>（不能除去）</td><td>干燥后残留的水分量</td></tr>
<tr><td rowspan="2">自由水分</td><td>（能除去）</td><td rowspan="2">经干燥操作除去的水分量</td></tr>
<tr><td colspan="2">非结合水分</td></tr>
</table>

9.4.2　干燥速率和干燥时间

（1）干燥实验和干燥曲线

由于干燥机理和过程的复杂性，通常干燥速率都是通过实验测定得到。为了简化影响因素，设干燥实验在恒定的条件下进行，即干燥介质的温度、湿度、流速及与物料的接触方式在整个过程中保持不变。如用大量空气干燥少量的湿物料时可接近恒定干燥条件。

在干燥实验中，将每汽化一定质量水分 ΔW 时的时间变化 $\Delta\tau$ 及相应物料的表面温度 θ 记录下来，实验进行至物料恒重为止。此时物料与空气达到动态平衡状态，物料中所含水分即为该条件下的平衡水分。然后再将物料放到烘箱内烘干至恒重时为止（控制烘箱内的温度低于物料的分解温度），即可测得绝干物料的质量 G_c。

上述实验数据经整理可分别绘出如图 9－12 所示的物料含水量 X 与干燥时间 τ、物料表面温度 θ 与干燥时间 τ 的关系曲线，这两条曲线均称为干燥曲线。

由图 9－12 可见图中 A 点表示物料初始含水量为 X_1、温度为 θ_1。干燥开始后，物料含水量及其表面温度均随时间而变。在 AB 段物料温度一般由 θ_1 升至 t_w，含湿量由 X_1 降至 X。在此阶段内，$dX/d\tau$ 较小。BC 段内，物料含水量继续下降，$dX/d\tau$ 保持恒定且为最大值。因为这一阶段主要去除的是非结合水，较为容易，故 $dX/d\tau$ 最大。并且此阶段内，热空气释放的显热刚好等于水分汽化所需的潜热，所以物料的表面温度等于空气的湿球温度 t_w，不会因为气温过高而升高。CDE 段内，物料温度开始上升，热空气传给物料的热量一部分用于加热物料使其温度由 t_w 升至 θ_2，一部分用于汽化水分。因此该段内斜率 $dX/d\tau$ 变化逐渐趋向平坦，直至物料含水量降到平衡水分 X^* 为止。

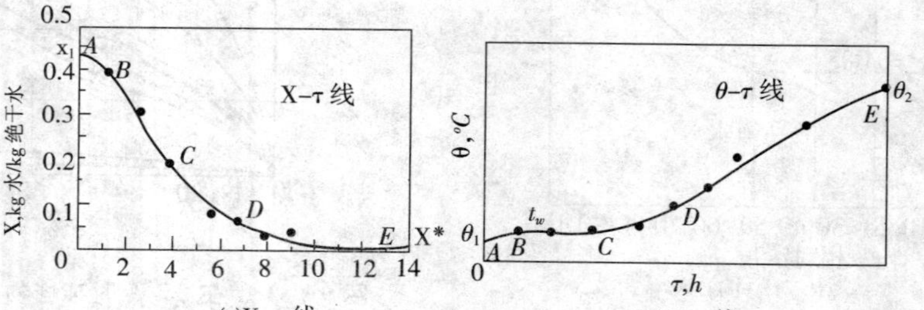

(a)X–τ 线　(b)θ–τ 线

图 9－12　恒定干燥条件下物料的干燥曲线

（2）干燥速率及其影响因素

① 干燥速率

干燥速率是指在单位时间内、单位干燥面积上汽化的水分质量，即

$$U = \frac{dW}{S d\tau} \tag{9-36}$$

式中 U—— 干燥速率，kg/(m²·s)；

S—— 干燥表面积，m²；

W—— 汽化水分量，kg；

τ—— 干燥时间，s。

因

$$dW = -G_c dX \tag{9-37}$$

式中 G_c—— 绝干物料质量，kg；

X—— 湿物料的干基含水量，kg 水 /kg 干物料。

将式(9-37)代入(9-36)得

$$U = -\frac{G_c dX}{S d\tau} \tag{9-38}$$

式中负号表示物料含水量 X 随干燥时间 τ 的增加而减小。

绝干物料的质量 G_c 及干燥表面积 S 可由实验测得，而 $dX/d\tau$ 即为干燥曲线的斜率，因此可将图 9-12 的干燥曲线变换成图 9-13 所示的干燥速率曲线。

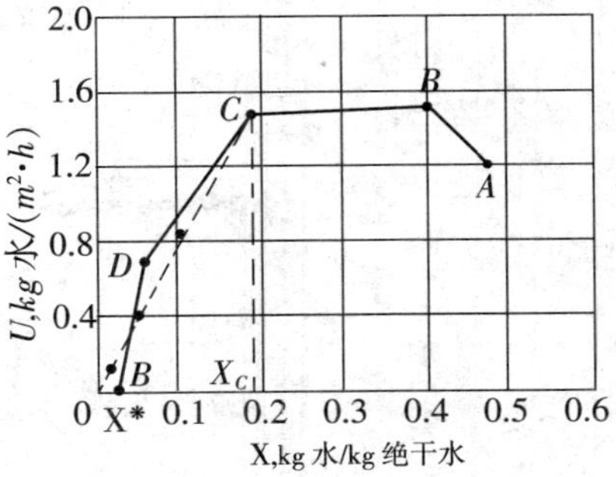

图 9-13 恒定干燥条件下干燥速率曲线

图 9-13 是恒定干燥条件下的一种典型的干燥速率曲线，实际上干燥速率曲线的形式会因物料的种类不同而异。但无论哪种类型的干燥速率曲线，都可将干燥过程明显地分为恒速与降速干燥两个阶段。

② 干燥速率的影响因素

在恒速干燥阶段与降速阶段内，物料干燥的机理及影响因素各不相同，分别讨论如下：

(Ⅰ) 恒速干燥阶段

当干燥条件恒定时，物料表面与空气之间的传热状况与测定湿球温度时相同，因此可将式(9-14)和(9-15)改写为：

$$\frac{dQ'}{S d\tau} = \alpha(t - t_w) \tag{9-39}$$

及

$$U = \frac{dW'}{S d\tau} = k_H(H_{s,t_w} - H) \tag{9-40}$$

式中 Q'—— 空气传给物料的热量，kJ。其余符合意义同前。

干燥是在恒定条件下进行的，空气的温度 t、湿度 H、流速及其与湿物料的接触方式均保持不变，故 α 与 k_H 亦应为定值。这个阶段中，由于物料表面保持完全润湿，若不考虑热辐射的影响，则物料表面达到的稳定温度即为空气的湿球温度 t_w，与 t_w 对应的 H_{S,t_w} 也应恒定不变。由式(9-39)和(9-40)可知，湿物料和空气的传热速率及传质速率均保持不变，即湿物料以恒定速率汽化水分，并向空气中扩散。

在恒速干燥阶段，空气传给湿物料的显热等于水分汽化所需的潜热，即

$$dQ' = r_{t_w} dW \tag{9-41}$$

式中 r_{t_w}——t_w 下水的汽化潜热，kJ/kg。

将式(9-41)代入式(9-39)和(9-40)得

$$U = \frac{dW'}{Sd\tau} = \frac{dQ'}{r_{t_w} Sd\tau} = k_H(H_{s,t_w} - H) = \frac{\alpha}{r_{t_w}}(t - t_w) \tag{9-42}$$

由式(9-42)可知：

(a) 提高空气温度 t，降低湿度 H，可增大传热与传质的推动力$(t-t_w)$和$(H_{S,t_w}-H)$；

(b) 提高空气流速，可增大对流传热系数 α 与对流传质系数 k_H；

(c) 水从物料表面汽化的速率，还与空气同物料接触方式有关，物料颗粒分散悬浮于气流中者最佳(如图9-14c)，不仅 α 与 k_H 大，而且与物料的接触表面积 A 也大；其次是气流穿过物料层(如图9-14a)；而气流掠过物料层表面者(如图9-14a)，与物料接触不良，干燥速率较低。

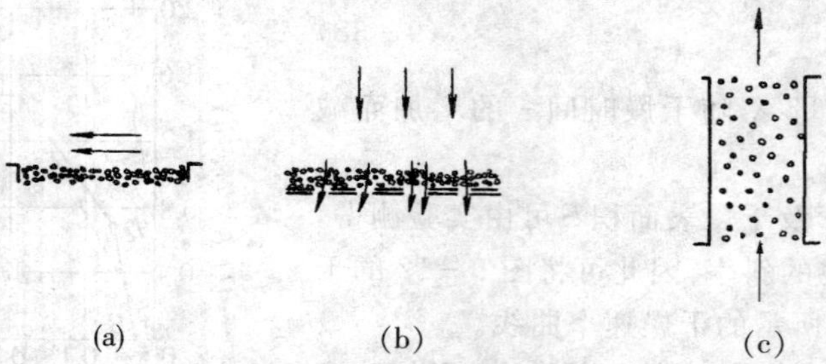

图9-14 空气与物料的接触方式

(a) 气流掠过物料层表面；(b) 气流穿过物料层；(c) 物料与颗粒悬浮气流体

(Ⅱ) 降速干燥阶段

当物料中的含水量降到临界含水量 X_c 以下，物料的干燥速率则随其含水量的减小而降低。此时，因水分自物料内部向表面迁移的速率低于物料表面水分汽化的速率，所以湿物料表面逐渐变干，汽化表面逐渐向内部移动，表面温度逐渐上升。随着物料内部水分含量的不断减少，物料内部水分迁移速率不断降低，直到物料的含水量降至平衡含水量时，物料干燥过程停止。降速阶段干燥中只有结合水分，干燥速率主要受物料的结构、形状和尺寸影响大，而与干燥介质的条件关系不大。

降速阶段干燥速率曲线的形状，因物料的内在性质不同而异。图9-15所示为四种典型形状的干燥速率曲线，它们能明显地表现出物料的特性，简要介绍如下。

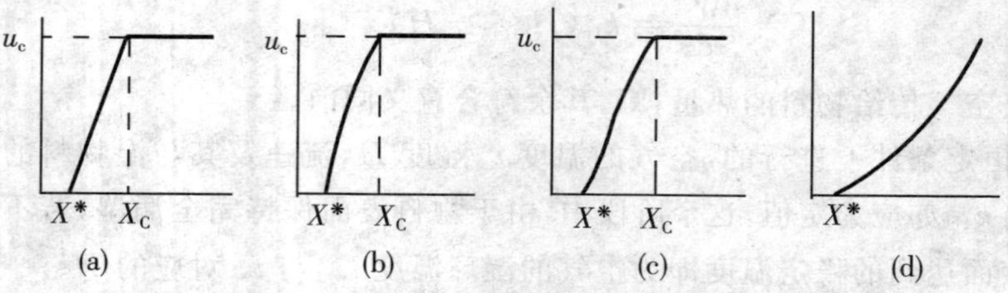

图9-15 四种典型形状的干燥速率曲线

图(a)表示大孔隙粒状物料层干燥、粉粒状物料分散干燥、液滴干燥及薄片状物料、粉粒状物料的片状滤渣等的干燥，其降速阶段的干燥速率与含水量近似呈线性关系。

图(b) 表示非亲水性细粉粒堆积层或纤维状物料层的干燥，依靠毛细管力的作用，使水分通过细小孔隙向物料表面传递。

图(c) 表示纤维性物料(木材、纺织物、皮革、纸张) 或细小粉粒物料(粘土、淀粉) 等亲水性物料的干燥。第一降速干燥阶段水分的传递主要依靠毛细管力，而第二降速阶段水分与水汽的传递主要依靠扩散作用。

图(d) 表示肥皂、胶类等能与水形成均相溶液的无孔吸湿性物料的干燥，物料内部与表面有浓度差，水分借扩散作用向表面传递，在表面汽化。这类物料不存在恒速干燥阶段。

(3) 恒定干燥条件下干燥时间的计算

① 恒速阶段干燥时间计算

(Ⅰ) 利用干燥速率曲线或干燥曲线计算干燥时间：在恒定干燥条件下，恒速干燥阶段的干燥速率为常量，而且等于临界干燥速率 U_0。故物料从最初含水量 X_1 干燥到临界含水量 X_c 所需的干燥时间 τ_1 可根据所测定的干燥速率曲线，利用式(9 - 38) 求取。将式(9 - 38) 改写为

$$d\tau = \frac{G_c dX}{SU_0}$$

分离变量积分

$$\int_0^{\tau_1} d\tau = -\frac{G_c}{SU_0}\int_{X_1}^{X_c} dX$$

得

$$\tau_1 = \frac{G_c}{SU_0}(X_1 - X_c) \tag{9-43}$$

式中 τ_1—— 恒速阶段干燥时间，h；

X_1—— 物料最初干基含水量，kg 水 /kg 干物料；

X_c—— 物料临界湿含量，kg 水 /kg 干物料。

此外，也可用干燥曲线直接求得 τ_1。

(Ⅱ) 利用给热系数计算干燥时间：由式(9 - 42) 可知

$$U_0 = \frac{\alpha}{r_w}(t - t_w) \tag{9-44}$$

将(9 - 44) 代入式(9 - 43) 得

$$\tau_1 = \frac{G_c r_w (X_1 - X_0)}{\alpha S(t - t_w)} \tag{9-45}$$

式中 t—— 恒定干燥条件下空气的平均温度，℃；

t_w—— 初始状态空气的湿球温度，℃。

若已知空气与物料表面间的对流传热系数 a，即可用式(9 - 45) 计算恒速干燥阶段所需干燥时间 τ_1。

对流传热系数 a，最好由实验确定，无实验数据时，其值可按下面经验公式估算。

(a) 空气平行流过静止物料层的表面

$$\alpha = 0.0204(L')^{0.8} \tag{9-46}$$

式中 α—— 对流传热系数，W/(m^2 · K)。

L_1—— 湿空气的质量流量，kg/(m^2 · h)。

应用条件：$L' = 2450 \sim 29300$ kg/(m^2 · h)，空气的平均温度为 $45 \sim 150$ ℃。

(b) 空气垂直流过静止的物料层表面

$$\alpha = 1.17(L')^{0.37} \tag{9-47}$$

应用条件：$L' = 3900 \sim 19500\ \text{kg}/(\text{m}^2 \cdot \text{h})$。

(c) 气体与运动着的颗粒间的传热

$$\alpha = \frac{\lambda_0}{d_{\text{pm}}}\left[2 + 0.54\left(\frac{d_{\text{pm}} u_0}{v_g}\right)^{0.6}\right] \tag{9-48}$$

式中 d_{pm}—— 颗粒的平均直径，m；

u_0—— 颗粒的沉降速度，m/s；

λ_0—— 空气的导热系数，W/(m·K)；

v_g—— 空气的运动粘度，m^2/s。

② 降速阶段干燥时间计算

降速干燥阶段干燥速率随物料含水量的减少而降低，物料含水量由 X_c 下降 X_2 到所需时间 τ_2，可由式(9-38)积分求得，即

$$\tau_2 = \int_0^{\tau_2} \text{d}\tau = -\frac{G_c}{S}\int_{X_c}^{X_2} \frac{\text{d}X}{U} = \frac{G_c}{S}\int_{X_2}^{X_c} \frac{\text{d}X}{U} \tag{9-49}$$

式中 τ_2—— 降速阶段干燥时间，s；

X_2—— 降速阶段终了时物料的含水量，kg/kg 绝干料；

U—— 降速阶段的瞬时干燥速率，$\text{kg}/(\text{m}^2 \cdot \text{s})$。

其他符号与前相同。

式(9-49)中积分项的计算方法有：

(Ⅰ)图解积分法 当降速干燥阶段的干燥速率 U 随物料的含水量 X 呈非线性变化时，可根据干燥速率曲线的形状用图解积分法计算干燥时间。以 X 为横坐标，$1/U$ 为纵坐标，在图中标绘出 $1/U$ 与对应的 X，由纵线 $X = X_c$ 与 $X = X_2$、横坐标轴及曲线所包围的面积为积分项的值。

(Ⅱ)解析法 当降速干燥阶段的干燥速率曲线随物料的含水量呈线性变化或近似线性变化时，干燥时间可采用解析法进行计算。在此阶段中，物料的干燥速率与物料中的自由水分含量($X - X^*$)成正比，即

$$U = k_X(X - X^*) \tag{9-50}$$

式中 k_X—— 比例系数，即降速干燥速率曲线的斜率，kg 干物料 /($\text{m}^2 \cdot \text{h} \cdot \Delta X$)。

将式(9-50)代入式(9-49)，积分得

$$\tau_2 = \frac{G_c}{Sk_X}\int_{X_2}^{X_c} \frac{\text{d}X}{X - X^*} = \frac{G_c}{Sk_X}\ln\frac{X_c - X^*}{X_2 - X^*} \tag{9-51}$$

物料干燥所需总时间为

$$\tau = \tau_1 + \tau_2 \tag{9-52}$$

例 9-3 有一批物料的干燥速率曲线如图 9-13 所示。若将该物料由含水量 27% 降至 6%(均为湿基)，湿物料的质量为 300 kg，干燥表面积为 $0.025\ \text{m}^2$/kg 干物料，装卸时间 τ' 为 1 小时，试确定每批物料的干燥周期。

解 将物料中湿基含水量换算成干基含水量

$$X_1 = \frac{w_1}{1 - w_1} = \frac{0.27}{1 - 0.27} = 0.37\ \text{kg 水 /kg 干物料}$$

$$X_2 = \frac{w_2}{1-w_2} = \frac{0.06}{1-0.06} = 0.0638\ \text{kg 水 /kg 干物料}$$

绝干物料量　$G_c = G_1(1-w_1) = 300(1-0.27) = 219\ \text{kg}$

干燥总表面积　$S = 219 \times 0.025 = 5.475\ \text{m}^2$

由图 9-13 中查到该物料的临界含水量 X_c 为 0.2 kg 水 /kg 干物料，平衡含水量 X^* 为 0.05 kg 水 /kg 干物料，由于 $X_2 < X_c$，所以干燥过程应包括恒速和降速两个阶段，各段所需时间分别计算如下。

(1) 恒速阶段 τ_1

此段由 X_1 到 X_c，由图 9-13 查得 $U_0 = 1.5\ \text{kg/(m}^2\cdot\text{h)}$。由式(9-43)知

$$\tau_1 = \frac{G_c}{U_0 S}(X_1 - X_C) = \frac{219}{1.5 \times 5.475} = (0.37-0.20)4.53\ \text{h}$$

(2) 降速阶段 τ_2

此段由 X_c 到 X_2，用 CE 虚线解析法近似计算，由图 9-13 知

$$k_X = \frac{U_0}{X_c - X^*} = \frac{1.5}{0.2-0.05} = 10$$

由式 9-51 得

$$\tau_2 = \frac{G_c}{Sk_X}\ln\frac{X_c - X^*}{X_2 - X^*} = \frac{219}{5.475 \times 10}\ln\frac{0.20-0.05}{0.0638-0.05} = 9.54\ \text{h}$$

(3) 每批物料的干燥周期 $\tau = \tau_1 + \tau_2 + \tau' = 4.53 + 9.54 + 1 = 15.07\ \text{h}$

9.5　干燥设备

工业生产中由于干燥的物料形态、物性各异，干燥程度和处理量等要求也不尽相同，所以使用的干燥方法及干燥器的形式是多种多样的。通常干燥器按加热方法不同进行分类。分类情况如表 9-2 所示

表 9-2　常用干燥器的分类

类　型	干　燥　器
对流干燥器	厢式干燥器 气流干燥器 沸腾干燥器 转筒干燥器 喷雾干燥器
传导干燥器	滚筒干燥器 真空盘架式干燥器
辐射干燥器	红外线干燥器
介电加热干燥器	微波干燥器

无论何种形式的干燥器，都应具备以下要求：

(1) 保证干燥产品的质量要求，如含水量、强度、形状等；

(2) 干燥速率快、干燥时间短，以减小干燥器的尺寸，降低能耗，同时还应考虑干燥器辅助设备的规格和成本；

(3) 操作控制方便，劳动条件好。

9.5.1 干燥器的主要形式

(1) 厢式干燥器

厢式干燥器又称盘式干燥器，一般小型的称烘箱，大型的称烘房。它是一种常用的干燥设备，多采用强制气流的方法，为常压间歇操作的典型设备，可用于干燥多种不同形态的物料。按气体流动方式可分为平行流式、穿流式；根据处理量不同，有搁板式和小车式等。

① 平行流厢式干燥器

平行流厢式干燥器如图9-16所示，整体为一厢形结构，周围设有保温层，以防止热量损失，前面是门，用以装卸物料。在大型厢式干燥器中，料盘放于小车上，小车可以方便地推进推出。厢内装有风扇、空气加热器、热风整流板、送风、排风口等。热风的流动方向与物料平行。从物料表面掠过，把湿分带走而达到干燥。干燥器内的风速在0.5～3 m/s间选取，根据物料的粒度而定，应使物料不被气流带走为宜。物料堆积厚度为20～50 mm。平行流厢式干燥器适用于干燥后期易产生粉尘的泥状物料、少量多品种的粒状或粉状湿物料。

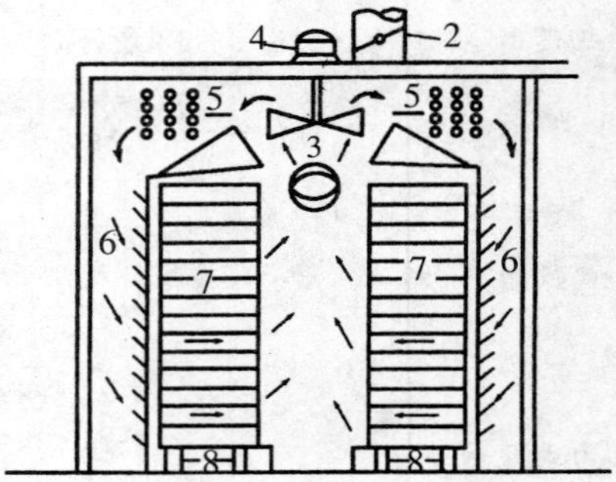

图9-16 平行流厢式干燥器

1-空气入口；2-空气出口；3-风扇；4-电动机；5-加热器；6-挡板；7-盘架；8-移动轮

② 穿流式厢式干燥器

穿流式厢式干燥器，如图9-17所示，结构与平流式相同，堆放物料的隔板或容器的底由金属网或多孔板构成，使热风能够均匀地穿流通过料层。物料以易使气流穿流的颗粒状、片状、短纤维状等为主，泥状物料经过成型做成直径为5～10 mm的圆柱也可以使用。物料层厚度通常为45～65 mm。通过物料层的风速为0.6～1.2 m/s，床层压降取决于物料的形状，堆积厚度及穿流风速，一般为20～500 mmH_2O。穿流式由于热风穿过料层，故其干燥速率为平行流式的3～10倍，干燥时间比较短，但动力消耗大。正常进行的关键是使气流均匀穿过料层。

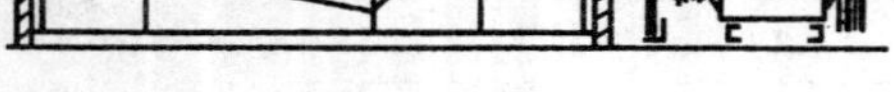

图9-17 穿流厢式干燥器

厢式干燥器的优点是构造简单，设备投资少，适应性强，物料破损及粉尘少，可适用于大多数物料的干燥。缺点是装卸物料的劳动强度大，设备的利用率低，热利用率低及产品质量不易均匀。它适用于小规模、多品种、要求干燥条件变动大及干燥时间长等场合的干燥操作。

(2) 气流干燥器

气流干燥法是将泥状、粉粒状或块状的湿物料送入热气流中与之并流，从而得到分散成粉粒状的干燥产品。气流式干燥器是连续式常压干燥器的一种。

根据湿物料的加入方式，干燥装置可分为带粉碎机型，带分散型和直接加入型等。带粉碎机型气流干燥装置如图9-18所示。主体是一根直立的圆筒，湿物料由料斗加入螺旋输送混合器中，与一定量的干燥物料混合后进入气流干燥器底部的粉碎机。从预热器来的热空气也同时送入粉碎机，将粉粒状的固体吹入气流干燥器中。由于热气体作高速运动，使物料颗粒分散并悬浮在气流中。热气流与物料间进行传热、传质，使物料得以干燥，并随气流进入旋风分离器经分离后由底部排出，再借固体流动分配器的作用，定时地排出作为产品或进入螺旋输送混合器供循环使用。废气由旋风分离器上部经风机而排出。

按照加入干燥器内湿物料的不同分散特性，气流干燥器可以不需配置湿物料分散器，也可能需要配置分散器或粉碎机。直接加入型气流干燥装置，它是将湿物料直接加入加速管的

热气流中而使之分散的形式。在管中热风以 30 ～ 40 m/s 的速度流动，利用热气流与物料冲击，使物料分散，故适用于易分散的粉状物料。带分散器型气流干燥装置，它是将因含有水分而凝聚，在热气流中仍不分散的粉粒状物料，通过分散器将其加入热气流中的型式。当湿物料在干燥时兼有粉碎的目的，或是难以在气流中分散的泥状物料时，需考虑配置粉碎机，如笼式或盘式冲击粉碎机。

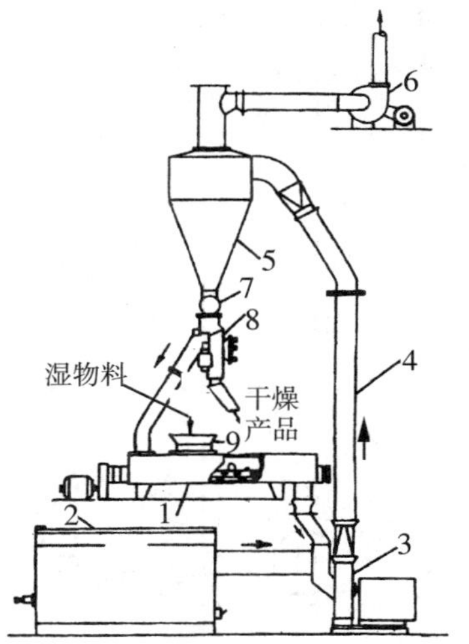

图 9-18 带粉碎机的气流干燥流程

1-螺旋式输送混合机；2-燃烧炉；3-球磨机；4-气流干燥器；5-旋风分离器；6-风机；7-星式加料阀；8-固体流动分配器；9-加料斗

(3) 带式干燥器

图 9-19 所示，是一个长方形干燥室，或称隧道，其内安置带式运输设备。传送带多为网状，气流与物料成错流，带子在前移过程中物料不断地与热空气接触而被干燥。传送带是多层的，带宽为 1 ～ 3 m，长为 4 ～ 50 m，干燥时间为 5 ～ 120 分钟。通常在物料的运动方向上分成许多区段，每个区段都可装设风机和加热器。在不同的区段上，气流方向及气体的温度、湿度和速度都可不同，例如在湿料区段，采用的气体速度可以大于干燥产品区段。

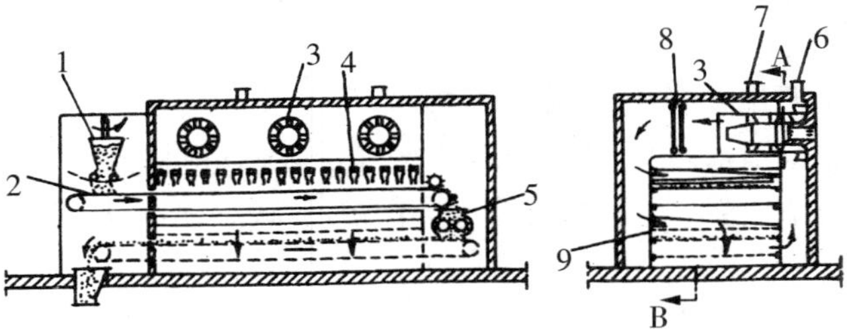

图 9-19 带式干燥器

1-加料器；2-传送带；3-风机；4-热空气喷嘴；5-压碎机；6-空气入口；7-空气出口；8-加热器；9—空气再分配器

带式干燥的优点是物料在干燥过程中翻动少，可保持物料的形状，缺点是生产能力和热效率较低。它适宜于干燥粒状、块状和纤维状物料。由于被干燥物料的性质不同，传送带可用帆布、橡胶、涂胶布或金属丝网制成。

(4) 流化床干燥器(沸腾床干燥器)

图 9-20 所示为单层流化床干燥器。湿物料经进料器进入床层，热空气由下而上通过多孔式气体分布板。当气速(指空床气速) 较低时，颗粒床层呈静止状态，气流穿过颗粒间的空隙，此时颗粒床层为固定床。当气速增加到一定程度后，颗粒床层开始松动，并略有膨胀，在小范围内变换位置。当气速再增大到某一数值后，颗粒在气流中呈悬浮状态，形成颗粒与气体的混合

层，恰如液体沸腾状态，气固两相激烈运动相互接触。这种状态的床层，称为流化床或沸腾床。由固定床转为流化床时的气速，称为临界流化速度。

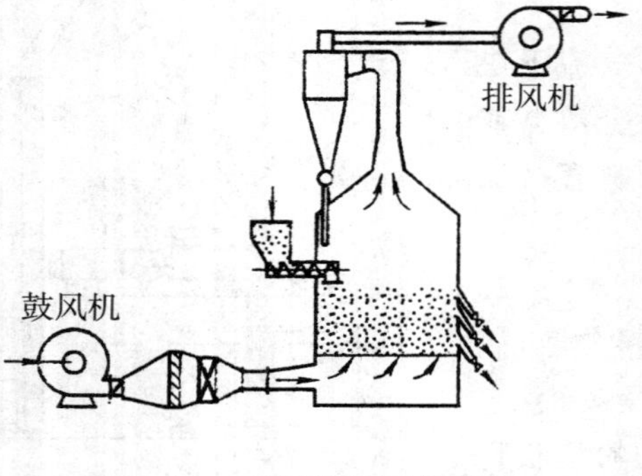

图 9－20 单层流化床干燥器

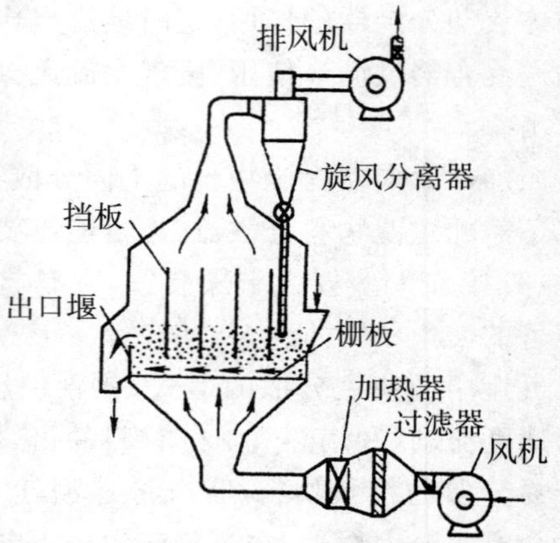

图 9－21 卧式多室流化床干燥器

气速愈大，流化床层就愈高。当气速增大到颗粒的自由沉降速度 u_t 时，颗粒开始同气流一起向上流动，成为气流干燥状态，亦称 u_t 为流化床的带出速度，流化床的操作气速应在临界流化速度与带出速度之间。

湿物料在流动床中与热空气进行热量及质量的传递，达到干燥的目的。干燥后的产品由床层侧面出料管溢流排出，气流由顶部排出，经旋风分离器或袋式除尘器回收其中夹带的粉尘。

在流化床中，有的颗粒因短路，在床层中的停留时间过短，未达到干燥要求即排出；有的颗粒因返混，停留时间较长。为了提高物料在床层中停留时间分布的均匀，可以改用图 9－21 所示的卧式多室流化床干燥器。它是在长方形床层中，沿垂直于颗粒流动方向，安装若干垂直挡板，分隔为几个室，挡板下端距多孔分布板有一定距离，使颗粒能逐室流动，颗粒的停留时间分布较为均匀，以防止未干颗粒排出。

流化床干燥器的主要优点有：床层温度均匀，并可调节；因传热速度快，处理能力大，停留时间可在几分钟到几小时范围内调节，使物料含水量降至很低；物料依靠进、出口床层高差自动流向出口，不需输送装置；结构简单，可动部件少，操作稳定。缺点是物料的形状和粒度有限制。

(5) 喷雾干燥器

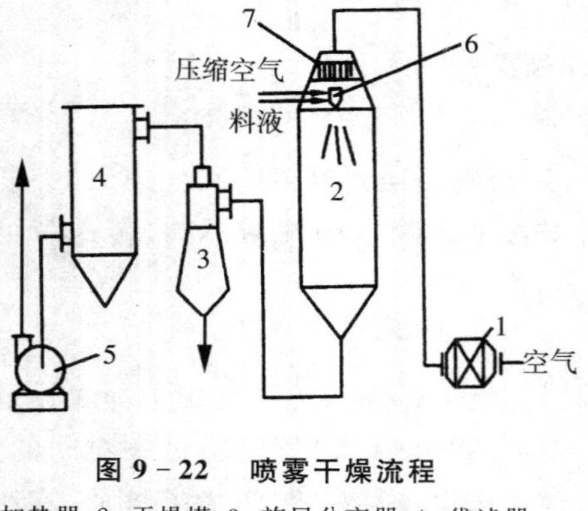

图 9－22 喷雾干燥流程

1－加热器；2－干燥塔；3－旋风分离器；4－袋滤器；5－风机；6－喷嘴；7－空气分配板

喷雾干燥是指用单独一次工序，将溶液、乳浊液、悬浮液或膏糊液物料变成粉体、颗粒、空心球或团粒。其形式取决于物料的物理特性，以及喷雾干燥设备的流程和操作。

喷雾是将液体通过雾化器的作用，喷洒成极细小的雾状液滴。干燥是由于载热体（热空气、过热水蒸气、烟道气、惰性气体）同雾滴均匀混合，进行热传递和质量传递而使水分（或溶剂）蒸发的过程。喷雾干燥就是喷雾与干燥两者的密切结合，喷雾是干燥的必要条件，两个方面同时决定着过程本质，直接影响产品质量的好坏。

常用的喷雾干燥器如图 9－22 所示，主要包括空气加热系统、干燥系统(包括塔身和雾化器)、干粉收集及气固分离系统。图中，空气进入加热器后，用水蒸气或电间接加热(也可直接加热) 以预热空气温度。热空气进入干燥塔与喷嘴喷出的雾滴相接触，雾滴中的水分迅速蒸发，生成粉状或颗粒状成品。废气和干粉在旋风分离器中得到分离，成品从旋风分离器底部放出，更细的成品则需通过布袋除尘器进一步分离，最后废气从风机排出。热风进入塔内时，经过导向板使其均匀分布于塔中，干燥效果较好。风机安装在流程末端，使整个系统在负压下操作，以免车间粉尘飞扬。

热空气与料液接触方式有并流式、逆流式和混流式三种，图 9－23 所示的是三种方式四种类型接触方式的简图。

① 气液两相并流的喷雾干燥器又分为两类。一类气液两相向下并流，如图 9－23(a)，这种流向应用广泛，特别适用于热敏性物料。空气进口和液体雾化都在塔顶部分，沿塔向下流动。气液两相在塔的上部接触，料液水分迅速蒸发，大量吸收空气的热量，而使热风的温度下降。流到塔的下部，物料已干燥为粉末，此时空气温度也已下降。空塔气速一般保持在 0.2 ～ 0.5 m/s。这种流向适用于喷嘴雾化器和离心转盘雾化器。但由于雾化器和空气分布器均安装在塔顶，对于喷嘴位置和空气分布器的调节较为不便。另一类是气液两相向上并流的喷雾干燥，如图 9－23(b) 所示，气体从塔底进入、喷嘴也安装在塔的下部，向上喷出，这种流向与由上向下的并流操作在原理上并无不同，其较大颗粒不会被气流带走，所得产品的粒度比较均匀。喷嘴位置在塔的下部，以便于检修清洗和调整。

② 气液两相先逆流后并流的喷雾干燥器如图 9－23(c) 所示。雾化器安装在塔的中上部，向上喷雾，与塔顶流 λ 的热空气相接触，使料液水分迅速蒸发。这种流向也适用于热敏性物料，并且有并流的优点。但因逆流时传热、传质的推动力较大，以及停留时间较长，因而可以降低塔的高度。操作时，应注意防止在颗粒返回区产生粘壁现象。这种气液流向又称为混流式。

③ 气液两相逆流操作的喷雾干燥器如图 9－23 (d) 所示。雾化器安装在塔顶，热空气从塔底进来，塔顶喷出的雾滴与塔底上来的较湿空气相接触，因此干燥推动力较小，水分蒸发速度较并流式为慢。在塔底、最热的干燥空气与较干的颗粒接触，因此对于能经受高温，需要含水量低和较高松密度的非热敏性物料，用逆流系统最合适。此外，在逆流系统中，全过程的平均温度差和分压差较大，停留时间较长，有利于传热和传质，热的利用率也较高。

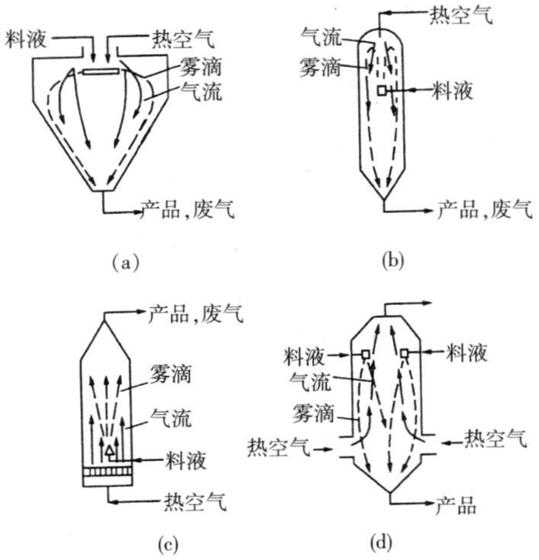

图 9－23 空气与料液在干燥器内的流动

(a) 并流向下；(b) 并流向上；(c) 先逆流后并流向下；(d) 逆流

并流、逆流和混流喷雾干燥器的应用要根据所处理的料液性质采取不同的工艺布置，主要有开放式、闭式循环、半闭式循环和自惰式循环系统四种形式。此外，还有二级喷雾干燥系统和流化床喷雾造粒系统等。

开放式喷雾干燥系统是应用最广泛的一种，其特点是用热空气作为干燥介质，只经过干燥室一次即携带水汽排放至大气中。闭式循环喷雾干燥系统是料液中含有有机溶剂或易燃、易爆性溶剂时，应用惰性气体作为干燥介质，在封闭系统中进行喷雾干燥操作。半闭式循环的喷雾干燥系统介于开放式和闭式循环之间。自惰式循环系统是用明火直接加热，使干燥介质空气的含氧量降低到 6 % 以下，这样可以自制惰性气体避免爆炸或着火。二级干燥系统是将喷雾干燥和流化床干燥相结合的系统。流化床喷雾造粒干燥是在含有细粉核的流化床中，用埋在床层内的喷嘴使料液或粘合剂溶液雾化，并与流化的粉末相接触，在固液界面间的界面能作用下，液体在粒子间交联架桥而产生凝聚现象，同时由吹上来的热风使其干燥而获得多孔颗粒产品。

喷雾干燥过程可分为四个阶段，料液雾化为雾滴；料液与热空气以并、逆或混合流接触；雾滴在与器壁接触前，水分迅速汽化而达干燥；干燥产品与空气分离。雾滴的大小和均匀程度对产品质量和技术经济指标影响很大，特别是对热敏性物质的干燥由为重要。为使料液分散为微细的平均直径 20 ～ 60 μm 的雾滴，增大表面积，与热空气接触时迅速汽化水分而干燥为粉末或颗粒产品。料液雾化所用的雾化器是喷雾干燥的关键，常用的有离心式喷雾器、压力式喷雾器及气流式喷雾器三类。

喷雾干燥的主要优点有：由于料液经喷雾后被雾化成几十微米大小的液滴，所以单位质量的表面积很大，可达 300 m^2/g 左右，扰动剧烈，干燥速度快，干燥时间短；恒速干燥阶段，即液滴水分多的阶段，其温度接近于湿球温度（当热空气温度为 180 ℃ 时，其温度约为 45 ℃），由于迅速干燥，最终产品的温度也不会高，所以适合于热敏性物料的干燥；干燥产品具有良好的分散性和溶解性；产品纯度高，环境卫生好；生产过程简单，操作控制方便，适宜于连续化、自动化生产。其缺点是：当热风温度低于 150 ℃ 时，热交换的情况较差，需要的设备体积较大，清洗工作量也大，空气消耗量大，因而动力消耗也大；从废气中回收粉尘的分离设备要求高，要达到高的回收效果，附属装置比较复杂；有时会发生粘壁现象。

(6) 转筒干燥器

图 9－2 所示为热空气直接加热式转筒干燥器，其圆形筒体与水平略成倾斜，慢速旋转，物料自高端加入，低端排出，筒体内壁装有若干抄板，在筒体旋转过程中，把物料抄起来，再洒落，以增大物料与热空气的接触面积，提高干燥速率。干燥介质可用热空气、烟道气或其他气体，与物料可作并流或逆流流动。并流操作时，高温气体与刚进入的湿物料接触，物料在水分表面汽化阶段保持温球温度，物料在接近出口时，温度进入上升阶段，因气体温度已下降，物料温度不会升高很多，因此有些物料，如热敏性物料，并流操作时，用温度较高的气体，也不会影响产品质量。逆流操作时，高温气体与刚要排出的物料接触，此操作适用于耐高温且在第二干燥阶段较难除去水分的物料，且物料以高温排出，带出热量较多。

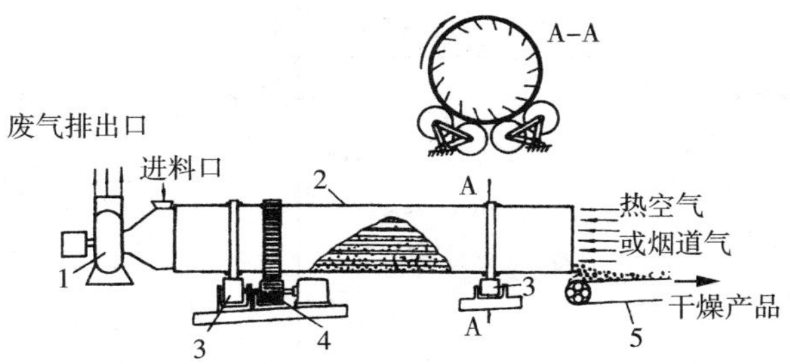

图 9-24 热空气直接加热的逆流操作转筒干燥器

1-鼓风机;2-转筒;3-支承装置;4-驱动齿轮;5-带式输送器

气流速度由物料粒度与密度决定,以物料不随气流飞扬为依据,通常气速较低。物料的停留时间,可用调节转筒的转数来改变,以满足产品含水量降至要求值。

转筒干燥器的主要优点有:连续操作,处理量大;与气流干燥器、流化床干燥器相比,对物料含水量、粒度等变动的适应性强;操作稳定可靠。缺点是设备笨重、占地面积大。

9.5.2 干燥器的选型及发展方向

在化工、制药、食品、生物、轻工等工业生产中,为完成一定的干燥任务,需要选择适宜的干燥器类型。

(1) 干燥器选型应考虑的因素

① 物料的形态 物料形态各异,有纤维状、块状、片状、粉粒状、颗粒状、膏糊状、液态等,故选择干燥设备首先需要了解被干燥物料的形态。

② 物料的物理性质 物料性质应包括密度、堆积密度、粒径和粒径分布、比热容以及物料的粘附性、吸湿性、喷雾干燥料液的粘度等。粘附性的高低,对进出料有很大影响,粘附性严重时将使干燥过程无法进行。

③ 物料在干燥过程中的特性 确定湿物料的干燥条件时,必须掌握此物料的干燥特性。特别是在确定所需干燥时间时,必须求出干燥特性曲线。至少也应知道临界含水量。对难以干燥的物料,主要是给予较长的停留时间,而不是强化干燥的外部条件。

④ 其他 还应考虑干燥过程中,物料受热情况和变形情况。有些物料受热后会分解变质,有些物料干燥过快则会收缩使成品开裂或变形。干燥脆性物料时特别要注意产品的粉碎和粉化。

(2) 干燥器选型

选择干燥器时,首先应根据被干燥湿物料的形态、处理量的大小及处理方式初选出几种可用的干燥器类型。其次根据物料的干燥特性,估算出设备的体积、干燥时间等,从而对设备费及操作费进行经济核算、比较。最后,结合选址条件、热源问题等,选出适宜的干燥器。

表 9-3 列出主要干燥器的选型表,可供选型时参考。

表 9-3 干燥器选型表

干燥器	湿物料状态							
	纤维	片状	溶液	泥浆	膏糊状	粒径 100 目以下	粒径 100 目以上	薄膜状
箱式	1	1	5	4	1	1	1	5
气流	5	5	5	3	3	4	1	5
流化床	5	5	5	3	3	4	1	5
喷 雾	5	5	1	1	3	5	5	5
回 转	1	5	5	4	1	1	4	5
滚 筒	5	5	1	1	4	4	5	适用于多滚筒
耙式真空	5	5	4	1	1	1	4	5
带 式	1	5	5	4	1	1	1	4
冷 冻	5	5	2	2	2	2	2	5
远红外	2	1	2	2	2	2	2	1
微 波	2	2	2	2	2	2	2	2

符号说明：1. 适用；2. 经费许可时适用；3. 特定条件下适用；4. 适当条件可应用；5. 不适用

(3) 干燥器的发展方向

目前，我国干燥设备的类型已基本齐全，今后对干燥器的研究应从两个方面着手，一方面继续开发干燥器的类型和品种，采用新结构和新能源；另一方面，对现有的干燥器加以改造，以提高其性能。

对干燥设备的设计与制造应注意下列两点：

① 干燥器的大型化。只有发展大型装置，才能满足大规模生产的需要。

② 提高效率、节约能源。干燥操作是耗能较多的化工单元操作之一，因此干燥操作的节能应提到日程上来，而提高效率又是节能的方向。首先应将仍在使用而热效率相当低的陈旧设备加以改造或更换热效率高的设备；其次从生产连续化，提高干燥介质温度，采用多级闭路循环干燥操作，将物料湿分尽可能地先用机械方法除去，提高自动控制水平，回收余热及加强保温等措施方面考虑。

9.5.3 干燥器的设计

设计干燥器时，主要应用物料衡算、热量衡算、传热速率方程及传质速率方程等四个基本方程。因为对流传热系数和传质系数目前还没有通用的关联式，所以干燥器的设计目前仍借助经验或半经验方法进行。设计的基本原则是物料在干燥器中的停留时间必须等于或稍大于所需的停留时间。

(1) 干燥器操作条件的确定

干燥器操作条件的确定与许多因素(例如干燥器的类型、物料的特性及干燥过程的工艺要求等)有关。而且各种操作条件(例如干燥介质的温度和湿度等)之间又是相互制约的，应予综合考虑。有利于强化干燥过程的最佳操作条件，通常由实验测定。下面介绍一般的选择原则。

① 干燥介质的选择

在对流干燥操作中，干燥介质可采用空气、惰性气体、烟道气和过热蒸汽。当干燥温度不太高，物料不会氧化时，可采用热空气作为干燥介质。对某些易氧化的物料，或从物料中蒸发出易爆的气体时，则宜采用惰性气体作为干燥介质。烟道气适用于高温干燥，但要求被干燥物料不怕污染且不与烟道气中的 SO_2 和 CO_2 等气体发生作用。在我国过热蒸汽作为干燥介质是一项新的技术，其优点是使用过热蒸汽干燥时湿物料的温度不是湿球温度，因而干燥速率高；湿物料的临界湿含量低而恒速干燥阶段延长；所蒸发水分本身就是干燥介质，因而物料汽化的水分向气相扩散不存在阻力；所形成的无氧环境保护了物料，产品质量好；尾气余热可回收而热效高等，因此具有很好的开发前景。

② 流动方式的选择

干燥介质和物料在干燥器中的流动方式，一般可分为并流、逆流和错流三种。

物料的移动方向和介质的流动方向相同的操作称并流操作。并流操作适用于：

（Ⅰ）当物料含水量较高时，允许进行快速干燥而不产生龟裂或焦化的物料；

（Ⅱ）干燥后期不耐高温，即干燥产品易产生变色、氧化或分解等变化的热敏性物料。

物料的移动方向和干燥介质的流动方向相反的操作称逆流操作。逆流操作适用于：

（Ⅰ）在高含水量且不允许采用快速干燥的物料；

（Ⅱ）在干燥后期，可耐高温的物料；

（Ⅲ）要求获得含水量很低的干燥产品。

干燥介质与物料间运动方向相互垂直的操作称为错流操作。错流操作适用于：

（Ⅰ）无论在高或低的含水量时，都可进行快速干燥，且可耐高温的物料。

（Ⅱ）因阻力或干燥器构造的要求不适宜采用并流或逆流操作的场合。

③ 干燥介质的进口温度

干燥介质的进口温度宜保持在物料允许的最高温度范围内，同时还应避免物料发生变色、分解。对于同一种物料，允许的介质进口温度随干燥器型式不同而异。如厢式干燥器中，由于物料是静止的，故应选用较低的介质进口温度，在转筒、沸腾、喷雾、气流等干燥器中，由于物料不断地翻动，接触较为充分，干燥速率快，时间短，故介质进口温度可高些。

④ 干燥介质出口的相对湿度和温度

提高干燥介质出口的相对湿度，可以减少空气消耗量及传热量，即可降低操作费用，但是介质中水蒸气分压增高，也使干燥过程的平均推动力下降。若要保持相同的干燥能力，就需增大干燥器的尺寸，即加大了投资费用。所以，最适宜的介质出口的相对湿度应通过经济衡算来决定。

干燥介质的出口温度应该与介质出口的相对湿度 φ_2 同时予以考虑。若 t_2 增高，则热损失大，干燥热效率就低；若 t_2 降低，而 φ_2 又较高，此时湿空气可能会在干燥器后面的设备和管路中析出水滴，从而影响了干燥的正常操作。对气流干燥器，一般要求 t_2 较物料出口温度高 10 ～ 30 ℃，或 t_2 较入口气体的绝热饱和温度高 20 ～ 50 ℃。

⑤ 物料的出口温度

物料的出口温度 θ_2 与很多因素有关，但主要取决于物料的临界含水量 X_0 及降速干燥阶段的传质系数。X_0 愈低，物料的 θ_2 也愈低；传质系数愈高，θ_2 值愈低。目前还没有求算 θ_2 的理论公式，设计时可按下述方法进行估算。

（Ⅰ）按物料允许的最高温度 θ_{max} 估计；

$$\theta_2 = \theta_{max} - (5 \sim 10) \tag{9-53}$$

式中　θ_2 及 θ_{max} 的单位均为 ℃。

显然，这种估计方法仅考虑物料的允许温度，但并未考虑降速阶段中物料干燥的特点，因此误差较大。

（Ⅱ）选用实际数据　根据一定条件下的生产或实验数据，估计与物料含水量相对应的出口温度。应指出，干燥器的类型和操作条件应与设计所要求的相似。

（Ⅲ）对气流干燥器，若 $X_c < 0.05$ kg 水 /kg 干物料时，可采用简化公式

$$\frac{t_2-\theta_2}{t_2-t_{w2}}=\frac{r_2(X_2-X^*)-c_s(t_2-t_{w2})\left(\frac{X_2-X^*}{X_c-X^*}\right)^{r_2(X_c-X^*)/c_s(t_2-t_{w2})}}{r_2(X_c-X^*)-c_s(t_2-t_{w2})} \tag{9-54}$$

式中　t_2 —— 空气出干燥器的温度，为一定值，℃；

t_{w2} —— 热空气的出口状态下的湿球温度，℃；

θ_2 —— 物料离开干燥器温度，℃；

r_2 —— 在 t_{w2} 下水的汽化潜热，kJ/kg；

c_s —— 干物料比热容，kJ/(kg・℃)；

X_c、X_2、X^* —— 湿物料的临界含水量、离开干燥器时的湿含量、平衡湿含量，kg 水 /kg 干物料。

利用式(9－54)求 θ_2 时，需要采用试差法。

式(9－54)的条件为：

(a) 物体内部温度均一，即指悬浮颗粒或薄层物料；

(b) 降速阶段的速率与物料的自由含水量成正比；

(c) 水的汽化潜热 r_2 取为常数，物料比热 c_s 也取常数(取绝对干物料的比热)。

应指出，上述各操作条件往往是相互联系的，不能任意确定。通常，物料的进、出口含水量 X_1、X_2 及进口温度 θ_1 是由工艺条件确定的。空气进口湿度 H_1 由大气状态决定。若物料的出口温度 θ_2 确定后，剩下的变量有空气流量 L，空气进、出干燥器的温度 t_1、t_2 和出口湿度 H_2(或相对湿度 φ_2)。这四个变量只能规定两个，其余两个由物料衡算和热量衡算确定。

(2) 干燥器的简化设计

不同干燥器的设计方法差异很大，本章只介绍常用的气流干燥器和流化床干燥器的简化设计方法。

① 气流干燥器的设计

气流干燥器的主要设计任务是干燥管的直径和高度。

（Ⅰ）干燥管的直径，即

$$\frac{\pi}{4}D^2u_0=V_s=Lv_H$$

或

$$D=\sqrt{\frac{4Lv_H}{\pi u_0}} \tag{9-55}$$

式中　D —— 干燥管的直径，m；

V_s —— 湿空气的体积流量，m^3/s；

v_H —— 湿空气的比容，m^3 水汽 /kg 干空气；

u_0 —— 湿空气通过干燥管的速度，m/s。一般用下述方法估算 u_0，即：

(a) 选定的气速为最大颗粒沉降速度 u_t 的两倍，或比 u_t 大 3 m/s 左右。

(b) 当物料的临界含水量 X_c 不高或最终含水量 X_2 不太低时，取 $u_0\approx10\sim15$ m/s。

(c) 当物料临界含水量较高且最终含水量很低时，取加速段的气速为 $20\sim40$ m/s，等速阶

段的气速 $u_0 = u_t + 3\ m/s$。

一般 u_1 是按光滑球形颗粒自由沉降计算，对不规则颗粒的沉降速度 u' 可按下式校正：

$$u'_t = (0.75 \sim 0.85)u_t \tag{9-56}$$

（Ⅱ）干燥管的高度

干燥管的高度应为颗粒在干燥器中的停留时间与颗粒的净运动速度的乘积，即

$$Z = \tau(u_0 - u_g) \tag{9-57}$$

式中 Z—— 气流干燥器的干燥管高度，m；

τ—— 颗粒在干燥器内的停留时间，即干燥时间，s。

干燥时间也可采用简化方法计算，即按气体和物料间的传热要求进行计算。

由传热速率公式可知：

$$Q = \alpha\triangle t_m = \alpha(S_p\tau)\triangle t_m$$

或

$$\tau = \frac{Q}{\alpha S_p \triangle t_m} \tag{9-58}$$

式中 Q—— 传热速率，kW；

α—— 对流传热系数，$kW/(m^2 \cdot K)$；

S—— 干燥表面积，m^2；

S_p—— 每秒钟颗粒提供的干燥面积，m^2/s；

$\triangle t_m$—— 平均温度差，K；

τ—— 干燥时间，s。

式中 Q、α、S_p、$\triangle t_m$ 的计算如下：

(a)Q 恒速阶段(包括预热段)的传热速率为

$$Q_1 = G[(X_1 - X_c)r_1 + (c_s + c_w X_1)(t_{w1} - \theta_1)] \tag{9-59}$$

式中 t_{w_1}—— 空气初始状态下的湿球温度，℃；

r_1—— 温度为 t_{w1} 时的水的汽化潜热，kJ/kg。

降速干燥阶段的传热速率为

$$Q_2 = G[(X_c - X_2)r_m + (c_s + c_w X_2)(\theta_1 - t_{w1})] \tag{9-60}$$

式中 r_m—— 干燥第二阶段中物料平均温度 $\frac{t_{w1} + \theta_2}{2}$ 下的汽化潜热，kJ/kg。

(b) 总传热速率为

$$Q = Q_1 + Q_2 \tag{9-61}$$

(c)S_p S_p 的计算式为

$$S_p = n\pi d_{pm}^2$$

式中 n—— 每秒钟通过干燥器的颗粒数；

d_{pm}—— 颗粒的平均直径。

对球形颗粒，上式简化为

$$S_p = \frac{6G}{d_{pm}\rho_s} \tag{9-62}$$

式中 G—— 绝干物料的流量，kg 绝干料 /s。

(d)$\triangle t_m$ 当 $X_2 > X_c$，即只有恒速干燥阶段时，物料出口温度 θ_2 等于出口气体状态的湿球温度 t_{w2}，相应的平均温度差为

$$\triangle t_m = \frac{(t_1 - \theta_1) - (t_2 - t_{w2})}{\ln \frac{t_1 - \theta_1}{t_2 - t_{w2}}} \tag{9-63}$$

当 $X_2 > X_c$，且干燥操作为等焓过程时，物料出口温度为气体初始状态的湿球温度 t_{w1}，相应的平均温度差为

$$\triangle t_m = \frac{(t_1 - \theta_1) - (t_2 - t_{w1})}{\ln \frac{t_1 - \theta_1}{t_2 - t_{w1}}} \tag{9-64}$$

若干燥过程存在两个干燥阶段，这时平均温度差为

$$\triangle t_m = \frac{(t_1 - \theta_1) - (t_2 - \theta_2)}{\ln \frac{t_1 - \theta_1}{t_2 - \theta_2}} \tag{9-65}$$

(e) 对流传热系数 α　对水蒸气-空气系统，可按式(9-48)计算。

② 流化床干燥器的设计

单室或多室卧式流化床的设计计算要确定：

(Ⅰ) 操作空塔气速

$$u = V_s/S = (0.1 \sim 0.8)u_t \tag{9-66}$$

式中　u —— 空塔气速，m/s；

V_s —— 湿空气的体积流量，m^3/s；

S —— 床层单室或多室横截面积，m^2；

u_t —— 颗粒自由沉降速度，m/s。

(Ⅱ) 湿物料水分　粉状物料含水 2 % ～ 8 % 或粒状物料含水 10 % ～ 15 % 比较合适，水分过大的物料应有相应措施与之适应，如先用干料起动，然后再加湿料，也可返回部分干产品与过湿料混合。

(Ⅲ) 物料的粒径　粒径范围为 20 ～ 30 μm 至 5 ～ 6 mm，此时的经济流速上限为 3 ～ 4 m/s。

(Ⅳ) 静止床层高度　一般取 $Z_0 = 50 \sim 150$ mm。

(Ⅴ) 干物料平均停留时间

$$\tau = \frac{Z\rho_b S}{G} \tag{9-67}$$

式中　τ —— 停留时间，h；

Z —— 静止床层高度，m；

ρ_b —— 干物料的堆积密度，kg/m^3；

G —— 物料的质量流量，kg/h；

S —— 流化床总截面积，m^2。

(Ⅵ) 对流传热系数 α[$W/(m^2 \cdot K)$]

$$N_u = 4 \times 10^{-3} Re^{1.5} \tag{9-68}$$

式中　N_u —— 努塞尔准数，$\frac{ad_{pm}}{\lambda g}$；

d_{pm} —— 物料平均粒径，m；

λ_g —— 空气的导热系数，W/(m·K)；

Re—— 颗粒在空气流中的雷诺数。

（Ⅶ）流化床的横截面积 S　多室流化床的横截面积 S 为恒速干燥区段面积与降速干燥区段面积之和，即

$$S = S_{恒速} + S_{降速} \tag{9-69}$$

其中

$$S_{恒速} = \frac{G(X_1 - X_2)r_{ts1}}{Lc_H(t_1 - t_{as1})(1 - e^{-\alpha aZ/Lc_H})} \tag{9-70}$$

式中　$S_{恒速}$—— 恒速干燥区段流化床横截面积，m^2；

X_1、X_2—— 物料在进、出口处含水量，kg 水 /kg 干物料；

r_{ts1}—— 对应于进口空气状态的绝热饱和温度下水的汽化潜热，kJ/kg 水；

L—— 空气质量流率，kg/(m^2 • h)；

c_H —— 湿空气比热容，kJ/(kg • K)；

t_1—— 空气进口温度，℃；

t_{as1}—— 相应于 t_1 的绝热饱和温度，℃；

a —— 颗粒比表面积，m^2/m^3。

而

$$S_{降速} = \frac{Gc_s\left[(t_1 - \theta_1)(t_1 - \theta_2)\right]}{Lc_H(1 - e^{-\alpha a/Lc_H})} \tag{9-71}$$

式中　$S_{降速}$ —— 降速干燥区段流化床横截面积，m^2；

θ_1、θ_2 —— 物料进出口温度，℃。

（Ⅷ）流化床的高度　流化床的高度包括流化层高度及分离高度。

(a) 流化层高度

$$Z = \frac{1 - \varepsilon_0}{1 - \varepsilon} Z_0 \tag{9-72}$$

式中　Z —— 流化层高度，m；

ε_0—— 静止时床层空隙率；

ε —— 流化床的空隙率，一般取 0.55 ～ 0.75。

(b) 分离高度　在流化层上界面以上还要设置一段分离高度，一般再取一个 Z。

(c) 流化床总高度

$$Z_{总} = 2Z \tag{9-73}$$

本章符号说明

符号	意义	计量单位
A	传热面积(干燥面积)	m^2
c_g	干空气的比热容	kJ/(kg • K)
c_H	湿空气的比热容	kJ/(kg • K)
c_m	物料的比热容	kJ/(kg • K)
c_s	绝对干物料的比热容	kJ/(kg • K)
c_v	水汽的比热容	kJ/(kg • K)

c_w	水的比热容	kJ/(kg·K)
G_1、G_2		进、出干燥器的湿物料质量kg/h
G_c	湿物料中绝对干料的质量	kg/h
H	湿度	kg水/kg干空气
H_{as}	t_{as} 时空气的饱和湿度	kg水/kg干空气
H_w	t_w 时空气的饱和湿度	kg水/kg干空气
I	湿空气的焓	kJ/kg干空气
I_v	水汽的比焓	kJ/kg水
I_g	干空气的比焓	kJ/kg干空气
k_X	比例系数	kg/(m^2·h)
L	干空气消耗量	kg干空气/h
L	单位空气消耗量	kg干空气/kg水分
M_g	空气的平均摩尔质量	kg/kmol
M_w	水汽的摩尔质量	kg/kmol
p	总压力	kPa
p_v	水汽的分压力	kPa
p_g	干空气的分压力	kPa
p_s	饱和空气中水汽的分压力	kPa
Q	传热速率	kW
Q_D	干燥器补充热量	kW
Q_L	干燥器的热损失	kW
Q_D	预热器中加入热量	kJ/ kg水分
r	比汽化热	kJ/ kg
r_w	t_w 时水的比汽化热	kJ/ kg
t	空气的干球温度	℃
t_{as}	绝热饱和温度	℃
t_d	露点	℃
t_w	湿球温度	℃
U	干燥速率	kg/(m^2·h)
U_0	恒速阶段的干燥速率	kg/(m^2·h)
v_H	湿空气的比容	m^3/kg干空气
W	水分蒸发量	kg/h
w	物料的湿基含水量	kg水/kg湿物料
X	物料的干基含水量	kg水/kg干物料
X_c	物料的临界湿含量	kg水/kg干物料
X_0	物料的临界含水量	kg水/kg干物料
X^*	物料的平衡含水量	kg水/kg干物料
θ	湿物料温度	℃
τ	干燥时间	h或s
τ'	装卸物料所需时间	h或s
φ	相对湿度	

习 题

1. 湿空气的总压为 101.3 kPa，试计算：(1) 空气为 50 ℃ 和 $\varphi = 60\%$ 时的焓和湿度；(2) 已知湿空气中水蒸气分压为 9.3 kPa，求该空气在 40 ℃ 时的 φ 和 H 值。

2. 空气的总压为 101.3 kPa，干球温度为 40 ℃，相对湿度 $\varphi = 80\%$，试求：

(1) 空气的湿度 H；(2) 空气的饱和湿度 H_s；(3) 空气的露点 t_d 和湿球温度 t_w；(4) 空气的焓 I；(5) 空气中水汽分压 p_v。

3. 利用 $I-H$ 图填充下列表的空白。

干球温度 /℃	湿球温度 / ℃	湿度 /kg 水 /kg 干空气	相对湿度 / %	焓 / kJ/kg 干空气	水汽分压 /kPa	露点 /℃
50	30					
40						20
20			60			
		0.04		160		
30					1.5	

4. 空气的总压为 101.3 kPa，干球温度为 20 ℃，湿球温度为 16 ℃。将该空气经过一预热器后，预热至 50 ℃ 送入一干燥器中，若空气在干燥器中经历等焓干燥过程，离开干燥器时相对湿度 $\varphi = 80\%$。试求：

(1) 原空气的湿度；(2) 原空气的露点；(3) 原空气的相对湿度；(4) 原空气的焓；(5) 原空气的水汽分压；(6) 离开预热器空气的湿度；(7) 离开预热器空气的相对湿度；(8) 离开预热器空气的焓；(9) 100 m^3 的原空气，经预热器后热量增加多少？(10) 离开干燥器的温度；(11) 离开干燥器的焓；(12) 离开干燥器的露点；(13) 离开干燥器的湿度；(14) 100 m^3 原空气等焓冷却时所蒸发的水分。

5. 在去湿设备中将空气中的部分水汽除去，操作压力为 101.3 kPa，空气进口温度为 293 K，空气中水汽分压为 6.7 kPa，出口处水汽分压为 1.33 kPa，试计算每 100 m^3 进口空气所除去的水分量。

6. 空气在温度 283 K 和总压 101.3 kPa 下，湿度为 0.005 kg 水 / kg 干空气，试计算：(1) 空气的相对湿度；(2) 空气温度提高到 308 K 时的相对湿度；(3) 总压提高到 115 kPa，温度仍为 308 K 时的相对湿度；(4) 如总压提高到 1471 kPa，温度仍维持在 308 K，每 100 m^3 原来湿空气所冷凝出的水分量。

7. 某干燥器的湿物料处理量为 100 kg 湿料 /h，其湿基含水量为 10 %，干燥产品湿基含水量为 2 %。进干燥器的干燥介质为流量 500 kg 湿空气 /h、温度 85 ℃、相对湿度 10 % 的空气。试求物料的水分蒸发量和空气出干燥器时的湿度 H。

8. 干球温度 $t_0 = 26$ ℃、湿球温度 $t_{w0} = 23$ ℃ 的新鲜空气，预热到 $t_1 = 95$ ℃ 后送至干燥器内，离开干燥器时温度 $t_2 = 85$ ℃。湿物料初始状态为 $\theta_1 = 25$ ℃、含水量 $w_1 = 1.5\%$；终了时状态为：温度 $\theta_2 = 34.5$、含水量 $w_2 = 0.2\%$。每小时有 9200 kg 湿物料加入干燥器内，绝干物料的比热容 $c_s = 1.84$ kJ/(kg 绝干料 · ℃)。干燥器内无输送装置，热损失为 580 kJ/kg 汽化的水分。试求：(1) 单位时间内获得的产品质量；(2) 写出干燥过程的操作线方程；(3) 单位时间内消耗的新鲜空气质量。

9. 在常压干燥器中，将某物料从含水量 5 % 干燥到 0.5 %(均为湿基)。干燥器的生产能力为 7200 kg 干物料 /h。已知物料进口温度为 25 ℃，出口温度为 65 ℃，热空气进干燥器的温度为 120 ℃，湿度为 0.007 kg 水 / kg 干空气，出干燥器的温度为 80 ℃，空气最初温度为 20 ℃。干物料的比热容为 1.8 kJ/(kg · ℃)。若不计热损失，试求 (1) 干空气的消耗量；(2) 空气离开干燥器时的湿度；(3) 预热器的加热量；(4) 预热器加热量用于空气加热、水分蒸发及物料加热的分配。

10. 在一逆流操作的列管式换热器中，将干球温度为 335 K，相对湿度为 30 % 的空气用冷却水冷却至露点。冷却水进口温度为 15 ℃，出口温度为 25 ℃。已知换热器传热面积为 20 m^2，总传热系数 $K = 250$ W/(m^2 ·

K)，试求：(1) 被冷却的空气量；(2) 空气中的水汽分压；(3) 冷却水用量。

11. 有一干燥器，将湿物料由含水量 40 % 干燥至 5 %(均为湿基)，干燥器的生产能力为 430 kg 干物料/h。空气的干球温度为 20 ℃，相对湿度为 40 %，经预热器加热至 100 ℃ 进入干燥器饱和至 60 % 排出。若干燥器中空气经等焓干燥过程，试求在不计热损失的条件下所需空气量及预热器供应之热量。

12. 在恒速干燥阶段，用下列四种状态的空气作为干燥介质，试比较当湿度 H 一定而温度 t 升高以及温度 t 一定而湿度 H 增高时，干燥过程的传热推动 $\Delta t = t - t_w$ 与水汽化传质推动力 $\Delta H = H_w - H$ 有何变化，并指出哪种情况下的推动力最大。

13. 在恒定干燥情况下，将物料由 $X_1 = 0.33$ kg 水 / kg 干物料干燥至 $X_2 = 0.09$ kg 水 /kg 干物料，共需 7 小时，问继续干燥至 $X_2 = 0.07$ kg 水 /kg 干物料再需多少时间？已知物料的临界含水量为 0.16 kg 水 / kg 干物料，平衡含水量为 0.05 kg 水 / kg 干物料(以上均为干基)。

10 其他单元操作过程

10.1 膜　分　离

近年来，随着科学技术的迅猛发展，各种新型分离技术不断涌现，其中膜分离被认为是21世纪最有发展前景的前沿技术，是世界各国的研究热点之一。膜分离技术已经广泛应用于各工业领域，并使得许多传统生产工艺如海水淡化、乳品加工、中药浓缩与分离、气体分离等发生了根本性的变化。

利用天然或人工合成的固体膜，对流体混合物中各组分进行选择性渗透而实现各组分分离的方法称为膜分离，其分离推动力是膜两侧的压差、浓度差或电位差，适于对双组分或多组分液体或气体进行分离、分级、提纯或富集。

10.1.1 膜分离过程的基本特点与材料

(1) 膜分离过程

常见的膜分离过程如图10-1所示。原料混合物通过膜后被分离成截留物(浓缩物)和透过物。通常原料混合物、截留物及透过物为液体或气体。半透膜可以是薄的无孔聚合物膜，也可以是多孔聚合物、陶瓷或金属材料的薄膜。有时可以在膜的透过物一侧加入一个清扫流体以帮助移除透过物。

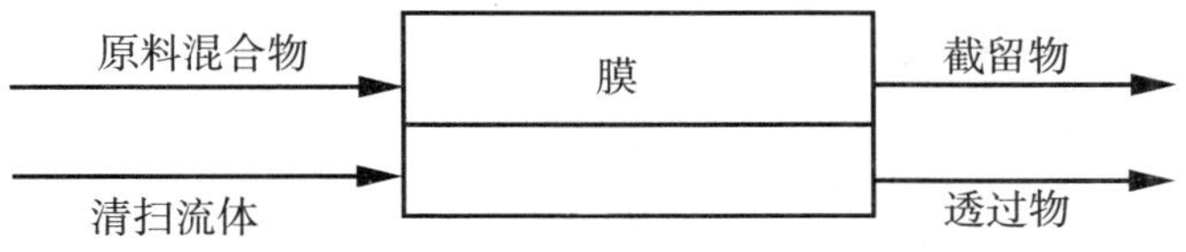

图10-1 膜分离过程示意图

与常规分离方法相比较，膜分离过程的特点是：

① 多数膜分离过程中组分不发生相变化，故体系耗能很低；

② 膜分离过程在常温下进行，对食品及生物药品的加工特别适用；

③ 膜分离过程不仅可以除去病毒、细菌等微粒，而且也可以去除溶液中的大分子和无机盐，还可以分离共沸物或沸点接近的组分；

④ 在反应体系中，膜除起到分离作用外，还可以作为催化剂或催化剂的载体，改变反应进程，提高反应效率；

⑤ 由于以压差和电位差为推动力，因此装置简单、操作方便。

在膜分离技术中起主要作用的是所采用的膜。要求膜具有传质通量高、使用寿命长并能制成比表面积大、结构紧凑、经济性好的膜组件，分离过程的经济性和有效性取决于膜及膜组件的特性及其结构、形式。膜的面积可以很大，独立地存在于流体相间。

一般来说，膜及膜组件应具有的特性如下：

① 高渗透性和选择性；

② 良好的化学和机械加工的环境适应性；

③ 性能稳定、抗污染和较长的使用寿命；

④ 易于膜件加工制造；

⑤ 能够承受较大的跨膜压差。

当然，膜分离过程仍然存在一些技术问题需要解决，如在操作过程中易出现膜面污染，使膜的性能降低；从膜性能来看，其耐药性、耐热性、耐溶剂性等都还是有限的。

常见膜分离过程的分类方法是依据推动力和分离机理进行的，其过程特如下表所示。

表 10－1 各类膜分离过程的特征

过程名称	功能	推动力	膜分离机理
微滤(MF)	滤去 0.1 μm 以上的颗粒	压力差 50～200kPa	筛分
超滤(UF)	滤除 5～100μm 的颗粒	压力差 1000kPa	筛分
反渗透(RO)	水－溶盐分离	压力差 1～10MPa	溶解扩散
气体分离(GP)	混合气体分离	压力差 0.1～10MPa	溶解扩散
渗析(DL)	水－溶盐分离	浓度差	溶解扩散筛分
电渗析(ED)	水－溶盐分离	电位差	经过离子膜的逆向传递
渗透蒸发(PV)	水－有机物和有机物－有机物溶液分离	压力差	溶解扩散

(2) 膜分离过程的基本参数

对膜的分离透过特性，一般采用膜的截留率、透过通量、截留分子量等参数表示。不同的膜分离过程，习惯上采用不同的参数表示。

① 截留率 R 指料液中分离前后被分离物质的截留百分数。

$$R = \frac{c_1 - c_2}{c_1} \times 100\ \% \tag{10-1}$$

式中 c_1、c_2 分别表示料液主体和透过液中被分离物质（如盐、微粒和大分子等）的浓度。

② 透过速率（通量）J 指单位时间、单位膜面积上的透过物量，常用的单位为 kmol/(m^2·s)。由于操作过程中膜的压密、堵塞等多种原因，膜的透过速率将随时间而减少。透过速率与时间的关系一般可表示为：

$$J = J_0 t^m \tag{10-2}$$

式中 J_0—— 初始操作时的透过速率；

t—— 操作时间；

m—— 衰减指数。

③ 截留物的分子量 若对溶液中的大分子物质进行分离，截留物的分子量在一定程度上反应膜孔径的大小。但由于多孔膜孔径大小一般不尽相同，被截留物的分子量将在一定范围内分布。所以，一般取截留率为 90 % 的物质的分子量作为膜的截留分子量。

截留率大、截留分子量小的膜往往透过通量低，故在选择膜时需在两者之间权衡。

(3) 膜材料与分离膜

膜分离的效果主要取决于膜本身的性能，膜材料及膜的制备是膜分离技术发展的制约因素。分离用固体膜按材质可分为聚合物膜和无机膜两大类，至今为止，仍以聚合物膜的使用最多，而无机膜由于其所具有的优异特性，正表现出巨大的市场前景和发展潜力。

① 聚合物膜

聚合物膜按其结构与分离作用的特点，可分为致密膜、微孔膜、非对称膜、复合膜与离子交换膜五类。

（Ⅰ）致密膜 又称均质膜，是一种均匀致密的薄膜，物质通过这类膜主要是靠分子扩散。

（Ⅱ）微孔膜 微孔膜内含有相互交联的孔道，这些孔道曲曲折折，膜孔大小分布范围宽，一般为0.01～20 μm，膜厚50～250 μm。对于小分子物质，微孔膜的渗透性高，但选择性低。然而，当原料混合物中一些物质的分子尺寸大于膜的平均孔径，而另一些分子小于膜的平均孔径时，则用微孔膜可以实现这两类分子的分离。另有一种核径迹微孔膜，它是以10～15 μm的致密塑料薄膜为原料，先用反应堆产生的裂变碎片轰击，穿透薄膜而产生损伤的径迹，然后在一定温度下用化学试剂侵蚀而成一定尺寸的孔。核径迹膜的特点是孔直而短，孔径分布均匀，但开孔率低。

（Ⅲ）非对称膜 非对称膜的特点是膜的断面不对称，它由同种材料制成的表面活性层与支撑层两层组成。膜的分离作用主要取决于表面活性层。由于表面活性层很薄，故对分离小分子物质而言，该膜层不但渗透性高，而且分离的选择性好。大孔支撑层呈多孔状，仅起支撑作用，其厚度一般为50～250 μm，它决定了膜的机械强度。

（Ⅳ）复合膜 复合膜是由在非对称膜表面加一层0.2～15 μm的致密活性层构成。膜的分离作用亦取决于这层致密活性层。与非对称膜相比，复合膜的致密活性层可根据不同需要选择多种材料。

（Ⅴ）离子交换膜 离子交换膜是一种膜状的离子交换树脂，由基膜和活性基团构成。按膜中所含活性基团的种类可分为阳离子交换膜、阴离子交换膜和特殊离子交换膜。膜多为致密膜，厚度在200 μm左右。

② 无机膜

聚合物膜通常在小于200 ℃的温度下使用，且要求待分离的物料不与膜发生化学作用。当在较高温度下或原料流体为化学活性混合物时，可以采用由无机材料制成的分离膜。

无机膜多以金属及其氧化物、陶瓷、多孔玻璃等为原料，制成相应的金属膜、陶瓷膜、玻璃膜等。常见的金属氧化物膜材料有氧化铝、氧化锆、氧化钛、氧化硅等。无机膜的主要特点是耐热性能、机械强度和化学稳定性好，使用寿命长，污染少且易于清洗，孔径分布均匀等。其主要缺点是易破损、成型性差、造价高。

南京工业大学膜科学技术研究所研制、南京久吾高科技发展有限公司生产的系列陶瓷微滤膜和超滤膜已在国内率先实现了产业化，并成功地开拓了无机膜在化学工程、石油化工、生物工程、制药工程、食品工程和环境工程等领域的应用。目前单台陶瓷膜设备的膜面积已达220 m^2，继欧美之后，在国内初步形成了陶瓷膜的新产业。

无机膜的发展大大拓宽了膜分离的应用领域，目前，无机膜的增长速度远快于聚合物膜。此外，无机材料还可以和聚合物制成复合膜，该类膜能综合无机膜与聚合物膜的优点而具有良好的性能。

(4) 膜组件

各种膜可以做成平板膜片、圆管式膜和中空纤维膜片等各种形状，如图10-2所示。典型平板膜片的长宽各为 1 m，厚度为 200 nm，致密活性层厚度一般为 50 ～ 500 nm。管式膜通常做成直径约 0.5 ～ 5.0 cm、长约 6 m 的圆管，其致密活性层可以是管外侧面，亦可在管内侧面，并用玻璃纤维、多孔金属或其他适宜的多孔材料作为膜的支撑体。具有很小直径的中空纤维膜的典型尺寸为：内径约 100 ～ 200 μm，纤维长约 1 m，致密活性层厚约 0.1 ～ 1.0 μm。中空纤维膜能够提供很大的单位体积的膜表面积。

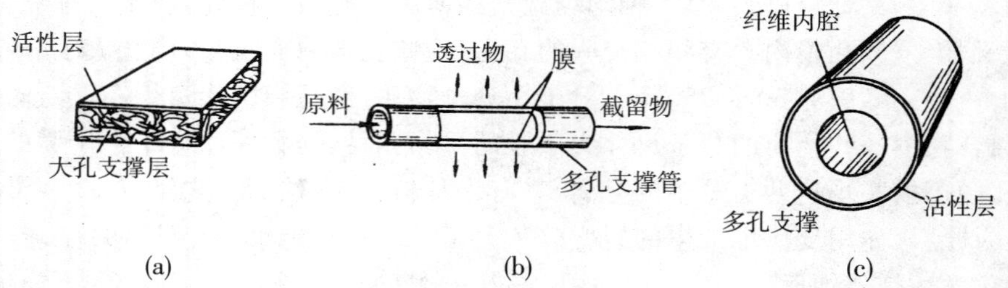

图 10-2 几种常用的膜

(a) 平板膜；(b) 圆管膜；(c) 中空纤维膜

由上述各种膜制成的若干结构紧凑的膜组件如图 10-3 所示。其中图(a) 为典型的板框式膜件。板框式膜组件所用的板膜横截面可以做成圆形的、方形的，也可以是矩形的。参见图 10-3(a)，苦咸水料液沿一组叠式平板膜的表面顺次流过，透过膜到达膜的另一侧，透过物为产品纯水，而截留物为浓缩的咸水。

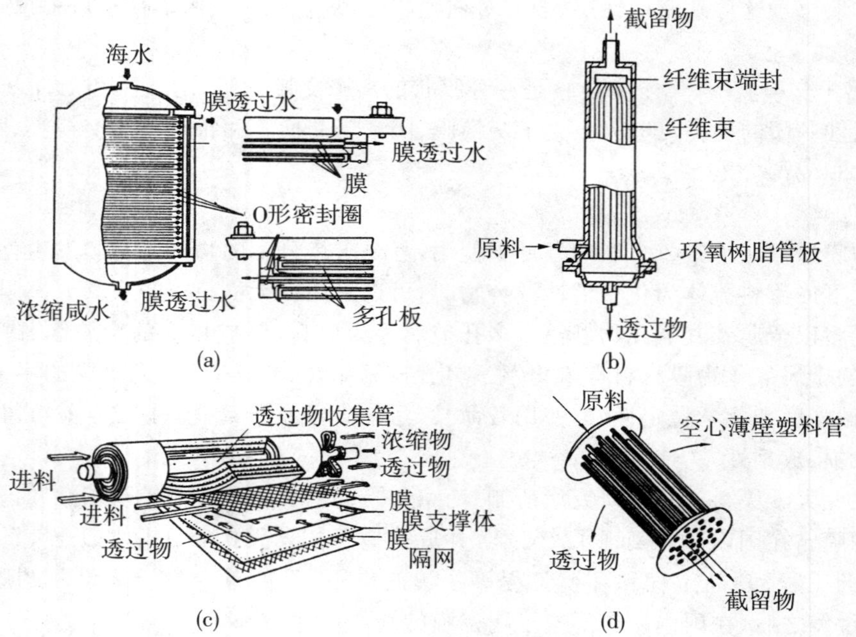

图 10-3 常用的几种膜组件

(a) 板框式；(b) 螺旋卷式；(c) 中空纤维式；(d) 圆管式

平板膜片也可制作图 10-3(b) 所示的螺旋卷式组件，其结构类似于螺旋板换热器。螺旋卷式膜组件的典型结构是由中间为多孔支撑材料和两边是膜的双层结构装配而成的。其中三个边沿被密封而粘接成膜袋，另一个开放的边沿与一根多孔的产品收集管连接，在膜袋外部的进料侧再垫一层网眼型间隔材料，即膜－多孔支撑体－进料侧隔网依次叠合，绕中心管紧密地卷在一起，形成一个膜卷，再装进圆柱形压力容器内，构成一个螺旋卷式膜组件。

图10-3(c)所示为用于气体混合物分离的中空纤维膜组件，其结构类似于管壳式换热器。加压的原料气体由膜件的一端进入壳测，在气体由进口端向另一端流动的同时，渗透组分经纤维管壁进入通道中。通常纤维束的一端封住，而另一端固定在环氧树脂浇注的管板上。工业用典型中空纤维组件长为1m，组件直径为0.1～0.25 m，组件内填充数千乃至上万根纤维管。

管式膜组件的结构如图10－3(d)所示，其结构也与管壳式换热器类似，但原料多进入管内，而透过物在壳侧。管式膜组件通常装填的膜管数可达30以上。

显然，上述几种膜组件中空纤维膜组件的填充密度最大。尽管板框式组件造价高，其填充密度也不很大，但在所有的工业膜过程中普遍使用(气体分离除外)。螺旋卷式膜组件由于它的低造价和良好的抗污染性能亦被广泛采用。中空纤维膜组件由于具有很高的填充密度和低造价，在膜污染小和不需要进行膜清洗的场合应用普遍。

10.1.2　膜过程种类与特点

(1) 渗析

渗析又称透析，图10－4为渗析膜分离的示意图。原料液中含有溶剂，溶质A、B以及分散性胶体物质，膜另一侧的清扫液体是与原料液相同的纯溶剂。原料液以压力p_1、清扫液以压力p_2在膜两侧逆流流动。所用渗析膜为微孔薄膜，允许A在浓度差作用下透过，而溶质B的分子尺寸比A的大，不易或根本不能透过膜，A与B通过膜的传递称为渗析(或透析)。分散性的胶体物质不能透过膜。若膜两侧压力相等，则溶剂亦可透过此膜，但传递方向与溶质相反。溶剂的传递称为渗透。提高原料液侧压力p_1，使之超过压力p_2，则溶剂渗透可以减少乃至消除。

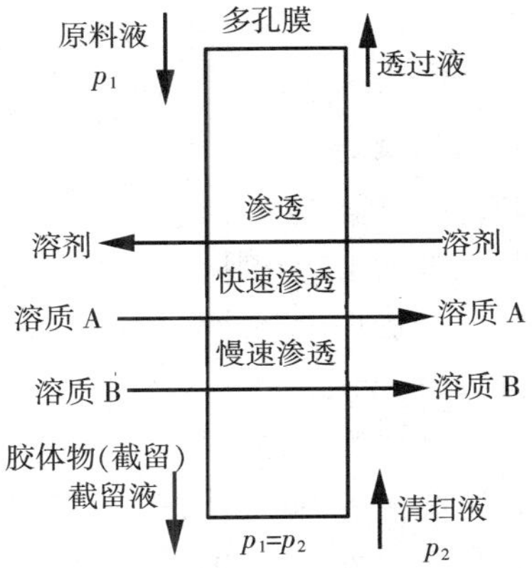

图10－4　渗析

渗析技术的主要应用如从含17％～20％NaOH的半纤维素废液中回收9％～10％的纯液态NaOH；从含金属离子的废酸液中回收铬酸、盐酸、氢氟酸；从含硫酸镍的废酸中回收硫酸；回收啤酒液中的乙醇并生产低酒精度的啤酒；从有机物中回收矿物酸；去除聚合物液体中的低含量杂质；药物的纯化等等。渗析膜分离的另一个重要应用是血液透析(又称人工肾)，清除血液中的尿素、肌苷、尿酸等小分子代谢物，但保留血液中的大分子有用物质和血细胞。

典型渗析膜材料是亲水性纤维素、醋酸纤维素、聚砜和聚甲基丙烯酸甲酯，最常用的膜组件为板框式和中空纤维式。由于膜两侧的压力基本相等，故渗析膜通常做得很薄。

(2) 电渗析

电渗析是利用离子交换膜的选择性透过能力，在直流电场作用下使电解质溶液中形成电位差，从而产生阴、阳离子的定向迁移，达到溶液分离、提纯和浓缩的目的。

典型的电渗析过程如图10-5所示。图中的四片离子选择性膜按阴、阳膜交替排列。阳离子交换膜(C)带负电荷，它吸引正电荷(阳离子)，排斥负电荷，只允许阳离子通过；而阴离子交换膜(A)带正电荷，它吸引负电荷(阴离子)而排斥正电荷，只允许阴离子通过。两类离子交换膜均不透水。当在阴阳两电极上施加一定的电压时，则在直流电场作用下阴阳离子分别透过相应的膜进行渗析迁移，其结果是使阴阳离子在室 2 和 4 被浓缩，从而获得一个浓缩的电解质溶液；而室 3 的离子浓度下降从而获得一个相对稀的电解质溶液。一般各室的压力保持平衡。

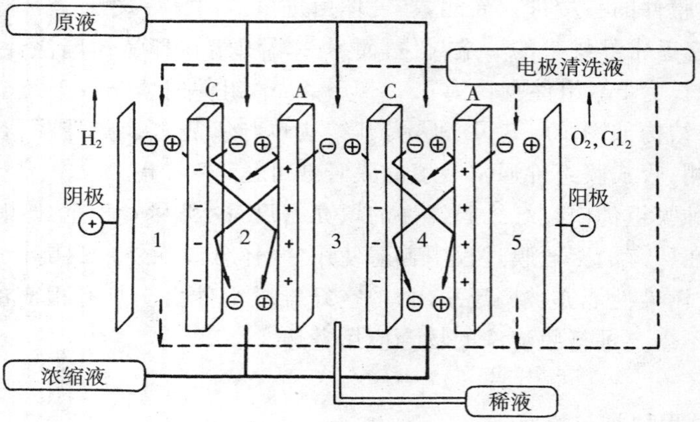

图 10-5 电渗析过程示意图

C- 阳离子交换膜；A- 阴离子交换膜

离子交换膜是一种具有交联结构的立体多孔状高分子聚合物，是一种聚电解质，在高分子骨架上带有若干可交换的活性基团，这些活性基团在水中可电离成电荷不同的两部分，即电离的活性基团和可交换的离子，前者留在固相膜上，而后者便进到溶液中去。

目前电渗析技术已发展成为规模化的化工单元过程，广泛应用于苦咸水脱盐，在某些地区已成为饮用水的主要生产方法。

(3) 反渗透

当浓度不同的同种溶液被半透膜隔开后，若膜只允许溶剂通过而不允许溶质通过，则溶剂将从稀溶液（或纯溶剂）一侧通过膜而向浓溶液侧透，这就是渗透过程。渗透现象可由图 10-6 实例予以说明。在渗透开始，压力为 101.3 kPa、温度为 25 ℃ 的海水放入膜的左侧室中，相同压力和温度的纯水放入膜的右侧室中，如图 10-6(a)。所用致密膜只允许水透过而不允许溶解盐通过。由于渗透作用，水将通过膜进入海水中从而将其稀释。当渗透达于平衡时，将出现如图 10-6(b) 所示情况，此时左侧压力 p_1 大于右侧压力 p_2，其压力差 π 称为渗透压。

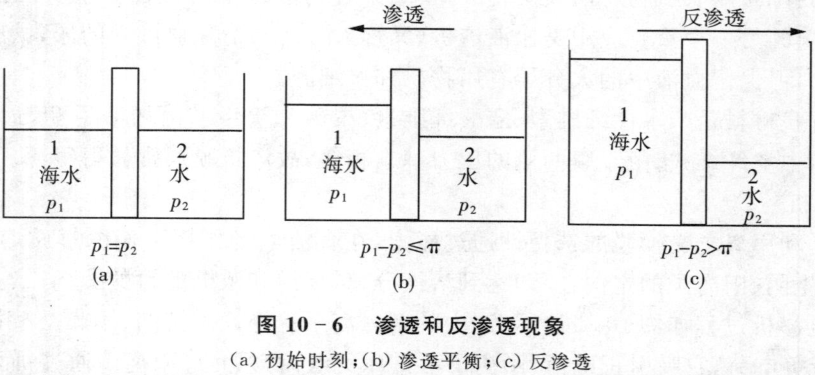

图 10-6 渗透和反渗透现象

(a) 初始时刻；(b) 渗透平衡；(c) 反渗透

在分离过程中，这种渗透现象是应当避免的。这是因为溶剂的渗透传递将导致物质混合而不是分离。然而，只要提高膜左侧压力 p_1，使之超过右侧压力 p_2 与渗透压 π 之和，即 $p_1 - p_2 > \pi$，则溶剂在膜内的传递方向将发生逆转，即左侧海水中的水分子将经膜进入纯水一侧，所示如图 10－6(c)，这种现象称为反渗透，它可用于从溶剂一溶质混合物中部分地分离出溶剂。分离膜为致密膜，如醋酸纤维素或聚芳酰胺膜，只允许溶剂透过，分离膜还必须有一定厚度以耐高的压力差。相应地，亦可使用非对称膜或复合膜。反渗透膜分离的产品一个是几乎纯溶剂的透过液，另一个是原料的浓缩液。然而，反渗透不能达到溶剂和溶质的完全分离，这是因为原料液中的溶剂仅仅一部分通过膜成为透过液。反渗透最初应用于海水和苦咸水的脱盐淡化。目前已发展成为超纯水预处理、废水处理以及化工、医药、食品、造纸工业中某些有机物与无机物的分离。

(4) 气体分离膜

气体膜分离过程如图 10－7 所示。原料为含有某些低分子组分（$M < 50$）和少量大分子组分的气体混合物，其具有较高压力 p_1。膜的另一侧不用清扫气体但维持较低压力 p_2，通常此压力 p_2 接近环境压力。分离膜多为致密膜，有时也用微孔膜，膜应该对原料气体中的低摩尔质量组分有高渗透选择性，如图 10－7 中的 A 组分。如果膜是致密的，这些组分先向膜内溶解再以一种或多种传递机理通过膜。渗透选择性与膜的溶解性及膜的传递速率有关。气体分离的产品是富含组分 A 的透过气体和富含 B 的截留气体。

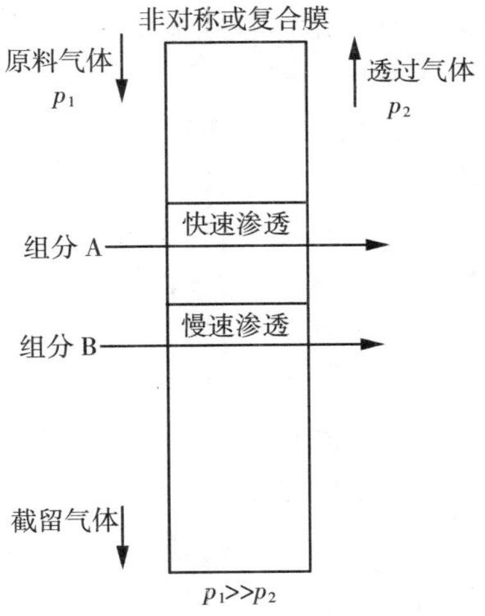

图 10－7　气体膜分离

(5) 渗透蒸发

渗透蒸发又称渗透汽化，它是利用液体混合物中的组分在膜两侧的蒸汽分压差作用下，以不同的速率透过膜并蒸发，从而实现分离的过程。渗透蒸发是膜分离过程的一个新的分支，也是热驱动的蒸馏法和膜法相结合的分离过程，区别于反渗透等膜分离过程之处在于渗透蒸发过程中将产生从液相到汽相的相变。由于渗透蒸发过程多使用致密膜，因而通量较小，一般情况下尚难与常规分离技术相竞争，但它所特有的高选择性，使得在某些特定的场合，如沸点相近的物系、共沸物的分离以及液体混合物中少量组分的分离，采用该过程较为合适。至今为止，渗透蒸发已用于有机溶剂脱水，水中少量有机物的分离和有机物与有机物的分离等。

10.1.3　膜传递机理

物质通过膜传递时，由于膜的结构和性质不同，其传递机理也不相同。任一组分通过膜的传递都受到该组分在膜两侧的自由能差或化学位差的推动。对于不同的膜过程，这些推动力可能是位于膜两侧的压力差、浓度差、电位差或这些因素的综合差异。

分离膜可以是大孔径膜、多孔膜或致密膜，但只有微孔膜和致密膜具有渗透选择性。大孔膜广泛用于非对称膜或复合膜的支撑层，以增加膜的机械强度。下面对多孔膜和致密膜的传递现象分别讨论。

(1) 多孔膜

液体或气体分子在多孔膜中传递时，如果膜孔径远大于分子直径，并且在膜两侧存在压力差，则膜孔内将产生主体或对流流动。这样的流动在膜分离中通常是不希望的，因为它没有渗透选择性，也就不能使原料中的组分得以分离。如果原料中各组分在膜两侧存在逸度差、活度差、化学位差，但膜两侧的压力相同，则组分将在膜孔内发生选择性的渗透扩散而导致组分间的分离。如果原料混合物中至少某些组分的分子直径与膜孔径的量级相同，则这些组分的扩散将受到限制，从而增强了组分间的分离，而比膜孔径大的分子的扩散则被完全限制。这种特别的情况称为筛分，正是膜分离所希望的。另一个特别情况是气体在膜孔内扩散时，当膜孔径或压力（特别在真空下）引起分子运动的平均自由程大于膜孔径时，将产生 Knudsen 扩散。

（2）致密膜（无孔膜）

气体或液体组分在致密膜中的传递在反渗透、气体分离和渗透蒸发分离中占主导地位，组分通过致密膜的传递机理，多采用溶解 — 扩散模型来描述。该模型假定组分在固膜内的传递遵循费克定律且在流体 — 膜界面处两相中组分浓度处于热力学平衡状态。组分首先在上游膜表面被吸收到膜内，然后通过固体膜扩散，再在下游膜表面上解吸出来。

液相扩散系数比气体中的扩散系数要小几个量级，而物质在固体中的扩散系数比在液相中的扩散系数还要小几个量级。因此，物质在气体中和固体中的扩散性差别极大。例如，在常压和 25 ℃，水在三种不同介质中的扩散系数（cm^2/s）分别为：水蒸气在空气中为 0.25；水在乙醇液中 1.2×10^{-5}；水在固体醋酸纤维素中 1×10^{-8}。

物质分子越小，在固体中的扩散性越好。例如 25 ℃ 时一些气体分子在聚乙烯中的扩散系数（cm^2/s）为：氦气 6.8×10^{-6}；氢气 0.474×10^{-6}；氮气 0.320×10^{-6}；丙烷 0.0322×10^{-6}。

（3）浓差极化现象

以上讨论的膜传递过程，假定传质阻力全部集中在膜内，即假定膜 — 流体相界面上流体侧的溶质质量浓度均等于膜两侧流体各自的主体质量浓度。当膜外流体的传质阻力不予忽略时，在毗邻膜表面处的流体边界层内存在着质量浓度或分压梯度，如图 10-8 所示。对于给定的主体质量浓度，这部分传质阻力的存在降低了膜传递的推动力以及渗透通量。这种由于边界层内传质阻力引起的溶质质量浓度（或分压）降低的现象称为浓差极化。

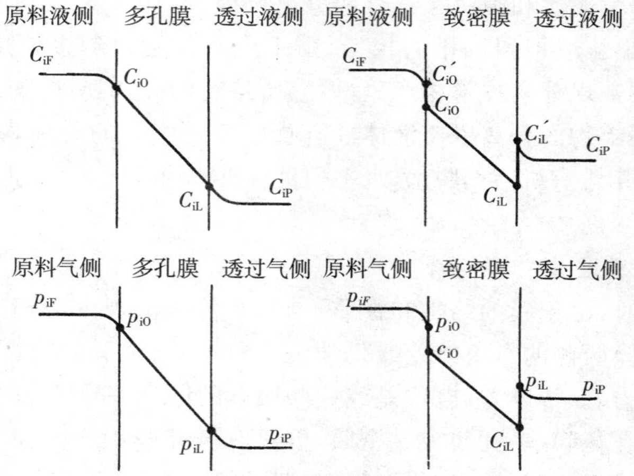

图 10-8 溶质通过膜传递的浓度或分压分布

(a) 液体混合物，多孔膜；(b) 液体混合物，致密膜；(c) 气体混合物，多孔膜；(d) 气体混合物，致密膜

一般来说，气体在膜内的溶解 — 扩散比其在膜外边界层内的扩散速率慢得多，因此外部边界层传质阻力往往可以忽略，即 $p_{iF} \approx p_{io}$ 及 $p_{iP} \approx p_{iL}$，如图 10-8(d) 所示。也就是说在气体

膜分离中可以不考虑浓差极化的影响。另一方面，由于在液体边界层内溶质的扩散可以是很慢的，因此涉及液体的膜过程如渗析、反渗透、渗透蒸发等，浓差极化影响不容忽略。对于反渗透过程，浓差极化的影响尤为重要，它可以降低水的通量和增加盐的通量。

10.2 结　　晶

从溶液、熔融混合物或蒸汽中析出固体晶体的操作过程称为结晶，结晶在工业生产中主要用于实现混合物的分离，是获得纯净固态物质的重要方法之一。

在化学工业中，许多产品及中间产品都是以晶体形态出现的，因此许多化工过程中都包含着结晶这一单元操作。根据析出固体的原因不同，可将结晶操作分为若干种类型，其中工业上应用最广泛的溶液结晶，即对溶液采用降温或浓缩的方法使之达到过饱和析出溶质，以大规模地制取固体产品，此外，还有熔融结晶、升华结晶、反应沉淀和盐析等。

与其他分离过程比较，结晶过程的主要特点是：

① 能从杂质含量很多的溶液或多组分熔融态混合物中获得高纯度的晶体产品；

② 对高熔点混合物、共沸物系、同分异构体物系以及热敏性物系等许多其他方法难以分离的混合物系，结晶分离往往更为有效；

③ 由于结晶热一般只有汽化热的 1/3 ～ 1/7，故结晶操作过程能耗低；

④ 对设备材质要求不高，且一般亦很少有“三废”排放。

10.2.1 结晶的基本原理与相平衡

(1) 结晶的基本概念与基本原理

构成晶体的微观粒子（分子、原子或离子）按一定的几何规律排列，由此形成的最小单元称为晶格。晶体是内部结构中的质点元素（原子、离子或分子）作三维有序排列的固态物质，晶体中任一宏观质点的物理性质和化学组成以及晶格结构都相同，这种特征称为晶体的均匀性。当物质在不同的条件下结晶时，其所成晶体的大小、形状、颜色等可能不同。例如，因结晶温度的不同，碘化汞的晶体可以是黄色或红色；NaCl 从纯水溶液中结晶时，为立方晶体，但若水溶液中含有少许尿素，则 NaCl 形成八面体的结晶。

晶体的外形称为晶习。同一种物质的不同晶习，仅能在一定的温度和外界压力范围内保持稳定。当条件变化时，将发生晶形的转变，并同时伴随着热效应发生。此外，每一种晶形都具有特定的溶解度和蒸汽压。

溶液在结晶器中结晶出来的晶体和剩余的溶液所构成的悬混物称为晶浆，去除晶体后所剩的溶液称为母液。结晶过程中，含有杂质的母液会以表面粘附或晶间包覆的方式夹带在固体产品中。工业上，通常在对晶浆进行固液分离以后，再用适当的溶剂对固体进行洗涤，以尽量除去由于粘附和包覆母液所带来的杂质。

此外，若物质结晶时有水合作用，则所得晶体中含有一定数量的溶剂（水）分子，称为结晶水。结晶水的含量不仅影响晶体的形状，也影响晶体的性质。

(2) 相平衡与溶解度

任何固体物质与其溶液相接触时，如溶液尚未饱和，则固体溶解；如溶液已过饱和，则该物质在溶液中的过量部分迟早会析出。但如溶液恰好达到饱和，则固体的溶解与析出的速率相等，净结果是既无溶解也无析出。此时固体与其溶液已达相平衡。

固体与其溶液间的这种相平衡关系，通常可用固体在溶剂中的溶解度来表示。物质的溶解度与其化学性质、溶剂的性质及温度有关。一定物质在一定溶剂中的溶解度主要随温度变化，而随压力的变化很小常可忽略不计。因此溶解度的数据通常用溶解度对温度所标绘的曲线来表示。溶解度的大小通常采用1（或100）份质量的溶剂中溶解多少份质量的无水溶质来表示。图10-9示出了若干无机物在水中的溶解度曲线，由图可见，许多物质的溶解度曲线是连续的，而且这些物质的溶解度随温度升高而明显增大，如 $NaNO_3$、KNO_3 等。但也有一些形成晶体水合物的物质，其溶解度曲线有折点（变态点），它表示其组成有所改变，例如 $Na_2SO_4 \cdot 10H_2O$ 转变为 Na_2SO_4（变态点温度为 32.4 ℃）。这类物质的溶解度可随温度的升高反而减小，例如 Na_2SO_4。至于 NaCl，温度对其溶解度的影响很小。

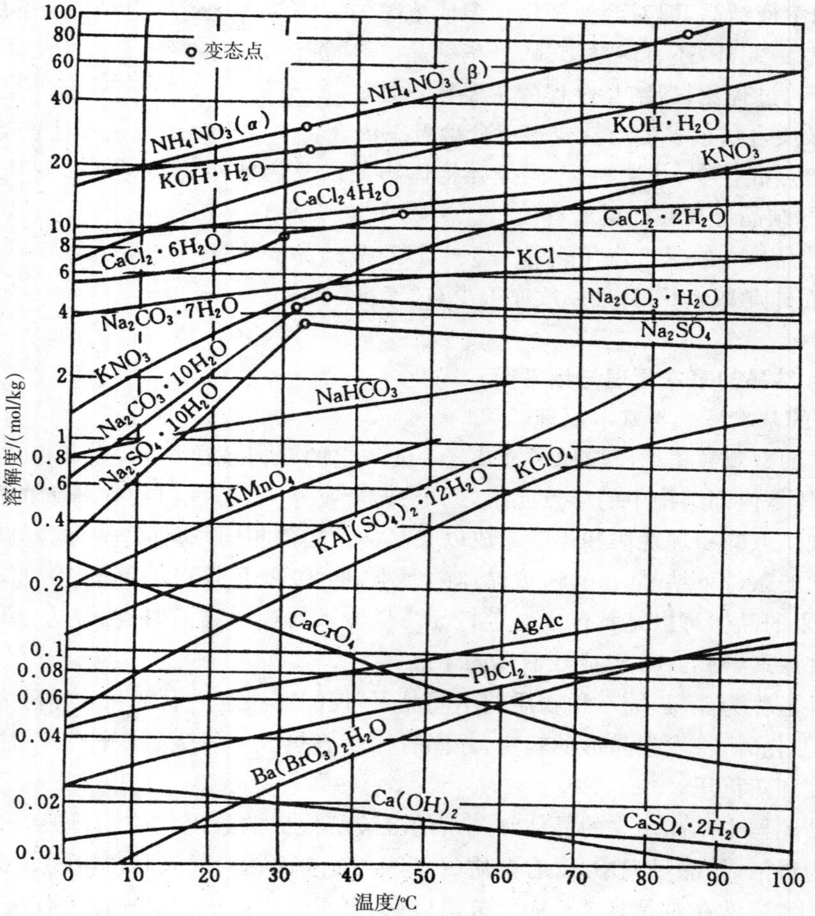

图 10-9 某些无机盐在水中的溶解曲线

(3) 溶液的过饱和与介稳区

将一个完全纯净的溶液在不受任何外界扰动（如无搅拌，无震荡）及任何刺激（如无超声波等作用）的条件下缓慢降温，就可以得到过饱和溶液。过饱和溶液与相同温度下的饱和溶液的浓度之差称为过饱和度。各种物系的结晶都程度不同地存在过饱和度，例如，硫酸镁溶液可以维持到饱和温度以下 17 ℃ 而不结晶。

在结晶过程中，利用物质的不同溶解度和不同的晶形，创造相应的结晶条件，可使固体物质极其纯净地从原溶液中结晶出来。溶质从溶液中结晶出来，要经历两个步骤：首先要产生微观的晶粒作为结晶的核心，这个核心称为晶核。然后晶核长大，成为宏观的晶体，这个过程称为晶体成长。无论是成核过程还是晶体成长过程，都必须以浓度差即溶液的过饱和度作为推动力。溶液的过饱和度的大小直接影响成核和晶体成长过程的快慢，而这两个过程的快慢又影响着晶体产品的粒度分布。因此，过饱和度是结晶过程中一个极其重要的参数。

溶液的过饱和度与结晶的关系，可用图 10－10 表示。图中 AB 线为普通溶解度曲线，CD 线则表示溶液过饱和且能自发产生结晶的浓度曲线，称为超溶解度曲线，它与溶解度曲线大致平行。超溶解度曲线与溶解度曲线有所不同：一个特定物系只有一条明确的溶解度曲线，但超溶解度曲线的位置却要受到许多因素的影响，如有无搅拌、搅拌强度、有无晶种、晶种大小与多少及冷却速率快慢等等。

AB 线以下的区域为稳定区，在此区域溶液尚未达到饱和，因此没有结晶的可能。AB 线以上是过饱和区，此区又分为两部分：AB 线和 CD 线之间的区域称为介稳区。在此区域内，不会自发地产生晶核，但如果溶液中加入晶种，所加晶种就会长大；CD 线以上是不稳区，在此区域中，能自发地产生晶核。

在图 10－10 中将初始洁净溶液冷却至 F 点，溶液刚好达到饱和，但没有结晶析出；当由 F 点继续冷却至 G 点，溶液经过介稳区，虽已处于过饱和状态，但仍不能自发地产生晶核（不加晶种的条件下）。当冷却超过 G 点进入不稳定区后，溶液中才能自发地产生晶核。另外，也可利用在恒温下蒸发溶剂的方法，使溶液达到过饱和，如图中 EF′G′ 线所示，或者利用冷却与蒸发相结合的方法，如图中 EF″G″ 所示，都可以完成溶液的结晶过程。

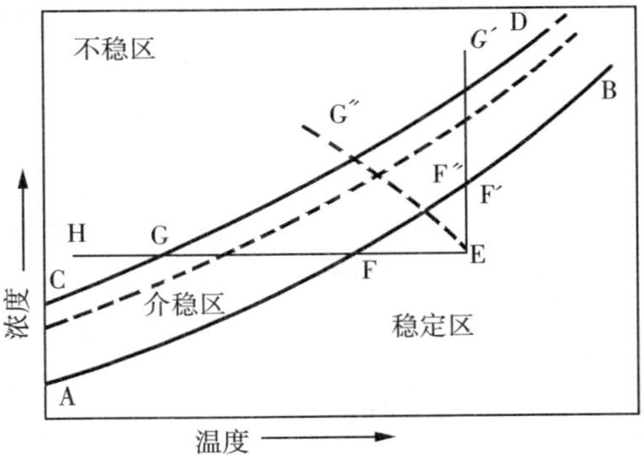

图 10－10　溶液的过饱和与超溶解度曲线

过饱和度和介稳区的概念，对工业结晶操作具有重要的意义。例如，在结晶过程中，若将溶液的状态控制在介稳区且在较低的过饱和度内，则在较长时间内只能有少量的晶核产生，主要是加入晶种的长大，于是可得到粒度大而均匀的结晶产品。反之，将溶液状态控制在不稳区且在较高的过饱和度内，则将有大量晶核产生，于是所得产品中晶粒必然很小。

10.2.2　结晶机理与结晶过程

（1）晶核的形成

晶核是过饱和溶液中初始生成的微小晶粒，是晶体成长过程必不可少的核心。晶核形成过程的机理可能是：在成核之初，溶液中快速运动的溶质元素（原子、离子或分子）相互碰撞首先结合成线体单元。当线体单元增长到一定限度后成为晶胚。晶胚极不稳定，有可能继续长大，亦可能重新分解为线体单元或单一元素。当晶胚进一步长大即成为稳定的晶核，晶核的大小估计在数十纳米至几微米的范围。

在没有晶体存在的过饱和溶液中自发产生晶核的过程称为初级成核。前已指出，在介稳区内，洁净的过饱和溶液还不能自发地产生晶核。只有进入不稳区后，晶核才能自发地产生。这种在均相过饱和溶液中自发产生晶核的过程称为均相初级成核。如果溶液中混入外来固体杂质粒子，如空气中的灰尘或其他人为引入的固体粒子，则这些杂质粒子对初级成核有诱导作用。这种在非均相过饱和溶液（在此非均相指溶液中混入了固体杂质颗粒）自发产生晶核的过程称为非均相初级成核。

另外一种成核过程是在有晶体存在的过饱和溶液中进行的，称为二级成核或次级成核。在过饱和溶液成核之前加入晶种诱导晶核生成，或者在已有晶体析出的溶液中再进一步成核均属于二级成核。目前人们普遍认为二次成核的机理是接触成核和流体剪切成核。接触成核系指当晶体之间或晶体与其他固体物接触时，晶体表面的破碎成为新的晶核。在结晶器中晶体与搅拌桨叶、器壁或挡板之间的碰撞、晶体与晶体之间的碰撞都有可能产生接触成核。剪切成核指由于过饱和液体与正在成长的晶体之间的相对运动，在晶体表面产生的剪切力将附着于晶体之上的微粒子扫落，而成为新的晶核。

（2）晶体的成长

晶体成长系指过饱和溶液中的溶质质点在过饱和度推动力作用下，向晶核或加入晶种运动并在其表面上层层有序排列，使晶核或晶种微粒不断长大的过程。晶体的成长可用液相扩散理论描述。按此理论，晶体的成长过程有以下三个步骤：

① 扩散过程　溶质质点以扩散方式由液相主体穿过靠近晶体表面的静止液层（边界层）转移至晶体表面。

② 表面反应过程　到达晶体表面的溶质质点按一定排列方式嵌入晶面，使晶体长大并放出结晶热。

③ 传热过程　放出的结晶热传导至液相主体中。

上述三个过程中第一步扩散过程以浓度差作为推动力；第二步是溶质质点在晶体空间的晶格上按一定规则排列的过程；第三步，由于大多数结晶物系的结晶放热量不大，对整个结晶过程的影响一般可忽略不计。因此，晶体的成长速率或是扩散控制，或是表面反应控制。如果扩散阻力与表面反应的阻力相当，则成长速率为双方控制。对于多数结晶物系，其扩散阻力小于表面反应阻力，因此晶体成长过程多为表面反应控制。

温度对晶体成长速率亦有较大的影响，一般低温结晶时是表面反应控制；高温时则为扩散控制；中等温度是二者控制。如 NaCl 在水溶液中结晶时的成长速率在约 50 ℃ 以上为扩散控制，而在 50 ℃ 以下则为表面反应控制。

（3）影响结晶过程的因素

① 过饱和度的影响　温度和浓度直接影响到溶液的过饱和度，过饱和度的大小影响晶体的成长速率，又对晶习、粒度、晶粒数量、粒度分布等产生很大的影响。

② 粘度的影响　溶液的粘度大，流动性差，溶质向晶体表面的质量传递主要依靠分子扩散作用。此时，由于晶体的顶角和棱角部位比晶面部位更容易获得溶质，而出现晶体棱角长得快而晶面长得慢的现象，结果会长成形状特殊的骸晶。

③ 密度的影响　晶体周围的溶液溶质的不断析出而产生局部密度下降，结晶放热又使该局部的温度较高而加剧了局部密度的下降。在重力场作用下，溶液的局部密度差会造成溶液的涡流。如果这种涡流在晶体周围分布不均匀，就会使晶体在溶质供应不均匀的状态下成长，最终形成形状歪曲的歪晶。

④ 位置的影响　在有足够自然空间的条件下，晶体的各个晶面都将按照生长规律自由生

长，获得有规则的几何形状。当晶体的某些晶面遇到其他晶面或容器器壁的影响时，这些晶面就无法成长，形成歪晶。

⑤ 杂质的影响　许多物系，如果存在某些微量杂质(包括人为加入某些添加剂)，质量浓度仅为 10^{-6} mg/L 量级或者更低，即可显著地影响结晶行为，其中包括对溶解度、介稳区宽度、晶体成核及成长速率、晶习及粒度分布的影响等。溶液中杂质的存在一般对晶核的形成有抑制作用。

杂质对晶体形状的影响，对于工业结晶操作有重要意义。在结晶溶液中，杂质的存在或有意识地加入某些物质，有时即使是痕量($< 1.0 \times 10^{-6}$ mg/L) 也会有惊人的改变晶习的效果。这种物质称为晶习改变剂，常用的有无机离子、表面活性剂以及某些有机物等。

10.2.3　结晶过程与设备

(1) 结晶方法的分类

按照结晶过程中过饱和度形成的方式，可将溶液结晶分为两大类：移除部分溶剂的结晶和不移除溶剂的结晶。

① 不移除溶剂的结晶法　此法亦称冷却结晶法，它基本上不去除溶剂，溶液的过饱和度系借助冷却获得，故适用于溶解度随温度降低而显著下降的物系，例如 KNO_3、$NaNO_3$、$MgSO_4$ 等。

② 移除部分溶剂的结晶法　按照具体操作的情况，此法又可分为蒸发结晶法和真空冷却结晶法。蒸发结晶是使溶液在常压(沸点温度下) 或减压(低于正常沸点) 下蒸发，部分溶剂汽化，从而获得过饱和溶液。此法适用于溶解度随温度变化不大的物系，例如 NaCl 及无水硫酸钠等。真空冷却结晶是使溶液在较高真空度下绝热闪蒸的方法，在这种方法中，溶液经历的是绝热等焓过程，在部分溶剂被蒸发的同时，溶液亦被冷却。因此，此法实质上兼有蒸发结晶和冷却结晶共有的特点，适用于具有中等溶解度物系的结晶。

此外，也可按照操作连续与否，将结晶操作分为间歇式和连续式，或按有无搅拌分为搅拌式和无搅拌式等。

(2) 常用结晶器简介

在工业生产中，由于被结晶溶液的性质各有不同。对结晶产品的粒度、晶形以及生产能力大小的要求也有所不同，因此使用的结晶设备也多种多样。本部分仅重点介绍几种常用的结晶器的结构和性能。

① 不移除溶剂的结晶器

冷却结晶器的类型很多，目前应用较广的是如图 10-11 和图 10-12 所示的间接换热釜式结晶器。其中图 10-11 为内循环釜式，图 10-12 为外循环釜式。冷却结晶过程所需冷量由夹套或外部换热器提供。内循环式结晶器由于换热面积的限制，换热量不能太大。而外循式结晶器通过外部换热器传热，由于溶液的强制循环，传热系数较大，还可根据需要加大换热面积。但必须选用合适的循环泵，以避免悬浮晶体的磨损破碎。这两种结晶器可连续操作，亦可间歇操作。

间接换热冷却的缺点在于冷却表面结垢及结垢导致的换热器效率下降。为克服这一缺点，有时可采用直接接触式冷却结晶，它是直接将冷却介质与结晶溶液混合。常用的冷却介质是惰性的液态烃类，如乙烯、氟里昂等。但应注意，采用这种操作时，冷却介质必须对结晶产品不污染，不能与结晶溶液中的溶剂互溶或者虽不互溶但难于分离。这类结晶器有釜式、回转式及湿壁塔式等类型。

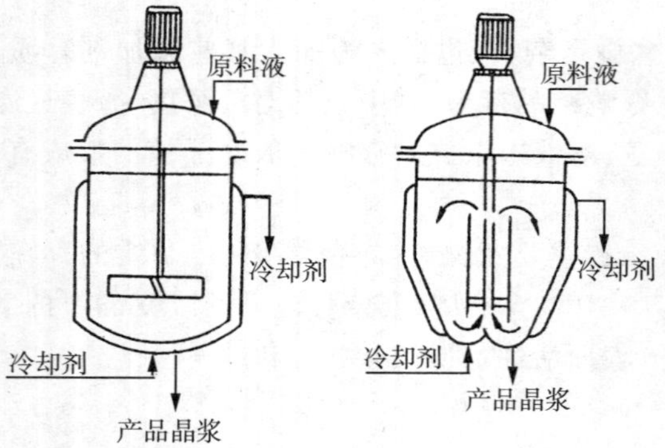

图 10－11 内循环式冷却结晶器

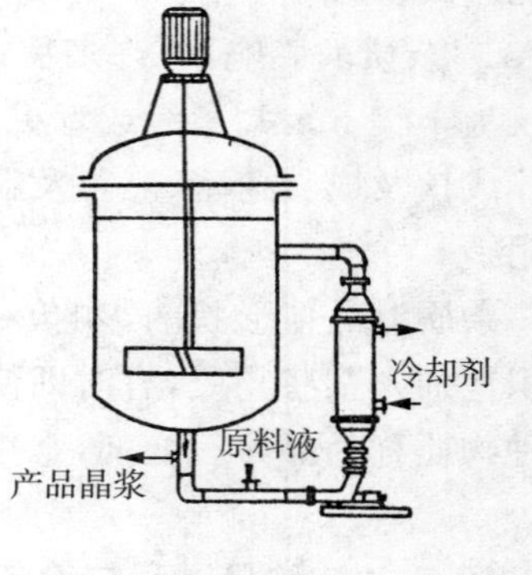

图 10－12 外循环式冷却结晶器

② 移除部分溶剂的结晶器

这类结晶器亦有多种，由于篇幅所限，只介绍最常用的几种形式。

蒸发结晶器

蒸发结晶器与用于溶液浓缩的普通蒸发器在设备结构及操作上完全相同。在此种类型的设备(如结晶蒸发器、有晶体析出所用的强制循环蒸发器等)中，溶液被加热至沸点，蒸发浓缩达到过饱和而结晶。但应指出，用蒸发器浓缩溶液使其结晶时，由于是在减压下操作，故可维持较低的温度，使溶液产生较大的过饱和度。但对晶体的粒度难于控制。因此，遇到必须严格控制晶体粒度的场合，可先将溶液在蒸发器中浓缩至略低于饱和浓度，然后移送至另外的结晶器中完成结晶过程。

真空冷却结晶器

真空冷却结晶器是将热的饱和溶液加入一与外界绝热的结晶器中，由于器内维持高真空，故其内部滞留的溶液的沸点低于加入溶液的温度。这样，当溶液进入结晶器后，经绝热闪蒸过程冷却到与器内压力相对应的平衡温度。

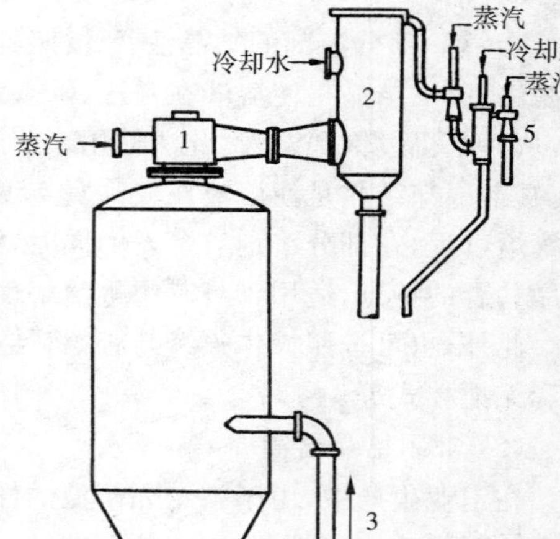

图 10－13 连续式真空冷却结晶器

1—蒸汽喷射泵；2—冷凝器；3—循环管；
4—泵；5—双级式蒸汽喷射泵

真空冷却结晶器可以间歇或连续操作。图 10－13 所示为一种连续式真空冷却结晶器。热的原料液自进料口连续加入，晶浆(晶体与母液的悬混物)用泵连续排出，结晶器底部管路上的循环泵使溶液作强制循环流动，以促进溶液均匀混合，维持有利的结晶条件。蒸出的溶剂(气体)由器顶部溢出，至高位混合冷凝器中冷凝。双级式蒸汽喷射泵用于产生和维持结晶器内的真空。通常，真空结晶器内的操作温度都很低，所产生的溶剂蒸汽不能在冷凝器中被水冷凝，此时可在冷凝器的前部装一蒸汽喷射泵，将溶剂蒸汽压缩，以提高其冷凝温度。

真空结晶器结构简单，生产能力大，当处理腐蚀性溶液时，器内可加衬里或用耐腐蚀材料制造。由于溶液系绝热蒸发而冷却，无需传热面，因此可避免传热面上的腐蚀及结垢现象。其缺点是：必须使用蒸汽，冷凝耗水量较大，溶液的冷却极限受沸点升高的限制等。

(3) 其他结晶方法简介

工业上除了前面讨论的溶液结晶方法之外，有时还采用许多其他的结晶方法，如熔融结晶、升华结晶、沉淀结晶、喷射结晶、冰析结晶等。

熔融结晶是根据待分离物质之间的凝固点不同而实现物质结晶分离的过程。与溶液结晶过程比较，熔融结晶过程的特点参见表 10－2。

沉淀结晶包括反应结晶和盐析结晶两个过程。反应结晶过程产生过饱和度的方法是通过气体（或液体）与液体之间的化学反应，生成溶解度很小的产物。工业上通过反应结晶制取固体产品的例子很多，例如由硫酸及含氨焦炉气生产 $(NH_4)_2SO_4$，由盐水及窑炉气生产 $NaHCO_3$ 等。通常化学反应速度比较快，溶液容易进入不稳区而产生过多晶核，因此反应结晶所生产的固体粒子一般较小。要制取足够大的固体粒子，必须将反应试剂高度稀释，并且反应结晶时间要充分地长。

表 10－2 溶液结晶与熔融结晶过程的比较

项目	溶液结晶	熔融结晶
1. 原理	冷却或移除部分溶剂，使溶质从溶液中结晶出来	利用待分离组分凝固点的不同使它们得以结晶分离
2. 推动力	过饱和度，过冷度	过冷度
3. 操作温度	取决于物系的溶解度特性	在结晶组分的熔点附近
4. 过程的主要控制因素	传质及结晶速率	传热、传质及结晶速率
5. 产品形态	呈一定分布的晶体颗粒	液体或固体
6. 目的	分离、纯化、产品晶粒化	分离纯化
7. 结晶器类型	釜式为主	塔式或釜式

盐析结晶过程是通过往溶液中加入某种物质来降低溶质在溶剂中的溶解度，使溶液达到过饱和。所加入的物质称为稀释剂或沉淀剂，它可以是固体、液体或气体。此法之所以称为盐析法，是因为 NaCl 是一个最常用的沉淀剂。一个典型例子是从硫酸钠盐水中生产 $Na_2SO_4 \cdot 10H_2O$，通过向硫酸钠盐水中加入 NaCl 可降低 $Na_2SO_4 \cdot 10H_2O$ 的溶解度，从而提高 $Na_2SO_4 \cdot 10H_2O$ 的结晶产量。某些液体也常用作沉淀剂，例如醇类和酮类可用于 KCl、NaCl 和其他溶质的盐析。

升华是物质不经过液态直接从固态变成气态的过程。其反过程气体物质直接凝结为固态的过程称为凝华。升华结晶过程常常包括上述两个步骤。通过这种方法可以将一个升华组分从含其他不升华组分的混合物中分离出来。例如碘、萘等常采用这种方法进行分离提纯。

喷射结晶类似于喷雾干燥过程，它是将很浓的溶液中的溶质或熔融体进行固化的一种方式。此法所得固体颗粒的大小和形状，在很大程度上取决于喷射口的大小和形状。

冰析结晶过程一般采用冷却方法，其特点是使溶剂结晶，而不是溶质结晶。冰析结晶的应用实例有海水脱盐制取淡水、果汁的浓缩等。

10.3 吸　附

吸附是利用某些固体能够从流体混合物中选择性地凝聚一定组分在其表面上的能力，使混合物中的组分彼此分离的单元操作过程。吸附是分离和纯化气体与液体混合物的重要单元操作之一，在化工、炼油、轻工、食品及环保等领域应用广泛。

10.3.1 吸附现象与吸附剂

(1) 吸附现象

当气体或液体与某些固体接触时，在固体的表面上，气体或液体分子会程度不同地变浓变稠，这种固体表面对流体分子的吸着现象称为吸附，其中的固体物质称为吸附剂，而被吸附的物质称为吸附质。

(2) 物理吸附与化学吸附

按作用力的性质可将吸附分为两类：物理吸附与化学吸附。物理吸附是指当气体或液体分子与固体表面分子间的作用力为分子间力时的吸附，它是一种可逆过程。当固体表面分子与气体或液体分子间的引力大于气体或液体内部的分子间力时，气体或液体分子吸着在固体表面上。从分子运动论的观点来看，固体表面上这些的分子，由于分子运动也会从固体表面上脱离而逸入气体或液体中去，其本身并不发生任何化学变化。当温度升高时，气体(或液体)分子的动能增加，分子将不易滞留在固体表面上，而越来越多地逸入气体(或液体)中去，这就是所谓的脱附。这种吸附－脱附的可逆现象在物理吸附中均存在。工业上利用这种现象，通过改变操作条件，使吸附质脱附，达到吸附剂再生并回收吸附物质或分离的目的。

化学吸附作用力是吸附质与吸附剂分子间的化学结合力。这种化学键合力比物理吸附的分子间力大得多，其热效应亦远大于物理吸附热。化学吸附往往是不可逆的。同一种物质，在低温时在吸附剂上进行的是物理吸附；随着温度升高到一定程度，就开始产生化学变化，转为化学吸附，有时两种吸附会同时发生。化学吸附在催化反应过程中起重要作用。

(3) 吸附剂

由于吸附是一种在固体表面上发生的过程，故吸附剂最重要的特征是具有很大的比表面积(单位质量吸附剂所具有的内表面积)。作为工业用吸附剂，一般应具备下列性质：

① 对吸附质有高的吸附能力和高选择性，工业上常用吸附剂的比表面积约为 300 ～ 1200 m^2/g；

② 机械强度高、化学稳定性及热稳定性好，使用寿命长；

③ 容易再生；

④ 制备简单，成本低廉，原料来源充足等。

目前工业上最常用的吸附剂有活性炭、硅胶、活性氧化铝和分子筛等。

① 活性炭　活性炭是最常用的吸附剂，由木炭、坚果壳、煤等含碳原料经炭化与活化制得，其吸附性能取决于原始成炭物质以及炭化活化等的操作条件。活性炭可用于溶剂蒸汽的回收、各种气体纯化、水的净化等。

② 硅胶　硅胶是一种常用吸附剂，它是一种坚硬的由无定形 SiO_2 构成的多孔结构固体颗粒，其分子式为 $SiO_2 \cdot nH_2O$。硅胶制备过程是：用硫酸处理硅酸钠水溶液生成凝胶，所得凝

胶用水洗去硫酸钠后，进行干燥即得硅胶。依制造条件的不同，可以控制微孔尺寸、空隙率和比表面大小。硅胶主要用于气体干燥、气体吸收、液体脱水、色层分析和催化剂制备等。

③ 活性氧化铝　活性氧化铝又称活性矾土，为一种无定形的多孔结构物质，通常由氧化铝（以三水合物为主）加热、脱水和活化而得。活性氧化铝对水有很强的吸附能力，主要用于液体与气体的干燥，例如汽油、煤油、芳烃和氯化碳氢化合物的脱水，空气、甲烷、氯气、氯化氢等的干燥。

④ 分子筛　分子筛是近几十年发展起来的沸石吸附剂。其组成为 $MAl_2O_3 \cdot ySiO_2 \cdot wH_2O$（含水硅铝酸盐），其中 M 为 IA 或 ⅡA 族金属元素，n 为金属离子的价数，y 与 w 分别为 SiO_2 与 H_2O 的分子数。沸石有天然沸石和合成沸石两类。自 60 多年前发现天然沸石的分子筛作用和它在分离过程中的应用以来，人们已采用人工合成方法，仿制出上百种合成分子筛。

分子筛为结晶型且具有多孔结构，其晶格中有许多大小相同的空穴，可包藏被吸附的分子。空穴之间又有许多直径相同的孔道相连。因此，分子筛能使比其孔道直径小的分子通过孔道，吸附到空穴内部，而比孔径大的物质分子则被排斥在外面，从而使分子大小不同的混合物分离，起了筛分分子的作用。

由于分子筛突出的吸附性能，使它在吸附分离中的应用十分广泛，如各种气体和液体的干燥，烃类气体或液体混合物的分离。分子筛还可用于从天然气中去除 H_2S 和其他硫化物，从空气和天然气中去除 CO_2。特制的分子筛可用于从石油馏分中分离正烷烃，从混合二甲苯中分离对二甲苯等。与其他吸附剂相比，分子筛的显著优点是吸附质在被处理的混合物中浓度很低时及在较高的温度时，仍有较好的吸附能力。

⑤ 其他吸附剂　除了上述常用的四种吸附剂外，还有一些其他吸附剂，如吸附树脂、活性粘土等。吸附树脂是具有巨型网状结构的合成树脂，如苯乙烯和二乙烯苯的共聚物、聚苯乙烯、聚丙烯酸酯等。吸附树脂主要应用于处理水溶液，如废水处理、维生素分离等，吸附树脂的再生比较容易，但造价较高。

一些常用吸附剂的主要特性如表 10－3 所示。

表 10－3　常用吸附剂的特性

吸附剂	孔径 d_p(nm)	孔隙率	粒子密度 (g/m^3)	比表面积 a (m^2/g)
活性氧化铝	1～7.5	0.50	1.25	320
小孔硅胶	2.2～2.6	0.47	1.09	750～850
大孔硅胶	10～15	0.71	0.62	300～350
小孔活性炭	1～2.5	0.4～0.6	0.5～0.9	400～1200
大孔活性炭	＞3			200～600
分子筛	0.3～1	0.2～0.5		600～700
吸附树脂	4－25	0.4～0.55		80～700

10.3.2　吸附平衡与吸附速率

（1）吸附平衡

前已述及，吸附是一种固体表面现象。在一定条件下，当气体或液体与固体吸附剂接触时，气体或液体中的吸附质将被吸附剂吸附，经过足够长的时间，吸附质在两相中的含量趋于稳定，互呈平衡，称为吸附平衡。实际上，当气体或液体与吸附剂接触时，若流体中吸附质浓度高于其平衡浓度，则吸附质被吸附；反之，若气体或液体中吸附质的浓度低于其平衡浓度，则已吸附在吸附剂上的吸附质将解吸。因此，吸附平衡关系决定了吸附过程的方向和限度，是设计吸附操作过程的基本依据。如图 10－14 所示。

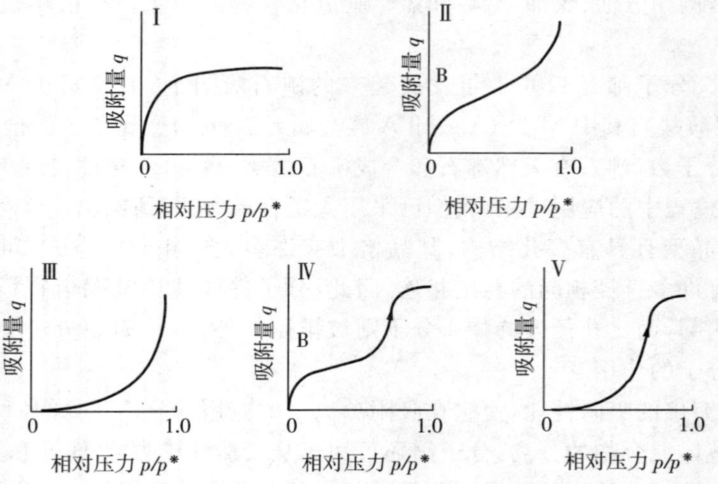

图 10－14　五种类型的吸附等温线

吸附平衡关系通常用等温条件下吸附剂中吸附质的含量与流体中吸附质浓度（或分压）之间的关系来表示，称为吸附等温线。

① 单一气体（或蒸汽）的吸附　对于单组元气体在固体上的吸附，Langmuir 提出了著名的吸附理论。其主要假定为：（Ⅰ）固体表面是均匀的；（Ⅱ）吸附是单分子层的；（Ⅲ）吸附分子间无相互作用力。

② 气体混合物的吸附

工业上的吸附过程所涉及的都是气体混合物而非纯气体。如果在气体混合物中除 A 之外的所有其他组分的吸附均可忽略，则 A 的吸附量可按纯气体的吸附等温线估算，但其中的压力应采用 A 的分压。如果混合气体中有两个或更多的组分被吸附，则此情况是十分复杂的。一些实验数据表明，混合物中的某一组分对另外组分吸附的影响可能是增加、减小或者没有影响，取决于吸附分子间的相互作用。

③ 液体的吸附　液相吸附的机理远比气相吸附复杂，对于给定的吸附剂，溶剂种类对溶质的吸附亦有影响。这是因为吸附质在不同溶剂中的溶解度不同，溶剂本身的吸附均对吸附质的吸附有影响。一般说来，溶质的溶解度越小，吸附量越大；温度越高，吸附量越低。

（2）吸附速率

吸附速率系指单位时间内被吸附的吸附质的量（kg/s），它是吸附过程设计与操作的重要参数。通常一个吸附过程应包括以下几个步骤，每一步都将不同程度地影响总吸附速率。

① 外扩散：吸附质分子从流体主体以对流扩散方式传递到吸附剂固体表面。由于流体与固体接触时，在紧贴固体表面附近有一滞流膜层，因此这一步的传递速率主要取决于吸附质在这一滞流膜层的传递速率。

② 内扩散:吸附质分子从吸附剂的外表面进入其微孔道,进而扩散到达孔道的内部表面。

③ 在吸附剂微孔道的内表面上吸附质被吸附剂吸着。

对于物理吸附,通常吸附剂表面上的吸着速率远较外扩散和内扩散为快,因此影响吸附总速率的往往是外扩散与内扩散速率。

10.3.3 吸附的工业方法与设备

工业吸附过程多包括两个步骤:先是使流体与吸附剂接触,使吸附剂吸附吸附质后,与流体混合物中不被吸附的部分进行分离,这一步为吸附操作;然后对吸附了吸附质的吸附剂进行处理,使吸附质脱附出来并使吸附剂重新获得吸附能力,这一步为吸附剂的脱附与再生操作。有时不用回收吸附质与吸附剂,则这一步骤改为更换新的吸附剂。在多数工业吸附装置中,都要考虑吸附剂的多次使用问题,因而吸附操作流程中,还须具有脱附与再生设备。

按照原料流体中被吸附组分含量的不同,可将吸附分类为纯化吸附过程和分离吸附过程。尽管在二者之间没有严格的界定,但通常认为当原料液中被吸附组分的质量分率 $>10\%$,则为分离吸附过程。工业上应用最广的吸附设备型式和操作方法列于表 10-4。

表 10-4 吸附分离常用的工业方法

进料相态	吸附装置	吸附剂再生方法	主要应用
液体	气体搅拌槽	吸附剂不再生	液体纯化
液体	固定床	加热解吸	液体纯化
液体	模拟移动床		液体混合物分离
气体	固定床	变温解吸	气体纯化
气体	流化床 — 移动床组合装置	变温解吸	气体纯化
气体	固定床	惰性介质解吸	气体纯化
气体	固定床	变压解吸	气体混合物分离
气体	固定床	真空解吸	气体混合物分离
气体	固定床	置换解吸液体纯化	气体混合物分离

表中所列设备可大致分类成三种操作模式,如图 10-15 所示:

① 搅拌槽固液接触吸附操作,如图 10-15(a);

② 固定床周期性间歇操作,如图 10-15(b);

③ 模拟移动床连续操作,如图 10-15(c)。

(1) 搅拌槽接触吸附法

搅拌槽是一种最简单的接触吸附装置。将待处理的液体与吸附剂加入搅拌槽中,通过搅拌使固体吸附剂悬浮与液体均匀接触,液体中的吸附质被吸附。为使固液接触充分,减少内扩散阻力和增大接触面积,要求使用细颗粒的吸附剂(通常粒径应小于 1mm) 和良好的搅拌。固液在槽中的停留时间(接触时间) 取决于物系达到平衡的快慢。这种操作主要应用于移除液体中(特别是水) 的少量溶解性的大分子,如带色物质。用过的吸附剂可通过沉降或过滤从液体中分离出来。由于被吸附的吸附质多为大分子物质,其解吸困难,故用过的吸附剂一般不再生而弃去。搅拌槽式接触吸附亦称接触过滤,多为间歇操作,有时也可连续操作。

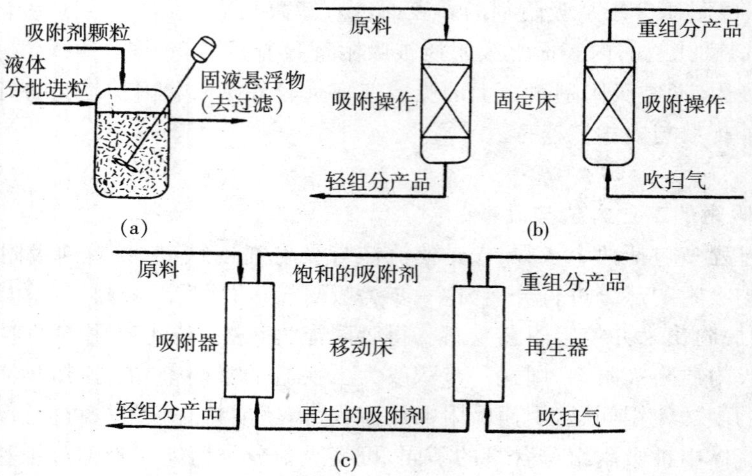

图 10－15　吸附的操作模式

(a) 搅拌槽接触操作；(b) 固定床周期性操作；(c) 移动床连续操作

(2) 固定床周期性操作方法

固定床周期性间歇操作模式，广泛应用于液体或气体混合物的分离与纯化。所用吸附剂颗粒尺寸为 0.05 ～ 1.2 cm。床层压降随颗粒尺寸的增加而下降，但溶质传递速率随颗粒尺寸下降而增大。最优的颗粒尺寸需综合考虑这两个因素后确定。为了避免吸附过程中吸附剂颗粒床层的流化现象，进料液体或气体在床中应向下流动。对于从水中脱除少量溶解性的烃类或其他溶解性有机物质，用过的吸附剂从吸附床中取出后，或用高温的方法再生，或者弃之。对于气体混合物的纯化或分离，吸附剂几乎都是在相应的吸附装置内通过表 10-4 列出的若干解吸方法之一进行再生。

① 变温解吸方法

由吸附平衡的性质可知，降低温度有利于吸附进行，升高温度则有利于脱附进行。工业上利用这一原理，通过升高吸附剂的温度使吸附质解吸，如图 10－16 为变温解吸过程的示意。加热的方法有几种：如用内盘管间接加热，更常用的是用非吸附性的惰性热气体（例如热蒸汽）吹扫解吸。解吸了的吸附剂床层，在开始下一个吸附周期之前要进行冷却。由于床层的加热与冷却需要数小时，故一个典型的变温吸附－解吸操作周期为数小时到数天。因此，即使床内的吸附剂装填量适当，此法也仅仅适用于原料中含有少量吸附质的纯化过程。

上述固定床的吸附－解吸操作，亦可用一个流化床和移动床组合装置代替，其中流化床用于吸附，而移动床用于解吸。装置先行固气接触，并使吸附剂粒子流化。流化了的粒子像液体一样通过板上的溢流管逐板下流，然后依次进入下部移动床段的加热管和解吸管，使吸附剂粒子升温后解吸。在移动床段内，吸附剂颗粒以整体状向下移动，与自下而上的蒸汽逆流接触，进行再生。在装置的底部，再生后的吸附剂颗粒用携带气气流提升到器的顶部，重新进行吸附操作。工业上，这一装置可用于脱除空气中的少量溶剂，以及脱除气流中的 CO_2、水蒸气、污染物等。

② 惰性气体解吸法

此法所用吹扫气体是没有吸附性的（即惰性气体）或有弱吸附性，故解吸温度和压力与吸附操作所用相同。这种方法仅仅适用于具有弱吸附性、易于解吸和没有多大价值的吸附质的解吸。所用的惰性气体必须是价廉的，否则在复重使用之前还必须对其进行纯化。

③ 变压吸附 — 解吸法

这种解吸方法如图 10－16 所示，吸附是在高压下操作，而脱附是在接近环境压力下操作。由于固定床设备很容易进行加压和减压，故完成吸附 — 解吸一个循环仅需数分钟甚至更短。如果吸附是在接近环境压力下进行，而解吸是在真空下完成，则这种方法称为真空吸附 — 解吸法。变压法与真空法广泛用于空气的分离，当用分子筛吸附剂时，达到吸附平衡的时间很短，N_2 被优先吸附，非吸附性的高压气体产品是含少量 N_2 的 O_2 和 Ar 的混合物。如果使用碳分子筛吸附剂，则 O_2 在粒子内的扩散速率约为 N_2 的 25 倍。因此吸附的选择性受传质速率控制，O_2 被优先吸附。这样获得的高压气体产品接近于纯 N_2。

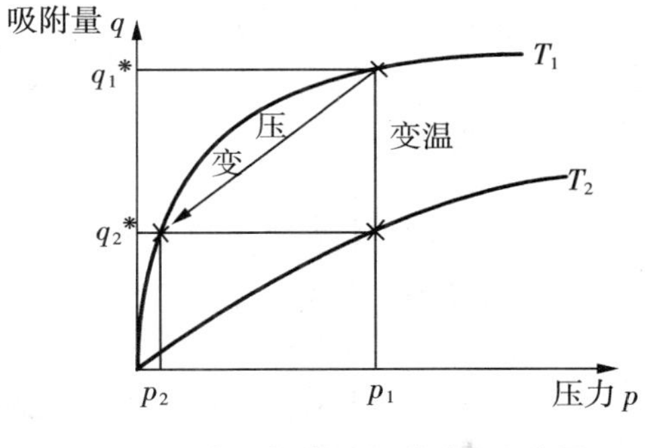

图 10－16 变温与变压吸附过程示意图

④ 置换解吸方法

在这种方法中，所用解吸气体被吸附的难易程度与吸附质差不多。因此，解吸的原因不仅是由于降低了吸附质在流体相中的分压(或浓度)，还由于置换气体的吸附竞争作用。此外，由于在解吸过程中发生置换气体的吸附，因此在吸附阶段置换气体将解吸而混杂在难吸附的产品之中，这就是说需要在两个产品中回收置换气体。置换解吸方法的应用之一是用 5A 分子筛从含支链和环状烃类混合物中分离中摩尔质量的直链石蜡($C_{10}-C_{18}$)，以氨气作为置换气体，因为氨气可以很容易地通过闪蒸从石蜡中分离出来。

(3) 模拟移动床连续逆流操作方法

固定床吸附 — 解吸周期性操作方式的特点是：在固定床的任意位置上，组成、温度及压力都是随时间变化的。这种操作模式的应用之一是液体混合物的分离，如图 10－17 所示。其中吸附器由许多小段组成，每小段内填充有静止的固体吸附剂，成为一个小固定床。每段均有进出口，以便将此小固定床的流体送人和引出。通过一个特制的旋转阀或微机控制的多个阀门，使进出的液体与另外四个主道相连：进料(A＋B)管；抽出液(A＋D)管；抽余液(B＋D)管；解吸剂(D)管。由于旋转阀的连续转动，使得各层流体进出口依次连续地变动流体与四个主管的连接关系，从而改变流体与固体吸附剂间的相互关系。如果此变动是顺序向上的，其结果是形成了流体向上、固

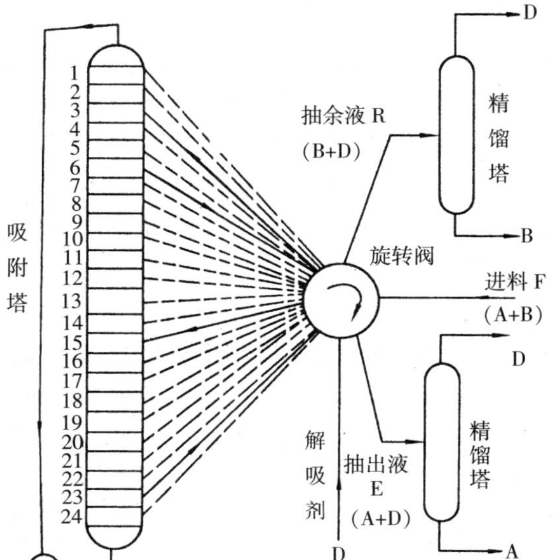

图 10－17 模拟移动床连续逆流操作示意图

体向下的相对运动，而塔顶出口的流体用泵抽出后送入塔底循环。显然，塔段分得越细越多，则越接近于移动床的固液逆流接触模式。但此时固体却是静止的，避免了磨损。对每一个塔段而言，其吸附、脱附等过程是间歇周期地进行，而对整个吸附塔而言，原料与脱附剂的进料、吸附液与吸余液的抽出均为连续过程。

10.4 泡沫分离法

泡沫分离又称泡沫吸附分离技术，早在 1915 年就开始应用于矿物浮选，但是对离子、分子、胶体及沉淀的泡沫吸附分离是在 20 世纪 50 年代末才引起人们的兴趣与重视，并逐渐作为一种单元操作加以研究。20 世纪 60 年代中期采用泡沫分离法脱除洗涤剂工厂排放的一级污水和二级污水中的表面活性剂 —— 直链烷基磺酸盐和苯磺酸盐获得成功。60 年代进行了染料等有机物与废水泡沫分离的实验研究，1977 年开始有报道用阴离子表面活性剂泡沫分离 DNA、蛋白质及液体卵磷脂等生物活性物质。随着工业技术的发展，特别是对环境保护的普遍重视和资源综合利用的要求，泡沫分离的研究工作将不断扩大范围，其工业应用也将越来越多。

10.4.1 泡沫分离的定义与分类

泡沫分离是以气泡为介质，利用组分的表面活性差进行分离的一种分离方法，类别繁多。卡格等将其分为有泡沫分离和无泡沫分离两种，其中泡沫分离按分离对象是溶液还是含有固体离子的悬浮液、胶体溶液而分成泡沫分馏和泡沫浮选。无泡沫分离是指用鼓泡进行分离，但不一定形成泡沫层，可分鼓泡分馏和溶媒浮选。鼓泡分离是从塔设备底部通气鼓泡，表面活性物质被气泡富集并上升至塔顶，和液相主体分离，使溶质得到浓缩，液相主体被净化；溶媒浮选是在溶液顶部置有一种与其互不相溶的溶剂，用它来萃取或富集由塔底鼓出的气泡所吸附的表面活性物质。

泡沫分馏用于分离溶解物质，它们可以是表面活性剂，也可以是不具有表面活性的物质如金属离子、阴离子、蛋白质、酶等，但它们必须具有和某一类型的表面活性剂结合的能力，当料液鼓泡时能进入液层上方的泡沫层而与液相主体分离。由于它的操作和设计在许多方面可与精馏相类比，所以称它为泡沫分馏。

泡沫浮选用于分离不溶解的物质，按照被分离对象是分子还是胶体，是大颗粒还是小颗粒等，又可分为：

(1) 矿物浮选，用于矿石和脉石离子的分离；

(2) 粗粒浮选和微粒浮选，常用于共生矿中单质的分离，前者粒子直径大致在 1 ～ 10mm 内，后者粒子直径小于 1mm，处理对象为胶体、高分子物质或矿浆；

(3) 粒子浮选和分子浮选，用于分离非表面活性粒子或分子，需要向体系中加入浮选捕集剂与被分离组分形成难溶或不溶物，然后以浮渣形式将其脱除；

(4) 沉淀浮选，利用改变溶液 pH 值或加入絮凝剂等方法，使需脱除的粒子形成沉淀，再利用浮选法将沉淀脱除；

(5) 吸附胶体浮选，是以胶体粒子作为捕集剂，选择性吸附所需的溶质，再用浮选法除去。

泡沫分离的主要缺点是：表面活性剂多为高分子物，消耗量较大，有时难以回收；泡沫分离塔中的返混严重影响分离效率；能维持稳定泡沫层的表面活性剂较少，且难以控制其在溶液中的浓度。但泡沫分离不失为一种很有发展前途、尚需继续开发的新型分离技术。

10.4.2　泡沫分离的基本原理

泡沫分离过程是利用待分离物质本身具有表面活性(如表面活性剂)或能与表面活性剂通过化学、物理力结合在一起(如金属离子、有机化合物、蛋白质和酶等),在鼓泡塔中被吸附在气泡表面,得以富集,藉气泡上升带出溶剂主体,达到净化主体液、浓缩待分离物质的目的。可见它的分离作用主要取决于组分在气-液界面上吸附的选择性和程度,其本质是各种物质在溶液中表面活性的差异。

(1) 表面活性剂及其界面特性

泡沫分离中所需的溶质是表面活性剂,即在液体中加入少量这类物质能使液体的表面张力显著降低。它们的化学结构式一般由非极性基团和极性基团两部分组成,溶入溶液后表现出两个基本性质:① 水溶液中溶解行为是很快地聚集在水面并形成亲水基留在水中,亲油基伸向气相的定向单分子排列,使空气和水的接触面减小,从而使表面张力急剧下降,同时,多余的分子则在溶液内部形成分子状态的聚集体 —— 胶束,并分布在液相主体内;② 超过表面活性剂形成胶束的最低浓度后,溶液表面张力不再降低,相当于曲线中的水平部分。但在相界面上,由于上述定向排列的单分子层具有选择性的定向吸附作用,会显著地改变原溶液地界面的性质,造成各种界面作用,泡沫分离就是充分利用表面活性剂的界面作用发展起来的一种新型的分离方法。

(2) 泡沫的形成与性质

泡沫是由被极薄的液膜所隔开的许多气泡所组成的。当气体在含活性剂的水溶液中发泡时,首先在液体内部形成被包裹的气泡。在此瞬时,溶液中表面活性剂分子立即在气泡表面排成单分子膜,亲油基指向气泡内部,亲水基指向溶液(见图 10 - 18),该气泡会借浮力上升冲击溶液表面的单分子膜。在某种情况下,气泡也可从表面跳出。此时,在该气泡表面的水膜外层上,形成与上述单分子膜的分子排列完全相反的单分子膜,从而构成了较为稳定的双分子层气泡体,在气相空间形成接近于球体的单个气泡。许多气泡聚集成大小不同的球状气泡集合体,更多的集合体集聚在一起形成泡沫。

形成泡沫的气泡集合体包括两个部分,一是泡,两个或两个以上的气泡,二是泡与泡之间以少量液体构成的隔膜(液膜)是泡沫的骨架。

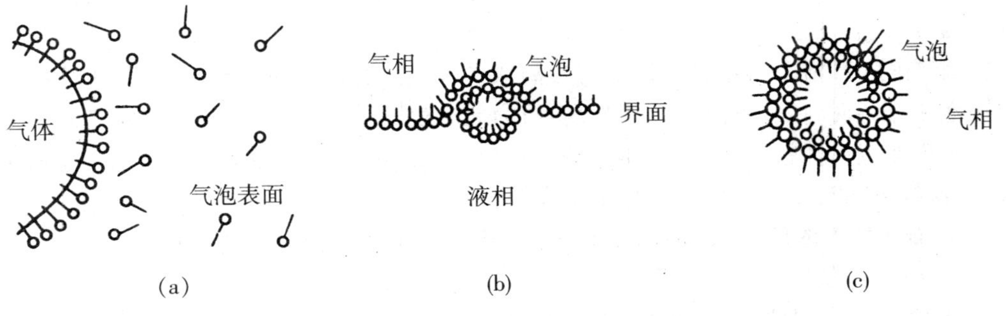

图 10 - 18　气泡的形成过程

(a) 气体在液相内形成被包裹的气泡;(b) 单分子膜;(c) 双分子层气泡体

泡沫不是很稳定的体系，气泡与气泡之间仅以薄膜隔开，此隔膜也会因彼此压力不均或间隙流的流失等原因而发生破裂，导致气泡间的合并现象，或由于小气泡的压力比大气泡高，因此气体可以从小气泡通过液膜向大气泡扩散，导致大气泡变大，小气泡变小，以至消失。

泡沫的稳定性一般与溶质的化学性质和浓度，系统温度和泡沫单体大小、压力、溶液 pH 值有关。表面活性剂的浓度愈是接近临界浓度，气泡愈小，气泡的寿命愈长。

典型的三个气泡集合体的结构见图 10－19，泡与泡之间壁为平面，三个泡的共同交界处形成有一定曲率半径的小三角形柱体，由于这个曲率半径，使液膜中位于平面间的液体所受的压力要比位于三角柱体壁内的液体所受压力高很多，这一压力梯度会导致液膜中液体由膜向小三角柱体流动，从而使平壁逐渐变薄，最后在阻力的平衡下，膜达到一定的厚度。当膜间夹角为 120° 时，压力差最小，泡沫稳定。

若是三个以上，如四个气泡聚集在一起时，见图 10－20，最初可能形成十字形或其他结构，但它是不稳定的，在相邻气泡间的微小压力差作用下，膜会滑动，直至转变成上述的三泡结构的稳定形式。这也是泡沫层内排液的主要原因。

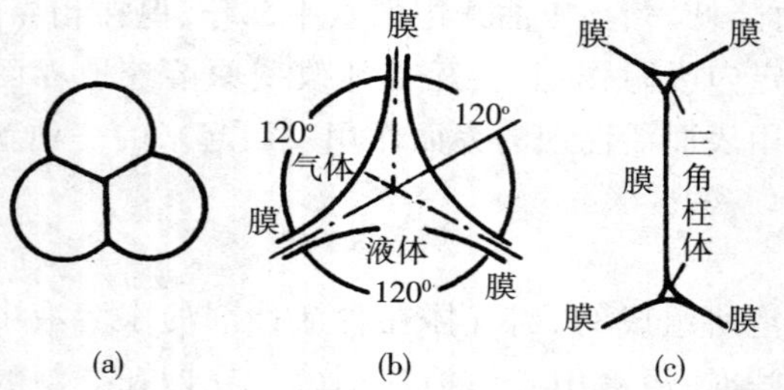

图 10－19　三泡结构以及三角柱体与膜的联结

(a) 三泡结构；(b) 三角柱体剖面；(c) 多泡结构

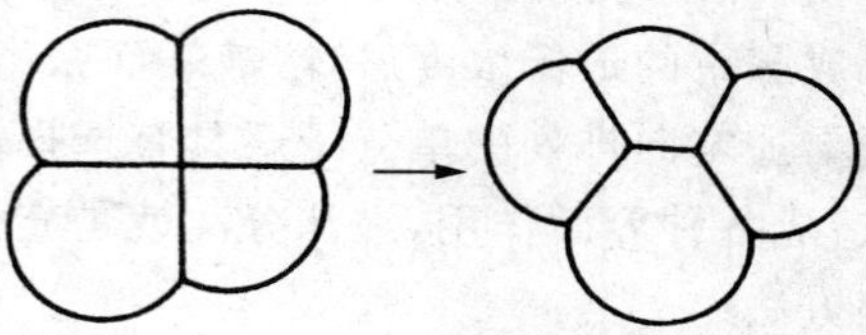

图 10－20　四泡结构的稳定形式

(3) 影响泡沫分离的因素

① 待分离物质的种类　待分离物质可能含一种或几种溶质：(Ⅰ) 待分离的物质是一种溶剂和一种表面活性物质的二元体系，则可应用 Gibbs 吸附公式计算表面过剩量或分配系数；(Ⅱ) 待分离物质是非表面活性物质，如金属离子，则可用两种方法分离，一是加入表面活性剂，使其与待分离离子一起被气泡带到液面予以分离，另一种方法是把溶液调节至适当的 pH 值，使待分离物质形成沉淀，并与表面活性剂一起被气泡带到泡沫层而分离。一般希望采用有机沉淀剂，因为它的选择性好，易于过滤。

② 溶液的 pH 值　溶液的 pH 值对分离效果有很大的影响。对于天然表面活性物质，如蛋白质在泡沫分离时，在等电点时效率最高，因为此时表面张力 — 浓度曲线的斜率最大（吉布斯公式）；对于非表面活性物质，如金属离子，可控制在某 pH 值下使表面过剩量和溶液浓度的比值最大，这样可从离子混合物中分离个别离子。

③ 表面活性剂浓度　表面活性剂的浓度不宜超过临界胶束浓度，但也不能太低，使泡沫层不稳定，太高则使分离效率下降。

④ 温度　首先温度应达到表面活性剂的起泡温度，保持泡沫的稳定性，其次根据吸附平衡的类型来选择温度的高低。也可通过变温泡沫分馏，把不同的表面活性物质分开。

⑤ 气流速度　气流速度上升，泡沫形成速度上升，则单位时间的去除率也上升，但泡沫中

间歇液的含量也上升，因而降低了塔顶泡沫液的浓度。如果气速过大，则泡沫中气、液分离形成乳化气体，对操作不利。

⑥ 离子强度　很多泡沫分离体系对离子强度很敏感，离子强度增加，效率很快下降，这是由相同电荷离子的竞争吸附引起的。

⑦ 泡沫的性质、层高、排沫方式、搅拌等也是影响泡沫分离的因素。

10.4.3 泡沫分离的操作方式与应用

(1) 泡沫分离的操作方式

泡沫分离的操作是由两个基本过程组成：① 待分离溶质被吸附到气-液界面上；② 对被泡沫吸附的物质进行收集并用化学、热或机械的方法破坏泡沫，将溶质提取出来。因此它的主要设备为泡沫塔和破沫器。

泡沫分离流程可分为间歇式、连续式两类。

① 间歇式泡沫分离过程

气体从塔底连续鼓入，形成的泡沫液从塔顶连续排除，原料液因不断形成泡沫而减少，可在塔的下部适当补充表面活性剂，以弥补其在分离过程中的减少。间歇式操作可用于溶液的净化和有用组分的回收。

② 连续式泡沫分离过程

这种过程料液和表面活性剂连续加入塔内，泡沫液和残液连续从塔内排出。按照原料液引入塔的位置不同，可将连续泡沫分离过程分为浓缩塔（或称精馏塔）、提馏塔和两者叠加的复合塔，可分别得到不同的分离效果，见图 10－21 中(a)、(b)、(c)。

在浓缩塔中，含表面活性剂的料液连续加入塔中的鼓泡区，在塔顶设置回流，将凝集的泡沫液部分引回塔顶，以提高泡沫液的浓度即塔顶产品浓度，如精馏塔中的精馏段。除了外回流外，上升泡沫中气泡聚集所形成的内回流同样具有提高塔顶产品浓度的作用，但对残液的去污效果不好。

在提取塔中，料液从泡沫塔顶加入，这样的操作可以达到很高的去污系数。故相当于提馏塔。在复合塔中，料液和部分表面活性剂由泡沫段中部加入，塔顶也采用部分回流，故相当于复合塔。泡沫分离和其他分离过程一样，也可以把一组单级设备串联起来操作，如图10－22所示，以提高脱除率。

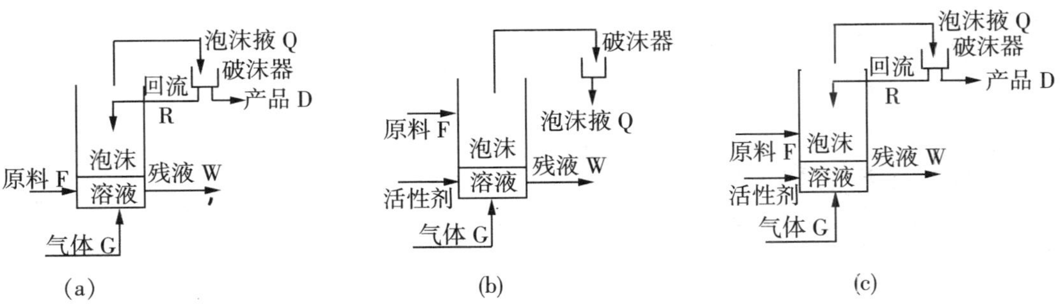

图 10－21　三种典型连续式泡沫分离过程

(a) 浓缩塔；(b) 提取塔；(c) 复合塔

破沫可采用静止法、离心分离、声波、超声波、震动加热等方法。如果用加入表面活性剂来形成络合物的方法，在脱除非表面活性剂时，泡沫液中的络合物可通过化学反应使需脱除的非表面活性组分形成不溶解的化合物，然后用过滤将其从溶液中分出，再生的表面活性剂可循环使用。

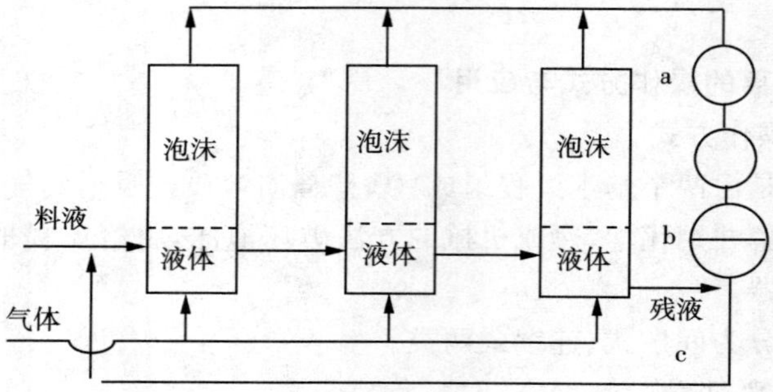

图 10－22　一组单级连续塔串联流程

a－表面活性物质再生器；b－过滤器；c－表面活性剂循环线

(2) 泡沫分离的应用

泡沫分离的应用可以分两大类。一类是本身为非表面活性剂，可通过络合或其他方法使其具有表面活性的，这类体系的分离被广泛地用于工业污水中各种金属离子铜、锌、镉、铁、汞、银等的分离回收，以及海水中铀、钼、铜等的富集和原子能工业中含放射性元素锶的废水的处理。另一类是本身具有表面活性物质的分离以及各种天然或合成表面活性剂的分离，如全细胞、蛋白质、酶和胶体分离、合成洗涤剂等。

附　录

附录 1　化工常用法定计量单位

(1)化工中常用的单位与其符号

项　目		单位符号	词　头	项　目		单位符号	词　头
基本单位	长　度	m	k,c,m,μ	导出单位	面　积	m^2	k,d,c,m
	时　间	s	k,m,μ		容　积	m^3	d,c,m
		min				L 或 l	
		h			密　度	kg/m^3	
	质　量	kg	m,μ		角速度	rad/s	
		t(吨)			速　度	m/s	
	温　度	K			加速度	m/s^2	
		℃			旋转速度	r/min	
	物质的量	mol	k,m,μ		力	N	k,m,μ
					压强,压力,应力	Pa	k,m,μ
					粘　度	Pa·s	m
辅助单位	平面角	rad			功,能,热量	J	k,m
		°(度)			功　率	W	k,m,μ
		′(分)			热流量	W	k
		″(秒)			热导率(导热系数)	W/(m·K)或	k
	立体角	sr				W/(m·℃)	

(2)常用的十进倍数单位及分数单位的词头

词　头　符　号	词　头　名　称	所表示的因数
M	兆	10^6
k	千	10^3
d	分	10^{-1}
c	厘	10^{-2}
m	毫	10^{-3}
μ	微	10^{-6}
n	纳	10^{-9}

附录 2　常用单位的换算

(1)长度

米	in(英寸)	ft(英尺)	yd(码)
1	39.3701	3.2808	1.09361
0.02540	1	0.073333	0.02778
0.30480	12	1	0.33333
0.9144	36	3	1

(2)质量

kg(千克)	t(吨)	lb(磅)
1	0.001	2.20462
1000	1	2204.62
0.4536	4.536×10^{-4}	1

(3)力

N(牛顿)	kgf[千克(力)]	lbf[磅(力)]	dyn[达因]
1	0.102	0.2248	1×10^{5}
9.80665	1	2.2046	9.80665×10^{5}
4.448	0.4536	1	4.448×10^{5}
1×10^{-5}	1.02×10^{-6}	2.248×10^{-6}	1

(4)压强

Pa(帕斯卡) N/m^2	bar(巴) $=10^6 dyn/cm^2$	kgf/cm^2 (工程大气压)	atm (物理大气压)	mmHg (毫米汞柱)	mmH_2O (毫米水柱)	lbf/in^2 磅/英吋^2
1	1×10^{-5}	1.02×10^{-5}	0.99×10^{-5}	0.0075	0.102	14.5×10^{-5}
1×10^{5}	1	1.02	0.9869	750.1	10197	14.5
98.07×10^{3}	0.9807	1	0.9678	735.56	1×10^{4}	14.2
1.01325×10^{5}	1.013	1.0332	1	760	1.0332×10^{4}	14.697
133.32	1.333×10^{-3}	0.136×10^{-2}	0.00132	1	13.6	0.01934
9.807	9.807×10^{-5}	0.0001	0.9687×10^{-4}	0.0736	1	1.423×10^{-3}
6894.8	0.06895	0.0703	0.068	51.71	703	1

(5)动力粘度(简称粘度)

Pa·s	P(泊)	cP(厘泊)	lb/(ft·s)	$kgf\cdot s/m^2$
1	10	1×10^{3}	0.672	0.102
1×10^{-1}	1	1×10^{2}	0.06720	0.0102
1×10^{-3}	0.01	1	6.720×10^{-4}	0.102×10^{-3}
1.4881	14.881	1488.1	1	0.1519
9.81	98.1	9810	6.59	1

(6)运动粘度、扩散系数

m^2/s	cm^2/s	ft^2/s
1	1×10^{4}	10.76
10^{-4}	1	1.076×10^{-3}
92.9×10^{-3}	929	1

注:cm^2/s 又称[斯托克斯],以 St 表示。

(7)比热容

kJ/(kg·K)	kcal/(kg·℃)	Btu/(lb·℉)
1	0.2389	0.2389
4.1868	1	1

(8)能量、功、热量

J	kgf·m	kW·h	马力·时	kcal	Btu(英热)
1	0.102	2.778×10^{-7}	3.725×10^{-7}	2.39×10^{-4}	9.485×10^{-4}
9.8067	1	2.724×10^{-6}	3.653×10^{-6}	2.342×10^{-3}	9.296×10^{-3}
3.6×10^{6}	3.671×10^{5}	1	1.3410	860.0	3413
2.685×10^{6}	273.8×10^{3}	0.7457	1	641.33	2544
4.1868×10^{3}	426.9	1.1622×10^{-3}	1.5576×10^{-3}	1	3.963
1.055×10^{3}	107.58	2.930×10^{-4}	3.926×10^{-4}	0.2520	1

注:1erg=1dyn·cm=10^{-7}J=10^{-7}N·m

(9)功率、传热速率

W	kgf·m/s	马力	kcal/s	Btu/s
1	0.10197	1.341×10^{-3}	0.2389×10^{-3}	0.9486×10^{-3}
9.8067	1	0.01315	0.2342×10^{-2}	0.9293×10^{-2}
745.69	76.0375	1	0.17803	0.70675
4186.8	426.85	5.6135	1	3.9683
1055	107.58	1.4148	0.251996	1

(10)导热系数

W/(m·℃)	kcal/(m·h·℃)	cal/(cm·s·℃)	Btu/(ft²·h·℉)
1	0.86	2.389×10^{-3}	0.579
1.163	1	2.778×10^{-3}	0.6720
418.7	360	1	241.9
1.73	1.488	4.134×10^{-3}	1

(11)传热系数

W/(m²·℃)	kcal/(m²·h·℃)	cal/(cm²·s·℃)	Btu/(ft²·h·℉)
1	0.86	2.389×10^{-5}	0.176
1.163	1	2.778×10^{-5}	0.2048
4.186×10^{4}	3.6×10^{4}	1	7374
5.678	4.882	1.356×10^{-4}	1

(12)温度

K=273.2+℃　　　℃=(℉−32)$\times\frac{5}{9}$　　　℉=℃$\times\frac{9}{5}+32°$

(13)通用气体常数

R=8.314kJ/(kmol·K)=1.987kcal/(kmol·K)

=848kgf·m/(kmol·K)=82.06atm·cm³/(mol·℃)

(14)斯蒂芬-波尔茨曼常数

$\sigma_0=5.67\times10^{-8}$W/(m²·K⁴)

$=4.88\times10^{-8}$kcal/(m²·h·K⁴)

附录3 干空气的物理性质(p=101.33 kPa)

温度 t/℃	密度 ρ/(kg/m³)	比热容 c_p/(kJ·kg⁻¹·K⁻¹)	导热系数 λ/(mW·m⁻¹·K⁻¹)	导温系数 $a\times10^6$/(m²/s)	动力粘度 μ/(μPa·s)	运动粘度 $\nu\times10^6$/(m²/s)	普兰特数 Pr
-50	1.584	1.013	20.34	12.7	14.6	9.23	0.728
-40	1.515	1.013	21.15	13.8	15.2	10.04	0.728
-30	1.453	1.013	21.96	14.9	15.7	10.80	0.723
-20	1.395	1.009	22.78	16.2	16.2	11.60	0.716
-10	1.342	1.009	23.59	17.4	16.7	12.43	0.712
0	1.293	1.005	24.40	18.8	17.2	13.28	0.707
10	1.247	1.005	25.10	20.1	17.7	14.16	0.705
20	1.205	1.005	25.91	21.4	18.1	15.06	0.703
30	1.165	1.005	26.73	22.9	18.6	16.00	0.701
40	1.128	1.005	27.54	24.3	19.1	16.96	0.699
50	1.093	1.005	28.24	25.7	19.6	17.95	0.698
60	1.060	1.005	28.93	27.2	20.1	18.97	0.696
70	1.029	1.009	29.63	28.6	20.6	20.02	0.694
80	1.000	1.009	30.44	30.2	21.1	21.09	0.692
90	0.972	1.009	31.26	31.9	21.5	22.10	0.690
100	0.946	1.009	32.07	33.6	21.9	23.13	0.688
120	0.898	1.009	33.35	36.8	22.9	25.45	0.686
140	0.854	1.013	31.86	40.3	23.7	27.80	0.684
160	0.815	1.017	36.37	43.9	24.5	30.09	0.682
180	0.779	1.022	37.77	47.5	25.3	32.49	0.681
200	0.746	1.026	39.28	51.4	26.0	34.85	0.680
250	0.674	1.038	46.25	61.0	27.4	40.61	0.677
300	0.615	1.047	46.02	71.6	29.7	48.33	0.674
350	0.566	1.059	49.04	81.9	31.4	55.46	0.676
400	0.524	1.068	52.06	93.1	33.1	63.09	0.678
500	0.456	1.093	57.40	115.3	36.2	79.38	0.687
600	0.404	1.114	62.17	138.3	39.1	96.89	0.699
700	0.362	1.135	67.0	163.4	41.8	115.4	0.706
800	0.329	1.156	71.70	188.8	44.3	134.8	0.713
900	0.301	1.172	76.23	216.2	46.7	155.1	0.717
1000	0.277	1.185	80.64	245.9	49.0	177.1	0.719
1100	0.257	1.197	84.94	276.3	51.2	199.3	0.722
1200	0.239	1.210	91.45	316.5	53.5	233.7	0.724

附录 4　水与蒸汽的重要物性

(1)水的重要物性

温度/℃	压力/10^5Pa	密度/kg/m^3	焓/kJ/kg	比热容/kJ/(kg·K)	导热系数/W/(m·K)	导温系数/10^{-7} m^2/s	粘　度/10^{-3} Pa·s	运动粘度/10^{-6} m^2/s	体积膨胀系数/10^{-3}/℃	表面张力/10^{-3} N/m	普兰特数 Pr
0	1.013	999.9	0	4.212	0.551	1.31	1.789	1.789	−0.063	75.61	13.67
10	1.013	999.7	42.04	4.191	0.575	1.37	1.305	1.306	+0.070	74.14	9.52
20	1.013	998.2	83.90	4.183	0.599	1.43	1.005	1.006	0.182	72.67	7.02
30	1.013	995.7	125.69	4.174	0.618	1.49	0.801	0.805	0.321	71.20	5.42
40	1.013	992.2	167.51	4.174	0.634	1.53	0.653	0.659	0.387	69.63	4.31
50	1.013	988.1	209.30	4.174	0.648	1.57	0.549	0.556	0.449	67.67	3.54
60	1.013	983.2	251.12	4.178	0.659	1.61	0.470	0.478	0.511	66.20	2.98
70	1.013	977.8	292.99	4.187	0.668	1.63	0.406	0.415	0.570	64.33	2.55
80	1.013	971.8	334.94	4.195	0.675	1.66	0.335	0.365	0.632	62.57	2.21
90	1.013	965.3	376.98	4.208	0.680	1.68	0.315	0.326	0.695	60.71	1.95
100	1.013	958.4	419.19	4.220	0.683	1.69	0.283	0.295	0.752	58.84	1.75
110	1.433	951.0	461.34	4.233	0.685	1.70	0.259	0.272	0.808	56.88	1.60
120	1.986	943.1	503.67	4.250	0.686	1.71	0.237	0.252	0.864	54.82	1.47
130	2.702	934.8	546.38	4.266	0.686	1.72	0.218	0.233	0.919	52.86	1.36
140	3.624	926.1	589.08	4.287	0.685	1.73	0.201	0.217	0.972	50.70	1.26
150	4.761	917.0	632.20	4.312	0.684	1.73	0.186	0.203	1.03	48.64	1.17
160	6.181	907.4	675.33	4.346	0.683	1.73	0.173	0.191	1.07	46.58	1.10
170	7.924	897.3	719.29	4.379	0.679	1.73	0.163	0.181	1.13	44.33	1.05
180	10.03	886.9	763.25	4.417	0.675	1.72	0.153	0.173	1.19	42.27	1.00
190	12.55	876.0	807.63	4.460	0.671	1.71	0.144	0.165	1.26	40.01	0.96
200	15.55	863.0	852.43	4.505	0.663	1.70	0.136	0.158	1.33	37.66	0.93
210	19.08	852.8	897.65	4.555	0.655	1.69	0.130	0.153	1.41	35.40	0.91
220	23.20	840.3	943.71	4.614	0.645	1.66	0.125	0.148	1.48	33.15	0.89
230	27.98	827.3	990.18	4.681	0.637	1.64	0.120	0.145	1.59	30.99	0.88
240	33.48	813.6	1037.49	4.756	0.628	1.62	0.115	0.141	1.68	28.55	0.87
250	39.78	799.0	1085.64	4.844	0.618	1.59	0.110	0.137	1.81	26.19	0.86
260	46.95	784.0	1135.04	4.949	0.604	1.56	0.106	0.135	1.97	23.73	0.87
270	55.06	767.9	1185.28	5.070	0.590	1.51	0.102	0.133	2.16	21.48	0.88
280	64.20	750.7	1236.28	5.229	0.575	1.46	0.0981	0.131	2.37	19.12	0.90
290	74.46	732.3	1289.95	5.485	0.558	1.39	0.0942	0.129	2.62	16.87	0.93
300	85.92	712.5	1344.80	5.736	0.540	1.32	0.0912	0.128	2.92	14.42	0.97
310	98.70	691.1	1402.16	6.071	0.523	1.25	0.0883	0.128	3.29	12.06	1.03
320	112.90	667.1	1462.03	6.573	0.506	1.15	0.0853	0.128	3.82	9.81	1.11
330	128.65	640.2	1526.19	7.243	0.484	1.04	0.0814	0.127	4.33	7.67	1.22
340	146.09	610.1	1594.75	8.164	0.457	0.92	0.0775	0.127	5.34	5.67	1.39
350	165.38	574.4	1671.37	9.504	0.430	0.79	0.0726	0.126	6.68	3.82	1.60
360	186.75	528.0	1761.39	13.984	0.395	0.54	0.0667	0.126	10.9	2.02	2.35
370	210.54	450.5	1892.43	40.319	0.337	0.19	0.0569	0.126	26.4	0.47	6.79

(2)饱和水蒸气表(以温度为准)

温 度 /℃	绝对压力 / kPa	蒸汽密度 /kg/m³	焓				汽化热	
			液 体		蒸 汽			
			kcal/kg	kJ/kg	kcal/kg	kJ/kg	kcal/kg	kJ/kg
0	0.6082	0.00484	0	0	595	2491.1	595	2491.1
5	0.8730	0.00680	5.0	20.94	597.3	2500.8	592.3	2479.80
10	1.2262	0.00940	10.0	41.87	599.6	2510.4	589.6	2468.53
15	1.7068	0.01283	15.0	62.80	602.0	2520.5	587.0	2457.7
20	2.3346	0.01719	20.0	83.74	604.3	2530.1	584.3	2446.3
25	3.1684	0.02304	25.0	104.67	606.0	2539.7	581.6	2435.0
30	4.2474	0.03036	30.0	125.60	608.9	2549.3	578.9	2423.7
35	5.6207	0.03960	35.0	146.54	611.2	2559.0	576.2	2412.4
40	7.3766	0.05114	40.0	167.47	613.5	2568.6	573.5	2401.1
45	9.5837	0.06543	45.0	188.41	615.7	2577.8	570.7	2389.4
50	12.340	0.0830	50.0	209.34	618.0	2587.4	568.0	2378.1
55	15.743	0.1043	55.0	230.27	620.2	2596.7	565.2	2366.4
60	19.923	0.1301	60.0	251.21	622.5	2606.3	562.0	2355.1
65	25.014	0.1611	65.0	272.14	624.7	2615.5	559.7	2343.4
70	31.164	0.1979	70.0	293.08	626.8	2624.3	556.8	2331.2
75	38.551	0.2416	75.0	314.01	629.0	2633.5	554.0	2319.5
80	47.379	0.2929	80.0	334.94	631.1	2642.3	551.2	2307.8
85	57.875	0.3531	85.0	355.88	633.2	2651.1	548.2	2295.2
90	70.136	0.4229	90.0	376.81	635.3	2659.9	545.3	2283.1
95	84.556	0.5039	95.0	397.75	637.4	2668.7	524.4	2270.9
100	101.33	0.5970	100.0	418.68	639.4	2677.0	539.4	2258.4
105	120.85	0.7036	105.1	440.03	641.3	2685.0	536.3	2245.4
110	143.31	0.8254	110.1	460.97	643.3	2693.4	533.1	2232.0
115	169.11	0.9635	115.2	482.32	645.2	2701.3	530.0	2219.0
120	198.64	1.1199	120.3	503.67	647.0	2708.9	526.7	2205.2
125	232.19	1.296	125.4	525.02	648.8	2716.4	523.5	2192.8
130	270.25	1.494	130.5	546.38	650.6	2723.9	520.1	2177.6
135	313.11	1.715	135.6	567.73	652.3	2731.0	516.7	2163.3
140	361.47	1.962	140.7	589.08	653.9	2737.7	513.2	2148.7
145	415.72	2.238	145.9	610.85	655.5	2744.4	509.7	2134.0
150	476.24	2.543	151.0	632.21	657.0	2750.7	506.0	2118.5
160	618.28	3.252	161.4	675.75	659.9	2762.9	498.5	2087.1
170	792.59	4.113	171.8	719.29	662.4	2773.3	490.6	2054.0
180	1003.5	5.145	182.3	763.25	664.6	2782.5	482.3	2019.3
190	1255.6	6.378	192.9	807.64	666.4	2790.1	473.5	1982.4
200	1554.77	7.840	203.5	852.01	667.7	2795.5	464.2	1943.5
210	1917.72	9.567	214.3	897.23	668.6	2799.3	454.4	1902.5
220	2320.88	11.60	225.1	942.45	669.0	2801.0	443.9	1858.5
230	2798.59	13.98	236.1	988.50	668.8	2800.1	432.7	1811.6
240	3347.91	16.76	247.1	1034.56	668.0	2796.8	420.8	1761.8
250	3977.67	20.01	258.3	1081.45	664.0	2790.1	408.1	1708.6
260	4693.75	23.82	269.6	1128.76	664.2	2780.9	394.5	1651.7
270	5503.99	28.27	281.1	1176.91	661.2	2768.3	380.1	1591.4
280	6417.24	33.47	292.7	1225.48	657.3	2752.0	364.6	1526.5
290	7443.29	39.60	304.4	1274.46	652.6	2732.3	348.1	1457.4
300	8592.94	46.93	316.6	1325.54	646.8	2708.0	330.2	1382.5
310	9877.96	55.59	329.3	1378.71	640.1	2680.0	310.8	1301.3
320	11300.3	65.95	343.0	1436.07	632.5	2648.2	289.5	1212.1
330	12879.6	78.53	357.5	1446.78	623.5	2610.5	266.6	1116.2
340	14615.8	93.98	373.3	1562.93	613.5	2568.6	240.2	1005.7
350	16538.5	113.2	390.8	1636.20	601.1	2516.7	210.3	880.5
360	18667.1	139.6	413.0	1729.15	583.4	2442.6	170.3	713.0
370	21040.9	171.0	451.0	1888.25	549.8	2301.9	98.2	411.1
374	22070.9	322.6	501.1	2098.0	501.1	2098.0	0	0

(3)饱和水蒸气表(以压力为准)

绝对压力 /kPa	温　度 /℃	蒸汽密度 /kg/m³	焓/kJ/kg		汽化热 /kJ/kg
			液　体	蒸　汽	
1.0	6.3	0.00773	26.48	2503.1	2476.8
1.5	12.5	0.01133	52.26	2515.3	2463.0
2.0	17.0	0.01486	71.21	2524.2	2452.9
2.5	20.9	0.01836	87.45	2531.8	2444.3
3.0	23.5	0.02179	98.38	2536.8	2438.4
3.5	26.1	0.02523	109.30	2541.8	2432.5
4.0	28.7	0.02867	120.23	2546.8	2426.6
4.5	30.8	0.03205	129.00	2550.9	2421.9
5.0	32.4	0.03537	135.69	2554.0	2418.3
6.0	35.6	0.04200	149.06	2560.1	2411.0
7.0	38.8	0.04864	162.44	2566.3	2403.8
8.0	41.3	0.05514	172.73	2571.0	2398.2
9.0	43.3	0.06156	181.16	2574.8	2393.6
10.0	45.3	0.06798	189.59	2578.5	2388.9
15.0	53.5	0.09956	224.03	2594.0	2370.0
20.0	60.1	0.13068	251.51	2606.4	2354.9
30.0	66.5	0.19093	288.77	2622.4	2333.7
40.0	75.0	0.24975	315.93	2634.1	2312.2
50.0	81.2	0.30799	339.80	2644.3	2304.5
60.0	85.6	0.36514	358.21	2652.1	2393.9
70.0	89.9	0.42229	376.61	2659.8	2283.2
80.0	93.2	0.47807	390.08	2665.3	2275.3
90.0	96.4	0.53384	403.49	2670.8	2267.4
100.0	99.6	0.58961	416.90	2676.3	2259.5
120.0	104.5	0.69868	437.51	2684.3	2246.8
140.0	109.2	0.80758	457.67	2692.1	2234.4
160.0	113.0	0.82981	473.88	2698.1	2224.2
180.0	116.6	1.0209	489.32	2703.7	2214.3
200.0	120.2	1.1273	493.71	2709.2	2204.6
250.0	127.2	1.3904	534.39	2719.7	2185.4
300.0	133.3	1.6501	560.38	2728.5	2168.1
350.0	138.8	1.9074	583.76	2736.1	2152.3

续表

绝对压力/kPa	温度/℃	蒸汽密度/kg/m³	焓/kJ/kg		汽化热/kJ/kg
			液体	蒸汽	
400.0	143.4	2.1618	603.61	2742.1	2138.5
450.0	147.7	2.4152	622.42	2747.8	2125.4
500.0	151.7	2.6673	639.59	2752.8	2113.2
600.0	158.7	3.1686	670.22	2761.4	2091.1
700.0	164.7	3.6657	696.27	2767.8	2071.5
800.0	170.4	4.1614	720.96	2773.7	2052.7
900.0	175.1	4.6525	741.82	2778.1	2036.2
1×10^3	179.9	5.1432	762.68	2782.5	2019.7
1.1×10^3	180.2	5.6339	780.34	2785.5	2005.1
1.2×10^3	187.8	6.1241	797.92	2788.5	1990.6
1.3×10^3	191.5	6.6141	814.25	2790.9	1976.7
1.4×10^3	194.8	7.1038	829.06	2792.4	1963.7
1.5×10^3	198.2	7.5935	843.86	2794.5	1950.7
1.6×10^3	201.3	8.0814	857.77	2796.0	1938.2
1.7×10^3	204.1	8.5674	870.58	2792.1	1926.5
1.8×10^3	206.9	9.0533	883.39	2798.1	1914.8
1.9×10^3	209.8	9.5392	896.21	2799.2	1903.0
2×10^3	212.2	10.0338	907.32	2799.7	1892.4
3×10^3	233.7	15.0075	1005.4	2798.9	1793.5
4×10^3	250.3	20.0969	1082.9	2789.8	1706.8
5×10^3	263.8	25.3663	1146.9	2776.2	1629.2
6×10^3	275.4	30.8494	1203.2	2759.5	1556.3
7×10^3	285.7	36.5744	1253.2	2740.8	1487.6
8×10^3	294.8	42.5768	1299.2	2720.5	1403.7
9×10^3	303.2	48.8945	1343.5	2699.1	1356.6
10×10^3	310.9	55.5407	1384.0	2677.1	1293.1
12×10^3	324.5	70.3075	1463.4	2631.2	1167.7
14×10^3	336.5	87.3020	1567.9	2583.2	1043.4
16×10^3	347.2	107.8010	1615.8	2531.1	915.4
18×10^3	356.9	134.4813	1699.8	2466.0	766.1
20×10^3	365.6	176.5961	1817.8	2364.2	544.9

附录5 液体及水溶液的物理性质

(1)某些液体的重要物理性质

序号	名称	分子式	摩尔质量/kg/kmol	密度(20℃)/kg/m³	沸点(101.3kPa)/℃	气化潜热(101.3kPa)/kJ/kg	比热容(20℃)/kJ/(kg·K)	粘度(20℃)/10^{-3}Pa·s	导热系数(20℃)/W/(m·K)	体积膨胀系数(20℃)/10^{-3}/℃	表面张力(20℃)/10^{-3}N/m
1	水	H_2O	18.02	998	100	2258	4.183	1.005	0.599	0.182	72.8
2	盐水(25%NaCl)	—	—	1186(2.5℃)	107	—	3.39	2.3	0.57(30℃)	0.44	
3	盐水(25%$CaCl_2$)	—	—	1228	107	—	2.89	2.5	0.57	0.34	
4	硫酸	H_2SO_4	98.08	1831	340(分解)	—	1.47(98%)	23	0.38	0.57	
5	硝酸	HNO_3	63.02	1513	86	481.1		1.17(10℃)			
6	盐酸(30%)	HCl	36.47	1149			2.55	2(31.5%)	0.42	1.21	
7	二硫化碳	CS_2	76.13	1262	46.3	352	1.00	0.38	0.16	1.59	32
8	戊烷	C_5H_{12}	72.15	626	36.07	357.5	2.25(15.6℃)	0.229	0.113		16.2
9	己烷	C_6H_{14}	86.17	659	68.74	335.1	2.31(15.6℃)	0.313	0.119		18.2
10	庚烷	C_7H_{16}	100.20	684	98.43	316.5	2.21(15.6℃)	0.411	0.123		20.1
11	辛烷	C_8H_{18}	114.22	703	125.67	306.4	2.19(15.6℃)	0.540	0.131		21.8
12	三氯甲烷	$CHCl_3$	119.38	1489	61.2	254	0.992	0.58	0.138(30℃)	1.26	28.5(10℃)
13	四氯化碳	CCl_4	153.82	1594	76.8	195	0.850	1.0	0.12		26.8
14	二氯乙烷-1,2	$C_2H_4Cl_2$	98.96	1253	83.6	324	1.260	0.83	0.14(50℃)		30.8
15	苯	C_6H_6	78.11	879	80.10	394	1.70	0.737	0.148	1.24	28.6
16	甲苯	C_7H_8	92.13	867	110.63	363	1.70	0.675	0.138	1.09	27.9
17	邻二甲苯	C_8H_{10}	106.16	880	144.42	347	1.74	0.811	0.142		30.2
18	间二甲苯	C_8H_{10}	106.16	864	139.10	343	1.70	0.611	0.167	1.01	29.0
19	对二甲苯	C_8H_{10}	106.16	861	138.35	340	1.70	0.643	0.129		28.0
20	苯乙烯	C_8H_8	104.1	911(15.6℃)	145.2	(352)	1.733	0.72			
21	氯苯	C_6H_5Cl	112.56	1106	131.8	325	3.391	0.85	0.14(30℃)		32
22	硝基苯	$C_6H_5NO_2$	123.17	1203	210.9	396	1.465	2.1	0.15		41
23	苯胺	$C_6H_5NH_2$	93.13	1022	184.4	448	2.068	4.3	0.174	0.85	42.9
24	苯酚	C_6H_5OH	94.1	1050(50℃)	181.8 40.9℃(融点)	511		3.4(50℃)			
25	萘	$C_{10}H_8$	128.17	1145(固体)	217.9 80.2℃(融点)	314	1.805(100℃)	0.59(100℃)			
26	甲醇	CH_3OH	32.04	791	64.7	1101	2.495	0.6	0.212	1.22	22.6
27	乙醇	C_2H_5OH	46.07	789	78.3	846	2.395	1.15	0.172	1.16	22.8
28	乙醇(95%)	—	—	804	78.2			1.4			
29	乙二醇	$C_2H_4(OH)_2$	62.05	1113	197.6	800	2.349	23			47.7

续表

序号	名称	分子式	摩尔质量/kg/kmol	密度(20℃)/kg/m³	沸点(101.3kPa)/℃	气化潜热(101.3kPa)/kJ/kg	比热容(20℃)/kJ/(kg·K)	粘度(20℃)/10^{-3}Pa·s	导热系数(20℃)/W/(m·K)	体积膨胀系数(20℃)/10^{-3}/℃	表面张力(20℃)/10^{-3}N/m
30	甘油	$C_3H_5(OH)_3$	92.09	1261	290(分解)	—		1499	0.59	0.53	63
31	乙醚	$(C_2H_5)_2O$	74.12	714	84.6	360	2.336	0.24	0.14	1.63	18
32	乙醛	CH_3CHO	44.05	783 (18℃)	20.2	574	1.88	1.3(18℃)			21.2
33	糠醛	$C_5H_4O_2$	96.09	1160	161.7	452	1.59	1.15 (50℃)			48.5
34	丙酮	CH_3COCH_3	58.08	792	56.2	523	2.349	0.32	0.174		23.7
35	甲酸	HCOOH	46.03	1220	100.7	494	2.169	1.9	0.256		27.8
36	醋酸	CH_3COOH	60.03	1049	118.1	406	1.997	1.3	0.174	1.07	23.9
37	醋酸乙酯	$CH_3COO-C_2H_5$	88.11	901	77.1	368	1.992	0.48 3	0.14 (10℃) 0.15		
38	煤油			780～820				0.7～0.8	0.13 (30℃)	1.00	
39	汽油			680～800					1.25	1.25	

液体粘度共线图坐标值

序号	名　称	X	Y	序号	名　称	X	Y
1	水	10.2	13.0	31	乙苯	13.2	11.5
2	盐水(25%NaC1)	10.2	16.6	32	氯苯	12.3	12.4
3	盐水(25%$CaC1_2$)	6.6	15.9	33	硝基苯	10.6	16.2
4	氨	12.6	2.2	34	苯胺	8.1	18.7
5	氨水(26%)	10.1	13.9	35	酚	6.9	20.8
6	二氧化碳	11.6	0.3	36	联苯	12.0	18.3
7	二氧化硫	15.2	7.1	37	萘	7.9	18.1
8	二硫化碳	16.1	7.5	38	甲醇(100%)	12.4	10.5
9	溴	14.2	18.2	39	甲醇(90%)	12.3	11.8
10	汞	18.4	16.4	40	甲醇(40%)	7.8	15.5
11	硫酸(110%)	7.2	27.4	41	乙醇(100%)	10.5	13.8
12	硫酸(100%)	8.0	25.1	42	乙醇(95%)	9.8	14.3
13	硫酸(98%)	7.0	24.8	43	乙醇(40%)	6.5	16.6
14	硫酸(60%)	10.2	21.3	44	乙二醇	6.0	23.6
15	硝酸(95%)	12.8	13.8	45	甘油(100%)	2.0	30.0
16	硝酸(60%)	10.8	17.0	46	甘油(50%)	6.9	19.6
17	盐酸(31.5%)	13.0	16.6	47	乙醚	14.5	5.3
18	氢氧化钠(50%)	3.2	25.8	48	乙醛	15.2	14.8
19	戊烷	14.9	5.2	49	丙酮	14.5	7.2
20	已烷	14.7	7.0	50	甲酸	10.7	15.8
21	庚烷	14.1	8.4	51	醋酸(100%)	12.1	14.2
22	辛烷	13.7	10.0	52	醋酸(70%)	9.5	17.0
23	三氯甲烷	14.4	10.2	53	醋酸酐	12.7	12.8
24	四氯化碳	12.7	13.1	54	醋酸乙酯	13.7	9.1
25	二氯乙烷	13.2	12.2	55	醋酸戊酯	11.8	12.5
26	苯	12.5	10.9	56	氟里昂-11	14.4	9.0
27	甲苯	13.7	10.4	57	氟里昂-12	16.8	5.6
28	邻二甲苯	13.5	12.1	58	氟里昂-21	15.7	7.5
29	间二甲苯	13.9	10.6	59	氟里昂-22	17.2	4.7
30	对二甲苯	13.9	10.9	60	煤油	10.2	16.9

（2）液体粘度共线图

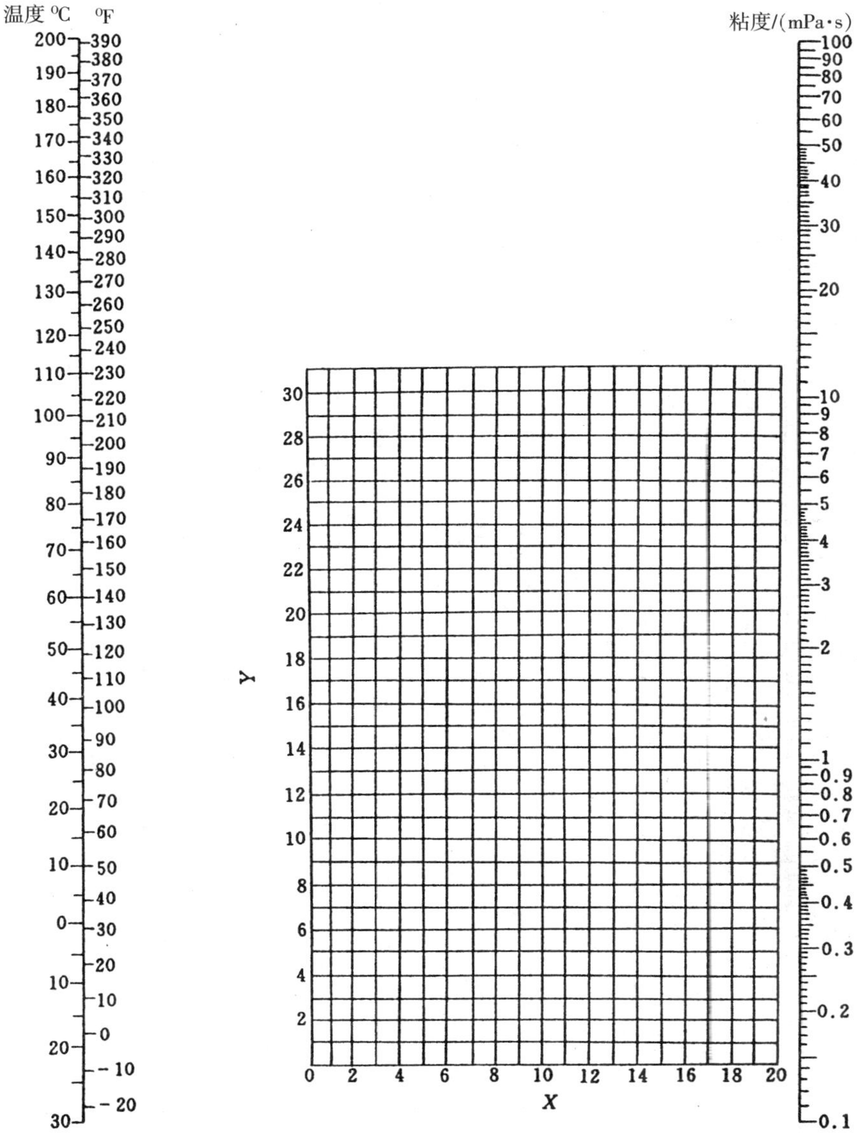
温度 °C °F
200 190 180 170 160 150 140 130 120 110 100 90 80 70 60 50 40 30 20 10 0 10 20 30
390 380 370 360 350 340 330 320 310 300 290 280 270 260 250 240 230 220 210 200 190 180 170 160 150 140 130 120 110 100 90 80 70 60 50 40 30 20 10 0 - 10 - 20
Y
30 28 26 24 22 20 18 16 14 12 10 8 6 4 2
0 2 4 6 8 10 12 14 16 18 20
X
粘度/(mPa·s)
100 90 80 70 60 50 40 30 20 10 9 8 7 6 5 4 3 2 1 0.9 0.8 0.7 0.6 0.5 0.4 0.3 0.2 0.1

（3）液体比热容共线图

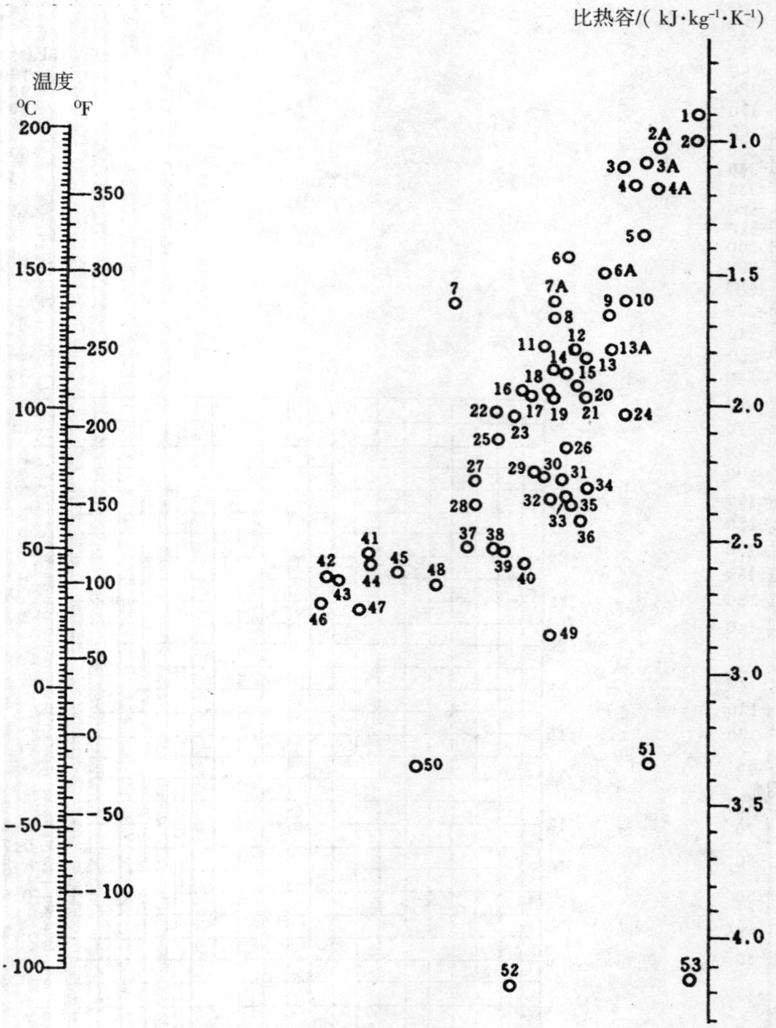
比热容/(kJ·kg⁻¹·K⁻¹)
温度
°C °F
200
150
100
50
0
-50
-100
350
300
250
200
150
100
50
0
-50
-100
1.0
1.5
2.0
2.5
3.0
3.5
4.0

液体比热容共线图中的编号

编号	名　称	温度范围/℃	编号	名　称	温度范围/℃	编号	名　称	温度范围/℃
53	水	10～200	6A	二氯乙烷	－30～60	47	异丙醇	－20～50
51	盐水(25%NaCl)	－40～20	3	过氯乙烯	－30～40	44	丁醇	0～100
49	盐水(25% $CaCl_2$)	－40～20	23	苯	10～80	43	异丁醇	0～100
52	氨	－70～50	23	甲苯	0～60	37	戊醇	－50～25
11	二氧化硫	－20～100	17	对二甲苯	0～100	41	异戊醇	10～100
2	二硫化碳	－100～25	18	间二甲苯	0～100	39	乙二醇	－40～200
9	硫酸(98%)	10～45	19	邻二甲苯	0～100	38	甘油	－40～20
48	盐酸(30%)	20～100	8	氯苯	0～100	27	苯甲基醇	－20～30
35	己烷	－80～20	12	硝基苯	0～100	36	乙醚	－100～25
28	庚烷	0～60	30	苯胺	0～130	31	异丙醚	－80～200
33	辛烷	－50～25	10	苯甲基氯	－20～30	32	丙酮	20～50
34	壬烷	－50～25	25	乙苯	0～100	29	醋酸	0～80
21	癸烷	－80～25	15	联苯	80～120	24	醋酸乙酯	－50～25
13A	氯甲烷	－80～20	16	联苯醚	0～200	26	醋酸戊酯	0～100
5	二氯甲烷	－40～50	16	联苯-联苯醚	0～200	20	吡啶	－50～25
4	三氯甲烷	0～50	14	萘	90～200	2A	氟里昂-11	－20～70
22	二苯基甲烷	30～100	40	甲醇	－40～20	6	氟里昂-12	－40～15
3	四氯化碳	10～60	42	乙醇(100%)	30～80	4A	氟里昂-21	－20～70
13	氯乙烷	－30～40	46	乙醇(95%)	20～80	7A	氟里昂-22	－20～60
1	溴乙烷	5～25	50	乙醇(50%)	20～80	3A	氟里昂-113	－20～70
7	碘乙烷	0～100	45	丙醇	－20～100			

液体气化潜热共线图中的编号

用法举例：求水在 $t=100$℃时的汽化潜热，从下表查得水的编号为 30，又查得水的 $t_c=374$℃，故得 $t_c-t=374-100=274$℃，在后页共线图的 t_c-t 标尺定出 274℃的点，与图中编号为 30 的圆圈中心点联一直线，延长到汽化潜热的标尺上，读出交点读数为 2300kJ/kg。

编号	名　称	t_c/℃	(t_c-t)/℃	编号	名　称	t_c/℃	(t_c-t)/℃
30	水	374	100～500				
29	氨	133	50～200	2	四氯化碳	283	30～250
19	一氧化氮	36	25～150	17	氯乙烷	187	100～250
21	二氧化碳	31	10～100	13	苯	289	10～400
4	二硫化碳	273	140～275	3	联苯	527	175～400
14	二氧化硫	157	90～160	27	甲醇	240	40～250
25	乙烷	32	25～150	26	乙醇	243	20～140
23	丙烷	96	40～200	24	丙醇	264	20～200
16	丁烷	153	90～200	13	乙醚	194	10～400
15	异丁烷	134	80～200	22	丙酮	235	120～210
12	戊烷	197	20～200	18	醋酸	321	100～225
11	己烷	235	50～225	2	氟里昂-11	198	70～225
10	庚烷	267	20～300	2	氟里昂-12	111	40～200
9	辛烷	296	30～300	5	氟里昂-21	178	70～250
20	一氯甲烷	143	70～250	6	氟里昂-22	96	50～170
8	二氯甲烷	216	150～250	1	氟里昂-113	214	90～250
7	三氯甲烷	263	140～275				

(4)液体的汽化潜热共线图

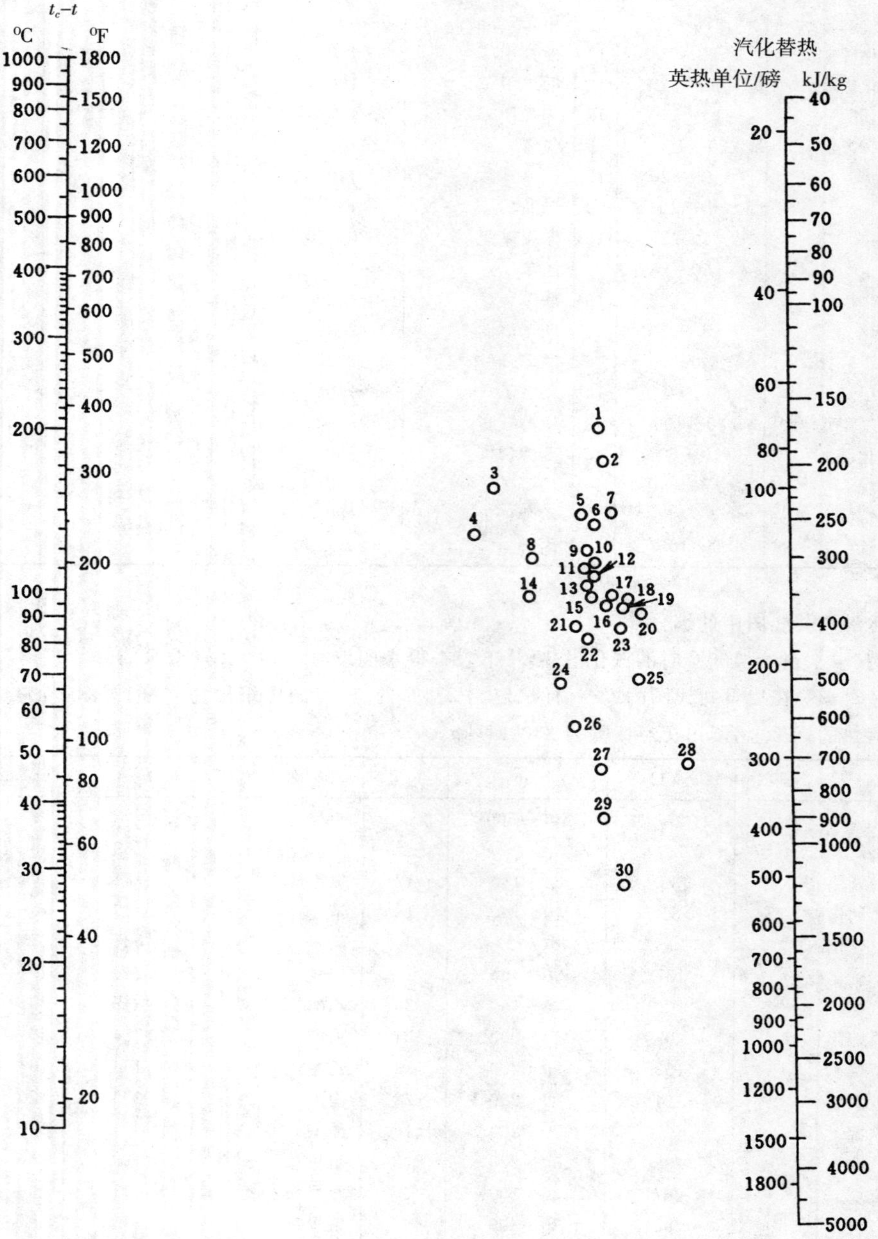

(5)某些有机液体的相对密度(液体密度与4℃水的密度之比)

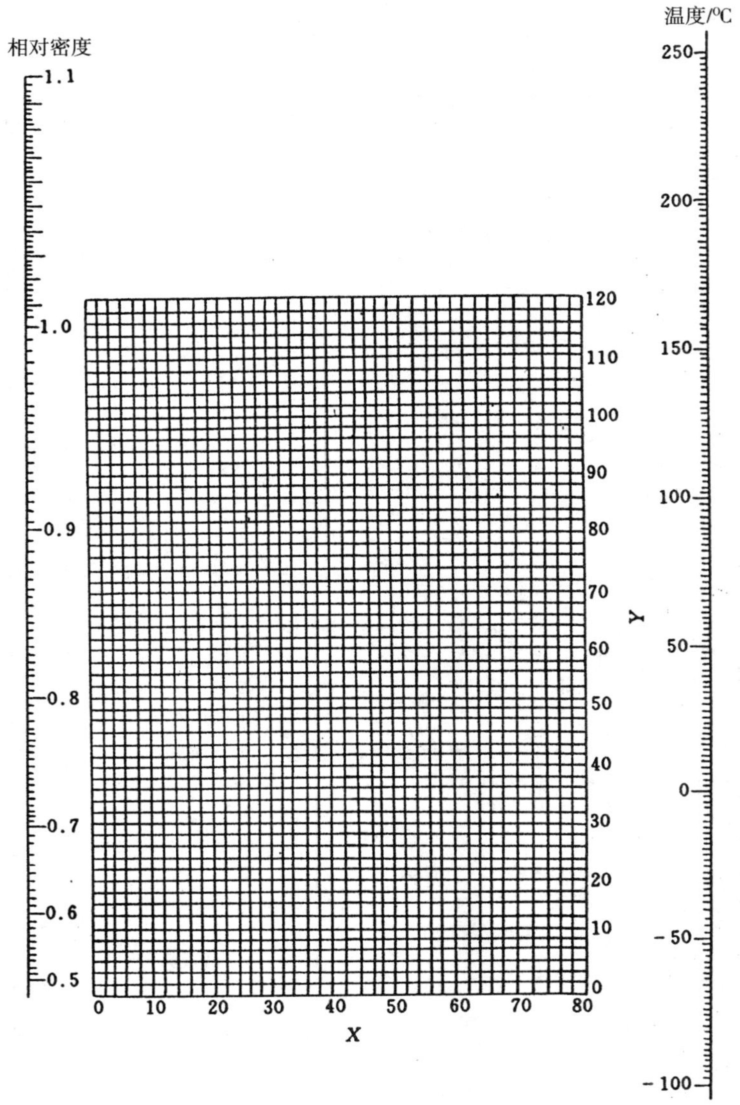

有机液体相对密度共线图的坐标值

序号	名称	X	Y	序号	名称	X	Y
1	乙炔	20.8	10.1	31	甲酸乙酯	37.6	68.4
2	乙烷	10.8	4.4	32	甲酸丙酯	33.8	66.7
3	乙烯	17.0	3.5	33	丙烷	14.2	12.2
4	乙醇	24.2	48.6	34	丙酮	26.1	47.8
5	乙醚	22.8	35.8	35	丙醇	23.8	50.8
6	乙丙醚	20.0	37.0	36	丙酸	35.0	83.5
7	乙硫醇	32.0	55.5	37	丙酸甲酯	36.5	68.3
8	乙硫醚	25.7	55.3	38	丙酸乙酯	32.1	63.9
9	二乙胺	17.8	33.5	39	戊烷	12.6	22.6
10	二氧化碳	78.6	45.4	40	异戊烷	13.5	22.5
11	异丁烷	13.7	16.5	41	辛烷	12.7	32.5
12	丁酸	31.3	78.7	42	庚烷	12.6	29.8
13	丁酸甲酯	31.5	65.5	43	苯	32.7	63.0
14	异丁酸	31.5	75.9	44	苯酚	35.7	103.8
15	丁酸(异)甲酯	33.0	64.1	45	苯胺	33.5	92.5
16	十一烷	14.4	39.2	46	氯苯	41.9	86.7
17	十二烷	14.3	41.4	47	癸烷	16.0	38.2
18	十三烷	15.3	42.4	48	氨	22.4	24.6
19	十四烷	15.8	43.3	49	氯乙烷	42.7	62.4
20	三乙胺	17.9	37.0	50	氯甲烷	52.3	62.9
21	三氯化磷	38.0	22.1	51	氯苯	41.7	105.0
22	己烷	13.5	27.0	52	氰丙烷	20.1	44.6
23	壬烷	16.2	36.5	53	氰甲烷	27.8	44.9
24	六氢吡啶	27.5	60.0	54	环已烷	19.6	44.0
25	甲乙醚	25.0	34.4	55	醋酸	40.6	93.5
26	甲醇	25.8	49.1	56	醋酸甲酯	40.1	70.3
27	甲硫醇	37.3	59.6	57	醋酸乙酯	35.0	65.0
28	甲硫醚	31.9	57.4	58	醋酸丙酯	33.0	65.5
29	甲醚	27.2	30.1	59	甲苯	27.0	61.0
30	甲酸甲酯	46.4	74.6	60	异戊醇	20.5	52.0

(6)无机溶液在 101.3 kPa 下的沸点

温度/℃ 溶液	101	102	103	104	105	107	110	115	120	125	140	160	180	200	220	240	260	280	300	340
	质量分数/%																			
$CaCl_2$	5.66	10.31	14.16	17.36	20.00	24.24	29.33	35.68	40.83	54.80	57.89	68.94	75.85	64.91	68.73	72.64	75.76	78.95	81.63	86.18
KOH	4.49	8.51	11.96	14.82	17.01	20.88	25.65	31.97	36.51	40.23	48.05	54.89	60.41							
KCl	8.42	14.31	18.96	23.02	26.57	32.62	36.47		(近于 108.5)											
K_2CO_3	10.31	18.37	24.20	28.57	32.24	37.69	43.67	50.86	56.04	60.40	66.94	(近于 133.5)								
KNO_3	13.19	23.66	32.23	39.20	45.10	54.65	65.34	79.53												
$MgCl_2$	4.67	8.42	11.66	14.31	16.59	20.23	24.41	29.48	33.07	36.02	38.61									
$MgSO_4$	14.31	22.78	28.31	32.23	35.32	42.86				(近于 108)										
NaOH	4.12	7.40	10.15	12.51	14.53	18.32	23.08	26.21	33.77	37.58	48.32	60.13	69.97	77.53	84.03	88.89	93.02	95.92	98.47	(近于 314)
NaCl	6.19	11.03	14.67	17.69	20.32	25.09	28.92													
$NaNO_3$	8.26	15.61	21.87	17.53	32.45	40.47	49.87	60.94	68.94											
Na_2SO_4	15.26	24.81	30.73	31.83				(近于 103.2)												
Na_2CO_3	9.42	17.22	23.72	29.18	33.66					(近于 104.2)										
$CuSO_4$	26.95	39.98	40.83	44.47	45.12															
$ZnSO_4$	20.00	31.22	37.89	42.92	46.15															
NH_4NO_3	9.09	16.66	23.08	29.08	34.21	42.52	51.92	63.24	71.26	77.11	87.09	93.20	69.00	97.61	98.94	10.0				
NH_4Cl	6.10	11.35	15.96	19.80	22.89	28.37	35.98	46.94												
$(NH_4)_2SO_4$	13.34	23.41	30.65	36.71	41.79	49.73	49.77	53.55				(近于 108.2)								

注：括号内的数值为饱和溶液的沸点。

附录6　气体的重要物理性质

(1)某些气体的重要物理性质

名称	化学符号	密度(0℃,101.3kPa)(kg/m³)	相对分子质量	比热容(20℃、101.3kPa)/(kJ·kg⁻¹·K⁻¹)		$k=\frac{c_p}{c_v}$	粘度(0℃,101.3kPa)/(μPa·s)	沸点(101.3kPa)/℃	蒸发热(101.3kPa)/(kJ/kg)	临界点		导热系数(0℃,101.3kPa)/(W·m⁻¹·K⁻¹)
				c_p	c_v					温度/℃	压强/MPa	
氮	N_2	1.2507	28.02	1.047	0.745	1.40	17.0	−195.78	199.2	−147.13	3.39	0.0228
氨	NH_3	0.771	17.03	2.22	1.67	1.29	9.18	−33.4	1373	132.4	11.29	0.0215
氩	Ar	1.7820	39.94	0.532	0.322	1.66	20.9	−185.87	162.9	−122.44	4.86	0.0173
乙炔	C_2H_2	1.171	26.04	1.683	1.352	1.24	9.35	−83.66(升华)	829	35.7	6.24	0.0184
苯	C_6H_6	—	78.11	1.252	1.139	1.1	7.2	80.2	394	288.5	4.83	0.0088
丁烷(正)	C_4H_{10}	2.673	58.12	1.918	1.733	1.108	8.10	−0.5	386	152	3.80	0.0135
空气	—	1.293	(28.95)	1.009	0.720	1.40	17.3	−195	197	−140.7	3.77	0.024
氢	H_2	0.08985	2.016	14.27	10.13	1.407	8.42	−252.754	454	−239.9	1.30	0.163
氦	He	0.1785	4.00	5.275	3.182	1.66	18.8	−268.85	19.5	−267.96	0.229	0.144
二氧化氮	NO_2	—	46.01	0.804	0.615	1.31	—	21.2	711.8	158.2	10.13	0.0400
二氧化硫	SO_2	2.867	64.07	0.632	0.502	1.25	11.7	−10.8	394	157.5	7.88	0.0077
二氧化碳	CO_2	0.96	44.01	0.837	0.653	1.30	13.7	−782(升华)	574	31.1	7.38	0.0137
氧	O_2	1.42895	32	0.913	0.653	1.40	20.3	−182.98	213.2	−118.82	5.04	0.0240
甲烷	CH_4	0.717	16.04	2.223	1.700	1.31	10.3	−161.58	511	−82.15	4.62	0.0300
一氧化碳	CO	1.250	28.01	1.047	0.754	1.40	16.6	−101.48	211	−140.2	3.50	0.0226
戊烷(正)	C_5H_{12}	—	72.15	1.72	1.574	1.09	8.74	36.08	360	917.1	3.34	0.0128
丙烷	C_3H_8	2.020	44.1	1.863	1.650	1.13	7.95(18℃)	−42.1	427	95.6	4.36	0.0148
丙烯	C_3H_6	1.914	42.08	1.633	1.436	1.17	8.35(20℃)	−47.7	440	91.4	4.60	—
硫化氢	H_2S	1.589	34.08	1.059	0.804	1.30	11.66	−60.2	548	100.4	19.14	0.0131
氯	Cl_2	3.217	70.91	0.481	0.355	1.36	12.9(16℃)	−33.8	305.4	144.0	7.71	0.0072
氯甲烷	CH_3Cl	2.308	50.49	0.741	0.582	1.28	9.89	−24.1	405.7	148	6.69	0.0085
乙烷	C_2H_6	1.357	30.07	1.729	1.444	1.20	8.50	−88.50	486	32.1	4.95	0.0180
乙烯	C_2H_4	1.261	28.05	1.528	1.222	1.25	9.85	−103.7	481	9.7	5.14	0.0164

(2)气体粘度共线图(常压下用)

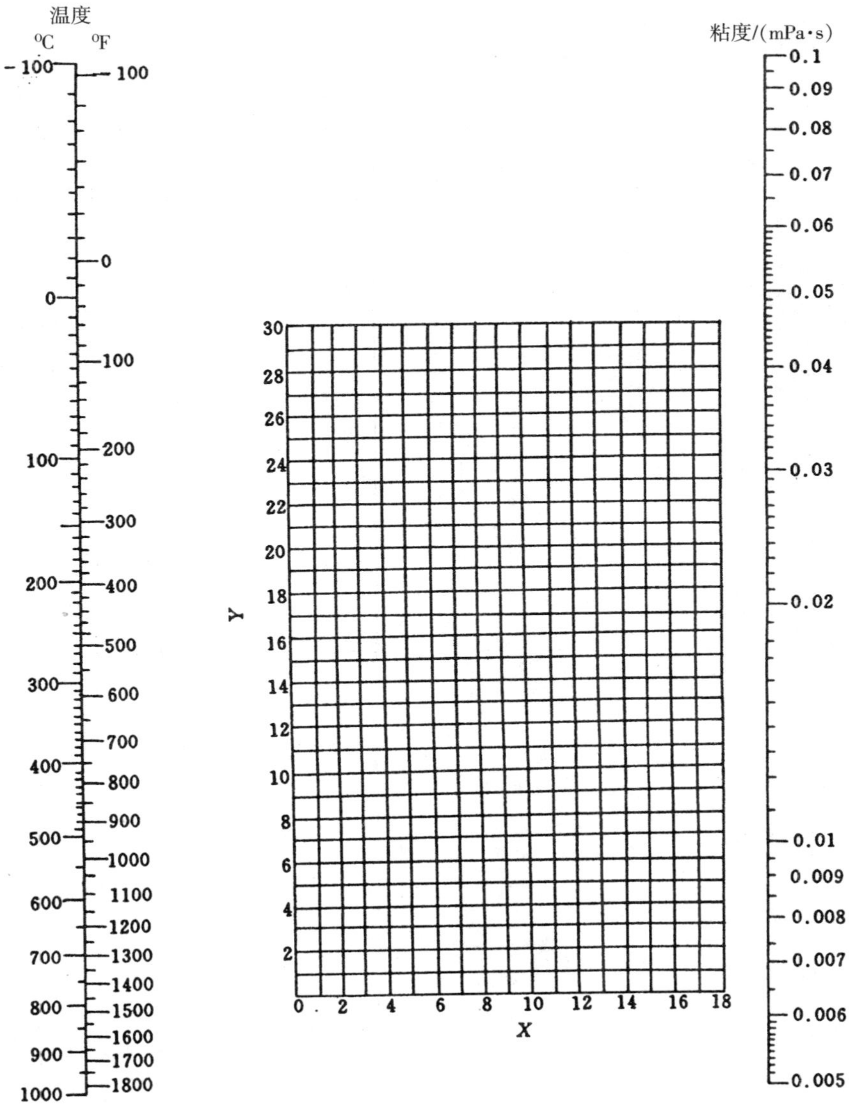

气体粘度共线图坐标值

序号	名称	X	Y	序号	名称	X	Y
1	空气	11.0	20.0	21	乙炔	9.8	14.9
2	氧	11.0	21.3	22	丙烷	9.7	12.9
3	氮	10.6	20.0	23	丙烯	9.0	13.8
4	氢	11.2	12.4	24	丁烯	9.2	13.7
5	$3H_2+1N_2$	11.2	17.2	25	戊烷	7.0	12.8
6	水蒸气	8.0	16.0	26	己烷	8.6	11.8
7	二氧化碳	9.5	18.7	27	三氯甲烷	8.9	15.7
8	一氧化碳	11.0	20.0	28	苯	8.5	13.2
9	氨	8.4	16.0	29	甲苯	8.6	12.4
10	硫化氢	8.6	18.0	30	甲醇	8.5	15.6
11	二氧化硫	9.6	17.0	31	乙醇	9.2	14.2
12	二硫化碳	8.0	16.0	32	丙醇	8.4	13.4
13	一氧化二氮	8.8	19.0	33	醋酸	7.7	14.3
14	一氧化氮	10.9	20.5	34	丙酮	8.9	13.0
15	氟	7.3	23.8	35	乙醚	8.9	13.0
16	氯	9.0	18.4	36	醋酸乙酯	8.5	13.2
17	氯化氢	8.8	18.7	37	氟里昂-11	10.6	15.1
18	甲烷	9.9	15.5	38	氟里昂-12	11.1	16.0
19	乙烷	9.1	14.5	39	氟里昂-21	10.8	15.3
20	乙烯	9.5	15.1	40	氟里昂-22	10.1	17.0

气体比热容共线图中的编号

编　号	名　称	温度范围/℃	编　号	名　称	温度范围/℃
27	空气	0 ～ 1400	20	氟化氢	0 ～ 1400
23	氧	0 ～ 500	30	氯化氢	0 ～ 1400
29	氧	500 ～ 1400	35	溴化氢	0 ～ 1400
26	氮	0 ～ 1400	36	碘化氢	0 ～ 1400
1	氢	0 ～ 600	5	甲烷	0 ～ 300
2	氢	600 ～ 1400	6	甲烷	300 ～ 700
32	氯	0 ～ 200	7	甲烷	700 ～ 1400
34	氯	200 ～ 1400	3	乙烷	0 ～ 200
33	硫	300 ～ 1400	9	乙烷	200 ～ 600
12	氨	0 ～ 600	8	乙烷	600 ～ 1400
14	氨	600 ～ 1400	4	乙烯	0 ～ 200
25	一氧化氮	0 ～ 700	11	乙烯	200 ～ 600
28	一氧化氮	700 ～ 1400	13	乙烯	600 ～ 1400
18	二氧化碳	0 ～ 400	10	乙炔	0 ～ 200
24	二氧化碳	400 ～ 1400	15	乙炔	200 ～ 400
22	二氧化硫	0 ～ 400	16	乙炔	400 ～ 1400
31	二氧化硫	400 ～ 1400	17*B*	氟里昂-11	0 ～ 150
17	水蒸气	0 ～ 1400	17*C*	氟里昂-21	0 ～ 150
19	硫化氢	0 ～ 700	17*A*	氟里昂-22	0 ～ 150
21	硫化氢	700 ～ 1400	17*D*	氟里昂-113	0 ～ 150

(3)定压下气体比热容共线图(常压下用)

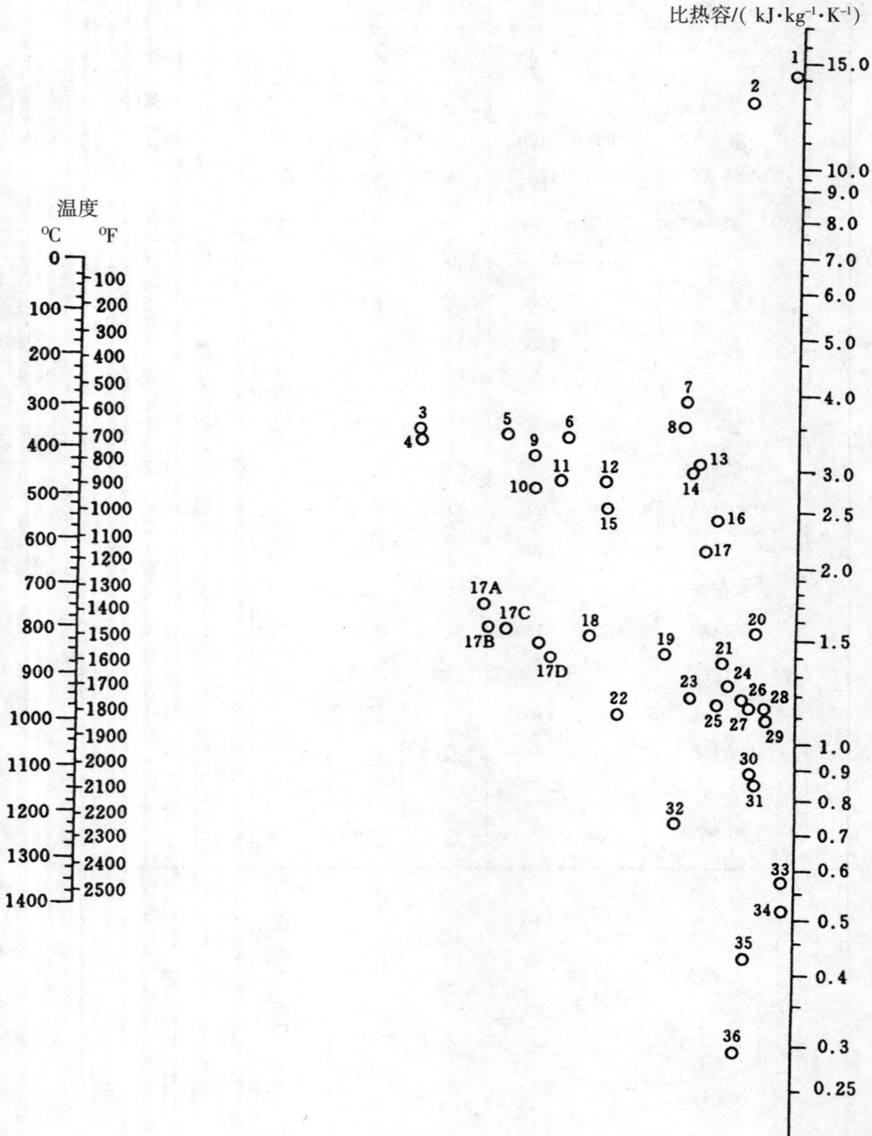

附录 7 常用固体材料的重要物理性质

名 称	$\rho/(kg/m^3)$	$\lambda/(W\cdot m^{-1}\cdot K^{-1})$	$C_p/(kJ\cdot kg^{-1}\cdot K^{-1})$
(1)金属			
钢	7850	45.4	0.46
不锈钢	7900	17.4	0.50
铸铁	7220	62.8	0.50
铜	8800	383.8	0.406
青铜	8000	64.0	0.381
黄铜	8600	85.5	0.38
铝	2670	203.5	0.92
镍	9000	58.2	0.46
铅	11400	34.9	0.130
(2)塑料			
酚醛	1250～1300	0.13～0.26	1.3～1.7
脲醛	1400～1500	0.30	1.3～1.7
聚氯乙烯	1380～1400	0.16	1.84
聚苯乙烯	1050～1070	0.08	1.34
低压聚乙烯	940	0.29	2.55
高压聚乙烯	920	0.26	2.22
有机玻璃	1180～1190	0.14～0.20	
(3)建筑材料、绝热材料、耐酸材料及其他			
干砂	1500～1700	0.45～0.58	0.75(−20～20℃)
粘土	1600～1800	0.47～0.53	
锅炉炉渣	700～1100	0.19～0.30	
粘土砖	1600～1900	0.47～0.67	0.92
耐火砖	1840	1.0(800～1100℃)	0.96～1.00
绝热砖(多孔)	600～1400	0.16～0.37	
混凝土	2000～2400	1.3～1.55	0.84
松木	500～600	0.07～0.10	2.72(0～100℃)
软木	100～300	0.041～0.064	0.96
石棉板	700	0.12	0.816
石棉水泥板	1600～1900	0.35	
玻璃	2500	0.74	0.67
耐酸陶瓷制品	2200～2300	0.9～1.0	0.75～0.80
耐酸砖和板	2100～2400		
耐酸搪瓷	2300～2700	0.99～1.05	0.84～1.26
橡胶	1200	0.16	1.38
冰	900	2.3	2.11

附录 8 管子规格

(1)水煤气输送钢管(摘自 GB 3091－82,GB 3092－82)

公称直径 *DN* mm(in)	外 径 mm	普通管壁厚 mm	加厚管壁厚 mm
$8(\frac{1}{4})$	13.50	2.25	2.75
$10(\frac{3}{8})$	17.00	2.25	2.75
$15(\frac{1}{2})$	21.25	2.75	3.25
$20(\frac{3}{4})$	26.75	2.75	3.50
25(1)	33.50	3.25	4.00
$32(1\frac{1}{4})$	42.25	3.25	4.00
$40(1\frac{1}{2})$	48.00	3.50	4.25
50(2)	60.00	3.50	4.50
$65(2\frac{1}{2})$	75.50	3.75	4.50
80(3)	88.50	4.00	4.75
100(4)	114.00	4.00	5.00
125(5)	140.00	4.50	5.50
150(6)	165.00	4.50	5.50

(2)无缝钢管规格表

冷拔无缝钢管(摘自 GB 8163－88)

外径/mm	壁厚/mm		外径/mm	壁厚/mm		外径/mm	壁厚/mm	
	从	到		从	到		从	到
6	0.25	2.0	20	0.25	6.0	40	0.40	9.0
7	0.25	2.5	22	0.40	6.0	42	1.0	9.0
8	0.25	2.5	25	0.40	7.0	44.5	1.0	9.0
9	0.25	2.8	27	0.40	7.0	45	1.0	10.0
10	0.25	3.5	28	0.40	7.0	48	1.0	10.0
11	0.25	3.5	29	0.40	7.5	50	1.0	12
12	0.25	4.0	30	0.40	8.0	51	1.0	12
14	0.25	4.0	32	0.40	8.0	53	1.0	12
16	0.25	5.0	34	0.40	8.0	54	1.0	12
18	0.25	5.0	36	0.40	8.0	56	1.0	12
19	0.25	6.0	38	0.40	9.0			

壁厚有 0.25，0.30，0.40，0.50，0.60，0.80，1.0，1.2，1.4，1.5，1.6，1.8，2.0，2.2，2.5，2.8，3.0，3.2，3.5，4.0，4.5，5.0，5.5，6.0，6.5，7.0，7.5，8.0，8.5，9，9.5，10，11，12mm。

热轧无缝钢管(摘自 GB 8163—87)

外径/mm	壁厚/mm		外径/mm	壁厚/mm		外径/mm	壁厚/mm	
	从	到		从	到		从	到
32	2.5	8.0	63.5	3.0	14	102	3.5	22
38	2.5	8.0	68	3.0	16	108	4.0	28
42	2.5	10	70	3.0	16	114	4.0	28
45	2.5	10	73	3.0	19	121	4.0	28
50	2.5	10	76	3.0	19	127	4.0	30
54	3.0	11	83	3.5	19	133	4.0	32
57	3.0	13	89	3.5	22	140	4.5	36
60	3.0	14	95	3.5	22	146	4.5	36

壁厚有 2.5，3，3.5，4，4.5，5，5.5，6，6.5，7，7.5，8，8.5，9，9.5，10，11，12，13，14，15，16，17，18，19，20，22，25，28，30，32，36mm。

附录 9 离心泵的规格(摘录)

(1)IS 型单级单吸离心泵性能表(摘录)

<table>
<tr><th rowspan="2">型 号</th><th>流量</th><th>扬程</th><th>转数</th><th colspan="2">功率/kW</th><th>效率</th><th>必须汽蚀</th><th>泵的净质</th></tr>
<tr><th>/m³/h</th><th>/m</th><th>/r/min</th><th>轴</th><th>电机</th><th>/%</th><th>余量/m</th><th>量/kg</th></tr>
<tr><td rowspan="6">IS 50—32—125</td><td>7.5</td><td>22</td><td rowspan="3">2900</td><td>0.96</td><td rowspan="3">2.2</td><td>47</td><td>2.0</td><td rowspan="6">32</td></tr>
<tr><td>12.5</td><td>20</td><td>1.13</td><td>60</td><td>2.0</td></tr>
<tr><td>15</td><td>18.5</td><td>1.26</td><td>60</td><td>2.5</td></tr>
<tr><td>3.75</td><td>5.4</td><td rowspan="3">1450</td><td>0.13</td><td rowspan="3">0.55</td><td>43</td><td>2.0</td></tr>
<tr><td>6.3</td><td>5</td><td>0.16</td><td>54</td><td>2.0</td></tr>
<tr><td>7.5</td><td>4.6</td><td>0.17</td><td>55</td><td>2.5</td></tr>
<tr><td rowspan="6">IS 50—32—160</td><td>7.5</td><td>34.3</td><td rowspan="3">2900</td><td>1.59</td><td rowspan="3">3</td><td>44</td><td>2.0</td><td rowspan="6">50</td></tr>
<tr><td>12.5</td><td>32</td><td>2.02</td><td>54</td><td>2.0</td></tr>
<tr><td>15</td><td>29.6</td><td>2.16</td><td>56</td><td>2.5</td></tr>
<tr><td>3.75</td><td>8.5</td><td rowspan="3">1450</td><td>0.25</td><td rowspan="3">0.55</td><td>35</td><td>2.0</td></tr>
<tr><td>6.3</td><td>8</td><td>0.29</td><td>48</td><td>2.0</td></tr>
<tr><td>7.5</td><td>7.5</td><td>0.31</td><td>49</td><td>2.5</td></tr>
<tr><td rowspan="6">IS 50—32—200</td><td>7.5</td><td>52.5</td><td rowspan="3">2900</td><td>2.82</td><td rowspan="3">5.5</td><td>38</td><td>2.0</td><td rowspan="6">52</td></tr>
<tr><td>12.5</td><td>50</td><td>3.54</td><td>48</td><td>2.0</td></tr>
<tr><td>15</td><td>48</td><td>3.95</td><td>51</td><td>2.5</td></tr>
<tr><td>3.75</td><td>13.1</td><td rowspan="3">1450</td><td>0.41</td><td rowspan="3">0.75</td><td>33</td><td>2.0</td></tr>
<tr><td>6.3</td><td>12.5</td><td>0.51</td><td>42</td><td>2.0</td></tr>
<tr><td>7.5</td><td>12</td><td>0.56</td><td>44</td><td>2.5</td></tr>
<tr><td rowspan="6">IS 50—32—250</td><td>7.5</td><td>82</td><td rowspan="3">2900</td><td>5.87</td><td rowspan="3">11</td><td>23.5</td><td>2.0</td><td rowspan="6">88</td></tr>
<tr><td>12.5</td><td>80</td><td>7.16</td><td>38</td><td>2.0</td></tr>
<tr><td>15</td><td>78.5</td><td>7.83</td><td>41</td><td>2.5</td></tr>
<tr><td>3.75</td><td>20.5</td><td rowspan="3">1450</td><td>0.91</td><td rowspan="3">1.5</td><td>23</td><td>2.0</td></tr>
<tr><td>6.3</td><td>20</td><td>1.07</td><td>32</td><td>2.0</td></tr>
<tr><td>7.5</td><td>19.5</td><td>1.14</td><td>35</td><td>3.0</td></tr>
<tr><td rowspan="6">IS 80—65—125</td><td>30</td><td>22.5</td><td rowspan="3">2900</td><td>2.87</td><td rowspan="3">5.5</td><td>64</td><td>3.0</td><td rowspan="6">44</td></tr>
<tr><td>50</td><td>20</td><td>3.63</td><td>75</td><td>3.0</td></tr>
<tr><td>60</td><td>18</td><td>3.98</td><td>74</td><td>3.5</td></tr>
<tr><td>15</td><td>5.6</td><td rowspan="3">1450</td><td>0.42</td><td rowspan="3">0.75</td><td>55</td><td>2.5</td></tr>
<tr><td>25</td><td>5</td><td>0.48</td><td>71</td><td>2.5</td></tr>
<tr><td>30</td><td>4.5</td><td>0.51</td><td>72</td><td>3.0</td></tr>
</table>

续表

型号	流量/m^3/h	扬程/m	转数/r/min	功率/kW 轴	功率/kW 电机	效率/%	必须汽蚀余量/m	泵的净质量/kg
IS 80－65－160	30	36	2900	4.82	7.5	61	2.5	48
	50	32		5.97		73	2.5	
	60	29		6.59		72	3.0	
	15	9	1450	0.67	1.5	55	2.5	
	25	8		0.79		69	2.5	
	30	7.2		0.86		68	3.0	
IS 80－50－200	30	53	2900	7.87	15	55	2.5	64
	50	50		9.87		69	2.5	
	60	47		10.8		71	3.0	
	15	13.2	1450	1.06	2.2	51	2.5	
	25	12.5		1.31		65	2.5	
	30	11.8		1.44		67	3.0	
IS 80－50－250	30	84	2900	13.2	22	52	2.5	90
	50	80		17.3		63	2.5	
	60	75		19.2		64	3.0	
	15	21	1450	1.75	3	49	2.5	
	25	20		2.27		60	2.5	
	30	18.8		2.52		61	3.0	
IS 80－50－315	30	128	2900	25.5	37	41	2.5	125
	50	125		31.5		54	2.5	
	60	123		35.3		57	3.0	
	15	32.5	1450	3.4	5.5	39	2.5	
	25	32		4.19		52	2.5	
	30	31.5		4.6		56	3.0	
IS 125－100－200	120	57.5	2900	28.0	45	67	4.5	108
	200	50		33.6		81	4.5	
	240	44.5		36.4		80	5.0	
	60	14.5	1450	3.83	7.5	62	2.5	
	100	12.5		4.48		76	2.5	
	120	11.0		4.79		75	3.0	
IS 125－100－250	120	87	2900	43.0	75	66	3.8	166
	200	80		55.9		78	4.2	
	240	72		62.8		75	5.0	
	60	21.5	1450	5.59	11	63	2.5	
	100	20		7.17		76	2.5	
	120	18.5		7.84		77	3.0	
IS 125－100－315	120	132.5	2900	72.1	110	60	4.0	189
	200	125		90.8		75	4.5	
	240	120		101.9		77	5.0	
	60	33.5	1450	9.4	15	58	2.5	
	100	32		11.9		73	2.5	
	120	30.5		13.5		74	3.0	
IS 125－100－400	60	52	1450	16.1	30	53	2.5	205
	100	50		21.0		65	2.5	
	120	48.5		23.6		67	3.0	

(2)Y 型离心油泵性能表

型　号	流量	扬程	转速	功率/kW		效率	汽蚀余量	泵壳许用	结构型式	备　注
	/(m^3/h)	/m	/(r/min)	轴	电机	%	/m	应力/Pa		
50Y－60	12.5	60	2950	5.95	11	35	2.3	1570/2550	单级悬臂	泵壳许用应力内的分子表示第Ⅰ类材料相应的许用应力数,分母表示Ⅱ、Ⅲ类材料相应的许用应力数
50Y－60A	11.2	49	2950	4.27	8			同上	同上	
50Y－60B	9.9	38	2950	2.39	5.5	35		同上	同上	
50Y－60×2	12.5	120	2950	11.7	15	35	2.3	2158/3138	两级悬臂	
50Y－60×2A	11.7	105	2950	9.55	15			同上	同上	
50Y－60×2B	10.8	90	2950	7.65	11			同上	同上	
50Y－60×2C	9.9	75	2950	5.9	8			同上	同上	
65Y－60	25	60	2950	7.5	11	55	2.6	1570/2550	单级悬臂	
65Y－60A	22.5	49	2950	5.5	8			同上	同上	
65Y－60B	19.8	38	2950	3.75	5.5			同上	同上	
65Y－100	25	100	2950	17.0	32	40	2.6	同上	同上	
65Y－100A	23	85	2950	13.3	20			同上	同上	
65Y－100B	21	70	2950	10.0	15			同上	同上	
65Y－100×2	25	200	2950	34	55	40	2.6	2942/3923	两级悬臂	
65Y－100×2A	23.3	175	2950	27.8	40			同上	同上	
65Y－100×2B	21.6	150	2950	22.0	32			同上	同上	
65Y－100×2C	19.8	125	2950	16.8	20			同上	同上	
80Y－60	50	60	2950	12.8	15	64	3.0	1570/2550	单级悬臂	
80Y－60A	45	49	2950	9.4	11			同上	同上	
80Y－60B	39.5	38	2950	6.5	8			同上	同上	
80Y－100	50	100	2950	22.7	32	60	3.0	1961/2942	单级悬臂	
80Y－100A	45	85	2950	18.0	25			同上	同上	
80Y－100B	39.5	70	2950	12.6	20			同上	同上	
80Y－100×2	50	200	2950	45.4	75	60	3.0	2942/3923	两级悬臂	
80Y－100×2A	46.6	175	2950	37.0	55	60	3.0	2942/3923	同上	
80Y－100×2B	43.2	150	2950	29.5	40				同上	
80Y－100×2C	39.6	125	2950	22.7	32				同上	

注:与介质接触的且受温度影响的零件,根据介质的性质需要采用不同性质的材料,所以分为三种材料,但泵的结构相同。第Ⅰ类材料不耐腐蚀,操作温度在－20～200℃之间,第Ⅱ类材料不耐硫腐蚀,操作温度在－45～400℃之间,第Ⅲ类材料耐硫腐蚀,操作温度在－45～200℃之间。

附录 10 管壳式热交换器系列标准(摘自 JB/T 4714、4715—92)

(1)固定管板式

换热管为 ϕ19mm 的换热器基本参数(管心距 25mm)

公称直径 DN/mm	公称压力 PN/MPa	管程数 N	管子根数 n	中心排管数	管程流通面积/m²	计算换热面积/m² 换热管长度 L/mm 1500	2000	3000	4500	6000	9000
159		1	15	5	0.0027	1.3	1.7	2.6	—	—	—
219			33	7	0.0058	2.8	3.7	5.7	—	—	—
273	1.60	1	65	9	0.0115	5.4	7.4	11.3	17.1	22.9	—
	2.50	2	56	8	0.0049	4.7	6.4	9.7	14.7	19.7	—
325	4.00	1	99	11	0.0175	8.3	11.2	17.1	26.0	34.9	—
		2	88	10	0.0078	7.4	10.0	15.2	23.1	31.0	—
	6.40	4	68	11	0.0030	5.7	7.7	11.8	17.9	23.9	—
400		1	174	14	0.0307	14.5	19.7	30.1	45.7	61.3	—
		2	164	15	0.0145	13.7	18.6	28.4	43.1	57.8	—
	0.60	4	146	14	0.0065	12.2	16.6	25.3	38.3	51.4	—
450		1	237	17	0.0419	19.8	26.9	41.0	62.2	83.5	—
		2	220	16	0.0194	18.4	25.0	38.1	57.8	77.5	—
	1.00	4	200	16	0.0088	16.7	22.7	34.6	52.5	70.4	—
500		1	275	19	0.0486	—	31.2	47.6	72.2	96.8	—
		2	256	18	0.0226	—	29.0	44.3	67.2	90.2	—
	1.60	4	222	18	0.0098	—	25.2	38.4	58.3	78.2	—
600		1	430	22	0.0760	—	48.8	74.4	112.9	151.4	—
		2	416	23	0.0368	—	47.2	72.0	109.3	146.5	—
	2.50	4	370	22	0.0163	—	42.0	64.0	97.2	130.3	—
		6	360	20	0.0106	—	40.8	62.3	94.5	126.8	—
700		1	607	27	0.1073	—	—	105.1	159.4	213.8	—
		2	574	27	0.0507	—	—	99.4	150.8	202.1	—
	4.00	4	542	27	0.0239	—	—	93.8	142.3	190.9	—
		6	518	24	0.0153	—	—	89.7	136.0	182.4	—
800	0.60	1	797	31	0.1408	—	—	138.0	209.3	280.7	—
	1.00 1.60	2	776	31	0.0686	—	—	134.3	203.8	273.3	—
	2.50	4	722	31	0.0319	—	—	125.0	189.8	254.3	—
	4.00	6	710	30	0.0209	—	—	122.9	186.5	250.0	—

续表

公称直径 DN/mm	公称压力 PN/MPa	管程数 N	管子根数 n	中心排管数	管程流通面积/m²	计算换热面积/m² 换热管长度 L/mm					
						1500	2000	3000	4500	6000	9000
900	0.60	1	1009	35	0.1783	—	—	174.7	265.0	355.3	536.0
		2	988	35	0.0873	—	—	171.0	259.5	347.9	524.9
	1.00	4	938	35	0.0414	—	—	162.4	246.4	330.3	498.3
		6	914	34	0.0269	—	—	158.2	240.0	321.9	485.6
1000	1.60	1	1267	39	0.2239	—	—	219.3	332.8	446.2	673.1
		2	1234	39	0.1090	—	—	213.6	324.1	434.6	655.6
		4	1186	39	0.0524	—	—	205.3	311.5	417.7	630.1
	2.50	6	1148	38	0.0338	—	—	198.7	301.5	404.3	609.9
(1100)		1	1501	43	0.2652	—	—	—	394.2	528.6	797.4
		2	1470	43	0.1299	—	—	—	386.1	517.7	780.9
	4.00	4	1450	43	0.0641	—	—	—	380.8	510.6	770.3
		6	1380	42	0.0406	—	—	—	362.4	486.0	733.1

注：表中的管程流通面积为各程平均值。括号内公称直径不推荐使用。管子为正三角形排列。

(2)浮头式(内导流)换热器的主要参数

单位:mm

DN	N	n①		中心排管数		管程流通面积/m²			A②/m²							
		d				$d\times\delta$r			L=3m		L=4.5m		L=6m		L=9m	
		19	25	19	25	19×2	25×2	25×2.5	19	25	19	25	19	25	19	25
325	2	60	32	7	5	0.0053	0.0055	0.0050	10.5	7.4	15.8	11.1	—	—	—	—
	4	52	28	6	4	0.0023	0.0024	0.0022	9.1	6.4	13.7	9.7	—	—	—	—
426	2	120	74	8	7	0.0106	0.0126	0.0116	20.9	16.9	31.6	25.6	42.3	34.4	—	—
400	4	108	68	9	6	0.0048	0.0059	0.0053	18.8	15.6	28.4	23.6	38.1	31.6	—	—
500	2	206	124	11	8	0.0182	0.0215	0.0194	35.7	28.3	54.1	42.8	72.5	57.4	—	—
	4	192	116	10	9	0.0085	0.0100	0.0091	33.2	26.4	50.4	40.1	67.6	53.7	—	—
600	2	324	198	14	11	0.0286	0.0343	0.0311	55.8	44.9	84.8	68.2	113.9	91.5	—	—
	4	308	188	14	10	0.0136	0.0163	0.0148	53.1	42.6	80.7	64.8	108.2	86.9	—	—
	6	284	158	14	10	0.0083	0.0091	0.0083	48.9	35.8	74.4	54.4	99.8	73.1	—	—
700	2	468	268	16	13	0.0414	0.0464	0.0421	80.4	60.6	122.2	92.1	164.1	123.7	—	—
	4	448	256	17	12	0.0198	0.0222	0.0201	76.9	57.8	117.0	87.9	157.1	118.1	—	—
	6	382	224	15	10	0.0112	0.0129	0.0116	65.6	50.6	99.8	76.9	133.9	103.4	—	—
800	2	610	366	19	15	0.0539	0.0634	0.0575	—	—	158.9	125.4	213.5	168.5	—	—
	4	588	352	18	14	0.0260	0.0305	0.0276	—	—	153.2	120.6	205.8	162.1	—	—
	6	518	316	16	14	0.0152	0.0182	0.0165	—	—	134.9	108.3	181.3	145.5	—	—
900	2	800	472	22	17	0.0707	0.0817	0.0741	—	—	207.6	161.2	279.2	216.8	—	—
	4	776	456	21	16	0.0343	0.0395	0.0353	—	—	201.4	155.7	270.8	209.4	—	—
	6	720	426	21	16	0.0212	0.0246	0.0223	—	—	186.9	145.5	251.3	195.6	—	—
1000	2	1006	606	24	19	0.0890	0.105	0.0952	—	—	260.6	206.6	350.6	277.9	—	—
	4	980	588	23	18	0.0433	0.0509	0.0462	—	—	253.9	200.4	341.6	269.7	—	—
	6	892	564	21	18	0.0262	0.0326	0.0295	—	—	231.1	192.2	311.0	258.7	—	—
1100	2	1240	736	27	21	0.1100	0.1270	0.1160	—	—	320.3	250.2	431.3	336.8	—	—
	4	1212	716	26	20	0.0536	0.0620	0.0562	—	—	313.1	243.4	421.6	327.7	—	—
	6	1120	692	24	20	0.0329	0.0399	0.0362	—	—	289.3	235.2	389.6	316.7	—	—
1200	2	1452	880	28	22	0.1290	0.1520	0.1380	—	—	374.4	298.6	504.3	402.2	764.2	609.4
	4	1424	860	28	22	0.0629	0.0745	0.0675	—	—	367.2	291.8	494.6	393.1	749.5	595.6
	6	1348	828	27	21	0.0396	0.0478	0.0434	—	—	347.6	280.9	468.2	378.4	709.5	573.4
1300	4	1700	1024	31	24	0.0751	0.0887	0.0804	—	—	—	—	589.3	467.1	—	—
	6	1616	972	29	24	0.0476	0.0560	0.0509	—	—	—	—	560.2	443.3	—	—

①排管数按正方形旋转 45°排列计算。

②计算换热面积按光管及公称压力 2.5MPa 的管板厚度确定。

附录 11 扩散系数

(1)气体扩散系数

系统	温度/K	扩散系数×10^4 /(m^2/s)	系统	温度/K	扩散系数×10^4 /(m^2/s)
空气-氨	273	0.198	氢-氩	295.4	0.83
空气-水	273	0.220	氢-氨	298	0.783
	298	0.260	氢-二氧化硫	323	0.61
	315	0.288	氢-乙醇	340	0.586
空气-二氧化碳	276	0.142	氦-氩	298	0.729
	317	0.177	氦-正丁醇	423	0.587
空气-氢	273	0.661	氦-空气	317	0.765
空气-乙醇	298	0.135	氦-甲烷	298	0.675
	315	0.145	氦-氮	298	0.687
空气-乙酸	273	0.106	氦-氧	298	0.729
空气-正己烷	294	0.080	氩-甲烷	298	0.202
空气-苯	298	0.0962	二氧化碳-氮	298	0.167
空气-甲苯	298.9	0.086	二氧化碳-氧	293	0.153
空气-正丁醇	273	0.0703	氮-正丁烷	298	0.0960
	298.9	0.087	水-二氧化碳	307.3	0.202
氢-甲烷	298	0.726	一氧化碳-氮	373	0.318
氢-氮	298	0.784	一氯甲烷-二氧化硫	303	0.0693
	358	1.052			
氢-苯	311.1	0.404	乙醚-氨	299.5	0.1078

(2)液体扩散系数

溶质 (A)	溶剂 (B)	温度/K	浓度/(kmol/m^3)	扩散系数×10^9/(m^2/s)
Cl_2	H_2O	289	0.12	1.26
HCl	H_2O	273	9	2.7
		273	2	1.8
		283	9	3.3
		283	2.5	2.5
		289	0.5	2.44
NH_3	H_2O	278	3.5	1.24
		288	1.0	1.77

续表

溶　质 (A)	溶　剂 (B)	温度/K	浓度/(kmol/m³)	扩散系数×10⁹ (m²/s)
CO_2	H_2O	283	0	1.46
		293	0	1.77
NaCl	H_2O	291	0.05	1.26
		291	0.2	1.21
		291	1.0	1.24
		291	3.0	1.36
		291	5.4	1.54
甲醇	H_2O	288	0	1.28
醋酸	H_2O	288.5	1.0	0.82
		288.5	0.01	0.91
		291	1.0	0.96
乙醇	H_2O	283	3.75	0.50
		283	0.05	0.83
		289	2.0	0.90
正丁醇	H_2O	288	0	0.77
CO_2	乙醇	290	0	3.2
氯仿	乙醇	293	2.0	1.25

(3)固体扩散系数

溶　质 (A)	固　体 (B)	温度/K	扩散系数/(m²/s)
H_2	硫化橡胶	298	0.85×10^{-9}
O_2	硫化橡胶	298	0.21×10^{-9}
N_2	硫化橡胶	298	0.15×10^{-9}
CO_2	硫化橡胶	298	0.11×10^{-9}
H_2	硫化氯丁橡胶	290	0.103×10^{-9}
		300	0.180×10^{-9}
H_e	SiO_2	293	$(2.4\sim5.5)\times10^{-14}$
H_2	Fe	293	2.59×10^{-13}
Al	Cu	293	1.30×10^{-34}
Bi	Pb	293	1.10×10^{-20}
Hg	Pb	293	2.50×10^{-19}
Sb	Ag	293	3.51×10^{-25}
Cd	Cu	293	2.71×10^{-19}

附录 12 某些气体水溶液的亨利系数

气体种类	温度/℃															
	0	5	10	15	20	25	30	35	40	45	50	60	70	80	90	100
	$E\times10^{-6}$/kPa															
H_2	5.87	6.16	6.44	6.70	6.92	7.16	7.39	7.52	7.61	7.70	7.75	7.75	7.71	7.65	7.61	7.55
N_2	5.35	6.05	6.77	7.48	8.15	8.76	9.36	9.98	10.5	11.0	11.4	12.2	12.7	12.8	12.8	12.8
空气	4.38	4.94	5.56	6.15	6.73	7.30	7.81	8.34	8.82	9.23	9.59	10.2	10.6	10.8	10.9	10.8
CO	3.57	4.01	4.48	4.95	5.43	5.88	6.28	6.68	7.05	7.39	7.71	8.32	8.57	8.57	8.57	8.57
O_2	2.58	2.95	3.31	3.69	4.06	4.44	4.81	5.14	5.42	5.70	5.96	6.37	6.72	6.96	7.08	7.10
CH_4	2.27	2.62	3.01	3.41	3.81	4.18	4.55	4.92	5.27	5.58	5.85	6.34	6.75	6.91	7.01	7.10
NO	1.71	1.96	2.21	2.45	2.67	2.91	3.14	3.35	3.57	3.77	3.95	4.24	4.44	4.45	4.58	4.60
C_2H_6	1.28	1.57	1.92	2.90	2.66	3.06	3.47	3.88	4.29	4.69	5.07	5.72	6.31	6.70	6.96	7.01
	$E\times10^{-5}$/kPa															
C_2H_4	5.59	6.62	7.78	9.07	10.3	11.6	12.9	—	—	—	—	—	—	—	—	—
N_2O	—	1.19	1.43	1.68	2.01	2.28	2.62	3.06	—	—	—	—	—	—	—	—
CO_2	0.378	0.888	1.05	1.24	1.44	1.66	1.88	2.12	2.36	2.60	2.87	3.46	—	—	—	—
C_2H_2	0.73	0.85	0.97	1.09	1.23	1.35	1.48	—	—	—	—	—	—	—	—	—
Cl_2	0.272	0.334	0.399	0.461	0.537	0.604	0.669	0.74	0.80	0.86	0.90	0.97	0.99	0.97	0.96	—
H_2S	0.27	0.319	0.372	0.418	0.489	0.552	0.617	0.686	0.755	0.825	0.689	1.04	1.21	1.37	1.46	1.50
	$E\times10^{-4}$/kPa															
SO_2	0.167	0.203	0.245	0.294	0.355	0.413	0.485	0.567	0.661	0.763	0.871	1.11	1.39	1.70	2.01	—

附录 13 某些二元物系的气液平衡组成

1. 乙醇-水(101.3kPa)

乙醇摩尔分数		温 度	乙醇摩尔分数		温 度
液 相	气 相	/℃	液 相	气 相	/℃
0.00	0.00	100	0.3273	0.5826	81.5
0.0190	0.1700	95.5	0.3965	0.6122	80.7
0.0721	0.3891	89.0	0.5079	0.6564	79.8
0.0966	0.4375	86.7	0.5198	0.6599	79.7
0.1238	0.4704	85.3	0.5732	0.6841	79.3
0.1661	0.5089	84.1	0.6763	0.7385	78.74
0.2337	0.5445	82.7	0.7472	0.7815	78.41
0.2608	0.5580	82.3	0.8943	0.8943	78.15

2. 水-醋酸(101.3kPa)

水摩尔分数		温 度	水摩尔分数		温 度
液 相	气 相	/℃	液 相	气 相	/℃
0.0	0.0	118.2	0.833	0.886	101.3
0.270	0.394	108.2	0.886	0.919	100.9
0.455	0.565	105.3	0.930	0.950	100.5
0.588	0.707	103.8	0.968	0.977	100.2
0.690	0.790	102.8	0.100	0.100	100.0
0.769	0.845	101.9			

参 考 文 献

1. 谭天恩,麦本熙,丁惠华编著. 化工原理(第二版). 北京:化学工业出版社,1998

2. 王志魁主编. 化工原理(第二版). 北京:化学工业出版社,1998

3. 蒋维钧,雷良恒,刘茂林主编. 化工原理. 北京:清华大学出版社,1993

4. 贾绍义,柴诚敬主编. 化工传质与分离过程. 北京:化学工业出版社,2001

5. 陈敏恒,丛德滋,方图南,齐鸣斋编. 化工原理(第二版). 北京:化学工业出版社,1998

6. 何潮洪,冯霄主编. 化工原理. 北京:科学技术出版社,2001

7. 赵文,王晓红,唐继国等编. 化工原理. 山东东营:石油大学出版社,2001

8. 朱家骅,叶世超,夏素兰等编. 化工原理,北京:科学出版社,2001

9. 大连理工大学化工原理教研室编. 化工原理. 大连:大连理工大学出版社,1993

10. 蒋维钧,雷良恒,齐茂林等编. 化工原理(第二版). 北京:清华大学出版社,2003

11. 张洪流主编 . 化工原理 . 上海:华东理工大学出版社,2006

12. 上海化工学院,成都科技大学,大连工学院编. 化学工程. 北京:化学工业出版社,1980

13. 何潮洪,窦梅,钱栋英主编. 化工原理操作型问题的分析. 北京:化学工业出版社,1998

14. 涂伟萍,陈佩珍,程达芳主编. 化工设备及过程设计. 北京:化学工业出版社,2000

15. 邓修,吴俊生主编. 化工分离工程. 北京:科学出版社,2000

16. 无锡轻工业学院等编. 食品工程原理. 北京:轻工业出版社,1982

17. 严希康主编. 生化分离工程. 北京:化学工业出版社,教材出版中心,2001

18. 高福成,冯骉主编. 食品工程原理. 北京:中国轻工业出版社,1998

19. 兰州石油机械研究所编. 现代塔器技术. 北京:化学工业出版社,1998

20. 小浜喜一主编. 固液抽出. 别册化学工业,1982

21. 宝谷幸男主编. 食品的热处理. 别册化学工业,1982

22. 沈阳药学院等合编,计志忠主编. 化学制药工艺学. 北京:化学工业出版社,1980

23. 钱应镤编著. 制药用水系统设计与实践. 北京:化学工业出版社,教材出版中心,2001

24. 姜培正主编. 过程流体机械. 北京:化学工业出版社,教材出版中心,2001

25. 阮奇,叶长深,黄诗煌主编. 化工原理优化设计与解题指南 . 北京:化学工业出版社,2001

26. 余立新,戴猷元编著 . 化工原理习题解析 . 北京:清华大学出版社,2004

27. 李功样,陈兰英,崔英德编 . 常用化工单元设备设计 . 广州:华南理工大学出版社,2006

28. 李洲等编. 液液萃取过程与设备(下册). 北京:原子能出版社,1985

29. Hala E. et al., Vapour-liquid Equilibrium. 2nd Edition. Oxford, Pergamon, 1967

30. Geankoplis C J. Separation Process and Unit Operations, 2nd Edition. Boston: Allyn and Bacon Inc., 1983

31. King C J. Separation Process, 2nd Edition New York: McGraw-Hill Inc., 1980

32. McCabe W L, Smith J C, Harriott P. Unit Operation of Chemical Engineering, 5th Edition. New York: McGraw-Hill Inc., 1993

33. 朱贞淘主编. 流体机械. 2001,29(7):15～16,45

34. Coulson J. M. and Richardson J. F. Chemical Engineering. Vol. 1, 2. 6th ed. Butterworth Heinemann 1999

35. 化学工程手册编辑委员会. 化学工程手册. 北京:化学工业出版社,1979

36. 吴敦虎. 大连铁道学院学报. 1999,20(3):92～96

37. 孙红月,苏彦珍,胡奇花. 中国中药杂志. 1999,24(3):156～157

38. 徐东宁. 时珍国药研究. 1997,8(5):469～471

39. 田吉,邱宗志,冯文宇. 泸洲医学院学报. 1999,22(1):26～2

40. 元英进,刘明言,董岸杰主编. 中药现代化生产关键技术. 北京:化学工业出版社,现代生物技术与医学科技出版中心,2002